RPM

유형의 완성 RPM

공통수학 2

유형의 완성 RPM 구성과 특징

개념원리 RPM 수학은 중요 교과서 문제와 내신 빈출 유형들을
엄선하여 재구성한 교재입니다.

핵심 개념 정리

교과서 필수 개념만을 모아 알차게 정리하고, 개념 이해를
돕기 위한 추가 설명은 예, 주의, 참고 등으로 제시하였습니다.

교과서 문제 정복하기

개념과 공식을 적용하는 교과서 기본 문제들로 구성하고,
충분한 연습을 통해 개념을 완벽히 이해할 수 있도록 하였습니다.

학습 tip 핵심 개념과 중요 공식은 문제 해결의 밑바탕이 되므로 확실하게 알아 두고,
교과서 문제 정복하기 문제를 통해 완전히 익혀 두자.

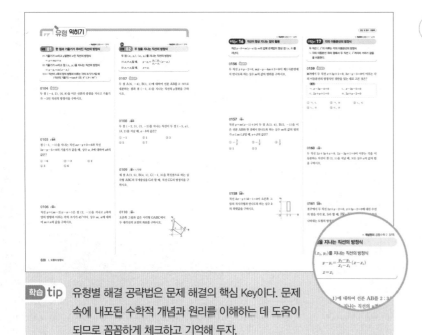

유형 익히기

개념&공식/해결 방법/문제 형태에 따라 유형을 세분화하
고, 유형별 해결 공략법을 제시하여 문제 해결력을 키울
수 있도록 하였습니다. 또 각 유형의 중요 문제를 대표문제
로 선정하고, 그 외 문제는 난이도 순서로 구성하여 자연
스럽게 유형별 완전 학습이 이루어지도록 하였습니다.

유형UP

고난도 유형과 개념 복합 유형을 마지막에 구성하여 수준별 학습
이 가능하도록 하였습니다.

개념원리 기본서 연계 링크

각 유형마다 개념원리의 해당 쪽수를 링크하여 개념과 공
식 적용 방법을 더 탄탄하게 학습할 수 있도록 하였습니다.

학습 tip 유형별 해결 공략법은 문제 해결의 핵심 Key이다. 문제
속에 내포된 수학적 개념과 원리를 이해하는 데 도움이
되므로 꼼꼼하게 체크하고 기억해 두자.

유 형 의 완 성

RPM

한눈에 보이는 정답

공통수학 2

0946 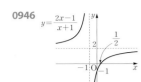 정의역: $\{x|x\neq-1$인 실수$\}$,
치역: $\{y|y\neq2$인 실수$\}$,
점근선의 방정식: $x=-1$, $y=2$

0947 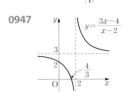 정의역: $\{x|x\neq2$인 실수$\}$,
치역: $\{y|y\neq3$인 실수$\}$,
점근선의 방정식: $x=2$, $y=3$

0948 $\dfrac{1}{x(x-3)}$ **0949** $-\dfrac{2}{x(x-1)}$ **0950** ①

0951 16 **0952** ② **0953** 18 **0954** 4 **0955** ①

0956 $-\dfrac{1}{x(x+2)(x-1)}$ **0957** ⑤ **0958** 24 **0959** $\dfrac{2}{25}$

0960 7 **0961** $\dfrac{3}{370}$ **0962** 9 **0963** -8 **0964** ②

0965 ① **0966** $4\sqrt{7}$ **0967** ③ **0968** ② **0969** 8

0970 ③ **0971** 1 **0972** $-\dfrac{5}{6}$ **0973** 3 **0974** ③

0975 -10 **0976** 6 **0977** ⑤ **0978** ① **0979** 12

0980 -4 **0981** ② **0982** 3 **0983** ③ **0984** ③

0985 5 **0986** $-\dfrac{5}{4}$ **0987** -2 **0988** ② **0989** ④

0990 $a<1$ **0991** ④ **0992** 10 **0993** -3 **0994** ⑤

0995 ③ **0996** ④ **0997** 13 **0998** ② **0999** -1

1000 -2 **1001** 1 **1002** 5 **1003** ⑤ **1004** ④

1005 $-\dfrac{1}{2}$ **1006** ④ **1007** $-12<m\leq0$ **1008** $\dfrac{3}{2}$

1009 ② **1010** 5 **1011** 6 **1012** -14 **1013** 4

1014 9 **1015** ① **1016** 31 **1017** ⑤ **1018** 4

1019 ② **1020** 3 **1021** ㄴ, ㄹ **1022** ⑤

1023 $9\leq k\leq13$ **1024** ④ **1025** ③ **1026** $\dfrac{2}{3}$

1027 3 **1028** $k\leq-\dfrac{1}{2}$ **1029** ㄱ, ㄴ **1030** ④

1031 14 **1032** ③ **1033** ③ **1034** 2 **1035** $a\leq\dfrac{1}{4}$

1036 3 **1037** 1 **1038** 6 **1039** $-\dfrac{1}{80}$ **1040** $\dfrac{9}{44}$

1041 15 **1042** -2

⑩ 무리함수

1043 $x\leq3$ **1044** $-4\leq x\leq1$ **1045** $2\leq x<6$

1046 $\sqrt{x+3}+\sqrt{x}$ **1047** $\sqrt{x+3}-\sqrt{x+1}$

1048 $\dfrac{x+8-4\sqrt{x+4}}{x}$ **1049** ㄴ, ㄹ **1050** $\{x|x\geq2\}$

1051 $\{x|x\leq3\}$ **1052** $\left\{x\Big|x\geq\dfrac{3}{2}\right\}$

1053 $\{x|x\leq1\}$

1054  정의역: $\{x|x\geq0\}$, 치역: $\{y|y\geq0\}$

1055 정의역: $\{x|x\leq0\}$, 치역: $\{y|y\geq0\}$

1056 정의역: $\{x|x\geq0\}$, 치역: $\{y|y\leq0\}$

1057 정의역: $\{x|x\leq0\}$, 치역: $\{y|y\leq0\}$

1058 (1) $y=-\sqrt{5x}$ (2) $y=\sqrt{-5x}$ (3) $y=-\sqrt{-5x}$

1059 $y=\sqrt{3(x+3)}+2$

1060 정의역: $\{x|x\geq1\}$, 치역: $\{y|y\geq2\}$

1061 정의역: $\{x|x\leq3\}$, 치역: $\{y|y\geq0\}$

1062 정의역: $\left\{x\Big|x\geq\dfrac{1}{2}\right\}$, 치역: $\{y|y\leq1\}$

1063 정의역: $\{x|x\leq2\}$, 치역: $\{y|y\leq3\}$

1064 $x\leq-\dfrac{1}{2}$ 또는 $x\geq\dfrac{5}{3}$ **1065** ③ **1066** ② **1067** 2

1068 ④ **1069** $2x$ **1070** ③ **1071** $\sqrt{7}-\sqrt{6}$ **1072** ②

1073 ⑤ **1074** $3\sqrt{2}$ **1075** ④ **1076** ② **1077** $\sqrt{2}$

1078 1 **1079** -2 **1080** ㄱ, ㄹ **1081** ③ **1082** -3

1083 5 **1084** 정의역: $\{x|x\leq3\}$, 치역: $\{y|y\geq1\}$ **1085** ④

1086 ② **1087** -3 **1088** -8 **1089** ⑤ **1090** ④

1091 ⑤ **1092** ③ **1093** ③ **1094** -5 **1095** 1

1096 -6 **1097** $\dfrac{9}{8}$ **1098** -10 **1099** 6 **1100** ①

1101 ⑤ **1102** $\dfrac{3}{4}$ **1103** 3 **1104** $\sqrt{3}$ **1105** ②

1106 ② **1107** $1\leq k<\dfrac{5}{4}$ **1108** ⑤ **1109** $k>2$

1110 4 **1111** ③ **1112** $0\leq k<4$ **1113** ②

1114 2 **1115** $k<-2$ **1116** 8 **1117** ① **1118** ①

1119 ④ **1120** -1 **1121** 39 **1122** $2\sqrt{2}$ **1123** $\dfrac{3}{2}$

1124 ① **1125** $\dfrac{1}{6}<m\leq\dfrac{3}{2}$

1126 정의역: $\left\{x\Big|x\leq\dfrac{3}{5}\right\}$, 치역: $\{y|y\leq-2\}$

1127 제3사분면 **1128** 14 **1129** $\dfrac{1}{4}$ **1130** ③

1131 10 **1132** $0<k<\dfrac{1}{2}$

0774 서로 같은 함수가 아니다. **0775** 서로 같은 함수이다.

0776 서로 같은 함수이다.

0777 (1) 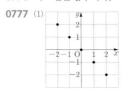 (2)

0778 (1) ㄱ, ㄴ (2) ㄱ, ㄴ (3) ㄴ (4) ㄷ

0779 (1) ㄷ, ㄹ (2) ㄷ, ㄹ (3) ㄷ (4) ㄱ

0780 (1) 3 (2) 2 (3) 7 (4) 6

0781 $(g \circ f)(x) = 9x^2 - 6x + 3$ **0782** $(f \circ g)(x) = 3x^2 + 5$

0783 $(f \circ f)(x) = 9x - 4$ **0784** $(g \circ g)(x) = x^4 + 4x^2 + 6$

0785 ㄱ, ㄷ **0786** (1) 7 (2) −1 **0787** $y = \dfrac{1}{2}x + 1$

0788 $y = 4x - \dfrac{3}{2}$ **0789** (1) 3 (2) 8 (3) 3 (4) 4

0790 (1) $f(x) = x + 1$ (2) $f(x) = -x + 3$ (3)

0791 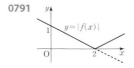 **0792**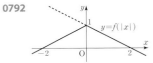

0793 ③ **0794** ④ **0795** ③ **0796** $\sqrt{5}$ **0797** −7

0798 −10 **0799** 3 **0800** −2 **0801** ④ **0802** 3

0803 −1 **0804** −2 **0805** ㄱ, ㄷ **0806** {2, 5} **0807** 3

0808 ㄱ, ㄹ **0809** ③ **0810** ㄴ **0811** −2 **0812** 8

0813 4 **0814** ④ **0815** 14 **0816** 60

0817 {−4, 0}, {−4, 4}, {0, 4} **0818** 14 **0819** 285

0820 ⑤ **0821** 125 **0822** 120 **0823** ⑤ **0824** ②

0825 2 **0826** 3 **0827** −1 **0828** ⑤ **0829** (3, 3)

0830 1 **0831** ① **0832** ① **0833** ③ **0834** ②

0835 9 **0836** −3 **0837** 2 **0838** 2 **0839** 15

0840 4 **0841** $\dfrac{4}{7}$ **0842** 6 **0843** ④ **0844** −2

0845 5 **0846** 4 **0847** ④ **0848** −12 **0849** 1

0850 ③ **0851** $\dfrac{4}{25}$ **0852** 2

0853 $f^{-1}(x) = \begin{cases} -\dfrac{1}{2}x + \dfrac{5}{2} & (x \leq 3) \\ -\dfrac{1}{3}x + 2 & (x > 3) \end{cases}$ **0854** 5 **0855** 1

0856 ㄱ, ㄷ **0857** ④ **0858** 2 **0859** 4 **0860** ②

0861 $\dfrac{7}{3}$ **0862** 4 **0863** ③ **0864** −1 **0865** −8

0866 ② **0867** ④ **0868** ④ **0869** −6 **0870** 4

0871 ④ **0872** 60 **0873** 24 **0874** 34 **0875** ③

0876 $3\sqrt{2}$ **0877** $2 \leq k < \dfrac{9}{4}$ **0878** $m < -1$ 또는 $m \geq \dfrac{1}{2}$

0879 ② **0880** 12 **0881** ②, ⑤ **0882** 14 **0883** 20

0884 4 **0885** 6 **0886** ⑤ **0887** ⑤ **0888** 360

0889 ① **0890** 3 **0891** 12 **0892** ① **0893** 9

0894 25 **0895** 29 **0896** 2 **0897** 3

0898 $h^{-1}(x) = -\dfrac{1}{8}x + \dfrac{3}{8}$ **0899** ⑤ **0900** ② **0901** ②

0902 ② **0903** 9 **0904** 8 **0905** 1 **0906** 6

0907 $-\dfrac{11}{3}$ **0908** 5 **0909** ① **0910** 6 **0911** 1

09 유리함수

0912 (1) ㄱ, ㄹ, ㅂ (2) ㄴ, ㄷ, ㅁ **0913** $\dfrac{2c^2x}{6ab^2cx^2}$, $\dfrac{3a^2b}{6ab^2cx^2}$

0914 $\dfrac{2(x+2)}{(x+2)(x-1)(x-3)}$, $\dfrac{(x+1)(x-1)}{(x+2)(x-1)(x-3)}$

0915 $\dfrac{3ax^2}{2y}$ **0916** $\dfrac{x-4}{x+1}$ **0917** $\dfrac{3x-3}{(x+1)(x-2)}$

0918 $\dfrac{4}{x(x+3)}$ **0919** $\dfrac{x-2}{(x+1)(x-1)}$ **0920** $\dfrac{x-5}{x+3}$

0921 $\dfrac{11x+13}{(x-1)(x+3)}$ **0922** $\dfrac{3x-2}{(x-2)(x+2)}$

0923 $\dfrac{2}{(x+1)(x+3)}$ **0924** $\dfrac{2}{x(x+4)}$ **0925** $\dfrac{x+1}{x+4}$

0926 $\dfrac{1}{2x-1}$ **0927** $-\dfrac{1}{7}$ **0928** $\dfrac{13}{7}$ **0929** $\dfrac{31}{38}$

0930 (1) ㄱ, ㄷ, ㅁ (2) ㄴ, ㄹ, ㅂ **0931** {$x | x \neq -3$인 실수}

0932 {$x | x \neq 2$인 실수} **0933** {$x | x \neq \pm 1$인 실수}

0934 {$x | x$는 실수} **0935**

0936 **0937**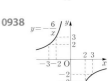

0938 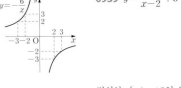 **0939** $y = \dfrac{1}{x-2} + 3$

0940 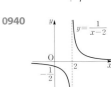 정의역: {$x | x \neq 2$인 실수},
치역: {$y | y \neq 0$인 실수},
점근선의 방정식: $x = 2$, $y = 0$

0941 정의역: {$x | x \neq 0$인 실수},
치역: {$y | y \neq 1$인 실수},
점근선의 방정식: $x = 0$, $y = 1$

0942 정의역: {$x | x \neq 1$인 실수},
치역: {$y | y \neq -3$인 실수},
점근선의 방정식: $x = 1$, $y = -3$

0943 정의역: {$x | x \neq -2$인 실수},
치역: {$y | y \neq 1$인 실수},
점근선의 방정식: $x = -2$, $y = 1$

0944 $y = \dfrac{5}{x-1} + 4$ **0945** $y = -\dfrac{1}{x-2} - 3$

01 평면좌표

0001 4   0002 10   0003 4   0004 1, 7   0005 -10, 0

0006 $\sqrt{37}$ 0007 $5\sqrt{2}$ 0008 $\sqrt{41}$ 0009 $\sqrt{a^2+b^2}$

0010 (1) 7 (2) 4   0011 5

0012 (1) $\left(\dfrac{13}{5}, -1\right)$ (2) $\left(\dfrac{7}{5}, 0\right)$ (3) $\left(2, -\dfrac{1}{2}\right)$

0013 -12 0014 $(-1, 1)$ 0015 $(2, 0)$ 0016 $(0, b)$

0017 -3 0018 9   0019 ①   0020 1   0021 -2

0022 8   0023 $2\sqrt{2}$ 0024 $(3, 4)$ 0025 $\sqrt{5}$ km   0026 ⑤

0027 5   0028 $4<a<6$ 0029 $(4\sqrt{3}, -2\sqrt{3})$

0030 $\sqrt{5}$ 0031 ④   0032 $5\sqrt{2}$ 0033 ③   0034 ④

0035 ③   0036 $\left(\dfrac{1}{2}, \dfrac{7}{2}\right)$ 0037 ㈎ $-c$ ㈏ $a^2+b^2+c^2$

0038 ㈎ a ㈏ b ㈐ $x^2+y^2+(x-a)^2+(y-b)^2$ 0039 $\dfrac{\sqrt{2}}{2}$

0040 -10 0041 $\dfrac{7}{3}$ 0042 $(-2, 2)$

0043 $\dfrac{2}{3}<k<2$ 0044 ③   0045 1   0046 1

0047 ⑤   0048 ②, ④   0049 $(-1, 2)$, $(3, 4)$ 0050 $(2, 5)$

0051 3   0052 ⑤   0053 ④   0054 ②   0055 ②

0056 ⑤   0057 $\left(\dfrac{2}{3}, 4\right)$ 0058 ②   0059 ③

0060 $\left(\dfrac{5}{2}, -\dfrac{3}{2}\right)$ 0061 7   0062 ①

0063 $3x+2y-12=0$ 0064 $6x-4y+13=0$ 0065 ⑤

0066 ④   0067 -4 0068 ②   0069 ③   0070 $-\dfrac{5}{2}$

0071 ④   0072 -10 0073 ③   0074 ④   0075 -26

0076 4   0077 ②   0078 $\dfrac{7}{3}$ 0079 ③   0080 6 km

0081 $-2\sqrt{3}$ 0082 $C<A<B$ 0083 $\dfrac{2}{5}$ 0084 10π

0085 ④   0086 ⑤

02 직선의 방정식

0087 $y=-5x+3$ 0088 $y=2x-3$

0089 $y=-3x+9$ 0090 $y=4$ 0091 $-\dfrac{x}{7}+\dfrac{y}{5}=1$

0092 (1) 제1, 2, 4사분면 (2) 제1, 4사분면   0093 $(-2, 1)$

0094 $\left(\dfrac{1}{5}, \dfrac{3}{5}\right)$ 0095 $4x-7y=0$

0096 (1) $-\dfrac{3}{2}$ (2) 1   0097 (1) -1 (2) $\dfrac{1}{3}$

0098 $y=-\dfrac{3}{2}x$ 0099 $y=\dfrac{1}{3}x+\dfrac{5}{3}$ 0100 $\sqrt{5}$

0101 $\dfrac{1}{2}$ 0102 $\dfrac{6}{5}$ 0103 $3\sqrt{2}$ 0104 $y=-2x+7$

0105 ⑤   0106 5   0107 2   0108 ⑤   0109 $y=3$

0110 $\left(\dfrac{7}{2}, 0\right)$ 0111 -6 0112 1   0113 $y=2x+1$

0114 12   0115 -7 0116 ②   0117 -1 0118 ④

0119 ⑤   0120 ③   0121 ④   0122 5   0123 ②

0124 -1 0125 ⑤   0126 $\dfrac{4}{7}$ 0127 $\dfrac{2}{3}$ 0128 $-\dfrac{4}{3}$

0129 -4 0130 ③   0131 6   0132 $y=-3x+2$

0133 ①   0134 9   0135 ③   0136 ②   0137 9

0138 8   0139 $\left(\dfrac{7}{2}, \dfrac{5}{2}\right)$ 0140 -1 0141 -2

0142 $-\dfrac{5}{4}$ 0143 $\dfrac{9}{2}$ 0144 7   0145 ③   0146 $\sqrt{5}$

0147 $\dfrac{4\sqrt{5}}{5}$ 0148 ④   0149 $2\sqrt{2}$ 0150 $\dfrac{5\sqrt{2}}{12}$ 0151 $\dfrac{37}{3}$

0152 3   0153 4   0154 6   0155 $\dfrac{21}{2}$

0156 $\dfrac{1}{4}<m<\dfrac{3}{2}$ 0157 ②   0158 1   0159 ②

0160 -14 0161 $x-y=0$ 또는 $3x+3y-4=0$ 0162 ④

0163 $-\dfrac{1}{2}$ 0164 ②   0165 ③   0166 ①   0167 ⑤

0168 ①   0169 -26 0170 ③   0171 $\left(0, -\dfrac{32}{3}\right)$

0172 $\left(\dfrac{2}{5}, -\dfrac{1}{5}\right)$ 0173 ③   0174 -3, 8   0175 $\dfrac{13}{2}$

0176 $\dfrac{\sqrt{5}}{3}$ 0177 $12x-5y-19=0$ 0178 16   0179 ②

0180 $0<m<\dfrac{1}{4}$ 0181 ③   0182 $-\dfrac{1}{5}$

0183 $y=-\dfrac{2}{7}x+\dfrac{25}{7}$ 0184 $-\dfrac{1}{2}$ 0185 $\dfrac{5\sqrt{3}}{3}$ 0186 ①

0187 $2\sqrt{2}$ 0188 $-\dfrac{3}{5}$

03 원의 방정식

0189 중심의 좌표: $(4, 1)$, 반지름의 길이: 5

0190 중심의 좌표: $(0, 3)$, 반지름의 길이: 3

0191 중심의 좌표: $(2, 0)$, 반지름의 길이: 2

0192 중심의 좌표: $(1, 3)$, 반지름의 길이: $\sqrt{2}$

0193 $(x-2)^2+(y-2)^2=1$ 0194 $(x-3)^2+(y+2)^2=4$

0195 $x^2+y^2=9$ 0196 $(x-2)^2+(y+1)^2=25$

0197 $(x+3)^2+(y-2)^2=5$ 0198 $(x+2)^2+(y-3)^2=9$

0199 $(x-4)^2+(y+1)^2=16$ 0200 $(x+2)^2+(y+2)^2=4$

0201 서로 다른 두 점에서 만난다.   0202 만나지 않는다.

0203 2   0204 0   0205 $y=2x+5$, $y=2x-5$

0206 $x+\sqrt{3}y=4$ 0207 $6x+8y-13=0$

0208 $x^2+y^2-3x+2y=0$ 0209 ④   0210 13π 0211 ㄱ, ㄴ

0212 7   0213 19   0214 ⑤   0215 $(x+5)^2+(y-4)^2=41$

0216 $\sqrt{13}$ 0217 ③   0218 4

0219 $-3\leq k<-2$ 또는 $-1<k\leq0$ 0220 17   0221 ①

0222 $\left(x-\dfrac{5}{2}\right)^2+\left(y-\dfrac{5}{2}\right)^2=\dfrac{5}{2}$ 0223 $(x+2)^2+(y+1)^2=1$

0224 6   0225 $\sqrt{10}$ 0226 1   0227 $4\sqrt{2}$ 0228 1

0229 π 0230 ④   0231 ④   0232 $\sqrt{5}$ 0233 12

0234 ③   0235 ④   0236 ①   0237 $m>\dfrac{4}{3}$ 0238 ④

0239 16   0240 4π 0241 $y=x-2$, $y=x-6$ 0242 ③

0243 36　　0244 6　　0245 $\sqrt{14}$　　0246 ②　　0247 3π

0248 ④　　0249 $4\sqrt{3}$　　0250 ③　　0251 $5\sqrt{2}$　　0252 ②

0253 15　　0254 12　　0255 ④　　0256 ③　　0257 5

0258 ②　　0259 $\dfrac{50}{3}$　　0260 -7　　0261 $-\dfrac{16}{5}$

0262 $y=2$, $3x-4y+5=0$　　0263 $y=\sqrt{3}x-2$　　0264 $3\sqrt{3}$

0265 $2\sqrt{5}$　　0266 -2　　0267 ①　　0268 $\dfrac{2\sqrt{2}}{3}$

0269 $y=3x-2$　　0270 -4　　0271 5π　　0272 3

0273 8π　　0274 2π　　0275 ③　　0276 ①　　0277 $2\sqrt{5}$

0278 $\sqrt{7}$　　0279 $\dfrac{16}{5}\pi$　　0280 ④　　0281 ④　　0282 1

0283 ③　　0284 3　　0285 ④　　0286 -3　　0287 ④

0288 3　　0289 ③　　0290 ④　　0291 7　　0292 ②

0293 10　　0294 $3\sqrt{2}$　　0295 $\dfrac{8}{3}$　　0296 ①　　0297 10

0298 $y=\sqrt{3}x+4\sqrt{3}$, $y=\sqrt{3}x-4\sqrt{3}$　　0299 ①

0300 $\left(-1, \dfrac{1}{2}\right)$　　0301 ②　　0302 12π　　0303 $2\sqrt{5}$

0304 -1　　0305 25π　　0306 0　　0307 6　　0308 36π

0309 80　　0310 $\dfrac{6\sqrt{15}}{5}$

04 도형의 이동

0311 $(0, -1)$　　0312 $(4, 1)$　　0313 $(3, -3)$

0314 $(-2, -6)$　　0315 $(5, -2)$　　0316 $(1, 2)$

0317 $(8, -5)$　　0318 $(12, 4)$　　0319 $(8, -1)$

0320 $(4, 1)$　　0321 $(10, -14)$　　0322 $(1, -16)$

0323 $a=2$, $b=-3$　　0324 $x-4y-20=0$

0325 $y=2x^2-7x$　　0326 $(x-5)^2+(y+6)^2=6$

0327 $x+3y+20=0$　　0328 $y=-x^2-4x-9$

0329 $y=-2x$　　0330 $y=-x^2+4x-1$

0331 $x^2+y^2=1$　　0332 $x+y-7=0$

0333 $a=4$, $b=-1$

0334 (1) $(-1, -3)$ (2) $(1, 3)$ (3) $(1, -3)$ (4) $(3, -1)$

0335 (1) $2x+y+8=0$ (2) $2x+y-8=0$ (3) $2x-y-8=0$

　　　(4) $x-2y-8=0$

0336 (1) $y=-x^2+x-2$ (2) $y=x^2+x+2$ (3) $y=-x^2-x-2$

0337 (1) $(x+1)^2+(y+5)^2=36$ (2) $(x-1)^2+(y-5)^2=36$

　　　(3) $(x-1)^2+(y+5)^2=36$ (4) $(x-5)^2+(y+1)^2=36$

0338 $(2, 5)$　　0339 $(5, -6)$　　0340 $(-7, 7)$

0341 $(-5, 0)$　　0342 $(4, -1)$　　0343 $(7, 2)$

0344 (1) $(3, -1)$ (2) $(x-3)^2+(y+1)^2=2$

0345 (1) $\left(\dfrac{a+3}{2}, \dfrac{b-1}{2}\right)$ (2) $\dfrac{b+1}{a-3}$ (3) $(-2, 4)$

0346 (개) $-x'-y'$ (내) $x'-y'$ (대) $-x$ (래) $-y$　　0347 $(1, 4)$

0348 ②　　0349 $(5, 2)$　　0350 11　　0351 ⑤　　0352 1

0353 12　　0354 4　　0355 8　　0356 8　　0357 -8

0358 6　　0359 4　　0360 1　　0361 7　　0362 2

0363 $\left(1, \dfrac{2}{3}\right)$　　0364 3　　0365 제1사분면　　0366 -3

0367 $y=3x+20$　　0368 -5　　0369 ①　　0370 5

0371 ③　　0372 ②　　0373 6　　0374 ④

0375 $-3-\sqrt{10}<k<-3+\sqrt{10}$　　0376 $k\leq-\dfrac{1}{3}$

0377 2　　0378 -7　　0379 $(-4, -4)$　　0380 $2\sqrt{7}$

0381 ②　　0382 $\sqrt{73}$　　0383 $7\sqrt{2}$

0384 최솟값: 10, $\mathrm{P}\left(0, \dfrac{19}{4}\right)$　　0385 $\dfrac{50\sqrt{10}}{3}$　　0386 ④　　0387 ①

0388 $(2, 3)$　　0389 (1) $a=-p-4$, $b=-q-2$ (2) $3x-y+12=0$

0390 ⑤　　0391 2　　0392 $(x-1)^2+(y+4)^2=5$　　0393 1

0394 ④　　0395 ⑤　　0396 ③　　0397 ①　　0398 $\dfrac{7}{3}$

0399 ①　　0400 40　　0401 140　　0402 ③　　0403 ⑤

0404 -12　　0405 100 m　　0406 ②　　0407 $\dfrac{9}{2}$　　0408 $\sqrt{2}$

0409 ①　　0410 $(12, -2)$　　0411 $\left(-\dfrac{1}{2}, \dfrac{7}{2}\right)$

0412 15　　0413 4π　　0414 151　　0415 16　　0416 18

05 집합의 뜻과 포함 관계

0417 ㄴ, ㄷ　　0418 (1) $\notin$ (2) $\in$ (3) $\in$ (4) $\notin$

0419 (1) $A=\{1, 3, 5, 15\}$ (2) $A=\{x \,|\, x$는 15의 양의 약수$\}$

(3)

0420 유　　0421 무　　0422 유, 공　　0423 3　　0424 4

0425 $A \subset B$　　0426 $B \subset A$

0427 (1) $\varnothing$ (2) $\{a\}$, $\{b\}$, $\{c\}$ (3) $\{a, b\}$, $\{a, c\}$, $\{b, c\}$ (4) $\{a, b, c\}$

0428 $\varnothing$, $\{x\}$, $\{y\}$, $\{x, y\}$

0429 $\varnothing$, $\{1\}$, $\{2\}$, $\{4\}$, $\{1, 2\}$, $\{1, 4\}$, $\{2, 4\}$, $\{1, 2, 4\}$

0430 $A=B$　　0431 $A \neq B$　　0432 (1) 16 (2) 15 (3) 8　　0433 ③

0434 ①, ③　　0435 2　　0436 ②　　0437 ㄷ, ㄹ　　0438 ③

0439 ④　　0440 ⑤　　0441 ③　　0442 ④　　0443 ③, ④

0444 ③　　0445 8　　0446 6　　0447 ②　　0448 -1

0449 6　　0450 ㄱ, ㄹ, ㅁ　　0451 ⑤　　0452 ②

0453 ④　　0454 ①　　0455 ④　　0456 ⑤　　0457 2

0458 4　　0459 4　　0460 -1

0461 $\varnothing$, $\{1\}$, $\{3\}$, $\{9\}$, $\{1, 3\}$, $\{1, 9\}$, $\{3, 9\}$　　0462 ③

0463 ④　　0464 5　　0465 2　　0466 14　　0467 2

0468 ①　　0469 31　　0470 16　　0471 1023　　0472 7

0473 4　　0474 6　　0475 24　　0476 ④　　0477 9

0478 62　　0479 56　　0480 48　　0481 ④　　0482 27

0483 ㄱ, ㄹ　　0484 21　　0485 ④　　0486 ④　　0487 7

0488 ④　　0489 ④　　0490 5　　0491 4　　0492 ④

0493 -2　　0494 8　　0495 39　　0496 16　　0497 ②

0498 6　　0499 5　　0500 64　　0501 8　　0502 ㄱ, ㄷ

0503 201　　0504 $\dfrac{10}{3}$

06 집합의 연산

0505 {1, 3, 5, 9, 13}　　　0506 {a, b, c, d}
0507 {1, 2, 4, 6, 8, 10}　　0508 {2, 7}　0509 ∅
0510 {6, 12, 18}　　　0511 (1) {1, 2, 5, 7, 9, 10}　(2) {1, 2}
0512 서로소이다.　　　0513 서로소가 아니다.
0514 서로소이다.　　　0515 {2, 3, 5, 6, 7, 9, 10}　0516 ∅
0517 {a, b, d}　　　0518 {1, 3, 5, 15}
0519 (1) {1, 7, 8, 9}　(2) {1, 2, 6, 8}　(3) {2, 6}　(4) {7, 9}
0520 {2}　　0521 {1, 2, 3, 5}　　　0522 {0, 1, 3, 5}
0523 ∅　　0524 A　　0525 ∅　　0526 U　　0527 A
0528 U　　0529 ㄱ, ㄷ, ㅁ, ㅂ
0530 (개) 드모르간의 법칙　(내) 결합법칙
0531 (개) 드모르간의 법칙　(내) 분배법칙
0532 (1) {4}　(2) {4}　(3) {1, 3, 4, 5, 7}　(4) {1, 3, 4, 5, 7}
0533 2　　　0534 (1) 23　(2) 18　(3) 15　(4) 55
0535 (1) 34　(2) 6　　　0536 91　　0537 {2, 3, 4, 5, 6}
0538 ④　　　0539 6　　　0540 ②, ⑤　0541 ㄱ, ㄷ, ㅁ
0542 64　　0543 24　　0544 {2, 3, 7, 8, 9}　　0545 ①
0546 {3, 4, 6, 8}　　　0547 ⑤　　0548 24　　0549 8
0550 ③　　　0551 ⑤　　0552 ④　　0553 2　　0554 3
0555 216　　0556 6　　0557 ③　　0558 ④　　0559 ③
0560 ④　　　0561 ㄱ, ㄹ　0562 ⑤　　0563 ④　　0564 8
0565 4　　　0566 128　　0567 12　　0568 ②　　0569 ④
0570 ⑤　　　0571 ②　　0572 ④　　0573 ㄴ, ㄷ　0574 ①
0575 6　　　0576 4　　　0577 ①　　0578 10　　0579 ④
0580 12　　　0581 ㄱ, ㄷ　0582 7　　0583 {−2, 3, 5}
0584 4　　　0585 ①　　0586 16　　0587 4　　0588 5
0589 ②　　　0590 43　　0591 ④　　0592 8　　0593 19
0594 ②　　　0595 28　　0596 ④　　0597 16　　0598 ③
0599 10　　0600 85　　0601 18　　0602 14　　0603 1
0604 {b, e}　　0605 12　　0606 ②　　0607 8　　0608 8
0609 18　　0610 ㄱ, ㄴ　0611 ②, ⑤　0612 16　　0613 ⑤
0614 ②　　0615 36　　0616 3　　0617 72　　0618 5
0619 11　　0620 ④　　0621 4　　0622 ②　　0623 ①
0624 76　　0625 {7}　　0626 −2　　0627 16　　0628 −7
0629 1023　　0630 11　　0631 9

07 명제

0632 ㄱ, ㄷ, ㄹ　　　0633 {2, 3, 5, 7}
0634 {1, 2, 3, 4}
0635 자연수는 정수가 아니다. (거짓)
0636 4는 6의 약수이거나 2의 배수이다. (참)
0637 x는 9의 약수가 아니다., {5, 7}
0638 $x^2-6x+5\neq0$, {3, 7, 9}
0639 가정: 8의 배수이다., 결론: 2의 배수이다.
0640 가정: r는 홀수이다., 결론: r^2은 홀수이다.
0641 거짓　0642 참　0643 거짓　0644 참　0645 거짓
0646 어떤 실수 x에 대하여 $2x+3\leq5$이다. (참)

0647 모든 실수 x에 대하여 $|x|\geq0$이다. (참)
0648 역: $ab=0$이면 $a=0$, $b=0$이다. (거짓)
　　　대우: $ab\neq0$이면 $a\neq0$ 또는 $b\neq0$이다. (참)
0649 역: $a+b>0$이면 $a>0$ 또는 $b>0$이다. (참)
　　　대우: $a+b\leq0$이면 $a\leq0$이고 $b\leq0$이다. (거짓)
0650 역: 이등변삼각형이면 정삼각형이다. (거짓)
　　　대우: 이등변삼각형이 아니면 정삼각형이 아니다. (참)
0651 필요조건　　　0652 필요충분조건
0653 충분조건　　　0654 (개) 짝수　(내) 짝수　(대) $k+l$
0655 (개) $b\neq0$　(내) $\neq$　(대) $|a|+|b|=0$　0656 (개) b^2　(내) 0
0657 (개) $2\sqrt{ab}$　(내) $\sqrt{a}-\sqrt{b}$　(대) $a=b$　0658 2　　0659 12
0660 (개) $a^2x^2+2abxy+b^2y^2$　(내) $bx-ay$　(대) $ay=bx$　0661 ④
0662 ①, ④　0663 ㄱ, ㄹ　0664 $2\leq x\leq5$　0665 ㄴ, ㄹ
0666 ⑤　　0667 {−2, 3, 4}　0668 ⑤　　0669 ③
0670 ③　　0671 ②, ⑤　0672 ㄱ　0673 ④　　0674 ④
0675 13　　0676 ②　　0677 ⑤　　0678 ⑤　　0679 30
0680 ②　　0681 −4　　0682 2　　0683 ㄴ, ㄷ　0684 ③
0685 $a<4$　0686 ④　　0687 ④　　0688 ③　　0689 $a\leq2$
0690 7　　0691 2　　0692 3　　0693 ④
0694 ㄱ, ㄴ, ㄷ　　　0695 ②　　0696 ①　　0697 ㄱ, ㄷ
0698 ㄴ　　0699 ④　　0700 ㄱ, ㄴ　0701 ⑤　　0702 18
0703 1　　0704 $2\leq a\leq4$　　　0705 0　　0706 ⑤
0707 ④　　0708 필요충분조건
0709 (개) $3k-2$　(내) $3k^2-4k+1$　(대) $3k^2-2k$
0710 풀이 80쪽　　0711 ②　　0712 풀이 80쪽
0713 ④　　0714 $A<B$　0715 ⑤　　0716 (개) $2\sqrt{ab}$　(내) $b=0$
0717 풀이 81쪽　　　0718 ㄴ　　0719 11　　0720 ⑤
0721 −64　0722 2　　0723 ⑤　　0724 −3　　0725 4
0726 9　　0727 ②　　0728 ④　　0729 6　　0730 7
0731 ②　　0732 144　　0733 $\dfrac{13}{4}$　0734 $\dfrac{4}{3}$　0735 ②
0736 2000 cm³　　0737 20　　0738 ㄷ　　0739 11
0740 ④　　0741 ④　　0742 ③　　0743 2　　0744 ①, ⑤
0745 9　　0746 ③　　0747 ㄷ, ㄹ　0748 A, C　0749 ㄴ
0750 ②　　0751 5　　0752 3　　0753 ㄴ, ㄷ　0754 15
0755 ②　　0756 ②　　0757 16　　0758 $5\sqrt{2}$　0759 −4
0760 2　　0761 10　　0762 20　　0763 ㄴ, ㄷ　0764 ②
0765 $\dfrac{49}{6}$

08 함수

0766 함수가 아니다.
0767 함수이다., 정의역: {a, b, c, d}, 공역: {0, 1, 2}, 치역: {0, 1, 2}
0768 함수이다., 정의역: {−1, 0, 1}, 공역: {5, 7, 8, 9}, 치역: {5, 8, 9}
0769 함수가 아니다.
0770 정의역: {x | x는 실수}, 치역: {y | y는 실수}
0771 정외역: {x | x는 실수}, 치역: {y | $y\leq9$}
0772 정의역: {x | x는 실수}, 치역: {y | $y\geq2$}
0773 정의역: {x | $x\neq0$인 실수}, 치역: {y | $y\neq0$인 실수}

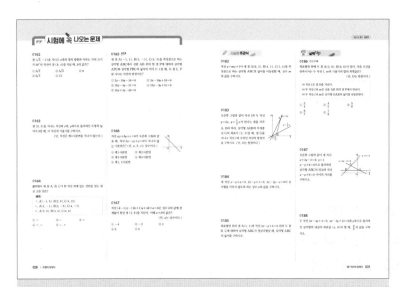

시험에 꼭 나오는 문제를 선별하여 유형별로 골고루 구성하였고, 출제율이 높은 문제는 중요★ 표시를 하였습니다.

서술형 주관식

전국 내신 기출 문제를 분석하여 자주 출제되었던 서술형 (논술형) 문제로 구성하였습니다.

실력Up

내신 고득점 획득과 수학적 사고력을 기르는 데 필요한 문제로 구성하였습니다.

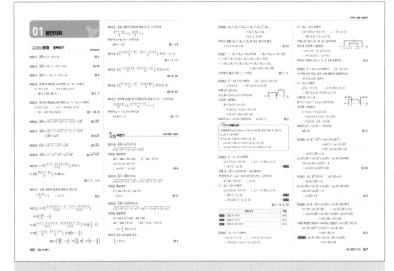

정답 및 풀이

혼자서도 충분히 이해할 수 있도록 풀이를 쉽고 자세히 서술하였고, 수학적 사고력을 기를 수 있도록 다른 풀이를 충분히 제시하였습니다.

RPM 비법노트 를 통해 문제의 핵심 개념, 문제 해결 Tip을 확인할 수 있습니다.

한눈에 보이는 정답

정답을 빠르게 채점하고 오답 문항을 바로 확인할 수 있습니다.

유형의 완성 RPM **차례**

I

도형의 방정식

01 평면좌표

 개념 플러스

01｜1 두 점 사이의 거리

유형 01~06, 12, 13

1 수직선 위의 두 점 사이의 거리

수직선 위의 두 점 $A(x_1)$, $B(x_2)$ 사이의 거리는

$$\overline{AB}=|x_2-x_1|$$

2 좌표평면 위의 두 점 사이의 거리

좌표평면 위의 두 점 $A(x_1, y_1)$, $B(x_2, y_2)$ 사이의 거리는

$$\overline{AB}=\sqrt{(x_2-x_1)^2+(y_2-y_1)^2}=\sqrt{(x_1-x_2)^2+(y_1-y_2)^2}$$

참고▶ 원점 O와 점 $A(x_1, y_1)$ 사이의 거리는 $\overline{OA}=\sqrt{x_1{}^2+y_1{}^2}$

예 두 점 $A(-3, 1)$, $B(2, 6)$ 사이의 거리는

$$\sqrt{\{2-(-3)\}^2+(6-1)^2}=\sqrt{50}=5\sqrt{2}$$

01｜2 선분의 내분점

유형 07~10, 12, 13

1 내분과 내분점

점 P가 선분 AB 위에 있고

$$\overline{AP}:\overline{PB}=m:n \ (m>0,\ n>0)$$

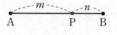

일 때, 점 P는 선분 AB를 $m:n$으로 내분한다고 하며 점 P를 선분 AB의 내분점이라 한다.

● $m \neq n$인 두 양수 m, n에 대하여 선분 AB를 $m:n$으로 내분하는 점과 선분 BA를 $m:n$으로 내분하는 점은 다르다.

2 수직선 위의 선분의 내분점

수직선 위의 두 점 $A(x_1)$, $B(x_2)$에 대하여 선분 AB를 $m:n \ (m>0,\ n>0)$으로 내분하는 점을 P라 하면

$$P\left(\frac{mx_2+nx_1}{m+n}\right)$$

참고▶ 두 점 $A(x_1)$, $B(x_2)$에 대하여 선분 AB의 중점을 M이라 하면 $M\left(\dfrac{x_1+x_2}{2}\right)$

● 중점은 선분을 $1:1$로 내분하는 점이다.

3 좌표평면 위의 선분의 내분점

좌표평면 위의 두 점 $A(x_1, y_1)$, $B(x_2, y_2)$에 대하여 선분 AB를 $m:n \ (m>0,\ n>0)$으로 내분하는 점을 P라 하면

$$P\left(\frac{mx_2+nx_1}{m+n},\ \frac{my_2+ny_1}{m+n}\right)$$

참고▶ 두 점 $A(x_1, y_1)$, $B(x_2, y_2)$에 대하여 선분 AB의 중점을 M이라 하면 $M\left(\dfrac{x_1+x_2}{2},\ \dfrac{y_1+y_2}{2}\right)$

●
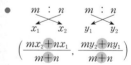

01｜3 삼각형의 무게중심

유형 11

좌표평면 위의 세 점 $A(x_1, y_1)$, $B(x_2, y_2)$, $C(x_3, y_3)$을 꼭짓점으로 하는 삼각형 ABC의 무게중심을 G라 하면

$$G\left(\frac{x_1+x_2+x_3}{3},\ \frac{y_1+y_2+y_3}{3}\right)$$

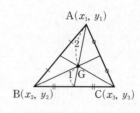

참고▶ 세 변 AB, BC, CA를 각각 $m:n \ (m>0,\ n>0)$으로 내분하는 점을 꼭짓점으로 하는 삼각형의 무게중심은 점 G와 일치한다.

● 삼각형의 무게중심은 세 중선을 꼭짓점으로부터 각각 $2:1$로 내분한다.

교과서 문제 정복하기

01 | 1 두 점 사이의 거리

[0001 ~ 0003] 수직선 위의 다음 두 점 사이의 거리를 구하시오.

0001 $A(3)$, $B(7)$

0002 $A(-2)$, $B(8)$

0003 $A(-5)$, $B(-9)$

[0004 ~ 0005] 수직선 위에서 다음 점의 좌표를 모두 구하시오.

0004 점 $P(4)$에서 거리가 3인 점 R

0005 점 $Q(-5)$에서 거리가 5인 점 S

[0006 ~ 0009] 좌표평면 위의 다음 두 점 사이의 거리를 구하시오.

0006 $A(2, -1)$, $B(3, 5)$

0007 $A(-4, -2)$, $B(1, -7)$

0008 $O(0, 0)$, $A(4, -5)$

0009 $A(a, 0)$, $B(0, b)$

01 | 2 선분의 내분점

0010 수직선 위의 두 점 $A(10)$, $B(-2)$에 대하여 다음을 구하시오.

⑴ 선분 AB를 $1 : 3$으로 내분하는 점 P의 좌표

⑵ 선분 AB의 중점 M의 좌표

0011 두 점 $A(-3)$, $B(a)$에 대하여 선분 AB의 중점의 좌표가 1일 때, a의 값을 구하시오.

0012 좌표평면 위의 두 점 $A(-1, 2)$, $B(5, -3)$에 대하여 다음을 구하시오.

⑴ 선분 AB를 $3 : 2$로 내분하는 점 P의 좌표

⑵ 선분 BA를 $3 : 2$로 내분하는 점 Q의 좌표

⑶ 선분 AB의 중점 M의 좌표

0013 두 점 $A(a, 4)$, $B(-2, b)$에 대하여 선분 AB의 중점의 좌표가 $(2, 1)$일 때, ab의 값을 구하시오.

01 | 3 삼각형의 무게중심

[0014 ~ 0016] 다음 세 점 A, B, C를 꼭짓점으로 하는 삼각형 ABC의 무게중심 G의 좌표를 구하시오.

0014 $A(1, 2)$, $B(2, -1)$, $C(-6, 2)$

0015 $A(-1, 2)$, $B(5, 1)$, $C(2, -3)$

0016 $A(0, 0)$, $B(a, b)$, $C(-a, 2b)$

0017 세 점 $A(5, a)$, $B(2, 3)$, $C(b, -1)$을 꼭짓점으로 하는 삼각형 ABC의 무게중심의 좌표가 $(3, -1)$일 때, $a+b$의 값을 구하시오.

유형 익히기

▶ 개념원리 공통수학 2 11쪽

유형 01 두 점 사이의 거리

좌표평면 위의 두 점 $A(x_1, y_1)$, $B(x_2, y_2)$ 사이의 거리

$\Rightarrow \overline{AB} = \sqrt{(x_2-x_1)^2 + (y_2-y_1)^2}$

0018 대표문제

두 점 $A(4, a)$, $B(a, 4)$에 대하여 $\overline{AB} = 5\sqrt{2}$일 때, 양수 a의 값을 구하시오.

0019 상중하

세 점 $A(-1, 2)$, $B(2, 3)$, $C(a, 1)$에 대하여 $\overline{AC} = \overline{BC}$일 때, a의 값은?

① 1   ② 2   ③ 3

④ 4   ⑤ 5

0020 상중하

네 점 $A(3, a)$, $B(7, -1)$, $C(-a, 4)$, $D(-1, 2)$에 대하여 $\overline{AB} = 2\overline{CD}$일 때, 모든 a의 값의 곱을 구하시오.

0021 상중하

두 점 $A(a, -5)$, $B(1, a)$에 대하여 선분 AB의 길이가 최소가 되도록 하는 실수 a의 값을 구하시오.

▶ 개념원리 공통수학 2 12쪽

유형 02 같은 거리에 있는 점의 좌표

(1) 두 점 A, B에서 같은 거리에 있는 점을 P라 하면

$\overline{AP} = \overline{BP}$에서 $\overline{AP}^2 = \overline{BP}^2$

(2) 점 P의 위치에 따라 좌표를 다음과 같이 정한다.

① 점 P가 x축 위의 점 $\Rightarrow$ $P(a, 0)$

② 점 P가 y축 위의 점 $\Rightarrow$ $P(0, b)$

③ 점 P가 직선 $y = mx+n$ 위의 점 $\Rightarrow$ $P(a, am+n)$

0022 대표문제

두 점 $A(1, 3)$, $B(5, -1)$에서 같은 거리에 있는 점 $P(a, b)$가 직선 $y = 2x-7$ 위의 점일 때, $a+b$의 값을 구하시오.

0023 상중하

두 점 $A(2, 1)$, $B(-1, 4)$에서 같은 거리에 있는 x축 위의 점을 P, y축 위의 점을 Q라 할 때, 선분 PQ의 길이를 구하시오.

0024 상중하

점 P에서 세 점 $A(8, 4)$, $B(3, -1)$, $C(6, 8)$까지의 거리가 모두 같을 때, 점 P의 좌표를 구하시오.

0025 상중하

세 학교 A, B, C에서 같은 거리에 있는 지점에 도서관을 지으려고 한다. 세 학교 A, B, C의 위치가 오른쪽 그림과 같을 때, 도서관과 각 학교 사이의 거리는 몇 km인지 구하시오.

(단, 건물의 크기는 무시한다.)

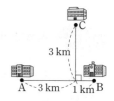

▶ 개념원리 공통수학 2 13쪽

유형 03 삼각형의 세 변의 길이와 모양

세 점 A, B, C의 좌표를 이용하여 $\overline{AB}^2$, $\overline{BC}^2$, $\overline{CA}^2$의 값을 구한 후 다음과 같이 삼각형 ABC의 모양을 판정한다.

(1) $\overline{AB}^2 = \overline{BC}^2 = \overline{CA}^2$ ➡ 정삼각형

(2) $\overline{BC}^2 + \overline{CA}^2 = \overline{AB}^2$ ➡ $\angle C = 90°$인 직각삼각형

(3) $\overline{AB}^2 = \overline{BC}^2$ (또는 $\overline{BC}^2 = \overline{CA}^2$ 또는 $\overline{CA}^2 = \overline{AB}^2$)

➡ 이등변삼각형

0026 대표문제

세 점 A(4, 2), B(0, −4), C(−2, −2)를 꼭짓점으로 하는 삼각형 ABC는 어떤 삼각형인가?

① 정삼각형

② $\angle A = 90°$인 직각삼각형

③ $\angle B = 90°$인 직각삼각형

④ $\overline{AB} = \overline{BC}$인 이등변삼각형

⑤ $\overline{AB} = \overline{AC}$인 이등변삼각형

0027 상중하 ◀서술형

세 점 A(0, 1), B(1, −2), C(3, 2)를 꼭짓점으로 하는 삼각형 ABC의 넓이를 구하시오.

0028 상중하

세 점 A(a, −1), B(8, 3), C(2, 1)을 꼭짓점으로 하는 삼각형 ABC가 $\angle A > 90°$인 둔각삼각형이 되도록 하는 a의 값의 범위를 구하시오. (단, $a \neq -4$)

0029 상중하

좌표평면 위의 정삼각형 ABC에 대하여 A(2, 4), B(−2, −4)일 때, 꼭짓점 C의 좌표를 구하시오.

(단, 점 C는 제4사분면 위의 점이다.)

유형 04 두 점 사이의 거리의 활용

(1) 실수 x, y, a, b에 대하여

$$\sqrt{(x-a)^2 + (y-b)^2}$$

➡ 두 점 (x, y), (a, b) 사이의 거리

(2) 두 점 A, B와 임의의 점 P에 대하여

$$\overline{AP} + \overline{BP} \geq \overline{AB}$$

➡ $\overline{AP} + \overline{BP}$의 최솟값은 $\overline{AB}$의 길이와 같고 이때 점 P는 $\overline{AB}$ 위에 있다.

0030 대표문제

실수 x, y에 대하여 $\sqrt{x^2 + y^2} + \sqrt{(x-2)^2 + (y+1)^2}$의 최솟값을 구하시오.

0031 상중하

두 점 A(−2, −4), B(3, 8)과 임의의 점 P에 대하여 $\overline{AP} + \overline{PB}$의 최솟값은?

① 7   ② 9   ③ 11

④ 13   ⑤ 15

0032 상중하

실수 x, y에 대하여

$$\sqrt{x^2 + y^2 - 2x + 6y + 10} + \sqrt{x^2 + y^2 + 8x - 4y + 20}$$

의 최솟값을 구하시오.

유형 05 거리의 제곱의 합의 최솟값

두 점 A, B와 임의의 점 P에 대하여 $\overline{PA}^2 + \overline{PB}^2$의 최솟값

➡ 두 점 사이의 거리를 구하는 공식을 이용하여 $\overline{PA}^2 + \overline{PB}^2$을 이차식으로 나타낸 후 최솟값을 구한다.

0033 대표문제

두 점 $A(1, 4)$, $B(5, 3)$과 x축 위의 점 P에 대하여 $\overline{AP}^2 + \overline{BP}^2$의 최솟값은?

① 31　　　　② 32　　　　③ 33

④ 34　　　　⑤ 35

0034 상중하

두 점 $A(4, 2)$, $B(2, 6)$과 임의의 점 P에 대하여 $\overline{PA}^2 + \overline{PB}^2$의 값이 최소일 때, 점 P의 좌표는?

① $(2, 1)$　　　② $(2, 4)$　　　③ $(3, 2)$

④ $(3, 4)$　　　⑤ $(4, 3)$

0035 상중하

두 점 $A(4, -2)$, $B(k, 6)$과 y축 위의 점 P에 대하여 $\overline{AP}^2 + \overline{BP}^2$의 최솟값이 57일 때, 양수 k의 값은?

① 1　　　　② 2　　　　③ 3

④ 4　　　　⑤ 5

0036 상중하

세 점 $A(1, 8)$, $B(-3, 5)$, $C(2, -1)$과 직선 $y = x + 3$ 위의 점 P에 대하여 $\overline{AP}^2 + \overline{BP}^2 + \overline{CP}^2$의 값이 최소가 되도록 하는 점 P의 좌표를 구하시오.

유형 06 좌표를 이용한 도형의 성질의 증명

좌표를 이용하여 도형의 성질을 증명할 때에는 다음과 같은 순서로 한다.

(ⅰ) 도형의 한 변이 좌표축 위에 오도록 도형을 좌표평면 위에 놓는다.

(ⅱ) 도형의 꼭짓점에 해당하는 점의 좌표를 정한다.

(ⅲ) 두 점 사이의 거리를 구하는 공식을 이용하여 주어진 등식이 성립함을 증명한다.

0037 대표문제

다음은 삼각형 ABC에서 변 BC의 중점을 M이라 할 때,
$$\overline{AB}^2 + \overline{AC}^2 = 2(\overline{AM}^2 + \overline{BM}^2)$$
이 성립함을 증명하는 과정이다.

증명

오른쪽 그림과 같이 직선 BC를 x축, 점 M을 지나고 직선 BC에 수직인 직선을 y축으로 하는 좌표평면을 잡으면 점 M은 원점이다.

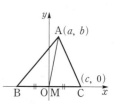

이때 삼각형 ABC의 세 꼭짓점을 $A(a, b)$, $B(\boxed{(가)}, 0)$, $C(c, 0)$이라 하면
$$\overline{AB}^2 + \overline{AC}^2 = 2(\boxed{(나)}), \quad \overline{AM}^2 + \overline{BM}^2 = \boxed{(나)}$$
$$\therefore \overline{AB}^2 + \overline{AC}^2 = 2(\overline{AM}^2 + \overline{BM}^2)$$

위의 과정에서 (가), (나)에 알맞은 것을 구하시오.

0038 상중하

다음은 직사각형 ABCD의 내부에 점 P가 있을 때,
$$\overline{PA}^2 + \overline{PC}^2 = \overline{PB}^2 + \overline{PD}^2$$
이 성립함을 증명하는 과정이다.

증명

오른쪽 그림과 같이 직선 BC를 x축으로 하고, 직선 AB를 y축으로 하는 좌표평면을 잡으면 점 B는 원점이다.

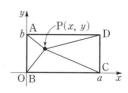

이때 나머지 세 꼭짓점을 $A(0, b)$, $C(a, 0)$, $D(\boxed{(가)}, \boxed{(나)})$라 하고 점 P의 좌표를 (x, y)라 하면
$$\overline{PA}^2 + \overline{PC}^2 = \boxed{(다)}, \quad \overline{PB}^2 + \overline{PD}^2 = \boxed{(다)}$$
$$\therefore \overline{PA}^2 + \overline{PC}^2 = \overline{PB}^2 + \overline{PD}^2$$

위의 과정에서 (가), (나), (다)에 알맞은 것을 구하시오.

▶ 개념원리 공통수학 2 22쪽

유형 07 선분의 내분점

두 점 $A(x_1, y_1)$, $B(x_2, y_2)$에 대하여 $\overline{AB}$를
$m : n\,(m>0,\ n>0)$으로 내분하는 점의 좌표는
$$\left(\frac{mx_2+nx_1}{m+n},\ \frac{my_2+ny_1}{m+n} \right)$$
참고▶ 중점은 선분을 1 : 1로 내분하는 점이다.

0039 대표문제

두 점 $A(4, -3)$, $B(-1, 2)$에 대하여 선분 AB를 2 : 3으로 내분하는 점을 P, 선분 AB의 중점을 M이라 할 때, 선분 PM의 길이를 구하시오.

0040 상중하

두 점 $A(2, 15)$, $B(10, m)$에 대하여 선분 AB를 5 : 3으로 내분하는 점의 좌표가 $(n, -5)$일 때, $m+n$의 값을 구하시오.

0041 상중하 ◀서술형

세 점 $A(2, a+1)$, $B(b+1, -1)$, $C(a-1, b+1)$에 대하여 선분 AB를 2 : 1로 내분하는 점의 좌표가 $(2, 1)$일 때, 선분 BC를 1 : 2로 내분하는 점의 좌표는 (p, q)이다. $p-q$의 값을 구하시오.

0042 상중하

두 점 P, Q에 대하여 선분 PQ를 삼등분하는 점 중에서 점 P에 가까운 점을 P◎Q라 하자. 이때 세 점 $A(-5, 4)$, $B(3, -1)$, $C(6, -4)$에 대하여 $A◎(B◎C)$의 좌표를 구하시오.

▶ 개념원리 공통수학 2 23쪽

유형 08 선분의 내분점의 활용

두 점 A, B에 대하여 선분 AB를 내분하는 점의 좌표를 구한 후 조건을 만족시키도록 방정식 또는 부등식을 세운다.

0043 대표문제

두 점 $A(1, -3)$, $B(-4, 6)$에 대하여 선분 AB를
$k : (2-k)$로 내분하는 점이 제2사분면 위에 있을 때, 실수 k의 값의 범위를 구하시오.

0044 상중하

두 점 $A(4, -3)$, $B(1, a)$에 대하여 선분 AB를 $(4-t) : t$로 내분하는 점의 좌표가 $(2, 3)$일 때, a의 값은?

① 4　　　　② 5　　　　③ 6
④ 7　　　　⑤ 8

0045 상중하

두 점 $A(-6, 4)$, $B(5, -6)$을 이은 선분 AB가 y축에 의하여 $m : n$으로 내분될 때, $m-n$의 값을 구하시오.
(단, m, n은 서로소인 자연수이다.)

0046 상중하

두 점 $A(-1, 1)$, $B(2, 4)$에 대하여 선분 AB를 $k : 5$로 내분하는 점이 직선 $y=-x+1$ 위에 있을 때, 실수 k의 값을 구하시오.

유형 09 등식을 만족시키는 선분의 연장선 위의 점

$m\overline{AB}=n\overline{BC}\ (m>0,\ n>0)$이면

$\overline{AB}:\overline{BC}=n:m$

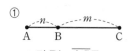 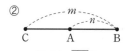

➡ 점 B는 $\overline{AC}$를 $n:m$
  으로 내분한다.

➡ 점 A는 $\overline{CB}$를
  $(m-n):n$으로 내분한다.
  (단, $m>n$)

0047 대표문제

두 점 A$(-1,\ 0)$, B$(5,\ 2)$에 대하여 선분 AB의 연장선 위에 있고 $3\overline{AB}=2\overline{BC}$를 만족시키는 점 C의 좌표를 $(a,\ b)$라 할 때, $a+b$의 값은? (단, $a>0$)

① 11 　　　② 13 　　　③ 15
④ 17 　　　⑤ 19

0048 상중하

두 점 A$(-1,\ 2)$, B$(1,\ 4)$에 대하여 선분 AB의 연장선 위의 점 C가 $2\overline{AB}=\overline{BC}$를 만족시킬 때, 다음 중 점 C의 좌표를 모두 고르면? (정답 2개)

① $(-5,\ -2)$ 　　② $(-3,\ 0)$ 　　③ $(3,\ 6)$
④ $(5,\ 8)$ 　　　⑤ $(6,\ 9)$

0049 상중하

두 점 A$(-5,\ 0)$, B$(1,\ 3)$을 지나는 직선 AB 위의 점 C에 대하여 $\overline{AB}=3\overline{BC}$일 때, 점 C의 좌표를 모두 구하시오.

유형 10 평행사변형에서 중점의 활용

(1) 평행사변형 ➡ 두 대각선의 중점이 일치한다.

(2) 마름모

　➡ 두 대각선의 중점이 일치하고 이웃하는 두 변의 길이가 같다.

0050 대표문제

평행사변형 ABCD의 세 꼭짓점이 A$(-1,\ 3)$, B$(0,\ 0)$, C$(3,\ 2)$일 때, 꼭짓점 D의 좌표를 구하시오.

0051 상중하

네 점 A$(a,\ 4)$, B$(1,\ 1)$, C$(b,\ 2)$, D$(-3,\ c)$를 꼭짓점으로 하는 사각형 ABCD가 평행사변형일 때, $a+b+c$의 값을 구하시오.

0052 상중하

네 점 A$(a,\ b)$, B$(c,\ 3)$, C$(-2,\ -4)$, D$(d,\ -5)$를 꼭짓점으로 하는 평행사변형 ABCD의 두 대각선의 교점이 직선 $y=-x$ 위에 있을 때, $ab+c+d$의 값은?

① 6 　　　② 7 　　　③ 8
④ 9 　　　⑤ 10

0053 상중하

네 점 A$(a,\ 1)$, B$(2,\ 3)$, C$(4,\ 4)$, D$(b,\ 2)$를 꼭짓점으로 하는 사각형 ABCD가 마름모일 때, 다음 중 ab의 값이 될 수 있는 것은?

① 0 　　　② 5 　　　③ 10
④ 15 　　　⑤ 20

유형 | 11 | 삼각형의 무게중심

세 점 $A(x_1, y_1)$, $B(x_2, y_2)$, $C(x_3, y_3)$을 꼭짓점으로 하는 삼각형 ABC의 무게중심의 좌표는

$$\left(\frac{x_1+x_2+x_3}{3}, \frac{y_1+y_2+y_3}{3} \right)$$

0054 대표문제

세 점 $A(2, 4)$, $B(x_1, y_1)$, $C(x_2, y_2)$를 꼭짓점으로 하는 삼각형 ABC의 무게중심의 좌표가 $(6, 8)$일 때, 선분 BC의 중점의 좌표는?

① $(8, 9)$　　　② $(8, 10)$　　　③ $(9, 9)$

④ $(9, 10)$　　　⑤ $(10, 9)$

0055 상중하

세 점 $A(a, b)$, $B(-b, 4)$, $C(-2, 5)$를 꼭짓점으로 하는 삼각형 ABC의 무게중심의 좌표가 $(1, -2)$일 때, $a+b$의 값은?

① -30　　　② -25　　　③ -20

④ -15　　　⑤ -10

0056 상중하

직선 $y=-4x$가 세 점 $A(-1, a)$, $B(4, 4)$, $C(-6, -1)$을 꼭짓점으로 하는 삼각형 ABC의 무게중심을 지날 때, a의 값은?

① 5　　　② 6　　　③ 7

④ 8　　　⑤ 9

0057 상중하 서술형

세 점 $A(3, 2)$, $B(-1, 4)$, $C(0, k)$에 대하여 삼각형 ABC가 $\angle B=90°$인 직각삼각형일 때, 삼각형 ABC의 무게중심의 좌표를 구하시오.

0058 상중하

세 점 $A(-2, 3)$, $B(1, -4)$, $C(4, 7)$을 꼭짓점으로 하는 삼각형 ABC에서 $\overline{AB}$, $\overline{BC}$, $\overline{CA}$를 $2:1$로 내분하는 점을 각각 P, Q, R라 하자. 삼각형 PQR의 무게중심의 좌표를 (a, b)라 할 때, $a-b$의 값은?

① -2　　　② -1　　　③ 0

④ 1　　　⑤ 2

0059 상중하

삼각형 ABC에 대하여 $\overline{PA}^2+\overline{PB}^2+\overline{PC}^2$의 값이 최소가 되도록 하는 점 P의 위치는?

① △ABC의 외심

② △ABC의 내심

③ △ABC의 무게중심

④ $\overline{AB}$의 중점

⑤ $\overline{AC}$를 $2:1$로 내분하는 점

▶ 개념원리 공통수학 2 26쪽

유형⌒ 12 삼각형의 내각의 이등분선의 성질

삼각형 ABC에서 ∠A의 이등분선이 $\overline{BC}$
와 만나는 점을 D라 하면
$$\overline{AB} : \overline{AC} = \overline{BD} : \overline{CD}$$
$$= \triangle ABD : \triangle ACD$$

➡ 점 D는 $\overline{BC}$를 $\overline{AB} : \overline{AC}$로 내분하는 점이다.

0060 대표문제

오른쪽 그림과 같이 세 점
A(1, 4), B(−4, −8), C(5, 1)
을 꼭짓점으로 하는 삼각형 ABC
에서 ∠A의 이등분선이 변 BC
와 만나는 점을 D라 할 때, 점 D
의 좌표를 구하시오.

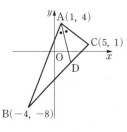

0061 상중하

세 점 A(5, 4), B(1, 0), C(2, 7)을 꼭짓점으로 하는 삼각
형 ABC에서 ∠A의 이등분선이 변 BC와 만나는 점을 D라
할 때, 삼각형 DAB와 삼각형 DAC의 넓이의 비는 $p : q$이
다. 이때 $p^2 - q^2$의 값을 구하시오.

(단, p, q는 서로소인 자연수이다.)

0062 상중하

세 점 A(−2, 3), B(6, 9), C(10, 6)을 꼭짓점으로 하는
삼각형 ABC에서 ∠B의 이등분선이 변 AC와 만나는 점을
D(a, b)라 할 때, $a−b$의 값은?

① 1 　　　 ② 2 　　　 ③ 3
④ 4 　　　 ⑤ 5

유형⌒ 13 자취의 방정식

조건을 만족시키는 점의 좌표를 (x, y)로 놓고 두 점 사이의 거리
또는 내분점의 좌표를 구하는 공식을 이용하여 등식을 세운다.

0063 대표문제

두 점 A(−1, 2), B(2, 4)에 대하여 $\overline{PA}^2 - \overline{PB}^2 = 9$를 만
족시키는 점 P가 나타내는 도형의 방정식을 구하시오.

0064 상중하

두 점 A(−1, 5), B(2, 3)에서 같은 거리에 있는 점 P가 나
타내는 도형의 방정식을 구하시오.

0065 상중하

직선 $y = 3x + 2$ 위를 움직이는 점 A와 점 B(3, 2)에 대하여
선분 AB를 2 : 1로 내분하는 점이 나타내는 도형의 방정식은?

① $3x − y = 0$ 　　　 ② $3x + y + 2 = 0$
③ $3x − y + 2 = 0$ 　　　 ④ $3x + y + 4 = 0$
⑤ $3x − y − 4 = 0$

정답 및 풀이 008쪽

0066

두 점 $A(2, t)$, $B(t, 8)$ 사이의 거리가 6 이하가 되도록 하는 정수 t의 개수는?

① 4   ② 5   ③ 6

④ 7   ⑤ 8

0067 중요★

세 점 $A(1, 3)$, $B(-3, 5)$, $C(-1, -1)$로부터 같은 거리에 있는 점을 $P(a, b)$라 할 때, $a-b$의 값을 구하시오.

0068

세 점 $A(-1, -1)$, $B(2, 4)$, $C(3, 0)$을 꼭짓점으로 하는 삼각형 ABC는 어떤 삼각형인가?

① $\angle A=90°$인 직각삼각형

② $\angle C=90°$인 직각이등변삼각형

③ $\overline{AB}=\overline{AC}$인 이등변삼각형

④ $\overline{AB}=\overline{BC}$인 이등변삼각형

⑤ 정삼각형

0069

실수 x, y에 대하여

$$\sqrt{(x+1)^2+(y+2)^2}+\sqrt{(x-2)^2+(y-2)^2}$$

의 최솟값은?

① 4   ② $3\sqrt{2}$ ③ 5

④ 6   ⑤ $5\sqrt{2}$

0070

두 점 $A(1, -4)$, $B(-1, 3)$에 대하여 $\overline{AP}^2+\overline{BP}^2$의 값이 최소가 되도록 하는 y축 위의 점 P는 직선 $2x-5y+k=0$ 위의 점이다. 이때 상수 k의 값을 구하시오.

0071

다음은 삼각형 ABC의 변 BC 위의 점 D에 대하여 $\overline{BD}=2\overline{CD}$일 때, $\overline{AB}^2+2\overline{AC}^2=3(\overline{AD}^2+2\overline{CD}^2)$이 성립함을 증명하는 과정이다.

> **증명**
>
> 오른쪽 그림과 같이 직선 BC를 x축, 점 D를 지나고 직선 BC에 수직인 직선을 y축으로 하는 좌표평면을 잡으면 점 D는 원점이다.
>
>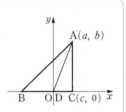
>
> 이때 삼각형 ABC의 세 꼭짓점을 $A(a, b)$, $B(\boxed{(가)}, 0)$, $C(c, 0)$이라 하면
>
> $\overline{AB}^2+2\overline{AC}^2=3(\boxed{(나)})$, $\overline{AD}^2+2\overline{CD}^2=\boxed{(나)}$
>
> $\therefore \overline{AB}^2+2\overline{AC}^2=3(\overline{AD}^2+2\overline{CD}^2)$

위의 과정에서 (가), (나)에 알맞은 것을 차례대로 나열한 것은?

① $-2a$, $a^2+b^2+2c^2$ ② $-2a$, $a^2+2b^2+c^2$

③ $-2b$, $a^2+b^2+2c^2$ ④ $-2c$, $a^2+b^2+2c^2$

⑤ $-2c$, $a^2+2b^2+c^2$

0072 중요★

두 점 $A(8, -4)$, $B(3, 1)$을 이은 선분 AB를 $2:3$으로 내분하는 점 P가 직선 $x-2y+k=0$ 위에 있을 때, 상수 k의 값을 구하시오.

0073 교육청 기출

그림과 같이 이차함수 $y=ax^2$ $(a>0)$의 그래프와 직선 $y=\frac{1}{2}x+1$이 서로 다른 두 점 P, Q에서 만난다. 선분 PQ의 중점 M에서 y축에 내린 수선의 발을 H라 하자. 선분 MH의 길이가 1일 때, 선분 PQ의 길이는?

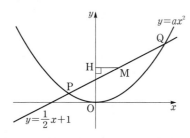

① 4
② $\frac{9}{2}$
③ 5
④ $\frac{11}{2}$
⑤ 6

0074

두 점 A$(-2, 0)$, B$(0, 7)$을 이은 선분 AB를 $1 : k$로 내분하는 점이 직선 $x+2y=2$ 위에 있을 때, 양수 k의 값은?

① 1
② 2
③ 3
④ 4
⑤ 5

0075 중요★

두 점 A$(-1, -1)$, B$(2, 4)$를 이은 선분 AB의 연장선 위에 있고 $4\overline{AC}=3\overline{BC}$를 만족시키는 점 C의 좌표를 (a, b)라 할 때, $a+b$의 값을 구하시오.

0076

평행사변형 ABCD의 세 꼭짓점이 A$(1, 1)$, B$(3, 5)$, D(a, b)이고 대각선 AC의 중점의 좌표가 $(4, 2)$일 때, $a+b$의 값을 구하시오.

0077

네 점 A$(0, 5)$, B$(1, a)$, C$(ab, 1)$, D$(7, b)$에 대하여 사각형 ABCD가 평행사변형일 때, a^3+b^3의 값은?

① 68
② 72
③ 76
④ 80
⑤ 82

0078 중요★

삼각형 ABC에서 꼭짓점 A의 좌표는 $(3, -2)$이고 $\overline{AB}$의 중점의 좌표는 $(4, 2)$, 삼각형 ABC의 무게중심의 좌표는 $\left(\frac{4}{3}, 2\right)$이다. $\overline{BC}$를 $2 : 1$로 내분하는 점의 좌표를 (a, b)라 할 때, $a+b$의 값을 구하시오.

0079 교육청 기출

그림과 같이 좌표평면 위의 세 점 A$(0, a)$, B$(-3, 0)$, C$(1, 0)$을 꼭짓점으로 하는 삼각형 ABC가 있다. ∠ABC의 이등분선이 선분 AC의 중점을 지날 때, 양수 a의 값은?

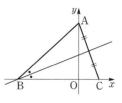

① $\sqrt{5}$
② $\sqrt{6}$
③ $\sqrt{7}$
④ $2\sqrt{2}$
⑤ 3

✏️ 서술형 **주관식**

0080

오른쪽 그림과 같이 주희가 윤서로부터 북쪽으로 10 km 떨어진 지점에 있다. 주희와 윤서가 동시에 출발하여 주희는 남쪽 방향으로 시속 8 km, 윤서는 동쪽 방향으로 시속 6 km의 일정한 속력으로 움직인다. 이때 주희와 윤서 사이의 거리의 최솟값을 구하시오.

0081

세 점 O(0, 0), A(2, 2), B(a, b)를 꼭짓점으로 하는 삼각형 OAB가 정삼각형일 때, $a-b$의 값을 구하시오. (단, $a<0$)

0082

수직선 위의 두 점 P($\sqrt{2}$), Q($\sqrt{5}$)를 이용하여 세 수

$$A=\frac{\sqrt{2}+\sqrt{5}}{2},\ B=\frac{\sqrt{2}+2\sqrt{5}}{3},\ C=\frac{3\sqrt{2}+\sqrt{5}}{4}$$

사이의 대소 관계를 구하시오.

0083

두 점 A(0, 2), B(5, -3)에 대하여 선분 AB를 $t:(1-t)$로 내분하는 점 P가 x축 위의 점일 때, 선분 OP를 $(1-2t):2t$로 내분하는 점의 x좌표를 구하시오.

(단, O는 원점이다.)

🏆 실력up

0084

원점 O와 두 점 A(4, 2), B(6, -2)에 대하여 삼각형 OAB의 외접원의 넓이를 구하시오.

0085

오른쪽 그림과 같이 소매상 A, B, C가 한 직선 도로 위에 있고 이 도로의 어느 한 지점에 도매상을 세우려고 한다. $\overline{AB}=2\overline{BC}$이고 운반 비용은 도매상에서 각 소매상까지의 거리의 제곱의 합에 정비례한다고 할 때, 운반 비용을 최소로 하는 도매상의 위치는?

① $\overline{AB}$의 중점　　　　　② $\overline{BC}$의 중점
③ $\overline{AC}$의 중점　　　　　④ $\overline{AB}$를 5 : 1로 내분하는 점
⑤ $\overline{AB}$를 4 : 1로 내분하는 점

0086

세 점 A(0, 3), B(-5, -9), C(4, 0)을 꼭짓점으로 하는 삼각형 ABC가 있다. 오른쪽 그림과 같이 $\overline{AC}=\overline{AD}$가 되도록 선분 AB 위에 점 D를 잡는다. 점 A를 지나면서 선분 DC와 평행한 직선이 선분 BC의 연장선과 만나는 점을 P(a, b)라 할 때, $a-b$의 값은?

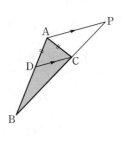

① -1　　　　② 1　　　　③ 2
④ 3　　　　⑤ 4

02 직선의 방정식

개념 플러스

02 1 직선의 방정식
유형 01~06

1 한 점과 기울기가 주어진 직선의 방정식
기울기가 m이고 점 (x_1, y_1)을 지나는 직선의 방정식은 $y-y_1=m(x-x_1)$

2 두 점을 지나는 직선의 방정식
서로 다른 두 점 (x_1, y_1), (x_2, y_2)를 지나는 직선의 방정식은

① $x_1 \neq x_2$일 때, $y-y_1=\dfrac{y_2-y_1}{x_2-x_1}(x-x_1)$

② $x_1=x_2$일 때, $x=x_1$

3 x절편과 y절편이 주어진 직선의 방정식
x절편이 a, y절편이 b인 직선의 방정식은 $\dfrac{x}{a}+\dfrac{y}{b}=1$ (단, $ab \neq 0$)

참고▶ x, y에 대한 일차방정식 $ax+by+c=0$ ($a \neq 0$ 또는 $b \neq 0$)이 나타내는 도형은 직선이다.

- 기울기가 m이고 y절편이 n인 직선의 방정식은
  $$y=mx+n$$

- 점 (a, b)를 지나고
  ① y축에 평행한 직선의 방정식
    ⇨ $x=a$ (단, $a \neq 0$)
  ② x축에 평행한 직선의 방정식
    ⇨ $y=b$ (단, $b \neq 0$)

02 2 두 직선의 교점을 지나는 직선의 방정식
유형 07, 08, 16

1 직선이 항상 지나는 점
두 직선 $ax+by+c=0$, $a'x+b'y+c'=0$이 한 점에서 만날 때, 직선
$$ax+by+c+k(a'x+b'y+c')=0$$
은 실수 k의 값에 관계없이 항상 두 직선 $ax+by+c=0$, $a'x+b'y+c'=0$의 교점을 지난다.

2 두 직선의 교점을 지나는 직선의 방정식
한 점에서 만나는 두 직선 $ax+by+c=0$, $a'x+b'y+c'=0$의 교점을 지나는 직선 중
$a'x+b'y+c'=0$을 제외한 직선의 방정식은
$$ax+by+c+k(a'x+b'y+c')=0 \ (k는 \ 실수)$$
의 꼴로 나타낼 수 있다.

02 3 두 직선의 위치 관계
유형 09~12

두 직선의 위치 관계	평행하다.	일치한다.	한 점에서 만난다.	수직이다.
$\begin{cases} y=mx+n \\ y=m'x+n' \end{cases}$	$m=m'$, $n \neq n'$ 기울기는 같고, y절편은 다르다.	$m=m'$, $n=n'$ 기울기와 y절편이 각각 같다.	$m \neq m'$ 기울기가 다르다.	$mm'=-1$ 기울기의 곱이 -1이다.
$\begin{cases} ax+by+c=0 \\ a'x+b'y+c'=0 \end{cases}$ (단, $a'b'c' \neq 0$)	$\dfrac{a}{a'}=\dfrac{b}{b'} \neq \dfrac{c}{c'}$	$\dfrac{a}{a'}=\dfrac{b}{b'}=\dfrac{c}{c'}$	$\dfrac{a}{a'} \neq \dfrac{b}{b'}$	$aa'+bb'=0$

- 수직인 두 직선은 한 점에서 만나는 두 직선의 특수한 경우이다.

02 4 점과 직선 사이의 거리
유형 13, 14, 15, 17

점 (x_1, y_1)과 직선 $ax+by+c=0$ 사이의 거리 d는 $d=\dfrac{|ax_1+by_1+c|}{\sqrt{a^2+b^2}}$

특히 원점과 직선 $ax+by+c=0$ 사이의 거리 d는 $d=\dfrac{|c|}{\sqrt{a^2+b^2}}$

참고▶ 평행한 두 직선 사이의 거리는 한 직선 위의 임의의 점과 다른 직선 사이의 거리와 같다.

- 점과 직선 사이의 거리는 그 점에서 직선에 내린 수선의 발까지의 거리이다.

교과서 **문제** 정복하기

02 | 1 직선의 방정식

[0087~0088] 다음 직선의 방정식을 구하시오.

0087 점 $(0, 3)$을 지나고 기울기가 -5인 직선

0088 점 $(1, -1)$을 지나고 기울기가 2인 직선

[0089~0090] 다음 두 점을 지나는 직선의 방정식을 구하시오.

0089 $(2, 3)$, $(4, -3)$

0090 $(6, 4)$, $(-3, 4)$

0091 x절편이 -7, y절편이 5인 직선의 방정식을 구하시오.

0092 세 실수 a, b, c가 다음과 같을 때, 직선 $ax+by+c=0$이 지나는 사분면을 모두 구하시오.

(1) $a>0$, $b>0$, $c<0$

(2) $a>0$, $b=0$, $c<0$

02 | 2 두 직선의 교점을 지나는 직선의 방정식

0093 직선 $(4x+5y+3)+k(2x+3y+1)=0$이 실수 k의 값에 관계없이 항상 지나는 점의 좌표를 구하시오.

0094 직선 $(k+2)x-(2k-1)y+k-1=0$이 실수 k의 값에 관계없이 항상 지나는 점의 좌표를 구하시오.

0095 두 직선 $2x-3y-1=0$, $2x-4y+1=0$의 교점과 원점을 지나는 직선의 방정식을 구하시오.

02 | 3 두 직선의 위치 관계

0096 두 직선 $y=-\dfrac{1}{2}x+5$, $y=(a+1)x+4$의 위치 관계가 다음과 같도록 하는 상수 a의 값을 구하시오.

(1) 평행   (2) 수직

0097 두 직선 $x+ay+1=0$, $(a-1)x+2y+1=0$의 위치 관계가 다음과 같도록 하는 상수 a의 값을 구하시오.

(1) 평행   (2) 수직

0098 점 $(2, -3)$을 지나고 직선 $3x+2y+1=0$에 평행한 직선의 방정식을 구하시오.

0099 점 $(-2, 1)$을 지나고 직선 $y=-3x+1$에 수직인 직선의 방정식을 구하시오.

02 | 4 점과 직선 사이의 거리

[0100~0102] 다음 점과 직선 사이의 거리를 구하시오.

0100 점 $(1, 4)$, 직선 $x-2y+2=0$

0101 점 $(-3, 2)$, 직선 $6x+8y-3=0$

0102 점 $(0, 0)$, 직선 $4x-3y+6=0$

0103 평행한 두 직선 $x-y-3=0$, $x-y+3=0$ 사이의 거리를 구하시오.

유형 익히기

▸ **개념원리** 공통수학 2 37쪽

유형 01 한 점과 기울기가 주어진 직선의 방정식

(1) 기울기가 m이고 y절편이 n인 직선의 방정식
$$\Rightarrow y=mx+n$$
(2) 기울기가 m이고 점 (x_1, y_1)을 지나는 직선의 방정식
$$\Rightarrow y-y_1=m(x-x_1)$$

참고▸ 직선이 x축의 양의 방향과 이루는 각의 크기가 θ일 때
(직선의 기울기)$=\tan\theta$ (단, $0°\leq\theta<90°$)

0104 대표문제

두 점 $(-4, 2)$, $(6, 8)$을 이은 선분의 중점을 지나고 기울기가 -2인 직선의 방정식을 구하시오.

0105 상중하

점 $(-1, -1)$을 지나는 직선 $ax-y+b=0$과 직선 $3x-y-5=0$의 기울기가 같을 때, 상수 a, b에 대하여 ab의 값은?

① -6　　　② -3　　　③ 2
④ 3　　　⑤ 6

0106 상중하

직선 $y=(m-2)x-n-1$은 점 $(2, -1)$을 지나고 x축의 양의 방향과 이루는 각의 크기가 $45°$이다. 상수 m, n에 대하여 $m+n$의 값을 구하시오.

▸ **개념원리** 공통수학 2 37쪽

유형 02 중요 두 점을 지나는 직선의 방정식

두 점 (x_1, y_1), (x_2, y_2)를 지나는 직선의 방정식
(1) $x_1\neq x_2$일 때, $\quad y-y_1=\dfrac{y_2-y_1}{x_2-x_1}(x-x_1)$
(2) $x_1=x_2$일 때, $\quad x=x_1$

0107 대표문제

두 점 $A(6, -4)$, $B(1, 1)$에 대하여 선분 AB를 $2:3$으로 내분하는 점과 점 $(-1, 3)$을 지나는 직선의 y절편을 구하시오.

0108 상중하

두 점 $(-2, 3)$, $(3, -2)$를 지나는 직선이 두 점 $(-5, a)$, $(b, 2)$를 지날 때, $a-b$의 값은?

① -1　　　② 1　　　③ 3
④ 5　　　⑤ 7

0109 상중하 서술형

세 점 $A(3, 5)$, $B(4, 1)$, $C(-1, 3)$을 꼭짓점으로 하는 삼각형 ABC의 무게중심을 G라 할 때, 직선 CG의 방정식을 구하시오.

0110 상중하

오른쪽 그림과 같은 사각형 $OABC$에서 두 대각선의 교점의 좌표를 구하시오.

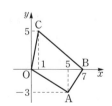

▶ 개념원리 공통수학 2 38쪽

유형 03 x절편과 y절편이 주어진 직선의 방정식

x절편이 a, y절편이 b인 직선의 방정식

➡ $\dfrac{x}{a}+\dfrac{y}{b}=1$ (단, $ab\neq0$)

0111 대표문제

점 $(-2, 4)$를 지나는 직선의 x절편과 y절편의 합이 0일 때, 이 직선의 x절편을 구하시오.

(단, 직선은 원점을 지나지 않는다.)

0112 상중하

직선 l은 직선 $2x-3y-4=0$과 x축에서 만나고 직선 $3x+y+8=0$과 y축에서 만난다. 직선 l이 점 $(a, -4)$를 지날 때, a의 값을 구하시오.

▶ 개념원리 공통수학 2 38쪽

유형 04 세 점이 한 직선 위에 있을 조건

세 점 A, B, C가 한 직선 위에 있다.

➡ (직선 AB의 기울기) = (직선 BC의 기울기)

  = (직선 AC의 기울기)

➡ 세 점 A, B, C가 삼각형을 이루지 않는다.

0113 대표문제

세 점 $A(1, 3)$, $B(a, 5)$, $C(3, 2a+3)$이 한 직선 위에 있을 때, 이 직선의 방정식을 구하시오. (단, $a>0$)

0114 상중하

세 점 $A(k, -1)$, $B(2, k)$, $C(5, 7)$이 삼각형을 이루지 않도록 하는 모든 실수 k의 값의 합을 구하시오.

▶ 개념원리 공통수학 2 39쪽

유형 05 도형의 넓이를 이등분하는 직선의 방정식

(1) 삼각형에서 한 꼭짓점을 지나면서 그 넓이를 이등분하는 직선

  ➡ 꼭짓점의 대변의 중점을 지난다.

(2) 직사각형의 넓이를 이등분하는 직선

  ➡ 직사각형의 두 대각선의 교점을 지난다.

0115 대표문제

점 $A(3, 3)$, $B(5, -5)$, $C(-1, 1)$을 꼭짓점으로 하는 삼각형 ABC의 넓이를 점 A를 지나는 직선 $y=ax+b$가 이등분할 때, 상수 a, b에 대하여 $a+b$의 값을 구하시오.

0116 상중하

직선 $\dfrac{x}{2}+\dfrac{y}{4}=1$과 x축 및 y축으로 둘러싸인 삼각형의 넓이를 직선 $y=mx$가 이등분할 때, 상수 m의 값은?

① 1 　　　　② 2 　　　　③ 3

④ 4 　　　　⑤ 5

0117 상중하

오른쪽 그림과 같이 좌표평면 위에 있는 두 직사각형의 넓이를 동시에 이등분하는 직선의 x절편과 y절편의 곱을 구하시오.

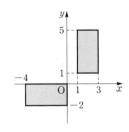

02 직선의 방정식

유형 06 **계수의 부호와 그래프의 개형**

$ax+by+c=0$ $(b\neq0)$을 $y=-\dfrac{a}{b}x-\dfrac{c}{b}$의 꼴로 변형한 후 기울기와 y절편의 부호를 파악하여 그래프의 개형을 그린다.

0118 대표문제

$ab<0$, $bc<0$일 때, 직선 $ax+by+c=0$이 지나지 않는 사분면은?

① 제1사분면   ② 제2사분면   ③ 제3사분면

④ 제4사분면   ⑤ 제2, 4사분면

0119 상중하

직선 $ax+by+c=0$에 대하여 **보기**에서 항상 옳은 것만을 있는 대로 고른 것은? (단, a, b, c는 상수이다.)

> **보기**
>
> ㄱ. $ab\neq0$, $c=0$이면 원점을 지난다.
> ㄴ. $ab>0$이면 제4사분면을 지난다.
> ㄷ. $bc<0$이면 제1사분면을 지난다.

① ㄱ   ② ㄱ, ㄴ   ③ ㄱ, ㄷ

④ ㄴ, ㄷ   ⑤ ㄱ, ㄴ, ㄷ

0120 상중하

직선 $ax+by-2=0$이 오른쪽 그림과 같을 때, 직선 $x-ay+b=0$의 개형은?
(단, a, b는 상수이다.)

①   ②   ③

④   ⑤

유형 07 **직선이 항상 지나는 점**

직선 $ax+by+c+k(a'x+b'y+c')=0$이 실수 k의 값에 관계없이 항상 지나는 점의 좌표는 연립방정식
$$ax+by+c=0,\ a'x+b'y+c'=0$$
의 해와 같다.

0121 대표문제

직선 $(2k+1)x-(k-1)y-5k-4=0$이 실수 k의 값에 관계없이 항상 지나는 점을 P라 하자. 기울기가 -2이고 점 P를 지나는 직선의 방정식은?

① $2x+y=0$ ② $2x+y-3=0$

③ $2x+y+3=0$ ④ $2x+y-7=0$

⑤ $2x+y+7=0$

0122 상중하

직선 $mx+y+3m-4=0$이 실수 m의 값에 관계없이 항상 지나는 점을 P라 할 때, 선분 OP의 길이를 구하시오.
(단, O는 원점이다.)

0123 상중하

직선 $2x-y+3=0$ 위의 임의의 점 (a, b)에 대하여 직선 $2ax-3by=9$가 항상 지나는 점의 좌표는?

① $(-6, -2)$ ② $(-3, -1)$ ③ $(-1, 3)$

④ $(3, -1)$ ⑤ $(6, 2)$

▶ 개념원리 공통수학 2 43쪽

유형 08 두 직선의 교점을 지나는 직선의 방정식

두 직선 $ax+by+c=0$, $a'x+b'y+c'=0$의 교점을 지나는 직선의 방정식

$\Rightarrow ax+by+c+k(a'x+b'y+c')=0$ (단, k는 실수이다.)

0124 대표문제

두 직선 $2x-3y-1=0$, $x+y-3=0$의 교점과 점 $(1, 1)$을 지나는 직선의 방정식이 $ax+by-1=0$일 때, 상수 a, b에 대하여 $a-b$의 값을 구하시오.

0125 상중하

점 $(2, 0)$과 두 직선 $x+y+1=0$, $2x-y-1=0$의 교점을 지나는 직선 l에 대하여 다음 중 직선 l 위의 점의 좌표는?

① $(-1, 1)$ ② $(0, -2)$ ③ $(1, -1)$

④ $(3, 4)$ ⑤ $(4, 1)$

0126 상중하

두 직선 $5x-y+2=0$, $x+4y-3=0$의 교점을 지나고 기울기가 -1인 직선의 y절편을 구하시오.

0127 상중하

두 직선 $ax+(a+1)y+2=0$, $(a-6)x+ay-2=0$의 교점과 원점을 지나는 직선의 기울기가 2일 때, 상수 a의 값을 구하시오.

▶ 개념원리 공통수학 2 50쪽

유형 09 두 직선의 평행·수직 (중요)

두 직선 $ax+by+c=0$, $a'x+b'y+c'=0$ $(a'b'c'\neq0)$에 대하여

(1) 평행 $\Rightarrow \dfrac{a}{a'}=\dfrac{b}{b'}\neq\dfrac{c}{c'}$

(2) 수직 $\Rightarrow aa'+bb'=0$

0128 대표문제

두 직선 $2x-ky+1=0$, $(k+1)x-y+k=0$이 평행할 때의 k의 값을 α, 수직일 때의 k의 값을 β라 할 때, $\alpha-\beta$의 값을 구하시오. (단, k는 상수이다.)

0129 상중하

두 직선 $(a-1)x+3y+2a-1=0$, $(a-2)x-2y+2a+3=0$이 수직이 되도록 하는 모든 상수 a의 값의 곱을 구하시오.

0130 상중하

두 직선 $-2x+ay+3=0$, $bx+cy+11=0$이 점 $(-1, 5)$에서 수직으로 만날 때, 상수 a, b, c에 대하여 abc의 값은?

① -2 ② -1 ③ 2

④ 3 ⑤ 4

0131 상중하 서술형

직선 $x-ay+1=0$이 직선 $x+(b-2)y-1=0$과 평행하고, 직선 $(a+1)x-(b-1)y+1=0$과 수직일 때, 상수 a, b에 대하여 a^2+b^2의 값을 구하시오.

유형 **10** 한 직선에 평행 또는 수직인 직선의 방정식

(1) 평행한 두 직선 ➡ 기울기는 같고, y절편은 다르다.
(2) 수직인 두 직선 ➡ 기울기의 곱이 -1이다.

0132 대표문제

두 점 $A(-3, 1)$, $B(6, 4)$를 지나는 직선에 수직이고, 선분 AB를 $1 : 2$로 내분하는 점을 지나는 직선의 방정식을 구하시오.

0133 상중하

두 점 $(-3, 5)$, $(5, -7)$을 지나는 직선에 평행하고 점 $(2, 5)$를 지나는 직선의 방정식이 $ax+2y+b=0$일 때, 상수 a, b에 대하여 $a+b$의 값은?

① -13 ② -9 ③ -5
④ -1 ⑤ 3

0134 상중하

두 직선 $3x+2y-5=0$, $3x+y-1=0$의 교점을 지나고 직선 $2x-y+4=0$과 수직인 직선이 점 $(a, -1)$을 지난다. 이때 a의 값을 구하시오.

0135 상중하

오른쪽 그림과 같이 점 $A(6, 11)$에서 직선 $x+3y-9=0$에 내린 수선의 발을 $H(a, b)$라 할 때, ab의 값은?

① 2 ② 4
③ 6 ④ 8
⑤ 10

유형 **11** 선분의 수직이등분선의 방정식

선분 AB의 수직이등분선을 l이라 하면

(1) 수직 조건
 ➡ (직선 l의 기울기)
  $\times$ (직선 AB의 기울기)
  $=-1$
(2) 이등분 조건
 ➡ 직선 l이 선분 AB의 중점 M을 지난다.

0136 대표문제

두 점 $A(3, 1)$, $B(5, -3)$에 대하여 선분 AB의 수직이등분선의 방정식은?

① $y=\dfrac{1}{2}x-5$ ② $y=\dfrac{1}{2}x-3$ ③ $y=-2x+3$
④ $y=2x-7$ ⑤ $y=2x-9$

0137 상중하

두 점 $A(a, 3)$, $B(4, 5)$에 대하여 선분 AB의 수직이등분선의 방정식이 $y=-x+b$일 때, $a+b$의 값을 구하시오.
(단, b는 상수이다.)

0138 상중하

두 점 $A(a, 2)$, $B(b, 4)$에 대하여 선분 AB의 수직이등분선의 방정식이 $2x+y-3=0$일 때, a^2+b^2의 값을 구하시오.

0139 상중하

삼각형의 세 변의 수직이등분선은 한 점에서 만난다. 세 점 $A(1, 0)$, $B(7, 2)$, $C(3, 6)$을 꼭짓점으로 하는 삼각형 ABC의 세 변의 수직이등분선의 교점의 좌표를 구하시오.

▶ **개념원리** 공통수학 2 53쪽

유형 12 세 직선의 위치 관계

세 직선이 삼각형을 이루지 않는 경우
(1) 세 직선이 평행할 때
(2) 세 직선 중 두 직선이 평행할 때
(3) 세 직선이 한 점에서 만날 때

0140 대표문제

세 직선 $x+2y=0$, $x-y+3=0$, $ax+y+a+1=0$이 삼각형을 이루지 않도록 하는 모든 상수 a의 값의 곱을 구하시오.

0141 상중하

세 직선 $3x+y=8$, $2x+y=5$, $kx+y=-7$이 한 점에서 만날 때, 상수 k의 값을 구하시오.

0142 상중하 ◀서술형

세 직선 $x+2y-6=0$, $4x-3y-12=0$, $ax+y-1=0$으로 둘러싸인 삼각형이 직각삼각형이 되도록 하는 모든 상수 a의 값의 합을 구하시오.

0143 상중하

서로 다른 세 직선
$ax+y+5=0$, $2x+by-4=0$, $x+2y+3=0$
에 의하여 좌표평면이 네 부분으로 나누어질 때, 상수 a, b에 대하여 $a+b$의 값을 구하시오.

중요

▶ **개념원리** 공통수학 2 58쪽

유형 13 점과 직선 사이의 거리

점 (x_1, y_1)과 직선 $ax+by+c=0$ 사이의 거리
$$\Rightarrow \frac{|ax_1+by_1+c|}{\sqrt{a^2+b^2}}$$

0144 대표문제

점 $(a, 3)$에서 두 직선 $2x-y+1=0$, $x+2y-1=0$까지의 거리가 같을 때, 양수 a의 값을 구하시오.

0145 상중하

점 $(2, 6)$과 직선 $3x+4y+k=0$ 사이의 거리가 8일 때, 양수 k의 값은?

① 8　　　　② 9　　　　③ 10
④ 11　　　　⑤ 12

0146 상중하

직선 $x+y+(x-y)k-2=0$은 실수 k의 값에 관계없이 점 A를 지난다. 점 A와 직선 $2x-y-6=0$ 사이의 거리를 구하시오.

0147 상중하

원점과 직선 $x+3y-4+k(2x+y)=0$ 사이의 거리를 $f(k)$라 할 때, $f(k)$의 최댓값을 구하시오. (단, k는 실수이다.)

02 직선의 방정식

유형 | 14 평행한 두 직선 사이의 거리

평행한 두 직선 l_1, l_2 사이의 거리는 직선 l_1 위의 점 (x_1, y_1)과 직선 l_2 사이의 거리와 같다.

0148 대표문제
평행한 두 직선 $x+2y+1=0$, $x+2y+k=0$ 사이의 거리가 $4\sqrt{5}$가 되도록 하는 모든 실수 k의 값의 합은?

① -3 ② -2 ③ 1

④ 2 ⑤ 3

0149 상중하
직선 $x-y+3=0$ 위의 점 A와 직선 $x-y-1=0$ 위의 점 B에 대하여 선분 AB의 길이의 최솟값을 구하시오.

0150 상중하
평행한 두 직선 $ax+2y-1=0$, $3x+(a-1)y-1=0$ 사이의 거리를 구하시오. (단, a는 상수이다.)

0151 상중하
오른쪽 그림과 같이 점 $A(0, 3)$을 한 꼭짓점으로 하는 정사각형 ABCD의 넓이가 25일 때, 직선 CD의 x절편을 구하시오. (단, 두 점 C, D는 제1사분면 위에 있다.)

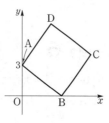

유형 | 15 꼭짓점의 좌표가 주어진 삼각형의 넓이

삼각형 ABC의 넓이는 다음과 같은 순서로 구한다.
(ⅰ) $\overline{BC}$의 길이를 구한다.
(ⅱ) 점 A와 직선 BC 사이의 거리 d를 구한다.
(ⅲ) $\triangle ABC = \dfrac{1}{2} \times \overline{BC} \times d$

0152 대표문제
세 점 $A(3, 4)$, $B(2, 0)$, $C(4, 2)$를 꼭짓점으로 하는 삼각형 ABC의 넓이를 구하시오.

0153 상중하
세 점 $A(2, 3)$, $B(-2, -1)$, $C(a, -3)$을 꼭짓점으로 하는 삼각형 ABC의 넓이가 16일 때, 자연수 a의 값을 구하시오.

0154 상중하
오른쪽 그림과 같이 두 점 $O(0, 0)$, $A(4, 1)$과 직선 $x-4y+12=0$ 위의 점 P를 꼭짓점으로 하는 삼각형 OAP의 넓이를 구하시오.

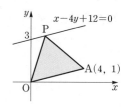

0155 상중하 서술형
세 직선 $x-2y-2=0$, $x+5y-9=0$, $4x-y+6=0$으로 만들어지는 삼각형의 넓이를 구하시오.

▶ 개념원리 공통수학2 42쪽

유형*P* | **16** 직선이 항상 지나는 점의 활용

직선 $y-b=m(x-a)$는 m의 값에 관계없이 항상 점 (a, b)를 지난다.

0156 대표문제

두 직선 $x+y-2=0$, $mx-y-4m+3=0$이 제1사분면에서 만나도록 하는 실수 m의 값의 범위를 구하시오.

0157 상중하

직선 $y=m(x-1)+3$이 두 점 A$(3, 4)$, B$(5, -1)$을 이은 선분 AB와 만나도록 하는 실수 m의 값의 범위가 $\alpha\le m\le\beta$일 때, $\alpha+\beta$의 값은?

① $-\dfrac{3}{2}$ ② $-\dfrac{1}{2}$ ③ $\dfrac{1}{2}$

④ 1 ⑤ 3

0158 상중하

직선 $kx-y+3k-1=0$이 오른쪽 그림의 직사각형과 만나도록 하는 실수 k의 최댓값을 구하시오.

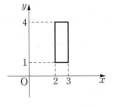

▶ 개념원리 공통수학2 61쪽

유형*P* | **17** 각의 이등분선의 방정식

두 직선 l, l'이 이루는 각의 이등분선의 방정식
➡ 각의 이등분선 위의 점에서 두 직선 l, l'까지의 거리가 같음을 이용한다.

0159 대표문제

보기에서 두 직선 $x+2y+1=0$, $2x-y-3=0$이 이루는 각의 이등분선의 방정식인 것만을 있는 대로 고른 것은?

> **보기**
> ㄱ. $x-3y-4=0$ ㄴ. $x-2y-5=0$
> ㄷ. $2x+y+1=0$ ㄹ. $3x+y-2=0$

① ㄱ, ㄴ   ② ㄱ, ㄹ   ③ ㄴ, ㄷ

④ ㄴ, ㄹ   ⑤ ㄷ, ㄹ

0160 상중하

두 직선 $2x+3y+a=0$, $2x-3y+1=0$이 이루는 각을 이등분하는 직선이 점 $(2, 1)$을 지날 때, 모든 실수 a의 값의 합을 구하시오.

0161 상중하

점 P에서 두 직선 $2x+y-2=0$, $x+2y-2=0$에 내린 수선의 발을 각각 R, S라 할 때, $\overline{PR}=\overline{PS}$를 만족시키는 점 P가 나타내는 도형의 방정식을 구하시오. $\left(\text{단, } x\ne\dfrac{2}{3}\right)$

0162

점 $(\sqrt{3}, -1)$을 지나고 x축의 양의 방향과 이루는 각의 크기가 $30°$인 직선이 점 $(k, 4)$를 지날 때, k의 값은?

① $3\sqrt{3}$ ② $5\sqrt{3}$ ③ 9

④ $6\sqrt{3}$ ⑤ 12

0163

점 $(0, 3)$을 지나는 직선과 x축, y축으로 둘러싸인 도형의 넓이가 9일 때, 이 직선의 기울기를 구하시오.

(단, 직선은 제3사분면을 지나지 않는다.)

0164

보기에서 세 점 A, B, C가 한 직선 위에 있는 것만을 있는 대로 고른 것은?

> **보기**
>
> ㄱ. $A(-1, 5)$, $B(2, 9)$, $C(4, 15)$
> ㄴ. $A(1, -1)$, $B(3, -5)$, $C(4, -7)$
> ㄷ. $A(2, 0)$, $B(3, 4)$, $C(4, 6)$

① ㄱ   ② ㄴ   ③ ㄷ

④ ㄱ, ㄴ   ⑤ ㄴ, ㄷ

0165 중요★

세 점 $A(-1, 1)$, $B(5, -1)$, $C(4, 3)$을 꼭짓점으로 하는 삼각형 ABC에서 선분 AB 위의 한 점 P에 대하여 삼각형 APC와 삼각형 PBC의 넓이의 비가 $2 : 1$일 때, 두 점 C, P를 지나는 직선의 방정식은?

① $3x - 10y - 18 = 0$ ② $3x - 10y + 18 = 0$

③ $10x - 3y - 31 = 0$ ④ $10x - 3y + 31 = 0$

⑤ $10x + 3y - 49 = 0$

0166

직선 $ax + by + c = 0$이 오른쪽 그림과 같을 때, 직선 $bx - cy + a = 0$이 지나지 <u>않</u>는 사분면은? (단, a, b, c는 상수이다.)

① 제1사분면   ② 제2사분면

③ 제3사분면   ④ 제4사분면

⑤ 제1, 3사분면

0167

직선 $(k-1)x - (2k+1)y + 4k + a = 0$은 실수 k의 값에 관계없이 항상 점 $(2, b)$를 지난다. 이때 $a + b$의 값은?

(단, a는 상수이다.)

① -4 ② -2 ③ 3

④ 6 ⑤ 8

0168

두 직선 $5x+15y-7=0$, $x+5y-11=0$의 교점과 점 $(5, -6)$을 지나는 직선이 좌표축에 의하여 잘린 선분의 길이는?

① $\sqrt{34}$　　　　② $\sqrt{41}$　　　　③ $2\sqrt{13}$
④ $\sqrt{65}$　　　　⑤ $\sqrt{85}$

0169 중요★

직선 $x+ay+1=0$이 직선 $3x+by+1=0$과 수직이고 직선 $x-(b+2)y-1=0$과 평행할 때, 상수 a, b에 대하여 a^3+b^3의 값을 구하시오.

0170

두 직선 $l: ax-y-2=0$, $m: 4x-ay+2a=0$에 대하여 **보기**에서 옳은 것만을 있는 대로 고른 것은? (단, a는 실수이다.)

보기
ㄱ. $a=0$이면 두 직선 l, m은 수직이다.
ㄴ. 직선 m은 a의 값에 관계없이 점 $(2, 0)$을 항상 지난다.
ㄷ. 두 직선 l, m이 평행하도록 하는 a의 값은 2개 존재한다.

① ㄱ　　　　② ㄱ, ㄴ　　　　③ ㄱ, ㄷ
④ ㄴ, ㄷ　　　　⑤ ㄱ, ㄴ, ㄷ

0171

오른쪽 그림과 같이 두 점 A$(0, 6)$, B$(-8, 0)$을 지나는 직선 l과 두 점 B, C를 지나는 직선 m이 있다.
$\angle ABO=\angle BCO$일 때, 점 C의 좌표를 구하시오. (단, O는 원점이다.)

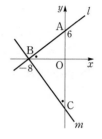

0172

두 점 A$(2, 3)$, B에 대하여 직선 $x+2y-4=0$이 선분 AB를 수직이등분할 때, 점 B의 좌표를 구하시오.

0173

오른쪽 그림과 같이 네 점 A$(1, 5)$, B, C$(9, 1)$, D를 꼭짓점으로 하는 마름모 ABCD에서 두 점 B, D를 지나는 직선 l의 방정식이 $2x+ay+b=0$일 때, 상수 a, b에 대하여 ab의 값은?

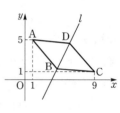

① 3　　　　② 5　　　　③ 7
④ 9　　　　⑤ 11

0174

세 직선 $4x+y-3=0$, $3x-2y+5=0$, $ax+2y+4=0$에 의하여 생기는 교점이 2개가 되도록 하는 상수 a의 값을 모두 구하시오.

0175

서로 다른 세 직선

$$3x-y+5=0,\ x+2y-3=0,\ ax+y+7=0$$

에 의하여 좌표평면이 여섯 부분으로 나누어지도록 하는 모든 상수 a의 값의 합을 구하시오.

0176

두 직선 $x+y+1=0,\ 2x-y=0$의 교점을 지나는 직선과 원점 사이의 거리의 최댓값을 구하시오.

0177

두 직선 $x+y-3=0,\ x-y-1=0$의 교점을 지나고 점 $(5, 3)$에서의 거리가 2인 직선의 방정식을 구하시오.

(단, 직선은 제2사분면을 지나지 않는다.)

0178 중요★

평행한 두 직선 $3x+4y=8,\ 3x+4y=k$ 사이의 거리가 4가 되도록 하는 모든 실수 k의 값의 합을 구하시오.

0179

세 점 $A(1, 1)$, $B(3, 2)$, $C(2, k)$를 꼭짓점으로 하는 삼각형 ABC의 넓이가 $\dfrac{5}{2}$가 되도록 하는 모든 실수 k의 값의 합은?

① 2   ② 3   ③ 4
④ 5   ⑤ 6

0180

두 직선 $x-2y-2=0,\ mx-y+2m-1=0$이 제4사분면에서 만나도록 하는 실수 m의 값의 범위를 구하시오.

0181

두 직선 $x+4y+3=0,\ 4x+y+12=0$이 이루는 각의 이등분선 중 기울기가 양수인 직선의 방정식은?

① $x-y-3=0$ ② $x-y+1=0$
③ $x-y+3=0$ ④ $2x-y-1=0$
⑤ $2x-y+1=0$

서술형 주관식

0182

직선 $y=mx+3$이 세 점 A$(0, 3)$, B$(4, 1)$, C$(1, 4)$를 꼭 짓점으로 하는 삼각형 ABC의 넓이를 이등분할 때, 상수 m의 값을 구하시오.

0183

오른쪽 그림과 같이 직선 l과 두 직선 $y=2x$, $y=\frac{1}{2}x$가 만나는 점을 각각 A, B라 하자. 삼각형 AOB의 무게중심 G의 좌표가 $(2, 3)$일 때, 점 G를 지나고 직선 l과 수직인 직선의 방정식을 구하시오. (단, O는 원점이다.)

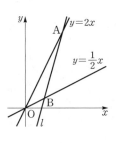

0184

세 직선 $x-y+a=0$, $2x-y+1=0$, $3x-2y-a=0$이 삼각형을 이루지 않도록 하는 상수 a의 값을 구하시오.

0185

좌표평면 위의 점 A$(1, 1)$과 직선 $2x-y+4=0$ 위의 두 점 B, C에 대하여 삼각형 ABC가 정삼각형일 때, 삼각형 ABC의 넓이를 구하시오.

실력 Up

0186 교육청 기출

좌표평면 위에 두 점 A$(2, 0)$, B$(0, 6)$이 있다. 다음 조건을 만족시키는 두 직선 l, m의 기울기의 합의 최댓값은?

(단, O는 원점이다.)

> (가) 직선 l은 점 O를 지난다.
> (나) 두 직선 l과 m은 선분 AB 위의 점 P에서 만난다.
> (다) 두 직선 l과 m은 삼각형 OAB의 넓이를 삼등분한다.

① $\frac{3}{4}$ ② $\frac{4}{5}$ ③ $\frac{5}{6}$

④ $\frac{6}{7}$ ⑤ $\frac{7}{8}$

0187

오른쪽 그림과 같이 세 직선 $x+2y-3=0$, $y=1$, $x-y+6=0$으로 둘러싸인 삼각형 ABC의 외심과 직선 $x-y+6=0$ 사이의 거리를 구하시오.

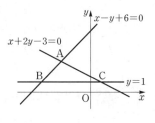

0188

두 직선 $3x-4y+4=0$, $4x-3y+12=0$과 y축으로 둘러싸인 삼각형의 내심의 좌표를 (a, b)라 할 때, $\frac{a}{b}$의 값을 구하시오.

03 원의 방정식

개념 플러스

03 **1** 원의 방정식   유형 01~07, 19

1 원의 방정식
중심의 좌표가 (a, b)이고 반지름의 길이가 r인 원의 방정식은
$$(x-a)^2+(y-b)^2=r^2$$
참고▸ 중심이 원점이고 반지름의 길이가 r인 원의 방정식은 $x^2+y^2=r^2$

2 이차방정식 $x^2+y^2+Ax+By+C=0$이 나타내는 도형
x, y에 대한 이차방정식 $x^2+y^2+Ax+By+C=0\,(A^2+B^2-4C>0)$은
중심의 좌표가 $\left(-\dfrac{A}{2},\ -\dfrac{B}{2}\right)$, 반지름의 길이가 $\dfrac{\sqrt{A^2+B^2-4C}}{2}$인 원을 나타낸다.

● ① x축에 접하는 원의 방정식
   ⇨ $(x-a)^2+(y-b)^2=b^2$
   ② y축에 접하는 원의 방정식
   ⇨ $(x-a)^2+(y-b)^2=a^2$
   ③ x축, y축에 동시에 접하는 원의 방정식
   ⇨ $(x\pm r)^2+(y\pm r)^2=r^2$

● 원의 방정식은 x^2과 y^2의 계수가 같고 xy항이 없는 x, y에 대한 이차방정식이다.

03 **2** 원과 직선의 위치 관계   유형 08~13

1 원의 방정식과 직선의 방정식에서 한 문자를 소거하여 얻은 이차방정식의 판별식을 D라 하면 원과 직선의 위치 관계는
(1) $D>0$ ⇨ 서로 다른 두 점에서 만난다.
(2) $D=0$ ⇨ 한 점에서 만난다. (접한다.)
(3) $D<0$ ⇨ 만나지 않는다.

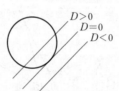

2 원의 중심과 직선 사이의 거리를 d, 원의 반지름의 길이를 r라 하면 원과 직선의 위치 관계는
(1) $d<r$ ⇨ 서로 다른 두 점에서 만난다.
(2) $d=r$ ⇨ 한 점에서 만난다. (접한다.)
(3) $d>r$ ⇨ 만나지 않는다.

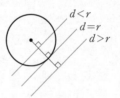

03 **3** 원의 접선의 방정식   유형 14, 15, 16

1 기울기가 주어진 원의 접선의 방정식
원 $x^2+y^2=r^2\,(r>0)$에 접하고 기울기가 m인 직선의 방정식은 $y=mx\pm r\sqrt{m^2+1}$

● 한 원에서 기울기가 같은 접선은 2개이다.

2 원 위의 점에서의 접선의 방정식
원 $x^2+y^2=r^2$ 위의 점 (x_1, y_1)에서의 접선의 방정식은 $x_1x+y_1y=r^2$

● x^2 대신 x_1x, y^2 대신 y_1y를 대입한다.

03 **4** 두 원의 교점을 지나는 직선과 원의 방정식   유형 17, 18, 20

1 두 원의 교점을 지나는 직선의 방정식 (공통인 현의 방정식)
서로 다른 두 점에서 만나는 두 원 $x^2+y^2+ax+by+c=0$, $x^2+y^2+a'x+b'y+c'=0$의
교점을 지나는 직선의 방정식은
$$x^2+y^2+ax+by+c-(x^2+y^2+a'x+b'y+c')=0,$$
즉 $(a-a')x+(b-b')y+c-c'=0$

2 두 원의 교점을 지나는 원의 방정식
서로 다른 두 점에서 만나는 두 원 $x^2+y^2+ax+by+c=0$, $x^2+y^2+a'x+b'y+c'=0$의
교점을 지나는 원 중에서 $x^2+y^2+a'x+b'y+c'=0$을 제외한 원의 방정식은
$$x^2+y^2+ax+by+c+k(x^2+y^2+a'x+b'y+c')=0 \ (\text{단},\ k\neq-1\text{인 실수이다.})$$

● $k=-1$이면 두 원의 교점을 지나는 직선의 방정식이다.

교과서 문제 정복하기

03 | 1 원의 방정식

[0189~0190] 다음 방정식이 나타내는 원의 중심의 좌표와 반지름의 길이를 구하시오.

0189 $(x-4)^2+(y-1)^2=25$

0190 $x^2+(y-3)^2=9$

[0191~0192] 다음 방정식이 나타내는 원의 중심의 좌표와 반지름의 길이를 구하시오.

0191 $x^2+y^2-4x=0$

0192 $x^2+y^2-2x-6y+8=0$

[0193~0194] 다음 그림과 같은 원의 방정식을 구하시오.

0193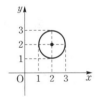

0194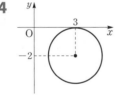

[0195~0200] 다음 원의 방정식을 구하시오.

0195 중심이 원점이고 반지름의 길이가 3인 원

0196 중심이 점 $(2, -1)$이고 반지름의 길이가 5인 원

0197 중심이 점 $(-3, 2)$이고 점 $(-2, 0)$을 지나는 원

0198 중심이 점 $(-2, 3)$이고 x축에 접하는 원

0199 중심이 점 $(4, -1)$이고 y축에 접하는 원

0200 중심이 점 $(-2, -2)$이고 x축, y축에 동시에 접하는 원

03 | 2 원과 직선의 위치 관계

[0201~0202] 원 C와 직선 l의 방정식이 다음과 같을 때, 이차방정식의 판별식을 이용하여 원 C와 직선 l의 위치 관계를 말하시오.

0201 $C: x^2+y^2=36$,
$l: x-y+3=0$

0202 $C: x^2+y^2+4x-2y+4=0$,
$l: x-2y-1=0$

[0203~0204] 원 C와 직선 l의 방정식이 다음과 같을 때, 원의 중심과 직선 사이의 거리를 이용하여 원 C와 직선 l의 교점의 개수를 구하시오.

0203 $C: (x-1)^2+(y-2)^2=25$,
$l: 2x-y+5=0$

0204 $C: x^2+y^2-8x+6y+9=0$,
$l: 3x+y+11=0$

03 | 3 원의 접선의 방정식

0205 원 $x^2+y^2=5$에 접하고 기울기가 2인 직선의 방정식을 모두 구하시오.

0206 원 $x^2+y^2=4$ 위의 점 $(1, \sqrt{3})$에서의 접선의 방정식을 구하시오.

03 | 4 두 원의 교점을 지나는 직선과 원의 방정식

0207 두 원 $x^2+y^2=4$, $x^2+y^2-6x-8y+9=0$의 교점을 지나는 직선의 방정식을 구하시오.

0208 두 원 $x^2+y^2-4y=0$, $x^2+y^2-2x=0$의 교점과 점 $(3, 0)$을 지나는 원의 방정식을 구하시오.

유형 익히기

▶ 개념원리 공통수학 2 69쪽, 70쪽

유형 01 중심에 대한 조건이 주어진 원의 방정식

(1) 중심이 x축 위에 있는 원의 방정식
$$\Rightarrow (x-a)^2+y^2=r^2$$

(2) 중심이 y축 위에 있는 원의 방정식
$$\Rightarrow x^2+(y-b)^2=r^2$$

(3) 중심이 $y=f(x)$의 그래프 위에 있는 원의 방정식
$$\Rightarrow (x-a)^2+\{y-f(a)\}^2=r^2$$

0209 대표문제

중심이 x축 위에 있고 두 점 $(0, -4)$, $(1, 3)$을 지나는 원의 반지름의 길이는?

① 3   ② $\dfrac{5\sqrt{2}}{2}$ ③ $\dfrac{5\sqrt{3}}{2}$

④ 5   ⑤ $5\sqrt{2}$

0210 상중하

원 $(x-3)^2+(y+2)^2=1$과 중심이 같고 점 $(5, 1)$을 지나는 원의 넓이를 구하시오.

0211 상중하

중심이 y축 위에 있고 두 점 $(-1, 2)$, $(3, 4)$를 지나는 원에 대하여 **보기**에서 옳은 것만을 있는 대로 고르시오.

> **보기**
> ㄱ. 중심의 좌표는 $(0, 5)$이다.
> ㄴ. 점 $(3, 6)$을 지난다.
> ㄷ. 넓이는 100π이다.

0212 상중하

중심이 직선 $y=2x-1$ 위에 있고 두 점 $(1, 4)$, $(3, 2)$를 지나는 원의 중심의 좌표를 (a, b), 반지름의 길이를 r라 할 때, $a+b+r^2$의 값을 구하시오.

▶ 개념원리 공통수학 2 69쪽

유형 02 지름의 양 끝 점이 주어진 원의 방정식

두 점 A, B를 지름의 양 끝 점으로 하는 원

$\Rightarrow$ (원의 중심)$=(\overline{AB}$의 중점$)$, (반지름의 길이)$=\dfrac{1}{2}\overline{AB}$

0213 대표문제

두 점 $A(-1, 2)$, $B(5, 6)$을 지름의 양 끝 점으로 하는 원의 방정식을 $(x-a)^2+(y-b)^2=r^2$이라 할 때, 상수 a, b, r에 대하여 $a+b+r^2$의 값을 구하시오.

0214 상중하

두 점 $(2, 4)$, $(4, -2)$를 지름의 양 끝 점으로 하는 원 C에 대하여 다음 중 원 C 위의 점인 것은?

① $(0, 1)$ ② $(1, 2)$ ③ $(2, -1)$

④ $(3, 5)$ ⑤ $(6, 2)$

0215 상중하 서술형

직선 $4x-5y+40=0$이 x축, y축과 만나는 점을 각각 P, Q라 할 때, 두 점 P, Q를 지름의 양 끝 점으로 하는 원의 방정식을 구하시오.

▶ 개념원리 공통수학 2 71쪽

중요
유형 03 이차방정식 $x^2+y^2+Ax+By+C=0$이 나타내는 도형

$x^2+y^2+Ax+By+C=0$

➡ $\left(x+\dfrac{A}{2}\right)^2+\left(y+\dfrac{B}{2}\right)^2=\dfrac{A^2+B^2-4C}{4}$

➡ 중심의 좌표가 $\left(-\dfrac{A}{2},\ -\dfrac{B}{2}\right)$이고 반지름의 길이가

$\dfrac{\sqrt{A^2+B^2-4C}}{2}$인 원을 나타낸다. (단, $A^2+B^2-4C>0$)

0216 대표문제

원 $x^2+y^2-4x+ay-3=0$의 반지름의 길이가 4일 때, 원점과 원의 중심 사이의 거리를 구하시오. (단, a는 상수이다.)

0217 상중하

다음 중 원의 방정식이 아닌 것은?

① $x^2+y^2+6x=0$
② $x^2+y^2+2x-8y-8=0$
③ $x^2+y^2+x+y+1=0$
④ $x^2+y^2+4x+2y-1=0$
⑤ $x^2+y^2-2x+4y=0$

0218 상중하

직선 $ax+y+4=0$이 두 원 $x^2+y^2+6x-4y+1=0$, $x^2+y^2+2bx=0$의 넓이를 동시에 이등분할 때, 상수 a, b에 대하여 $a+b$의 값을 구하시오.

0219 상중하

방정식 $x^2+y^2+2kx-k^2-6k-4=0$이 반지름의 길이가 2 이하인 원을 나타내도록 하는 실수 k의 값의 범위를 구하시오.

▶ 개념원리 공통수학 2 72쪽

유형 04 세 점을 지나는 원의 방정식

세 점을 지나는 원의 방정식은 다음과 같은 순서로 구한다.
(i) 원의 중심의 좌표를 (a, b)로 놓는다.
(ii) 원의 중심과 세 점 사이의 거리가 모두 같음을 이용하여 a, b의 값을 구한다.
(iii)(ii)를 이용하여 원의 중심의 좌표와 반지름의 길이를 구한다.

0220 대표문제

세 점 A(3, 4), B(2, −1), C(−3, 0)을 지나는 원의 중심의 좌표를 (a, b), 반지름의 길이를 r라 할 때, $a^2+b^2+r^2$의 값을 구하시오.

0221 상중하

네 점 A(−5, 0), B(1, 2), C(3, 4), D(k, 16)이 한 원 위에 있을 때, 양수 k의 값은?

① 3
② 4
③ 5
④ 6
⑤ 7

0222 상중하

세 점 A(1, 2), B(2, 1), C(3, 1)을 꼭짓점으로 하는 삼각형 ABC의 외접원의 방정식을 구하시오.

유형 | 05 x축 또는 y축에 접하는 원의 방정식

(1) 중심의 좌표가 (a, b)이고 x축에 접하는 원
  ➡ (반지름의 길이)=|(중심의 y좌표)|
      $=|b|$
  ➡ $(x-a)^2+(y-b)^2=b^2$

(2) 중심의 좌표가 (a, b)이고 y축에 접하는 원
  ➡ (반지름의 길이)=|(중심의 x좌표)|
      $=|a|$
  ➡ $(x-a)^2+(y-b)^2=a^2$

0223 대표문제

중심이 직선 $y=x+1$ 위에 있고 점 $(-1, -1)$을 지나면서 x축에 접하는 원의 방정식을 구하시오.

0224 상중하

두 점 $(1, 1)$, $(2, 2)$를 지나고 x축에 접하는 두 원의 반지름의 길이의 합을 구하시오.

0225 상중하

y축에 접하는 원 $x^2+y^2-6x+2ky+10=0$의 중심이 제4사분면 위에 있을 때, 상수 k의 값을 구하시오.

0226 상중하 서술형

원 $x^2+y^2+2ax-4y+b=0$이 점 $(3, -1)$을 지나고 y축에 접할 때, 상수 a, b에 대하여 $a+b$의 값을 구하시오.

유형 | 06 x축, y축에 동시에 접하는 원의 방정식

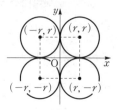

x축, y축에 동시에 접하고 반지름의 길이가 r인 원
  ➡ (반지름의 길이)
      $=|$(중심의 x좌표)$|$
      $=|$(중심의 y좌표)$|$
  ➡ $(x\pm r)^2+(y\pm r)^2=r^2$

0227 대표문제

점 $(2, 1)$을 지나고 x축과 y축에 동시에 접하는 두 원의 중심 사이의 거리를 구하시오.

0228 상중하

중심의 좌표가 $(-2, 2)$이고 x축과 y축에 동시에 접하는 원이 점 $(-1, a)$를 지날 때, 모든 a의 값의 곱을 구하시오.

0229 상중하

중심이 직선 $x-y-2=0$ 위에 있고 x축과 y축에 동시에 접하는 원의 넓이를 구하시오.
                    (단, 원의 중심은 제4사분면 위에 있다.)

0230 상중하

원 $x^2+y^2+4x+2ay+10-b=0$이 x축과 y축에 동시에 접할 때, 상수 a, b에 대하여 $a+b$의 값은? (단, $a>0$)

① 5   ② 6   ③ 7
④ 8   ⑤ 9

▸ 개념원리 공통수학 2 75쪽

유형 07 원 밖의 점과 원 위의 점 사이의 거리

원 밖의 점과 원 위의 점 사이의 거리의
최대·최소
➡ 최댓값: $\overline{PB}=\overline{PO}+\overline{OB}=d+r$
   최솟값: $\overline{PA}=\overline{PO}-\overline{OA}=d-r$

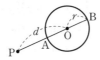

0231 대표문제

점 $A(-2, 1)$과 원 $x^2+y^2-4x+8y+4=0$ 위의 점 P에 대하여 선분 AP의 길이의 최댓값을 M, 최솟값을 m이라 할 때, Mm의 값은?

① 16   ② 19   ③ 22
④ 25   ⑤ 28

0232 상중하

점 $(3, -6)$과 원 $x^2+y^2=r^2$ 위의 점 사이의 거리의 최댓값이 $4\sqrt{5}$일 때, 양수 r의 값을 구하시오.

0233 상중하

원 $(x-2)^2+(y-3)^2=9$ 위의 점 P와 점 $Q(-1, -1)$에 대하여 선분 PQ의 길이가 정수가 되도록 하는 점 P의 개수를 구하시오.

0234 상중하

원 $x^2+y^2=4$ 위의 점 $P(a, b)$에 대하여
$\sqrt{(a+4)^2+(b-3)^2}$의 최댓값은?

① 3   ② 5   ③ 7
④ 9   ⑤ 11

▸ 개념원리 공통수학 2 81쪽

유형 08 원과 직선이 서로 다른 두 점에서 만날 때

(1) 원과 직선의 방정식에서 한 문자를 소거하여 얻은 이차방정식의 판별식을 D라 하면
$$D>0$$

(2) 원의 중심과 직선 사이의 거리를 d, 원의 반지름의 길이를 r라 하면
$$d<r$$

0235 대표문제

원 $(x+1)^2+(y-2)^2=5$와 직선 $y=2x-k$가 서로 다른 두 점에서 만나도록 하는 정수 k의 개수는?

① 3   ② 5   ③ 7
④ 9   ⑤ 11

0236 상중하

원 $x^2+y^2+4x-6y+a=0$과 직선 $3x+4y+4=0$이 서로 다른 두 점에서 만나도록 하는 자연수 a의 최댓값은?

① 8   ② 9   ③ 10
④ 11   ⑤ 12

0237 상중하

반지름의 길이가 1이고 중심이 제1사분면 위에 있는 원 C가 x축과 y축에 동시에 접한다. 원 C와 직선 $y=mx-2$가 서로 다른 두 점에서 만나도록 하는 실수 m의 값의 범위를 구하시오.

유형 09 원과 직선이 접할 때

(1) 원과 직선의 방정식에서 한 문자를 소거하여 얻은 이차방정식의 판별식을 D라 하면
$$D=0$$
(2) 원의 중심과 직선 사이의 거리를 d, 원의 반지름의 길이를 r라 하면
$$d=r$$

0238 대표문제
원 $(x-2)^2+y^2=2$와 직선 $y=-x+k$가 접할 때, 양수 k의 값은?

① 1 　　② 2 　　③ 3
④ 4 　　⑤ 5

0239 상중하
직선 $x-2y+k=0$이 중심의 좌표가 $(-2, 3)$이고 넓이가 5π인 원에 접하도록 하는 모든 실수 k의 값의 합을 구하시오.

0240 상중하
x축, y축 및 직선 $5x+12y-8=0$에 동시에 접하고 중심이 제1사분면 위에 있는 두 원 중 큰 원의 넓이를 구하시오.

0241 상중하
원 $x^2+y^2-6x+2y+8=0$에 접하고 x축의 양의 방향과 이루는 각의 크기가 $45°$인 직선의 방정식을 모두 구하시오.

유형 10 원과 직선이 만나지 않을 때

(1) 원과 직선의 방정식에서 한 문자를 소거하여 얻은 이차방정식의 판별식을 D라 하면
$$D<0$$
(2) 원의 중심과 직선 사이의 거리를 d, 원의 반지름의 길이를 r라 하면
$$d>r$$

0242 대표문제
다음 중 원 $(x+1)^2+y^2=1$과 직선 $y=mx-2m$이 만나지 않도록 하는 실수 m의 값이 아닌 것은?

① -1 　　② $-\dfrac{1}{2}$ 　　③ $\dfrac{1}{4}$
④ $\dfrac{1}{2}$ 　　⑤ 2

0243 상중하
원 $x^2+y^2-2ax+a^2-1=0$과 직선 $x+y-3=0$이 만나지 않도록 하는 모든 한 자리 자연수 a의 값의 합을 구하시오.

0244 상중하 서술형
두 점 $(-2, -1)$, $(4, -3)$을 지름의 양 끝 점으로 하는 원이 직선 $y=3x+k$와 만나지 않도록 하는 자연수 k의 최솟값을 구하시오.

▶ 개념원리 공통수학 2 82쪽

유형 11 현의 길이

반지름의 길이가 r인 원에서 중심으로부터 d만큼 떨어진 현의 길이를 l이라 하면
$$l=2\sqrt{r^2-d^2}$$

0245 대표문제

원 $x^2+y^2-2x-4y+1=0$과 직선 $x-y+2=0$의 두 교점을 A, B라 할 때, 선분 AB의 길이를 구하시오.

0246 상중하

원 $x^2+y^2=9$와 직선 $y=x+k$가 만나서 생기는 현의 길이가 $4\sqrt{2}$일 때, 양수 k의 값은?

① 1   ② $\sqrt{2}$ ③ $\sqrt{3}$

④ 2   ⑤ $\sqrt{5}$

0247 상중하 ◀서술형

원 $(x+2)^2+(y-1)^2=4$와 직선 $3x-4y+5=0$의 두 교점을 지나는 원 중에서 넓이가 최소인 원의 넓이를 구하시오.

▶ 개념원리 공통수학 2 83쪽

유형 12 접선의 길이

중심이 C이고 반지름의 길이가 r인 원 밖의 점 P에서 원에 그은 접선의 길이는
$$\sqrt{\overline{CP}^2-r^2}$$

0248 대표문제

점 A$(-2, 3)$에서 원 $x^2+y^2-2x+4y-4=0$에 그은 접선의 접점을 B라 할 때, 선분 AB의 길이는?

① $2\sqrt{5}$ ② $\sqrt{21}$ ③ $2\sqrt{6}$

④ 5   ⑤ $2\sqrt{7}$

0249 상중하

오른쪽 그림과 같이 점 P$(0, -4)$에서 원 $x^2+y^2=4$에 그은 두 접선의 접점을 A, B라 할 때, 사각형 OAPB의 넓이를 구하시오.
（단, O는 원점이다.）

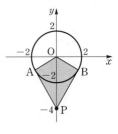

0250 상중하

점 P$(a, 1)$에서 원 $x^2+y^2+4x-2y-31=0$에 그은 접선의 길이가 8일 때, 양수 a의 값은?

① 6   ② 7   ③ 8

④ 9   ⑤ 10

03
원의 방정식

유형 13 원 위의 점과 직선 사이의 거리

원 위의 점과 직선 사이의 거리의 최대·최소
⇒ 최댓값: $\overline{PB}=\overline{PO}+\overline{OB}=d+r$
   최솟값: $\overline{PA}=\overline{PO}-\overline{OA}=d-r$

0251 대표문제
원 $x^2+y^2+2x-6y+2=0$ 위의 점에서 직선 $x-y-1=0$ 까지의 거리의 최댓값을 M, 최솟값을 m이라 할 때, $M+m$ 의 값을 구하시오.

0252 상중하
원 $(x-1)^2+(y+2)^2=8$ 위의 점과 직선 $y=x+3$ 사이의 거리의 최솟값은?

① 1
② $\sqrt{2}$
③ 2
④ $2\sqrt{2}$
⑤ $3\sqrt{2}$

0253 상중하 서술형
원 $x^2+y^2=4$ 위의 점과 직선 $3x-4y+k=0$ 사이의 거리의 최댓값이 5일 때, 양수 k의 값을 구하시오.

0254 상중하
원 $x^2+y^2-10x+6y+25=0$ 위의 점 P와 직선 $x+2y-9=0$ 사이의 거리가 정수가 되도록 하는 점 P의 개수를 구하시오.

중요 유형 14 기울기가 주어진 원의 접선의 방정식

원 $x^2+y^2=r^2$ $(r>0)$에 접하고 기울기가 m인 직선의 방정식
⇒ $y=mx\pm r\sqrt{m^2+1}$

0255 대표문제
직선 $x+2\sqrt{2}y-8=0$에 수직이고 원 $x^2+y^2=9$에 접하는 두 직선이 y축과 만나는 점을 각각 P, Q라 할 때, 선분 PQ의 길이는?

① 12
② 14
③ 16
④ 18
⑤ 20

0256 상중하
원 $x^2+y^2=5$에 접하고 기울기가 -2인 두 직선의 x절편의 곱은?

① $-\dfrac{25}{16}$
② $-\dfrac{25}{9}$
③ $-\dfrac{25}{4}$
④ $-\dfrac{25}{2}$
⑤ -25

0257 상중하
중심이 원점이고 점 $(2, -2)$를 지나는 원에 접하고 직선 $x-2y+1=0$에 평행한 직선의 방정식을 $y=ax+b$라 할 때, 상수 a, b에 대하여 ab^2의 값을 구하시오.

유형 | 15 원 위의 점에서의 접선의 방정식

원 $x^2+y^2=r^2$ 위의 점 (x_1, y_1)에서의 접선의 방정식

➡ $x_1 x + y_1 y = r^2$

0258 대표문제

원 $x^2+y^2=20$ 위의 점 (a, b)에서의 접선의 기울기가 3일 때, ab의 값은?

① -9 ② -6 ③ -3

④ 3 ⑤ 6

0259 상중하

원 $x^2+y^2=10$ 위의 점 $(1, -3)$에서의 접선과 x축 및 y축으로 둘러싸인 도형의 넓이를 구하시오.

0260 상중하

원 $x^2+y^2=25$ 위의 점 $(-4, a)$에서의 접선이 점 $(b, -5)$를 지날 때, $a+b$의 값을 구하시오. (단, $a>0$)

0261 상중하

원 $x^2+y^2=5$ 위의 점 $(-2, 1)$에서의 접선이 원 $x^2+y^2-6x-4y+a=0$에 접할 때, 상수 a의 값을 구하시오.

유형 | 16 원 밖의 점에서 원에 그은 접선의 방정식

원 밖의 점 P에서 이 원에 그은 접선의 방정식은 다음과 같이 구한다.

⑴ 원의 중심이 원점인 경우

  ➡ 원 위의 점 (x_1, y_1)에서의 접선이 점 P를 지남을 이용한다.

⑵ 원의 중심이 원점이 아닌 경우

  ➡ 기울기가 m이고 점 P를 지나는 직선과 원의 중심 사이의 거리가 반지름의 길이와 같음을 이용한다.

0262 대표문제

점 $(1, 2)$에서 원 $(x+2)^2+(y-1)^2=1$에 그은 두 접선의 방정식을 모두 구하시오.

0263 상중하

두 원 $O: x^2+y^2=1$, $O': x^2+(y+2)^2=1$에 대하여 기울기가 양수인 직선 l이 원 O에 접하고 원 O'의 넓이를 이등분한다. 이때 직선 l의 방정식을 구하시오.

0264 상중하

점 $P(-4, 0)$에서 원 $x^2+y^2=4$에 그은 두 접선의 접점을 각각 A, B라 할 때, 삼각형 PAB의 넓이를 구하시오.

0265 상중하

원 $(x-3)^2+(y+5)^2=r^2$ 밖의 점 $A(1, 1)$에서 이 원에 그은 두 접선이 서로 수직일 때, 양수 r의 값을 구하시오.

(단, $r \neq 2$)

유형 17 두 원의 교점을 지나는 직선의 방정식

두 원 $x^2+y^2+ax+by+c=0$, $x^2+y^2+a'x+b'y+c'=0$의
교점을 지나는 직선의 방정식
➡ $x^2+y^2+ax+by+c-(x^2+y^2+a'x+b'y+c')=0$

0266 대표문제

두 원 $x^2+y^2-8x=0$, $x^2+y^2-6x-4y+3=0$의 교점을
지나는 직선이 직선 $y=ax+6$과 수직일 때, 상수 a의 값을
구하시오.

0267 상중하

두 원 $(x-2)^2+y^2=10$, $x^2+y^2+y-5=0$의 교점을 지나
는 직선의 방정식이 $y=ax+b$일 때, 상수 a, b에 대하여
$a+b$의 값은?

① -5 ② -4 ③ -3
④ -2 ⑤ -1

0268 상중하

두 원 $(x+2)^2+y^2=12$, $(x-1)^2+(y+3)^2=10$의 교점을
지나는 직선과 원점 사이의 거리를 구하시오.

0269 상중하

두 원 $x^2+y^2+x=0$, $x^2+y^2-2x+y=0$의 교점을 지나는
직선과 평행하고 점 $(1, 1)$을 지나는 직선의 방정식을 구하
시오.

유형 18 두 원의 교점을 지나는 원의 방정식

두 원 $x^2+y^2+ax+by+c=0$, $x^2+y^2+a'x+b'y+c'=0$의
교점을 지나는 원의 방정식
➡ $x^2+y^2+ax+by+c+k(x^2+y^2+a'x+b'y+c')=0$
(단, $k\neq-1$)

0270 대표문제

두 원 $x^2+y^2=1$, $(x-1)^2+(y-1)^2=1$의 교점과 점
$(3, 1)$을 지나는 원의 방정식이 $x^2+y^2+Ax+By+C=0$
일 때, 상수 A, B, C에 대하여 $A+B+C$의 값을 구하시오.

0271 상중하

두 원 $x^2+y^2-6x+2=0$, $x^2+y^2-2x-8y+4=0$의 교점
과 점 $(1, 0)$을 지나는 원의 넓이를 구하시오.

0272 상중하

두 원 $x^2+y^2-6y+4=0$, $x^2+y^2+ax-4y+2=0$의 교점
과 원점을 지나는 원의 넓이가 10π일 때, 양수 a의 값을 구하
시오.

0273 상중하

두 원 $x^2+y^2-8x+4y-8=0$, $x^2+y^2+4x-8y-14=0$
의 교점을 지나고 중심이 y축 위에 있는 원의 둘레의 길이를
구하시오.

▶ 개념원리 공통수학 2 76쪽

유형 **19** 자취의 방정식

조건을 만족시키는 점 P의 좌표를 (x, y)로 놓고 x, y 사이의 관계식을 세운다.

0274 대표문제

점 $A(2, -1)$과 원 $(x+2)^2+(y+1)^2=4$ 위의 점 P에 대하여 선분 AP의 중점이 나타내는 도형의 둘레의 길이를 구하시오.

0275 상중하

두 점 $A(-3, 0)$, $B(1, 0)$에 대하여 $\overline{AP}^2+\overline{BP}^2=16$을 만족시키는 점 P가 나타내는 도형의 방정식은?

① $x^2+y^2=4$
② $(x-1)^2+y^2=4$
③ $(x+1)^2+y^2=4$
④ $(x-1)^2+y^2=8$
⑤ $(x+1)^2+y^2=8$

0276 상중하

두 점 $A(-2, 0)$, $B(2, 0)$으로부터의 거리의 비가 $3:1$인 점 P에 대하여 삼각형 PAB의 넓이의 최댓값은?

① 3
② 4
③ 5
④ 6
⑤ 7

▶ 개념원리 공통수학 2 94쪽

유형 **20** 공통인 현의 길이

두 원 O, O'의 공통인 현의 길이는 다음과 같은 순서로 구한다.

(ⅰ) 두 원의 교점을 지나는 직선의 방정식을 구한다.

(ⅱ) 한 원의 중심과 (ⅰ)의 직선 사이의 거리 d를 구한다.

(ⅲ) 공통인 현의 길이 l은 $l=2\sqrt{r^2-d^2}$임을 이용한다.

0277 대표문제

두 원 $x^2+y^2=9$, $x^2+y^2+4x+3y+1=0$의 공통인 현의 길이를 구하시오.

0278 상중하

두 원 $O: x^2+y^2=4$, $O': (x-1)^2+(y-1)^2=4$의 두 교점을 A, B라 할 때, 사각형 OAO'B의 넓이를 구하시오.
(단, O는 원점, O'은 원 O의 중심이다.)

0279 상중하 서술형

두 원 $x^2+y^2=5$, $(x+2)^2+(y+1)^2=4$의 두 교점을 지나는 원 중에서 넓이가 최소인 원의 넓이를 구하시오.

0280 상중하

두 원 $x^2+y^2+2x-4y-4=0$, $x^2+y^2-6x-10y+2k=0$의 공통인 현의 길이가 $2\sqrt{5}$일 때, 양수 k의 값은?

① 4
② 6
③ 8
④ 10
⑤ 12

0281 중요★

중심이 직선 $y=x+1$ 위에 있고 두 점 $(1, 6)$, $(-3, 2)$를 지나는 원의 중심의 좌표를 (a, b)라 할 때, $2a+b$의 값은?

① 1   ② 2   ③ 3

④ 4   ⑤ 5

0282

직선 $y=2x+k$가 원 $x^2+y^2+4x+6y-7=0$의 둘레를 이등분할 때, 상수 k의 값을 구하시오.

0283

방정식 $x^2+y^2+2(m-1)x-2my+3m^2-2=0$이 원의 방정식이 되도록 하는 정수 m의 개수는?

① 1   ② 2   ③ 3

④ 4   ⑤ 5

0284

방정식 $x^2+y^2-4x+a^2-4a-1=0$이 원을 나타낼 때, 원의 넓이가 최대가 되도록 하는 원의 반지름의 길이를 구하시오. (단, a는 실수이다.)

0285

세 점 $A(1, 1)$, $B(-1, 1)$, $C(3, 5)$를 지나는 원에 대하여 **보기**에서 옳은 것만을 있는 대로 고른 것은?

> **보기**
>
> ㄱ. 중심의 좌표는 $(0, 4)$이다.
> ㄴ. 점 $(0, 3)$을 지난다.
> ㄷ. 넓이는 10π이다.

① ㄱ   ② ㄷ   ③ ㄱ, ㄴ

④ ㄱ, ㄷ   ⑤ ㄴ, ㄷ

0286

원 $x^2+y^2+4x-2y-10=0$과 중심이 일치하고 x축에 접하는 원의 넓이를 $a\pi$, y축에 접하는 원의 넓이를 $b\pi$라 할 때, $a-b$의 값을 구하시오.

0287

점 $(4, -2)$를 지나고 x축과 y축에 동시에 접하는 두 원의 반지름의 길이의 합은?

① 6   ② 8   ③ 10

④ 12   ⑤ 14

0288

원 $x^2+y^2=4$ 위의 점 P와 이 원 밖의 점 A$(-4, a)$에 대하여 선분 AP의 길이의 최솟값이 3일 때, 양수 a의 값을 구하시오.

0289

원 $x^2+y^2-1=0$ 위를 움직이는 점 P와 원 $x^2+y^2-6x-8y+21=0$ 위를 움직이는 점 Q에 대하여 선분 PQ의 길이의 최댓값을 M, 최솟값을 m이라 할 때, $M-m$의 값은?

① 4 ② 5 ③ 6
④ 7 ⑤ 8

0290

원 $x^2+y^2-2x-4y+1=0$과 직선 $y=x+k$가 서로 다른 두 점에서 만나도록 하는 정수 k의 개수는?

① 2 ② 3 ③ 4
④ 5 ⑤ 6

0291

두 직선 $x+2y-3=0$, $x+2y-7=0$에 동시에 접하고 중심이 직선 $y=2x$ 위에 있는 원의 중심의 좌표를 (a, b), 넓이를 $c\pi$라 할 때, $a+b+5c$의 값을 구하시오.

0292

원 $x^2+y^2=16$과 직선 $y=2x+k$에 대하여 다음 중 옳은 것은?

① $k<-4\sqrt{5}$이면 교점은 2개이다.
② $k=-4\sqrt{5}$이면 교점은 1개이다.
③ $k<-2\sqrt{5}$이면 교점은 0개이다.
④ $k=2\sqrt{5}$이면 교점은 1개이다.
⑤ $k>4\sqrt{5}$이면 교점은 2개이다.

0293 중요★

직선 $l: x+y+k=0$에 대하여 원 $x^2+y^2=9$는 직선 l과 서로 다른 두 점에서 만나고, 원 $x^2+y^2-8x-2ky+k^2=0$은 직선 l과 만나지 않는다. 이때 모든 정수 k의 값의 합을 구하시오.

0294

원 $(x-1)^2+(y-1)^2=25$와 직선 $y=x+k$가 두 점 A, B에서 만나고 $\overline{AB}=8$일 때, 양수 k의 값을 구하시오.

0295

점 P$(4, 5)$에서 원 $(x-1)^2+(y-2)^2=2$에 그은 두 접선의 접점을 A, B라 할 때, 선분 AB의 길이를 구하시오.

0296 교육청 기출

중심이 점 $(3, 2)$이고 반지름의 길이가 $\sqrt{5}$인 원 위의 점과 직선 $2x-y+8=0$ 사이의 거리의 최솟값은?

① $\dfrac{7\sqrt{5}}{5}$ ② $\dfrac{8\sqrt{5}}{5}$ ③ $\dfrac{9\sqrt{5}}{5}$

④ $2\sqrt{5}$ ⑤ $\dfrac{11\sqrt{5}}{5}$

0297

원 $x^2+y^2-6x-2y+8=0$ 위의 점 P와 두 점 $A(0, 1)$, $B(4, 5)$에 대하여 삼각형 PAB의 넓이의 최댓값을 구하시오.

0298

직선 $x+\sqrt{3}y-1=0$에 수직이고 원 $x^2+y^2=12$에 접하는 직선의 방정식을 모두 구하시오.

0299

원 $(x+2)^2+(y+2)^2=10$ 밖의 점 $A(a, 0)$에서 이 원에 그은 두 접선이 서로 수직일 때, 양수 a의 값은?

① 2 ② $\dfrac{5}{2}$ ③ 3

④ $\dfrac{7}{2}$ ⑤ 4

0300

두 원 $(x+2)^2+(y-1)^2=4$, $x^2+y^2=4$의 공통인 현의 중점의 좌표를 구하시오.

0301

두 원 $x^2+y^2-ax+2ay=0$, $x^2+y^2-6=0$의 교점과 두 점 $(1, 1)$, $(4, -2)$를 지나는 원의 방정식이 $x^2+y^2+Ax+By+C=0$일 때, 상수 A, B, C에 대하여 $A-B-C$의 값은? (단, a는 상수이다.)

① -1 ② -2 ③ -3

④ -4 ⑤ -5

0302

두 점 $A(-4, 0)$, $B(1, 0)$에 대하여 $\overline{PA} : \overline{PB} = 3 : 2$를 만족시키는 점 P가 나타내는 도형의 둘레의 길이를 구하시오.

0303

두 원 $O: x^2+y^2=4$, $O': (x+1)^2+(y-2)^2=9$의 두 교점을 A, B라 할 때, 삼각형 $O'AB$의 넓이를 구하시오.

(단, O'은 원 O'의 중심이다.)

0304

점 $(2, 3)$을 중심으로 하고 y축에 접하는 원의 방정식이 $x^2+y^2+ax+by+c=0$일 때, 상수 a, b, c에 대하여 $a+b+c$의 값을 구하시오.

0305 중요★

원 $x^2+y^2=25$ 위의 점 $(-3, 4)$에서의 접선이 중심의 좌표가 $(-6, 8)$인 원 C에 접할 때, 원 C의 넓이를 구하시오.

0306

원 $x^2+y^2-2ax+2y-6=0$이 원 $x^2+y^2+2x-4=0$의 둘레를 이등분할 때, 상수 a의 값을 구하시오.

0307

두 원 $x^2+y^2-4x-6y+7=0$, $x^2+y^2-ax=0$의 교점과 점 $(0, 1)$을 지나는 원의 넓이가 32π일 때, 양수 a의 값을 구하시오.

0308

중심이 원 $(x-1)^2+(y-1)^2=18$ 위에 있고 x축과 y축에 동시에 접하는 모든 원의 넓이의 합을 구하시오.

0309 교육청 기출

그림과 같이 x축과 직선 $l: y=mx$ $(m>0)$에 동시에 접하는 반지름의 길이가 2인 원이 있다. x축과 원이 만나는 점을 P, 직선 l과 원이 만나는 점을 Q, 두 점 P, Q를 지나는 직선이 y축과 만나는 점을 R라 하자. 삼각형 ROP의 넓이가 16일 때, $60m$의 값을 구하시오.

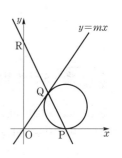

(단, 원의 중심은 제1사분면 위에 있고, O는 원점이다.)

0310

오른쪽 그림과 같이 한 변의 길이가 6인 정사각형 ABCD에 내접하는 원이 있다. 선분 BC를 $1:2$로 내분하는 점 P에 대하여 선분 AP가 원과 만나는 두 점을 각각 Q, R라 할 때, 선분 QR의 길이를 구하시오.

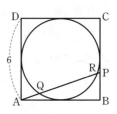

04 도형의 이동

➕ 개념 플러스

04 1 점의 평행이동

유형 01, 09

1 평행이동
도형을 일정한 방향으로 일정한 거리만큼 이동하는 것

2 점의 평행이동
점 $P(x, y)$를 x축의 방향으로 a만큼, y축의 방향으로 b만큼 평행이동한 점 P'의 좌표는
$$(x+a, y+b)$$
참고▶ 점 (x, y)를 x축의 방향으로 a만큼, y축의 방향으로 b만큼 평행이동하는 것을
$$(x, y) \longrightarrow (x+a, y+b)$$
와 같이 나타낸다.

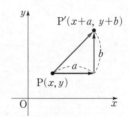

● x축의 방향으로 a만큼 평행이동한다는 것은 $a>0$일 때는 양의 방향으로, $a<0$일 때는 음의 방향으로 $|a|$만큼 평행이동함을 뜻한다.

04 2 도형의 평행이동

유형 02, 03, 04, 09, 13

방정식 $f(x, y)=0$이 나타내는 도형을 x축의 방향으로 a만큼, y축의 방향으로 b만큼 평행이동한 도형의 방정식은
$$\underset{\underset{x \text{ 대신 } x-a, y \text{ 대신 } y-b \text{를 대입}}{\uparrow}}{f(x-a, y-b)=0}$$

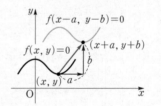

● 방정식 $f(x, y)=0$은 일반적으로 좌표평면 위의 도형을 나타낸다.

● 평행이동에 의하여 직선은 기울기가 같은 직선으로, 원은 반지름의 길이가 같은 원으로 옮겨진다.

참고▶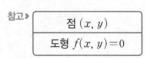

점 (x, y)		점 $(x+a, y+b)$
도형 $f(x, y)=0$	x축의 방향으로 a만큼, y축의 방향으로 b만큼 평행이동	도형 $f(x-a, y-b)=0$

04 3 점의 대칭이동

유형 05, 09, 10

1 대칭이동
도형을 주어진 점 또는 직선에 대하여 대칭인 도형으로 이동하는 것

2 점의 대칭이동
점 (x, y)를 x축, y축, 원점, 직선 $y=x$에 대하여 대칭이동한 점의 좌표는 다음과 같다.

x축	y축	원점	직선 $y=x$
$(x, -y)$	$(-x, y)$	$(-x, -y)$	(y, x)
y좌표의 부호를 바꿈	x좌표의 부호를 바꿈	x좌표, y좌표의 부호를 바꿈	x좌표와 y좌표를 서로 바꿈

● 원점에 대하여 대칭이동한 것은 x축에 대하여 대칭이동한 후 y축에 대하여 대칭이동한 것과 같다.

● 점 (x, y)를 직선 $y=-x$에 대하여 대칭이동한 점의 좌표
⇨ $(-y, -x)$

교과서 문제 정복하기

04|1 점의 평행이동

[0311~0314] 다음 점을 x축의 방향으로 1만큼, y축의 방향으로 -1만큼 평행이동한 점의 좌표를 구하시오.

0311 $(-1, 0)$　　　　**0312** $(3, 2)$

0313 $(2, -2)$　　　　**0314** $(-3, -5)$

[0315~0318] 평행이동 $(x, y) \longrightarrow (x+2, y-3)$에 의하여 다음 점이 옮겨지는 점의 좌표를 구하시오.

0315 $(3, 1)$　　　　**0316** $(-1, 5)$

0317 $(6, -2)$　　　　**0318** $(10, 7)$

[0319~0322] 평행이동 $(x, y) \longrightarrow (x-4, y+6)$에 의하여 다음 점으로 옮겨지는 점의 좌표를 구하시오.

0319 $(4, 5)$　　　　**0320** $(0, 7)$

0321 $(6, -8)$　　　　**0322** $(-3, -10)$

0323 평행이동 $(x, y) \longrightarrow (x+a, y+b)$에 의하여 점 $(-1, 1)$이 점 $(1, -2)$로 옮겨질 때, a, b의 값을 구하시오.

04|2 도형의 평행이동

[0324~0326] 다음 도형을 x축의 방향으로 3만큼, y축의 방향으로 -5만큼 평행이동한 도형의 방정식을 구하시오.

0324 $x-4y+3=0$

0325 $y=2x^2+5x+2$

0326 $(x-2)^2+(y+1)^2=6$

0327 도형 $f(x, y)=0$을 도형 $f(x-3, y+6)=0$으로 옮기는 평행이동에 의하여 직선 $x+3y+5=0$이 옮겨지는 직선의 방정식을 구하시오.

0328 도형 $f(x, y)=0$을 도형 $f(x+2, y+5)=0$으로 옮기는 평행이동에 의하여 포물선 $y=-x^2$이 옮겨지는 포물선의 방정식을 구하시오.

[0329~0331] 평행이동 $(x, y) \longrightarrow (x+2, y-1)$에 의하여 다음 도형이 옮겨지는 도형의 방정식을 구하시오.

0329 $y=-2x-3$

0330 $y=-x^2+4$

0331 $(x+2)^2+(y-1)^2=1$

0332 평행이동 $(x, y) \longrightarrow (x-5, y+4)$에 의하여 직선 $x+y-6=0$으로 옮겨지는 직선의 방정식을 구하시오.

0333 평행이동 $(x, y) \longrightarrow (x+a, y+b)$에 의하여 원 $(x-1)^2+(y+2)^2=5$가 원 $(x-5)^2+(y+3)^2=5$로 옮겨질 때, a, b의 값을 구하시오.

04|3 점의 대칭이동

0334 점 $(-1, 3)$을 다음에 대하여 대칭이동한 점의 좌표를 구하시오.

(1) x축　　　　　　　(2) y축

(3) 원점　　　　　　　(4) 직선 $y=x$

04 도형의 이동

유형 06~09, 13

04 4 도형의 대칭이동

개념 플러스

방정식 $f(x, y)=0$이 나타내는 도형을 x축, y축, 원점, 직선 $y=x$에 대하여 대칭이동한 도형의 방정식은 다음과 같다.

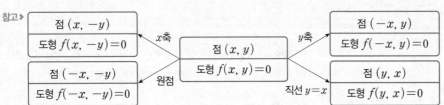

x축	y축	원점	직선 $y=x$
$f(x, -y)=0$	$f(-x, y)=0$	$f(-x, -y)=0$	$f(y, x)=0$
y 대신 $-y$를 대입	x 대신 $-x$를 대입	x 대신 $-x$, y 대신 $-y$를 대입	x 대신 y, y 대신 x를 대입

● 방정식 $f(x, y)=0$이 나타내는 도형을 직선 $y=-x$에 대하여 대칭이동한 도형의 방정식
$\Rightarrow f(-y, -x)=0$

참고▶

점 $(x, -y)$
도형 $f(x, -y)=0$

점 $(-x, -y)$
도형 $f(-x, -y)=0$

x축 / 원점

점 (x, y)
도형 $f(x, y)=0$

y축 / 직선 $y=x$

점 $(-x, y)$
도형 $f(-x, y)=0$

점 (y, x)
도형 $f(y, x)=0$

04 5 점에 대한 대칭이동

유형 11

1 점 $P(x, y)$를 점 $A(a, b)$에 대하여 대칭이동한 점을 $P'(x', y')$이라 하면 점 A는 선분 PP'의 중점이다.
$\Rightarrow P'(2a-x, 2b-y)$

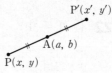

2 방정식 $f(x, y)=0$이 나타내는 도형을 점 $A(a, b)$에 대하여 대칭이동한 도형의 방정식은
$$f(2a-x, 2b-y)=0$$

● $a=\dfrac{x+x'}{2}$, $b=\dfrac{y+y'}{2}$이므로
$x'=2a-x$, $y'=2b-y$
$\therefore P'(2a-x, 2b-y)$

04 6 직선에 대한 대칭이동

유형 12

점 $P(x, y)$를 직선 $l: y=mx+n$에 대하여 대칭이동한 점을 $P'(x', y')$이라 하면

(1) **중점 조건**: 선분 PP'의 중점 M이 직선 l 위에 있다.
$$\Rightarrow \frac{y+y'}{2}=m \times \frac{x+x'}{2}+n$$

(2) **수직 조건**: 직선 PP'은 직선 l과 수직이다.
$$\Rightarrow \frac{y'-y}{x'-x} \times m = -1 \quad \longleftarrow (수직인 두 직선의 기울기의 곱)=-1$$

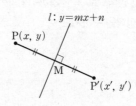

교과서 문제 정복하기

04 | 4 도형의 대칭이동

[0335 ~ 0337] 주어진 방정식이 나타내는 도형을 다음에 대하여 대칭이동한 도형의 방정식을 구하시오.

0335 $2x-y+8=0$

(1) x축   (2) y축

(3) 원점   (4) 직선 $y=x$

0336 $y=x^2-x+2$

(1) x축   (2) y축

(3) 원점

0337 $(x+1)^2+(y-5)^2=36$

(1) x축   (2) y축

(3) 원점   (4) 직선 $y=x$

04 | 5 점에 대한 대칭이동

[0338 ~ 0340] 다음 두 점이 점 P에 대하여 대칭일 때, 점 P의 좌표를 구하시오.

0338 $(-4, 6)$, $(8, 4)$

0339 $(7, -2)$, $(3, -10)$

0340 $(-5, 9)$, $(-9, 5)$

[0341 ~ 0343] 다음 점의 좌표를 구하시오.

0341 점 $(1, 4)$를 점 $(-2, 2)$에 대하여 대칭이동한 점

0342 점 $(-2, -5)$를 점 $(1, -3)$에 대하여 대칭이동한 점

0343 점 $(3, -6)$을 점 $(5, -2)$에 대하여 대칭이동한 점

0344 원 $(x-1)^2+(y+3)^2=2$를 점 $(2, -2)$에 대하여 대칭이동할 때, 다음 물음에 답하시오.

(1) 원의 중심을 점 $(2, -2)$에 대하여 대칭이동한 점의 좌표를 구하시오.

(2) 대칭이동한 원의 방정식을 구하시오.

04 | 6 직선에 대한 대칭이동

0345 점 $A(3, -1)$을 직선 $x-y+1=0$에 대하여 대칭이동한 점이 $B(a, b)$일 때, 다음 물음에 답하시오.

(1) 두 점 A, B를 이은 선분의 중점의 좌표를 a, b로 나타내시오.

(2) 두 점 A, B를 지나는 직선의 기울기를 a, b로 나타내시오.

(3) 점 B의 좌표를 구하시오.

0346 다음은 점 $P(x, y)$를 직선 $y=-x$에 대하여 대칭이동한 점의 좌표를 구하는 과정이다. ㈎~㈃에 알맞은 것을 구하시오.

점 $P(x, y)$를 직선 $y=-x$에 대하여 대칭이동한 점을 $P'(x', y')$이라 하자.
선분 PP'의 중점이 직선 $y=-x$ 위의 점이므로
$$x+y=\boxed{㈎} \quad\quad \cdots\cdots ㉠$$
직선 PP'과 직선 $y=-x$가 수직이므로
$$x-y=\boxed{㈏} \quad\quad \cdots\cdots ㉡$$
㉠+㉡을 하여 정리하면
$$y'=\boxed{㈐}$$
㉠-㉡을 하여 정리하면
$$x'=\boxed{㈑}$$
$$\therefore P'(\boxed{㈑}, \boxed{㈐})$$

▶ **개념원리** 공통수학 2 100쪽

유형 01 점의 평행이동

점 (x, y)를 x축의 방향으로 m만큼, y축의 방향으로 n만큼 평행이동한 점의 좌표

➡ $(x+m, y+n)$

0347 대표문제

점 $(-3, 2)$를 점 $(1, -4)$로 옮기는 평행이동에 의하여 점 $(5, -2)$로 옮겨지는 점의 좌표를 구하시오.

0348 상중하

평행이동 $(x, y) \longrightarrow (x-3, y+2)$에 의하여 점 $(-1, 3)$이 직선 $y=mx-7$ 위의 점으로 옮겨질 때, 상수 m의 값은?

① -5　　　② -3　　　③ -1
④ 1　　　⑤ 3

0349 상중하

두 점 $A(-2, a)$, $B(b, 6)$을 각각 두 점 $A'(1, 4)$, $B'(5, 10)$으로 옮기는 평행이동에 의하여 점 $(a+b, a-b)$가 옮겨지는 점의 좌표를 구하시오.

0350 상중하

점 $A(-1, 7)$을 x축의 방향으로 a만큼, y축의 방향으로 3만큼 평행이동한 점을 B라 할 때, $\overline{OB}=2\overline{OA}$이다. 이때 양수 a의 값을 구하시오. (단, O는 원점이다.)

▶ **개념원리** 공통수학 2 101쪽

유형 02 도형의 평행이동 ─ 직선

직선 $ax+by+c=0$을 x축의 방향으로 m만큼, y축의 방향으로 n만큼 평행이동한 직선의 방정식

➡ x 대신 $x-m$, y 대신 $y-n$을 대입한다.
➡ $a(x-m)+b(y-n)+c=0$

0351 대표문제

직선 $ax-2y-a+1=0$을 x축의 방향으로 4만큼, y축의 방향으로 n만큼 평행이동한 직선의 방정식이 $3x-2y-6=0$일 때, $a+n$의 값은? (단, a는 상수이다.)

① 3　　　② 4　　　③ 5
④ 6　　　⑤ 7

0352 상중하

직선 $y=3x-2$를 x축의 방향으로 k만큼, y축의 방향으로 3만큼 평행이동하였더니 처음 직선과 일치하였다. 이때 k의 값을 구하시오.

0353 상중하

평행이동 $(x, y) \longrightarrow (x+a, y+b)$에 의하여 점 $(2, 1)$이 점 $(3, 4)$로 옮겨진다. 이 평행이동에 의하여 직선 $3x-2y+4=0$이 옮겨지는 직선이 점 $(3, c)$를 지날 때, $a+b+c$의 값을 구하시오.

0354 상중하 ◀서술형

직선 $y=x-3$을 x축의 방향으로 m만큼, y축의 방향으로 -2만큼 평행이동한 직선과 직선 $y=-x-1$을 y축의 방향으로 n만큼 평행이동한 직선의 교점이 점 $(4, -2)$일 때, $m+n$의 값을 구하시오.

▶ 개념원리 공통수학 2 102쪽

유형 03 도형의 평행이동 − 포물선, 원

(1) 포물선 $y=ax^2+bx+c$를 x축의 방향으로 m만큼, y축의 방향으로 n만큼 평행이동한 포물선의 방정식
⟹ $y-n=a(x-m)^2+b(x-m)+c$

(2) 원 $(x-a)^2+(y-b)^2=r^2$을 x축의 방향으로 m만큼, y축의 방향으로 n만큼 평행이동한 원의 방정식
⟹ $(x-m-a)^2+(y-n-b)^2=r^2$

(3) 포물선의 평행이동은 꼭짓점의 평행이동으로, 원의 평행이동은 원의 중심의 평행이동으로 생각할 수 있다.

0355 대표문제

원 $(x-3)^2+y^2=1$이 평행이동 $(x, y) \longrightarrow (x+a, y-b)$에 의하여 원 $x^2+y^2+2x-4y+4=0$으로 옮겨질 때, ab의 값을 구하시오.

0356 상중하

원 $x^2+y^2+ax+by+5=0$을 x축의 방향으로 3만큼, y축의 방향으로 2만큼 평행이동하였더니 원 $x^2+y^2-6y+c=0$과 일치하였다. 이때 상수 a, b, c에 대하여 $a+b+c$의 값을 구하시오.

0357 상중하

원점을 점 $(2, 1)$로 옮기는 평행이동에 의하여 포물선 $y=x^2+6x+1$이 옮겨지는 포물선의 꼭짓점의 좌표를 (m, n)이라 할 때, $m+n$의 값을 구하시오.

0358 상중하

포물선 $y=4x^2+8x-5$를 x축의 방향으로 a만큼, y축의 방향으로 $a+2$만큼 평행이동한 포물선의 꼭짓점이 x축 위에 있을 때, 이 꼭짓점의 x좌표를 구하시오.

유형 04 평행이동의 활용 중요

(1) 직선이 원의 넓이를 이등분한다.
⟹ 직선이 원의 중심을 지난다.

(2) 직선이 원에 접한다.
⟹ 원의 중심과 직선 사이의 거리가 반지름의 길이와 같다.

0359 대표문제

직선 $y=3x-1$을 x축의 방향으로 a만큼, y축의 방향으로 $2a$만큼 평행이동한 직선이 원 $(x-1)^2+(y+2)^2=1$의 넓이를 이등분할 때, a의 값을 구하시오.

0360 상중하

원 $x^2+y^2=1$을 y축의 방향으로 a만큼 평행이동하였더니 직선 $4x+3y+2=0$과 접하였다. 이때 양수 a의 값을 구하시오.

0361 상중하

평행이동 $(x, y) \longrightarrow (x+a, y+b)$에 의하여 원 $(x+2)^2+(y-3)^2=16$이 옮겨지는 원이 x축과 y축에 모두 접할 때, $a+b$의 값을 구하시오.
(단, 평행이동한 원의 중심은 제1사분면 위에 있다.)

0362 상중하

이차함수 $y=-x^2-3x+1$의 그래프를 x축의 방향으로 a만큼, y축의 방향으로 b만큼 평행이동하였더니 직선 $y=x+3$에 접하였다. 이때 $a-b$의 값을 구하시오.

유형 | 05 점의 대칭이동

점 (x, y)를 대칭이동한 점의 좌표
(1) x축 ➡ y좌표의 부호를 바꾼다. ➡ $(x, -y)$
(2) y축 ➡ x좌표의 부호를 바꾼다. ➡ $(-x, y)$
(3) 원점 ➡ x좌표, y좌표의 부호를 모두 바꾼다. ➡ $(-x, -y)$
(4) 직선 $y=x$ ➡ x좌표와 y좌표를 서로 바꾼다. ➡ (y, x)

0363 대표문제

점 $P(2, -1)$을 직선 $y=x$에 대하여 대칭이동한 점을 Q, x축에 대하여 대칭이동한 점을 R라 할 때, 삼각형 PQR의 무게중심의 좌표를 구하시오.

0364 상중하

직선 $y=3x$ 위의 점 $P(a, b)$를 x축, y축에 대하여 대칭이동한 점을 각각 Q, R라 하자. 삼각형 PQR의 넓이가 54일 때, 양수 a의 값을 구하시오.

0365 상중하

점 (a, b)를 y축에 대하여 대칭이동한 점이 제3사분면 위에 있을 때, 점 $(a-b, ab)$를 원점에 대하여 대칭이동한 후 y축에 대하여 대칭이동한 점은 제몇 사분면 위에 있는지 구하시오.

0366 상중하

좌표평면 위의 점 P를 다음과 같이 세 가지 방법으로 대칭이동하려고 한다.

> ㈎ x축에 대하여 대칭이동
> ㈏ 원점에 대하여 대칭이동
> ㈐ y축에 대하여 대칭이동

점 $P(-2, -1)$을 ㈎, ㈏, ㈐의 순서로 반복하여 이동할 때, 100번 이동한 후의 점의 좌표를 (a, b)라 하자. $a-b$의 값을 구하시오.

유형 | 06 도형의 대칭이동 ― 직선

직선 $ax+by+c=0$을 대칭이동한 직선의 방정식
(1) x축 ➡ y 대신 $-y$를 대입 ➡ $ax-by+c=0$
(2) y축 ➡ x 대신 $-x$를 대입 ➡ $-ax+by+c=0$
(3) 원점 ➡ x 대신 $-x$, y 대신 $-y$를 대입 ➡ $-ax-by+c=0$
(4) 직선 $y=x$ ➡ x 대신 y, y 대신 x를 대입 ➡ $bx+ay+c=0$

0367 대표문제

직선 $y=\frac{1}{3}x+2$를 y축에 대하여 대칭이동한 직선에 수직이고 점 $(-6, 2)$를 지나는 직선의 방정식을 구하시오.

0368 상중하

직선 $x+5y-6=0$을 직선 $y=x$에 대하여 대칭이동한 직선을 l_1, 직선 l_1을 원점에 대하여 대칭이동한 직선을 l_2라 할 때, 직선 l_2의 기울기를 구하시오.

0369 상중하

직선 $2x-3y+k=0$을 x축에 대하여 대칭이동한 직선이 점 $(1, 1)$을 지날 때, 상수 k의 값은?

① -5 ② -4 ③ -3
④ -2 ⑤ -1

▸개념원리 공통수학 2 109쪽

유형 07 도형의 대칭이동 − 포물선, 원

도형 $f(x, y)=0$을 대칭이동한 도형의 방정식

(1) x축 ➡ y 대신 $-y$를 대입 ➡ $f(x, -y)=0$

(2) y축 ➡ x 대신 $-x$를 대입 ➡ $f(-x, y)=0$

(3) 원점 ➡ x 대신 $-x$, y 대신 $-y$를 대입 ➡ $f(-x, -y)=0$

(4) 직선 $y=x$ ➡ x 대신 y, y 대신 x를 대입 ➡ $f(y, x)=0$

0370 대표문제

중심이 점 $(3, -2)$이고 반지름의 길이가 k인 원을 x축에 대하여 대칭이동하였더니 점 $(3, -3)$을 지났다. 이때 양수 k의 값을 구하시오.

0371 상중하

원 $x^2+y^2-2ax-6y+4=0$을 y축에 대하여 대칭이동한 원의 중심이 직선 $y=-\dfrac{1}{2}x+\dfrac{1}{2}$ 위에 있을 때, 상수 a의 값은?

① 1   ② 3   ③ 5

④ 7   ⑤ 9

0372 상중하

포물선 $y=x^2+ax+b$를 원점에 대하여 대칭이동한 포물선의 꼭짓점의 좌표가 $(-2, 7)$일 때, 상수 a, b에 대하여 $a+b$의 값은?

① -8 ② -7 ③ -6

④ -5 ⑤ -4

0373 상중하

원 $x^2+y^2-4x+10y-5=0$을 직선 $y=x$에 대하여 대칭이동한 원이 y축과 만나는 두 점 사이의 거리를 구하시오.

중요 유형 08 대칭이동의 활용

(1) 직선과 원의 위치 관계

➡ 직선과 원의 중심 사이의 거리를 이용한다.

(2) 직선과 포물선의 위치 관계

➡ 직선과 포물선의 방정식을 연립한 이차방정식의 판별식을 이용한다.

0374 대표문제

직선 $4x+3y+a=0$을 원점에 대하여 대칭이동하였더니 원 $(x-3)^2+(y+1)^2=9$에 접하였다. 이때 양수 a의 값은?

① 18   ② 20   ③ 22

④ 24   ⑤ 26

0375 상중하 ◀서술형

원 $x^2+y^2-4x-2y=0$을 x축에 대하여 대칭이동한 원과 직선 $y=x+k$가 서로 다른 두 점에서 만나도록 하는 실수 k의 값의 범위를 구하시오.

0376 상중하

직선 $3x-2y+2=0$을 직선 $y=x$에 대하여 대칭이동한 직선이 포물선 $y=\dfrac{1}{3}x^2+k$와 만날 때, 실수 k의 값의 범위를 구하시오.

0377 상중하

원 $(x-a)^2+(y+1)^2=9$를 y축에 대하여 대칭이동한 후 직선 $y=x$에 대하여 대칭이동하였더니 직선 $3x-2y-1=0$에 의하여 원의 넓이가 이등분되었다. 이때 상수 a의 값을 구하시오.

유형 | 09 도형의 평행이동과 대칭이동

점 또는 도형을 두 번 이상 평행이동·대칭이동하는 경우
➡ 이동 순서에 주의하여 점의 좌표 또는 도형의 방정식을 차례대로 구한다.

0378 대표문제

포물선 $y=x^2+x+a$를 x축의 방향으로 2만큼, y축의 방향으로 -1만큼 평행이동한 후 x축에 대하여 대칭이동하였더니 포물선 $y=-x^2+3x+6$과 겹쳐졌다. 이때 상수 a의 값을 구하시오.

0379 상중하

점 P를 x축의 방향으로 1만큼, y축의 방향으로 2만큼 평행이동한 후 원점에 대하여 대칭이동하였더니 점 $(3, 2)$가 되었다. 이때 점 P의 좌표를 구하시오.

0380 상중하

원 $(x+2)^2+(y+2)^2=16$을 x축의 방향으로 -1만큼 평행이동한 후 직선 $y=x$에 대하여 대칭이동한 원이 x축과 만나는 두 점을 P, Q라 할 때, 선분 PQ의 길이를 구하시오.

0381 상중하

직선 $x-2y+1=0$을 y축에 대하여 대칭이동한 후 y축의 방향으로 m만큼 평행이동하였더니 직선 $nx+y-2=0$과 y축에서 수직으로 만났다. 이때 mn의 값은? (단, n은 상수이다.)

① -5 ② -3 ③ -1
④ 1 ⑤ 3

유형 | 10 선분의 길이의 합의 최솟값

두 점 A, B와 직선 l 위의 점 P에 대하여 $\overline{AP}+\overline{BP}$의 최솟값은 다음과 같은 순서로 구한다.

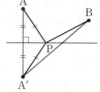

(ⅰ) 점 A를 직선 l에 대하여 대칭이동한 점 A′의 좌표를 구한다.
(ⅱ) $\overline{AP}+\overline{BP}=\overline{A'P}+\overline{BP}\geq\overline{A'B}$
이므로 $\overline{AP}+\overline{BP}$의 최솟값은 $\overline{A'B}$의 길이와 같음을 이용한다. 이때 점 P는 직선 A′B와 직선 l의 교점이다.

0382 대표문제

두 점 A$(1, 2)$, B$(5, 9)$와 직선 $y=x$ 위의 점 P에 대하여 $\overline{AP}+\overline{BP}$의 최솟값을 구하시오.

0383 상중하

오른쪽 그림과 같이 두 점 A$(3, 4)$, B$(4, 3)$과 y축 위의 점 P, x축 위의 점 Q에 대하여 $\overline{AP}+\overline{PQ}+\overline{QB}$의 최솟값을 구하시오.

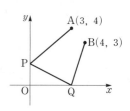

0384 상중하

두 점 A$(-5, 1)$, B$(-3, 7)$과 y축 위의 점 P에 대하여 $\overline{AP}+\overline{BP}$의 최솟값과 그때의 점 P의 좌표를 구하시오.

0385 상중하

오른쪽 그림과 같이 점 A$(2, 4)$와 y축 위의 점 B, 직선 $y=x$ 위의 점 C에 대하여 삼각형 ABC의 둘레의 길이의 최솟값을 a, 그때의 점 B의 좌표를 $(0, b)$, 점 C의 좌표를 (c, c)라 할 때, abc의 값을 구하시오.

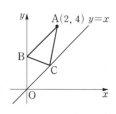

▶ **개념원리** 공통수학 2 113쪽

유형 | 11 | 점에 대한 대칭이동

점 $P(x, y)$를 점 (a, b)에 대하여 대칭
이동한 점을 $P'(x', y')$이라 하면 점
(a, b)는 선분 PP'의 중점이다.

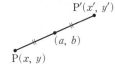

$\Rightarrow \dfrac{x+x'}{2}=a, \dfrac{y+y'}{2}=b$

0386 대표문제

점 $(a, 8)$을 점 $(-4, 6)$에 대하여 대칭이동한 점의 좌표가
$(-6, b)$일 때, ab의 값은?

① -2 ② -4 ③ -6

④ -8 ⑤ -10

0387 상중하

원 $x^2+y^2-2x+6y+1=0$을 점 $(2, 1)$에 대하여 대칭이동
한 원의 방정식은?

① $(x-3)^2+(y-5)^2=9$ ② $(x+3)^2+(y-5)^2=9$
③ $(x-2)^2+(y-5)^2=9$ ④ $(x+2)^2+(y-5)^2=9$
⑤ $(x-1)^2+(y-2)^2=9$

0388 상중하

두 포물선 $y=x^2-2x+3$, $y=-x^2+6x-5$가 점 P에 대하
여 대칭일 때, 점 P의 좌표를 구하시오.

0389 상중하

직선 $3x-y-2=0$ 위의 점 (a, b)를 점 $(-2, -1)$에 대하
여 대칭이동한 점의 좌표를 (p, q)라 할 때, 다음 물음에 답하
시오.

(1) a, b를 p, q에 대한 식으로 나타내시오.

(2) 직선 $3x-y-2=0$을 점 $(-2, -1)$에 대하여 대칭이동
 한 직선의 방정식을 구하시오.

▶ **개념원리** 공통수학 2 114쪽

유형 | 12 | 직선에 대한 대칭이동

점 $P(x, y)$를 직선 l에 대하여 대칭
이동한 점을 $P'(x', y')$이라 하면

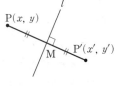

(1) 중점 조건

 $\Rightarrow$ 선분 PP'의 중점 M이 직선 l
  위에 있다.

(2) 수직 조건

 $\Rightarrow$ (직선 PP'과 직선 l의 기울기의 곱)$=-1$

0390 대표문제

점 $(-6, -1)$을 직선 $2x+y+3=0$에 대하여 대칭이동한
점의 좌표를 (a, b)라 할 때, $a+b$의 값은?

① -5 ② -3 ③ -2

④ 3 ⑤ 5

0391 상중하

두 점 $P(1, 5)$, $Q(3, 3)$이 직선 l에 대하여 대칭일 때, 직선
l과 x축 및 y축으로 둘러싸인 도형의 넓이를 구하시오.

0392 상중하

원 $(x+2)^2+(y+1)^2=5$를 직선 $y=x-2$에 대하여 대칭
이동한 원의 방정식을 구하시오.

0393 상중하 ◀서술형

두 원 $x^2+y^2=9$, $(x-2)^2+(y+4)^2=9$가 직선
$ax+by+5=0$에 대하여 대칭일 때, 상수 a, b에 대하여
$a+b$의 값을 구하시오.

▶ 개념원리 공통수학 2 115쪽

유형13 방정식 $f(x, y)=0$이 나타내는 도형의 평행이동과 대칭이동

(1) $f(x, y)=0 \longrightarrow f(x-m, y-n)=0$
➡ 도형 $f(x, y)=0$을 x축의 방향으로 m만큼, y축의 방향으로 n만큼 평행이동

(2) $f(x, y)=0 \longrightarrow f(x, -y)=0$
➡ 도형 $f(x, y)=0$을 x축에 대하여 대칭이동

(3) $f(x, y)=0 \longrightarrow f(-x, y)=0$
➡ 도형 $f(x, y)=0$을 y축에 대하여 대칭이동

(4) $f(x, y)=0 \longrightarrow f(-x, -y)=0$
➡ 도형 $f(x, y)=0$을 원점에 대하여 대칭이동

(5) $f(x, y)=0 \longrightarrow f(y, x)=0$
➡ 도형 $f(x, y)=0$을 직선 $y=x$에 대하여 대칭이동

0394 대표문제

방정식 $f(x, y)=0$이 나타내는 도형이 오른쪽 그림과 같을 때, 다음 중 방정식 $f(y, x)=0$이 나타내는 도형은?

① 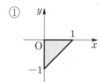 ②
③ 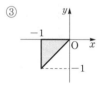 ④
⑤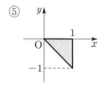

0395 상중하

방정식 $f(x, y)=0$이 나타내는 도형이 오른쪽 그림과 같을 때, 다음 중 방정식 $f(-x, y-1)=0$이 나타내는 도형은?

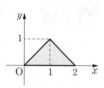

① 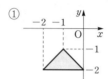 ②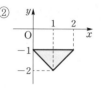
③ 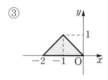 ④
⑤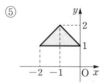

0396 상중하

두 방정식 $f(x, y)=0$과 $g(x, y)=0$이 나타내는 도형이 오른쪽 그림과 같을 때, 다음 중 옳은 것은?

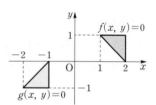

① $g(x, y)=f(x+3, y)$
② $g(x, y)=f(x-3, -y)$
③ $g(x, y)=f(x+3, -y)$
④ $g(x, y)=f(-x-3, -y)$
⑤ $g(x, y)=f(-x+3, -y)$

0397

평행이동 $(x, y) \longrightarrow (x+a, y-2)$에 의하여 점 $(4, -1)$이 점 $(2, b)$로 옮겨질 때, $a+b$의 값은?

① -5 ② -3 ③ -1
④ 1 ⑤ 3

0398 중요★

직선 $y=3x-4$를 x축의 방향으로 m만큼, y축의 방향으로 -3만큼 평행이동한 직선과 직선 $y=3x-4$ 사이의 거리가 $\sqrt{10}$일 때, 양수 m의 값을 구하시오.

0399

도형 $f(x, y)=0$을 도형 $f(x+3, y-1)=0$으로 옮기는 평행이동에 의하여 원 $x^2+y^2-4x+2y+a=0$이 옮겨지는 원의 중심의 좌표가 $(-1, b)$이고 반지름의 길이가 3일 때, $a+b$의 값은? (단, a는 상수이다.)

① -4 ② -2 ③ 0
④ 2 ⑤ 4

0400

점 $A(-3, 5)$를 x축에 대하여 대칭이동한 점을 B, 직선 $y=x$에 대하여 대칭이동한 점을 C라 할 때, 삼각형 ABC의 넓이를 구하시오.

0401 교육청 기출

그림과 같이 원 $x^2+y^2=100$ 위에 x좌표가 각각 3, 7인 두 점 A_1, A_2가 있다. 점 $B(-10, 0)$을 지나고 두 직선 A_1B, A_2B에 각각 수직인 두 직선이 원과 만나는 점 중 점 B가 아닌 두 점을 각각 C_1, C_2라 하자. 점 C_1의 y좌표를 a, 점 C_2의 x좌표를 b라 할 때, a^2+b^2의 값을 구하시오. (단, 두 점 A_1, A_2는 제1사분면 위에 있다.)

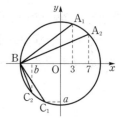

0402

보기에서 직선 $y=x$에 대하여 대칭이동하였을 때 처음의 도형과 일치하는 도형의 방정식인 것만을 있는 대로 고른 것은?

보기

ㄱ. $x^2+y^2=1$ ㄴ. $y=-x$ ㄷ. $y=2x$

① ㄱ   ② ㄷ   ③ ㄱ, ㄴ
④ ㄴ, ㄷ   ⑤ ㄱ, ㄴ, ㄷ

0403 중요★

직선 $y=2x+k$를 원점에 대하여 대칭이동하였더니 원 $(x-1)^2+(y+1)^2=20$에 접하였다. 이때 양수 k의 값은?

① 5 ② 7 ③ 9
④ 11 ⑤ 13

0404

점 $(-2, 5)$를 원점에 대하여 대칭이동한 후 x축의 방향으로 3만큼, y축의 방향으로 -2만큼 평행이동하였다. 이 점을 다시 직선 $y=x$에 대하여 대칭이동한 점의 좌표를 (a, b)라 할 때, $a-b$의 값을 구하시오.

0405

가로의 길이가 60 m, 세로의 길이가 50 m인 직사각형 모양의 방이 있다. 이 방의 바닥에 있는 다람쥐가 왼쪽 벽면의 아래에서 20 m만큼 떨어진 지점

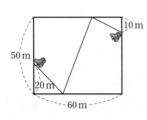

에서 출발하여 위의 그림과 같이 아래쪽, 위쪽 벽면을 차례로 거쳐 오른쪽 벽면의 위에서 10 m만큼 떨어진 지점에 도착했다. 다람쥐가 최단 거리로 이동하였을 때, 움직인 총거리를 구하시오. (단, 다람쥐는 방의 바닥에서만 움직인다.)

0406

두 포물선 $y=x^2+2x+3$, $y=-x^2+ax+b$가 점 $(1, -1)$에 대하여 대칭일 때, 상수 a, b에 대하여 $a+b$의 값은?

① -5　　　　② -7　　　　③ -9

④ -11　　　　⑤ -13

0407

원 $x^2+y^2-2x-4y+1=0$을 직선 $y=ax+b$에 대하여 대칭이동하였더니 원 $x^2+y^2-6x-12y+41=0$이 되었다. 이 때 상수 a, b에 대하여 $a+b$의 값을 구하시오.

0408

점 $A(1, -2)$를 직선 $y=x$에 대하여 대칭이동한 점을 B, 직선 $y=2x$에 대하여 대칭이동한 점을 C라 할 때, 선분 BC의 길이를 구하시오.

0409

방정식 $f(x, y)=0$이 나타내는 도형이 오른쪽 그림과 같을 때, 다음 중 방정식 $f(-y, x)=0$이 나타내는 도형은?

① 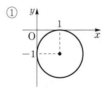　　②

③ 　　④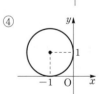

⑤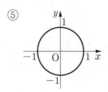

✏️ 서술형 **주관식**

0410

두 점 $A(a, 3)$, $B(-2, b)$를 각각 두 점 $A'(6, -2)$, $B'(1, 4)$로 옮기는 평행이동에 의하여 점 (b, a)가 옮겨지는 점의 좌표를 구하시오.

0411

도형 $f(x, y)=0$을 도형 $f(x+2, y-1)=0$으로 옮기는 평행이동에 의하여 포물선 $y=x^2-2x$를 평행이동한 포물선과 직선 $y=x+4$가 만나는 두 점을 A, B라 하자. 이때 선분 AB의 중점의 좌표를 구하시오.

0412 중요★

원 $(x+a)^2+(y+b)^2=9$를 직선 $y=x$에 대하여 대칭이동한 후 x축의 방향으로 -2만큼 평행이동한 원이 x축과 y축에 동시에 접하였다. 이때 상수 a, b에 대하여 ab의 최댓값을 구하시오.

0413

점 $P(2, 4)$를 원 $x^2+y^2=1$ 위의 점 Q에 대하여 대칭이동한 점을 R라 하자. 점 R가 나타내는 도형의 넓이를 구하시오.

🏆 실력 **Up**

0414

한 개의 동전을 던져서 다음과 같은 방법으로 점 $P(1, 2)$를 이동시키려고 한다.

> ㈎ 앞면이 나오면 x축의 방향으로 1만큼, y축의 방향으로 -1만큼 평행이동한다.
> ㈏ 뒷면이 나오면 x축의 방향으로 -2만큼, y축의 방향으로 2만큼 평행이동한다.

동전을 10번 던져서 앞면이 a번, 뒷면이 b번 나왔을 때, 점 P가 이동한 점을 $Q(p, q)$라 하자. $\overline{PQ}=11\sqrt{2}$일 때, $ab-pq$의 값을 구하시오.

0415

오른쪽 그림과 같이 원 $C_1: x^2+y^2=4$를 x축의 방향으로 3만큼, y축의 방향으로 4만큼 평행이동한 원을 C_2라 하자. 또 원 C_1이 직선 $3x+4y-6=0$과 만나는 두 점 A, B를 x축의 방향으로 3만큼, y축의 방향으로 4만큼 평행이동한 점을 각각 C, D라 하자. 선분 AC, 선분 BD와 호 AB 및 호 CD로 둘러싸인 부분의 넓이를 구하시오.

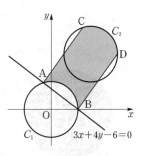

0416

두 점 $A(1, -1)$, $B(3, 2)$와 직선 $4x-6y+3=0$ 위의 점 P에 대하여 $\overline{AP}+\overline{PB}$의 최솟값을 k, 이때의 점 P의 좌표를 (s, t)라 할 때, kst의 값을 구하시오.

공감
○ㅁ
한 스푼

강은 알고 있어!

서두르지 않아도

언젠가는

도착하게 되리라는 것을!

Ⅱ

집합과 명제

05 집합의 뜻과 포함 관계

05|1 집합의 뜻과 표현   유형 01, 02, 03, 06

1 집합: 어떤 기준에 따라 그 대상을 분명하게 정할 수 있는 것들의 모임

2 원소: 집합을 이루는 대상 하나하나

  (1) a가 집합 A의 원소이다. ⇨ a는 집합 A에 속한다. ⇨ $a \in A$

  (2) b가 집합 A의 원소가 아니다. ⇨ b는 집합 A에 속하지 않는다. ⇨ $b \notin A$

3 집합의 표현 방법

  (1) **원소나열법**: 집합에 속하는 모든 원소를 { } 안에 나열하여 집합을 나타내는 방법

  (2) **조건제시법**: 집합에 속하는 모든 원소들이 갖는 공통된 성질을 조건으로 제시하여 집합을 나타내는 방법 → $\{x \mid x$의 조건$\}$

  (3) **벤다이어그램**: 집합을 나타낸 그림 →

● 일반적으로 집합은 알파벳 대문자 A, B, C, …로 나타내고, 원소는 알파벳 소문자 a, b, c, …로 나타낸다.

● 집합을 원소나열법으로 나타낼 때
① 원소를 나열하는 순서는 관계없다.
② 같은 원소는 중복하여 쓰지 않는다.
③ 원소가 많고 원소 사이에 일정한 규칙이 있으면 원소의 일부를 생략하고 ' … '을 사용하여 나타낸다.

05|2 집합의 원소의 개수   유형 04, 05

1 원소의 개수에 따른 집합의 분류

  (1) **유한집합**: 원소가 유한개인 집합

  (2) **무한집합**: 원소가 무수히 많은 집합

  특히 유한집합 중 원소가 하나도 없는 집합을 **공집합**이라 하고, 기호로 ∅과 같이 나타낸다.

2 유한집합의 원소의 개수

집합 A가 유한집합일 때, 집합 A의 원소의 개수를 기호로 $n(A)$와 같이 나타낸다. 특히 $n(\varnothing)=0$이다.

● ① ∅ ⇨ 원소가 0개 ⇨ $n(\varnothing)=0$
② $\{\varnothing\}$ ⇨ 원소는 ∅의 1개 ⇨ $n(\{\varnothing\})=1$
③ $\{0\}$ ⇨ 원소는 0의 1개 ⇨ $n(\{0\})=1$

05|3 집합 사이의 포함 관계   유형 06~14

1 부분집합: 두 집합 A, B에 대하여 A의 모든 원소가 B에 속할 때, A를 B의 **부분집합**이라 한다.

  (1) 집합 A가 집합 B의 부분집합이다. ⇨ $A \subset B$

  (2) 집합 A가 집합 B의 부분집합이 아니다. ⇨ $A \not\subset B$

2 부분집합의 성질: 세 집합 A, B, C에 대하여

  (1) $\varnothing \subset A$ → 공집합은 모든 집합의 부분집합이다.

  (2) $A \subset A$ → 모든 집합은 자기 자신의 부분집합이다.

  (3) $A \subset B$이고 $B \subset C$이면 $A \subset C$이다.

3 서로 같은 집합: 두 집합 A, B에 대하여 $A \subset B$이고 $B \subset A$일 때, A와 B는 서로 같다고 한다.

  (1) 두 집합 A, B가 서로 같다. ⇨ $A = B$

  (2) 두 집합 A, B가 서로 같지 않다. ⇨ $A \neq B$

4 진부분집합: 두 집합 A, B에 대하여 $A \subset B$이고 $A \neq B$일 때, A를 B의 **진부분집합**이라 한다.

5 부분집합의 개수: 집합 $A = \{a_1, a_2, a_3, \cdots, a_n\}$에 대하여

  (1) 집합 A의 부분집합의 개수: 2^n

  (2) 집합 A의 진부분집합의 개수: $2^n - 1$

  (3) 집합 A의 특정한 원소 k개를 반드시 원소로 갖는 (또는 갖지 않는) 부분집합의 개수: 2^{n-k}

                                   (단, $k < n$)

● 집합 A가 집합 B의 부분집합일 때, '집합 A는 집합 B에 포함된다.' 또는 '집합 B는 집합 A를 포함한다.'고 한다.

● 두 집합이 서로 같으면 두 집합의 모든 원소가 같다.

● 집합 A의 특정한 원소 k개는 반드시 원소로 갖고, 특정한 원소 m개는 원소로 갖지 않는 부분집합의 개수는 2^{n-k-m} (단, $k+m < n$)

교과서 문제 정복하기

05 | 1 집합의 뜻과 표현

0417 보기에서 집합인 것만을 있는 대로 고르시오.

> **보기**
> ㄱ. 100에 가까운 수의 모임
> ㄴ. 16보다 작은 4의 양의 배수의 모임
> ㄷ. 다리가 2개인 동물들의 모임
> ㄹ. 몸무게가 무거운 학생들의 모임

0418 10보다 작은 3의 배수의 집합을 A라 할 때, 다음 □ 안에 기호 $\in$, $\notin$ 중 알맞은 것을 써넣으시오.

(1) $1\ \square\ A$ (2) $3\ \square\ A$

(3) $9\ \square\ A$ (4) $12\ \square\ A$

0419 15의 양의 약수의 집합을 A라 할 때, 집합 A를 다음 방법으로 나타내시오.

(1) 원소나열법

(2) 조건제시법

(3) 벤다이어그램

05 | 2 집합의 원소의 개수

[0420~0422] 다음 집합이 유한집합이면 '유', 무한집합이면 '무'를 ( ) 안에 써넣으시오. 또 공집합이면 '공'도 함께 써넣으시오.

0420 $\{x\,|\,x$는 1 이상 7 이하의 짝수$\}$ (   )

0421 $\{x\,|\,x$는 0 미만의 정수$\}$ (   )

0422 $\{x\,|\,x$는 2보다 작은 소수$\}$ (   )

[0423~0424] 다음 집합 A에 대하여 $n(A)$를 구하시오.

0423 $A=\{a,\,b,\,c\}$

0424 $A=\{x\,|\,x$는 $-1\le x<3$인 정수$\}$

05 | 3 집합 사이의 포함 관계

[0425~0426] 다음 두 집합 A, B 사이의 포함 관계를 기호 $\subset$를 사용하여 나타내시오.

0425 $A=\{0,\,1,\,2\}$, $B=\{0,\,1,\,2,\,3\}$

0426 $A=\{x\,|\,x$는 4의 양의 배수$\}$,
$B=\{y\,|\,y$는 8의 양의 배수$\}$

0427 집합 $\{a,\,b,\,c\}$의 부분집합 중 다음을 모두 구하시오.

(1) 원소가 하나도 없는 것

(2) 원소가 1개인 것

(3) 원소가 2개인 것

(4) 원소가 3개인 것

[0428~0429] 다음 집합의 부분집합을 모두 구하시오.

0428 $\{x,\,y\}$

0429 $\{x\,|\,x$는 4의 양의 약수$\}$

[0430~0431] 다음 두 집합 A, B 사이의 관계를 기호 $=$ 또는 $\ne$를 사용하여 나타내시오.

0430 $A=\{x\,|\,x$는 13보다 작은 소수$\}$,
$B=\{2,\,3,\,5,\,7,\,11\}$

0431 $A=\{x\,|\,x^2-2x-8=0\}$, $B=\{2,\,4\}$

0432 집합 $A=\{1,\,3,\,5,\,7\}$에 대하여 다음을 구하시오.

(1) 집합 A의 부분집합의 개수

(2) 집합 A의 진부분집합의 개수

(3) 집합 A의 부분집합 중 3을 반드시 원소로 갖는 부분집합의 개수

▶ 개념원리 공통수학 2 123쪽

유형 01 집합의 뜻

(1) 기준이 명확하여 그 대상을 분명하게 정할 수 있다.

⇒ 집합이다.

(2) 기준이 명확하지 않아 그 대상을 분명하게 정할 수 없다.

⇒ 집합이 아니다.

0433 대표문제

다음 중 집합이 <u>아닌</u> 것은?

① 10보다 작은 짝수의 모임

② 6의 양의 약수의 모임

③ 키가 큰 축구 선수의 모임

④ 5 이하의 자연수의 모임

⑤ 사계절의 모임

0434 상중하

다음 중 집합인 것을 모두 고르면? (정답 2개)

① 우리 반에서 12월에 태어난 학생의 모임

② 맛있는 과일의 모임

③ 짝수인 두 자리 자연수의 모임

④ 우리나라의 높은 산의 모임

⑤ 작은 분수의 모임

0435 상중하

보기에서 집합인 것의 개수를 구하시오.

> **보기**
>
> ㄱ. 아름다운 꽃의 모임
>
> ㄴ. 태양계 행성들의 모임
>
> ㄷ. 30보다 작은 5의 양의 배수의 모임
>
> ㄹ. 야구를 좋아하는 학생의 모임

▶ 개념원리 공통수학 2 123쪽

유형 02 집합과 원소 사이의 관계

(1) a가 집합 A에 속한다. ⇒ $a \in A$

(2) b가 집합 A에 속하지 않는다. ⇒ $b \notin A$

0436 대표문제

7보다 작은 홀수인 자연수의 집합을 A라 할 때, 다음 중 옳은 것은?

① $0 \in A$ ② $3 \in A$ ③ $4 \in A$

④ $5 \notin A$ ⑤ $7 \in A$

0437 상중하

3으로 나누었을 때의 나머지가 1인 자연수의 집합을 A라 할 때, 보기에서 옳은 것만을 있는 대로 고르시오.

> **보기**
>
> ㄱ. $1 \notin A$ ㄴ. $3 \in A$
>
> ㄷ. $7 \in A$ ㄹ. $12 \notin A$

0438 상중하

방정식 $x^3 - x^2 - 2x = 0$의 해의 집합을 A라 할 때, 다음 중 옳지 <u>않은</u> 것은?

① $-2 \notin A$ ② $0 \in A$ ③ $1 \in A$

④ $2 \in A$ ⑤ $4 \notin A$

0439 상중하

정수 전체의 집합을 Z, 유리수 전체의 집합을 Q, 실수 전체의 집합을 R라 할 때, 다음 중 옳은 것은? (단, $i = \sqrt{-1}$)

① $\sqrt{4} \notin Z$ ② $\dfrac{5}{3} \notin Q$ ③ $\pi \in Q$

④ $\sqrt{5} + 1 \in R$ ⑤ $i^{100} \notin R$

▶ 개념원리 공통수학 2 124쪽

유형 03 집합의 표현 방법

(1) 원소나열법: { } 안에 모든 원소를 나열
(2) 조건제시법: $\{x \mid x$의 조건$\}$
(3) 벤다이어그램: 집합을 나타낸 그림

0440 대표문제

다음 중 오른쪽 그림과 같이 벤다이어그램으로 나타낸 집합 A를 조건제시법으로 바르게 나타낸 것은?

① $A = \{x \mid x$는 8의 양의 약수$\}$
② $A = \{x \mid x$는 16의 양의 약수$\}$
③ $A = \{x \mid x$는 16 이하의 2의 양의 배수$\}$
④ $A = \{x \mid x$는 20 이하의 4의 양의 배수$\}$
⑤ $A = \{x \mid x$는 20보다 작은 4의 양의 배수$\}$

0441 상중하

다음 집합 중 원소가 나머지 넷과 다른 하나는?

① $\{x \mid 1 < x < 8,\ x$는 홀수$\}$
② $\{x \mid 2 \leq x \leq 7,\ x$는 홀수$\}$
③ $\{x \mid 1 < x < 10,\ x$는 소수$\}$
④ $\{x \mid 3 \leq x \leq 10,\ x$는 소수$\}$
⑤ $\{x \mid x$는 홀수인 한 자리의 소수$\}$

0442 상중하

다음 중 집합 $A = \{x \mid x = 2^a \times 5^b,\ a,\ b$는 자연수$\}$의 원소가 아닌 것은?

① 20   ② 40   ③ 100
④ 150   ⑤ 250

▶ 개념원리 공통수학 2 125쪽

유형 04 유한집합과 무한집합

(1) 유한집합: 원소가 유한개인 집합
(2) 무한집합: 원소가 무수히 많은 집합
(3) 공집합 ($\varnothing$): 원소가 하나도 없는 집합
➡ 공집합은 유한집합이다.

0443 대표문제

다음 중 유한집합인 것을 모두 고르면? (정답 2개)

① $\{2, 4, 6, 8, \cdots\}$
② $\{x \mid x$는 자연수$\}$
③ $\{x \mid x$는 $2 < x < 3$인 자연수$\}$
④ $\{x \mid x$는 0보다 크고 100보다 작은 4의 배수$\}$
⑤ $\{x \mid x$는 7보다 큰 홀수$\}$

0444 상중하

보기에서 무한집합인 것의 개수는?

보기
ㄱ. $\{x \mid x$는 10의 양의 약수$\}$
ㄴ. $\{x \mid x$는 5로 나누어떨어지는 자연수$\}$
ㄷ. $\{x \mid x^2 + 4 = 0,\ x$는 실수$\}$
ㄹ. $\{x \mid |x| < 2$인 유리수$\}$
ㅁ. $\{x \mid x$는 4보다 큰 짝수$\}$

① 1   ② 2   ③ 3
④ 4   ⑤ 5

0445 상중하 서술형

집합 $A = \{x \mid x^2 - 2kx - 3k + 10 < 0,\ x$는 실수$\}$가 공집합이 되도록 하는 정수 k의 개수를 구하시오.

유형 | 05 유한집합의 원소의 개수

(1) $n(A)$: 유한집합 A의 원소의 개수

(2) 집합 A가 조건제시법으로 주어지면 원소나열법으로 나타낸 후 $n(A)$를 구한다.

0446 대표문제

두 집합

$$A=\{x\,|\,x(x-1)^2=0\},$$

$$B=\left\{x\,\Big|\,x=\frac{8}{k},\ x,\ k는\ 자연수\right\}$$

에 대하여 $n(A)+n(B)$의 값을 구하시오.

0447 상중하

다음 중 옳지 <u>않은</u> 것은?

① $A=\{a,\ b,\ c,\ d\}$이면 $n(A)=4$이다.

② $B=\{2\}$이면 $n(B)=2$이다.

③ $C=\varnothing$이면 $n(C)=0$이다.

④ $D=\{1,\ 2,\ 3,\ \cdots,\ 99\}$이면 $n(D)=99$이다.

⑤ $E=\{x\,|\,x는\ 25의\ 양의\ 약수\}$이면 $n(E)=3$이다.

0448 상중하

두 집합

$$A=\{1,\ 2,\ 3\},\ B=\{x\,|\,x는\ 9의\ 양의\ 약수\}$$

에 대하여 집합 C가 $C=\{xy\,|\,x\in A,\ y\in B\}$일 때, $n(A)+n(B)-n(C)$의 값을 구하시오.

0449 상중하 ◀서술형

두 집합

$$A=\{(x,\ y)\,|\,x+3y=14,\ x,\ y는\ 자연수\},$$

$$B=\{x\,|\,x는\ k\ 이하의\ 자연수,\ k는\ 자연수\}$$

에 대하여 $n(A)+n(B)=10$일 때, k의 값을 구하시오.

유형 | 06 기호 ∈, ⊂의 사용

(1) (원소)$\in$(집합), (원소)$\notin$(집합)

(2) (집합)$\subset$(집합), (집합)$\not\subset$(집합)

(3) 집합 속의 집합 ➡ 하나의 원소이다.

0450 대표문제

집합 $A=\{a,\ b,\ c,\ d\}$에 대하여 **보기**에서 옳은 것만을 있는 대로 고르시오.

보기

ㄱ. $a\in A$ ㄴ. $b\subset A$

ㄷ. $\{c\}\in A$ ㄹ. $\{a,\ b,\ c\}\subset A$

ㅁ. $A\subset\{a,\ b,\ c,\ d\}$

0451 상중하

두 집합 $A=\{1,\ 3\}$, $B=\{x\,|\,x는\ 6의\ 양의\ 약수\}$에 대하여 다음 중 옳지 <u>않은</u> 것은?

① $0\notin A$ ② $3\in B$ ③ $\{1,\ 3\}\subset A$

④ $\{2,\ 5\}\not\subset B$ ⑤ $\{1,\ 2,\ 4\}\subset B$

0452 상중하

집합 $A=\{1,\ 2,\ \{1,\ 2\}\}$에 대하여 다음 중 옳은 것은?

① $\{1\}\in A$ ② $\{1,\ 2\}\subset A$

③ $2\subset A$ ④ $\{\{1,\ 2\}\}\in A$

⑤ 집합 A의 원소의 개수는 4이다.

0453 상중하

집합 $A=\{\varnothing,\ a,\ b,\ \{a,\ c\}\}$에 대하여 다음 중 옳지 <u>않은</u> 것은?

① $\varnothing\in A$ ② $\{a\}\subset A$ ③ $b\in A$

④ $\{\varnothing,\ b\}\in A$ ⑤ $\{\{a,\ c\}\}\subset A$

▶ **개념원리** 공통수학 2 132쪽

유형 |07 집합 사이의 포함 관계

집합 사이의 포함 관계는 각 집합을 원소나열법으로 나타낸 후 두 집합의 모든 원소를 비교하여 판단한다.

0454 대표문제

세 집합 $A=\{0, 1, 2\}$, $B=\{xy \,|\, x\in A, y\in A\}$, $C=\{x+2y \,|\, x\in A, y\in A\}$ 사이의 포함 관계를 바르게 나타낸 것은?

① $A\subset B\subset C$ ② $A\subset C\subset B$ ③ $B\subset A\subset C$
④ $B\subset C\subset A$ ⑤ $C\subset B\subset A$

0455 상중하

세 집합 $A=\{-2, 0, 2\}$, $B=\{x \,|\, x$는 $-3<x\le 3$인 정수$\}$, $C=\{x \,|\, x^2-2x=0\}$ 사이의 포함 관계를 바르게 나타낸 것은?

① $A\subset B\subset C$ ② $A\subset C\subset B$ ③ $B\subset A\subset C$
④ $C\subset A\subset B$ ⑤ $C\subset B\subset A$

0456 상중하

다음 중 두 집합 A, B 사이의 포함 관계가 오른쪽 벤다이어그램과 같은 것은?

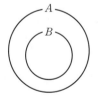

① $A=\{a, b, c\}$, $B=\{a, b, c, d\}$
② $A=\{1, 2, 3\}$, $B=\{2, 3, 5\}$
③ $A=\{x \,|\, x$는 10의 배수$\}$,
    $B=\{x \,|\, x$는 5의 배수$\}$
④ $A=\{x \,|\, x$는 4의 양의 약수$\}$,
    $B=\{x \,|\, x$는 8의 양의 약수$\}$
⑤ $A=\{x \,|\, x$는 5 이하의 자연수$\}$,
    $B=\{x \,|\, x$는 7보다 작은 소수$\}$

유형 |08 집합 사이의 포함 관계를 이용하여 미지수 구하기 중요

(1) 집합을 원소나열법으로 나타낸 후 각 원소를 비교한다.
   ➡ 두 집합 A, B에 대하여 $A\subset B$이면 집합 A의 모든 원소는 집합 B의 원소이다.
(2) 집합이 부등식으로 주어지면 각 집합을 수직선 위에 나타내고 포함 관계가 성립할 조건을 찾는다.

0457 대표문제

두 집합 $A=\{x \,|\, a<x\le 3a+8\}$, $B=\{x \,|\, 0<x<3\}$에 대하여 $B\subset A$가 성립하도록 하는 정수 a의 개수를 구하시오.

0458 상중하

두 집합
    $A=\{x \,|\, (x^2-9)(2x-a)=0\}$,
    $B=\{x \,|\, (x-2)(x-3)=0\}$
에 대하여 $B\subset A$가 성립할 때, 상수 a의 값을 구하시오.

0459 상중하

세 집합 $A=\{x \,|\, a\le x\le b\}$, $B=\{x \,|\, -2<x<6\}$, $C=\{x \,|\, -1\le x<5\}$에 대하여 $C\subset A\subset B$가 성립한다. 이때 정수 a, b에 대하여 $a+b$의 값을 구하시오.

0460 상중하

두 집합 $A=\{2, -a\}$, $B=\{a^2+1, a-3, 1\}$에 대하여 $A\subset B$일 때, 실수 a의 값을 구하시오.

05
집합의 뜻과 포함 관계

유형 09 부분집합 구하기

원소의 개수가 n인 집합의 부분집합은 부분집합의 원소가
0개, 1개, 2개, $\cdots$, n개인 경우로 나누어 구한다.

0461 대표문제

집합 $A=\{x \mid x$는 9의 양의 약수$\}$에 대하여 $X \subset A$이고
$X \neq A$인 집합 X를 모두 구하시오.

0462 상중하

집합 $A=\{x \mid x$는 20 이하의 4의 양의 배수$\}$의 부분집합 X
에 대하여 $n(X)=2$를 만족시키는 집합 X의 개수는?

① 6 　　　　② 8 　　　　③ 10
④ 12 　　　　⑤ 15

0463 상중하

집합 $A=\{1, 2, 3, 4, 5, 6\}$의 공집합이 아닌 부분집합 중에
서 모든 원소의 합이 7 이하인 부분집합의 개수는?

① 14 　　　　② 15 　　　　③ 16
④ 17 　　　　⑤ 18

유형 10 서로 같은 집합

두 집합 A, B에 대하여 $A=B$이다.
➡ $A \subset B$이고 $B \subset A$이다.
➡ 두 집합 A, B의 모든 원소가 같다.

0464 대표문제

두 집합 $A=\{1, a, 4\}$, $B=\{1, b^2, b^2-1\}$에 대하여
$A=B$일 때, $a+b$의 값을 구하시오. (단, a, b는 자연수이다.)

0465 상중하

두 집합 $A=\{3x-2 \mid x$는 4 이하의 자연수$\}$,
$B=\{1, 4, a+1, b\}$에 대하여 $A \subset B$이고 $B \subset A$이다. 이때
상수 a, b에 대하여 $a-b$의 값을 구하시오. (단, $a>b$)

0466 상중하 서술형

두 집합 $A=\{x \mid x^2-ax+10=0\}$, $B=\{b, 5\}$에 대하여
$A=B$일 때, ab의 값을 구하시오. (단, a, b는 상수이다.)

0467 상중하

두 집합 $A=\{x+1, x^2\}$, $B=\{2x-1, 3x-2\}$가 서로 같
을 때, 상수 x의 값을 구하시오.

▸ **개념원리** 공통수학 2 133쪽

유형 **11** 부분집합의 개수

집합 $A=\{a_1,\ a_2,\ a_3,\ \cdots,\ a_n\}$에 대하여

(1) 집합 A의 부분집합의 개수 ➡ 2^n

(2) 집합 A의 진부분집합의 개수 ➡ 2^n-1

0468 대표문제

집합 A의 부분집합의 개수가 128이고, 집합 B의 진부분집합의 개수가 63일 때, $n(A)-n(B)$의 값은?

① 1   ② 2   ③ 3

④ 4   ⑤ 5

0469 상중하

집합 $A=\{x\,|\,x$는 12보다 작은 소수$\}$의 진부분집합의 개수를 구하시오.

0470 상중하

집합 $A=\{x\,|\,x^2+x-6<0,\ x$는 정수$\}$의 부분집합의 개수를 구하시오.

0471 상중하

집합 $A=\{x\,|\,x$는 50 이하의 자연수$\}$의 공집합이 아닌 부분집합 중에서 모든 원소가 5의 배수로만 이루어진 집합의 개수를 구하시오.

유형 **12** 특정한 원소를 갖거나 갖지 않는 부분집합의 개수

집합 $A=\{a_1,\ a_2,\ a_3,\ \cdots,\ a_n\}$에 대하여

(1) A의 특정한 원소 k개를 반드시 원소로 갖는 (또는 갖지 않는) 부분집합의 개수

➡ 2^{n-k} (단, $k<n$)

(2) A의 특정한 원소 k개는 반드시 원소로 갖고, 특정한 원소 m개는 원소로 갖지 않는 부분집합의 개수

➡ 2^{n-k-m} (단, $k+m<n$)

0472 대표문제

집합 $A=\{x\,|\,x$는 14의 양의 약수$\}$에 대하여 $X\subset A$이고 $X\neq A$인 집합 X 중에서 2를 반드시 원소로 갖는 집합의 개수를 구하시오.

0473 상중하

집합 $S=\{1,\ 2,\ 3,\ 4,\ 5\}$에 대하여 $1\in A,\ 2\notin A,\ 5\notin A$를 모두 만족시키는 집합 S의 부분집합 A의 개수를 구하시오.

0474 상중하

집합 $A=\{1,\ 2,\ 3,\ \cdots,\ n\}$의 부분집합 중에서 1, 2는 반드시 원소로 갖고, 3은 원소로 갖지 않는 부분집합의 개수가 8일 때, 자연수 n의 값을 구하시오.

0475 상중하

집합 $A=\{x\,|\,x$는 20 이하의 3의 양의 배수$\}$의 부분집합 중에서 짝수인 원소가 2개인 집합의 개수를 구하시오.

05

집합의 뜻과 포함 관계

▶ 개념원리 공통수학 2 134쪽

유형 P | 13 $A \subset X \subset B$를 만족시키는 집합 X의 개수

$A \subset X \subset B$를 만족시키는 집합 X의 개수
➡ 집합 B의 부분집합 중에서 집합 A의 모든 원소를 반드시 원소로 갖는 집합의 개수

0476 대표문제

두 집합

$$A = \{x \mid x^2 - 2x - 3 = 0\}, \ B = \{x \mid x는 \ |x| < 4인 \ 정수\}$$

에 대하여 $A \subset X \subset B$를 만족시키는 집합 X의 개수는?

① 4 　　　② 8　　　③ 16
④ 32　　　⑤ 64

0477 상중하

집합 $A = \{x \mid x는 \ n \ 이하의 \ 자연수\}$에 대하여
$\{2, 3\} \subset X \subset A$를 만족시키는 집합 X의 개수가 128일 때, 자연수 n의 값을 구하시오.

0478 상중하 서술형

두 집합

$A = \{x \mid 1 \le x \le 10, \ x는 \ 자연수\},$

$B = \{x \mid x는 \ 10 \ 미만의 \ 짝수인 \ 자연수\}$

에 대하여 $B \subset X \subset A$, $X \ne A$, $X \ne B$를 만족시키는 집합 X의 개수를 구하시오.

▶ 개념원리 공통수학 2 133쪽

유형 P | 14 특별한 조건이 있는 부분집합의 개수

(1) 특정한 원소 k개 중에서 적어도 한 개를 원소로 갖는 부분집합의 개수
➡ (모든 부분집합의 개수)
　　ー (특정한 원소 k개를 원소로 갖지 않는 부분집합의 개수)
(2) a 또는 b를 원소로 갖는 부분집합의 개수
➡ (모든 부분집합의 개수)
　　ー (a, b를 모두 원소로 갖지 않는 부분집합의 개수)

0479 대표문제

집합 $A = \{x \mid x = 3n + 1, \ n은 \ 0 < n \le 6인 \ 정수\}$의 부분집합 중에서 적어도 한 개의 소수를 원소로 갖는 집합의 개수를 구하시오.

0480 상중하

집합 $A = \{a, b, c, d, e, f\}$의 부분집합 중에서 a 또는 c를 원소로 갖는 집합의 개수를 구하시오.

0481 상중하

두 집합 $A = \{1, 3, 5, 7, 9\}$, $B = \{x \mid x는 \ 9의 \ 양의 \ 약수\}$에 대하여 집합 A의 부분집합 중에서 집합 B의 원소를 적어도 하나 포함하는 집합의 개수는?

① 8　　　② 16　　　③ 24
④ 28　　　⑤ 32

0482 상중하

집합 $A = \{x \mid x는 \ 15 \ 이하의 \ 3의 \ 양의 \ 배수\}$의 진부분집합 중에서 홀수를 1개 이상 원소로 갖는 집합의 개수를 구하시오.

0483

보기에서 집합인 것만을 있는 대로 고르시오.

> **보기**
> ㄱ. 12의 양의 약수의 모임
> ㄴ. 교복이 예쁜 학교의 모임
> ㄷ. 0에 가까운 수의 모임
> ㄹ. 10보다 큰 자연수의 모임

0484

두 집합 $A=\{1, 2\}$, $B=\{0, 1, 2, 4\}$에 대하여 집합 $C=\{z \mid z=x+y, x \in A, y \in B\}$의 모든 원소의 합을 구하시오.

0485

다음 중 공집합인 것은?

① $\{0\}$

② $\{\varnothing\}$

③ $\{x \mid x$는 2 이상 4 미만의 홀수$\}$

④ $\{x \mid x^2-1<0, x$는 자연수$\}$

⑤ $\{x \mid x$는 짝수인 3의 양의 배수$\}$

0486

다음 중 옳지 <u>않은</u> 것은?

① $n(\{ㄱ, ㄴ, ㄷ\})-n(\{ㄹ, ㅁ\})=1$

② $n(\{1\})+n(\{3\})=2$

③ $n(\{x, y\})=n(\{8, 9\})$

④ $A \subset B$이면 $n(A)<n(B)$이다.

⑤ $n(\varnothing)+n(\{2\})+n(\{0, \varnothing\})=3$

0487 중요★

두 집합
$$A=\{x \mid x^2-4x+6=0, x는 실수\},$$
$$B=\{x \mid x^2+ax+2a=0, x는 실수\}$$
에 대하여 $n(A)=n(B)$가 되도록 하는 정수 a의 개수를 구하시오.

0488

집합 $A=\{\varnothing, 1, \{\varnothing\}\}$에 대하여 다음 중 옳지 <u>않은</u> 것은?

① $\varnothing \in A$ ② $\{1\} \subset A$ ③ $\{\varnothing, \{\varnothing\}\} \subset A$

④ $\{\varnothing, \{1\}\} \subset A$ ⑤ $\{\varnothing\} \in A$

0489

세 집합 $X=\{2, 3, 5, 7\}$, $Y=\{x \mid (x-2)(x-5)=0\}$, $Z=\{x \mid x$는 7보다 작은 소수$\}$ 사이의 포함 관계를 바르게 나타낸 것은?

① $X \subset Y \subset Z$ ② $X \subset Z \subset Y$ ③ $Y \subset X \subset Z$

④ $Y \subset Z \subset X$ ⑤ $Z \subset Y \subset X$

0490 교육청 기출

두 집합
$$A=\{x \mid (x-5)(x-a)=0\}, B=\{-3, 5\}$$
에 대하여 $A \subset B$를 만족시키는 양수 a의 값을 구하시오.

0491 중요★

두 집합 $A=\{x\,|-2\le x\le -3k\}$, $B=\{x\,|\,2k\le x\le 12\}$에 대하여 $A\subset B$가 성립하도록 하는 실수 k의 최댓값을 M, 최솟값을 m이라 할 때, Mm의 값을 구하시오. (단, $A\ne\varnothing$)

0492

집합 $A=\{1, 2, 3, 4, 5, 6, 7\}$의 공집합이 아닌 부분집합 X에 대하여 집합 X의 모든 원소의 합을 $S(X)$라 하자. 집합 X가 다음 조건을 만족시킬 때, $S(X)$의 최댓값은?

> (개) $1\notin X$, $3\notin X$
> (내) $S(X)$의 값은 홀수이다.

① 13   ② 15   ③ 17
④ 19   ⑤ 21

0493

두 집합 $A=\{1, a+5, a^2\}$, $B=\{3, 4, a^2-3\}$에 대하여 $A\subset B$이고 $B\subset A$일 때, 상수 a의 값을 구하시오.

0494

집합 $A=\{a_1, a_2, a_3, \cdots, a_n\}$의 진부분집합 중에서 a_1, a_2를 반드시 원소로 갖는 부분집합의 개수가 63일 때, 자연수 n의 값을 구하시오.

0495

집합 $A=\{4, 5, 6, 7, 8, 9\}$에 대하여 다음 조건을 만족시키는 집합 A의 부분집합 X의 개수를 구하시오.

> (개) $n(X)\ge 2$
> (내) 집합 X의 모든 원소의 곱은 8의 배수이다.

0496 중요★

두 집합
$$A=\{x\,|\,x^2-7x+12=0\},$$
$$B=\left\{x\,\middle|\,x=\frac{12}{n},\ x,\ n\text{은 자연수}\right\}$$
에 대하여 $A\subset X\subset B$를 만족시키는 집합 X의 개수를 구하시오.

0497

집합 $A=\{2, 3, 4, 5, 6, 7, 8, 9\}$의 부분집합 중에서 적어도 하나의 2의 배수를 원소로 갖고, 3의 배수는 원소로 갖지 않는 집합의 개수는?

① 24   ② 28   ③ 48
④ 61   ⑤ 112

서술형 **주관식**

0498

자연수 전체의 집합의 부분집합 A가 '$x \in A$이면 $\dfrac{64}{x} \in A$'를 만족시킨다. 집합 A의 원소의 개수의 최댓값을 M, 최솟값을 m이라 할 때, $M-m$의 값을 구하시오. (단, $A \neq \varnothing$)

0499

두 집합

$$A = \{x \,|\, x^2 - 6x + 8 \leq 0\}, \ B = \{x \,|\, x < k\}$$

에 대하여 $A \subset B$를 만족시키는 정수 k의 최솟값을 구하시오.

0500

집합 $A = \{-1, 0, 1, 2\}$에 대하여 집합

$$B = \{a^2 + b^2 \,|\, a \in A, \ b \in A\}$$

일 때, 집합 B의 부분집합의 개수를 구하시오.

0501

집합 $A = \{a, b, c, d, e, f, g\}$에 대하여 $\{a, b, c\} \subset X$, $\{a, b, c, g\} \not\subset X$를 만족시키는 집합 A의 부분집합 X의 개수를 구하시오.

실력 **Up**

0502

자연수 n에 대하여 집합 $A(n)$을

$$A(n) = \{x \,|\, x는 \ n^k의 \ 일의 \ 자리의 \ 수, \ k는 \ 자연수\}$$

라 하자. 예를 들어 $n=5$일 때, $5^1=5$, $5^2=25$, $5^3=125$, $\cdots$ 이므로 $A(5) = \{5\}$이다. **보기**에서 옳은 것만을 있는 대로 고르시오.

보기

ㄱ. $n(A(4)) = 2$

ㄴ. $A(8) \subset A(4)$

ㄷ. $A(3^m) = A(3)$을 만족시키는 2 이상의 자연수 m이 존재한다.

0503

집합 $A = \{1, 2, 3, 4, 5, 6\}$의 부분집합 중 원소가 두 개 이상인 집합을 각각 A_1, A_2, A_3, $\cdots$, A_{57}이라 하자. 집합 $A_n (n=1, 2, 3, \cdots, 57)$의 원소의 최댓값과 최솟값의 차를 a_n이라 할 때, $a_1 + a_2 + a_3 + \cdots + a_{57}$의 값을 구하시오.

0504

집합 X의 모든 원소의 곱을 $f(X)$라 하자. 집합 $A = \{1, 2, 4, 8\}$의 부분집합 중 공집합이 아닌 모든 집합 A_1, A_2, A_3, $\cdots$, A_{15}에 대하여

$$f(A_1) \times f(A_2) \times f(A_3) \times \cdots \times f(A_{15}) = 2^m$$

이고, 집합 $B = \{1, 3, 9, 27, 81\}$의 부분집합 중 공집합이 아닌 모든 집합 B_1, B_2, B_3, $\cdots$, B_{31}에 대하여

$$f(B_1) \times f(B_2) \times f(B_3) \times \cdots \times f(B_{31}) = 3^n$$

일 때, $\dfrac{n}{m}$의 값을 구하시오.

06 집합의 연산

➕ 개념 플러스

06 | 1   합집합과 교집합   유형 01, 02, 04, 05, 06, 14

1 합집합: 두 집합 A, B에 대하여 A에 속하거나 B에 속하는 모든 원소로 이루어진 집합을 A와 B의 **합집합**이라 하고, 기호로 $A \cup B$와 같이 나타낸다.

⇨ $A \cup B = \{x \mid x \in A$ 또는 $x \in B\}$

● $A \subset (A \cup B)$, $B \subset (A \cup B)$

2 교집합: 두 집합 A, B에 대하여 A에도 속하고 B에도 속하는 모든 원소로 이루어진 집합을 A와 B의 **교집합**이라 하고, 기호로 $A \cap B$와 같이 나타낸다.

⇨ $A \cap B = \{x \mid x \in A$ 그리고 $x \in B\}$

● $(A \cap B) \subset A$, $(A \cap B) \subset B$

● '~이거나', '또는' ⇨ 합집합
  '~이고', '~와' ⇨ 교집합

3 서로소: 두 집합 A, B에서 공통인 원소가 하나도 없을 때, 즉 $A \cap B = \varnothing$일 때, A와 B는 **서로소**라 한다.

참고▶ 공집합은 모든 집합과 서로소이다.

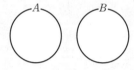

● 두 집합 A, B가 서로소이면 $n(A \cap B) = 0$이다.

06 | 2   여집합과 차집합   유형 03~06, 14

1 전체집합: 어떤 집합에 대하여 그 부분집합을 생각할 때, 처음의 집합을 **전체집합**이라 하고, 기호로 U와 같이 나타낸다.

2 여집합: 전체집합 U의 부분집합 A에 대하여 U의 원소 중에서 A에 속하지 않는 모든 원소로 이루어진 집합을 U에 대한 A의 **여집합**이라 하고, 기호로 A^c와 같이 나타낸다.

⇨ $A^c = \{x \mid x \in U$ 그리고 $x \notin A\}$

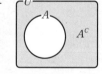

3 차집합: 두 집합 A, B에 대하여 A에는 속하지만 B에는 속하지 않는 모든 원소로 이루어진 집합을 A에 대한 B의 **차집합**이라 하고, 기호로 $A - B$와 같이 나타낸다.

⇨ $A - B = \{x \mid x \in A$ 그리고 $x \notin B\}$

$A - B$

● 집합 A의 여집합 A^c는 전체집합 U에 대한 집합 A의 차집합으로 생각할 수 있다.
  ⇨ $A^c = U - A$

06 | 3   집합의 연산 법칙   유형 10~13, 17

세 집합 A, B, C에 대하여

(1) **교환법칙:** $A \cup B = B \cup A$, $A \cap B = B \cap A$

(2) **결합법칙:** $(A \cup B) \cup C = A \cup (B \cup C)$
              $(A \cap B) \cap C = A \cap (B \cap C)$

(3) **분배법칙:** $A \cap (B \cup C) = (A \cap B) \cup (A \cap C)$
              $A \cup (B \cap C) = (A \cup B) \cap (A \cup C)$

● 세 집합의 연산에서 결합법칙이 성립하므로 괄호를 사용하지 않고
  $A \cup B \cup C$, $A \cap B \cap C$
  로 나타내기도 한다.

교과서 문제 정복하기

06 | 1   합집합과 교집합

[0505 ~ 0507] 다음 두 집합 A, B에 대하여 $A \cup B$를 구하시오.

0505 $A=\{1, 5, 9, 13\}$, $B=\{3, 5, 9\}$

0506 $A=\varnothing$, $B=\{a, b, c, d\}$

0507 $A=\{x \mid x$는 8의 양의 약수$\}$, $B=\{2, 4, 6, 8, 10\}$

[0508 ~ 0510] 다음 두 집합 A, B에 대하여 $A \cap B$를 구하시오.

0508 $A=\{2, 3, 7, 8, 9\}$, $B=\{1, 2, 6, 7\}$

0509 $A=\{b, d, g\}$, $B=\{a, c, e, f\}$

0510 $A=\{x \mid x$는 20 이하의 자연수$\}$,
$B=\{x \mid x$는 6의 양의 배수$\}$

0511 두 집합 A, B에 대하여 오른쪽 벤다이어그램에서 다음을 구하시오.

(1) $A \cup B$

(2) $A \cap B$

[0512 ~ 0514] 다음 두 집합 A, B가 서로소인지 말하시오.

0512 $A=\{2, 3, 5, 7\}$, $B=\varnothing$

0513 $A=\{x \mid x$는 9 이하의 짝수인 자연수$\}$,
$B=\{3, 6, 10\}$

0514 $A=\{x \mid 1 \leq x < 2\}$, $B=\{x \mid x \geq 2\}$

06 | 2   여집합과 차집합

[0515 ~ 0516] 전체집합 $U=\{x \mid x$는 $1 \leq x \leq 10$인 자연수$\}$의 두 부분집합 A, B가 다음과 같을 때, 각 집합의 여집합을 구하시오.

0515 $A=\{1, 4, 8\}$

0516 $B=\{x \mid x$는 10 이하의 자연수$\}$

[0517 ~ 0518] 다음 두 집합 A, B에 대하여 $A-B$를 구하시오.

0517 $A=\{a, b, c, d\}$, $B=\{c, e, g\}$

0518 $A=\{x \mid x$는 15의 양의 약수$\}$,
$B=\{x \mid x$는 10보다 작은 짝수인 자연수$\}$

0519 오른쪽 벤다이어그램은 전체집합 U의 두 부분집합 A, B를 나타낸 것이다. 다음을 구하시오.

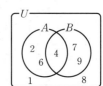

(1) A^C (2) B^C

(3) $A-B$ (4) $B-A$

06 | 3   집합의 연산 법칙

0520 세 집합 A, B, C에 대하여 $A \cap B=\{2, 4\}$, $C=\{1, 2, 3, 5\}$일 때, $A \cap (B \cap C)$를 구하시오.

0521 세 집합 A, B, C에 대하여 $A=\{1, 2, 3\}$, $B \cap C=\{3, 5\}$일 때, $(A \cup B) \cap (A \cup C)$를 구하시오.

0522 세 집합 A, B, C에 대하여 $A \cap B=\{0, 1\}$, $A \cap C=\{1, 3, 5\}$일 때, $A \cap (B \cup C)$를 구하시오.

06 집합의 연산

06 | 4 집합의 연산의 성질 (유형 07~14, 17)

전체집합 U의 두 부분집합 A, B에 대하여

(1) $A \cup A = A$, $A \cap A = A$

(2) $A \cup \varnothing = A$, $A \cap \varnothing = \varnothing$

(3) $A \cup U = U$, $A \cap U = A$

(4) $A \cup A^C = U$, $A \cap A^C = \varnothing$

(5) $U^C = \varnothing$, $\varnothing^C = U$

(6) $(A^C)^C = A$

(7) $\boldsymbol{A - B = A \cap B^C}$

참고 전체집합 U의 두 부분집합 A, B에 대하여

(1) $A \subset B$와 같은 표현
  ① $A \cap B = A$
  ② $A \cup B = B$
  ③ $A - B = \varnothing$
  ④ $A \cap B^C = \varnothing$
  ⑤ $B^C \subset A^C$
  ⑥ $B^C - A^C = \varnothing$

(2) $A \cap B = \varnothing$과 같은 표현
  ① $A - B = A$
  ② $B - A = B$
  ③ $A \subset B^C$
  ④ $B \subset A^C$

개념 플러스

- $A - B = A \cap B^C$
   $\quad = A - (A \cap B)$
   $\quad = (A \cup B) - B$

- $(A \cup B) - (A \cap B)$
   $= (A - B) \cup (B - A)$

06 | 5 드모르간의 법칙 (유형 10, 11, 12)

전체집합 U의 두 부분집합 A, B에 대하여 다음이 성립하고 이것을 **드모르간의 법칙**이라 한다.

(1) $(\boldsymbol{A \cup B})^C = \boldsymbol{A^C \cap B^C}$

(2) $(\boldsymbol{A \cap B})^C = \boldsymbol{A^C \cup B^C}$

참고

$\quad (A \cup B)^C \quad = \quad A^C \quad \cap \quad B^C$

$\quad (A \cap B)^C \quad = \quad A^C \quad \cup \quad B^C$

- $(A \cup B)^C = A^C \cap B^C$

   $(A \cap B)^C = A^C \cup B^C$

06 | 6 유한집합의 원소의 개수 (유형 15, 16, 18)

전체집합 U의 세 부분집합 A, B, C에 대하여

(1) $\boldsymbol{n(A \cup B) = n(A) + n(B) - n(A \cap B)}$

(2) $n(A \cup B \cup C)$
   $= n(A) + n(B) + n(C) - n(A \cap B) - n(B \cap C) - n(C \cap A) + n(A \cap B \cap C)$

(3) $n(A^C) = n(U) - n(A)$

(4) $n(A - B) = n(A) - n(A \cap B) = n(A \cup B) - n(B)$

참고 (1)에서 두 집합 A, B가 서로소, 즉 $A \cap B = \varnothing$이면 $n(A \cap B) = 0$이므로
   $n(A \cup B) = n(A) + n(B)$

- 일반적으로
   $n(A - B) \neq n(A) - n(B)$
   임에 주의한다.

교과서 **문제** 정복하기

06 **4** 집합의 연산의 성질

[0523 ~ 0528] 전체집합 U의 부분집합 A에 대하여 □ 안에 알맞은 집합을 써넣으시오.

0523 $A \cap \varnothing = $ □   **0524** $A \cup \varnothing = $ □

0525 $A \cap A^C = $ □   **0526** $A \cup A^C = $ □

0527 $A \cap U = $ □   **0528** $A \cup U = $ □

0529 전체집합 U의 서로 다른 두 부분집합 A, B에 대하여 $A \subset B$일 때, **보기**에서 옳은 것만을 있는 대로 고르시오.

> **보기**
>
> ㄱ. $A \cap B = A$ ㄴ. $A \cup B = A$
> ㄷ. $A - B = \varnothing$ ㄹ. $B - A = \varnothing$
> ㅁ. $B^C \subset A^C$ ㅂ. $(A \cap B^C) \subset B$

06 **5** 드모르간의 법칙

[0530 ~ 0531] 다음은 전체집합 U의 두 부분집합 A, B에 대하여 주어진 식을 간단히 하는 과정이다. ㈎, ㈏에 사용된 집합의 연산 법칙을 구하시오.

0530
$$A \cup (A \cap B)^C$$
$$= A \cup (A^C \cup B^C) \quad \text{㈎}$$
$$= (A \cup A^C) \cup B^C \quad \text{㈏}$$
$$= U \cup B^C$$
$$= U$$

0531
$$(A \cap B)^C \cap (A \cap B^C)^C$$
$$= (A^C \cup B^C) \cap (A^C \cup B) \quad \text{㈎}$$
$$= A^C \cup (B^C \cap B) \quad \text{㈏}$$
$$= A^C \cup \varnothing$$
$$= A^C$$

0532 전체집합 $U = \{x \mid x$는 7 이하의 자연수$\}$의 두 부분집합 $A = \{1, 2, 6, 7\}$, $B = \{2, 3, 5, 6\}$에 대하여 다음을 구하시오.

(1) $(A \cup B)^C$ (2) $A^C \cap B^C$

(3) $(A \cap B)^C$ (4) $A^C \cup B^C$

06 **6** 유한집합의 원소의 개수

0533 두 집합 A, B에 대하여
$$n(A) = 7, \ n(B) = 5, \ n(A \cup B) = 10$$
일 때, $n(A \cap B)$를 구하시오.

0534 전체집합 U의 두 부분집합 A, B에 대하여
$$n(U) = 60, \ n(A) = 37, \ n(B) = 40, \ n(A \cap B) = 22$$
일 때, 다음을 구하시오.

(1) $n(A^C)$ (2) $n(B - A)$

(3) $n(A \cap B^C)$ (4) $n(A \cup B)$

0535 전체집합 U의 두 부분집합 A, B에 대하여
$$n(U) = 50, \ n(A) = 32, \ n(B) = 28, \ n(A \cap B) = 16$$
일 때, 다음을 구하시오.

(1) $n(A^C \cup B^C)$ (2) $n(A^C \cap B^C)$

0536 세 집합 A, B, C에 대하여
$$n(A) = 50, \ n(B) = 35, \ n(C) = 26, \ n(A \cap B) = 9,$$
$$n(B \cap C) = 7, \ n(C \cap A) = 8, \ n(A \cap B \cap C) = 4$$
일 때, $n(A \cup B \cup C)$를 구하시오.

▶ 개념원리 공통수학 2 142쪽

유형 01 합집합과 교집합

(1) $A \cup B = \{x | x \in A \text{ 또는 } x \in B\}$

➡ 두 집합 A, B의 모든 원소로 이루어진 집합

(2) $A \cap B = \{x | x \in A \text{ 그리고 } x \in B\}$

➡ 두 집합 A, B에 공통으로 속하는 원소로 이루어진 집합

0537 대표문제

세 집합

$A = \{x | x$는 8 이하의 자연수$\}$,

$B = \{x | x$는 $2 \leq x \leq 6$인 정수$\}$,

$C = \{x | x$는 10보다 작은 3의 양의 배수$\}$

에 대하여 집합 $A \cap (B \cup C)$를 구하시오.

0538 상중하

세 집합 $A = \{3, 4, 6, 8\}$, $B = \{4, 5, 9\}$,

$C = \{x | x$는 8의 양의 약수$\}$에 대하여 다음 중 옳지 <u>않은</u> 것은?

① $A \cap B = \{4\}$

② $B \cup C = \{1, 2, 4, 5, 8, 9\}$

③ $(A \cap B) \cap C = \{4\}$

④ $(A \cup B) \cap C = \{8\}$

⑤ $A \cup (B \cap C) = \{3, 4, 6, 8\}$

0539 상중하

두 집합

$A = \{x | x$는 24의 양의 약수$\}$,

$B = \{x | x$는 30의 양의 약수$\}$

에 대하여 $A \cap B = \{x | x$는 p의 양의 약수$\}$일 때, 자연수 p의 값을 구하시오.

▶ 개념원리 공통수학 2 142쪽

유형 02 서로소인 두 집합

(1) 두 집합 A, B가 서로소이다.

➡ $A \cap B = \varnothing$

➡ 공통인 원소가 하나도 없다.

(2) 공집합 ($\varnothing$)은 모든 집합과 서로소이다.

0540 대표문제

다음 중 두 집합 A, B가 서로소인 것을 모두 고르면?

(정답 2개)

① $A = \{2, 5, 8\}$, $B = \{3, 6, 8, 9\}$

② $A = \{1, 3, 5\}$, $B = \varnothing$

③ $A = \{x | x$는 홀수인 자연수$\}$, $B = \{x | x$는 3의 양의 배수$\}$

④ $A = \{x | x$는 10보다 작은 소수$\}$,

  $B = \{x | x = 2^n, n$은 자연수$\}$

⑤ $A = \{-1, 0, 1\}$, $B = \{x | |x| > 1, x$는 정수$\}$

0541 상중하

보기에서 집합 $\{1, 3, 5, 7\}$과 서로소인 집합인 것만을 있는 대로 고르시오.

보기
ㄱ. $\{x | x = 2n, n$은 자연수$\}$

ㄴ. $\{x | x = 2n-1, n$은 자연수$\}$

ㄷ. $\{x | x^2 - 6x + 8 = 0\}$

ㄹ. $\{x | x$는 9의 양의 약수$\}$

ㅁ. $\{x | x^2 < 0, x$는 자연수$\}$

0542 상중하 서술형

집합 $A = \{x | x$는 10 이하의 자연수$\}$의 부분집합 중에서 집합 $B = \{x | x = 3n-2, n$은 자연수$\}$와 서로소인 집합 X의 개수를 구하시오.

▶ 개념원리 공통수학 2 143쪽

유형 |03| 여집합과 차집합

(1) $A^c = \{x \mid x \in U$ 그리고 $x \notin A\}$
  ➡ 전체집합 U의 원소 중에서 집합 A에 속하지 않는 모든 원소로 이루어진 집합
(2) $A - B = \{x \mid x \in A$ 그리고 $x \notin B\}$
  ➡ 집합 A에는 속하지만 집합 B에는 속하지 않는 모든 원소로 이루어진 집합

0543 대표문제

전체집합 $U = \{x \mid x$는 10 미만의 자연수$\}$의 두 부분집합
  $A = \{x \mid x$는 8의 약수$\}$, $B = \{x \mid x$는 2의 배수$\}$
에 대하여 집합 $A^c - B$의 모든 원소의 합을 구하시오.

0544 상중하

전체집합 $U = \{x \mid x$는 10 이하의 자연수$\}$의 두 부분집합
  $A = \{x \mid x = 2n + 1,\ n$은 자연수$\}$,
  $B = \{x \mid x = 3n - 1,\ n$은 자연수$\}$
에 대하여 집합 $(A \cup B) - (A \cap B)$를 구하시오.

0545 상중하

전체집합 $U = \{x \mid x$는 실수$\}$의 두 부분집합
  $A = \{x \mid -1 < x \leq 4\}$, $B = \{x \mid x < 0$ 또는 $x \geq 5\}$
에 대하여 집합 $A \cup B^c$는?

① $\{x \mid -1 < x < 5\}$ ② $\{x \mid -1 < x \leq 5\}$
③ $\{x \mid 0 < x \leq 4\}$ ④ $\{x \mid 0 \leq x \leq 4\}$
⑤ $\{x \mid x \leq 0$ 또는 $x \geq 4\}$

▶ 개념원리 공통수학 2 144쪽

유형 |04| 벤다이어그램을 이용한 집합의 연산

주어진 조건을 벤다이어그램으로 나타낸 후 구하는 집합을 찾는다.

0546 대표문제

전체집합 $U = \{x \mid x$는 한 자리 자연수$\}$의 두 부분집합 A, B에 대하여 $A - B = \{2, 5, 7\}$, $B \cap A^c = \{4, 8\}$,
$(A \cup B)^c = \{1, 9\}$일 때, 집합 B를 구하시오.

0547 상중하

전체집합 $U = \{x \mid x$는 7 이하의 자연수$\}$의 두 부분집합 A, B에 대하여 $A = \{1, 3, 6, 7\}$, $A \cap B = \{3, 7\}$, $A \cup B = U$일 때, 집합 B는?

① $\{3, 7\}$ ② $\{2, 3, 7\}$ ③ $\{1, 2, 3, 7\}$
④ $\{2, 3, 4, 7\}$ ⑤ $\{2, 3, 4, 5, 7\}$

0548 상중하

두 집합 A, B에 대하여 $A = \{x \mid x$는 12의 양의 약수$\}$, $(A - B) \cup (B - A) = \{2, 3, 4, 5\}$일 때, 집합 B의 모든 원소의 합을 구하시오.

0549 상중하

전체집합 $U = \{x \mid x$는 8 이하의 자연수$\}$의 두 부분집합 A, B에 대하여
  $A - B = \{2, 3, 7\}$, $A \cap B = \{5\}$, $(A \cup B)^c = \{6, 8\}$
일 때, 집합 B의 부분집합의 개수를 구하시오.

유형 | 05 벤다이어그램의 색칠한 부분을 나타내는 집합

각 집합을 벤다이어그램으로 나타낸 후 주어진 벤다이어그램과 비교한다.

유형 | 06 집합의 연산을 만족시키는 미지수 구하기

(i) 주어진 조건을 이용하여 미지수의 값을 구한다.

(ii) 미지수의 값을 대입하여 각 집합의 원소를 구한다.

(iii) 구한 집합이 주어진 조건을 만족시키는지 확인한다.

0550 대표문제

다음 중 오른쪽 벤다이어그램의 색칠한 부분을 나타내는 것은?

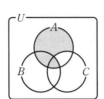

① $A \cap (B-C)$

② $A \cap (B^c \cap C)$

③ $A - (C-B)$

④ $A - (B \cap C)$

⑤ $B \cup (A^c \cap C)$

0553 대표문제

두 집합 $A=\{1, 2, a^2+1\}$, $B=\{5, a-2, 2a-3\}$에 대하여 $A \cap B=\{1, 5\}$일 때, 상수 a의 값을 구하시오.

0551 상중하

다음 중 오른쪽 벤다이어그램의 색칠한 부분을 나타내는 것은?

① $B-A$ ② $U-B$

③ $A \cap B^c$ ④ $A-B^c$

⑤ $A \cup B^c$

0554 상중하

두 집합 $A=\{2a-b, 1, 3, 5\}$, $B=\{5, a+3b, 9\}$에 대하여 $A-B=\{3\}$일 때, $a+b$의 값을 구하시오.

(단, a, b는 상수이다.)

0555 상중하

두 집합 $A=\{1, 4, 2a, a^2\}$, $B=\{4, a+2, 4a-5\}$에 대하여 $B-A=\{5, 7\}$일 때, 집합 A의 모든 원소의 곱을 구하시오. (단, a는 상수이다.)

0552 상중하

다음 중 오른쪽 벤다이어그램의 색칠한 부분을 나타내는 것은?

① $A \cap (B \cup C)$

② $A \cap B \cap C^c$

③ $(A-B) \cap (C-B)$

④ $(A-B) \cap (A-C)$

⑤ $(A-B) \cup (B-C)$

0556 상중하

두 집합 $A=\{1, a+2, 2a\}$, $B=\{2, 5, -a+4\}$에 대하여 $A \cup B=\{1, 2, 5, 6\}$일 때, 집합 $A \cap B$의 모든 원소의 합을 구하시오. (단, a는 상수이다.)

▶ 개념원리 공통수학 2 146쪽

유형 07 집합의 연산의 성질

전체집합 U의 두 부분집합 A, B에 대하여

(1) $A \cup A = A$, $A \cap A = A$ (2) $A \cup \varnothing = A$, $A \cap \varnothing = \varnothing$

(3) $A \cup U = U$, $A \cap U = A$ (4) $A \cup A^c = U$, $A \cap A^c = \varnothing$

(5) $U^c = \varnothing$, $\varnothing^c = U$ (6) $(A^c)^c = A$

(7) $A - B = A \cap B^c = A - (A \cap B) = (A \cup B) - B$

0557 대표문제

전체집합 U의 공집합이 아닌 두 부분집합 A, B에 대하여 다음 중 옳지 <u>않은</u> 것은?

① $U^c \subset A$ ② $U - A^c = A$

③ $A \cup (A \cap A^c) = \varnothing$ ④ $(A \cup B) \subset U$

⑤ $B \subset (A \cup A^c)$

0558 상中하

전체집합 U의 공집합이 아닌 두 부분집합 A, B에 대하여 다음 중 항상 옳은 것은?

① $A \cup \varnothing = \varnothing$ ② $A^c \cap A = A$

③ $U - A = (A^c)^c$ ④ $A - B^c = A \cap B$

⑤ $A \cap (B \cup U) = B$

0559 상中하

전체집합 U의 공집합이 아닌 서로 다른 두 부분집합 A, B에 대하여 다음 중 나머지 넷과 <u>다른</u> 하나는?

① $A - B$ ② $A \cap B^c$ ③ $B - A^c$

④ $A - (A \cap B)$ ⑤ $A \cap (U - B)$

▶ 개념원리 공통수학 2 146쪽

중요 **유형 08** 집합의 연산의 성질과 포함 관계

전체집합 U의 두 부분집합 A, B에 대하여 다음은 모두 $A \subset B$와 같은 표현이다.

(1) $A \cap B = A$ (2) $A \cup B = B$ (3) $A - B = \varnothing$

(4) $A \cap B^c = \varnothing$ (5) $B^c \subset A^c$ (6) $B^c - A^c = \varnothing$

0560 대표문제

전체집합 U의 서로 다른 두 부분집합 A, B에 대하여 $A \cup B = A$일 때, 다음 중 옳지 <u>않은</u> 것은?

① $B \subset A$ ② $A \cap B = B$ ③ $A^c \cup B^c = B^c$

④ $A - B = \varnothing$ ⑤ $A \cup B^c = U$

0561 상中하

전체집합 U의 서로 다른 두 부분집합 A, B에 대하여 $B^c \subset A^c$일 때, **보기**에서 옳은 것만을 있는 대로 고르시오.

보기

ㄱ. $A \subset B$ ㄴ. $A \cup B = A$

ㄷ. $A^c \cap B = \varnothing$ ㄹ. $B^c - A^c = \varnothing$

0562 상中하

전체집합 $U = \{x \,|\, x$는 자연수$\}$의 두 부분집합

$A = \{x \,|\, x$는 12의 배수$\}$, $B = \{x \,|\, x$는 k의 배수$\}$

에 대하여 $A \cap B^c = \varnothing$이 성립할 때, 다음 중 자연수 k의 값이 될 수 <u>없는</u> 것은?

① 2   ② 3   ③ 4

④ 6   ⑤ 8

유형 |09| 집합의 연산과 부분집합의 개수

(1) 세 집합 A, B, X에 대하여

$$A \cap X = A$$이면 $A \subset X$, $B \cup X = B$이면 $X \subset B$

임을 이용하여 집합 사이의 포함 관계를 구한다.

(2) $A \subset X \subset B$를 만족시키는 집합 X의 개수는 집합 A의 모든 원소를 반드시 원소로 갖는 집합 B의 부분집합의 개수와 같다.

0563 대표문제

두 집합 $A = \{1, 2, 3, 4, 5\}$, $B = \{4, 5, 6, 7, 8\}$에 대하여

$$(A - B) \cup X = X, \ (A \cup B) \cap X = X$$

를 만족시키는 집합 X의 개수는?

① 4   ② 8   ③ 16

④ 32   ⑤ 64

0564 상중하 서술형

두 집합 $A = \{x \mid x$는 12의 양의 약수$\}$,

$B = \{x \mid x$는 8의 양의 약수$\}$에 대하여 $A \cap X = X$,

$(A \cap B) \cup X = X$를 만족시키는 집합 X의 개수를 구하시오.

0565 상중하

전체집합 $U = \{1, 2, 3, 4, 5, 6\}$의 두 부분집합 X, Y에 대하여 $X = \{3, 4, 5, 6\}$일 때, $X - Y = X$를 만족시키는 집합 Y의 개수를 구하시오.

0566 상중하

전체집합 $U = \{x \mid x$는 10 이하의 자연수$\}$의 세 부분집합 A, B, C에 대하여 $A = \{3, 6, 9\}$, $B = \{2, 4, 6, 9\}$일 때, $A \cup C = B \cup C$를 만족시키는 집합 C의 개수를 구하시오.

0567 상중하

전체집합 $U = \{1, 2, 3, 4, 5, 6, 7, 8\}$의 두 부분집합 X, Y에 대하여 다음 조건을 만족시키는 집합 X의 개수를 a, 집합 Y의 개수를 b라 하자. 이때 $a + b$의 값을 구하시오.

(가) $\{1, 3, 5\} \cup X = \{1, 2, 3, 5, 6\}$

(나) $\{2, 3, 4, 5, 6, 7\} \cap Y = \{2, 4, 6, 7\}$

유형 |10| 집합의 연산 법칙을 이용하여 식 간단히 하기

집합에 대한 복잡한 연산이 주어지면 집합의 연산 법칙과 연산의 성질을 이용하여 간단히 한다.

0568 대표문제

전체집합 U의 세 부분집합 A, B, C에 대하여 다음 중 집합 $(A - B) - C$와 항상 같은 집합은?

① $A - (B \cap C)$ ② $A - (B \cup C)$

③ $(A \cap B) - C$ ④ $(A \cup B) - C$

⑤ $(B \cup C) - A$

0569 상중하

전체집합 U의 두 부분집합 A, B에 대하여 집합 $(A \cup B)^C \cup (A^C \cap B)$를 간단히 하면?

① A ② B ③ $A - B$

④ A^C ⑤ B^C

0570 상중하

전체집합 U의 세 부분집합 A, B, C에 대하여 다음 중 집합 $(A-B)\cup(A-C)$와 항상 같은 집합은?

① $A\cap B\cap C$

② $(A\cap B)-C$

③ $A-(C-B)$

④ $(A\cap C)-B$

⑤ $A-(B\cap C)$

0571 상중하

전체집합 U의 두 부분집합 A, B에 대하여 $A\cap B^c=\varnothing$일 때, 다음 중 집합 $A\cap\{(A\cap B)\cup(B-A)\}$와 항상 같은 집합은?

① $\varnothing$

② A

③ B

④ $A\cup B^c$

⑤ $A^c\cap B$

0572 상중하

전체집합 U의 공집합이 아닌 서로 다른 세 부분집합 A, B, C에 대하여 **보기**에서 옳은 것만을 있는 대로 고른 것은?

보기

ㄱ. $A\cap(A\cup B)^c=\varnothing$

ㄴ. $A-(A-B)=A\cup B$

ㄷ. $(A\cap B)-(A\cap C)=(A\cap B)-C$

ㄹ. $A-(B\cup C)=(A-B)\cap(A-C)$

① ㄱ, ㄷ

② ㄴ, ㄹ

③ ㄱ, ㄴ, ㄷ

④ ㄱ, ㄷ, ㄹ

⑤ ㄴ, ㄷ, ㄹ

▶ **개념원리** 공통수학 2 153쪽

유형 11 집합의 연산 법칙과 포함 관계

(1) $A\cap B=A \Rightarrow A\subset B$

(2) $A\cup B=A \Rightarrow B\subset A$

(3) $A-B=\varnothing \Rightarrow A\subset B$

0573 대표문제

전체집합 U의 서로 다른 두 부분집합 A, B에 대하여

$$\{(A\cap B)\cup(B\cup A^c)^c\}\cap B=A$$

일 때, 보기에서 옳은 것만을 있는 대로 고르시오.

보기

ㄱ. $A\cup B=A$

ㄴ. $A-B=\varnothing$

ㄷ. $A^c\cup B=U$

ㄹ. $A^c\cap B^c=A^c$

0574 상중하

전체집합 U의 서로 다른 두 부분집합 A, B에 대하여

$$\{(A^c\cap B^c)\cup(B-A)\}\cup B^c=B^c$$

가 성립할 때, 다음 중 두 집합 A, B 사이의 포함 관계를 벤다이어그램으로 바르게 나타낸 것은?

①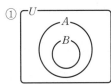

②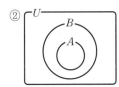

③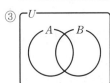

④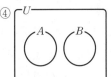

⑤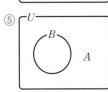

유형 12 집합의 연산 법칙을 이용하여 원소 구하기

주어진 조건을 집합의 연산 법칙을 이용하여 간단히 한 후 벤다이어그램으로 나타내어 구하는 집합의 원소를 찾는다.

0575 대표문제

전체집합 $U=\{1, 2, 3, 4, 5, 6\}$의 두 부분집합 A, B에 대하여 $A=\{2, 3\}$, $(A\cup B)\cap(A^C\cup B^C)=\{2, 4, 6\}$일 때, 집합 $A^C\cap B^C$의 모든 원소의 합을 구하시오.

0576 상중하

전체집합 $U=\{x\,|\,x$는 7 이하의 자연수$\}$의 두 부분집합 A, B에 대하여 $A=\{2, 3, 4, 5, 6\}$, $(A\cup B)^C=\{7\}$, $(B-A)\cup B^C=\{1, 2, 4, 7\}$일 때, 집합 B의 원소의 개수를 구하시오.

0577 상중하

전체집합 $U=\{1, 2, 3, \cdots, 10\}$의 세 부분집합 A, B, C에 대하여 $B=\{1, 2, 3, 4, 5, 6\}$, $1\notin C$이고 $\{(A\cup B)\cap B\}\cap\{(A\cap B)\cup A\}^C=\{3, 4, 5, 6\}$일 때, 다음 중 집합 $A\cap B\cap C$의 원소가 될 수 있는 것은?

① 2 ② 3 ③ 4
④ 5 ⑤ 6

유형 13 배수와 약수의 집합의 연산

자연수 m, n에 대하여
(1) 자연수 k의 양의 배수의 집합을 A_k라 할 때
　$A_m\cap A_n$ ➡ m과 n의 공배수의 집합
(2) 자연수 k의 양의 약수의 집합을 B_k라 할 때
　$B_m\cap B_n$ ➡ m과 n의 공약수의 집합

0578 대표문제

전체집합 $U=\{x\,|\,x$는 100 이하의 자연수$\}$의 부분집합 A_k를
　$A_k=\{x\,|\,x$는 k의 배수, k는 자연수$\}$
라 할 때, 집합 $A_{20}\cup(A_2\cap A_5)$의 원소의 개수를 구하시오.

0579 상중하

자연수 k의 양의 배수의 집합을 A_k라 할 때, 집합 $(A_{18}\cup A_{36})\cap(A_{36}\cup A_{24})$와 같은 집합은?

① A_{12} ② A_{18} ③ A_{24}
④ A_{36} ⑤ A_{72}

0580 상중하

전체집합 $U=\{x\,|\,x$는 자연수$\}$의 부분집합 $A_k=\{x\,|\,x$는 k의 약수$\}$에 대하여 집합 $A_{12}\cap A_{18}\cap A_{30}$의 모든 원소의 합을 구하시오. (단, k는 자연수이다.)

0581 상중하

집합 $A_k=\{x\,|\,x$는 k의 양의 배수$\}$에 대하여 **보기**에서 옳은 것만을 있는 대로 고르시오. (단, k는 자연수이다.)

보기
ㄱ. $(A_8\cap A_{20})\subset A_4$
ㄴ. $(A_3\cap A_4)\cup A_6=A_{12}$
ㄷ. $(A_5\cup A_3)\cap(A_9\cup A_3)=A_3$

▶ 개념원리 공통수학 2 158쪽

유형 14 방정식 또는 부등식의 해의 집합의 연산

방정식 또는 부등식으로 주어진 집합의 원소는 방정식 또는 부등
식의 해임을 이용한다.
특히 부등식의 해의 집합의 연산이 주어진 경우에는 각 집합을
수직선 위에 나타낸 후
　　　∩는 공통 범위, ∪는 합친 범위
임을 이용한다.

0582 대표문제

두 집합 $A=\{x\,|\,x^2-4x+3\leq0\}$, $B=\{x\,|\,x^2+ax+b<0\}$
에 대하여 $A\cap B=\varnothing$, $A\cup B=\{x\,|\,1\leq x<5\}$일 때, $a+b$
의 값을 구하시오. (단, a, b는 상수이다.)

0583 상중하 ◁서술형

두 집합 $A=\{x\,|\,x^2-x-6=0\}$, $B=\{x\,|\,x^2-ax-10=0\}$
에 대하여 $A-B=\{3\}$일 때, 집합 $A\cup B$를 구하시오.
　　　　　　　　　　　　　　　(단, a는 상수이다.)

0584 상중하

두 집합 $A=\{x\,|\,|x-1|<a\}$, $B=\{x\,|\,x^2-2x-15<0\}$에
대하여 $A\cap B=A$가 되도록 하는 자연수 a의 개수를 구하
시오.

0585 상중하

세 집합 $A=\{x\,|\,x^2-4x+4\geq0\}$, $B=\{x\,|\,x^2-3x>0\}$,
$C=\{x\,|\,x^2+ax+b\leq0\}$에 대하여
　　　$B\cup C=A$, $B\cap C=\{x\,|-1\leq x<0\}$
일 때, ab의 값은? (단, a, b는 상수이다.)

① 6　　　　　② 12　　　　　③ 16
④ 21　　　　　⑤ 30

유형 15 유한집합의 원소의 개수

전체집합 U의 세 부분집합 A, B, C에 대하여
(1) $n(A\cup B)=n(A)+n(B)-n(A\cap B)$
(2) $n(A\cup B\cup C)$
　　$=n(A)+n(B)+n(C)-n(A\cap B)-n(B\cap C)$
　　$-n(C\cap A)+n(A\cap B\cap C)$
(3) $n(A^C)=n(U)-n(A)$
(4) $n(A-B)=n(A)-n(A\cap B)=n(A\cup B)-n(B)$

0586 대표문제

전체집합 U의 두 부분집합 A, B에 대하여
$n(U)=20$, $n(A\cap B)=4$, $n(A^C\cap B^C)=8$일 때,
$n(A)+n(B)$의 값을 구하시오.

0587 상중하

전체집합 U의 두 부분집합 A, B에 대하여 $A\subset B^C$이고
$n(A)=6$, $n(A\cup B)=10$일 때, $n(B)$를 구하시오.

0588 상중하

전체집합 U의 두 부분집합 A, B에 대하
여 $n(U)=30$, $n(A)=18$,
$n(B)=20$, $n(A-B)=5$일 때, 오른
쪽 벤다이어그램에서 색칠한 부분이 나
타내는 집합의 원소의 개수를 구하시오.

0589 상중하

세 집합 A, B, C에 대하여 $A\cap C=\varnothing$이고 $n(A)=11$,
$n(B)=10$, $n(C)=7$, $n(A\cup B)=16$, $n(B\cup C)=12$일
때, $n(A\cup B\cup C)$는?

① 17　　　　　② 18　　　　　③ 19
④ 20　　　　　⑤ 21

유형 16 유한집합의 원소의 개수의 활용

주어진 조건을 전체집합 U와 그 부분집합 A, B로 나타낸 후 구하려는 집합의 원소의 개수를 구한다.

참고 ① ~ 또는 ~, 적어도 ~인 ➡ $A \cup B$
② ~이고, 그리고, 모두, 둘 다 ➡ $A \cap B$
③ ~만, ~뿐 ➡ $A-B$ (또는 $B-A$)
④ 둘 중 하나만 ➡ $(A-B) \cup (B-A)$

0590 대표문제

어느 마을에서 닭을 키우는 가구는 150가구, 토끼를 키우는 가구는 113가구, 닭 또는 토끼를 키우는 가구는 220가구일 때, 닭과 토끼를 모두 키우는 가구 수를 구하시오.

0591 상중하

어느 산악회 회원 중에서 한라산을 등반해 본 회원은 23명, 한라산과 설악산을 모두 등반해 본 회원은 15명, 한라산이나 설악산을 등반해 본 회원은 33명이었다. 이때 설악산을 등반해 본 회원 수는?

① 18   ② 20   ③ 23
④ 25   ⑤ 28

0592 상중하

학생 50명을 대상으로 농구와 축구의 선호도를 조사하였더니 농구를 좋아하는 학생은 27명, 축구를 좋아하는 학생은 34명, 농구와 축구를 모두 좋아하는 학생은 19명이었다. 이때 농구와 축구 중 어느 것도 좋아하지 않는 학생 수를 구하시오.

0593 상중하 서술형

세은이네 반 학생들에게 A, B 두 문제를 풀게 하였더니 A 문제를 맞힌 학생은 23명, B 문제를 맞힌 학생은 18명, 두 문제 중 적어도 한 문제는 맞힌 학생은 30명이었다. 이때 두 문제 중 한 문제만 맞힌 학생 수를 구하시오.

0594 상중하

예리네 반 학생 40명을 대상으로 A, B 두 포털 사이트에 대한 선호도를 조사하였더니 A 사이트를 선호하는 학생은 35명, B 사이트를 선호하는 학생은 25명, 두 사이트 중 어느 것도 선호하지 않는 학생은 2명이었다. 이때 A 사이트만 선호하는 학생 수는?

① 10   ② 13   ③ 15
④ 18   ⑤ 20

0595 상중하

세 권의 책 A, B, C 중 적어도 한 권을 읽은 학생 50명 중에서 A를 읽은 학생은 27명, B를 읽은 학생은 21명, C를 읽은 학생은 30명이고, 세 권을 모두 읽은 학생은 6명이었다. 이때 세 권의 책 중 한 권만 읽은 학생 수를 구하시오.

▶ 개념원리 공통수학 2 154쪽

유형JP 17 새롭게 약속된 집합의 연산

새롭게 약속된 집합의 연산이 주어진 경우 집합의 연산 법칙을 이용하여 간단히 정리하거나 벤다이어그램을 이용하여 해결한다.

0596 대표문제

전체집합 U의 두 부분집합 A, B에 대하여 연산 △를
$$A \triangle B = (A \cup B) - (A \cap B)$$
라 할 때, 다음 중 옳지 <u>않은</u> 것은?

① $A \triangle B = B \triangle A$ ② $A \triangle \varnothing = A$
③ $A \triangle A^C = U$ ④ $A \triangle U = U$
⑤ $A \triangle A = \varnothing$

0597 상중하 ◀서술형

전체집합 U의 두 부분집합 X, Y에 대하여 연산 ◇를
$$X \diamondsuit Y = (X \cup Y) \cap Y^C$$
라 하자. 전체집합 U의 세 부분집합
$$A = \{1, 3, 5, 7, 9\}, B = \{1, 2, 3, 4\}, C = \{4, 5, 6\}$$
에 대하여 $(A \diamondsuit B) \diamondsuit C$의 모든 원소의 합을 구하시오.

0598 상중하

전체집합 U의 서로 다른 두 부분집합 A, B에 대하여 연산 *를
$$A * B = (A - B) \cup (B - A)$$
라 할 때, **보기**에서 옳은 것만을 있는 대로 고른 것은?

보기
ㄱ. $A * B = B * A$
ㄴ. $(A * B) * C = A * (B * C)$ (단, C는 U의 부분집합이다.)
ㄷ. $A^C * B^C = (A * B)^C$

① ㄱ   ② ㄷ   ③ ㄱ, ㄴ
④ ㄴ, ㄷ   ⑤ ㄱ, ㄴ, ㄷ

▶ 개념원리 공통수학 2 160쪽

유형JP 18 유한집합의 원소의 개수의 최댓값과 최솟값

전체집합 U의 두 부분집합 A, B에 대하여 $n(B) < n(A)$일 때
(1) $n(A \cap B)$가 최대인 경우
   ➡ $n(A \cup B)$가 최소 ➡ $B \subset A$
(2) $n(A \cap B)$가 최소인 경우
   ➡ $n(A \cup B)$가 최대
   ➡ $A \cup B = U$이거나 $n(A \cap B) = 0$

0599 대표문제

학생 30명을 대상으로 A, B 두 SNS의 가입 여부를 조사하였더니 A에 가입한 학생이 20명, B에 가입한 학생이 14명이었다. A, B에 모두 가입한 학생 수의 최댓값을 M, 최솟값을 m이라 할 때, $M - m$의 값을 구하시오.

0600 상중하 ◀서술형

두 집합 A, B에 대하여 $n(A) = 35$, $n(B) = 28$, $n(A \cap B) \geq 13$일 때, $n(A \cup B)$의 최댓값과 최솟값의 합을 구하시오.

0601 상중하

어느 반 학생 40명을 대상으로 사용하는 필기구의 제조 회사를 조사하였더니 S 회사 제품을 사용하는 학생이 24명, L 회사 제품을 사용하는 학생이 14명이었다. 이때 S 회사 제품과 L 회사 제품을 모두 사용하지 않는 학생 수의 최댓값과 최솟값의 합을 구하시오.

06

집합의 연산

0602

세 집합

$A=\{x\,|\,1\leq x\leq 10,\ x$는 소수$\}$,

$B=\{x\,|\,x=4n+1,\ n$은 $0\leq n\leq 4$인 정수$\}$,

$C=\{x\,|\,x$는 한 자리 합성수$\}$

에 대하여 집합 $(A\cup C)\cap B$의 모든 원소의 합을 구하시오.

0603

두 집합

$A=\{x\,|\,k<x<k+2\},\ B=\{x\,|\,k-1<x<2k-1\}$

이 서로소일 때, 양수 k의 최댓값을 구하시오.

0604

전체집합 U의 두 부분집합 A, B를 벤다이어그램으로 나타내면 오른쪽 그림과 같을 때, 집합 $(A\cup B)^C\cup(B-A^C)$를 구하시오.

0605

전체집합 U의 두 부분집합 A, B에 대하여

$A\cup B=\{1,\ 3,\ 5,\ 7,\ 9\},\ A^C=\{3,\ 6,\ 9,\ 12\}$

일 때, 집합 $B-A$의 모든 원소의 합을 구하시오.

0606

다음 중 오른쪽 벤다이어그램의 색칠한 부분을 나타내는 것은?

① $(A\cap C)-B$

② $(B\cap C)\cap A^C$

③ $A\cap(B\cup C)^C$

④ $B-(A^C\cap C^C)$

⑤ $B-(A\cap C)^C$

0607 교육청 기출

두 집합

$A=\{6,\ 8\},\ B=\{a,\ a+2\}$

에 대하여 $A\cup B=\{6,\ 8,\ 10\}$일 때, 실수 a의 값을 구하시오.

0608 중요★

전체집합 U의 두 부분집합 $A=\{3,\ x-1,\ 2x\}$,

$B=\{1,\ x,\ x+2\}$에 대하여 $B\cap A^C=\{2\}$일 때, 집합 A의 모든 원소의 합을 구하시오. (단, x는 상수이다.)

0609

두 집합

$A=\{x\,|\,x$는 12의 양의 약수$\}$,

$B=\{x\,|\,x$는 a의 양의 약수, a는 $1\leq a\leq 20$인 자연수$\}$

에 대하여 $A\cap B=\{1,\ 3\}$을 만족시키는 a의 최댓값을 M, 최솟값을 m이라 하자. $M+m$의 값을 구하시오.

0610

전체집합 U의 공집합이 아닌 두 부분집합 A, B가 서로소일 때, **보기**에서 옳은 것만을 있는 대로 고르시오.

보기

ㄱ. $(A\cap B)^c=U$ ㄴ. $A-(A\cap B)=A$
ㄷ. $A\cap B^c=B$ ㄹ. $A^c\subset B^c$

0611

전체집합 $U=\{x|x$는 자연수$\}$의 두 부분집합
$A=\{x|x$는 9의 약수$\}$, $B=\{x|x$는 18의 약수$\}$에 대하여 다음 중 옳지 <u>않은</u> 것을 모두 고르면? (정답 2개)

① $A\cap B=A$ ② $B\cap A^c=\varnothing$ ③ $(A\cup B)\subset B$
④ $A^c\cup B=U$ ⑤ $A-B=A$

0612

전체집합 $U=\{x|x$는 10 미만의 자연수$\}$의 두 부분집합
$A=\{2, 7\}$, $B=\{1, 5, 8\}$에 대하여 $X\cup A=X-B$를 만족시키는 집합 U의 부분집합 X의 개수를 구하시오.

0613 중요★

전체집합 U의 세 부분집합 A, B, C에 대하여 다음 중 항상 성립한다고 할 수 <u>없는</u> 것은?

① $(A-B^c)^c\cap A=A-B$
② $(A-B)\cup(A\cap B)=A$
③ $(A\cup B)\cap(A-B)^c=B$
④ $(A-B^c)-C=A\cap(B-C)$
⑤ $A-(B-C)=(A-B)\cap(A\cap C)$

0614

전체집합 U의 서로 다른 두 부분집합 A, B에 대하여
$$\{B\cap(B^c-A)^c\}\cup\{B\cap(B^c\cup A)\}=A\cup B$$
가 성립할 때, 다음 중 옳은 것은?

① $A\cap B=B$ ② $B^c\subset A^c$ ③ $B-A=\varnothing$
④ $A^c\cup B^c=B^c$ ⑤ $A\cup B^c=U$

0615 교육청 기출

전체집합 $U=\{x|x$는 20 이하의 자연수$\}$의 두 부분집합
$A=\{x|x$는 4의 배수$\}$, $B=\{x|x$는 20의 약수$\}$
에 대하여 집합 $(A^c\cup B)^c$의 모든 원소의 합을 구하시오.

0616

전체집합 $U=\{x|x$는 10 이하의 자연수$\}$의 두 부분집합 A, B에 대하여 $A-B^c=\{1, 6, 7\}$,
$(A\cap B^c)\cup(A^c-B)=\{2, 3, 8, 9\}$일 때, 집합 $B-A$의 원소의 개수를 구하시오.

0617

자연수 k의 양의 배수의 집합을 A_k라 할 때,
$$A_m\subset(A_4\cap A_6), (A_{12}\cup A_{18})\subset A_n$$
을 만족시키는 두 자연수 m, n에 대하여 m의 최솟값과 n의 최댓값의 곱을 구하시오.

0618

두 집합
$$A=\{x\,|\,x^2-20x+36>0\},$$
$$B=\{x\,|\,(x-a)(x-3a)\leq0\}$$
에 대하여 $A\cap B=\varnothing$이 되도록 하는 자연수 a의 개수를 구하시오.

0619

전체집합 $U=\{x\,|\,x$는 자연수$\}$의 두 부분집합
$$A=\{2x\,|\,x$$는 15 이하의 자연수$\},$$
$$B=\{x\,|\,x$$는 32의 약수$\}$$
에 대하여 $n(A\cap B^C)$를 구하시오.

0620

전체집합 U의 두 부분집합 A, B에 대하여 $n(A)=15$, $n(A^C\cap B)=13$, $n((A-B)\cup(B-A))=20$일 때, $n(A\cap B)$는?

① 5   ② 6   ③ 7

④ 8   ⑤ 9

0621 중요★

두 집합 A, B에 대하여 $n(A)=16$, $n(A-B)=14$, $n(B)=17$일 때, $(B-A)\subset X\subset B$를 만족시키는 집합 X의 개수를 구하시오.

0622 교육청기출

은행 A 또는 은행 B를 이용하는 고객 중 남자 35명과 여자 30명을 대상으로 두 은행 A, B의 이용 실태를 조사한 결과가 다음과 같다.

> ㈎ 은행 A를 이용하는 고객의 수와 은행 B를 이용하는 고객의 수의 합은 82이다.
> ㈏ 두 은행 A, B 중 한 은행만 이용하는 남자 고객의 수와 두 은행 A, B 중 한 은행만 이용하는 여자 고객의 수는 같다.

이 고객 중 은행 A와 은행 B를 모두 이용하는 여자 고객의 수는?

① 5   ② 6   ③ 7

④ 8   ⑤ 9

0623

전체집합 U의 두 부분집합 X, Y에 대하여 연산 ◎를
$$X\,◎\,Y=(X-Y)\cup(Y-X)$$
라 할 때, 다음 중 벤다이어그램의 색칠한 부분을 나타내는 집합이 $(A\,◎\,B)\cap(B\,◎\,C)$인 것은?

① 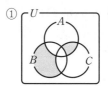   ②   ③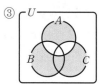

④ 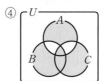   ⑤

0624

학생 50명을 대상으로 A, B 두 OTT 서비스의 구독 여부를 조사하였더니 A 서비스를 구독하는 학생이 27명, B 서비스를 구독하는 학생이 32명이었다. A와 B 서비스를 모두 구독하는 학생이 15명 이상일 때, A 또는 B 서비스를 구독하는 학생 수의 최댓값과 최솟값의 합을 구하시오.

서술형 주관식

0625
두 집합 A, B에 대하여 $A=\{1, 2, 3, 4, 5, 6\}$,
$A-B=\{1, 2, 3, 5\}$이고, 집합 B가 다음 조건을 만족시킨다.

> (개) 집합 B의 원소의 개수는 3이다.
> (내) 집합 B의 모든 원소의 합은 17이다.

이때 집합 $B-A$를 구하시오.

0626
두 집합 $A=\{1, 3, a^2+2a\}$, $B=\{3, a+1, a^2-4\}$에 대하여 $A\cap B=\{0, 3\}$일 때, 상수 a의 값을 구하시오.

0627
전체집합 $U=\{1, 2, 3, \cdots, 10\}$의 두 부분집합
$A=\{3, 4, 5\}$, $B=\{5, 6, 7, 8\}$에 대하여 다음 조건을 만족시키는 집합 U의 부분집합 X의 개수를 구하시오.

> (개) $A\cap X=A$
> (내) $X\cap(A^c\cap B)=\{6, 7\}$

0628
두 집합 $A=\{x\,|\,x^2-2x-3>0\}$, $B=\{x\,|\,x^2+ax+b\le0\}$에 대하여 $A\cup B=\{x\,|\,x$는 실수$\}$, $A\cap B=\{x\,|\,3<x\le4\}$일 때, $a+b$의 값을 구하시오. (단, a, b는 상수이다.)

실력Up

0629
두 집합
$\qquad A=\{x\,|\,x$는 120 이하의 자연수$\}$,
$\qquad B=\{x\,|\,x$는 20과 서로소인 자연수$\}$
에 대하여 다음 조건을 만족시키는 집합 X의 개수를 구하시오.

> (개) $X\subset A$, $X\neq\varnothing$
> (내) $X\cap B=\varnothing$
> (대) 집합 X의 모든 원소는 14와 서로소이다.

0630 교육청 기출
전체집합 U의 두 부분집합 A, B가 다음 조건을 만족시킬 때, 집합 B의 모든 원소의 합을 구하시오.

> (개) $A=\{3, 4, 5\}$, $A^c\cup B^c=\{1, 2, 4\}$
> (내) $X\subset U$이고 $n(X)=1$인 모든 집합 X에 대하여 집합 $(A\cup X)-B$의 원소의 개수는 1이다.

0631
해준이네 반 학생 34명을 대상으로 방과 후 수업에서 수강하는 과목을 조사하였더니 국어 과목을 수강하는 학생은 18명, 수학 과목을 수강하는 학생은 20명, 영어 과목을 수강하는 학생은 23명이었다. 두 과목만 수강하는 학생이 9명일 때, 세 과목을 모두 수강하는 학생 수를 구하시오.
(단, 모든 학생은 한 과목 이상 수강한다.)

07 명제

개념 플러스

07 1 명제와 조건
유형 01, 02, 03

1 명제: 참 또는 거짓을 명확하게 판별할 수 있는 문장이나 식

2 조건: 변수를 포함한 문장이나 식 중에서 변수의 값에 따라 참, 거짓이 판별되는 것

3 진리집합: 전체집합 U의 원소 중에서 **어떤 조건이 참이 되게 하는 모든 원소의 집합**

4 부정: 명제 또는 조건 p에 대하여 'p가 아니다.'를 p의 부정이라 하고, 기호로 $\sim p$와 같이 나타낸다.
  (1) 명제 p가 참이면 $\sim p$는 거짓이고, 명제 p가 거짓이면 $\sim p$는 참이다.
  (2) 전체집합 U에 대하여 조건 p의 진리집합을 P라 할 때, $\sim p$의 진리집합은 P^C이다.

- 명제와 조건은 보통 알파벳 소문자 p, q, r, $\cdots$로 나타낸다.

- 명제 $\sim p$의 부정은 p이다.
  $\Rightarrow \sim(\sim p)=p$

- 두 조건 p, q에 대하여
  ① 조건 'p 또는 q'의 부정
    $\Rightarrow$ '$\sim p$ 그리고 $\sim q$'
  ② 조건 'p 그리고 q'의 부정
    $\Rightarrow$ '$\sim p$ 또는 $\sim q$'

07 2 명제 $p \longrightarrow q$의 참, 거짓
유형 04~07

1 가정과 결론: 두 조건 p, q로 이루어진 명제 'p이면 q이다.'를 기호로 $p \longrightarrow q$와 같이 나타내고, p를 가정, q를 결론이라 한다.

2 명제 $p \longrightarrow q$의 참, 거짓: 두 조건 p, q의 진리집합을 각각 P, Q라 할 때
  (1) **$P \subset Q$이면 명제 $p \longrightarrow q$는 참이고, 명제 $p \longrightarrow q$가 참이면 $P \subset Q$이다.**
  (2) $P \not\subset Q$이면 명제 $p \longrightarrow q$는 거짓이고, 명제 $p \longrightarrow q$가 거짓이면 $P \not\subset Q$이다.

- 명제 $p \longrightarrow q$가 거짓임을 보일 때에는 가정 p는 만족시키지만 결론 q는 만족시키지 않는 예가 하나라도 있음을 보이면 된다. 이와 같은 예를 **반례**라 한다.

07 3 '모든'이나 '어떤'을 포함한 명제
유형 08

1 '모든'이나 '어떤'을 포함한 명제의 참, 거짓
전체집합 U에 대하여 조건 p의 진리집합을 P라 할 때
  (1) '모든 x에 대하여 p이다.' $\Rightarrow P=U$이면 참이고, $P \neq U$이면 거짓이다.
  (2) '어떤 x에 대하여 p이다.' $\Rightarrow P \neq \varnothing$이면 참이고, $P=\varnothing$이면 거짓이다.
  참고▶ '모든'을 포함한 명제는 그것을 만족시키지 않는 예가 단 하나만 존재해도 거짓이고, '어떤'을 포함한 명제는 그것을 만족시키는 예가 단 하나만 존재해도 참이다.

2 '모든'이나 '어떤'을 포함한 명제의 부정
  (1) '모든 x에 대하여 p이다.'의 부정은 '어떤 x에 대하여 $\sim p$이다.'이다.
  (2) '어떤 x에 대하여 p이다.'의 부정은 '모든 x에 대하여 $\sim p$이다.'이다.

- 일반적으로 조건은 명제가 아니지만 문자 x의 앞에 '모든'이나 '어떤'이 있으면 참, 거짓을 판별할 수 있으므로 명제가 된다.

07 4 명제의 역과 대우
유형 09, 10, 11

1 명제의 역과 대우: 명제 $p \longrightarrow q$에서
  (1) 역: $q \longrightarrow p$ ← 가정과 결론을 서로 바꾼 명제
  (2) 대우: $\sim q \longrightarrow \sim p$ ← 가정과 결론을 각각 부정하여 서로 바꾼 명제

$$\begin{array}{ccc} p \longrightarrow q & \xrightarrow{\text{역}} & q \longrightarrow p \\ \Big\updownarrow & \text{대우} & \Big\updownarrow \\ \sim p \longrightarrow \sim q & \xrightarrow{\text{역}} & \sim q \longrightarrow \sim p \end{array}$$

2 명제와 그 대우의 참, 거짓
  (1) **명제 $p \longrightarrow q$가 참이면 그 대우 $\sim q \longrightarrow \sim p$도 참이다.**
  (2) 명제 $p \longrightarrow q$가 거짓이면 그 대우 $\sim q \longrightarrow \sim p$도 거짓이다.

  ⌐명제와 그 대우의 참, 거짓은 항상 일치한다.

- 명제 $p \longrightarrow q$가 참이더라도 그 역 $q \longrightarrow p$는 거짓인 경우가 있다.

- **삼단논법:** 세 조건 p, q, r에 대하여 '두 명제 $p \longrightarrow q$와 $q \longrightarrow r$가 모두 참이면 명제 $p \longrightarrow r$도 참이다.'라고 결론짓는 방법

교과서 문제 정복하기

07 | 1 명제와 조건

0632 보기에서 명제인 것만을 있는 대로 고르시오.

> **보기**
> ㄱ. 1년은 12개월이다.　　ㄴ. $x^2=1$
> ㄷ. 짝수인 소수는 없다.　　ㄹ. $2+3=6$
> ㅁ. 오늘은 날씨가 좋다.

[0633 ~ 0634] 전체집합 $U=\{x\,|\,x$는 10 이하의 자연수$\}$에 대하여 다음 조건의 진리집합을 구하시오.

0633　p: x는 소수이다.

0634　q: $x^2-2x-8\leq0$

[0635 ~ 0636] 다음 명제의 부정을 말하고, 그것의 참, 거짓을 판별하시오.

0635　자연수는 정수이다.

0636　4는 6의 약수도 아니고 2의 배수도 아니다.

[0637 ~ 0638] 전체집합 $U=\{1,\ 3,\ 5,\ 7,\ 9\}$에 대하여 다음 조건의 부정을 말하고, 그것의 진리집합을 구하시오.

0637　p: x는 9의 약수이다.

0638　q: $x^2-6x+5=0$

07 | 2 명제 $p \longrightarrow q$의 참, 거짓

[0639 ~ 0640] 다음 명제의 가정과 결론을 말하시오.

0639　8의 배수이면 2의 배수이다.

0640　x가 홀수이면 x^2은 홀수이다.

[0641 ~ 0643] 다음 명제의 참, 거짓을 판별하시오.

0641　두 자연수 x, y에 대하여 xy가 짝수이면 x, y는 모두 짝수이다.

0642　두 실수 x, y에 대하여 $xy\neq0$이면 $x^2+y^2\neq0$이다.

0643　$-2<x<1$이면 $-1\leq x<4$이다.

07 | 3 '모든'이나 '어떤'을 포함한 명제

[0644 ~ 0645] 다음 명제의 참, 거짓을 판별하시오.

0644　모든 실수 x에 대하여 $x^2+x+1>0$이다.

0645　어떤 실수 x에 대하여 $x^2<0$이다.

[0646~ 0647] 다음 명제의 부정을 말하고, 그것의 참, 거짓을 판별하시오.

0646　모든 실수 x에 대하여 $2x+3>5$이다.

0647　어떤 실수 x에 대하여 $|x|<0$이다.

07 | 4 명제의 역과 대우

[0648 ~ 0650] 다음 명제의 역, 대우를 말하고, 각각의 참, 거짓을 판별하시오. (단, a, b는 실수이다.)

0648　$a=0$, $b=0$이면 $ab=0$이다.

0649　$a>0$ 또는 $b>0$이면 $a+b>0$이다.

0650　정삼각형이면 이등변삼각형이다.

07 명제

07 | 5 충분조건과 필요조건 유형 12~15

1 명제 $p \longrightarrow q$가 참일 때, 기호로 $p \Longrightarrow q$와 같이 나타내고

p는 q이기 위한 **충분조건**, q는 p이기 위한 **필요조건**

이라 한다.

2 명제 $p \longrightarrow q$에 대하여 $p \Longrightarrow q$이고 $q \Longrightarrow p$일 때, 기호로 $p \Longleftrightarrow q$와 같이 나타내고

p는 q이기 위한 **필요충분조건**

이라 한다.

- p가 q이기 위한 필요충분조건임을 보이려면 명제 $p \longrightarrow q$와 그 역인 $q \longrightarrow p$가 모두 참임을 보이면 된다.

3 충분조건, 필요조건과 진리집합 사이의 관계

두 조건 p, q의 진리집합을 각각 P, Q라 할 때

(1) $P \subset Q$이면 $p \Longrightarrow q$이므로 p는 q이기 위한 충분조건, q는 p이기 위한 필요조건이다.

(2) $P = Q$이면 $p \Longleftrightarrow q$이므로 p는 q이기 위한 필요충분조건이다.

- $P = Q$이면 $P \subset Q$, $Q \subset P$이므로 $p \Longleftrightarrow q$이다.

07 | 6 명제의 증명 유형 16, 17

1 대우를 이용한 명제의 증명: 어떤 명제가 참임을 증명할 때, 그 명제의 대우가 참임을 보여서 증명하는 방법

2 귀류법: 명제 또는 명제의 결론을 부정하면 모순이 생김을 보여서 그 명제가 참임을 증명하는 방법

- ① **정의**: 용어의 뜻을 명확하게 정한 문장
  ② **정리**: 참임이 증명된 명제 중에서 기본이 되는 것이나 다른 명제를 증명할 때 이용할 수 있는 것

07 | 7 절대부등식 유형 18, 19

1 절대부등식: 문자를 포함한 부등식에서 그 문자에 어떤 실수를 대입하여도 항상 성립하는 부등식

2 부등식의 증명에 이용되는 실수의 성질: a, b가 실수일 때

(1) $a > b \Longleftrightarrow a - b > 0$

(2) $a^2 \geq 0$, $a^2 + b^2 \geq 0$

(3) $a^2 + b^2 = 0 \Longleftrightarrow a = b = 0$

(4) $|a|^2 = a^2$, $|ab| = |a||b|$

(5) $a > 0$, $b > 0$일 때, $a > b \Longleftrightarrow a^2 > b^2 \Longleftrightarrow \sqrt{a} > \sqrt{b}$

- 주어진 부등식이 절대부등식임을 증명할 때에는 그 부등식이 주어진 집합의 모든 원소에 대하여 항상 성립함을 보여야 한다.

07 | 8 여러 가지 절대부등식 유형 19~24

1 a, b, c가 실수일 때

(1) $a^2 \pm ab + b^2 \geq 0$ (단, 등호는 $a = b = 0$일 때 성립)

(2) $a^2 + b^2 + c^2 - ab - bc - ca \geq 0$ (단, 등호는 $a = b = c$일 때 성립)

(3) $|a| + |b| \geq |a + b|$ (단, 등호는 $ab \geq 0$일 때 성립)

참고▶ 등호가 포함된 부등식을 증명할 때에는 특별한 말이 없더라도 등호가 성립하는 조건을 찾는다.

2 산술평균과 기하평균의 관계

$a > 0$, $b > 0$일 때, $\dfrac{a+b}{2} \geq \sqrt{ab}$ (단, 등호는 $a = b$일 때 성립)

산술평균 ← $\dfrac{a+b}{2}$ $\sqrt{ab}$ → 기하평균

- 산술평균과 기하평균의 관계는 합이 일정한 두 양수의 곱의 최댓값 또는 곱이 일정한 두 양수의 합의 최솟값을 구하는 문제에 이용된다.

3 코시-슈바르츠의 부등식

a, b, x, y가 실수일 때, $(a^2 + b^2)(x^2 + y^2) \geq (ax + by)^2$ (단, 등호는 $ay = bx$일 때 성립)

교과서 문제 정복하기

07 | 5 충분조건과 필요조건

[0651 ~ 0653] 두 조건 p, q가 다음과 같을 때, p는 q이기 위한 어떤 조건인지 말하시오.

0651 $p: |x| \leq 2$, $q: 0 \leq x \leq 2$

0652 $p: x=1$ 또는 $x=2$, $q: x^2-3x+2=0$

0653 $p: x$는 4의 양의 약수, $q: x$는 12의 양의 약수

07 | 6 명제의 증명

0654 다음은 '두 자연수 a, b에 대하여 $a+b$가 홀수이면 a, b 중 적어도 하나는 홀수이다.'가 성립함을 증명하는 과정이다.

> **증명**
> 주어진 명제의 대우는 '두 자연수 a, b에 대하여 a, b가 모두 (개) 이면 $a+b$는 (나) 이다.'이다.
> $a=2k$, $b=2l$ (k, l은 자연수)이라 하면
> $a+b=2($ (다) $)$이므로 $a+b$는 (나) 이다.
> 따라서 주어진 명제의 대우가 참이므로 주어진 명제도 참이다.

위의 과정에서 (개), (나), (다)에 알맞은 것을 구하시오.

0655 다음은 '두 실수 a, b에 대하여 $|a|+|b|=0$이면 $a=0$이고 $b=0$이다.'가 성립함을 증명하는 과정이다.

> **증명**
> $a \neq 0$ 또는 (개) 이라 가정하면 $|a|+|b|$ (나) 0
> 그런데 이것은 (다) 이라는 가정에 모순이다.
> 따라서 두 실수 a, b에 대하여 $|a|+|b|=0$이면 $a=0$이고 $b=0$이다.

위의 과정에서 (개), (나), (다)에 알맞은 것을 구하시오.

07 | 7 절대부등식

0656 다음은 두 실수 a, b에 대하여 부등식 $a^2+5b^2 \geq 4ab$가 성립함을 증명하는 과정이다.

> **증명**
> $a^2+5b^2-4ab=(a-2b)^2+$ (개) ≥ 0
> $\therefore a^2+5b^2 \geq 4ab$ (단, 등호는 $a=b=$ (나) 일 때 성립)

위의 과정에서 (개), (나)에 알맞은 것을 구하시오.

07 | 8 여러 가지 절대부등식

0657 다음은 $a>0$, $b>0$일 때, 부등식 $\dfrac{a+b}{2} \geq \sqrt{ab}$가 성립함을 증명하는 과정이다.

> **증명**
> $\dfrac{a+b}{2}-\sqrt{ab}=\dfrac{(\sqrt{a})^2-\boxed{(개)}+(\sqrt{b})^2}{2}=\dfrac{(\boxed{(나)})^2}{2} \geq 0$
> $\therefore \dfrac{a+b}{2} \geq \sqrt{ab}$ (단, 등호는 (다) 일 때 성립)

위의 과정에서 (개), (나), (다)에 알맞은 것을 구하시오.

[0658 ~ 0659] $x>0$일 때, 다음 식의 최솟값을 구하시오.

0658 $x+\dfrac{1}{x}$　　　　　**0659** $2x+\dfrac{18}{x}$

0660 다음은 a, b, x, y가 실수일 때, 부등식 $(a^2+b^2)(x^2+y^2) \geq (ax+by)^2$이 성립함을 증명하는 과정이다.

> **증명**
> $(a^2+b^2)(x^2+y^2)-(ax+by)^2$
> $=a^2x^2+a^2y^2+b^2x^2+b^2y^2-($ (개) $)$
> $=b^2x^2-2abxy+a^2y^2=($ (나) $)^2 \geq 0$
> $\therefore (a^2+b^2)(x^2+y^2) \geq (ax+by)^2$
> (단, 등호는 (다) 일 때 성립)

위의 과정에서 (개), (나), (다)에 알맞은 것을 구하시오.

07

명제

▶ 개념원리 공통수학 2 170쪽

유형 | 01 명제

(1) 참인 문장 또는 식
    거짓인 문장 또는 식 ⎤→ 명제이다.

(2) 참, 거짓을 판별할 수 없는 문장 또는 식 ⇒ 명제가 아니다.

0661 대표문제

다음 중 명제가 <u>아닌</u> 것은?

① $6+3<8$

② $\sqrt{4}$ 는 무리수이다.

③ $x>4$ 이면 $x+1>5$ 이다.

④ x 는 10 이하의 소수이다.

⑤ 16의 양의 약수의 개수는 5이다.

0662 상중하

다음 중 명제인 것을 모두 고르면? (정답 2개)

① 2는 소수이다.

② 11은 10에 가까운 수이다.

③ 장미꽃은 아름답다.

④ 16은 3의 배수이다.

⑤ $x+3>3$

0663 상중하

보기에서 참인 명제인 것만을 있는 대로 고르시오.

> **보기**
> ㄱ. 4의 배수는 2의 배수이다.
> ㄴ. 엇각의 크기는 항상 서로 같다.
> ㄷ. 두 홀수의 합은 홀수이다.
> ㄹ. $x=2$ 이면 $x+3=5$ 이다.

▶ 개념원리 공통수학 2 170쪽

유형 | 02 명제와 조건의 부정

(1) '$x=a$'의 부정 ⇒ '$x\neq a$'

(2) '$a\leq x\leq b$'의 부정 ⇒ '$x<a$ 또는 $x>b$'

(3) '또는'의 부정 ⇒ '그리고'

(4) '그리고'의 부정 ⇒ '또는'

0664 대표문제

두 조건

    $p: -1<x\leq 5,\ q: x<2$

에 대하여 조건 '$\sim p$ 또는 q'의 부정을 구하시오.

0665 상중하

보기에서 그 부정이 참인 명제인 것만을 있는 대로 고르시오.

> **보기**
> ㄱ. 15의 양의 약수의 합은 24이다.
> ㄴ. 8은 합성수가 아니다.
> ㄷ. 직사각형은 평행사변형이다.
> ㄹ. $\sqrt{9}+2$ 는 무리수이다.

0666 상중하

다음 중 임의의 세 실수 a, b, c에 대하여

    $(a-b)^2+(b-c)^2+(c-a)^2=0$

의 부정과 서로 같은 것은?

① $(a-b)(b-c)(c-a)\neq 0$

② a, b, c는 서로 다르다.

③ $a\neq b$ 이고 $b\neq c$ 이고 $c\neq a$

④ $(a-b)(b-c)(c-a)>0$

⑤ a, b, c 중에 서로 다른 것이 적어도 하나 있다.

▶ 개념원리 공통수학 2 171쪽

유형 03 진리집합

전체집합 U에 대하여 두 조건 p, q의 진리집합을 각각 P, Q라 할 때

(1) $\sim p$의 진리집합 ➡ P^C

(2) 'p 또는 q'의 진리집합 ➡ $P \cup Q$

(3) 'p 그리고 q'의 진리집합 ➡ $P \cap Q$

0667 대표문제

전체집합 U가 실수 전체의 집합일 때, 두 조건

$p: x^2-x-6=0$, $q: x^2-2x-8=0$

에 대하여 조건 'p 또는 q'의 진리집합을 구하시오.

0668 상중하

전체집합 $U=\{x \mid x$는 10 이하의 자연수$\}$에 대하여 조건 p가

$p: x^2-7x+10 \le 0$

일 때, 조건 $\sim p$의 진리집합의 모든 원소의 합은?

① 37　　　② 38　　　③ 39

④ 40　　　⑤ 41

0669 상중하

실수 전체의 집합에서 두 조건 $p: x<-4$, $q: x \ge 2$의 진리집합을 각각 P, Q라 할 때, 다음 중 조건 '$-4 \le x < 2$'의 진리집합을 나타내는 것은?

① $P \cup Q$　　② $P \cap Q$　　③ $P^C \cap Q$

④ $(P \cup Q)^C$　　⑤ $(P \cap Q)^C$

▶ 개념원리 공통수학 2 173쪽

유형 04 명제의 참, 거짓

두 조건 p, q의 진리집합을 각각 P, Q라 할 때

(1) $P \subset Q$이면 명제 $p \longrightarrow q$는 참이다.

(2) $P \not\subset Q$이면 명제 $p \longrightarrow q$는 거짓이다.

참고▶ 명제 $p \longrightarrow q$가 거짓임을 보이려면 p는 만족시키지만 q는 만족시키지 않는 반례를 찾는다.

0670 대표문제

다음 중 참인 명제는? (단, x, y는 실수이다.)

① $x^2=1$이면 $x=1$이다.

② $x+y>0$이면 $xy>0$이다.

③ $|x|>1$이면 $x^2>1$이다.

④ $-1<x<1$이면 $x^2>0$이다.

⑤ 네 각이 모두 직각인 사각형은 정사각형이다.

0671 상중하

다음 중 거짓인 명제를 모두 고르면? (정답 2개)

① $x \le 2$이고 $y \le 2$이면 $x+y \le 4$이다.

② a, b가 무리수이면 $a+b$, ab 중 적어도 하나는 무리수이다.

③ x가 8의 양의 약수이면 x는 16의 양의 약수이다.

④ 두 짝수의 합은 짝수이다.

⑤ 삼각형 ABC가 이등변삼각형이면 $\angle A = \angle B$이다.

0672 상중하

세 실수 a, b, c에 대하여 보기에서 참인 명제인 것만을 있는 대로 고르시오.

보기
ㄱ. $|a|+|b|=0$이면 $ab=0$이다.
ㄴ. $a<b<c$이면 $ab<bc$이다.
ㄷ. $(a-b)(b-c)=0$이면 $a=b=c$이다.

유형 05 거짓인 명제의 반례

전체집합 U에 대하여 두 조건 p, q의 진리집합을 각각 P, Q라 할 때, 명제 $p \longrightarrow q$가 거짓임을 보이는 반례는 집합 $P \cap Q^C = P - Q$의 원소이다.

유형 06 명제의 참, 거짓과 진리집합의 포함 관계

두 조건 p, q의 진리집합을 각각 P, Q라 할 때
(1) 명제 $p \longrightarrow q$가 참이면 $P \subset Q$이다.
(2) $P \subset Q$이면 명제 $p \longrightarrow q$가 참이다.

0673 대표문제

전체집합 U에 대하여 두 조건 p, q의 진리집합을 각각 P, Q라 할 때, 두 집합 P, Q는 오른쪽 그림과 같다. 이때 명제 $q \longrightarrow p$가 거짓임을 보이는 모든 원소를 구한 것은?

① c
② a, b
③ e, h
④ d, f, g
⑤ c, d, f, g

0676 대표문제

전체집합 U에 대하여 두 조건 p, q의 진리집합을 각각 P, Q라 하자. 명제 $\sim q \longrightarrow p$가 참일 때, 다음 중 항상 옳은 것은?

① $P \cup Q^C = Q$
② $P \cup Q = U$
③ $P \cap Q = P$
④ $P^C \cap Q = Q$
⑤ $P^C \cup Q = U$

0677 상중하

전체집합 U에 대하여 세 조건 p, q, r의 진리집합을 각각 P, Q, R라 할 때, 세 집합 P, Q, R는 오른쪽 그림과 같다. 보기에서 항상 참인 명제인 것만을 있는 대로 고른 것은?

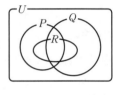

보기
ㄱ. $r \longrightarrow q$
ㄴ. (p이고 q) $\longrightarrow p$
ㄷ. $r \longrightarrow$ (p 또는 q)

① ㄱ
② ㄴ
③ ㄷ
④ ㄱ, ㄴ
⑤ ㄴ, ㄷ

0674 상중하

전체집합 U에 대하여 두 조건 p, q의 진리집합을 각각 P, Q라 할 때, 명제 '$\sim p$이면 $\sim q$이다.'가 거짓임을 보이는 원소가 속하는 집합은?

① Q^C
② $P \cap Q$
③ $P \cap Q^C$
④ $P^C \cap Q$
⑤ $P^C \cap Q^C$

0675 상중하 서술형

전체집합 $U = \{x \mid x$는 10 이하의 자연수$\}$에 대하여 두 조건 p, q가
p: x는 3의 배수이다., q: x는 짝수이다.
일 때, 명제 $\sim p \longrightarrow q$가 거짓임을 보이는 모든 원소의 합을 구하시오.

0678 상중하

전체집합 U에 대하여 세 조건 p, q, r의 진리집합을 각각 P, Q, R라 하자. $P \cap Q = P$, $P \cup R = R$가 성립할 때, 다음 명제 중 항상 참이라고 할 수 없는 것은?

① $p \longrightarrow q$
② $p \longrightarrow r$
③ $\sim q \longrightarrow \sim p$
④ $\sim r \longrightarrow \sim p$
⑤ $\sim r \longrightarrow \sim q$

▶ 정답 및 풀이 076쪽

▶ 개념원리 공통수학 2 175쪽

유형 **07** 명제가 참이 되도록 하는 상수 구하기

두 조건 p, q의 진리집합을 각각 P, Q라 할 때, 명제 $p \longrightarrow q$가 참이 되도록 하는 미지수의 값을 구하려면 $P \subset Q$가 성립하도록 두 집합 P, Q를 수직선 위에 나타낸다.

0679 대표문제

두 조건 $p: -2 \le x \le k$, $q: -\dfrac{k}{3} \le x < 10$에 대하여 명제 $p \longrightarrow q$가 참이 되도록 하는 모든 정수 k의 값의 합을 구하시오. (단, $k \ge -2$)

0680 상중하

명제 '$a-3 \le x < a+1$이면 $-2 < x < 4$이다.'가 참이 되도록 하는 실수 a의 값의 범위는?

① $a < 1$ ② $1 < a \le 3$ ③ $1 \le a < 3$

④ $a > 1$ ⑤ $a > 3$

0681 상중하 서술형

세 조건 $p: -4 < x < 2$, $q: x \le a+1$, $r: x \ge b+1$에 대하여 두 명제 $p \longrightarrow q$, $p \longrightarrow r$가 모두 참이 되도록 하는 a의 최솟값을 m, b의 최댓값을 M이라 할 때, $M+m$의 값을 구하시오. (단, a, b는 실수이다.)

0682 상중하

두 조건 $p: |x-1| \ge a$, $q: |x+2| < 5$에 대하여 명제 $\sim p \longrightarrow q$가 참이 되도록 하는 양수 a의 최댓값을 구하시오.

▶ 개념원리 공통수학 2 177쪽

유형 **08** '모든'이나 '어떤'을 포함한 명제의 참, 거짓

(1) 명제 '모든 x에 대하여 p이다.'
   ➡ p를 만족시키지 않는 x가 하나라도 존재하면 거짓이다.
(2) 명제 '어떤 x에 대하여 p이다.'
   ➡ p를 만족시키는 x가 하나라도 존재하면 참이다.

0683 대표문제

보기에서 참인 명제인 것만을 있는 대로 고르시오.

보기

ㄱ. 모든 실수 x에 대하여 $x+6 < 0$이다.
ㄴ. 모든 실수 x에 대하여 $x^2 - 2x + 1 \ge 0$이다.
ㄷ. 어떤 실수 x에 대하여 $x^2 = 3x$이다.
ㄹ. 어떤 실수 x에 대하여 $|x| < x$이다.

0684 상중하

전체집합 $U = \{1, 2, 3, 4, 5\}$의 원소 x에 대하여 다음 중 거짓인 명제는?

① 모든 x에 대하여 $x+2 < 9$이다.
② 어떤 x에 대하여 $x^2 - 1 > 7$이다.
③ 모든 x에 대하여 $x^2 + 3 < 28$이다.
④ 어떤 x에 대하여 $x^2 - 2 \le -1$이다.
⑤ 모든 x에 대하여 $x^2 - 6x < 0$이다.

0685 상중하

명제 '모든 실수 x에 대하여 $x^2 - 4x + a \ge 0$이다.'의 부정이 참이 되도록 하는 실수 a의 값의 범위를 구하시오.

유형 09 명제의 역과 대우의 참, 거짓

(1) 명제 $p \longrightarrow q$에 대하여
① 역: $q \longrightarrow p$　　　② 대우: $\sim q \longrightarrow \sim p$
(2) 명제가 참이면 그 대우도 참이고, 명제가 거짓이면 그 대우도 거짓이다.
　➡ 명제와 그 대우의 참, 거짓은 항상 일치한다.

0686 대표문제

다음 중 그 역이 참인 명제는? (단, a, b는 실수이다.)

① $a=0$이면 $ab=0$이다.
② $a \geq 1$이면 $a^2 \geq 1$이다.
③ $a \leq 1$이고 $b \leq 1$이면 $a+b \leq 2$이다.
④ $a^2+b^2>0$이면 $a \neq 0$ 또는 $b \neq 0$이다.
⑤ ab가 홀수이면 $a+b$는 짝수이다.

0687 상중하

두 조건 p, q에 대하여 명제 $\sim q \longrightarrow p$의 역이 참일 때, 다음 중 항상 참인 명제는?

① $p \longrightarrow q$　　② $\sim p \longrightarrow q$　　③ $q \longrightarrow p$
④ $q \longrightarrow \sim p$　　⑤ $\sim q \longrightarrow \sim p$

0688 상중하

보기에서 그 역과 대우가 모두 참인 명제인 것만을 있는 대로 고른 것은? (단, x, y는 실수이다.)

> **보기**
> ㄱ. $x^3=1$이면 $x=1$이다.
> ㄴ. $x^2+y^2=0$이면 $x=y=0$이다.
> ㄷ. $|x-y|=y-x$이면 $x<y$이다.

① ㄱ　　　　② ㄴ　　　　③ ㄱ, ㄴ
④ ㄴ, ㄷ　　　⑤ ㄱ, ㄴ, ㄷ

유형 10 명제의 대우가 참이 되도록 하는 상수 구하기

두 조건 p, q의 진리집합을 구하는 것보다 $\sim p$, $\sim q$의 진리집합을 구하는 것이 쉬운 경우에는 명제 $p \longrightarrow q$가 참이면 그 대우 $\sim q \longrightarrow \sim p$도 참임을 이용한다.

0689 대표문제

두 실수 x, y에 대하여 명제
　‘$x+y<a$이면 $x<3$ 또는 $y<-1$이다.’
가 참이 되도록 하는 실수 a의 값의 범위를 구하시오.

0690 상중하

명제 ‘$x^2-kx+6 \neq 0$이면 $x-1 \neq 0$이다.’가 참이 되도록 하는 상수 k의 값을 구하시오.

0691 상중하

두 조건 p: $x<a$, q: $-3<x<2$에 대하여 명제 $\sim p \longrightarrow \sim q$가 참일 때, 실수 a의 최솟값을 구하시오.

0692 상중하 ◀서술형

명제 ‘$|x-a| \geq 5$이면 $|x-2|>3$이다.’가 참이 되도록 하는 정수 a의 개수를 구하시오.

▶ 개념원리 공통수학 2 183쪽

유형 | 11 삼단논법

세 조건 p, q, r에 대하여 두 명제 $p \longrightarrow q$, $q \longrightarrow r$가 모두 참이면 명제 $p \longrightarrow r$도 참이다.

0693 대표문제

세 조건 p, q, r에 대하여 두 명제 $p \longrightarrow q$, $q \longrightarrow {\sim}r$가 모두 참일 때, 다음 명제 중 반드시 참이라고 할 수 <u>없는</u> 것은?

① $p \longrightarrow {\sim}r$ ② ${\sim}q \longrightarrow {\sim}p$ ③ $r \longrightarrow {\sim}q$

④ ${\sim}p \longrightarrow r$ ⑤ $r \longrightarrow {\sim}p$

0694 상중하

네 조건 p, q, r, s에 대하여 세 명제 $p \longrightarrow {\sim}r$, $q \longrightarrow r$, ${\sim}s \longrightarrow r$가 모두 참일 때, **보기**에서 항상 참인 명제인 것만을 있는 대로 고르시오.

보기

ㄱ. $r \longrightarrow {\sim}p$ ㄴ. $p \longrightarrow s$

ㄷ. $q \longrightarrow {\sim}p$ ㄹ. $q \longrightarrow {\sim}s$

0695 상중하

네 조건 p, q, r, s에 대하여 두 명제 $q \longrightarrow {\sim}p$, $r \longrightarrow s$가 모두 참일 때, 다음 중 명제 $r \longrightarrow {\sim}q$가 참임을 보이기 위해 필요한 참인 명제는?

① $p \longrightarrow r$ ② ${\sim}p \longrightarrow {\sim}s$ ③ $q \longrightarrow s$

④ ${\sim}r \longrightarrow p$ ⑤ ${\sim}s \longrightarrow p$

중요 ▶ 개념원리 공통수학 2 185쪽

유형 | 12 충분조건, 필요조건, 필요충분조건

(1) $p \Longrightarrow q$, $q \not\Longrightarrow p$
  ➡ p는 q이기 위한 충분조건이지만 필요조건은 아니다.

(2) $q \Longrightarrow p$, $p \not\Longrightarrow q$
  ➡ p는 q이기 위한 필요조건이지만 충분조건은 아니다.

(3) $p \Longleftrightarrow q$
  ➡ p는 q이기 위한 필요충분조건이다.

0696 대표문제

다음 중 p가 q이기 위한 필요조건이지만 충분조건은 아닌 것은? (단, x, y, z는 실수이다.)

① p: $x^2 = 4$ q: $x = 2$

② p: $x \geq 1$이고 $y \geq 1$ q: $x + y \geq 2$

③ p: $x = y$ q: $xz = yz$

④ p: $x = 2$, $y = 3$ q: $xy = 6$

⑤ p: $x < 1$ q: $x \leq 2$

0697 상중하

보기에서 p가 q이기 위한 충분조건이지만 필요조건은 아닌 것만을 있는 대로 고르시오. (단, a, b, c는 실수이다.)

보기

ㄱ. p: $a > 1$, $b > 1$ q: $ab + 1 > a + b$

ㄴ. p: $ab = |ab|$ q: $a > 0$, $b > 0$

ㄷ. p: $a > b$이고 $b > c$ q: $a > c$

0698 상중하

두 실수 x, y에 대하여 세 조건 p, q, r는
  p: $x = 0$, $y = 0$, q: $xy = 0$, r: $|x| + |y| = 0$
이다. **보기**에서 옳은 것만을 있는 대로 고르시오.

보기

ㄱ. p는 q이기 위한 필요조건이다.

ㄴ. p는 r이기 위한 필요충분조건이다.

ㄷ. ${\sim}r$는 ${\sim}q$이기 위한 충분조건이다.

유형 13 충분조건, 필요조건과 진리집합의 포함 관계

두 조건 p, q의 진리집합을 각각 P, Q라 할 때
(1) p는 q이기 위한 충분조건 ➡ $p \Longrightarrow q$ ➡ $P \subset Q$
(2) p는 q이기 위한 필요조건 ➡ $q \Longrightarrow p$ ➡ $Q \subset P$
(3) p는 q이기 위한 필요충분조건 ➡ $p \Longleftrightarrow q$ ➡ $P = Q$

0699 대표문제

전체집합 U에 대하여 두 조건 p, q의 진리집합을 각각 P, Q라 하자. p가 q이기 위한 필요조건일 때, 다음 중 항상 옳은 것은?

① $P \cap Q = P$ ② $P \cup Q = U$ ③ $P \cap Q^C = \varnothing$
④ $P \cup Q^C = U$ ⑤ $P^C - Q = \varnothing$

0700 상중하

전체집합 U에 대하여 세 조건 p, q, r의 진리집합을 각각 P, Q, R라 하자. 세 집합 사이의 포함 관계가 오른쪽 그림과 같을 때, **보기**에서 옳은 것만을 있는 대로 고르시오.

보기

ㄱ. q는 r이기 위한 필요조건이다.
ㄴ. p는 $\sim r$이기 위한 충분조건이다.
ㄷ. $\sim p$는 $\sim q$이기 위한 필요조건이다.

0701 상중하

전체집합 U에 대하여 세 조건 p, q, r의 진리집합을 각각 P, Q, R라 하자. $(P-R) \cup (Q-R^C) = \varnothing$이 성립할 때, 다음 중 항상 옳은 것은? (단, P, Q, R는 공집합이 아니다.)

① p는 q이기 위한 충분조건이다.
② $\sim p$는 r이기 위한 필요조건이다.
③ p는 r이기 위한 필요조건이다.
④ q는 r이기 위한 필요충분조건이다.
⑤ $\sim q$는 p이기 위한 필요조건이다.

중요 유형 14 충분조건, 필요조건이 되도록 하는 상수 구하기

(1) 조건이 부등식으로 주어진 경우
  ➡ 진리집합 사이의 포함 관계에 맞게 수직선 위에 나타낸다.
(2) 조건이 $\neq$를 포함한 식으로 주어진 경우
  ➡ 대우를 이용하여 방정식으로 고친다.

0702 대표문제

두 조건 p: $a \leq x \leq a+2$, q: $(x-5)(x-9) \leq 0$에 대하여 q가 p이기 위한 필요조건이 되도록 하는 모든 정수 a의 값의 합을 구하시오.

0703 상중하

$x-3 \neq 0$은 $x^2+ax-12 \neq 0$이기 위한 필요조건일 때, 상수 a의 값을 구하시오.

0704 상중하 서술형

$x^2-6x+8 < 0$이 $|x-a| < 2$이기 위한 충분조건이 되도록 하는 실수 a의 값의 범위를 구하시오.

0705 상중하

세 조건 p: $-1 \leq x < 2$, q: $x < a$, r: $b \leq x \leq 0$에 대하여 $\sim q$는 p이기 위한 필요조건이고, $\sim p$는 $\sim r$이기 위한 충분조건일 때, $a-b$의 최댓값을 구하시오.

(단, a, b는 실수이고, $b \leq 0$이다.)

▶ **개념원리** 공통수학 2 192쪽

유형 15 충분조건, 필요조건과 명제의 참, 거짓

(1) $p \Longrightarrow q$이면　　$\sim q \Longrightarrow \sim p$

(2) $p \Longrightarrow q$이고 $q \Longrightarrow r$이면　　$p \Longrightarrow r$

(3) $p \Longrightarrow q$, $q \Longrightarrow r$, $r \Longrightarrow p$이면　　$p \Longleftrightarrow q \Longleftrightarrow r$

0706 대표문제

세 조건 p, q, r에 대하여 p는 q이기 위한 충분조건이고, $\sim q$는 r이기 위한 필요조건일 때, 다음 명제 중 반드시 참이라고 할 수 <u>없는</u> 것은?

① $p \longrightarrow \sim r$　　② $q \longrightarrow \sim r$　　③ $\sim q \longrightarrow \sim p$

④ $r \longrightarrow \sim p$　　⑤ $\sim r \longrightarrow q$

0707 상중하

세 조건 p, q, r에 대하여 두 명제 $p \longrightarrow q$, $\sim r \longrightarrow \sim q$가 모두 참일 때, **보기**에서 항상 옳은 것만을 있는 대로 고른 것은?

보기

ㄱ. q는 p이기 위한 필요충분조건이다.

ㄴ. r는 q이기 위한 필요조건이다.

ㄷ. p는 r이기 위한 충분조건이다.

① ㄱ　　　　② ㄴ　　　　③ ㄷ

④ ㄴ, ㄷ　　　⑤ ㄱ, ㄴ, ㄷ

0708 상중하

네 조건 p, q, r, s가 다음을 만족시킬 때, s는 p이기 위한 어떤 조건인지 구하시오.

㈎ p는 q이기 위한 필요충분조건이다.

㈏ r는 s이기 위한 필요조건이다.

㈐ q는 s이기 위한 충분조건이다.

㈑ q는 r이기 위한 필요조건이다.

유형 16 대우를 이용한 명제의 증명

명제 'p이면 q이다.'가 참임을 직접 증명하기 어려운 경우에는 명제의 대우 '$\sim q$이면 $\sim p$이다.'가 참임을 증명한다.

0709 대표문제

다음은 명제 '자연수 n에 대하여 n^2이 3의 배수이면 n도 3의 배수이다.'가 참임을 대우를 이용하여 증명하는 과정이다.

증명

주어진 명제의 대우는 '자연수 n에 대하여 n이 3의 배수가 아니면 n^2도 3의 배수가 아니다.'이다.

n이 3의 배수가 아니면

$$n = \boxed{㈎} \ \text{또는} \ n = 3k - 1 \ (k \text{는 자연수})$$

로 나타낼 수 있다.

(i) $n = \boxed{㈎}$일 때, 　　$n^2 = 3(\boxed{㈏}) + 1$

(ii) $n = 3k - 1$일 때, 　　$n^2 = 3(\boxed{㈐}) + 1$

즉 n^2은 3으로 나누면 나머지가 1인 자연수가 되므로 n이 3의 배수가 아니면 n^2도 3의 배수가 아니다.

따라서 주어진 명제의 대우가 참이므로 주어진 명제도 참이다.

위의 과정에서 ㈎, ㈏, ㈐에 알맞은 것을 구하시오.

0710 상중하

실수 x, y에 대하여 명제

'$x + y$가 무리수이면 x, y 중 적어도 하나는 무리수이다.'

가 참임을 대우를 이용하여 증명하시오.

07
명제

유형 17 귀류법

명제가 참임을 직접 증명하기 어려운 경우에는 명제 또는 명제의 결론을 부정하면 모순이 생김을 보인다.

0711 대표문제

다음은 $n \geq 2$인 자연수 n에 대하여 $\sqrt{n^2-1}$이 무리수임을 귀류법을 이용하여 증명하는 과정이다.

> **증명**
>
> $\sqrt{n^2-1}$이 유리수라 가정하면
> $$\sqrt{n^2-1} = \frac{q}{p} \text{ (p, q는 서로소인 자연수)}$$
> 로 나타낼 수 있다.
>
> 이 식의 양변을 제곱하면 $\quad n^2-1 = \dfrac{q^2}{p^2} \quad \cdots\cdots \text{㉠}$
>
> ㉠의 좌변은 자연수이고, p와 q는 서로소이므로
> $$p^2 = \boxed{\text{(가)}} \quad\quad \cdots\cdots \text{㉡}$$
> ㉡을 ㉠에 대입하여 정리하면
> $$n^2 - q^2 = \boxed{\text{(나)}} \quad \therefore (n+q)(n-q) = \boxed{\text{(나)}}$$
> 따라서 $n+q$, $n-q$의 값은 모두 $\boxed{\text{(다)}}$ 이다.
>
> 그런데 이것은 n이 $n \geq 2$인 자연수, q가 자연수라는 가정에 모순이므로 $\sqrt{n^2-1}$은 무리수이다.

위의 과정에서 (가), (나), (다)에 알맞은 것은?

	(가)	(나)	(다)
①	1	-1	-1 또는 1
②	1	1	-1 또는 1
③	1	0	0
④	2	1	-1 또는 1
⑤	2	0	0

0712 상중하

귀류법을 이용하여 유리수와 무리수의 합은 무리수임을 증명하시오.

유형 18 두 수 또는 두 식의 대소 관계

두 실수 A, B에 대하여
(1) $A - B \geq 0 \Longleftrightarrow A \geq B$
(2) $A > 0$, $B > 0$일 때, $\quad A^2 > B^2 \Longleftrightarrow A > B \Longleftrightarrow \sqrt{A} > \sqrt{B}$

0713 대표문제

$x \geq 2$, $y \geq 2$일 때, 두 수 $A = xy+4$, $B = 2(x+y)$의 대소 관계는?

① $A < B$ ② $A \leq B$ ③ $A > B$
④ $A \geq B$ ⑤ $A = B$

0714 상중하

$a > 0$일 때, 두 수 $A = \sqrt{a+4}$, $B = \dfrac{a}{4} + 2$의 대소를 비교하시오.

0715 상중하

$a > b > 0$일 때, **보기**에서 옳은 것만을 있는 대로 고른 것은?

> **보기**
> ㄱ. $\dfrac{a}{b} < \dfrac{a+1}{b+1}$ 　　　　 ㄴ. $\dfrac{a}{b^2} > \dfrac{b}{a^2}$
> ㄷ. $\dfrac{1+b}{1+a} < \dfrac{1+a}{1+b}$

① ㄱ ② ㄴ ③ ㄷ
④ ㄱ, ㄷ ⑤ ㄴ, ㄷ

▶ 개념원리 공통수학 2 197쪽

유형 **19** 절대부등식의 증명

부등식 $A \geq B$를 증명할 때에는

(1) A, B가 다항식인 경우

   ➡ $A-B \geq 0$임을 보인다.

(2) A, B가 절댓값 기호나 근호를 포함한 식인 경우

   ➡ $A^2 - B^2 \geq 0$임을 보인다.

0716 대표문제

다음은 $a \geq 0$, $b \geq 0$일 때, $\sqrt{a} + \sqrt{b} \geq \sqrt{a+b}$가 성립함을 증명하는 과정이다.

증명

$(\sqrt{a} + \sqrt{b})^2 - (\sqrt{a+b})^2 = \boxed{\text{(가)}} \geq 0$

$\therefore (\sqrt{a} + \sqrt{b})^2 \geq (\sqrt{a+b})^2$

그런데 $\sqrt{a} + \sqrt{b} \geq 0$, $\sqrt{a+b} \geq 0$이므로

$\sqrt{a} + \sqrt{b} \geq \sqrt{a+b}$

이때 등호는 $a = 0$ 또는 $\boxed{\text{(나)}}$일 때 성립한다.

위의 과정에서 (가), (나)에 알맞은 것을 구하시오.

0717 상중하

x, y, z가 양의 실수일 때, $x^3 + y^3 + z^3 \geq 3xyz$가 성립함을 증명하시오.

0718 상중하

두 실수 a, b에 대하여 **보기**에서 절대부등식인 것만을 있는 대로 고르시오.

보기

ㄱ. $a^2 + 16 > -8a$

ㄴ. $a^2 + 5b^2 \geq b(4a+b)$

ㄷ. $|a+b| \geq |a-b|$

▶ 개념원리 공통수학 2 198쪽

중요 유형 **20** 산술평균과 기하평균의 관계
– 합 또는 곱이 일정할 때

$a > 0$, $b > 0$일 때, $\dfrac{a+b}{2} \geq \sqrt{ab}$ (단, 등호는 $a=b$일 때 성립)

(1) $a+b$의 값이 일정 ➡ ab는 $a=b$일 때 최댓값을 갖는다.

(2) ab의 값이 일정 ➡ $a+b$는 $a=b$일 때 최솟값을 갖는다.

0719 대표문제

$a > 0$, $b > 0$이고 $2a+3b=12$일 때, ab의 최댓값을 M, 그 때의 a, b의 값을 각각 α, β라 하자. $M + \alpha + \beta$의 값을 구하시오.

0720 상중하

양수 x, y에 대하여 $xy=4$일 때, $2x+4y$의 최솟값은?

① $2\sqrt{2}$ ② 4 ③ $4\sqrt{2}$

④ 6 ⑤ $8\sqrt{2}$

0721 상중하

0이 아닌 실수 a, b에 대하여 $a^2 + 4b^2 = 32$일 때, ab의 최댓값과 최솟값의 곱을 구하시오.

0722 상중하

양수 a, b에 대하여 $5a+b=10$일 때, $\dfrac{1}{a} + \dfrac{5}{b}$의 최솟값을 구하시오.

유형 | 21 산술평균과 기하평균의 관계 – 식의 전개

$a>0$, $b>0$일 때, 주어진 식을 전개하여 (상수)$+a+b$의 꼴로 변형한 후 산술평균과 기하평균의 관계에 의하여

(상수)$+a+b\geq$(상수)$+2\sqrt{ab}$

임을 이용한다.

0723 대표문제

양수 x, y에 대하여 $\left(x+\dfrac{4}{y}\right)\left(4y+\dfrac{1}{x}\right)$의 최솟값은?

① 21 ② 22 ③ 23
④ 24 ⑤ 25

0724 상중하

양수 a에 대하여 $\left(a-\dfrac{3}{a}\right)\left(3a-\dfrac{1}{a}\right)$의 최솟값을 m, 그때의 a의 값을 α라 할 때, $m+\alpha$의 값을 구하시오.

0725 상중하

$a>0$, $b>0$, $c>0$, $d>0$일 때, $\left(\dfrac{a}{b}+\dfrac{c}{d}\right)\left(\dfrac{b}{a}+\dfrac{d}{c}\right)$의 최솟값을 구하시오.

0726 상중하

$a>0$, $b>0$, $c>0$일 때, $(a+3b+c)\left(\dfrac{1}{a}+\dfrac{4}{3b+c}\right)$의 최솟값을 구하시오.

유형 | 22 산술평균과 기하평균의 관계 – 식의 변형

주어진 식을 $f(x)+\dfrac{1}{f(x)}$ $(f(x)>0)$의 꼴을 포함하도록 변형한 후 산술평균과 기하평균의 관계를 이용한다.

0727 대표문제

$x>-1$일 때, $x+\dfrac{4}{x+1}$의 최솟값을 m, 그때의 x의 값을 n이라 하자. 이때 mn의 값은?

① 2 ② 3 ③ 4
④ 6 ⑤ 8

0728 상중하

$a>1$일 때, $9a-1+\dfrac{1}{a-1}\geq k$가 항상 성립하도록 하는 실수 k의 최댓값은?

① 8 ② 10 ③ 12
④ 14 ⑤ 16

0729 상중하 서술형

양수 a, b, c에 대하여 $\dfrac{b+c}{a}+\dfrac{c+a}{b}+\dfrac{a+b}{c}$의 최솟값을 구하시오.

0730 상중하

$x>3$일 때, $\dfrac{x^2-3x+4}{x-3}$의 최솟값을 구하시오.

▶ 개념원리 공통수학 2 201쪽

유형 | 23 코시-슈바르츠의 부등식

a, b, x, y가 실수일 때
$$(a^2+b^2)(x^2+y^2) \geq (ax+by)^2$$
(단, 등호는 $ay=bx$일 때 성립)

0731 대표문제

실수 x, y에 대하여 $x^2+y^2=4$일 때, $x+2y$의 최댓값은?

① $\sqrt{5}$ ② $2\sqrt{5}$ ③ $3\sqrt{5}$

④ $4\sqrt{5}$ ⑤ $5\sqrt{5}$

0732 상중하

두 실수 x, y에 대하여 $\dfrac{x}{4}+\dfrac{y}{3}=5$일 때, x^2+y^2의 최솟값을 구하시오.

0733 상중하

$x^2+y^2=a$를 만족시키는 실수 x, y에 대하여 $3x+2y$의 최댓값과 최솟값의 차가 13일 때, 양수 a의 값을 구하시오.

0734 상중하

실수 a, b, c에 대하여 $a+b+c=2$, $a^2+b^2+c^2=4$일 때, a의 최댓값과 최솟값의 합을 구하시오.

▶ 개념원리 공통수학 2 200쪽

유형 JP | 24 절대부등식의 활용

(1) 두 양수의 곱의 최댓값이나 합의 최솟값을 구하는 경우
　➡ 산술평균과 기하평균의 관계를 이용한다.
(2) 일차식의 최댓값이나 제곱의 합의 최솟값을 구하는 경우
　➡ 코시-슈바르츠의 부등식을 이용한다.

0735 대표문제

길이가 40 m인 철망을 모두 사용하여 오른쪽 그림과 같이 세 개의 직사각형 모양으로 이루어진 우리를 만들려고 한다. 이때 전체 우리의 넓이의 최댓값은?

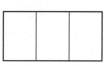

① $48\ \text{m}^2$ ② $50\ \text{m}^2$ ③ $60\ \text{m}^2$

④ $72\ \text{m}^2$ ⑤ $80\ \text{m}^2$

0736 상중하

높이가 5 cm인 직육면체 모양의 소포를 오른쪽 그림과 같이 끈으로 묶으려고 한다. 길이가 100 cm인 끈으로 묶을 수 있는 소포의 최대 부피를 구하시오. (단, 매듭의 길이는 생각하지 않는다.)

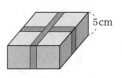

0737 상중하

다음 그림과 같이 대각선의 길이가 $2\sqrt{5}$이고 가로, 세로의 길이가 각각 a, b인 직사각형 모양의 종이를 점선을 따라 접어서 두 밑면이 없는 정사각기둥 모양의 상자를 만들려고 한다. 이 상자의 12개의 모서리 길이의 합의 최댓값을 구하시오.

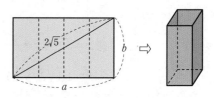

0738

보기에서 조건 p와 그 부정 $\sim p$가 바르게 연결된 것만을 있는 대로 고르시오.

> **보기**
>
> ㄱ. p: x^2은 9보다 작다. $\sim p$: x^2은 9보다 크다.
>
> ㄴ. p: $ab=0$ $\sim p$: $a\neq 0$ 또는 $b\neq 0$
>
> ㄷ. p: x, y 중 적어도 하나는 0이 아니다.
>
> $\sim p$: x, y는 모두 0이다.

0739

전체집합 $U=\{1, 2, 3, 4, 5, 6\}$에 대하여 두 조건 p, q가 각각 p: $2\leq x<5$, q: $3<x\leq 6$일 때, 조건 '$\sim p$이고 q'의 진리집합의 모든 원소의 합을 구하시오.

0740 중요★

다음 중 참인 명제는? (단, x, y는 실수이다.)

① $x\neq 3$이면 $x^2\neq 9$이다.

② $x^2+y^2>0$이면 $x\neq 0$, $y\neq 0$이다.

③ $x>y$이면 $x^2>y^2$이다.

④ $|x|<2$이면 $x<2$이다.

⑤ $x+y=0$이면 $x=0$, $y=0$이다.

0741

다음 중 실수 x, y에 대하여 명제 '$x+y$, xy가 모두 유리수이면 x, y 중 적어도 하나는 유리수이다.'가 거짓임을 보이기 위한 반례로 알맞은 것은?

① $x=0$, $y=1$ ② $x=\sqrt{2}$, $y=0$

③ $x=\dfrac{\sqrt{2}}{2}$, $y=\dfrac{\sqrt{2}}{2}$ ④ $x=1+\sqrt{2}$, $y=1-\sqrt{2}$

⑤ $x=\sqrt{2}+1$, $y=\sqrt{2}-1$

0742 중요★

전체집합 U에 대하여 두 조건 p, q의 진리집합을 각각 P, Q라 하자. $P\cap Q=\varnothing$일 때, 다음 중 항상 참인 명제는?

① $p \longrightarrow q$ ② $\sim p \longrightarrow q$ ③ $p \longrightarrow \sim q$

④ $\sim p \longrightarrow \sim q$ ⑤ $q \longrightarrow p$

0743

두 조건

$$p: x^2-(a^2+1)x+a^2=0,$$
$$q: |x-a|\leq 1, \; x\text{는 정수}$$

에 대하여 명제 $p \longrightarrow q$가 참이 되도록 하는 정수 a의 개수를 구하시오.

0744

다음 중 그 부정이 참인 명제를 모두 고르면? (정답 2개)

① 어떤 실수 x에 대하여 $x^2-x+\dfrac{1}{4}<0$이다.

② 어떤 실수 x에 대하여 $x^2-1<0$이다.

③ 어떤 실수 x에 대하여 $x+\dfrac{1}{x}\geq 1$이다.

④ 모든 실수 x, y에 대하여 $x^2+y^2\geq 0$이다.

⑤ 모든 실수 x, y에 대하여 $|x|+|y|\neq |x+y|$이다.

0745 교육청 기출

명제

    '어떤 실수 x에 대하여 $x^2+8x+2k-1\leq 0$이다.'

가 거짓이 되도록 하는 정수 k의 최솟값을 구하시오.

0746

다음 중 그 대우가 참인 명제는?

① 두 삼각형의 넓이가 같으면 두 삼각형은 합동이다.

② 0이 아닌 두 실수 x, y에 대하여 $x>y$이면 $\dfrac{1}{x}<\dfrac{1}{y}$이다.

③ 자연수 n이 짝수이면 $n(n+1)(n+2)$는 24의 배수이다.

④ xy가 정수이면 x, y는 정수이다.

⑤ 어떤 수가 무한소수이면 그 수는 무리수이다.

0747

네 조건 p, q, r, s에 대하여 세 명제 $p \longrightarrow \sim q$, $\sim r \longrightarrow \sim q$, $s \longrightarrow q$가 모두 참일 때, **보기**에서 항상 참인 명제인 것만을 있는 대로 고르시오.

> **보기**
>
> ㄱ. $\sim q \longrightarrow p$ ㄴ. $q \longrightarrow \sim r$
>
> ㄷ. $p \longrightarrow \sim s$ ㄹ. $s \longrightarrow r$

0748

A, B, C, D 네 명의 학생에 대하여 다음이 모두 참일 때, 네 학생 중 안경을 쓴 학생을 모두 고르시오.

> ㈎ A, B, C, D 중 두 명이 안경을 썼다.
>
> ㈏ D가 안경을 썼으면 C도 안경을 썼다.
>
> ㈐ A가 안경을 쓰지 않았으면 C도 안경을 쓰지 않았다.
>
> ㈑ D가 안경을 쓰지 않았으면 B도 안경을 쓰지 않았다.

0749 중요★

보기에서 p가 q이기 위한 필요충분조건인 것만을 있는 대로 고르시오. (단, A, B, C는 집합이고, m, n은 자연수이다.)

> **보기**
>
> ㄱ. p: $A \subset (B \cup C)$ q: $A \subset B$ 또는 $A \subset C$
>
> ㄴ. p: 삼각형 ABC가 이등변삼각형이다.
>
> q: 삼각형 ABC의 두 변의 길이가 같다.
>
> ㄷ. p: m, n은 모두 짝수이다.
>
> q: $m+n$은 짝수이다.

0750

전체집합 U에 대하여 세 조건 p, q, r의 진리집합을 각각 P, Q, R라 하자. p는 $\sim q$이기 위한 필요충분조건이고, r는 $\sim p$이기 위한 충분조건일 때, 다음 중 항상 옳은 것은?

① $R \subset P$ ② $P \cup Q = U$ ③ $R \cap Q^C = P^C$

④ $Q \cap R = \varnothing$ ⑤ $Q^C - R = U$

0751 교육청 기출

실수 x에 대한 두 조건 p, q가 다음과 같다.

$$p: 3 \leq x \leq 4, \quad q: (x+k)(x-k) < 0$$

p가 q이기 위한 충분조건이 되도록 하는 자연수 k의 최솟값을 구하시오.

0752

세 조건

$$p: 2x^2 - x - 1 \neq 0, \quad q: x - a \neq 0, \quad r: bx^2 - 3x + 5 \neq 0$$

에 대하여 p는 q이기 위한 충분조건이고 q는 r이기 위한 필요조건일 때, 상수 a, b에 대하여 $a-b$의 값을 구하시오.

(단, $a>0$)

0753

네 조건 p, q, r, s에 대하여 p는 r이기 위한 충분조건, p는 s이기 위한 필요조건, q는 s이기 위한 필요충분조건일 때, **보기**에서 항상 옳은 것만을 있는 대로 고르시오.

보기

ㄱ. q는 p이기 위한 필요조건이다.

ㄴ. r는 q이기 위한 필요조건이다.

ㄷ. s는 r이기 위한 충분조건이다.

0754

다음은 명제 '$x^2+y^2=3$을 만족시키는 두 양의 유리수 x, y는 존재하지 않는다.'를 증명하는 과정이다.

증명

$x^2+y^2=3$을 만족시키는 두 양의 유리수 x, y가 존재한다고 가정하면

$$x=\frac{m}{M},\ y=\frac{n}{N}$$

(m과 M, n과 N은 각각 서로소인 자연수)

으로 나타낼 수 있다.

이때 $x^2+y^2=3$에서 $\quad \dfrac{m^2 N^2}{M^2}=\boxed{(가)}-n^2 \ \cdots\ \bigcirc$

$\boxed{(가)}-n^2$은 정수이고 m과 M은 서로소이므로

$N=kM$ (k는 정수)이어야 한다.

즉 $\bigcirc$에서 $(km)^2+n^2=\boxed{(가)}$이고

$$km=3a+r,\ n=3b+s$$

(a, b, r, s는 정수이고, $0\le r<3$, $0\le s<3$)

라 하면

$$(km)^2+n^2=3(3a^2+2ar+3b^2+2bs)+\boxed{(나)}+s^2$$

그런데 $(km)^2+n^2$은 $\boxed{(다)}$의 배수이므로 $r=s=0$이어야 한다.

즉 두 수 km, n은 $\boxed{(다)}$의 배수이므로 N도 $\boxed{(다)}$의 배수이고, 이것은 n과 N이 서로소라는 가정에 모순이다.

따라서 $x^2+y^2=3$을 만족시키는 두 양의 유리수 x, y는 존재하지 않는다.

위의 (가), (나)에 알맞은 식을 각각 $f(N)$, $g(r)$라 하고, (다)에 알맞은 수를 a라 할 때, $a+\dfrac{f(4)}{g(2)}$의 값을 구하시오.

0755 중요★

양수 x, y에 대하여 $2x^2+8y^2=5$일 때, xy는 $x=\alpha$, $y=\beta$에서 최댓값 γ를 갖는다. 이때 $\dfrac{\beta}{\alpha}+\gamma$의 값은?

① 1　　　　② $\dfrac{9}{8}$　　　　③ $\dfrac{3}{2}$

④ $\dfrac{7}{4}$　　　　⑤ 2

0756

$a>0$, $b>0$일 때, $\left(2a+\dfrac{1}{3b}\right)\left(\dfrac{1}{a}+6b\right)$의 최솟값은?

① 6　　　　② 8　　　　③ 10

④ 12　　　　⑤ 14

0757

오른쪽 그림과 같이 원 $x^2+y^2=16$ 위의 점 $P(a,b)$에서의 접선이 x축, y축과 만나는 점을 각각 A, B라 할 때, 삼각형 OAB의 넓이의 최솟값을 구하시오.

(단, $a>0$, $b>0$이고, O는 원점이다.)

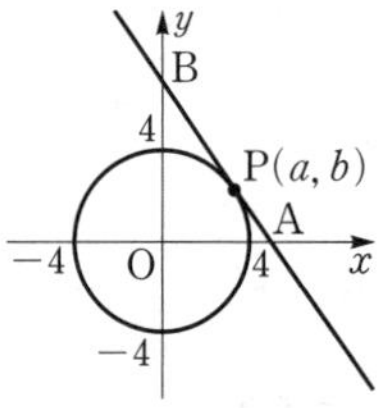

0758

둘레의 길이가 20인 직사각형의 가로, 세로의 길이를 각각 x, y라 할 때, $\sqrt{3x}+\sqrt{2y}$의 최댓값을 구하시오.

0759

두 실수 a, b에 대하여 명제

'$a+b>1$이면 $a\geq 5$ 또는 $b\geq k$이다.'

가 참일 때, 실수 k의 최댓값을 구하시오.

0760

세 조건 p: $|x-2|\leq a$, q: $x\leq b$, r: $|x|>4$에 대하여 q는 $\sim r$이기 위한 필요조건이고, p는 $\sim r$이기 위한 충분조건일 때, $b-a$의 최솟값을 구하시오.

(단, a, b는 실수이고, $a\geq 0$이다.)

0761

양수 a, b에 대하여 $a^2-4a+\dfrac{b}{a}+\dfrac{9a}{b}$의 최솟값을 m, 그때의 a, b의 값을 각각 α, β라 할 때, $m+\alpha+\beta$의 값을 구하시오.

0762

실수 x, y에 대하여 $x^2+y^2=2$일 때, $2x+y$의 최댓값을 M, 최솟값을 m이라 하자. 이때 M^2+m^2의 값을 구하시오.

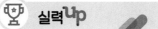

0763

전체집합 U의 공집합이 아닌 세 부분집합 P, Q, R가 각각 세 조건 p, q, r의 진리집합이고, 다음 세 명제가 모두 참이다.

㈎ $q \longrightarrow p$ ㈏ $\sim p \longrightarrow q$ ㈐ $\sim q \longrightarrow r$

보기에서 옳은 것만을 있는 대로 고르시오.

보기
ㄱ. $Q-P^C=\varnothing$ ㄴ. $R\subset P$ ㄷ. $Q^C\subset(P\cap R)$

0764 교육청 기출

실수 x에 대한 두 조건

p: $|x-k|\leq 2$, q: $x^2-4x-5\leq 0$

이 있다. 명제 $p \longrightarrow q$와 명제 $p \longrightarrow \sim q$가 모두 거짓이 되도록 하는 모든 정수 k의 값의 합은?

① 14   ② 16   ③ 18
④ 20   ⑤ 22

0765

오른쪽 그림과 같이 $\overline{AB}=3$, $\overline{AC}=4$, $\angle A=30°$인 삼각형 ABC에 대하여 변 BC 위의 점 P에서 두 직선 AB, AC에 내린 수선의 발을 각각 M, N이라 하자.

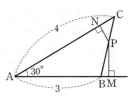

이때 $\dfrac{\overline{AB}}{\overline{PM}}+\dfrac{\overline{AC}}{\overline{PN}}$의 최솟값을 구하시오.

(단, 점 P는 점 B 또는 점 C 위에 있지 않다.)

공감
한 스푼

"그거 알아,
아마추어는
남을 상대로
싸우지만
프로는
자신을 상대로
싸운다"

Ⅲ

함수

08 함수

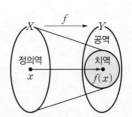

개념 플러스

08 | 1 함수

유형 01~04, 21

1 대응: 두 집합 X, Y에 대하여 X의 원소에 Y의 원소를 짝 짓는 것을 X에서 Y로의 대응이라 한다. 이때 X의 원소 x에 Y의 원소 y가 짝 지어지면 x에 y가 대응한다고 하며, 이것을 기호로 $x \longrightarrow y$와 같이 나타낸다.

2 함수

두 집합 X, Y에 대하여 X의 각 원소에 Y의 원소가 오직 하나씩 대응할 때, 이 대응을 X에서 Y로의 함수라 하고, 기호로
$f: X \longrightarrow Y$와 같이 나타낸다.

(1) **정의역**: 집합 X　　　　(2) **공역**: 집합 Y

(3) **치역**: 함숫값 전체의 집합, 즉 $\{f(x) | x \in X\}$

　참고▶ 함수 $y=f(x)$의 정의역이나 공역이 주어지지 않을 때에는 정의역은 $f(x)$가 정의되는 모든 실수 x의 집합으로, 공역은 실수 전체의 집합으로 한다.

- 다음의 경우는 함수가 아니다.
  ① 집합 X의 원소 중에서 대응하지 않는 원소가 있는 경우
  ② 집합 X의 한 원소에 집합 Y의 원소가 두 개 이상 대응하는 경우

- 치역은 공역의 부분집합이다.

3 서로 같은 함수

두 함수 f, g에 대하여 정의역과 공역이 각각 같고, 정의역의 모든 원소 x에 대하여
$f(x)=g(x)$일 때, 두 함수 f와 g는 서로 같다고 하며, 기호로 $f=g$와 같이 나타낸다.

- 두 함수 f, g가 서로 같지 않을 때에는 기호로 $f \neq g$와 같이 나타낸다.

4 함수의 그래프

함수 $f: X \longrightarrow Y$에서 정의역 X의 원소 x와 이에 대응하는 함숫값 $f(x)$의 순서쌍 $(x, f(x))$ 전체의 집합 $\{(x, f(x)) | x \in X\}$를 함수 f의 그래프라 한다.

　참고▶ 함수 $y=f(x)$의 정의역과 공역의 원소가 모두 실수일 때, 함수의 그래프는 순서쌍 $(x, f(x))$를 좌표로 하는 점을 좌표평면에 나타내어 그릴 수 있다.

- 함수의 그래프는 정의역의 각 원소 a에 대하여 y축에 평행한 직선 $x=a$와 오직 한 점에서 만난다.

08 | 2 여러 가지 함수

유형 05~08, 22

1 일대일함수: 함수 $f: X \longrightarrow Y$에서 정의역 X의 두 원소 x_1, x_2에 대하여
$$x_1 \neq x_2 \text{이면 } f(x_1) \neq f(x_2)$$
인 함수

　참고▶ 함수 f가 일대일함수임을 보이기 위해서는
　　　'$x_1 \neq x_2$이면 $f(x_1) \neq f(x_2)$' 또는 그 대우 '$f(x_1)=f(x_2)$이면 $x_1=x_2$'
　　　가 참임을 보이면 된다.

- 일대일함수의 그래프는 치역의 각 원소 b에 대하여 x축에 평행한 직선 $y=b$와 오직 한 점에서 만난다.

2 일대일대응: 함수 $f: X \longrightarrow Y$가 **일대일함수**이고, **치역과 공역이 같은** 함수

3 항등함수: 함수 $f: X \longrightarrow X$에서 정의역 X의 각 원소 x에 그 자신 x가 대응하는 함수, 즉
$f(x)=x$인 함수 ← 항등함수는 일대일대응이다.

- 일대일대응이면 일대일함수이지만 일대일함수라고 해서 모두 일대일대응인 것은 아니다.

4 상수함수: 함수 $f: X \longrightarrow Y$에서 정의역 X의 모든 원소 x에 공역 Y의 단 하나의 원소 c가 대응하는 함수, 즉 $f(x)=c$인 함수 ← 치역의 원소는 한 개이다.

예

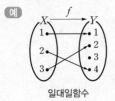

일대일함수

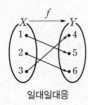

일대일대응

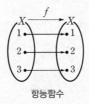

항등함수

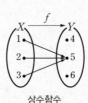

상수함수

교과서 **문제** 정복하기

08 | 1 함수

[0766~0769] 다음 대응이 집합 X에서 집합 Y로의 함수인지 판별하고, 함수인 것은 정의역, 공역, 치역을 구하시오.

0766 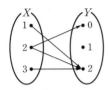 **0767**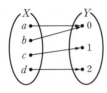

0768 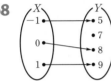 **0769**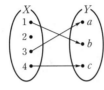

[0770~0773] 다음 함수의 정의역과 치역을 구하시오.

0770 $y=2x+1$

0771 $y=-x^2+6x$

0772 $y=|x|+2$

0773 $y=\dfrac{3}{x}$

[0774~0776] 정의역이 $\{-1,\ 0,\ 1\}$인 다음 두 함수 f, g가 서로 같은 함수인지 판별하시오.

0774 $f(x)=-x,\ g(x)=x^3$

0775 $f(x)=|x|+1,\ g(x)=x^2+1$

0776 $f(x)=x^3+x,\ g(x)=2x$

0777 정의역이 아래와 같은 함수 $y=-x$의 그래프를 다음 좌표평면 위에 나타내시오.

(1) $\{-2,\ -1,\ 0,\ 1,\ 2\}$ (2) $\{x\,|\,x$는 실수$\}$

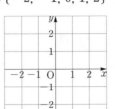 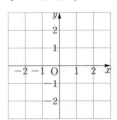

08 | 2 여러 가지 함수

0778 정의역과 공역이 모두 $\{1,\ 2,\ 3,\ 4\}$인 **보기**의 함수의 그래프 중에서 다음에 해당하는 것만을 있는 대로 고르시오.

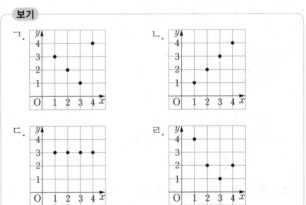

(1) 일대일함수   (2) 일대일대응
(3) 항등함수   (4) 상수함수

0779 정의역과 공역이 모두 실수 전체의 집합인 **보기**의 함수 중에서 다음에 해당하는 것만을 있는 대로 고르시오.

보기
ㄱ. $y=1$ ㄴ. $y=x^2$
ㄷ. $y=x$ ㄹ. $y=-x+1$

(1) 일대일함수   (2) 일대일대응
(3) 항등함수   (4) 상수함수

08 함수

08 | 3 합성함수

유형 09~13, 18, 20

1 합성함수: 두 함수 $f: X \longrightarrow Y$, $g: Y \longrightarrow Z$가 주어질 때, 집합 X의 각 원소 x에 집합 Z의 원소 $g(f(x))$를 대응시키는 함수를 f와 g의 합성함수라 하고, 기호로 $g \circ f$와 같이 나타낸다. 즉

$$g \circ f: X \longrightarrow Z, \ (g \circ f)(x) = g(f(x))$$

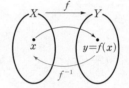

2 합성함수의 성질: 세 함수 f, g, h에 대하여

(1) $g \circ f \neq f \circ g$ ← 교환법칙이 성립하지 않는다.

(2) $(f \circ g) \circ h = f \circ (g \circ h)$ ← 결합법칙이 성립한다.

(3) $f: X \longrightarrow X$일 때, $f \circ I = I \circ f = f$ (단, I는 X에서의 항등함수이다.)

➕ 개념 플러스

● 두 함수 f, g에 대하여 f의 치역이 g의 정의역의 부분집합이면 합성함수 $g \circ f$를 정의할 수 있다.

● 결합법칙이 성립하므로 괄호를 생략하여 $f \circ g \circ h$로 쓰기도 한다.

08 | 4 역함수

유형 14~20, 23

1 역함수: 함수 $f: X \longrightarrow Y$가 일대일대응일 때, 집합 Y의 각 원소 y에 $f(x) = y$인 집합 X의 원소 x를 대응시키는 함수를 f의 역함수라 하고, 기호로 f^{-1}와 같이 나타낸다. 즉

$$f^{-1}: Y \longrightarrow X, \ \underset{\Longleftrightarrow y=f(x)}{x = f^{-1}(y)}$$

2 역함수의 성질: 함수 $f: X \longrightarrow Y$가 일대일대응일 때, 그 역함수 $f^{-1}: Y \longrightarrow X$에 대하여

(1) $(f^{-1})^{-1} = f$

(2) $(f^{-1} \circ f)(x) = x \ (x \in X)$ ← $f^{-1} \circ f$는 집합 X에서의 항등함수

$(f \circ f^{-1})(y) = y \ (y \in Y)$ ← $f \circ f^{-1}$는 집합 Y에서의 항등함수

(3) 함수 $g: Y \longrightarrow Z$가 일대일대응이고 그 역함수가 g^{-1}일 때,

$$(g \circ f)^{-1} = f^{-1} \circ g^{-1}$$

3 함수와 그 역함수의 그래프의 성질

함수 $y = f(x)$의 그래프와 그 역함수 $y = f^{-1}(x)$의 그래프는 **직선 $y = x$에 대하여 대칭**이다.

● 함수 f의 역함수가 존재하기 위한 필요충분조건은 f가 일대일대응인 것이다.

● 일대일대응인 함수 $y = f(x)$의 역함수 $y = f^{-1}(x)$는 다음과 같은 순서로 구한다.
(i) x를 y에 대한 식으로 나타낸다.
  $\Rightarrow x = f^{-1}(y)$
(ii) x와 y를 서로 바꾼다.
  $\Rightarrow y = f^{-1}(x)$
이때 함수 f의 치역이 역함수 f^{-1}의 정의역이 되고, 함수 f의 정의역이 역함수 f^{-1}의 치역이 된다.

● 함수 $y = f(x)$의 그래프가 점 (a, b)를 지나면 그 역함수 $y = f^{-1}(x)$의 그래프는 점 (b, a)를 지난다.

08 | 5 절댓값 기호를 포함한 함수의 그래프

유형 24

1 구간을 나누어 그리기

절댓값 기호를 포함한 함수의 그래프는 다음과 같은 순서로 그린다.

(i) 절댓값 기호 안의 식의 값이 0이 되도록 하는 x의 값을 구한다.

(ii)(i)에서 구한 값을 경계로 구간을 나누어 절댓값 기호를 포함하지 않은 함수식을 구한다.

(iii) 각 구간에서 (ii)의 함수식의 그래프를 그린다.

2 대칭이동을 이용하여 그리기

(1) $y = |f(x)|$의 그래프: $y = f(x)$의 그래프를 그리고, $y < 0$인 부분을 x축에 대하여 대칭이동한다.

(2) $y = f(|x|)$의 그래프: $x \geq 0$에서 $y = f(x)$의 그래프를 그리고, $x < 0$인 부분은 $x \geq 0$인 부분의 그래프를 y축에 대하여 대칭이동하여 그린다.

● (1) 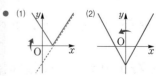 (2)

교과서 문제 정복하기

08 | 3 합성함수

0780 두 함수 $f: X \longrightarrow Y$, $g: Y \longrightarrow X$가 아래 그림과 같을 때, 다음을 구하시오.

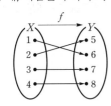 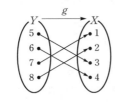

(1) $(g \circ f)(2)$

(2) $(g \circ f)(4)$

(3) $(f \circ g)(5)$

(4) $(f \circ g)(7)$

[0781 ~ 0784] 두 함수 $f(x)=3x-1$, $g(x)=x^2+2$에 대하여 다음을 구하시오.

0781 $(g \circ f)(x)$

0782 $(f \circ g)(x)$

0783 $(f \circ f)(x)$

0784 $(g \circ g)(x)$

08 | 4 역함수

0785 보기에서 역함수가 존재하는 함수인 것만을 있는 대로 고르시오.

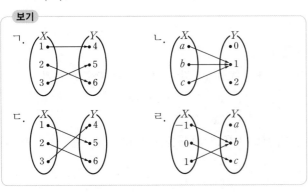

0786 함수 $f(x)=x-2$에 대하여 다음 등식을 만족시키는 상수 a의 값을 구하시오.

(1) $f^{-1}(5)=a$

(2) $f^{-1}(a)=1$

[0787 ~ 0788] 다음 함수의 역함수를 구하시오.

0787 $y=2x-2$

0788 $y=\dfrac{1}{4}x+\dfrac{3}{8}$

0789 오른쪽 그림과 같은 함수 $f: X \longrightarrow Y$에 대하여 다음을 구하시오.

(1) $f^{-1}(4)$

(2) $(f^{-1})^{-1}(1)$

(3) $(f^{-1} \circ f)(3)$

(4) $(f \circ f^{-1})(4)$

08 | 5 절댓값 기호를 포함한 함수의 그래프

0790 함수 $f(x)=|x-1|+2$에 대하여 다음에 답하시오.

(1) $x \geq 1$일 때, $f(x)$를 간단히 하시오.

(2) $x < 1$일 때, $f(x)$를 간단히 하시오.

(3) $y=f(x)$의 그래프를 그리시오.

[0791 ~ 0792] 함수 $y=f(x)$의 그래프가 오른쪽 그림과 같을 때, 다음 함수의 그래프를 그리시오.

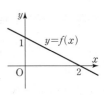

0791 $y=|f(x)|$

0792 $y=f(|x|)$

▶ 개념원리 공통수학 2 210쪽, 213쪽

유형 01 함수의 뜻

(1) 집합 X의 각 원소에 집합 Y의 원소가 오직 하나씩 대응할 때, 이 대응을 X에서 Y로의 함수라 한다.

(2) 함수의 그래프는 정의역의 각 원소 a에 대하여 직선 $x=a$와 오직 한 점에서 만난다.

0793 대표문제

두 집합 $X=\{0, 1, 2\}$, $Y=\{0, 1, 2, 3\}$에 대하여 다음 중 X에서 Y로의 함수가 <u>아닌</u> 것은?

① $f(x)=x+1$　　　　② $g(x)=|x|$

③ $h(x)=x^2$　　　　④ $i(x)=\begin{cases} 0 \ (x=0) \\ 1 \ (x\neq0) \end{cases}$

⑤ $p(x)=(x$를 3으로 나누었을 때의 나머지$)$

0794 상중하

다음 중 실수 전체의 집합에서 정의된 함수의 그래프인 것은?

① 　② 　③

④ 　⑤

0795 상중하

두 집합 $X=\{x|0\leq x\leq2\}$, $Y=\{y|-1\leq y\leq1\}$에 대하여 다음 중 X에서 Y로의 함수인 것은?

① $f(x)=-2x-1$　　　　② $f(x)=-x+3$

③ $f(x)=x-1$　　　　④ $f(x)=|x|+1$

⑤ $f(x)=x^2-3$

▶ 개념원리 공통수학 2 211쪽

유형 02 함숫값 구하기

(1) 함수 $f(x)$에서 $f(k)$의 값 구하기

　➡ x 대신 k를 대입한다.

(2) 함수 $f(ax+b)$에서 $f(k)$의 값 구하기

　➡ $ax+b=k$를 만족시키는 x의 값을 구하여 x 대신 그 수를 대입한다.

0796 대표문제

실수 전체의 집합에서 정의된 함수 f가

$$f(x)=\begin{cases} x+1 \ (x는 \ 유리수) \\ -x \ (x는 \ 무리수) \end{cases}$$

일 때, $f(2)-f(\sqrt{5}-3)$의 값을 구하시오.

0797 상중하

실수 전체의 집합에서 정의된 함수 f가

$$f(x)=\begin{cases} -x+5 \ (x\geq2) \\ 3x-3 \ (x<2) \end{cases}$$

일 때, $f(-2)+f(3)$의 값을 구하시오.

0798 상중하

실수 전체의 집합에서 정의된 함수 f가 $f\left(\dfrac{x-4}{2}\right)=4x-2$를 만족시킬 때, $f(-3)$의 값을 구하시오.

0799 상중하

음이 아닌 정수 전체의 집합에서 정의된 함수 $f(x)$가

$$f(x)=\begin{cases} x-1 \ (0\leq x\leq3) \\ f(x-3) \ (x>3) \end{cases}$$

일 때, $f(2)+f(18)$의 값을 구하시오.

▶ 개념원리 공통수학 2 211쪽

유형 03 함수의 정의역, 공역, 치역

함수 $f: X \longrightarrow Y$에 대하여

(1) 정의역: 집합 X　　　(2) 공역: 집합 Y

(3) 치역: 함숫값 전체의 집합, 즉 $\{f(x)|x \in X\}$

0800 대표문제

집합 $X=\{x|-2 \leq x \leq 3\}$에 대하여 X에서 X로의 함수 $f(x)=ax+b$의 공역과 치역이 서로 같을 때, 상수 a, b에 대하여 $a-b$의 값을 구하시오. (단, $ab \neq 0$)

0801 상중하

함수 $y=x^2+5x+2$의 치역이 $\{-4, 8\}$일 때, 다음 중 정의역의 원소가 될 수 없는 것은?

① -6　　　② -3　　　③ -2

④ -1　　　⑤ 1

0802 상중하

정의역이 $\{-1, 0, 1, 2\}$인 함수 $f(x)=ax^2+1$의 치역의 모든 원소의 합이 18일 때, 상수 a의 값을 구하시오.

0803 상중하 서술형

두 집합 $X=\{x|-2 \leq x \leq 1\}$, $Y=\{y|-3 \leq y \leq 1\}$에 대하여 정의역이 X, 공역이 Y인 함수 $y=ax-1$이 정의될 때, 실수 a의 최댓값을 M, 최솟값을 m이라 하자. 이때 Mm의 값을 구하시오. (단, $a \neq 0$)

▶ 개념원리 공통수학 2 212쪽

유형 04 서로 같은 함수

두 함수 f, g에 대하여 $f=g$이다.

➡ ① 정의역과 공역이 각각 같다.

② 정의역의 모든 원소 x에 대하여 $f(x)=g(x)$이다.

0804 대표문제

집합 $X=\{-1, 1\}$을 정의역으로 하는 두 함수 $f(x)=3x^2-x-1$, $g(x)=ax+b$에 대하여 $f=g$일 때, ab의 값을 구하시오. (단, a, b는 상수이다.)

0805 상중하

두 함수 f, g의 정의역이 $\{-2, 0, 2\}$일 때, **보기**에서 $f=g$인 것만을 있는 대로 고르시오.

보기
ㄱ. $f(x)=4x$, $g(x)=x^3$

ㄴ. $f(x)=x^2-1$, $g(x)=|x^2-1|$

ㄷ. $f(x)=x+2$, $g(x)=\begin{cases} \dfrac{x^2-4}{x-2} & (x \neq 2) \\ 4 & (x=2) \end{cases}$

0806 상중하

집합 $X=\{-3, a\}$를 정의역으로 하는 두 함수 $f(x)=x^2+2x+2$, $g(x)=-x+b$가 서로 같을 때, 함수 g의 치역을 구하시오. (단, a, b는 상수이고, $a \neq -3$이다.)

0807 상중하 서술형

공집합이 아닌 집합 X의 모든 원소는 양수이다. 집합 X를 정의역으로 하는 두 함수 $f(x)=x^3-3x+9$, $g(x)=4x+3$에 대하여 $f=g$가 되도록 하는 집합 X의 개수를 구하시오.

08
함수

▶ 개념원리 공통수학 2 219쪽

유형 | 05 | 일대일대응

함수 $f: X \longrightarrow Y$가 일대일대응이다.

➡ ① $x_1 \neq x_2$이면 $f(x_1) \neq f(x_2)$이다. (단, $x_1 \in X$, $x_2 \in X$)
　② (치역)=(공역)

0808 대표문제

보기에서 일대일대응인 것만을 있는 대로 고르시오.
(단, 정의역과 공역은 모두 실수 전체의 집합이다.)

보기
ㄱ. $y = -\dfrac{2}{3}x$ 　　　　ㄴ. $y = |x| + 1$

ㄷ. $y = 2x^2 - 4x$ 　　　　ㄹ. $y = \begin{cases} 2x & (x \geq 0) \\ x & (x < 0) \end{cases}$

0809 상중하

다음 중 일대일대응의 그래프인 것은?
(단, 정의역과 공역은 모두 실수 전체의 집합이다.)

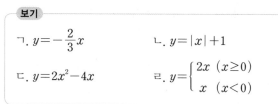

0810 상중하

정의역과 공역이 모두 실수 전체의 집합일 때, **보기**의 그래프에서 일대일함수이지만 일대일대응은 아닌 것만을 있는 대로 고르시오.

보기

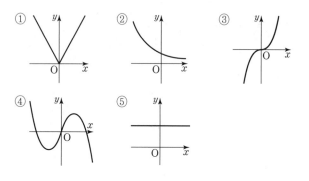

▶ 개념원리 공통수학 2 220쪽

유형 | 06 | 일대일대응이 되기 위한 조건

함수 $f(x)$가 일대일대응이 되려면
(1) x의 값이 증가할 때 $f(x)$의 값은 항상 증가하거나 항상 감소해야 한다.
(2) 정의역의 양 끝 값에서의 함숫값이 공역의 양 끝 값과 같아야 한다.

0811 대표문제

두 집합 $X = \{x | -1 \leq x \leq 1\}$, $Y = \{y | -1 \leq y \leq 3\}$에 대하여 X에서 Y로의 함수 $f(x) = ax + b$가 일대일대응이다. 이때 상수 a, b에 대하여 ab의 값을 구하시오. (단, $a < 0$)

0812 상중하

두 집합 $X = \{x | x \geq -1\}$, $Y = \{y | y \geq 5\}$에 대하여 X에서 Y로의 함수 $f(x) = x^2 + 4x + k$가 일대일대응일 때, 상수 k의 값을 구하시오.

0813 상중하

정의역과 공역이 모두 실수 전체의 집합인 함수

$$f(x) = \begin{cases} (3-a)x + a - 1 & (x \geq 1) \\ (2+a)x - a & (x < 1) \end{cases}$$

가 일대일대응이 되도록 하는 정수 a의 개수를 구하시오.

0814 상중하

집합 $X = \{x | x \geq k\}$에 대하여 X에서 X로의 함수 $f(x) = x^2 - 6x$가 일대일대응이 되도록 하는 실수 k의 값은?

① 4 　　　　② 5 　　　　③ 6
④ 7 　　　　⑤ 8

▶ 개념원리 공통수학 2 220쪽

유형 07 항등함수와 상수함수

(1) 항등함수: 정의역의 각 원소에 그 자신이 대응하는 함수
$\Rightarrow f: X \longrightarrow X$에서 $f(x)=x$ (단, $x \in X$)
(2) 상수함수: 정의역의 모든 원소에 공역의 단 하나의 원소가 대응하는 함수
$\Rightarrow f: X \longrightarrow Y$에서 $f(x)=c$ (단, $x \in X$, $c \in Y$)

0815 대표문제

실수 전체의 집합에서 정의된 두 함수 f, g에 대하여 함수 f는 항등함수이고, 함수 g는 상수함수이다. $f(2)+g(2)=6$일 때, $f(10)+g(10)$의 값을 구하시오.

0816 상중하

자연수 전체의 집합에서 정의된 함수 f는 상수함수이고 $f(1)=4$일 때, $f(2)+f(4)+f(6)+ \cdots +f(30)$의 값을 구하시오.

0817 상중하

$n(X)=2$인 집합 X에 대하여 X에서 X로의 함수 $f(x)=\dfrac{x^3}{8}-x$가 항등함수일 때, 집합 X를 모두 구하시오.

0818 상중하

집합 $X=\{2, 4, 8\}$에 대하여 X에서 X로의 세 함수 f, g, h는 각각 일대일대응, 항등함수, 상수함수이고
$$f(8)=g(4)=h(2), \quad f(8)f(2)=f(4)$$
일 때, $f(2)+g(8)+h(4)$의 값을 구하시오.

▶ 개념원리 공통수학 2 221쪽

중요 유형 08 함수의 개수

두 집합 X, Y의 원소의 개수가 각각 m, n일 때
(1) X에서 Y로의 함수의 개수 $\Rightarrow n^m$
(2) X에서 Y로의 일대일함수의 개수 $\Rightarrow {}_n\mathrm{P}_m$ (단, $m \leq n$)
(3) X에서 X로의 일대일대응의 개수 $\Rightarrow {}_m\mathrm{P}_m=m!$
(4) X에서 Y로의 상수함수의 개수 $\Rightarrow n$

0819 대표문제

집합 $X=\{1, 2, 3, 4\}$에 대하여 X에서 X로의 함수의 개수를 p, 일대일대응의 개수를 q, 항등함수의 개수를 r, 상수함수의 개수를 s라 할 때, $p+q+r+s$의 값을 구하시오.

0820 상중하

두 집합 $X=\{1, 2, 3, 4\}$, $Y=\{a, b\}$에 대하여 X에서 Y로의 함수 중 공역과 치역이 같은 함수의 개수는?

① 10   ② 11   ③ 12
④ 13   ⑤ 14

0821 상중하 서술형

집합 $X=\{1, 2, 3\}$에서 집합 Y로의 일대일함수의 개수가 60일 때, X에서 Y로의 함수의 개수를 구하시오.

0822 상중하

전체집합 $U=\{1, 2, 3, 4, 5, 6\}$의 두 부분집합 A, B에 대하여 함수 $f: A \longrightarrow B$가 일대일대응이다. 두 집합 A, B가 다음 조건을 만족시킬 때, 함수 f의 개수를 구하시오.

(가) $A \cup B=U$ (나) $A \cap B=\varnothing$

유형 | 09 합성함수

두 함수 f, g에 대하여

$(f \circ g)(a) = f(g(a))$

➡ $f(x)$에 x 대신 $g(a)$를 대입한다.

0823 대표문제

두 함수 $f(x) = \begin{cases} -2x+5 & (x \geq 1) \\ 3 & (x < 1) \end{cases}$, $g(x) = x^2 - 2$에 대하여

$(f \circ g)(2) + (g \circ f)(0)$의 값은?

① -4　　　② -1　　　③ 2

④ 5　　　⑤ 8

0824 상중하

세 함수 f, g, h에 대하여

$f(x) = x - 2$, $(h \circ g)(x) = 4x + 3$

일 때, $(h \circ (g \circ f))(1)$의 값은?

① -2　　　② -1　　　③ 0

④ 1　　　⑤ 2

0825 상중하

두 함수 $f(x) = 3x - 2$, $g(x) = ax + 4$에 대하여

$(f \circ g)(-1) = 7$일 때, $g(-2)$의 값을 구하시오.

(단, a는 상수이다.)

0826 상중하 서술형

집합 $X = \{1, 2, 3\}$에 대하여 X에서 X로의 일대일대응인 두 함수 f, g가 다음 조건을 만족시킬 때, $f(1) + g(1)$의 값을 구하시오.

(개) $f(2) = g(2) = 3$	(내) $(g \circ f)(2) = 1$
(대) $(f \circ g)(2) = 2$	

유형 | 10 $f \circ g = g \circ f$인 경우

$f \circ g = g \circ f$가 성립한다.

➡ $f(g(x)) = g(f(x))$에서 동류항의 계수를 비교한다.

0827 대표문제

두 함수 $f(x) = 2x + 6$, $g(x) = ax - 3$에 대하여

$f \circ g = g \circ f$가 성립할 때, $g(4)$의 값을 구하시오.

(단, a는 상수이다.)

0828 상중하

집합 $X = \{1, 2, 3, 4, 5\}$에 대하여 함수 $f : X \longrightarrow X$가 오른쪽 그림과 같다.

함수 $g : X \longrightarrow X$가 $f \circ g = g \circ f$를 만족시키고 $g(1) = 4$일 때, $g(2)$의 값은?

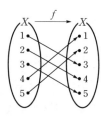

① 1　　　② 2

③ 3　　　④ 4

⑤ 5

0829 상중하

두 함수 $f(x) = 2x - 3$, $g(x) = ax + b$에 대하여

$f \circ g = g \circ f$가 성립할 때, 함수 $y = g(x)$의 그래프가 a의 값에 관계없이 항상 지나는 점의 좌표를 구하시오.

(단, a, b는 실수이다.)

0830 상중하

두 함수 $f(x) = ax + 6$, $g(x) = bx - 6$에 대하여

$f \circ g = g \circ f$가 성립할 때, 양수 a, b에 대하여 ab의 최댓값을 구하시오.

▶ 개념원리 공통수학 2 229쪽

유형 11 $f \circ f$에 대한 조건이 주어진 경우

함수 $f(x)$가 미지수를 포함한 식이고 합성함수 $f \circ f$에 대한 조건이 주어진 경우

➡ $(f \circ f)(x)$를 미지수를 포함한 식으로 나타낸 후 조건을 만족시키는 미지수의 값을 구한다.

0831 대표문제

함수 $f(x) = ax + b \ (a > 0)$에 대하여 $(f \circ f)(x) = 4x + 3$일 때, $f(3)$의 값은? (단, a, b는 상수이다.)

① 7   ② 9   ③ 11

④ 13   ⑤ 15

0832 상중하

함수 $f(x) = x^2 + a$에 대하여 $(f \circ f)(x)$를 $x - 1$로 나누었을 때의 나머지가 5일 때, 양수 a의 값은?

① 1   ② 2   ③ 3

④ 4   ⑤ 5

0833 상중하

함수 $f(x) = -3x + k$에 대하여 함수 $g(x)$를 $g(x) = (f \circ f)(x)$라 하자. $-1 \le x \le 1$에서 함수 $g(x)$의 최댓값이 3일 때, $g(x)$의 최솟값은? (단, k는 상수이다.)

① -21 ② -18 ③ -15

④ -12 ⑤ -9

중요 유형 12 $f \circ g = h$를 만족시키는 함수 f 또는 g 구하기

세 함수 f, g, h에 대하여 $(f \circ g)(x) = h(x)$일 때

(1) $f(x), h(x)$가 주어진 경우
  ➡ $f(g(x)) = h(x)$에서 $f(x)$에 x 대신 $g(x)$를 대입한다.

(2) $g(x), h(x)$가 주어진 경우
  ➡ $f(g(x)) = h(x)$에서 $g(x) = t$로 놓고 $f(t)$를 구한다.

0834 대표문제

두 함수 $f(x) = -2x + 1$, $g(x) = 4x^2 + 3$에 대하여 $(f \circ h)(x) = g(x)$를 만족시키는 함수 $h(x)$는?

① $h(x) = -2x^2 - 3$ ② $h(x) = -2x^2 - 1$

③ $h(x) = -2x^2 + 1$ ④ $h(x) = 2x^2 - 1$

⑤ $h(x) = 2x^2 + 1$

0835 상중하 서술형

세 함수 f, g, h에 대하여
$$(h \circ g)(x) = 3x - 2, \quad (h \circ g \circ f)(x) = 6x - 5$$
일 때, $f(5)$의 값을 구하시오.

0836 상중하

두 함수 f, g에 대하여
$$g(x) = \frac{3x + 1}{4}, \quad (f \circ g)(x) = 6x + 7$$
일 때, $f(-1)$의 값을 구하시오.

0837 상중하

세 함수 $f(x) = x - 2$, $g(x) = 2x - 1$, $h(x)$에 대하여 $(h \circ g \circ f)(x) = f(x)$일 때, $h(3)$의 값을 구하시오.

유형 13 f^n의 꼴의 합성함수

함수 f에 대하여 $f^1=f$, $f^{n+1}=f \circ f^n$ (n은 자연수)일 때, $f^n(a)$의 값 구하기

[방법 1] $f^2(x)$, $f^3(x)$, $f^4(x)$, …를 직접 구하여 $f^n(x)$를 추정한 후 x 대신 a를 대입한다.

[방법 2] $f(a)$, $f^2(a)$, $f^3(a)$, …의 값을 직접 구하여 규칙을 찾아 $f^n(a)$의 값을 추정한다.

0838 대표문제

함수 $f(x)=-x+3$에 대하여 $f^1=f$, $f^{n+1}=f \circ f^n$으로 정의할 때, $f^{99}(1)$의 값을 구하시오. (단, n은 자연수이다.)

0839 상중하

함수 $f(x)=x-1$에 대하여 $f^1=f$, $f^{n+1}=f \circ f^n$으로 정의할 때, $f^{10}(a)=5$를 만족시키는 실수 a의 값을 구하시오. (단, n은 자연수이다.)

0840 상중하

집합 $X=\{1, 2, 3, 4\}$에 대하여 X에서 X로의 함수 f가
$$f(x)=\begin{cases} x+1 & (x<4) \\ 1 & (x=4) \end{cases}$$
이다. $f^1(x)=f(x)$, $f^{n+1}(x)=f(f^n(x))$로 정의할 때, $f^{50}(2)$의 값을 구하시오. (단, n은 자연수이다.)

0841 상중하

집합 $A=\{x \mid 0 \le x \le 2\}$에 대하여 A에서 A로의 함수 $y=f(x)$의 그래프가 오른쪽 그림과 같다. $f^1=f$, $f^{n+1}=f \circ f^n$으로 정의할 때, $f^{2024}\left(\dfrac{8}{7}\right)$의 값을 구하시오.

(단, n은 자연수이다.)

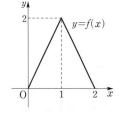

유형 14 역함수 중요

함수 f의 역함수가 f^{-1}일 때
$$f^{-1}(a)=b \Longleftrightarrow f(b)=a$$

0842 대표문제

실수 전체의 집합에서 정의된 함수 $f(x)=ax+b$에 대하여 $f(1)=7$, $f^{-1}(10)=4$일 때, ab의 값을 구하시오.

(단, a, b는 상수이다.)

0843 상중하

정의역이 $\{x \mid x \le 5\}$인 이차함수 $f(x)$에 대하여 $f(0)=0$, $f^{-1}(3)=1$, $f^{-1}(8)=4$일 때, $f(-6)$의 값은?

① -20 ② -24 ③ -28
④ -32 ⑤ -36

0844 상중하

실수 전체의 집합에서 정의된 함수 f가
$$f\left(\dfrac{3x-1}{2}\right)=-6x+1$$을 만족시킬 때, $f^{-1}(7)$의 값을 구하시오.

0845 상중하

함수 $f(x)=\begin{cases} x-2 & (x \ge 1) \\ 3x-4 & (x<1) \end{cases}$에 대하여 $f^{-1}(-7)+f^{-1}(4)$의 값을 구하시오.

▶ 개념원리 공통수학 2 239쪽

유형 15 역함수가 존재하기 위한 조건

함수 f의 역함수 f^{-1}가 존재한다.

➡ f가 일대일대응이다.

0846 대표문제

두 집합 $X=\{x|-1\leq x\leq 1\}$, $Y=\{y|a\leq y\leq b\}$에 대하여 X에서 Y로의 함수 $f(x)=-3x+2$의 역함수가 존재할 때, $a+b$의 값을 구하시오. (단, a, b는 상수이다.)

0847 상중하

다음 중 역함수가 존재하는 함수는?

(단, 정의역과 공역은 모두 실수 전체의 집합이다.)

① $f(x)=-2$ ② $f(x)=x^2$

③ $f(x)=|x|$ ④ $f(x)=-\dfrac{2}{3}x+6$

⑤ $f(x)=\begin{cases} 0 \ (x<0) \\ 1 \ (x\geq 0) \end{cases}$

0848 상중하

집합 $X=\{x|x\leq 3\}$에 대하여 X에서 X로의 함수 $f(x)=-x^2+8x+a$가 역함수를 갖도록 하는 상수 a의 값을 구하시오.

0849 상중하

실수 전체의 집합에서 정의된 함수

$$f(x)=2x-3+a|x-2|$$

의 역함수가 존재하도록 하는 정수 a의 최댓값을 구하시오.

▶ 개념원리 공통수학 2 240쪽

유형 16 역함수 구하기

일대일대응인 함수 $y=f(x)$의 역함수 $y=f^{-1}(x)$는 다음과 같은 순서로 구한다.

(i) $y=f(x)$에서 x를 y에 대한 식, 즉 $x=f^{-1}(y)$의 꼴로 나타낸다.

(ii) x와 y를 서로 바꾸어 $y=f^{-1}(x)$의 꼴로 나타낸다.

0850 대표문제

함수 $f(x)=\dfrac{1}{3}x+a$의 역함수가 $f^{-1}(x)=bx-6$일 때, $a+b$의 값은? (단, a, b는 상수이다.)

① 3   ② 4   ③ 5

④ 6   ⑤ 7

0851 상중하

함수 $f(x)=5x-1 \ (x\geq 1)$의 역함수가 $f^{-1}(x)=ax+b \ (x\geq c)$일 때, 상수 a, b, c에 대하여 abc의 값을 구하시오.

0852 상중하 서술형

실수 전체의 집합에서 정의된 함수 f에 대하여 $f(3x-1)=6x+1$이다. $f(x)$의 역함수가 $f^{-1}(x)=ax+b$일 때, $a-b$의 값을 구하시오. (단, a, b는 상수이다.)

0853 상중하

함수 $f(x)=\begin{cases} -2x+5 \ (x\geq 1) \\ -3x+6 \ (x<1) \end{cases}$의 역함수를 구하시오.

08

함수

함수 f와 그 역함수 f^{-1}에 대하여 $f=f^{-1}$가 성립할 때
① f^{-1}를 직접 구하여 f와 비교한다.
② $f=f^{-1} \iff (f \circ f^{-1})(x)=x$임을 이용한다.

0854 [대표문제]

함수 $f(x)=ax+4$의 역함수 $f^{-1}(x)$에 대하여 $f=f^{-1}$일 때, $f(a)$의 값을 구하시오. (단, a는 0이 아닌 상수이다.)

0855 상중하

함수 $f(x)$의 역함수 $f^{-1}(x)$가 존재하고 $(f \circ f)(x)=x$, $f(2)=-1$일 때, $f^{-1}(2)+f(-1)$의 값을 구하시오.

0856 상중하

보기에서 $f=f^{-1}$를 만족시키는 함수인 것만을 있는 대로 고르시오.

┌ 보기 ──────────────────────────┐
ㄱ. $f(x)=-x$ ㄴ. $f(x)=5x$
ㄷ. $f(x)=-x+4$ ㄹ. $f(x)=x-2$
└────────────────────────────────┘

0857 상중하

실수 전체의 집합에서 정의된 일차함수 $f(x)$가 $f=f^{-1}$, $f(3)=2$를 만족시킨다. $y=f(x)$의 그래프의 x절편을 m, y절편을 n이라 할 때, $m+n$의 값은?

① 4   ② 6   ③ 8
④ 10   ⑤ 12

(1) $(f^{-1} \circ g)(a)$의 값을 구하는 경우
  ⇒ $f^{-1}(g(a))=k$로 놓고 $f(k)=g(a)$임을 이용한다.
(2) $(f \circ g^{-1})(a)$의 값을 구하는 경우
  ⇒ $g^{-1}(a)=k$로 놓고 $g(k)=a$임을 이용한다.

0858 [대표문제]

두 함수 $f(x)=2x-3$, $g(x)=3x-5$에 대하여 $(f^{-1} \circ g)(a)=2$를 만족시키는 상수 a의 값을 구하시오.

0859 상중하

두 함수 f, g를 다음 그림과 같이 정의할 때, $(f \circ g^{-1})(6)+(g^{-1} \circ f^{-1})(6)$의 값을 구하시오.

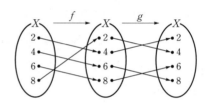

0860 상중하

두 함수 $f(x)=x-a$, $g(x)=3x-2a$에 대하여 $(g \circ f)(x)=3x+10$일 때, $(f \circ g^{-1})(-2)$의 값은?
(단, a는 상수이다.)

① -1 ② 0   ③ 1
④ 2   ⑤ 3

0861 상중하

두 함수 $f(x)=3x-1$, $g(x)=\begin{cases} x+1 & (x \ge 0) \\ -x^2+1 & (x<0) \end{cases}$에 대하여 $(f \circ g^{-1})(2)+(f^{-1} \circ g)(-1)$의 값을 구하시오.

▸ 개념원리 공통수학 2 241쪽

중요

유형 19 역함수의 성질

두 함수 f, g의 역함수가 각각 f^{-1}, g^{-1}일 때

(1) $(f^{-1})^{-1}=f$

(2) $(f^{-1} \circ f)(x)=x$, $(f \circ f^{-1})(y)=y$

(3) $(g \circ f)^{-1}=f^{-1} \circ g^{-1}$

0862 대표문제

두 함수 $f(x)=x+1$, $g(x)=3x-6$에 대하여
$(f \circ (f \circ g)^{-1} \circ f)(3)$의 값을 구하시오.

0863 상중하

실수 전체의 집합에서 정의된 두 함수 f, g가

$$f(x)=\begin{cases} 2x & (x>0) \\ -x^2 & (x \le 0) \end{cases}, g(x)=-3x+2$$

일 때, $(f \circ (f^{-1} \circ g)^{-1})(-1)$의 값은?

① 0   ② 1   ③ 2

④ 3   ⑤ 4

0864 상중하

두 함수 $f(x)=-x+2$, $g(x)=3x+1$에 대하여
$(f^{-1} \circ (g \circ f^{-1})^{-1} \circ f)(x)=ax+b$일 때, $a-2b$의 값을
구하시오. (단, a, b는 상수이다.)

0865 상중하

두 함수 $f(x)=ax+b$, $g(x)=x+6$에 대하여
$(g^{-1} \circ f^{-1})(-6)=-4$, $(f \circ g^{-1})(7)=-2$일 때, ab의
값을 구하시오. (단, a, b는 상수이다.)

▸ 개념원리 공통수학 2 242쪽

유형 20 그래프를 이용하여 함숫값 구하기

(1) 함수 $y=f(x)$의 그래프가 두 점 (a, b), (b, c)를 지난다.
   ➡ $(f \circ f)(a)=f(f(a))=f(b)=c$

(2) 함수 $y=f(x)$의 그래프가 점 (a, b)를 지난다.
   ➡ 함수 $y=f^{-1}(x)$의 그래프가 점 (b, a)를 지난다.
   ➡ $f^{-1}(b)=a$

0866 대표문제

두 함수 $y=f(x)$, $y=g(x)$의
그래프와 직선 $y=x$가 오른쪽
그림과 같을 때,
$(f \circ g^{-1} \circ f^{-1})(c)$의 값은?

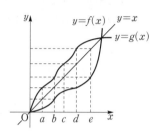

① a ② b

③ c ④ d

⑤ e

0867 상중하

함수 $y=f(x)$의 그래프와 직선
$y=x$가 오른쪽 그림과 같을 때,
$(f \circ f \circ f)(a)$의 값은?

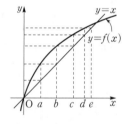

① a ② b

③ c ④ d

⑤ e

0868 상중하

함수 $y=f(x)$의 그래프와 직선
$y=x$가 오른쪽 그림과 같을 때,
$(f \circ f)^{-1}(b)$의 값은?

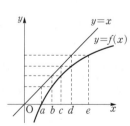

① a ② b

③ c ④ d

⑤ e

08 함수

유형 21 조건을 이용하여 함숫값 구하기

$f(x+y)=f(x)f(y)$ 또는 $f(x+y)=f(x)+f(y)$와 같은 조건이 주어졌을 때 함숫값 구하기

➡ 주어진 조건을 이용할 수 있도록 x, y에 적당한 값을 대입한다.

0869 대표문제

임의의 실수 x, y에 대하여 함수 f가
$$f(x+y)=f(x)+f(y)$$
를 만족시킨다. $f(2)=6$일 때, $f(-2)$의 값을 구하시오.

0870 상중하

임의의 양의 실수 x, y에 대하여 함수 f가
$$f(xy)=f(x)+f(y)$$
를 만족시킨다. $f(2)=1$일 때, $f(16)$의 값을 구하시오.

0871 상중하

임의의 실수 x, y에 대하여 함수 f가 $f(x+y)=f(x)f(y)$를 만족시킨다. $f(1)=2$일 때, **보기**에서 옳은 것만을 있는 대로 고른 것은?

보기
ㄱ. $f(0)=1$　　　　ㄴ. $f(-2)=\dfrac{1}{2}$
ㄷ. 임의의 자연수 n에 대하여 $f(nx)=\{f(x)\}^n$이다.

① ㄱ　　　　② ㄷ　　　　③ ㄱ, ㄴ
④ ㄱ, ㄷ　　　⑤ ㄱ, ㄴ, ㄷ

유형 22 조건을 만족시키는 함수의 개수

(1) 함숫값에 대한 조건이 주어진 경우
　➡ 주어진 조건을 만족시키도록 정의역의 각 원소에 대응할 수 있는 공역의 원소의 개수를 구한다.

(2) 두 집합 X, Y의 원소의 개수가 각각 m, n $(m \le n)$일 때 함수 $f: X \longrightarrow Y$ 중에서
　　$a<b$이면 $f(a)<f(b)$ (또는 $f(a)>f(b)$)
를 만족시키는 함수 f의 개수 ➡ $_n C_m$

0872 대표문제

두 집합
$$X=\{1, 2, 3, 4, 5, 6\},\ Y=\{1, 2, 3, 4, 5, 6, 7, 8\}$$
에 대하여 X에서 Y로의 함수 f 중에서 $f(1)=3$, $f(4)=5$이고 $f(1)<f(2)<f(3)$, $f(4)>f(5)>f(6)$을 만족시키는 함수 f의 개수를 구하시오.

0873 상중하

두 집합 $X=\{x \mid |x| \le 1$인 정수$\}$,
$Y=\{y \mid y$는 12보다 작은 소수$\}$에 대하여 다음 조건을 만족시키는 함수 $f: X \longrightarrow Y$의 개수를 구하시오.

(가) 함수 f는 일대일함수이다.
(나) $x \in X$일 때, $f(x)$는 홀수이다.

0874 상중하

두 집합 $X=\{1, 2, 3, 4\}$, $Y=\{1, 2, 3, 4, 5, 6, 7\}$에 대하여 함수 $f: X \longrightarrow Y$가 다음 조건을 만족시킬 때, 함수 f의 개수를 구하시오.

(가) $f(1) \ge 5$
(나) $x_1 \in X$, $x_2 \in X$일 때, $x_1 < x_2$이면 $f(x_1) > f(x_2)$이다.

▶ 개념원리 공통수학 2 243쪽

유형 23 역함수의 그래프의 성질

(1) 함수 $y=f(x)$의 그래프와 그 역함수 $y=f^{-1}(x)$의 그래프는 직선 $y=x$에 대하여 대칭이다.
(2) 함수 $y=f(x)$의 그래프와 직선 $y=x$의 교점은 함수 $y=f(x)$의 그래프와 그 역함수 $y=f^{-1}(x)$의 그래프의 교점과 같다.

0875 대표문제

정의역이 $\{x|x\geq2\}$인 함수 $f(x)=x^2-4x+4$의 그래프와 그 역함수 $y=f^{-1}(x)$의 그래프의 교점의 좌표를 (a,b)라 할 때, ab의 값은?

① 4　　　　② 9　　　　③ 16
④ 25　　　⑤ 36

0876 상중하 ◀서술형

함수 $f(x)=\dfrac{1}{2}x-\dfrac{3}{2}$과 그 역함수 $f^{-1}(x)$에 대하여 두 함수 $y=f(x)$, $y=f^{-1}(x)$의 그래프의 교점을 P라 할 때, 선분 OP의 길이를 구하시오. (단, O는 원점이다.)

0877 상중하

함수 $f(x)=x^2-2x+k\ (x\geq1)$와 그 역함수 $f^{-1}(x)$에 대하여 두 함수 $y=f(x)$, $y=f^{-1}(x)$의 그래프가 서로 다른 두 점에서 만나도록 하는 실수 k의 값의 범위를 구하시오.

유형 24 절댓값 기호를 포함한 함수의 그래프

(1) 절댓값 기호 안의 식의 값이 0이 되는 x의 값을 기준으로 구간을 나누어 함수식을 구한 후 그래프를 그린다.
(2) $y=|f(x)|$의 그래프
　➡ $y=f(x)$의 그래프에서 $y<0$인 부분을 x축에 대하여 대칭이동한다.
　$y=f(|x|)$의 그래프
　➡ $y=f(x)$의 그래프에서 $x\geq0$인 부분만 남기고, $x<0$인 부분은 $x\geq0$인 부분의 그래프를 y축에 대하여 대칭이동한다.

0878 대표문제

함수 $y=|x-2|$의 그래프와 직선 $y=mx-1$이 만나도록 하는 실수 m의 값의 범위를 구하시오.

0879 상중하

함수 $y=f(x)$의 그래프가 오른쪽 그림과 같을 때, $y=f(|x|)$의 그래프의 개형은?

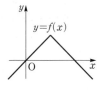

① 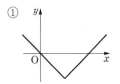　②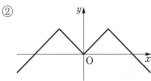

③ 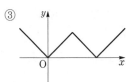　④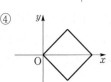

⑤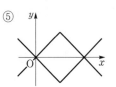

0880 상중하

함수 $y=|x-2|-|x+4|$의 최댓값을 M, 최솟값을 m이라 할 때, $M-m$의 값을 구하시오.

08
함수

0881

두 집합 $X=\{-1, 0, 1\}$, $Y=\{0, 1, 2\}$에 대하여 다음 중 X에서 Y로의 함수인 것을 모두 고르면? (정답 2개)

① $y=x+2$

② $y=x^2+1$

③ $y=|x|-1$

④ $y=(x+4$의 양의 약수의 개수)

⑤ $y=(x^2$을 2로 나누었을 때의 나머지)

0882

자연수 전체의 집합에서 정의된 함수 f가 다음 조건을 만족시킬 때, $f(9)+f(24)$의 값을 구하시오. (단, n은 자연수이다.)

> (개) $f(2n)=f(n+1)$　　　(내) $f(2n-1)=n+1$

0883

자연수 전체의 집합 N에 대하여 함수 $f: N \longrightarrow N$을

$f(x)=(8^x$의 일의 자리의 숫자)

로 정의할 때, 함수 f의 치역의 모든 원소의 합을 구하시오.

0884

정의역이 $\{0, 1, 2\}$인 두 함수

$f(x)=x^2-2x+3$, $g(x)=a|x-1|+b$

에 대하여 f와 g가 서로 같을 때, $2a+b$의 값을 구하시오.

(단, a, b는 상수이다.)

0885

두 집합 $X=\{1, 2, 3, 4\}$, $Y=\{1, 2, 3, 4, 5\}$에 대하여 X에서 Y로의 일대일함수를 $f(x)$라 하자. $f(1)+f(2)=8$일 때, $f(3)+f(4)$의 최댓값을 구하시오.

0886 교육청 기출

집합 $X=\{x|0\leq x\leq 4\}$에 대하여 X에서 X로의 함수

$$f(x)=\begin{cases} ax^2+b & (0\leq x<3) \\ x-3 & (3\leq x\leq 4) \end{cases}$$

가 일대일대응일 때, $f(1)$의 값은? (단, a, b는 상수이다.)

① $\dfrac{7}{3}$ 　　② $\dfrac{8}{3}$ 　　③ 3

④ $\dfrac{10}{3}$ 　　⑤ $\dfrac{11}{3}$

0887 교육청 기출

집합 $X=\{1, 2, 3, 4, 5\}$에 대하여 X에서 X로의 세 함수 f, g, h가 다음 조건을 만족시킨다.

> (개) f는 항등함수이고 g는 상수함수이다.
> (내) 집합 X의 모든 원소 x에 대하여
> 　　$f(x)+g(x)+h(x)=7$이다.

$g(3)+h(1)$의 값은?

① 2 　　② 3 　　③ 4

④ 5 　　⑤ 6

0888

두 집합 $X=\{a, b, c, d\}$, $Y=\{1, 2, 3, 4, 5, 6\}$에 대하여 X에서 Y로의 함수 중에서 다음을 만족시키는 함수 f의 개수를 구하시오.

> 집합 X의 임의의 두 원소 x_1, x_2에 대하여 $x_1\neq x_2$이면 $f(x_1)\neq f(x_2)$이다.

0889

자연수 n에 대하여 두 함수 $f(n)$, $g(n)$이

$\quad f(n)=(n$보다 작은 소수의 개수$)$,

$\quad g(n)=(\sqrt{n}$보다 작은 자연수의 개수$)$

일 때, $(f\circ f\circ g)(100)$의 값은?

① 2 　　　　　② 3 　　　　　③ 4

④ 5 　　　　　⑤ 6

0890 중요★

집합 $X=\{1, 2, 3\}$에 대하여 X에서 X로의 두 함수 f, g가 모두 일대일대응이고 $f(1)=2$, $f(3)=1$, $(g\circ f)(2)=3$, $(f\circ g)(1)=2$일 때, $g(2)+(g\circ f)(3)$의 값을 구하시오.

0891

두 함수 $f(x)=ax-1$, $g(x)=bx+c$에 대하여 $f(1)=1$이고 $(f\circ g)(x)=4x+5$일 때, abc의 값을 구하시오.

(단, a, b, c는 상수이다.)

0892 교육청 기출

함수 $f(x)=x^2-2x+a$가

$\quad (f\circ f)(2)=(f\circ f)(4)$

를 만족시킬 때, $f(6)$의 값은? (단, a는 상수이다.)

① 21 　　　　　② 22 　　　　　③ 23

④ 24 　　　　　⑤ 25

0893

세 함수 f, g, h에 대하여

$\quad (g\circ h)(x)=3x-5,\ ((f\circ g)\circ h)(x)=x^2$

일 때, $f(4)$의 값을 구하시오.

0894

집합 $X=\{x\,|\,0\le x\le 2\}$에 대하여 X에서 X로의 함수 f가

$$f(x)=\begin{cases} x+1 & (0\le x<1) \\ x-1 & (1\le x\le 2) \end{cases}$$

이다. $f^1=f$, $f^{n+1}=f\circ f^n$으로 정의할 때,

$$f^1\!\left(\frac{1}{3}\right)+f^2\!\left(\frac{1}{3}\right)+\cdots+f^{30}\!\left(\frac{1}{3}\right)$$

의 값을 구하시오. (단, n은 자연수이다.)

0895

함수 $f(x)=4x-1$에 대하여 함수 g가 $(g\circ f)(x)=x$를 만족시킬 때, $f^{-1}(7)+g^{-1}(7)$의 값을 구하시오.

0896

일차함수 $f(x)$에 대하여 $f^{-1}(1)=3$, $(f\circ f)(3)=-1$일 때, $f(4)$의 값을 구하시오.

0897 중요★

정의역과 공역이 모두 실수 전체의 집합인 함수

$$f(x) = \begin{cases} x^2 - 2x + a & (x > 1) \\ x - 3 & (x \le 1) \end{cases}$$

의 역함수가 존재할 때, $f^{-1}(2)$의 값을 구하시오.

(단, a는 상수이다.)

0898

두 함수 $f(x) = 2x - 1$, $g(x) = -4x + 2$에 대하여 함수 $h(x) = (f \circ g)(x)$일 때, $h(x)$의 역함수 $h^{-1}(x)$를 구하시오.

0899

두 함수 $f(x) = ax + b$, $g(x) = x + c$에 대하여 $(f \circ g)^{-1}(3x - 1) = x$, $f^{-1}(3) = -1$일 때, $\left(f \circ g^{-1}\right)\left(\dfrac{2}{3}\right)$의 값은? (단, a, b, c는 상수이다.)

① 7   ② 9   ③ 11
④ 13   ⑤ 15

0900

함수 $f(x) = x|x| + k$와 그 역함수 f^{-1}에 대하여 $f^{-1}(3) = 1$일 때, $(f \circ f)^{-1}(3)$의 값은? (단, k는 상수이다.)

① -2 ② -1 ③ 0
④ 1   ⑤ 2

0901

두 함수 $y = f(x)$, $y = g(x)$의 그래프가 다음 그림과 같을 때, $(f \circ g)(-1) + (g \circ f)(4)$의 값은?

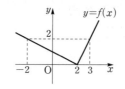
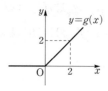

① 4   ② 5   ③ 6
④ 7   ⑤ 8

0902

함수 $y = f(x)$의 그래프와 직선 $y = x$가 오른쪽 그림과 같다. 함수 $f(x)$의 역함수를 $g(x)$라 할 때, $(g \circ g \circ g)(e)$의 값은?

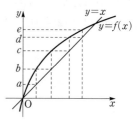

① a ② b
③ c ④ d
⑤ e

0903

집합 $X = \{-2, 0, 2\}$에 대하여 X에서 X로의 함수 중에서 $f(x) = f(-x)$를 만족시키는 함수 f의 개수를 구하시오.

0904

함수 $f(x) = |x + 2| + |x - 1|$의 그래프와 직선 $y = 5$로 둘러싸인 도형의 넓이를 구하시오.

서술형 주관식

0905 중요★

정의역과 공역이 모두 실수 전체의 집합인 함수

$$f(x)=\begin{cases} x^2+1 & (x\geq1) \\ (a-2)x+b & (x<1) \end{cases}$$

가 일대일대응일 때, 정수 b의 최댓값을 구하시오.

(단, a는 상수이다.)

0906

정의역이 자연수 전체의 집합인 세 함수 f, g, h에 대하여

$$f(x)=\begin{cases} \dfrac{x}{2} & (x\text{는 짝수}) \\ x+1 & (x\text{는 홀수}) \end{cases}, (h\circ g)(x)=3x-4$$

일 때, $(h\circ g\circ f)(a)=5$를 만족시키는 자연수 a의 값을 구하시오.

0907

두 함수 $f(x)=2x-3$, $g(x)=-3x+1$에 대하여
$(g\circ f^{-1})(a)=2$를 만족시키는 상수 a의 값을 구하시오.

0908

함수 $f(x)$에 대하여 $f(x)-3f(2-x)=-4x$가 성립할 때, $f(0)+f(1)$의 값을 구하시오.

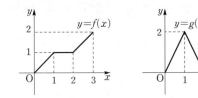

0909

두 함수 $y=f(x)$, $y=g(x)$의 그래프가 아래 그림과 같을 때, 다음 중 함수 $y=(g\circ f)(x)$의 그래프의 개형으로 옳은 것은?

0910 교육청 기출

실수 전체의 집합에서 정의된 함수

$$f(x)=\begin{cases} 2x+2 & (x<2) \\ x^2-7x+16 & (x\geq2) \end{cases}$$

에 대하여 $(f\circ f)(a)=f(a)$를 만족시키는 모든 실수 a의 값의 합을 구하시오.

0911

함수

$$f(x)=\begin{cases} \dfrac{1}{2}x & (x<1) \\ \dfrac{3}{2}x-1 & (x\geq1) \end{cases}$$

의 역함수를 $f^{-1}(x)$라 할 때, 두 함수 $y=f(x)$, $y=f^{-1}(x)$의 그래프로 둘러싸인 도형의 넓이를 구하시오.

09 유리함수

09 | 1 유리식의 뜻과 성질

1 유리식: 두 다항식 A, $B\,(B \neq 0)$에 대하여 $\dfrac{A}{B}$의 꼴로 나타낼 수 있는 식을 유리식이라 한다.

참고▸ B가 0이 아닌 상수이면 $\dfrac{A}{B}$는 다항식이 되므로 다항식도 유리식이다.

2 유리식의 성질: 세 다항식 A, B, $C\,(B \neq 0,\ C \neq 0)$에 대하여

(1) $\dfrac{A}{B} = \dfrac{A \times C}{B \times C}$ 　　　　　　　(2) $\dfrac{A}{B} = \dfrac{A \div C}{B \div C}$

참고▸ 유리식을 통분할 때에는 (1)의 성질을, 약분할 때에는 (2)의 성질을 이용한다.

● **분수식**
　다항식이 아닌 유리식

```
┌─── 유리식 ───┐
│ 다항식 │ 분수식 │
└────────┴────────┘
```

09 | 2 유리식의 사칙연산　　　　　　　[유형] 01, 02, 06, 07, 08

네 다항식 A, B, C, $D\,(C \neq 0,\ D \neq 0)$에 대하여

(1) **덧셈과 뺄셈:** 분모를 통분하여 분자끼리 계산한다.

⇨ $\dfrac{A}{C} \pm \dfrac{B}{C} = \dfrac{A \pm B}{C}$, $\dfrac{A}{C} \pm \dfrac{B}{D} = \dfrac{AD \pm BC}{CD}$ (복호동순)

(2) **곱셈과 나눗셈:** 곱셈은 분모는 분모끼리, 분자는 분자끼리 곱하여 계산하고, 나눗셈은 나누는 식의 분자와 분모를 바꾸어 곱하여 계산한다.

⇨ $\dfrac{A}{C} \times \dfrac{B}{D} = \dfrac{AB}{CD}$, $\dfrac{A}{C} \div \dfrac{B}{D} = \dfrac{A}{C} \times \dfrac{D}{B} = \dfrac{AD}{BC}$ (단, $B \neq 0$)

● 유리식의 덧셈에 대하여 교환법칙, 결합법칙이 성립한다.

● 유리식의 곱셈에 대하여 교환법칙, 결합법칙이 성립한다.

09 | 3 특수한 형태의 유리식의 계산　　　　[유형] 03, 04, 05

1 (분자의 차수) ≥ (분모의 차수)인 경우

분자를 분모로 나누어 (분자의 차수) < (분모의 차수)가 되도록 변형한다.

2 분모가 두 개 이상의 인수의 곱인 경우: 부분분수로 변형한다.

⇨ $\dfrac{1}{AB} = \dfrac{1}{B-A}\left(\dfrac{1}{A} - \dfrac{1}{B}\right)$ (단, $A \neq B$)

3 분모 또는 분자가 분수식인 경우: 분자에 분모의 역수를 곱하여 계산한다.

⇨ $\dfrac{\ \dfrac{A}{B}\ }{\dfrac{C}{D}} = \dfrac{A}{B} \div \dfrac{C}{D} = \dfrac{A}{B} \times \dfrac{D}{C} = \dfrac{AD}{BC}$

● **번분수식**
　분모 또는 분자가 분수식인 유리식

09 | 4 비례식　　　　　　　　　　　　[유형] 08

0이 아닌 실수 k에 대하여

(1) $a : b = c : d \iff \dfrac{a}{b} = \dfrac{c}{d} \iff a = bk,\ c = dk$

$a : b = c : d \iff \dfrac{a}{c} = \dfrac{b}{d} \iff a = ck,\ b = dk$

(2) $a : b : c = d : e : f \iff \dfrac{a}{d} = \dfrac{b}{e} = \dfrac{c}{f} \iff a = dk,\ b = ek,\ c = fk$

● **비례식**
　비의 값이 같은 두 개의 비 $a : b$와 $c : d$를 $a : b = c : d$ 또는 $\dfrac{a}{b} = \dfrac{c}{d}$와 같이 나타낸 식

09|1 유리식의 뜻과 성질

0912 보기에서 다음에 해당하는 것만을 있는 대로 고르시오.

> **보기**
>
> ㄱ. $x + \dfrac{1}{2}$ ㄴ. $\dfrac{x}{x^2+1}$ ㄷ. $4 - \dfrac{2}{x}$
>
> ㄹ. $\dfrac{x^2}{3} + 2x$ ㅁ. $\dfrac{3-4x}{x}$ ㅂ. $\dfrac{7x+3}{5}$

(1) 다항식　　　　　　(2) 다항식이 아닌 유리식

[0913 ~ 0914] 다음 두 유리식을 통분하시오.

0913 $\dfrac{c}{3ab^2x}$, $\dfrac{a}{2bcx^2}$

0914 $\dfrac{2}{x^2-4x+3}$, $\dfrac{x+1}{x^2-x-6}$

[0915 ~ 0916] 다음 유리식을 약분하시오.

0915 $\dfrac{6a^3x^3y}{4a^2xy^2}$　　　**0916** $\dfrac{x^2-2x-8}{x^2+3x+2}$

09|2 유리식의 사칙연산

[0917 ~ 0920] 다음 식을 계산하시오.

0917 $\dfrac{2}{x+1} + \dfrac{1}{x-2}$

0918 $\dfrac{1}{x+3} - \dfrac{x-4}{x^2+3x}$

0919 $\dfrac{x^2+x-6}{x^2-4x-5} \times \dfrac{x-5}{x^2+2x-3}$

0920 $\dfrac{x-3}{x+5} \div \dfrac{x^2-9}{x^2-25}$

09|3 특수한 형태의 유리식의 계산

[0921 ~ 0922] 다음 식을 계산하시오.

0921 $\dfrac{x+5}{x-1} + \dfrac{2-x}{x+3}$

0922 $\dfrac{x^2-2x+1}{x-2} - \dfrac{x^2+2x-2}{x+2}$

[0923 ~ 0924] 다음 식을 계산하시오.

0923 $\dfrac{1}{(x+1)(x+2)} + \dfrac{1}{(x+2)(x+3)}$

0924 $\dfrac{1}{x(x+2)} + \dfrac{1}{(x+2)(x+4)}$

[0925 ~ 0926] 다음 식을 간단히 하시오.

0925 $\dfrac{\dfrac{1}{x+4}}{\dfrac{1}{x+1}}$　　　**0926** $\dfrac{\dfrac{1}{x}}{2-\dfrac{1}{x}}$

09|4 비례식

0927 $x:y=2:5$일 때, $\dfrac{2x-y}{x+y}$의 값을 구하시오.

0928 $x:y=3:2$일 때, $\dfrac{x^2+y^2}{x^2-xy+y^2}$의 값을 구하시오.

0929 $\dfrac{x}{3}=\dfrac{y}{2}=\dfrac{z}{5}$일 때, $\dfrac{xy+yz+zx}{x^2+y^2+z^2}$의 값을 구하시오.

(단, $xyz \neq 0$)

09 유리함수

09 5 유리함수의 뜻

1 유리함수

함수 $y=f(x)$에서 $f(x)$가 x에 대한 유리식일 때, 이 함수를 유리함수라 한다.

특히 $f(x)$가 x에 대한 다항식일 때, 이 함수를 **다항함수**라 한다.

2 유리함수에서 정의역이 주어지지 않을 때에는 분모가 0이 되지 않도록 하는 실수 전체의 집합을 정의역으로 한다.

참고▶ 다항함수의 정의역은 실수 전체의 집합이다.

● **분수함수**
$y=f(x)$에서 $f(x)$가 x에 대한 분수식인 함수

유리함수	
다항함수	분수함수

09 6 유리함수 $y=\dfrac{k}{x}\,(k\neq 0)$의 그래프

1 점근선: 곡선이 어떤 직선에 한없이 가까워질 때, 이 직선을 그 곡선의 점근선이라 한다.

2 유리함수 $y=\dfrac{k}{x}\,(k\neq 0)$의 그래프

(1) 정의역: $\{x\,|\,x\neq 0$인 실수$\}$, 치역: $\{y\,|\,y\neq 0$인 실수$\}$

(2) $k>0$이면 그래프는 **제1사분면**과 **제3사분면**에 있고,
$k<0$이면 그래프는 **제2사분면**과 **제4사분면**에 있다.

(3) 점근선은 x축, y축이다.

(4) 원점 및 두 직선 $y=x$, $y=-x$에 대하여 대칭이다.

(5) $|k|$의 값이 커질수록 그래프는 원점에서 멀어진다.

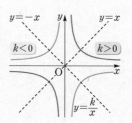

● 함수 $y=\dfrac{k}{x}\,(k\neq 0)$의 그래프는 직선 $y=x$에 대하여 대칭이므로 역함수는 자기 자신이다.

09 7 유리함수 $y=\dfrac{k}{x-p}+q\,(k\neq 0)$의 그래프

유형 09~20

1 유리함수 $y=\dfrac{k}{x-p}+q\,(k\neq 0)$의 그래프

(1) 함수 $y=\dfrac{k}{x}$의 그래프를 x축의 방향으로 p만큼, y축의 방향으로 q만큼 평행이동한 것이다.

(2) 정의역: $\{x\,|\,x\neq p$인 실수$\}$, 치역: $\{y\,|\,y\neq q$인 실수$\}$

(3) 점근선은 두 직선 $x=p$, $y=q$이다.

(4) 점 $(p,\,q)$에 대하여 대칭이다.

(5) 두 점근선의 교점 $(p,\,q)$를 지나고 기울기가 ± 1인 두 직선, 즉 $y=\pm(x-p)+q$에 대하여 대칭이다.

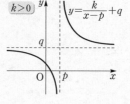

● 점 $(p,\,q)$는 두 점근선의 교점이다.

2 유리함수 $y=\dfrac{ax+b}{cx+d}\,(ad-bc\neq 0,\ c\neq 0)$의 그래프

함수 $y=\dfrac{ax+b}{cx+d}\,(ad-bc\neq 0,\ c\neq 0)$의 그래프는 $y=\dfrac{k}{x-p}+q$의 꼴로 변형하여 그린다.

참고▶ 함수 $y=\dfrac{ax+b}{cx+d}\,(ad-bc\neq 0,\ c\neq 0)$의 그래프의 점근선은 두 직선 $x=-\dfrac{d}{c}$, $y=\dfrac{a}{c}$이다.

또 그래프는 두 점근선의 교점 $\left(-\dfrac{d}{c},\ \dfrac{a}{c}\right)$에 대하여 대칭이다.

● 함수 $y=\dfrac{ax+b}{cx+d}$에서
① $ad-bc=0$, $c\neq 0$인 경우
⇨ $y=\dfrac{a}{c}$이므로 상수함수가 된다.
② $c=0$, $d\neq 0$인 경우
⇨ $y=\dfrac{a}{d}x+\dfrac{b}{d}$이므로 일차함수가 된다.

교과서 **문제** 정복하기

09 |5 유리함수의 뜻

0930 보기에서 다음에 해당하는 것만을 있는 대로 고르시오.

> **보기**
> ㄱ. $y=2x+5$ ㄴ. $y=\dfrac{1}{x+6}$ ㄷ. $y=\dfrac{1-2x}{3}$
> ㄹ. $y=-\dfrac{3}{5x}$ ㅁ. $y=x^2+1$ ㅂ. $y=\dfrac{x+5}{3x+4}$

(1) 다항함수   (2) 다항함수가 아닌 유리함수

[0931 ~ 0934] 다음 유리함수의 정의역을 구하시오.

0931 $y=\dfrac{x}{x+3}$

0932 $y=\dfrac{x+4}{2-x}$

0933 $y=\dfrac{5}{x^2-1}$

0934 $y=\dfrac{3x}{x^2+4}$

09 |6 유리함수 $y=\dfrac{k}{x}\,(k\neq0)$의 그래프

[0935 ~ 0938] 다음 함수의 그래프를 그리시오.

0935 $y=\dfrac{2}{x}$

0936 $y=-\dfrac{1}{x}$

0937 $y=\dfrac{1}{2x}$

0938 $y=-\dfrac{6}{x}$

09 |7 유리함수 $y=\dfrac{k}{x-p}+q\,(k\neq0)$의 그래프

0939 함수 $y=\dfrac{1}{x}$의 그래프를 x축의 방향으로 2만큼, y축의 방향으로 3만큼 평행이동한 그래프의 식을 구하시오.

[0940 ~ 0943] 다음 함수의 그래프를 그리고, 정의역, 치역, 점근선의 방정식을 구하시오.

0940 $y=\dfrac{1}{x-2}$

0941 $y=-\dfrac{1}{x}+1$

0942 $y=\dfrac{2}{x-1}-3$

0943 $y=-\dfrac{1}{x+2}+1$

[0944 ~ 0945] 다음 함수를 $y=\dfrac{k}{x-p}+q$의 꼴로 변형하시오.
(단, k, p, q는 상수이다.)

0944 $y=\dfrac{4x+1}{x-1}$

0945 $y=\dfrac{-3x+5}{x-2}$

[0946 ~ 0947] 다음 함수의 그래프를 그리고, 정의역, 치역, 점근선의 방정식을 구하시오.

0946 $y=\dfrac{2x-1}{x+1}$

0947 $y=\dfrac{3x-4}{x-2}$

▶ **개념원리** 공통수학 2 252쪽

유형 | 01 유리식의 사칙연산

(1) 유리식의 덧셈과 뺄셈

➡ 분모를 통분하여 분자끼리 계산한다.

(2) 유리식의 곱셈

➡ 분모는 분모끼리, 분자는 분자끼리 곱하여 계산한다.

(3) 유리식의 나눗셈

➡ 나누는 식의 분자와 분모를 바꾸어 곱하여 계산한다.

0948 대표문제

$\dfrac{x^2+x-2}{x^2-9} \div \dfrac{x^2-3x+2}{x+3} \times \dfrac{x-2}{x^2+2x}$ 를 계산하시오.

0949 상중하

$\dfrac{x+2}{x^2+x} - \dfrac{3+x}{x^2-1}$ 을 계산하시오.

0950 상중하

$\dfrac{1}{a-1} - \dfrac{1}{a+1} - \dfrac{2}{a^2+1} - \dfrac{4}{a^4+1}$ 를 계산하면?

① $\dfrac{8}{a^8-1}$ ② $\dfrac{16}{a^8-1}$ ③ $\dfrac{4}{a^8+1}$

④ $\dfrac{8}{a^8+1}$ ⑤ $\dfrac{16}{a^8+1}$

0951 상중하

$x^2+y^2=6$, $xy=2$일 때, $\dfrac{x^3-y^3}{2(x+y)} \div \dfrac{x^2-y^2}{4x^2+8xy+4y^2}$ 의

값을 구하시오.

▶ **개념원리** 공통수학 2 253쪽

중요 유형 | 02 유리식과 항등식

주어진 유리식이 항등식인 경우

➡ 분모를 통분하거나 양변에 적당한 식을 곱하여 정리한 후 동류항의 계수를 비교한다.

0952 대표문제

$x \neq -1$, $x \neq 2$인 모든 실수 x에 대하여 등식

$$\dfrac{a}{x-2} + \dfrac{b}{x+1} = \dfrac{5x+2}{x^2-x-2}$$

가 성립할 때, ab의 값은? (단, a, b는 상수이다.)

① 2   ② 4   ③ 6

④ 8   ⑤ 10

0953 상중하

$x \neq 1$인 모든 실수 x에 대하여 등식

$$\dfrac{ax^2+bx+c}{x^3-1} = \dfrac{2}{x-1} + \dfrac{x-1}{x^2+x+1}$$

이 성립할 때, $a^2+b^2+c^2$의 값을 구하시오.

(단, a, b, c는 상수이다.)

0954 상중하 서술형

다음 식의 분모를 0으로 만들지 않는 모든 실수 x에 대하여

$$\dfrac{5-x^2}{x^3-x^2-x+1} = \dfrac{a}{1+x} + \dfrac{b}{1-x} + \dfrac{c}{(1-x)^2}$$

가 성립할 때, abc의 값을 구하시오. (단, a, b, c는 상수이다.)

▶ 개념원리 공통수학 2 **254**쪽

유형 **03** **(분자의 차수)≥(분모의 차수)인 유리식의 계산**

분자의 차수가 분모의 차수보다 크거나 같은 유리식

➡ 분자를 분모로 나누어 다항식과 분수식의 합으로 변형한다.

0955 대표문제

다음 식의 분모를 0으로 만들지 않는 모든 실수 x에 대하여

$$\frac{x+2}{x+1} - \frac{x+3}{x+2} - \frac{x+4}{x+3} + \frac{x+5}{x+4}$$

$$= \frac{ax+b}{(x+1)(x+2)(x+3)(x+4)}$$

가 성립할 때, $a-b$의 값은? (단, a, b는 상수이다.)

① -6 ② -4 ③ -2

④ 0 ⑤ 2

0956 상중하

$\dfrac{2x^2+4x+1}{x^2+2x} - \dfrac{x^2+x-1}{x^2+x-2} - 1$을 계산하시오.

0957 상중하

$\dfrac{x^3+1}{x^2-x} - \dfrac{x^2}{x+1} - 2 = \dfrac{\boxed{}}{x^3-x}$일 때, $\square$ 안에 알맞은 식은?

① $-3x-1$ ② $-3x+1$ ③ $x+1$

④ $3x-1$ ⑤ $3x+1$

중요 유형 **04** **부분분수로의 변형**

▶ 개념원리 공통수학 2 **255**쪽

분모가 두 인수의 곱이면 부분분수로 변형한다.

➡ $\dfrac{1}{AB} = \dfrac{1}{B-A}\left(\dfrac{1}{A} - \dfrac{1}{B}\right)$ (단, $A \neq B$)

0958 대표문제

다음 식의 분모를 0으로 만들지 않는 모든 실수 x에 대하여

$$\frac{3}{x(x+3)} + \frac{4}{(x+3)(x+7)} + \frac{5}{(x+7)(x+12)}$$

$$= \frac{a}{x(x+b)}$$

가 성립할 때, $a+b$의 값을 구하시오. (단, a, b는 상수이다.)

0959 상중하

$\dfrac{1}{5\times 7} + \dfrac{1}{7\times 9} + \dfrac{1}{9\times 11} + \cdots + \dfrac{1}{23\times 25}$의 값을 구하시오.

0960 상중하

다음 식의 분모를 0으로 만들지 않는 모든 실수 x에 대하여

$$\frac{1}{x^2-x} + \frac{1}{x^2+x} + \frac{1}{x^2+3x+2} + \frac{1}{x^2+5x+6}$$

$$= \frac{m}{(x-1)(x+n)}$$

이 성립할 때, $m+n$의 값을 구하시오.

(단, m, n은 상수이다.)

0961 상중하

$$f(x) = \frac{1}{x(x+1)} + \frac{1}{(x+1)(x+2)} + \cdots$$

$$+ \frac{1}{(x+998)(x+999)}$$

일 때, $f(111)$의 값을 구하시오.

09 유리함수

유형 05 분모 또는 분자가 분수식인 유리식의 계산

분모 또는 분자가 분수식인 유리식은 분자에 분모의 역수를 곱하여 계산한다.

$$\Rightarrow \dfrac{\dfrac{A}{B}}{\dfrac{C}{D}} = \dfrac{A}{B} \times \dfrac{D}{C} = \dfrac{AD}{BC} \quad \leftarrow \times \left(\dfrac{\dfrac{A}{B}}{\dfrac{C}{D}}\right) \times = \dfrac{AD}{BC}$$

0962 대표문제

$x \neq 0$, $x \neq 1$인 모든 실수 x에 대하여 등식

$$1 - \cfrac{1}{1 - \cfrac{1}{1 - \cfrac{1}{x}}} = \dfrac{f(x)}{x}$$

가 성립할 때, $f(10)$의 값을 구하시오.

0963 상중하

$f(x) = 1 - \cfrac{1 + \cfrac{1}{x+1}}{1 - \cfrac{1}{x+1}}$ 에 대하여 $f(a) = \dfrac{1}{4}$을 만족시키는

상수 a의 값을 구하시오.

0964 상중하

$\dfrac{43}{15} = a + \cfrac{1}{b + \cfrac{1}{c + \cfrac{1}{d}}}$ 을 만족시키는 자연수 a, b, c, d에

대하여 $a + b + c + d$의 값은?

① 10   ② 11   ③ 12

④ 13   ⑤ 14

유형 06 유리식의 값 구하기 $- x^n \pm \dfrac{1}{x^n}$의 꼴

주어진 조건을 이용하여 $x + \dfrac{1}{x}$, $x - \dfrac{1}{x}$의 값을 구한 후 곱셈 공식의 변형을 이용한다.

(1) $x^2 + \dfrac{1}{x^2} = \left(x + \dfrac{1}{x}\right)^2 - 2 = \left(x - \dfrac{1}{x}\right)^2 + 2$

(2) $x^3 + \dfrac{1}{x^3} = \left(x + \dfrac{1}{x}\right)^3 - 3\left(x + \dfrac{1}{x}\right)$

(3) $x^3 - \dfrac{1}{x^3} = \left(x - \dfrac{1}{x}\right)^3 + 3\left(x - \dfrac{1}{x}\right)$

0965 대표문제

$x^2 + 4x - 1 = 0$일 때, $2x^2 + 9x + 1 - \dfrac{9}{x} + \dfrac{2}{x^2}$의 값은?

① 1   ② 2   ③ 3

④ 4   ⑤ 5

0966 상중하 ◂서술형

$x^2 + \dfrac{1}{x^2} = 5$일 때, $x^3 + \dfrac{1}{x^3}$의 값을 구하시오. (단, $x > 0$)

0967 상중하

$x^2 - 3x + 1 = 0$일 때, $x^4 - \dfrac{1}{x^4}$의 값은? (단, $x > 1$)

① $15\sqrt{5}$ ② $15\sqrt{7}$ ③ $21\sqrt{5}$

④ $21\sqrt{7}$ ⑤ $25\sqrt{5}$

▶ **개념원리** 공통수학 2 257쪽

유형 07 유리식의 값 구하기 − $a+b+c=0$일 때

$a+b+c=0$이면
$$a+b=-c,\ b+c=-a,\ c+a=-b$$
임을 이용하여 식을 간단히 한다.

0968 대표문제

$a+b+c=0$일 때,
$$a\left(\frac{1}{b}+\frac{1}{c}\right)+b\left(\frac{1}{c}+\frac{1}{a}\right)+c\left(\frac{1}{a}+\frac{1}{b}\right)$$
의 값은? (단, $abc\neq0$)

① -6 ② -3 ③ -1

④ 1 ⑤ 3

0969 상중하

$a+b+c=0$일 때,
$$\left(\frac{a-c}{b}-1\right)\left(\frac{b-a}{c}-1\right)\left(\frac{c-b}{a}-1\right)$$
의 값을 구하시오. (단, $abc\neq0$)

0970 상중하

세 실수 a, b, c에 대하여 $\dfrac{1}{a}+\dfrac{1}{b}+\dfrac{1}{c}=0$일 때,
$$\frac{a}{(a+b)(c+a)}+\frac{b}{(b+c)(a+b)}+\frac{c}{(c+a)(b+c)}$$
의 값은?

① -3 ② -1 ③ 0

④ 1 ⑤ 3

▶ **개념원리** 공통수학 2 250쪽

유형 08 유리식의 값 구하기 − 비례식 또는 등식이 주어질 때

(1) 비례식이 주어지는 경우
　➡ 비례상수 k를 이용하여 각 문자를 k에 대한 식으로 나타낸
　　 후 주어진 유리식에 대입한다.
　➡ $x:y:z=a:b:c$이면
　　　$x=ak,\ y=bk,\ z=ck$ (단, $k\neq0$)
(2) 등식이 주어지는 경우
　➡ 각 문자를 한 문자에 대한 식으로 나타낸 후 주어진 유리식
　　 에 대입한다.

0971 대표문제

$(x+y):(y+z):(z+x)=3:4:5$일 때,
$$\frac{xy+2yz+zx}{x^2+y^2+z^2}$$의 값을 구하시오.

0972 상중하

서로 다른 두 양수 x, y에 대하여 $x^2-3xy+2y^2=0$일 때,
$$\frac{x^2-xy+3y^2}{xy-2x^2}$$의 값을 구하시오.

0973 상중하

0이 아닌 세 실수 x, y, z에 대하여 $\dfrac{x+3y}{2}=\dfrac{y+2z}{3}=\dfrac{z}{4}$

일 때, $\dfrac{x+2y+2z}{2x+y-6z}$의 값을 구하시오.

0974 상중하

$2x+y-3z=0$, $x-y+6z=0$일 때, $\dfrac{xy+yz-zx}{x^2+yz}$의 값

은? (단, $xyz\neq0$)

① $-\dfrac{1}{3}$ ② $-\dfrac{1}{6}$ ③ $\dfrac{1}{6}$

④ $\dfrac{1}{3}$ ⑤ $\dfrac{1}{2}$

09
유리함수

유형 | 09 유리함수의 그래프의 평행이동

(1) 유리함수 $y=\dfrac{k}{x-p}+q\,(k\neq0)$의 그래프는 $y=\dfrac{k}{x}$의 그래프를 x축의 방향으로 p만큼, y축의 방향으로 q만큼 평행이동한 것이다.

(2) 두 유리함수 $y=\dfrac{k}{x}$, $y=\dfrac{l}{x-p}+q$의 그래프가 평행이동에 의하여 겹쳐진다. ➡ $k=l$

0975 대표문제

함수 $y=\dfrac{2x+b}{x+a}$의 그래프를 x축의 방향으로 1만큼, y축의 방향으로 c만큼 평행이동하였더니 함수 $y=\dfrac{3}{x}$의 그래프와 일치하였다. 이때 abc의 값을 구하시오. (단, a, b는 상수이다.)

0976 상중하 서술형

함수 $y=\dfrac{3x-1}{2x-1}$의 그래프는 함수 $y=\dfrac{1}{kx}$의 그래프를 x축의 방향으로 a만큼, y축의 방향으로 b만큼 평행이동한 것이다. 이때 $a+b+k$의 값을 구하시오. (단, k는 상수이다.)

0977 상중하

다음 함수 중 그 그래프가 평행이동에 의하여 함수 $y=-\dfrac{2}{x}$의 그래프와 겹쳐지는 것은?

① $y=\dfrac{2x-1}{x-3}$ ② $y=\dfrac{2x+3}{2x-1}$ ③ $y=\dfrac{2x+8}{x+3}$

④ $y=\dfrac{x+1}{2-x}$ ⑤ $y=\dfrac{4x-6}{2x-1}$

유형 | 10 유리함수의 정의역과 치역

(1) 유리함수 $y=\dfrac{k}{x-p}+q\,(k\neq0)$의
  정의역: $\{x\,|\,x\neq p$인 실수$\}$, 치역: $\{y\,|\,y\neq q$인 실수$\}$

(2) 유리함수의 정의역 또는 치역이 주어진 경우
  ➡ 주어진 범위에서 유리함수의 그래프를 그린 후 대응하는 값의 범위를 구한다.

0978 대표문제

정의역이 $\{x\,|\,0\leq x<1$ 또는 $1<x\leq3\}$인 함수 $y=\dfrac{2x-1}{x-1}$의 치역은?

① $\left\{y\,\middle|\,y\leq1$ 또는 $y\geq\dfrac{5}{2}\right\}$ ② $\left\{y\,\middle|\,1\leq y\leq\dfrac{5}{2}\right\}$

③ $\left\{y\,\middle|\,y<1$ 또는 $y>\dfrac{5}{2}\right\}$ ④ $\left\{y\,\middle|\,1<y<\dfrac{5}{2}\right\}$

⑤ $\{y\,|\,1\leq y<2$ 또는 $2<y\leq3\}$

0979 상중하

함수 $y=\dfrac{bx+4}{3x+a}$의 정의역이 $\{x\,|\,x\neq-1$인 실수$\}$, 치역이 $\{y\,|\,y\neq3$인 실수$\}$일 때, $a+b$의 값을 구하시오.
(단, a, b는 상수이다.)

0980 상중하

함수 $y=\dfrac{2x+6}{x+1}$의 치역이 $\{y\,|\,y\leq0$ 또는 $y\geq4\}$일 때, 정의역에 속하는 모든 정수의 합을 구하시오.

▶ 개념원리 공통수학 2 267쪽

유형 11 유리함수의 그래프의 점근선

(1) 유리함수 $y=\dfrac{k}{x-p}+q\,(k\neq0)$의 그래프의 점근선의 방정식은

$$x=p,\ y=q$$

(2) 유리함수 $y=\dfrac{ax+b}{cx+d}\,(ad-bc\neq0,\ c\neq0)$의 그래프의 점근선의 방정식은 $y=\dfrac{k}{x-p}+q$의 꼴로 변형하여 구한다.

0981 대표문제

함수 $y=\dfrac{3x+1}{x+a}$의 그래프의 점근선의 방정식이 $x=2$, $y=b$ 일 때, ab의 값은? (단, a, b는 상수이다.)

① -9 ② -6 ③ -3

④ 3 ⑤ 6

0982 상중하

두 함수 $y=\dfrac{2x-3}{-x-3}$, $y=\dfrac{ax+2}{3x+b}$의 그래프의 점근선이 같을 때, 상수 a, b에 대하여 $a+b$의 값을 구하시오.

0983 상중하

함수 $y=\dfrac{bx+c}{ax-2}$의 그래프가 점 $(3,\ 4)$를 지나고 점근선의 방정식이 $x=2$, $y=3$일 때, 상수 a, b, c에 대하여 $a+b+c$의 값은?

① -3 ② -2 ③ -1

④ 1 ⑤ 2

▶ 개념원리 공통수학 2 266쪽

유형 12 유리함수의 그래프의 대칭성

유리함수 $y=\dfrac{k}{x-p}+q\,(k\neq0)$의 그래프는

(1) 점근선의 교점 $(p,\ q)$에 대하여 대칭이다.

(2) 점 $(p,\ q)$를 지나고 기울기가 ±1인 두 직선에 대하여 대칭이다.

0984 대표문제

함수 $y=\dfrac{2x+1}{x+4}$의 그래프가 점 $(p,\ q)$에 대하여 대칭이고, 동시에 직선 $y=x+a$에 대하여 대칭이다. 이때 $a+p+q$의 값은? (단, a는 상수이다.)

① 2 ② 3 ③ 4

④ 5 ⑤ 6

0985 상중하

함수 $y=\dfrac{3x-5}{x-2}$의 그래프가 직선 $y=-x+k$에 대하여 대칭일 때, 상수 k의 값을 구하시오.

0986 상중하

함수 $y=\dfrac{ax+3}{x+b}$의 그래프가 두 직선 $y=x+2$, $y=-x-3$에 대하여 대칭일 때, ab의 값을 구하시오.

(단, a, b는 상수이다.)

0987 상중하

함수 $y=\dfrac{ax+b}{x+c}$의 그래프가 점 $(-2,\ 1)$에 대하여 대칭이고 x절편이 1일 때, abc의 값을 구하시오.

(단, a, b, c는 상수이다.)

유형 | 13 유리함수의 그래프가 지나는 사분면

유리함수 $y=\dfrac{ax+b}{cx+d}$ $(ad-bc\neq0,\ c\neq0)$의 그래프는

$y=\dfrac{k}{x-p}+q$의 꼴로 변형하여 그린다.

0988 대표문제

함수 $y=\dfrac{-3x+4}{x-4}$의 그래프가 지나지 <u>않는</u> 사분면은?

① 제1사분면　　　　② 제2사분면
③ 제3사분면　　　　④ 제4사분면
⑤ 모든 사분면을 지난다.

0989 상중하

함수 $y=\dfrac{k}{x-3}+2$의 그래프가 제3사분면을 지나지 않도록 하는 자연수 k의 최댓값은?

① 3　　　　② 4　　　　③ 5
④ 6　　　　⑤ 7

0990 상중하

함수 $y=\dfrac{4x+a-1}{x+2}$의 그래프가 모든 사분면을 지나도록 하는 실수 a의 값의 범위를 구하시오.

유형 | 14 그래프를 이용하여 유리함수의 식 구하기

점근선의 방정식이 $x=p$, $y=q$이고 점 $(a,\ b)$를 지나는 유리함수의 식 구하기

➡ $y=\dfrac{k}{x-p}+q$ $(k\neq0)$로 놓고 $x=a$, $y=b$를 대입하여 k의 값을 구한다.

0991 대표문제

함수 $y=\dfrac{ax+b}{x+c}$의 그래프가 오른쪽 그림과 같을 때, 상수 a, b, c에 대하여 abc의 값은?

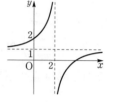

① -8　　　　② -6
③ 6　　　　④ 8
⑤ 12

0992 상중하 ◁서술형

함수 $y=\dfrac{a}{x-p}+q$의 그래프가 오른쪽 그림과 같을 때, 상수 a, p, q에 대하여 $a+p+q$의 값을 구하시오.

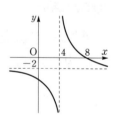

0993 상중하

함수 $y=\dfrac{x+a}{bx+c}$의 그래프가 오른쪽 그림과 같을 때, 상수 a, b, c에 대하여 $a-b-c$의 값을 구하시오.

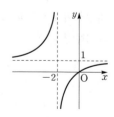

▶ 개념원리 공통수학 2 265쪽

유형 15 유리함수의 그래프의 성질

유리함수 $y = \dfrac{k}{x-p} + q \; (k \neq 0)$의 그래프

(1) $y = \dfrac{k}{x}$의 그래프를 x축의 방향으로 p만큼, y축의 방향으로 q만큼 평행이동한 것이다.

(2) 정의역: $\{x \mid x \neq p$인 실수$\}$, 치역: $\{y \mid y \neq q$인 실수$\}$

(3) 점근선의 방정식: $x = p$, $y = q$

(4) 점 (p, q)에 대하여 대칭이다.

0994 대표문제

다음 중 함수 $y = \dfrac{-4x-2}{x-1}$에 대한 설명으로 옳은 것은?

① 정의역은 $\{x \mid x \neq -1$인 실수$\}$이다.

② 그래프는 $y = -\dfrac{6}{x}$의 그래프를 x축의 방향으로 -1만큼, y축의 방향으로 -4만큼 평행이동한 것이다.

③ 그래프의 점근선의 방정식은 $x = 1$, $y = -\dfrac{1}{2}$이다.

④ 그래프와 x축의 교점의 좌표는 $\left(\dfrac{1}{2}, 0 \right)$이다.

⑤ 그래프는 모든 사분면을 지난다.

0995 상중하

함수 $y = -\dfrac{1}{x+3} - 5$의 그래프에 대하여 **보기**에서 옳은 것만을 있는 대로 고른 것은?

보기

ㄱ. 점 $(-3, -5)$에 대하여 대칭이다.

ㄴ. 제 1 사분면을 지나지 않는다.

ㄷ. 평행이동에 의하여 $y = \dfrac{4x-7}{x-2}$의 그래프와 겹쳐진다.

① ㄱ   ② ㄴ   ③ ㄱ, ㄴ

④ ㄱ, ㄷ   ⑤ ㄱ, ㄴ, ㄷ

유형 16 유리함수의 최대·최소

주어진 정의역에서 유리함수 $y = f(x)$의 그래프를 그린 후 y의 최댓값과 최솟값을 구한다.

0996 대표문제

$-1 \leq x \leq \dfrac{5}{2}$에서 함수 $y = \dfrac{2x-5}{x-3}$의 최댓값을 M, 최솟값을 m이라 할 때, $M+m$의 값은?

① 1   ② $\dfrac{5}{4}$ ③ $\dfrac{3}{2}$

④ $\dfrac{7}{4}$ ⑤ 2

0997 상중하

정의역이 $\{x \mid 3 \leq x \leq a\}$인 함수 $y = \dfrac{3x-2}{x-2}$의 최댓값은 M, 최솟값은 4이다. 이때 $a+M$의 값을 구하시오.

0998 상중하

$2 \leq x \leq 5$에서 함수 $y = \dfrac{ax+2}{x-1}$의 최댓값이 8일 때, 최솟값은? (단, a는 $a > 0$인 상수이다.)

① 4   ② $\dfrac{17}{4}$ ③ $\dfrac{9}{2}$

④ $\dfrac{19}{4}$ ⑤ 5

09

유리함수

유형 | 17 유리함수의 역함수

유리함수 $y=\dfrac{ax+b}{cx+d}$ $(ad-bc\neq0,\ c\neq0)$의 역함수는 다음과 같은 순서로 구한다.

(ⅰ) x를 y에 대한 식으로 나타낸다. ➡ $x=\dfrac{-dy+b}{cy-a}$

(ⅱ) x와 y를 서로 바꾼다. ➡ $y=\dfrac{-dx+b}{cx-a}$ ← $a,\ d$의 부호와 위치가 바뀐다.

0999 대표문제

함수 $f(x)=\dfrac{x+2}{3x+a}$와 그 역함수 $f^{-1}(x)$에 대하여 $f=f^{-1}$가 성립할 때, 상수 a의 값을 구하시오.

1000 상중하

함수 $f(x)=\dfrac{-x-1}{x+a}$의 역함수가 $f^{-1}(x)=\dfrac{2x+b}{cx+1}$일 때, 상수 $a,\ b,\ c$에 대하여 $a+b+c$의 값을 구하시오.

1001 상중하 서술형

두 함수 $y=\dfrac{x+3}{x+2}$, $y=\dfrac{ax+b}{x-1}$의 그래프가 직선 $y=x$에 대하여 대칭일 때, 상수 $a,\ b$에 대하여 $a+b$의 값을 구하시오.

1002 상중하

함수 $y=\dfrac{ax+b}{x+1}$의 그래프와 그 역함수의 그래프가 모두 점 $(-2,\ 3)$을 지날 때, 상수 $a,\ b$에 대하여 ab의 값을 구하시오.

유형 | 18 유리함수의 합성함수와 역함수

(1) 두 함수 $f,\ g$의 역함수가 각각 $f^{-1},\ g^{-1}$일 때
 ① $(f^{-1})^{-1}=f$
 ② $(f^{-1}\circ f)(x)=x$, $(f\circ f^{-1})(y)=y$
 ③ $(g\circ f)^{-1}=f^{-1}\circ g^{-1}$
(2) $f^{-1}(a)=b$이면 $f(b)=a$이다.

1003 대표문제

함수 $f(x)=\dfrac{x+5}{2x+1}$의 역함수를 $f^{-1}(x)$라 할 때, $(f^{-1}\circ f\circ f^{-1})(2)+(f\circ f^{-1})(3)$의 값은?

① 2 ② $\dfrac{5}{2}$ ③ 3

④ $\dfrac{7}{2}$ ⑤ 4

1004 상중하

두 함수 $f(x)=\dfrac{x+4}{x-1}$, $g(x)=\dfrac{2x}{x-2}$의 역함수를 각각 $f^{-1}(x),\ g^{-1}(x)$라 할 때, $(g^{-1}\circ f)^{-1}(4)$의 값은?

① $\dfrac{2}{3}$ ② $\dfrac{4}{3}$ ③ 2

④ $\dfrac{8}{3}$ ⑤ $\dfrac{10}{3}$

1005 상중하

함수 $f(x)=\dfrac{ax-1}{bx+1}$과 그 역함수 $g(x)$에 대하여 $(f\circ f)(2)=\dfrac{1}{2}$, $g(1)=2$일 때, $(g\circ g)(3)$의 값을 구하시오. (단, $a,\ b$는 상수이다.)

▶ 개념원리 공통수학 2 268쪽

유형JP|**19** 유리함수의 그래프와 직선의 위치 관계

(1) 유리함수 $y=f(x)$의 그래프와 직선 $y=g(x)$가 한 점에서 만난다.
➡ 이차방정식 $f(x)=g(x)$의 판별식 D가 $D=0$이다.
(2) 유리함수 $y=f(x)$의 그래프를 그리고 주어진 조건을 만족시키도록 직선 $y=g(x)$를 움직여 본다.

1006 대표문제

함수 $y=\dfrac{3}{x}$의 그래프와 직선 $y=-2x+k$가 한 점에서 만날 때, 양수 k의 값은?

① $2\sqrt{3}$ ② 4 ③ $2\sqrt{5}$
④ $2\sqrt{6}$ ⑤ $2\sqrt{7}$

1007 상중하

함수 $y=\dfrac{x+2}{x-1}$의 그래프와 직선 $y=mx+1$이 만나지 않도록 하는 실수 m의 값의 범위를 구하시오.

1008 상중하 ◁서술형

정의역이 $\{x\,|\,2\le x\le 4\}$인 함수 $y=\dfrac{2x+1}{x-1}$의 그래프와 직선 $y=kx+1$의 교점이 존재하도록 하는 실수 k의 최댓값을 M, 최솟값을 m이라 할 때, $M-m$의 값을 구하시오.

중요
유형JP|**20** 유리함수의 합성

▶ 개념원리 공통수학 2 269쪽

유리함수 f에 대하여 $f^1=f$, $f^{n+1}=f\circ f^n$ (n은 자연수)일 때, $f^n(a)$의 값 구하기
[방법 1] $f^1(x)$, $f^2(x)$, $f^3(x)$, $\cdots$를 직접 구하여 $f^n(x)$를 추정한 후 x 대신 a를 대입한다.
[방법 2] $f^1(a)$, $f^2(a)$, $f^3(a)$, $\cdots$의 값을 직접 구하여 규칙을 찾아 $f^n(a)$의 값을 추정한다.

1009 대표문제

함수 $f(x)=\dfrac{x-1}{x}$에 대하여 $f^1=f$, $f^{n+1}=f\circ f^n$으로 정의할 때, $f^{50}(3)$의 값은? (단, n은 자연수이다.)

① $-\dfrac{2}{3}$ ② $-\dfrac{1}{2}$ ③ $\dfrac{1}{2}$
④ $\dfrac{2}{3}$ ⑤ 3

1010 상중하

함수 $f(x)=\dfrac{x+3}{x-1}$에 대하여 $f^1=f$, $f^{n+1}=f\circ f^n$으로 정의할 때, $f^{1001}(a)=2$를 만족시키는 실수 a의 값을 구하시오.
(단, n은 자연수이다.)

1011 상중하

오른쪽 그림은 유리함수 $y=f(x)$의 그래프이다. $f^1=f$, $f^{n+1}=f\circ f^n$으로 정의할 때, $f^{1000}(6)$의 값을 구하시오. (단, n은 자연수이다.)

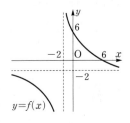

1012

$a+b=3$, $ab=-4$일 때,

$$\left(\frac{b}{a-1}+\frac{a}{b-1}\right)\div\left(\frac{1}{1-a}+\frac{1}{1-b}\right)$$

의 값을 구하시오.

1013

$x\neq-1$인 모든 실수 x에 대하여

$$\frac{x^3+1}{(x+1)^4}$$

$$=\frac{a_1}{x+1}+\frac{a_2}{(x+1)^2}+\frac{a_3}{(x+1)^3}+\frac{a_4}{(x+1)^4}$$

가 성립할 때, a_1+a_3의 값을 구하시오.

(단, a_1, a_2, a_3, a_4는 상수이다.)

1014

$\dfrac{3x+14}{x+5}-\dfrac{3x-13}{x-4}=\dfrac{k}{(x+5)(x-4)}$일 때, 상수 k의 값을 구하시오.

1015 중요★

$f(x)=4x^2-1$일 때,

$$\frac{1}{f(1)}+\frac{1}{f(2)}+\frac{1}{f(3)}+\cdots+\frac{1}{f(9)}$$

의 값은?

① $\dfrac{9}{19}$ ② $\dfrac{1}{2}$ ③ $\dfrac{11}{20}$

④ $\dfrac{3}{5}$ ⑤ $\dfrac{18}{19}$

1016

$$\dfrac{\dfrac{1}{n}-\dfrac{1}{n+8}}{\dfrac{1}{n+8}-\dfrac{1}{n+16}}$$의 값이 자연수가 되도록 하는 모든 정수 n

의 값의 합을 구하시오.

1017

0이 아닌 두 실수 a, b에 대하여 $a^2-5ab-b^2=0$이 성립할 때, $\dfrac{a^3}{b^3}-\dfrac{b^3}{a^3}$의 값은?

① 100 ② 110 ③ 120

④ 130 ⑤ 140

1018

$x:y:z=3:1:7$일 때, $\dfrac{-x+4y+z}{2x+3y-z}$의 값을 구하시오.

1019

0이 아닌 세 실수 x, y, z에 대하여 $x+\dfrac{1}{z}=1$, $\dfrac{1}{3y}+z=1$

일 때, $\dfrac{1}{3x}+y$의 값은?

① $\dfrac{1}{6}$ ② $\dfrac{1}{3}$ ③ $\dfrac{1}{2}$

④ 1 ⑤ $\dfrac{3}{2}$

1020

함수 $y=\dfrac{3}{x}$ 의 그래프를 x축의 방향으로 -5만큼, y축의 방향으로 2만큼 평행이동한 그래프가 점 $(-2, k)$를 지날 때, k의 값을 구하시오.

1021 중요★

보기에서 그 그래프가 평행이동에 의하여 함수 $y=\dfrac{x+1}{x-1}$의 그래프와 겹쳐지는 것만을 있는 대로 고르시오.

> **보기**
>
> ㄱ. $y=\dfrac{2x+1}{x-2}$ ㄴ. $y=\dfrac{3x-1}{x-1}$
>
> ㄷ. $y=\dfrac{2x+3}{x-2}$ ㄹ. $y=-\dfrac{2x-6}{x-2}$

1022

함수 $y=\dfrac{ax+1}{x-3}$ 의 정의역과 치역이 같을 때, 상수 a의 값은?

① -2 ② -1 ③ 1

④ 2 ⑤ 3

1023

정의역이 $\{x \mid -3 \le x \le -1\}$, 공역이 $\{y \mid 2 \le y \le 5\}$인 함수 $y=\dfrac{x+k}{x+5}$가 정의될 때, 실수 k의 값의 범위를 구하시오.

1024 평가원 기출

0이 아닌 실수 k에 대하여 함수 $y=\dfrac{k}{x-1}+5$의 그래프가 점 $(5, 3a)$를 지나고 두 점근선의 교점의 좌표가 $(1, 2a+1)$일 때, k의 값은?

① 1 ② 2 ③ 3

④ 4 ⑤ 5

1025

오른쪽 그림과 같이 함수 $y=\dfrac{3}{x-1}+2$ $(x>1)$의 그래프 위의 점 P에서 두 점근선에 내린 수선의 발을 각각 Q, R라 할 때, $\overline{PQ}+\overline{PR}$의 최솟값은?

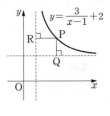

① 2 ② $2\sqrt{2}$ ③ $2\sqrt{3}$

④ 4 ⑤ $2\sqrt{5}$

1026

함수 $y=\dfrac{3x-1}{x+k}$의 그래프를 x축의 방향으로 1만큼, y축의 방향으로 -2만큼 평행이동한 그래프의 두 점근선의 교점이 직선 $y=3x$ 위의 점일 때, 상수 k의 값을 구하시오.

1027

함수 $y=\dfrac{ax+b}{x+c}$의 그래프가 점 $(-1, 2)$를 지나고 두 직선 $y=x+2$, $y=-x+4$에 대하여 대칭일 때, $a+b-c$의 값을 구하시오. (단, a, b, c는 상수이다.)

1028

함수 $y=\dfrac{2}{x-k}-4$의 그래프가 제1사분면을 지나지 않도록 하는 실수 k의 값의 범위를 구하시오.

1029

함수 $y=\dfrac{ax+b}{x+c}$ 의 그래프가 오른쪽 그림과 같을 때, **보기**에서 옳은 것만을 있는 대로 고르시오.

(단, a, b, c는 상수이다.)

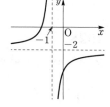

보기

ㄱ. $a+c=-1$ ㄴ. $abc>0$ ㄷ. $a^2+b<0$

1030

다음 중 함수 $y=\dfrac{k}{x}\,(k\neq0)$에 대한 설명으로 옳지 <u>않은</u> 것은?

① 그래프의 점근선의 방정식은 $x=0$, $y=0$이다.
② 그래프는 직선 $y=-x$에 대하여 대칭이다.
③ 정의역과 치역이 같다.
④ $|k|$의 값이 클수록 그래프는 원점에 가까워진다.
⑤ $k<0$이면 그래프는 제2사분면과 제4사분면을 지난다.

1031

$0\leq x\leq 2$에서 유리함수 $y=\dfrac{3x+k}{x+2}$의 최댓값이 7일 때, 상수 k의 값을 구하시오.

1032 중요★

두 함수 $f(x)=\dfrac{3x+2}{-3x+a}$, $g(x)=\dfrac{bx+3}{x+c}$의 그래프의 점근선이 일치한다. $f(x)$의 역함수 $f^{-1}(x)$에 대하여 $f^{-1}(1)=2$일 때, $a+b+c$의 값은?

(단, a, b, c는 상수이다.)

① $\dfrac{14}{3}$ ② 7 ③ $\dfrac{25}{3}$

④ 9 ⑤ $\dfrac{21}{2}$

1033

두 함수 $f(x)$, $g(x)$에 대하여 $f(x)=\dfrac{2x+6}{x+1}$이고 $(f\circ g)(x)=x$일 때, $f(x)=g(x)$를 만족시키는 모든 실수 x의 값의 합은?

① -2 ② -1 ③ 1

④ 3 ⑤ 6

1034

두 함수 $f(x)=\dfrac{x-2}{x-3}$, $g(x)=\dfrac{-2x+2}{x-3}$에 대하여 $(f\circ(g\circ f)^{-1}\circ f)(4)$의 값을 구하시오.

1035 중요★

두 집합

$$A=\left\{(x,\,y)\,\middle|\,y=\dfrac{2x-1}{x}\right\},\ B=\{(x,\,y)\,|\,y=ax+1\}$$

에 대하여 $A\cap B\neq\varnothing$일 때, 실수 a의 값의 범위를 구하시오.

1036

0이 아닌 세 실수 a, b, c에 대하여

$$\frac{1}{a^2}+\frac{1}{b^2}+\frac{1}{c^2}=\left(\frac{1}{a}+\frac{1}{b}+\frac{1}{c}\right)^2$$

이 성립할 때, $\dfrac{a^3+b^3+c^3}{abc}$의 값을 구하시오.

1037

두 함수 $y=\dfrac{-2x-1}{x-a}$, $y=\dfrac{2ax-2}{x+3}$의 그래프의 점근선으로 둘러싸인 도형의 넓이가 16일 때, 양수 a의 값을 구하시오.

1038

함수 $f(x)=\dfrac{3x+a}{x+b}$의 그래프가 점 $(1,\ 1)$을 지나고, $f(x)$의 역함수 $f^{-1}(x)$에 대하여 $f^{-1}\left(\dfrac{1}{2}\right)=0$일 때, $f^{-1}(b-a)$의 값을 구하시오. (단, a, b는 상수이다.)

1039

함수 $f(x)=\dfrac{x}{1-x}$에 대하여

$$f^n=\underbrace{f\circ f\circ f\circ\cdots\circ f}_{n\text{개}}\ (n=2,\ 3,\ 4,\ \cdots)$$

로 정의할 때, $f^{100}\left(\dfrac{1}{20}\right)$의 값을 구하시오.

1040

자연수 n에 대하여 두 집합

$$A_n=\{x\,|\,n^2+2n\leq x\leq n^2+2n+4\},$$
$$B_n=\{x\,|\,2n^2\leq x\leq 2n^2+3\}$$

이다. 연산 $\triangle$을

$$A_n\triangle B_n=(A_n\cup B_n)-(A_n\cap B_n)$$

으로 정의하고 집합 $A_n\triangle B_n$의 원소 중 최솟값을 $f(n)$이라 할 때, $\dfrac{1}{f(3)}+\dfrac{1}{f(4)}+\dfrac{1}{f(5)}+\cdots+\dfrac{1}{f(10)}$의 값을 구하시오.

1041

오른쪽 그림과 같이 함수 $y=\dfrac{3}{x}\ (x>0)$의 그래프 위의 점 A에서 x축과 y축에 평행한 직선을 그어 $y=\dfrac{k}{x}\ (x>0)$의 그래프와 만나는 점을 각각 B, C라 하자. 삼각형 ABC의 넓이가 24일 때, 양수 k의 값을 구하시오.

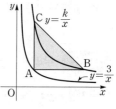

1042

정수 a에 대하여 함수 $y=\dfrac{1}{x}-a$의 그래프와 함수 $y=-\dfrac{1}{x+1}+a$의 그래프의 교점 중 x좌표가 음수인 점의 개수를 $h(a)$라 하자. $h(a)+h(a+1)+h(a+2)=5$를 만족시키는 a의 값을 구하시오.

10 무리함수

10 | 1   무리식의 계산   유형 01~04

1 무리식
근호 안에 문자가 포함된 식 중에서 유리식으로 나타낼 수 없는 식을 무리식이라 한다.

2 무리식의 값이 실수가 되기 위한 조건
무리식의 값이 실수가 되려면 근호 안의 식의 값이 양수 또는 0이어야 하므로 무리식을 계산할 때에는

(근호 안의 식의 값)≥0, (분모)≠0

이 되는 문자의 값의 범위에서만 생각한다.

3 무리식의 계산
무리식의 계산은 무리수의 계산과 마찬가지로 제곱근의 성질, 분모의 유리화를 이용한다.

● 제곱근의 성질
$a>0$, $b>0$일 때
① $\sqrt{a}\sqrt{b}=\sqrt{ab}$ ② $\dfrac{\sqrt{a}}{\sqrt{b}}=\sqrt{\dfrac{a}{b}}$

● 분모의 유리화
분모에 근호가 포함된 식의 분자, 분모에 적당한 수 또는 식을 곱하여 분모에 근호가 포함되지 않도록 변형하는 것

10 | 2   무리함수의 뜻

1 무리함수
함수 $y=f(x)$에서 $f(x)$가 x에 대한 무리식일 때, 이 함수를 무리함수라 한다.

2 무리함수에서 정의역이 주어지지 않을 때에는 근호 안의 식의 값이 0 이상이 되도록 하는 실수 전체의 집합을 정의역으로 한다.

10 | 3   무리함수 $y=\pm\sqrt{ax}$ $(a\neq0)$의 그래프

1 무리함수 $y=\sqrt{ax}$ $(a\neq0)$의 그래프
(1) $a>0$일 때, 정의역: $\{x|x\geq0\}$, 치역: $\{y|y\geq0\}$
$a<0$일 때, 정의역: $\{x|x\leq0\}$, 치역: $\{y|y\geq0\}$

(2) 함수 $y=\dfrac{x^2}{a}$ $(x\geq0)$의 그래프와 직선 $y=x$에 대하여 대칭이다.

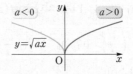

2 무리함수 $y=-\sqrt{ax}$ $(a\neq0)$의 그래프
(1) $a>0$일 때, 정의역: $\{x|x\geq0\}$, 치역: $\{y|y\leq0\}$
$a<0$일 때, 정의역: $\{x|x\leq0\}$, 치역: $\{y|y\leq0\}$

(2) 함수 $y=\sqrt{ax}$의 그래프와 x축에 대하여 대칭이다.

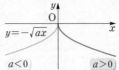

● 함수 $y=\pm\sqrt{ax}$ $(a\neq0)$의 그래프는 $|a|$의 값이 커질수록 x축으로부터 멀어진다.

● 함수 $y=\sqrt{ax}$의 역함수는
$y=\dfrac{x^2}{a}$ $(x\geq0)$

● 함수 $y=-\sqrt{ax}$, $y=\sqrt{-ax}$, $y=-\sqrt{-ax}$의 그래프는 함수 $y=\sqrt{ax}$의 그래프를 각각 x축, y축, 원점에 대하여 대칭이동한 것과 같다.

10 | 4   무리함수 $y=\sqrt{a(x-p)}+q$ $(a\neq0)$의 그래프   유형 05~14

1 함수 $y=\sqrt{ax}$의 그래프를 x축의 방향으로 p만큼, y축의 방향으로 q만큼 평행이동한 것이다.

2 $a>0$일 때, 정의역: $\{x|x\geq p\}$, 치역: $\{y|y\geq q\}$
$a<0$일 때, 정의역: $\{x|x\leq p\}$, 치역: $\{y|y\geq q\}$

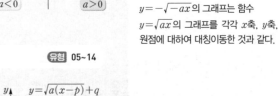

3 무리함수 $y=\sqrt{ax+b}+c$ $(a\neq0)$의 그래프
함수 $y=\sqrt{ax+b}+c$ $(a\neq0)$의 그래프는 $y=\sqrt{a(x-p)}+q$의 꼴로 변형하여 그린다.

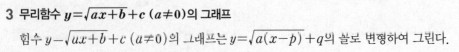

● 함수 $y=-\sqrt{a(x-p)}+q$에서
① $a>0$일 때
정의역: $\{x|x\geq p\}$, 치역: $\{y|y\leq q\}$
② $a<0$일 때
정의역: $\{x|x\leq p\}$, 치역: $\{y|y\leq q\}$

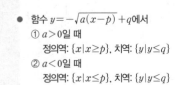

교과서 문제 정복하기

10│1 무리식의 계산

[1043~1045] 다음 무리식의 값이 실수가 되도록 하는 실수 x 의 값의 범위를 구하시오.

1043 $\sqrt{3-x}+x$

1044 $\sqrt{2x+8}-\sqrt{1-x}$

1045 $\sqrt{x-2}+\dfrac{1}{\sqrt{6-x}}$

[1046~1048] 다음 식의 분모를 유리화하시오.

1046 $\dfrac{3}{\sqrt{x+3}-\sqrt{x}}$

1047 $\dfrac{2}{\sqrt{x+1}+\sqrt{x+3}}$

1048 $\dfrac{\sqrt{x+4}-2}{\sqrt{x+4}+2}$

10│2 무리함수의 뜻

1049 보기에서 무리함수인 것만을 있는 대로 고르시오.

> 보기
> ㄱ. $y=\sqrt{5x}$　　　　ㄴ. $y=\sqrt{3x-2}$
> ㄷ. $y=\sqrt{(x+3)^2}$　　ㄹ. $y=\sqrt{2-x^2}$

[1050~1053] 다음 무리함수의 정의역을 구하시오.

1050 $y=\sqrt{x-2}$　　　**1051** $y=\sqrt{-2x+6}$

1052 $y=-\sqrt{2x-3}$　　**1053** $y=-\sqrt{1-x}+2$

10│3 무리함수 $y=\pm\sqrt{ax}\,(a\neq0)$의 그래프

[1054~1057] 다음 함수의 그래프를 그리고, 정의역과 치역을 구하시오.

1054 $y=\sqrt{x}$　　　　**1055** $y=\sqrt{-x}$

1056 $y=-\sqrt{x}$　　　**1057** $y=-\sqrt{-x}$

1058 함수 $y=\sqrt{5x}$의 그래프를 다음과 같이 대칭이동한 그래프의 식을 구하시오.

(1) x축에 대하여 대칭이동

(2) y축에 대하여 대칭이동

(3) 원점에 대하여 대칭이동

10│4 무리함수 $y=\sqrt{a(x-p)}+q\,(a\neq0)$의 그래프

1059 함수 $y=\sqrt{3x}$의 그래프를 x축의 방향으로 -3만큼, y축의 방향으로 2만큼 평행이동한 그래프의 식을 구하시오.

[1060~1063] 다음 함수의 그래프를 그리고, 정의역과 치역을 구하시오.

1060 $y=\sqrt{x-1}+2$

1061 $y=\sqrt{-2x+6}$

1062 $y=-\sqrt{2x-1}+1$

1063 $y=-\sqrt{2-x}+3$

10

무리함수

▸ 개념원리 공통수학 2 278쪽

▸ 개념원리 공통수학 2 278쪽

유형 01 무리식의 값이 실수가 되기 위한 조건

(1) $\sqrt{f(x)}$의 값이 실수이려면 $f(x) \geq 0$

(2) $\dfrac{1}{\sqrt{f(x)}}$의 값이 실수이려면 $f(x) > 0$

1064 대표문제

$\sqrt{6x^2 - 7x - 5}$의 값이 실수가 되도록 하는 실수 x의 값의 범위를 구하시오.

1065 상중하

$\sqrt{7 - 2x} + \dfrac{1}{\sqrt{x+1}}$의 값이 실수가 되도록 하는 정수 x의 개수는?

① 2   ② 3   ③ 4
④ 5   ⑤ 6

1066 상중하

$\sqrt{2x+1} + \sqrt{1-4x}$의 값이 실수가 되도록 하는 실수 x에 대하여 $\sqrt{x^2 - 2x + 1}$을 간단히 하면?

① $-x-1$ ② $-x+1$ ③ $x-2$
④ $x-1$ ⑤ $x+1$

1067 상중하

$\dfrac{\sqrt{x+2} - \sqrt{8-3x}}{x^2 + 4x + 4}$의 값이 실수가 되도록 하는 모든 정수 x의 값의 합을 구하시오.

유형 02 무리식의 계산

무리식은 제곱근의 성질을 이용하여 계산한다.
이때 분모에 무리식이 포함되어 있으면
$$(\sqrt{a} - \sqrt{b})(\sqrt{a} + \sqrt{b}) = a - b$$
임을 이용하여 분모를 유리화한 다음 계산한다.

1068 대표문제

$\dfrac{x}{2 + \sqrt{x+1}} + \dfrac{x}{2 - \sqrt{x+1}}$를 간단히 하면?

① $\dfrac{x}{\sqrt{3-x}}$ ② $\dfrac{4x}{\sqrt{3+x}}$ ③ $\dfrac{x}{3-x}$

④ $\dfrac{4x}{3-x}$ ⑤ $\dfrac{4x}{3+x}$

1069 상중하

$\dfrac{\sqrt{x+1} - \sqrt{x-1}}{\sqrt{x+1} + \sqrt{x-1}} + \dfrac{\sqrt{x+1} + \sqrt{x-1}}{\sqrt{x+1} - \sqrt{x-1}}$을 간단히 하시오.

1070 상중하

$\dfrac{1}{\sqrt{x} - \dfrac{2}{\sqrt{x+2} - \sqrt{x}}}$을 간단히 하면?

① $-\dfrac{\sqrt{x}}{x}$ ② $\dfrac{\sqrt{x}}{x}$ ③ $-\dfrac{\sqrt{x+2}}{x+2}$

④ $\dfrac{\sqrt{x+2}}{x+2}$ ⑤ $\dfrac{x\sqrt{x+2}}{x+2}$

▶ 개념원리 공통수학 2 278쪽

유형 |03| 무리식의 값 구하기

주어진 무리식을 간단히 한 후 수를 대입하여 식의 값을 구한다.

1071 대표문제

$x=\dfrac{\sqrt{7}}{2}$ 일 때, $\dfrac{\sqrt{2x+1}-\sqrt{2x-1}}{\sqrt{2x+1}+\sqrt{2x-1}}$ 의 값을 구하시오.

1072 상중하

$x=\sqrt{3}$ 일 때, $\dfrac{1}{1-\sqrt{x}}+\dfrac{1}{1+\sqrt{x}}$ 의 값은?

① $-2\sqrt{3}$ ② $-1-\sqrt{3}$ ③ -1

④ $1+\sqrt{3}$ ⑤ $2\sqrt{3}$

1073 상중하

$x=\dfrac{1}{\sqrt{2}-1}$ 일 때, $\dfrac{\sqrt{x}+1}{\sqrt{x}-1}+\dfrac{\sqrt{x}-1}{\sqrt{x}+1}$ 의 값은?

① $-2-2\sqrt{2}$ ② $-2\sqrt{2}$ ③ $1+\sqrt{2}$

④ $2\sqrt{2}$ ⑤ $2+2\sqrt{2}$

1074 상중하 ◀서술형

$f(x)=\dfrac{1}{\sqrt{x+2}+\sqrt{x+1}}$ 일 때,

$f(1)+f(2)+f(3)+\cdots+f(30)$ 의 값을 구하시오.

▶ 개념원리 공통수학 2 278쪽

유형 |04| 무리식의 값 구하기
— $x=\sqrt{a}+\sqrt{b}$, $y=\sqrt{a}-\sqrt{b}$의 꼴

$x=\sqrt{a}+\sqrt{b}$, $y=\sqrt{a}-\sqrt{b}$의 꼴로 주어진 경우

➡ $x+y$, $x-y$, xy의 값을 이용할 수 있도록 주어진 무리식을 변형한다.

1075 대표문제

$x=\sqrt{2}+1$, $y=\sqrt{2}-1$일 때, $\dfrac{\sqrt{y}}{\sqrt{x}}+\dfrac{\sqrt{x}}{\sqrt{y}}$의 값은?

① 1 ② $\sqrt{2}$ ③ 2

④ $2\sqrt{2}$ ⑤ $4\sqrt{2}$

1076 상중하

$x=\dfrac{\sqrt{3}+1}{\sqrt{3}-1}$, $y=\dfrac{\sqrt{3}-1}{\sqrt{3}+1}$일 때, $\dfrac{\sqrt{x}}{\sqrt{x}+\sqrt{y}}-\dfrac{\sqrt{y}}{\sqrt{x}-\sqrt{y}}$의 값은?

① $\dfrac{1-\sqrt{3}}{3}$ ② $\dfrac{3-\sqrt{3}}{3}$ ③ $\dfrac{\sqrt{3}}{3}$

④ $\dfrac{1+\sqrt{3}}{3}$ ⑤ $\dfrac{3+\sqrt{3}}{3}$

1077 상중하

$x=\dfrac{3+\sqrt{5}}{2}$, $y=\dfrac{3-\sqrt{5}}{2}$일 때, $\sqrt{2x}-\sqrt{2y}$의 값을 구하시오.

10

무리함수

유형 05 무리함수의 그래프의 평행이동과 대칭이동

(1) 무리함수 $y=\sqrt{ax+b}+c=\sqrt{a\left(x+\dfrac{b}{a}\right)}+c$의 그래프는

$y=\sqrt{ax}$의 그래프를 x축의 방향으로 $-\dfrac{b}{a}$만큼, y축의 방향

으로 c만큼 평행이동한 것이다.

(2) 무리함수 $y=\sqrt{ax+b}+c$의 그래프를

① x축에 대하여 대칭이동 ➡ $y=-\sqrt{ax+b}-c$

② y축에 대하여 대칭이동 ➡ $y=\sqrt{-ax+b}+c$

③ 원점에 대하여 대칭이동 ➡ $y=-\sqrt{-ax+b}-c$

1078 대표문제

함수 $y=\sqrt{1-3x}$의 그래프를 x축의 방향으로 2만큼, y축의 방향으로 3만큼 평행이동한 후 x축에 대하여 대칭이동하였더니 함수 $y=-\sqrt{ax+b}+c$의 그래프와 일치하였다. 이때 $a+b+c$의 값을 구하시오. (단, a, b, c는 상수이다.)

1079 상중하

함수 $y=\sqrt{2x+6}-1$의 그래프는 함수 $y=\sqrt{ax}$의 그래프를 x축의 방향으로 b만큼, y축의 방향으로 c만큼 평행이동한 것이다. 이때 $a+b+c$의 값을 구하시오. (단, a는 상수이다.)

1080 상중하

보기에서 그 그래프가 평행이동 또는 대칭이동에 의하여 함수 $y=\sqrt{5x}$의 그래프와 겹쳐지는 것만을 있는 대로 고르시오.

보기

ㄱ. $y=\sqrt{-5x}$ ㄴ. $y=-5\sqrt{x-1}-3$

ㄷ. $y=2\sqrt{5x+1}+1$ ㄹ. $y=-\sqrt{-5x+2}$

유형 06 무리함수의 정의역과 치역

(1) 무리함수 $y=\sqrt{ax+b}+c\ (a>0)$의

정의역: $\left\{x\left|x\geq-\dfrac{b}{a}\right.\right\}$, 치역: $\{y|y\geq c\}$

(2) 무리함수의 정의역 또는 치역이 주어진 경우

➡ 주어진 범위에서 무리함수의 그래프를 그린 후 대응하는 값의 범위를 구한다.

1081 대표문제

정의역이 $\{x|-4\leq x\leq 2\}$인 함수 $y=\sqrt{-2x+8}+5$의 치역은?

① $\{y|6\leq y\leq 8\}$ ② $\{y|6\leq y\leq 9\}$

③ $\{y|7\leq y\leq 9\}$ ④ $\{y|7\leq y\leq 10\}$

⑤ $\{y|8\leq y\leq 10\}$

1082 상중하

함수 $y=\sqrt{4x+b}+2$의 정의역이 $\{x|x\geq a\}$이고 그래프가 점 $(2, 4)$를 지날 때, $a+b$의 값을 구하시오.

(단, a, b는 상수이다.)

1083 상중하

함수 $y=-\sqrt{6x-3}-4$의 치역이 $\{y|-10\leq y\leq -6\}$일 때, 정의역에 속하는 모든 정수의 개수를 구하시오.

1084 상중하

함수 $y=\dfrac{3x-2}{x+1}$의 그래프의 점근선의 방정식을 $x=a$, $y=b$라 할 때, 함수 $y=\sqrt{ax+b}+c$의 그래프가 두 점근선의 교점을 지난다. 이때 함수 $y=\sqrt{ax+b}+c$의 정의역과 치역을 구하시오. (단, a, b, c는 상수이다.)

유형 |07| 무리함수의 그래프가 지나는 사분면

무리함수 $y=\sqrt{ax+b}+c$의 그래프는 $y=\sqrt{a(x-p)}+q$의 꼴로 변형하여 그린다.

1085 대표문제

다음 중 함수 $y=1-\sqrt{4-2x}$의 그래프가 지나는 사분면을 모두 고른 것은?

① 제 1, 2 사분면   ② 제 3, 4 사분면

③ 제 1, 2, 3 사분면   ④ 제 1, 3, 4 사분면

⑤ 제 2, 3, 4 사분면

1086 상중하

다음 함수 중 그 그래프가 제 4 사분면을 지나지 <u>않는</u> 것은?

① $y=-\sqrt{x+3}+2$ ② $y=\sqrt{x+1}-1$

③ $y=\sqrt{-x+1}-2$ ④ $y=-\sqrt{x+1}+2$

⑤ $y=-\sqrt{-2x+1}$

1087 상중하 서술형

함수 $y=\sqrt{-x+4}$의 그래프를 y축의 방향으로 a만큼 평행이동한 그래프가 제 2, 3, 4 사분면을 지나도록 하는 정수 a의 최댓값을 구하시오.

▶ **개념원리** 공통수학 2 285쪽

중요
유형 |08| 그래프를 이용하여 무리함수의 식 구하기

그래프가 점 (p, q)에서 시작하는 무리함수의 식 구하기

➡ $y=\pm\sqrt{a(x-p)}+q$ $(a\neq0)$로 놓고 그래프가 지나는 점의 좌표를 대입하여 a의 값을 구한다.

1088 대표문제

함수 $y=\sqrt{ax+b}+c$의 그래프가 오른쪽 그림과 같을 때, 상수 a, b, c에 대하여 abc의 값을 구하시오.

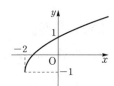

1089 상중하

함수 $y=-\sqrt{ax+b}+c$의 그래프가 오른쪽 그림과 같을 때, 상수 a, b, c에 대하여 $a+b+c$의 값은?

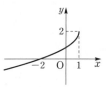

① -2 ② -1

③ 0 ④ 1

⑤ 2

1090 상중하

함수 $y=\sqrt{ax-b}+c$의 그래프가 오른쪽 그림과 같을 때, **보기**에서 옳은 것만을 있는 대로 고른 것은?
(단, a, b, c는 상수이다.)

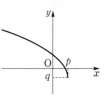

보기

ㄱ. $b<0$ ㄴ. $ac<0$ ㄷ. $\sqrt{-b}+c>0$

① ㄱ   ② ㄷ   ③ ㄱ, ㄴ

④ ㄱ, ㄷ   ⑤ ㄱ, ㄴ, ㄷ

10
무리함수

유형 |09| 무리함수의 그래프의 성질

무리함수 $y=\sqrt{a(x-p)}+q$의 그래프

(1) $y=\sqrt{ax}$의 그래프를 x축의 방향으로 p만큼, y축의 방향으로 q만큼 평행이동한 것이다.

(2) $a>0$일 때, 정의역: $\{x|x\geq p\}$, 치역: $\{y|y\geq q\}$

　　$a<0$일 때, 정의역: $\{x|x\leq p\}$, 치역: $\{y|y\geq q\}$

1091 대표문제

다음 중 함수 $y=\sqrt{2x+6}-3$에 대한 설명으로 옳은 것은?

① 그래프는 점 $\left(\dfrac{2}{3},\ 0\right)$을 지난다.

② 정의역은 $\{x|x\leq -3\}$이다.

③ 치역은 $\{y|y\geq 3\}$이다.

④ 그래프는 $y=-\sqrt{2x}$의 그래프를 평행이동한 것이다.

⑤ 그래프는 제2사분면을 지나지 않는다.

1092 상중하

함수 $y=a\sqrt{x+b}+c$에 대한 설명으로 옳은 것만을 **보기**에서 있는 대로 고른 것은? (단, a, b, c는 상수이고, $a\neq 0$이다.)

보기
　ㄱ. $a<0$이면 정의역은 $\{x|x\geq -b\}$, 치역은 $\{y|y\leq c\}$이다.
　ㄴ. 그래프는 $y=a\sqrt{x}$의 그래프를 평행이동한 것이다.
　ㄷ. $a>0$, $b<0$, $c>0$이면 그래프는 제2사분면을 지난다.

① ㄱ 　　　　② ㄴ 　　　　③ ㄱ, ㄴ
④ ㄱ, ㄷ 　　　⑤ ㄱ, ㄴ, ㄷ

유형 |10| 무리함수의 최대·최소

주어진 정의역에서 무리함수 $y=f(x)$의 그래프를 그린 후 y의 최댓값과 최솟값을 구한다.

1093 대표문제

$3\leq x\leq 8$에서 함수 $y=\sqrt{x+1}-1$의 최댓값을 M, 최솟값을 m이라 할 때, $M+m$의 값은?

① 1 　　　　② 2 　　　　③ 3
④ 4 　　　　⑤ 5

1094 상중하

$x\geq 1$에서 함수 $y=-\sqrt{4x+5}+a$의 최댓값이 -4이고 이 함수의 그래프가 점 $(b,\ -6)$을 지날 때, ab의 값을 구하시오. (단, a는 상수이다.)

1095 상중하

$-3\leq x\leq 2$에서 함수 $y=\sqrt{a-x}-1$의 최댓값이 2일 때, 최솟값을 구하시오. (단, a는 $a\geq 2$인 상수이다.)

1096 상중하

$p\leq x\leq -2$에서 함수 $y=-\sqrt{-3x-2}+2$의 최댓값이 q, 최솟값이 -2일 때, $p-q$의 값을 구하시오.

▶ 개념원리 공통수학 2 287쪽, 288쪽

유형 **11** 무리함수의 역함수

무리함수 $y=\sqrt{ax+b}+c$의 역함수는 다음과 같은 순서로 구한다.

(i) x를 y에 대한 식으로 나타낸다. ➡ $x=\dfrac{1}{a}(y-c)^2-\dfrac{b}{a}$

(ii) x와 y를 서로 바꾼다. ➡ $y=\dfrac{1}{a}(x-c)^2-\dfrac{b}{a}$

(iii) $y=\sqrt{ax+b}+c$의 치역이 $\{y|y\geq c\}$이므로 역함수의 정의역은 $\{x|x\geq c\}$이다.

1097 대표문제

함수 $y=3-\sqrt{4x+2}$의 역함수가 $y=a(x+b)^2+c$ $(x\leq d)$일 때, 상수 a, b, c, d에 대하여 $abcd$의 값을 구하시오.

1098 상중하

함수 $f(x)=\sqrt{ax+b}$의 그래프와 그 역함수 $y=f^{-1}(x)$의 그래프가 모두 점 $(1, 2)$를 지날 때, 상수 a, b에 대하여 $a-b$의 값을 구하시오.

1099 상중하 ◀서술형

함수 $f(x)=\sqrt{x+6}$의 그래프와 그 역함수 $y=f^{-1}(x)$의 그래프의 교점의 좌표를 (a, b)라 할 때, $a+b$의 값을 구하시오.

1100 상중하

함수 $f(x)=\sqrt{3x+a}+1$의 그래프와 그 역함수 $y=f^{-1}(x)$의 그래프의 두 교점 사이의 거리가 $3\sqrt{2}$일 때, 상수 a의 값은?

① -3 ② -2 ③ -1
④ 1 ⑤ 2

▶ 개념원리 공통수학 2 287쪽

유형 **12** 무리함수의 합성함수와 역함수

(1) 두 함수 f, g의 역함수가 각각 f^{-1}, g^{-1}일 때,

① $(f^{-1})^{-1}=f$

② $(f^{-1}\circ f)(x)=x$, $(f\circ f^{-1})(y)=y$

③ $(g\circ f)^{-1}=f^{-1}\circ g^{-1}$

(2) $f^{-1}(a)=b$이면 $f(b)=a$이다.

1101 대표문제

함수 $f(x)=\sqrt{2x-3}$의 역함수를 $f^{-1}(x)$라 할 때, $(f^{-1}\circ f\circ f^{-1})(3)$의 값은?

① 2 ② 3 ③ 4
④ 5 ⑤ 6

1102 상중하

두 함수 $f(x)=\sqrt{4x+1}$, $g(x)$에 대하여 $(f\circ g)(x)=x$일 때, $(g\circ g\circ f)(2)$의 값을 구하시오.

1103 상중하

정의역이 $\{x|x>2\}$인 두 함수

$$f(x)=\sqrt{3x-5}+1, \quad g(x)=\dfrac{2x-3}{x-2}$$

에 대하여 $(g\circ(f\circ g)^{-1}\circ g)(3)$의 값을 구하시오.

1104 상중하

함수 $f(x)=\begin{cases} -\sqrt{x}+1 & (x\geq 1) \\ \sqrt{1-x} & (x<1) \end{cases}$에 대하여 $(f^{-1}\circ f^{-1})(a)=9$를 만족시키는 상수 a의 값을 구하시오.

10

무리함수

▶ 개념원리 공통수학 2 286쪽

유형 P | 13 유리함수와 무리함수의 그래프

(1) 유리함수의 그래프가 주어진 경우
　➡ 점근선의 방정식, 좌표축과 만나는 점의 좌표를 살펴본다.
(2) 무리함수의 그래프가 주어진 경우
　➡ 그래프의 시작점, 좌표축과 만나는 점의 좌표를 살펴본다.

유형 P | 14 무리함수의 그래프와 직선의 위치 관계

(1) 무리함수 $y=f(x)$의 그래프를 그리고 주어진 조건을 만족시
키도록 직선 $y=g(x)$를 움직여 본다.
(2) 무리함수 $y=f(x)$의 그래프와 직선 $y=g(x)$가 접한다.
　➡ 이차방정식 $\{f(x)\}^2=\{g(x)\}^2$의 판별식 D가 $D=0$이
다.

1105 [대표문제]

함수 $y=\dfrac{ax+b}{cx+1}$의 그래프가 오른쪽
그림과 같을 때, 다음 중 함수
$y=\sqrt{ax+b}-c$의 그래프의 개형은?
　　　　(단, a, b, c는 상수이다.)

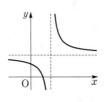

① 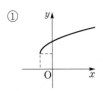　② 　③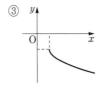

④ 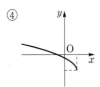　⑤

1107 [대표문제]

함수 $y=\sqrt{1-x}$의 그래프와 직선 $y=-x+k$가 서로 다른
두 점에서 만나도록 하는 실수 k의 값의 범위를 구하시오.

1108 상중하

다음 중 함수 $y=\sqrt{x-3}$의 그래프와 직선 $y=x+a$가 한 점
에서 만나도록 하는 실수 a의 값이 <u>아닌</u> 것은?

① -4　　② $-\dfrac{7}{2}$　　③ $-\dfrac{13}{4}$

④ $-\dfrac{11}{4}$　　⑤ $-\dfrac{5}{2}$

1106 상중하

함수 $y=\sqrt{ax+b}+c$의 그래프가
오른쪽 그림과 같을 때, 함수
$y=\dfrac{abx}{x+c}$의 그래프가 지나지 <u>않는</u>
사분면은? (단, a, b, c는 상수이다.)

① 제1사분면　　　　② 제2사분면
③ 제3사분면　　　　④ 제4사분면
⑤ 모든 사분면을 지난다.

1109 상중하

두 집합 $A=\{(x,\ y)\,|\,y=\sqrt{3-2x}\,\}$,
$B=\{(x,\ y)\,|\,y=-x+k\}$에 대하여 $n(A\cap B)=0$일 때,
실수 k의 값의 범위를 구하시오.

1110 상중하

두 함수 $y=\sqrt{-x+2}$, $y=-\dfrac{1}{2}x+k$의 그래프의 교점의 개
수를 $f(k)$라 할 때, $f\left(\dfrac{1}{2}\right)+f(1)+f\left(\dfrac{3}{2}\right)+f(2)$의 값을 구
하시오.

정답 및 풀이 132쪽

1111

$\dfrac{\sqrt{6-x}+\sqrt{x^2-x-2}}{\sqrt{x+3}}$ 의 값이 실수가 되도록 하는 정수 x의 개수는?

① 5   ② 6   ③ 7

④ 8   ⑤ 9

1112

모든 실수 x에 대하여 $\dfrac{1}{\sqrt{kx^2+kx+1}}$ 의 값이 실수가 되도록 하는 실수 k의 값의 범위를 구하시오.

1113

$\dfrac{1}{\sqrt{x}+\sqrt{x+3}}+\dfrac{1}{\sqrt{x+3}+\sqrt{x+6}}+\dfrac{1}{\sqrt{x+6}+\sqrt{x+9}}$ 을 간단히 하면?

① $\dfrac{\sqrt{x}-\sqrt{x+9}}{3}$ ② $\dfrac{\sqrt{x+9}-\sqrt{x}}{3}$

③ $\dfrac{\sqrt{x}-\sqrt{x+9}}{6}$ ④ $\dfrac{\sqrt{x+9}-\sqrt{x}}{6}$

⑤ $\dfrac{\sqrt{x}-\sqrt{x+9}}{9}$

1114

$x=\dfrac{\sqrt{2}}{2}$ 일 때, $\dfrac{\sqrt{1+x}}{\sqrt{1-x}}-\dfrac{\sqrt{1-x}}{\sqrt{1+x}}$ 의 값을 구하시오.

1115

함수 $y=-\sqrt{x-k}+1$의 그래프를 원점에 대하여 대칭이동한 후 x축의 방향으로 -1만큼 평행이동한 그래프의 x절편이 양수일 때, 실수 k의 값의 범위를 구하시오.

1116

두 함수 $y=\sqrt{2x+4}$, $y=\sqrt{2x-4}$의 그래프와 x축 및 직선 $y=2$로 둘러싸인 부분의 넓이를 구하시오.

1117 평가원 기출

두 곡선 $y=\dfrac{6}{x-5}+3$, $y=\sqrt{x-k}$ 가 서로 다른 두 점에서 만나도록 하는 실수 k의 최댓값은?

① 3   ② 4   ③ 5

④ 6   ⑤ 7

1118 평가원 기출

정의역이 $\{x \,|\, x > a\}$인 함수 $y = \sqrt{2x - 2a} - a^2 + 4$의 그래프가 오직 하나의 사분면을 지나도록 하는 실수 a의 최댓값은?

① 2   ② 4   ③ 6

④ 8   ⑤ 10

1119 중요★

다음 중 함수 $y = \sqrt{9 - 3x} - 1$에 대한 설명으로 옳지 <u>않은</u> 것은?

① 정의역은 $\{x \,|\, x \leq 3\}$, 치역은 $\{y \,|\, y \geq -1\}$이다.

② 그래프는 점 $(0, 2)$를 지난다.

③ 그래프는 $y = \sqrt{-3x}$의 그래프를 평행이동한 것이다.

④ 그래프는 $y = \sqrt{3x + 9} + 1$의 그래프와 y축에 대하여 대칭이다.

⑤ 그래프는 제1사분면을 지난다.

1120

$-2 \leq x \leq 1$에서 함수 $y = a\sqrt{-x + 2} + b$의 최댓값이 2, 최솟값이 1일 때, 상수 a, b에 대하여 $b - a$의 값을 구하시오.

(단, $a > 0$)

1121

함수 $f(x) = \sqrt{ax + b}$의 역함수를 $g(x)$라 할 때, $f(1) = 5$, $g(2) = 4$이다. 이때 상수 a, b에 대하여 $b - a$의 값을 구하시오.

1122 중요★

함수 $f(x) = \sqrt{2x - 2} + 1$의 그래프와 그 역함수 $y = f^{-1}(x)$의 그래프가 서로 다른 두 점 P, Q에서 만날 때, 선분 PQ의 길이를 구하시오.

1123

정의역이 $\{x \,|\, x > 1\}$인 두 함수

$$f(x) = \frac{x+1}{x-1}, \ g(x) = \sqrt{2x - 1}$$

에 대하여 $(g \circ f^{-1})^{-1}(3)$의 값을 구하시오.

1124

함수 $y = \dfrac{a}{x+b} + c$의 그래프가 오른쪽 그림과 같을 때, 다음 중 함수 $y = \sqrt{ax + b} + c$의 그래프가 지나는 사분면만을 모두 고른 것은?

(단, a, b, c는 상수이다.)

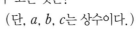

① 제1, 2사분면   ② 제3, 4사분면

③ 제1, 2, 3사분면   ④ 제1, 2, 4사분면

⑤ 제1, 3, 4사분면

1125

함수 $y = -\sqrt{x + 4} + 3$의 그래프와 직선 $y = mx + 6m$이 제2사분면에서 만나도록 하는 실수 m의 값의 범위를 구하시오.

서술형 주관식

1126

함수 $y=\dfrac{-2x+1}{x-3}$의 그래프는 $y=\dfrac{a}{x}$의 그래프를 x축의 방향으로 b만큼, y축의 방향으로 c만큼 평행이동한 것이다. 이때 함수 $y=-\sqrt{ax+b}+c$의 정의역과 치역을 구하시오.
(단, a는 상수이다.)

1127

세 함수 $y=\sqrt{2x+1}-2$, $y=-\sqrt{x+3}+1$,
$y=-\sqrt{-x+1}+2$의 그래프가 모두 지나는 사분면을 구하시오.

1128 중요★

함수 $y=-\sqrt{ax+b}+c$의 그래프가 오른쪽 그림과 같을 때, $a+b+c$의 값을 구하시오.
(단, a, b, c는 상수이다.)

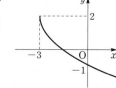

1129

함수 $y=3\sqrt{x-2}$의 그래프를 x축의 방향으로 a만큼 평행이동한 그래프의 식을 $y=f(x)$라 하자. 함수 $y=f(x)$의 그래프와 그 역함수 $y=f^{-1}(x)$의 그래프가 접할 때, a의 값을 구하시오.

실력 Up

1130 교육청 기출

함수
$$f(x)=\begin{cases} -(x-a)^2+b & (x\le a) \\ -\sqrt{x-a}+b & (x>a) \end{cases}$$
와 서로 다른 세 실수 α, β, γ가 다음 조건을 만족시킨다.

> ㈎ 방정식 $\{f(x)-\alpha\}\{f(x)-\beta\}=0$을 만족시키는 실수 x의 값은 α, β, γ뿐이다.
> ㈏ $f(\alpha)=\alpha$, $f(\beta)=\beta$

$\alpha+\beta+\gamma=15$일 때, $f(\alpha+\beta)$의 값은?
(단, a, b는 상수이다.)

① 1   ② 2   ③ 3
④ 4   ⑤ 5

1131

실수 전체의 집합에서 정의된 함수
$$f(x)=\begin{cases} \sqrt{4-x}+k & (x\le 4) \\ \dfrac{x+4}{x-3} & (x>4) \end{cases}$$
의 치역이 $\{y|y>1\}$이고, 임의의 두 실수 x_1, x_2에 대하여 $x_1\ne x_2$이면 $f(x_1)\ne f(x_2)$이다. $f(p)f(0)=20$일 때, 실수 p의 값을 구하시오. (단, k는 상수이다.)

1132

함수 $y=\sqrt{x+|x|}$의 그래프와 직선 $y=x+k$가 서로 다른 세 점에서 만나도록 하는 실수 k의 값의 범위를 구하시오.

공감
한 스푼

노력하는 사람이

전부 성공한다는

보장은 없다.

하지만 성공한 사람은

예외없이 노력했다.

함께 만드는 개념원리

개념원리는

선생님이 가르치기 쉽고

학생이 배우기 쉬운

교육 콘텐츠를 만듭니다.

전국 **360명** 선생님이 교재 개발 참여

총 **2,540명** 학생의 실사용 의견 청취

(2017년도~2023년도 교재 VOC 누적)

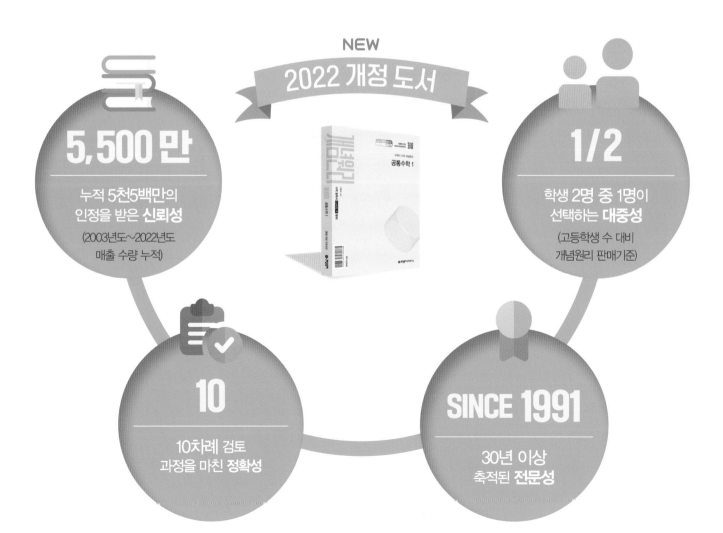

NEW
2022 개정 도서

5,500만

누적 5천5백만의
인정을 받은 **신뢰성**

(2003년도~2022년도
매출 수량 누적)

1/2

학생 2명 중 1명이
선택하는 **대중성**

(고등학생 수 대비
개념원리 판매기준)

10

10차례 검토
과정을 마친 **정확성**

SINCE 1991

30년 이상
축적된 **전문성**

✦ 2022 개정 더 좋아진 개념원리 ✦

2022 개정 교재는 학습자의 학습 편의성을 강화했습니다.
학습 과정에서 필요한 각종 학습자료를 추가해 더욱더 완전한 학습을 지원합니다.

A

2022 개정 　교재 + 교재 연계 서비스 (APP)

개념원리&RPM + 교재 연계 서비스 제공

• 서비스를 통해 교재의 완전 학습 및 지속적인 학습 성장 지원

2015 개정

• 교재 학습으로
  학습종료

B

2022 개정 　무료 해설 강의 확대

**RPM
영상 0% 제공**

**RPM 전 문항
해설 강의 100% 제공**

• QR 1개당 1년 평균 **3,900명** 이상 인입 (2015 개정 개념원리 수학(상) p.34 기준)
• 완전한 학습을 위해 RPM **전 문항 무료 해설 강의** 제공

2015 개정

• 개념원리 주요 문항만
  무료 해설 강의 제공
  (RPM 미제공)

**학생 모두가 수학을 쉽게 배울 수 있는 환경이 조성될 때까지
개념원리의 노력은 계속됩니다.**

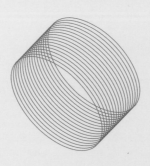

개념원리 RPM 공통수학 2

공통수학 2

정답 및 풀이

개념원리 수학연구소

개념원리 RPM 공통수학 2

정답 및 풀이

 친절한 풀이 정확하고 이해하기 쉬운 친절한 풀이 제시

 다른 풀이 수학적 사고력을 키우는 다양한 해결 방법 제시

 RPM 비법노트 문제 해결 TIP과 중요개념 & 보충설명 제공

 해결 전략 문제 해결의 실마리 제시

교재 만족도 조사

이 교재는 학생 2,540명과 선생님 360명의
의견을 반영하여 만든 교재입니다.

개념원리는 개념원리, RPM을 공부하는
여러분의 목소리에 항상 귀 기울이겠습니다.

여러분의 소중한 의견을 전해 주세요.
단 5분이면 충분해요!
매월 초 10명을 추첨하여 문화상품권
1만 원권을 선물로 드립니다.

01 평면좌표

본책 007쪽

교과서 문제 정복하기

0001 $\overline{AB}=|7-3|=4$ 답 **4**

0002 $\overline{AB}=|8-(-2)|=10$ 답 **10**

0003 $\overline{AB}=|-9-(-5)|=4$ 답 **4**

0004 점 R의 좌표를 x라 하면 $|x-4|=3$에서
$$x-4=\pm3 \qquad \therefore x=1 \text{ 또는 } x=7$$
$$\therefore \text{R}(1) \text{ 또는 } \text{R}(7)$$ 답 **1, 7**

0005 점 S의 좌표를 x라 하면 $|x-(-5)|=5$에서
$$x+5=\pm5 \qquad \therefore x=-10 \text{ 또는 } x=0$$
$$\therefore \text{S}(-10) \text{ 또는 } \text{S}(0)$$ 답 **-10, 0**

0006 $\overline{AB}=\sqrt{(3-2)^2+\{5-(-1)\}^2}=\sqrt{37}$ 답 $\sqrt{37}$

0007 $\overline{AB}=\sqrt{\{1-(-4)\}^2+\{-7-(-2)\}^2}$
$$=\sqrt{50}=5\sqrt{2}$$ 답 $5\sqrt{2}$

0008 $\overline{OA}=\sqrt{4^2+(-5)^2}=\sqrt{41}$ 답 $\sqrt{41}$

0009 $\overline{AB}=\sqrt{(-a)^2+b^2}=\sqrt{a^2+b^2}$ 답 $\sqrt{a^2+b^2}$

0010 (1) $\text{P}\left(\dfrac{1\times(-2)+3\times10}{1+3}\right)$, 즉 $\text{P}(7)$

(2) $\text{M}\left(\dfrac{10+(-2)}{2}\right)$, 즉 $\text{M}(4)$

답 (1) **7** (2) **4**

0011 선분 AB의 중점의 좌표가 1이므로
$$\frac{-3+a}{2}=1 \qquad \therefore a=5$$ 답 **5**

0012 (1) $\text{P}\left(\dfrac{3\times5+2\times(-1)}{3+2}, \dfrac{3\times(-3)+2\times2}{3+2}\right)$,
즉 $\text{P}\left(\dfrac{13}{5}, -1\right)$

(2) $\text{Q}\left(\dfrac{3\times(-1)+2\times5}{3+2}, \dfrac{3\times2+2\times(-3)}{3+2}\right)$, 즉 $\text{Q}\left(\dfrac{7}{5}, 0\right)$

(3) $\text{M}\left(\dfrac{-1+5}{2}, \dfrac{2+(-3)}{2}\right)$, 즉 $\text{M}\left(2, -\dfrac{1}{2}\right)$

답 (1) $\left(\dfrac{13}{5}, -1\right)$ (2) $\left(\dfrac{7}{5}, 0\right)$ (3) $\left(2, -\dfrac{1}{2}\right)$

0013 선분 AB의 중점의 좌표가 $(2, 1)$이므로
$$\frac{a+(-2)}{2}=2, \frac{4+b}{2}=1$$
따라서 $a=6$, $b=-2$이므로
$$ab=-12$$ 답 **-12**

0014 $\text{G}\left(\dfrac{1+2+(-6)}{3}, \dfrac{2+(-1)+2}{3}\right)$, 즉 $\text{G}(-1, 1)$

답 $(-1, 1)$

0015 $\text{G}\left(\dfrac{-1+5+2}{3}, \dfrac{2+1+(-3)}{3}\right)$, 즉 $\text{G}(2, 0)$

답 $(2, 0)$

0016 $\text{G}\left(\dfrac{0+a+(-a)}{3}, \dfrac{0+b+2b}{3}\right)$, 즉 $\text{G}(0, b)$

답 $(0, b)$

0017 삼각형 ABC의 무게중심의 좌표가 $(3, -1)$이므로
$$\frac{5+2+b}{3}=3, \frac{a+3+(-1)}{3}=-1$$
따라서 $a=-5$, $b=2$이므로
$$a+b=-3$$ 답 **-3**

유형 익히기

• 본책 008~014쪽

0018 $\overline{AB}=5\sqrt{2}$이므로
$$\sqrt{(a-4)^2+(4-a)^2}=5\sqrt{2}$$
양변을 제곱하면
$$2a^2-16a+32=50, \qquad a^2-8a-9=0$$
$$(a+1)(a-9)=0$$
$$\therefore a=9 \ (\because a>0)$$ 답 **9**

0019 $\overline{AC}=\overline{BC}$이므로
$$\sqrt{(a+1)^2+(1-2)^2}=\sqrt{(a-2)^2+(1-3)^2}$$
양변을 제곱하면
$$a^2+2a+2=a^2-4a+8$$
$$\therefore a=1$$ 답 ①

0020 $\overline{AB}=2\overline{CD}$이므로
$$\sqrt{(7-3)^2+(-1-a)^2}=2\sqrt{(-1+a)^2+(2-4)^2}$$
양변을 제곱하면
$$a^2+2a+17=4a^2-8a+20$$
$$3a^2-10a+3=0, \qquad (3a-1)(a-3)=0$$
$$\therefore a=\frac{1}{3} \text{ 또는 } a=3$$
따라서 모든 a의 값의 곱은
$$\frac{1}{3}\times3=1$$ 답 **1**

0021 $\overline{AB}=\sqrt{(1-a)^2+(a+5)^2}$
$\qquad\quad=\sqrt{2a^2+8a+26}$
$\qquad\quad=\sqrt{2(a+2)^2+18}$
따라서 $a=-2$일 때, 선분 AB의 길이가 최소가 된다. **답** -2

0022 점 $P(a, b)$가 직선 $y=2x-7$ 위에 있으므로
$\qquad b=2a-7$ $\qquad\qquad$ ……㉠
$\overline{AP}=\overline{BP}$에서 $\overline{AP}^2=\overline{BP}^2$이므로
$\qquad (a-1)^2+(b-3)^2=(a-5)^2+(b+1)^2$
$\qquad a^2-2a+b^2-6b+10=a^2-10a+b^2+2b+26$
$\qquad 8a-8b=16$
$\qquad \therefore a-b=2$ $\qquad\qquad$ ……㉡
㉠, ㉡을 연립하여 풀면 $\quad a=5,\ b=3$
$\qquad \therefore a+b=8$ **답** 8

0023 $P(a, 0)$이라 하면 $\overline{AP}=\overline{BP}$에서 $\overline{AP}^2=\overline{BP}^2$이므로
$\qquad (a-2)^2+(-1)^2=(a+1)^2+(-4)^2$
$\qquad a^2-4a+5=a^2+2a+17$
$\qquad -6a=12 \quad \therefore a=-2$
$\qquad \therefore P(-2, 0)$
$Q(0, b)$라 하면 $\overline{AQ}=\overline{BQ}$에서 $\overline{AQ}^2=\overline{BQ}^2$이므로
$\qquad (-2)^2+(b-1)^2=1^2+(b-4)^2$
$\qquad b^2-2b+5=b^2-8b+17$
$\qquad 6b=12 \quad \therefore b=2$
$\qquad \therefore Q(0, 2)$
$\qquad \therefore \overline{PQ}=\sqrt{2^2+2^2}=2\sqrt{2}$ **답** $2\sqrt{2}$

0024 $P(a, b)$라 하면
$\overline{AP}=\overline{BP}$에서 $\overline{AP}^2=\overline{BP}^2$이므로
$\qquad (a-8)^2+(b-4)^2=(a-3)^2+(b+1)^2$
$\qquad a^2-16a+b^2-8b+80=a^2-6a+b^2+2b+10$
$\qquad -10a-10b=-70$
$\qquad \therefore a+b=7$ $\qquad\qquad$ ……㉠
$\overline{BP}=\overline{CP}$에서 $\overline{BP}^2=\overline{CP}^2$이므로
$\qquad (a-3)^2+(b+1)^2=(a-6)^2+(b-8)^2$
$\qquad a^2-6a+b^2+2b+10=a^2-12a+b^2-16b+100$
$\qquad 6a+18b=90$
$\qquad \therefore a+3b=15$ $\qquad\qquad$ ……㉡
㉠, ㉡을 연립하여 풀면 $\quad a=3,\ b=4$
따라서 점 P의 좌표는 $\quad (3, 4)$ **답** $(3, 4)$

0025 오른쪽 그림과 같이 학교 A가 원점, 학교 B가 x축 위에 오도록 좌표평면을 잡으면
$\qquad A(0, 0),\ B(4, 0),\ C(3, 3)$
으로 놓을 수 있다.

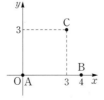

도서관을 지으려는 지점을 $P(a, b)$라 하면
$\overline{PA}=\overline{PB}$에서 $\overline{PA}^2=\overline{PB}^2$이므로
$\qquad a^2+b^2=(a-4)^2+b^2,\qquad a^2+b^2=a^2-8a+16+b^2$
$\qquad 8a=16 \qquad \therefore a=2$
$\overline{PA}=\overline{PC}$에서 $\overline{PA}^2=\overline{PC}^2$이므로
$\qquad a^2+b^2=(a-3)^2+(b-3)^2$
$\qquad a^2+b^2=a^2-6a+b^2-6b+18,\qquad 6b=-6a+18$
$\qquad \therefore b=-a+3$ $\qquad\qquad$ ……㉠
㉠에 $a=2$를 대입하면 $\quad b=1$
즉 $P(2, 1)$이므로
$\qquad \overline{PA}=\sqrt{2^2+1^2}=\sqrt{5}$
따라서 구하는 거리는 $\sqrt{5}$ km이다. **답** $\sqrt{5}$ **km**

0026 $\overline{AB}^2=(-4)^2+(-4-2)^2=52,$
$\overline{BC}^2=(-2)^2+(-2+4)^2=8,$
$\overline{CA}^2=(4+2)^2+(2+2)^2=52$
이므로 $\quad \overline{AB}^2=\overline{CA}^2$
$\qquad \therefore \overline{AB}=\overline{CA}$
따라서 삼각형 ABC는 $\overline{AB}=\overline{AC}$인 이등변삼각형이다.
답 ⑤

0027 $\overline{AB}^2=1^2+(-2-1)^2=10$
$\overline{BC}^2=(3-1)^2+(2+2)^2=20$
$\overline{CA}^2=(-3)^2+(1-2)^2=10$ ⋯ **1단계**
따라서 $\overline{BC}^2=\overline{AB}^2+\overline{CA}^2$이고 $\overline{AB}^2=\overline{CA}^2$에서 $\overline{AB}=\overline{CA}$이므로 삼각형 ABC는 $\angle A=90°$이고 $\overline{AB}=\overline{CA}$인 직각이등변삼각형이다. ⋯ **2단계**
$\qquad \therefore \triangle ABC=\dfrac{1}{2}\times\overline{AB}\times\overline{CA}$
$\qquad\qquad\qquad =\dfrac{1}{2}\times\sqrt{10}\times\sqrt{10}=5$ ⋯ **3단계**
답 5

	채점 요소	비율
1단계	$\overline{AB}^2,\ \overline{BC}^2,\ \overline{CA}^2$의 값 구하기	30 %
2단계	삼각형 ABC가 직각이등변삼각형임을 알기	50 %
3단계	삼각형 ABC의 넓이 구하기	20 %

0028 $\overline{AB}^2=(8-a)^2+(3+1)^2=a^2-16a+80$
$\overline{BC}^2=(2-8)^2+(1-3)^2=40$
$\overline{CA}^2=(a-2)^2+(-1-1)^2=a^2-4a+8$
삼각형 ABC가 $\angle A>90°$인 둔각삼각형이 되려면
$\qquad \overline{BC}^2>\overline{AB}^2+\overline{CA}^2$
이어야 하므로
$\qquad 40>(a^2-16a+80)+(a^2-4a+8)$
$\qquad a^2-10a+24<0,\qquad (a-4)(a-6)<0$
$\qquad \therefore 4<a<6$ **답** $4<a<6$

0029 삼각형 ABC가 정삼각형이므로
$$\overline{AB}=\overline{BC}=\overline{CA}$$
제4사분면 위의 점 C의 좌표를 (a, b) $(a>0, b<0)$라 하면
$\overline{AB}=\overline{BC}$에서 $\overline{AB}^2=\overline{BC}^2$이므로
$$(-2-2)^2+(-4-4)^2=(a+2)^2+(b+4)^2$$
$$\therefore a^2+b^2+4a+8b-60=0 \quad\cdots\cdots \text{㉠}$$
$\overline{BC}=\overline{CA}$에서 $\overline{BC}^2=\overline{CA}^2$이므로
$$(a+2)^2+(b+4)^2=(2-a)^2+(4-b)^2$$
$$a^2+4a+b^2+8b+20=a^2-4a+b^2-8b+20$$
$$8a=-16b \quad \therefore a=-2b \quad\cdots\cdots \text{㉡}$$
㉡을 ㉠에 대입하면 $4b^2+b^2-8b+8b-60=0$
$$b^2=12 \quad \therefore b=-2\sqrt{3} \ (\because b<0)$$
$b=-2\sqrt{3}$을 ㉡에 대입하면 $a=4\sqrt{3}$
따라서 꼭짓점 C의 좌표는 $(4\sqrt{3}, -2\sqrt{3})$
답 $(4\sqrt{3}, -2\sqrt{3})$

0030 O$(0, 0)$, A(x, y), B$(2, -1)$이라 하면
$$\sqrt{x^2+y^2}=\overline{OA}, \ \sqrt{(x-2)^2+(y+1)^2}=\overline{AB}$$
$$\therefore \sqrt{x^2+y^2}+\sqrt{(x-2)^2+(y+1)^2}$$
$$=\overline{OA}+\overline{AB}$$
$$\geq\overline{OB}$$
$$=\sqrt{2^2+(-1)^2}=\sqrt{5}$$
따라서 구하는 최솟값은 $\sqrt{5}$이다.　**답** $\sqrt{5}$

참고 | $\overline{OA}+\overline{AB}$의 값이 최소인 경우는 점 A가 $\overline{OB}$ 위에 있을 때이다.

0031 $\overline{AP}+\overline{PB}$의 값이 최소인 경우는 점 P가 $\overline{AB}$ 위에 있을 때이므로
$$\overline{AP}+\overline{PB}\geq\overline{AB}$$
$$=\sqrt{(3+2)^2+(8+4)^2}=13$$
따라서 구하는 최솟값은 13이다.　**답** ④

0032 $\sqrt{x^2+y^2-2x+6y+10}=\sqrt{(x-1)^2+(y+3)^2}$
$\sqrt{x^2+y^2+8x-4y+20}=\sqrt{(x+4)^2+(y-2)^2}$
이때 A$(1, -3)$, B(x, y), C$(-4, 2)$라 하면
$$\sqrt{(x-1)^2+(y+3)^2}=\overline{AB}, \ \sqrt{(x+4)^2+(y-2)^2}=\overline{BC}$$
$$\therefore \text{(주어진 식)}=\overline{AB}+\overline{BC}$$
$$\geq\overline{AC}$$
$$=\sqrt{(-4-1)^2+(2+3)^2}=5\sqrt{2}$$
따라서 구하는 최솟값은 $5\sqrt{2}$이다.　**답** $5\sqrt{2}$

0033 P$(a, 0)$이라 하면
$$\overline{AP}^2+\overline{BP}^2=(a-1)^2+(-4)^2+(a-5)^2+(-3)^2$$
$$=2a^2-12a+51$$
$$=2(a-3)^2+33$$
따라서 $a=3$일 때 주어진 식의 최솟값은 33이다.　**답** ③

0034 P(a, b)라 하면
$$\overline{PA}^2+\overline{PB}^2=(a-4)^2+(b-2)^2+(a-2)^2+(b-6)^2$$
$$=2a^2-12a+2b^2-16b+60$$
$$=2(a-3)^2+2(b-4)^2+10$$
이때 a, b가 실수이므로 $(a-3)^2\geq0, (b-4)^2\geq0$
$$\therefore \overline{PA}^2+\overline{PB}^2\geq10$$
따라서 $a=3, b=4$일 때 주어진 식이 최솟값을 가지므로 구하는 점 P의 좌표는 $(3, 4)$　**답** ④

0035 P$(0, a)$라 하면
$$\overline{AP}^2+\overline{BP}^2=(-4)^2+(a+2)^2+(-k)^2+(a-6)^2$$
$$=2a^2-8a+56+k^2$$
$$=2(a-2)^2+48+k^2$$
따라서 $a=2$일 때 주어진 식의 최솟값은 $48+k^2$이므로
$$48+k^2=57, \quad k^2=9$$
$$\therefore k=3 \ (\because k>0)$$
답 ③

0036 점 P가 직선 $y=x+3$ 위에 있으므로 P$(a, a+3)$이라 하면
$$\overline{AP}^2+\overline{BP}^2+\overline{CP}^2$$
$$=(a-1)^2+(a-5)^2+(a+3)^2+(a-2)^2$$
$$\quad+(a-2)^2+(a+4)^2$$
$$=6a^2-6a+59=6\left(a-\frac{1}{2}\right)^2+\frac{115}{2}$$
따라서 $a=\frac{1}{2}$일 때 주어진 식이 최솟값을 가지므로 구하는 점 P의 좌표는 $\left(\frac{1}{2}, \frac{7}{2}\right)$　**답** $\left(\frac{1}{2}, \frac{7}{2}\right)$

0037 점 M이 선분 BC의 중점이므로 B$(\boxed{\text{㉮}\ -c}, 0)$
$$\therefore \overline{AB}^2+\overline{AC}^2$$
$$=\{(a+c)^2+b^2\}+\{(a-c)^2+b^2\}$$
$$=(a^2+2ac+c^2+b^2)+(a^2-2ac+c^2+b^2)$$
$$=2(\boxed{\text{㉯}\ a^2+b^2+c^2})$$
$$\overline{AM}^2+\overline{BM}^2=(a^2+b^2)+c^2$$
$$=\boxed{\text{㉯}\ a^2+b^2+c^2}$$
$$\therefore \overline{AB}^2+\overline{AC}^2=2(\overline{AM}^2+\overline{BM}^2)$$
답 ㉮ $-c$ ㉯ $a^2+b^2+c^2$

0038 직사각형 ABCD에서 A$(0, b)$, C$(a, 0)$이므로
D$(\boxed{\text{㉮}\ a}, \boxed{\text{㉯}\ b})$
$$\therefore \overline{PA}^2+\overline{PC}^2=\{x^2+(y-b)^2\}+\{(x-a)^2+y^2\}$$
$$=\boxed{\text{㉰}\ x^2+y^2+(x-a)^2+(y-b)^2}$$
$$\overline{PB}^2+\overline{PD}^2=(x^2+y^2)+\{(x-a)^2+(y-b)^2\}$$
$$=\boxed{\text{㉰}\ x^2+y^2+(x-a)^2+(y-b)^2}$$
$$\therefore \overline{PA}^2+\overline{PC}^2=\overline{PB}^2+\overline{PD}^2$$
답 ㉮ a ㉯ b ㉰ $x^2+y^2+(x-a)^2+(y-b)^2$

0039 점 P의 좌표는

$$\left(\frac{2\times(-1)+3\times4}{2+3},\ \frac{2\times2+3\times(-3)}{2+3}\right),\ \text{즉 } (2,\ -1)$$

점 M의 좌표는

$$\left(\frac{4+(-1)}{2},\ \frac{-3+2}{2}\right),\ \text{즉 } \left(\frac{3}{2},\ -\frac{1}{2}\right)$$

$$\therefore \overline{\text{PM}}=\sqrt{\left(\frac{3}{2}-2\right)^2+\left(-\frac{1}{2}+1\right)^2}=\frac{\sqrt{2}}{2}$$

답 $\dfrac{\sqrt{2}}{2}$

0040 선분 AB를 $5:3$으로 내분하는 점의 좌표는

$$\left(\frac{5\times10+3\times2}{5+3},\ \frac{5\times m+3\times15}{5+3}\right),\ \text{즉 } \left(7,\ \frac{5m+45}{8}\right)$$

이 점이 점 $(n,\ -5)$와 일치하므로

$$7=n,\ \frac{5m+45}{8}=-5$$

$$\therefore m=-17,\ n=7$$

$$\therefore m+n=-10$$

답 -10

0041 선분 AB를 $2:1$로 내분하는 점의 좌표는

$$\left(\frac{2\times(b+1)+1\times2}{2+1},\ \frac{2\times(-1)+1\times(a+1)}{2+1}\right),$$

$$\text{즉 } \left(\frac{2b+4}{3},\ \frac{a-1}{3}\right)$$

이 점이 점 $(2,\ 1)$과 일치하므로

$$\frac{2b+4}{3}=2,\ \frac{a-1}{3}=1$$

$$\therefore a=4,\ b=1 \qquad\qquad \cdots \boxed{\text{1단계}}$$

따라서 두 점 $B(2,\ -1)$, $C(3,\ 2)$에 대하여 선분 BC를 $1:2$로 내분하는 점의 좌표가 $(p,\ q)$이므로

$$p=\frac{1\times3+2\times2}{1+2}=\frac{7}{3},\ q=\frac{1\times2+2\times(-1)}{1+2}=0$$

$$\cdots \boxed{\text{2단계}}$$

$$\therefore p-q=\frac{7}{3} \qquad\qquad \cdots \boxed{\text{3단계}}$$

답 $\dfrac{7}{3}$

채점 요소	비율
1단계 a, b의 값 구하기	50%
2단계 p, q의 값 구하기	40%
3단계 $p-q$의 값 구하기	10%

0042 $B\odot C$는 선분 BC를 $1:2$로 내분하는 점이므로 $B\odot C$의 좌표는

$$\left(\frac{1\times6+2\times3}{1+2},\ \frac{1\times(-4)+2\times(-1)}{1+2}\right),\ \text{즉 } (4,\ -2)$$

따라서 $A\odot(B\odot C)$는 두 점 $(-5,\ 4)$, $(4,\ -2)$를 이은 선분을 $1:2$로 내분하는 점이므로 $A\odot(B\odot C)$의 좌표는

$$\left(\frac{1\times4+2\times(-5)}{1+2},\ \frac{1\times(-2)+2\times4}{1+2}\right),\ \text{즉 } (-2,\ 2)$$

답 $(-2,\ 2)$

0043 선분 AB를 $k:(2-k)$로 내분하는 점의 좌표는

$$\left(\frac{k\times(-4)+(2-k)\times1}{k+(2-k)},\ \frac{k\times6+(2-k)\times(-3)}{k+(2-k)}\right),$$

$$\text{즉 } \left(\frac{2-5k}{2},\ \frac{9k-6}{2}\right)$$

이 점이 제 2 사분면 위에 있으므로

$$\frac{2-5k}{2}<0,\ \frac{9k-6}{2}>0$$

$\dfrac{2-5k}{2}<0$에서 $\quad k>\dfrac{2}{5}$ $\qquad$ ······ ㉠

$\dfrac{9k-6}{2}>0$에서 $\quad k>\dfrac{2}{3}$ $\qquad$ ······ ㉡

한편 $k>0$, $2-k>0$이므로

$$0<k<2 \qquad\qquad \cdots\cdots ㉢$$

㉠, ㉡, ㉢의 공통부분은

$$\frac{2}{3}<k<2$$

답 $\dfrac{2}{3}<k<2$

0044 선분 AB를 $(4-t):t$로 내분하는 점의 좌표는

$$\left(\frac{(4-t)\times1+t\times4}{(4-t)+t},\ \frac{(4-t)\times a+t\times(-3)}{(4-t)+t}\right),$$

$$\text{즉 } \left(\frac{3t+4}{4},\ \frac{-(a+3)t+4a}{4}\right)$$

이 점이 점 $(2,\ 3)$과 일치하므로

$$\frac{3t+4}{4}=2,\ \frac{-(a+3)t+4a}{4}=3$$

$\dfrac{3t+4}{4}=2$에서 $\quad 3t+4=8$

$$\therefore t=\frac{4}{3}$$

$\dfrac{-(a+3)t+4a}{4}=3$에서 $\quad -(a+3)t+4a=12$

$$-\frac{4}{3}(a+3)+4a=12,\quad -4a-12+12a=36$$

$$8a=48\quad \therefore a=6$$

답 ③

0045 선분 AB를 $m:n$으로 내분하는 점의 좌표는

$$\left(\frac{m\times5+n\times(-6)}{m+n},\ \frac{m\times(-6)+n\times4}{m+n}\right),$$

$$\text{즉 } \left(\frac{5m-6n}{m+n},\ \frac{-6m+4n}{m+n}\right)$$

이 점이 y축 위에 있으므로

$$\frac{5m-6n}{m+n}=0,\quad 5m=6n$$

$$\therefore m:n=6:5$$

이때 m, n은 서로소인 자연수이므로 $\quad m=6,\ n=5$

$$\therefore m-n=1$$

답 1

0046 선분 AB를 $k:5$로 내분하는 점의 좌표는

$$\left(\frac{k\times2+5\times(-1)}{k+5},\ \frac{k\times4+5\times1}{k+5}\right),$$

$$\text{즉 } \left(\frac{2k-5}{k+5},\ \frac{4k+5}{k+5}\right)$$

이 점이 직선 $y=-x+1$ 위에 있으므로

$$\frac{4k+5}{k+5}=-\frac{2k-5}{k+5}+1$$

$$4k+5=-2k+5+k+5, \qquad 5k=5$$

$$\therefore k=1 \qquad\qquad\qquad\qquad \text{답 } 1$$

0047 $3\overline{\mathrm{AB}}=2\overline{\mathrm{BC}}$에서

$$\overline{\mathrm{AB}}:\overline{\mathrm{BC}}=2:3$$

이때 $a>0$에서 세 점 A, B, C의 위치는
오른쪽 그림과 같으므로 점 B는 선분
AC를 $2:3$으로 내분하는 점이다.

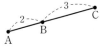

따라서 $\dfrac{2\times a+3\times(-1)}{2+3}=5$, $\dfrac{2\times b+3\times 0}{2+3}=2$이므로

$$2a-3=25, \quad 2b=10$$

$$\therefore a=14, \quad b=5$$

$$\therefore a+b=19 \qquad\qquad\qquad \text{답 } ⑤$$

RPM 비법노트

세 점 A, B, C의 위치가 오른쪽 그림과
같을 때에도 $\overline{\mathrm{AB}}:\overline{\mathrm{BC}}=2:3$이지만
$a<0$이므로 조건을 만족시키지 않는다.

0048 $2\overline{\mathrm{AB}}=\overline{\mathrm{BC}}$에서

$$\overline{\mathrm{AB}}:\overline{\mathrm{BC}}=1:2$$

이때 점 C의 좌표를 (a, b)라 하자.

(i) 점 B가 선분 AC를 $1:2$로 내분하는 점
인 경우

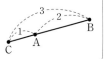

$$\frac{1\times a+2\times(-1)}{1+2}=1,$$

$$\frac{1\times b+2\times 2}{1+2}=4$$이므로

$$a-2=3, \quad b+4=12 \qquad \therefore a=5, \quad b=8$$

$$\therefore \mathrm{C}(5, 8)$$

(ii) 점 A가 선분 BC의 중점인 경우

$$\frac{a+1}{2}=-1, \quad \frac{b+4}{2}=2$$이므로

$$a=-3, \quad b=0$$

$$\therefore \mathrm{C}(-3, 0)$$

(i), (ii)에서 $\mathrm{C}(-3, 0)$ 또는 $\mathrm{C}(5, 8)$ $\qquad$ 답 ②, ④

0049 $\overline{\mathrm{AB}}=3\overline{\mathrm{BC}}$에서

$$\overline{\mathrm{AB}}:\overline{\mathrm{BC}}=3:1$$

(i) 점 C가 선분 AB 위에 있는 경우

점 C는 선분 AB를 $3:1$로 내분하는 점이

므로 점 C의 좌표는

$$\left(\frac{2\times 1+1\times(-5)}{2+1}, \frac{2\times 3+1\times 0}{2+1}\right),$$

즉 $(-1, 2)$

(ii) 점 C가 선분 AB의 연장선 위에 있는 경우

점 B는 선분 AC를 $3:1$로 내분하는
점이므로 점 C의 좌표를 (a, b)라 하면

$$\frac{3\times a+1\times(-5)}{3+1}=1,$$

$$\frac{3\times b+1\times 0}{3+1}=3$$

$$3a-5=4, \quad 3b=12 \qquad \therefore a=3, \quad b=4$$

$$\therefore \mathrm{C}(3, 4)$$

(i), (ii)에서 $\mathrm{C}(-1, 2)$ 또는 $\mathrm{C}(3, 4)$

답 $(-1, 2)$, $(3, 4)$

0050 $\mathrm{D}(a, b)$라 하면 평행사변형 ABCD의 두 대각선 AC
와 BD의 중점이 일치하므로

$$\frac{-1+3}{2}=\frac{0+a}{2}, \quad \frac{3+2}{2}=\frac{0+b}{2}$$

$$\therefore a=2, \quad b=5$$

따라서 꼭짓점 D의 좌표는 $(2, 5)$이다. $\qquad$ 답 $(2, 5)$

0051 평행사변형 ABCD의 두 대각선 AC와 BD의 중점이
일치하므로

$$\frac{a+b}{2}=\frac{1-3}{2}, \quad \frac{4+2}{2}=\frac{1+c}{2}$$

$$\therefore a+b=-2, \quad c=5$$

$$\therefore a+b+c=3 \qquad\qquad\qquad \text{답 } 3$$

0052 평행사변형 ABCD의 두 대각선 AC와 BD의 중점이
일치하고 대각선 BD의 중점의 좌표는

$$\left(\frac{c+d}{2}, \frac{3-5}{2}\right), \text{ 즉 } \left(\frac{c+d}{2}, -1\right)$$

이 점이 직선 $y=-x$ 위에 있으므로

$$-1=-\frac{c+d}{2} \qquad \therefore c+d=2$$

또 대각선 AC의 중점의 좌표는 $\left(\dfrac{a-2}{2}, \dfrac{b-4}{2}\right)$이고, 이 점은

대각선 BD의 중점 $(1, -1)$과 일치하므로

$$\frac{a-2}{2}=1, \quad \frac{b-4}{2}=-1 \qquad \therefore a=4, \quad b=2$$

$$\therefore ab+c+d=10 \qquad\qquad\qquad \text{답 } ⑤$$

0053 마름모 ABCD의 두 대각선 AC와 BD의 중점이 일치
하므로

$$\frac{a+4}{2}=\frac{2+b}{2} \qquad \therefore b=a+2 \qquad\qquad \cdots\cdots\ ㉠$$

또 $\overline{\mathrm{AB}}=\overline{\mathrm{BC}}$이므로

$$\sqrt{(2-a)^2+(3-1)^2}=\sqrt{(4-2)^2+(4-3)^2}$$

양변을 제곱하여 정리하면

$$a^2-4a+3=0, \qquad (a-1)(a-3)=0$$

$$\therefore a=1 \text{ 또는 } a=3 \qquad\qquad\qquad \cdots\cdots\ ㉡$$

ⓛ을 ㉠에 대입하면 $a=1$, $b=3$ 또는 $a=3$, $b=5$

∴ $ab=3$ 또는 $ab=15$

따라서 ab의 값이 될 수 있는 것은 ④이다.   답 ④

0054 삼각형 ABC의 무게중심의 좌표가 $(6, 8)$이므로

$$\frac{2+x_1+x_2}{3}=6, \quad \frac{4+y_1+y_2}{3}=8$$

∴ $x_1+x_2=16$, $y_1+y_2=20$

따라서 선분 BC의 중점의 좌표는

$$\left(\frac{x_1+x_2}{2}, \frac{y_1+y_2}{2}\right), \text{즉 } (8, 10)$$ 답 ②

다른 풀이 $\overline{BC}$의 중점을 $M(m, n)$이라 하면 삼각형 ABC의 무게중심은 $\overline{AM}$을 $2 : 1$로 내분하는 점이므로

$$\frac{2 \times m + 1 \times 2}{2+1}=6, \quad \frac{2 \times n + 1 \times 4}{2+1}=8$$

$2m+2=18$, $2n+4=24$ ∴ $m=8$, $n=10$

따라서 $\overline{BC}$의 중점의 좌표는 $(8, 10)$이다.

0055 삼각형 ABC의 무게중심의 좌표가 $(1, -2)$이므로

$\dfrac{a-b-2}{3}=1$에서 $a=b+5$ ······ ㉠

$\dfrac{b+4+5}{3}=-2$에서 $b=-15$

$b=-15$를 ㉠에 대입하면 $a=-10$

∴ $a+b=-25$ 답 ②

0056 삼각형 ABC의 무게중심의 좌표는

$$\left(\frac{-1+4-6}{3}, \frac{a+4-1}{3}\right), \text{즉 } \left(-1, \frac{a+3}{3}\right)$$

따라서 직선 $y=-4x$가 점 $\left(-1, \dfrac{a+3}{3}\right)$을 지나므로

$$\frac{a+3}{3}=4 \quad ∴ a=9$$ 답 ⑤

0057 $\overline{AB}^2=(-1-3)^2+(4-2)^2=20$

$\overline{BC}^2=1^2+(k-4)^2=k^2-8k+17$

$\overline{CA}^2=3^2+(2-k)^2=k^2-4k+13$ ··· **1단계**

삼각형 ABC가 $\angle B=90°$인 직각삼각형이므로

$$\overline{CA}^2=\overline{AB}^2+\overline{BC}^2$$

$k^2-4k+13=20+k^2-8k+17$, $4k=24$

∴ $k=6$ ··· **2단계**

따라서 $C(0, 6)$이므로 삼각형 ABC의 무게중심의 좌표는

$$\left(\frac{3-1+0}{3}, \frac{2+4+6}{3}\right), \text{즉 } \left(\frac{2}{3}, 4\right)$$ ··· **3단계**

답 $\left(\dfrac{2}{3}, 4\right)$

채점 요소	비율
1단계 $\overline{AB}^2$, $\overline{BC}^2$, $\overline{CA}^2$의 값 구하기	30 %
2단계 k의 값 구하기	40 %
3단계 삼각형 ABC의 무게중심의 좌표 구하기	30 %

0058 삼각형 PQR의 무게중심은 삼각형 ABC의 무게중심과 같으므로 삼각형 PQR의 무게중심의 좌표는

$$\left(\frac{-2+1+4}{3}, \frac{3-4+7}{3}\right), \text{즉 } (1, 2)$$

따라서 $a=1$, $b=2$이므로

$$a-b=-1$$ 답 ②

다른 풀이 점 P의 좌표는

$$\left(\frac{2 \times 1 + 1 \times (-2)}{2+1}, \frac{2 \times (-4) + 1 \times 3}{2+1}\right), \text{즉 } \left(0, -\frac{5}{3}\right)$$

점 Q의 좌표는

$$\left(\frac{2 \times 4 + 1 \times 1}{2+1}, \frac{2 \times 7 + 1 \times (-4)}{2+1}\right), \text{즉 } \left(3, \frac{10}{3}\right)$$

점 R의 좌표는

$$\left(\frac{2 \times (-2) + 1 \times 4}{2+1}, \frac{2 \times 3 + 1 \times 7}{2+1}\right), \text{즉 } \left(0, \frac{13}{3}\right)$$

따라서 삼각형 PQR의 무게중심의 좌표는

$$\left(\frac{0+3+0}{3}, \frac{-\frac{5}{3} + \frac{10}{3} + \frac{13}{3}}{3}\right), \text{즉 } (1, 2)$$

0059 △ABC의 세 꼭짓점의 좌표를 $A(x_1, y_1)$, $B(x_2, y_2)$, $C(x_3, y_3)$이라 하고, $P(x, y)$라 하면

$\overline{PA}^2+\overline{PB}^2+\overline{PC}^2$

$=(x-x_1)^2+(y-y_1)^2+(x-x_2)^2+(y-y_2)^2$

$\quad +(x-x_3)^2+(y-y_3)^2$

$=3x^2-2(x_1+x_2+x_3)x+x_1^2+x_2^2+x_3^2$

$\quad +3y^2-2(y_1+y_2+y_3)y+y_1^2+y_2^2+y_3^2$

$=3\left(x-\dfrac{x_1+x_2+x_3}{3}\right)^2+3\left(y-\dfrac{y_1+y_2+y_3}{3}\right)^2$

$\quad +x_1^2+x_2^2+x_3^2+y_1^2+y_2^2+y_3^2$

$\quad -\dfrac{(x_1+x_2+x_3)^2}{3}-\dfrac{(y_1+y_2+y_3)^2}{3}$

따라서 $x=\dfrac{x_1+x_2+x_3}{3}$, $y=\dfrac{y_1+y_2+y_3}{3}$일 때

$\overline{PA}^2+\overline{PB}^2+\overline{PC}^2$의 값이 최소이고, 이때의 점 P는 △ABC의 무게중심이다.

답 ③

0060 $\overline{AD}$는 $\angle A$의 이등분선이므로

$$\overline{BD} : \overline{CD}=\overline{AB} : \overline{AC}$$

$\overline{AB}=\sqrt{(-4-1)^2+(-8-4)^2}=13$

$\overline{AC}=\sqrt{(5-1)^2+(1-4)^2}=5$

이므로

$$\overline{BD} : \overline{CD}=13 : 5$$

즉 점 D는 $\overline{BC}$를 $13 : 5$로 내분하는 점이므로 점 D의 좌표는

$$\left(\frac{13 \times 5 + 5 \times (-4)}{13+5}, \frac{13 \times 1 + 5 \times (-8)}{13+5}\right),$$

즉 $\left(\dfrac{5}{2}, -\dfrac{3}{2}\right)$ 답 $\left(\dfrac{5}{2}, -\dfrac{3}{2}\right)$

0061 $\overline{\text{AD}}$는 ∠A의 이등분선이므로

$$\overline{\text{BD}}:\overline{\text{CD}}=\overline{\text{AB}}:\overline{\text{AC}}$$

$$\overline{\text{AB}}=\sqrt{(1-5)^2+(-4)^2}=4\sqrt{2},$$

$$\overline{\text{AC}}=\sqrt{(2-5)^2+(7-4)^2}=3\sqrt{2}$$

이므로

$$\overline{\text{BD}}:\overline{\text{CD}}=4\sqrt{2}:3\sqrt{2}=4:3$$

$$\therefore \triangle\text{DAB}:\triangle\text{DAC}=\overline{\text{BD}}:\overline{\text{CD}}=4:3$$

따라서 $p=4$, $q=3$이므로

$$p^2-q^2=7$$

답 **7**

0062 $\overline{\text{BD}}$는 ∠B의 이등분선이므로

$$\overline{\text{AD}}:\overline{\text{CD}}=\overline{\text{BA}}:\overline{\text{BC}}$$

$$\overline{\text{AB}}=\sqrt{(6+2)^2+(9-3)^2}=10,$$

$$\overline{\text{BC}}=\sqrt{(10-6)^2+(6-9)^2}=5$$

이므로

$$\overline{\text{AD}}:\overline{\text{CD}}=10:5=2:1$$

따라서 점 D는 $\overline{\text{AC}}$를 2 : 1로 내분하는 점이므로

$$a=\frac{2\times10+1\times(-2)}{2+1}=6, b=\frac{2\times6+1\times3}{2+1}=5$$

$$\therefore a-b=1$$

답 ①

0063 $\text{P}(x, y)$라 하면 $\overline{\text{PA}}^2-\overline{\text{PB}}^2=9$이므로

$$(x+1)^2+(y-2)^2-\{(x-2)^2+(y-4)^2\}=9$$

$$x^2+2x+y^2-4y+5-(x^2-4x+y^2-8y+20)=9$$

$$6x+4y-24=0$$

$$\therefore 3x+2y-12=0$$

답 $3x+2y-12=0$

0064 $\text{P}(x, y)$라 하면 $\overline{\text{AP}}=\overline{\text{BP}}$에서 $\overline{\text{AP}}^2=\overline{\text{BP}}^2$이므로

$$(x+1)^2+(y-5)^2=(x-2)^2+(y-3)^2$$

$$x^2+2x+y^2-10y+26=x^2-4x+y^2-6y+13$$

$$\therefore 6x-4y+13=0$$

답 $6x-4y+13=0$

0065 $\text{A}(a, b)$라 하고, $\overline{\text{AB}}$를 2 : 1로 내분하는 점의 좌표를 (x, y)라 하면

$$x=\frac{2\times3+1\times a}{2+1}, y=\frac{2\times2+1\times b}{2+1}$$

$$\therefore a=3x-6, b=3y-4 \qquad \cdots\cdots \㉠$$

이때 점 A는 직선 $y=3x+2$ 위의 점이므로

$$b=3a+2 \qquad \cdots\cdots \ ㉡$$

㉠을 ㉡에 대입하면

$$3y-4=3(3x-6)+2, \quad -9x+3y+12=0$$

$$\therefore 3x\ y\ 4=0$$

답 ⑤

0066 $\overline{\text{AB}}\leq6$에서 $\overline{\text{AB}}^2\leq36$이므로

$$(t-2)^2+(8-t)^2\leq36, \quad t^2-10t+16\leq0$$

$$(t-2)(t-8)\leq0 \quad \therefore 2\leq t\leq8$$

따라서 정수 t는 2, 3, 4, 5, 6, 7, 8의 7개이다.

답 ④

0067 $\overline{\text{AP}}=\overline{\text{BP}}$에서 $\overline{\text{AP}}^2=\overline{\text{BP}}^2$이므로

$$(a-1)^2+(b-3)^2=(a+3)^2+(b-5)^2$$

$$a^2-2a+b^2-6b+10=a^2+6a+b^2-10b+34$$

$$-8a+4b=24 \quad \therefore 2a-b=-6 \qquad \cdots\cdots \ ㉠$$

$\overline{\text{AP}}=\overline{\text{CP}}$에서 $\overline{\text{AP}}^2=\overline{\text{CP}}^2$이므로

$$(a-1)^2+(b-3)^2=(a+1)^2+(b+1)^2$$

$$a^2-2a+b^2-6b+10=a^2+2a+b^2+2b+2$$

$$-4a-8b=-8 \quad \therefore a+2b=2 \qquad \cdots\cdots \ ㉡$$

㉠, ㉡을 연립하여 풀면 $a=-2$, $b=2$

$$\therefore a-b=-4$$

답 -4

0068 $\overline{\text{AB}}^2=(2+1)^2+(4+1)^2=34$

$$\overline{\text{BC}}^2=(3-2)^2+(-4)^2=17$$

$$\overline{\text{CA}}^2=(-1-3)^2+(-1)^2=17$$

따라서 $\overline{\text{AB}}^2=\overline{\text{BC}}^2+\overline{\text{CA}}^2$이고 $\overline{\text{BC}}^2=\overline{\text{CA}}^2$에서 $\overline{\text{BC}}=\overline{\text{CA}}$이므로 삼각형 ABC는 ∠C=90°이고 $\overline{\text{BC}}=\overline{\text{CA}}$인 직각이등변삼각형이다.

답 ②

0069 $\text{P}(x, y)$, $\text{A}(-1, -2)$, $\text{B}(2, 2)$라 하면

$$\sqrt{(x+1)^2+(y+2)^2}=\overline{\text{AP}},$$

$$\sqrt{(x-2)^2+(y-2)^2}=\overline{\text{BP}}$$

$$\therefore \sqrt{(x+1)^2+(y+2)^2}+\sqrt{(x-2)^2+(y-2)^2}$$

$$=\overline{\text{AP}}+\overline{\text{BP}}$$

$$\geq\overline{\text{AB}}$$

$$=\sqrt{(2+1)^2+(2+2)^2}=5$$

따라서 구하는 최솟값은 5이다.

답 ③

0070 $\text{P}(0, a)$라 하면

$$\overline{\text{AP}}^2+\overline{\text{BP}}^2=(-1)^2+(a+4)^2+1^2+(a-3)^2$$

$$=2a^2+2a+27$$

$$=2\left(a+\frac{1}{2}\right)^2+\frac{53}{2}$$

따라서 $a=-\dfrac{1}{2}$일 때 주어진 식의 값이 최소이고 이때의 점 P의 좌표는 $\left(0, -\dfrac{1}{2}\right)$

즉 점 $\text{P}\left(0, -\dfrac{1}{2}\right)$은 직선 $2x-5y+k=0$ 위의 점이므로

$$\frac{5}{2}+k=0 \quad \therefore k=-\frac{5}{2}$$

답 $-\dfrac{5}{2}$

0071 $\overline{BD}=2\overline{CD}$이므로

$B(\boxed{(7!)\ -2c}\ ,\ 0)$

$\therefore \overline{AB}^2+2\overline{AC}^2$

$=\{(a+2c)^2+b^2\}+2\{(a-c)^2+b^2\}$

$=a^2+4ac+4c^2+b^2+2a^2-4ac+2c^2+2b^2$

$=3(\boxed{(L!)\ a^2+b^2+2c^2})$

$\overline{AD}^2+2\overline{CD}^2=(a^2+b^2)+2c^2$

$=\boxed{(L!)\ a^2+b^2+2c^2}$

$\therefore \overline{AB}^2+2\overline{AC}^2=3(\overline{AD}^2+2\overline{CD}^2)$ 　　답 ④

0072 선분 AB를 $2:3$으로 내분하는 점 P의 좌표는

$\left(\dfrac{2\times3+3\times8}{2+3},\ \dfrac{2\times1+3\times(-4)}{2+3}\right)$, 즉 $(6,\ -2)$

점 $P(6,\ -2)$가 직선 $x-2y+k=0$ 위에 있으므로

$6-2\times(-2)+k=0$

$\therefore k=-10$ 　　답 -10

0073 이차함수 $y=ax^2$의 그래프와 직선 $y=\dfrac{1}{2}x+1$이 만나

는 두 점 P, Q의 좌표를 각각 $\left(\alpha,\ \dfrac{1}{2}\alpha+1\right),\ \left(\beta,\ \dfrac{1}{2}\beta+1\right)$

$(\alpha<\beta)$이라 하면 $\alpha,\ \beta$는 방정식

$ax^2=\dfrac{1}{2}x+1$, 즉 $2ax^2-x-2=0$

의 두 실근이다.

따라서 이차방정식의 근과 계수의 관계에 의하여

$\alpha+\beta=\dfrac{1}{2a},\ \alpha\beta=-\dfrac{1}{a}$ 　　…… ㉠

한편 $\overline{MH}=1$에서 선분 PQ의 중점 M의 x좌표가 1이므로

$\dfrac{\alpha+\beta}{2}=1$ 　　$\therefore \alpha+\beta=2$

㉠에서 $\alpha+\beta=\dfrac{1}{2a}=2$이므로

$4a=1$ 　　$\therefore a=\dfrac{1}{4}$

$\therefore \alpha\beta=-\dfrac{1}{a}=-\dfrac{1}{\dfrac{1}{4}}=-4$

$\therefore \overline{PQ}=\sqrt{(\beta-\alpha)^2+\left\{\left(\dfrac{1}{2}\beta+1\right)-\left(\dfrac{1}{2}\alpha+1\right)\right\}^2}$

$=\sqrt{(\beta-\alpha)^2+\dfrac{1}{4}(\beta-\alpha)^2}$

$=\dfrac{\sqrt{5}}{2}\sqrt{(\beta-\alpha)^2}$

$=\dfrac{\sqrt{5}}{2}\sqrt{(\alpha+\beta)^2-4\alpha\beta}$

$=\dfrac{\sqrt{5}}{2}\times\sqrt{2^2-4\times(-4)}$

$=\dfrac{\sqrt{5}}{2}\times2\sqrt{5}$

$=5$ 　　답 ③

0074 선분 AB를 $1:k$로 내분하는 점의 좌표는

$\left(\dfrac{1\times0+k\times(-2)}{1+k},\ \dfrac{1\times7+k\times0}{1+k}\right)$, 즉 $\left(\dfrac{-2k}{1+k},\ \dfrac{7}{1+k}\right)$

이 점이 직선 $x+2y=2$ 위에 있으므로

$\dfrac{-2k}{1+k}+2\times\dfrac{7}{1+k}=2$

$-2k+14=2(1+k),\ \ \ -4k=-12$

$\therefore k=3$ 　　답 ③

0075 $4\overline{AC}=3\overline{BC}$에서 　$\overline{AC}:\overline{BC}=3:4$

이를 만족시키는 세 점 A, B, C의 위치는 오

른쪽 그림과 같으므로 점 A는 선분 CB를

$3:1$로 내분하는 점이다.

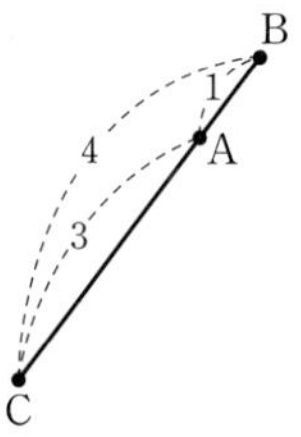

따라서 $\dfrac{3\times2+1\times a}{3+1}=-1$,

$\dfrac{3\times4+1\times b}{3+1}=-1$이므로

$a+6=-4,\ b+12=-4$

$\therefore a=-10,\ b=-16$

$\therefore a+b=-26$ 　　답 -26

0076 평행사변형 ABCD의 두 대각선 AC와 BD의 중점이

일치하므로

$4=\dfrac{3+a}{2},\ 2=\dfrac{5+b}{2}$

$\therefore a=5,\ b=-1$

$\therefore a+b=4$ 　　답 4

0077 평행사변형 ABCD의 두 대각선 AC와 BD의 중점이

일치한다.

이때 대각선 AC의 중점의 좌표는

$\left(\dfrac{0+ab}{2},\ \dfrac{5+1}{2}\right)$, 즉 $\left(\dfrac{ab}{2},\ 3\right)$

대각선 BD의 중점의 좌표는

$\left(\dfrac{1+7}{2},\ \dfrac{a+b}{2}\right)$, 즉 $\left(4,\ \dfrac{a+b}{2}\right)$

따라서 두 점 $\left(\dfrac{ab}{2},\ 3\right)$과 $\left(4,\ \dfrac{a+b}{2}\right)$가 일치하므로

$\dfrac{ab}{2}=4$에서 　$ab=8$

$3=\dfrac{a+b}{2}$에서 　$a+b=6$

$\therefore a^3+b^3=(a+b)^3-3ab(a+b)$

$=6^3-3\times8\times6=72$ 　　답 ②

0078 $B(b_1,\ b_2)$, $C(c_1,\ c_2)$라 하면 $\overline{AB}$의 중점의 좌표가

$(4,\ 2)$이므로

$\dfrac{3+b_1}{2}=4,\ \dfrac{-2+b_2}{2}=2$

$\therefore b_1=5,\ b_2=6$ 　　$\therefore B(5,\ 6)$

또 삼각형 ABC의 무게중심의 좌표가 $\left(\dfrac{4}{3}, 2\right)$이므로

$$\dfrac{3+5+c_1}{3}=\dfrac{4}{3}, \quad \dfrac{-2+6+c_2}{3}=2$$

$$\therefore c_1=-4, c_2=2 \quad \therefore \text{C}(-4, 2)$$

따라서 $\overline{\text{BC}}$를 $2:1$로 내분하는 점의 좌표는

$$\left(\dfrac{2\times(-4)+1\times5}{2+1}, \dfrac{2\times2+1\times6}{2+1}\right), \text{즉} \left(-1, \dfrac{10}{3}\right)$$

이므로 $a=-1, b=\dfrac{10}{3}$

$$\therefore a+b=\dfrac{7}{3}$$

답 $\dfrac{7}{3}$

0079 $\angle$ABC의 이등분선이 선분 AC의 중점을 지나므로

$$\overline{\text{BA}}=\overline{\text{BC}}$$

$\overline{\text{BA}}=\sqrt{(-3)^2+(-a)^2}=\sqrt{9+a^2}$, $\overline{\text{BC}}=|1-(-3)|=4$

이므로 $\sqrt{9+a^2}=4$

양변을 제곱하면 $9+a^2=16, \quad a^2=7$

$$\therefore a=\sqrt{7} \ (\because a>0)$$

답 ③

0080 오른쪽 그림과 같이 윤서의 출발점의 위치를 원점, 주희의 출발점의 위치를 점 $(0, 10)$으로 하는 좌표평면을 잡자.

주희와 윤서의 위치를 나타내는 점을 각각 P, Q라 하면 두 사람이 출발한 지 t시간 후의 두 점 P, Q의 좌표는

$$\text{P}(0, 10-8t), \text{Q}(6t, 0) \quad \cdots\text{1단계}$$

$$\therefore \overline{\text{PQ}}=\sqrt{(6t)^2+(-10+8t)^2}$$
$$=\sqrt{100t^2-160t+100}$$
$$=\sqrt{100\left(t-\dfrac{4}{5}\right)^2+36} \quad \cdots\text{2단계}$$

따라서 $\overline{\text{PQ}}$의 길이는 $t=\dfrac{4}{5}$일 때 최솟값 $\sqrt{36}$, 즉 6을 가지므로 주희와 윤서 사이의 거리의 최솟값은 6 km이다. $\cdots\text{3단계}$

답 **6 km**

채점 요소	비율
1단계 주희와 윤서가 출발한 지 t시간 후의 위치를 좌표로 나타내기	30%
2단계 $\overline{\text{PQ}}$의 길이를 t에 대한 식으로 나타내기	50%
3단계 주희와 윤서 사이의 거리의 최솟값 구하기	20%

0081 삼각형 OAB가 정삼각형이므로

$$\overline{\text{OA}}=\overline{\text{OB}}=\overline{\text{AB}}$$

$\overline{\text{OA}}=\overline{\text{OB}}$에서 $\overline{\text{OA}}^2=\overline{\text{OB}}^2$이므로

$$2^2+2^2=a^2+b^2$$

$$\therefore a^2+b^2=8 \quad\cdots\cdots\ \text{㉠}$$

$\overline{\text{OA}}=\overline{\text{AB}}$에서 $\overline{\text{OA}}^2=\overline{\text{AB}}^2$이므로

$$2^2+2^2=(a-2)^2+(b-2)^2$$

$$\therefore a^2+b^2-4(a+b)=0 \quad\cdots\cdots\ \text{㉡} \quad \cdots\text{1단계}$$

㉠을 ㉡에 대입하면

$$8-4(a+b)=0$$

$$a+b=2 \quad \therefore b=2-a \quad\cdots\cdots\ \text{㉢}$$

㉢을 ㉠에 대입하면

$$a^2+(2-a)^2=8, \quad 2a^2-4a+4=8$$
$$a^2-2a-2=0$$
$$\therefore a=1-\sqrt{3} \ (\because a<0)$$

$a=1-\sqrt{3}$을 ㉢에 대입하면

$$b=1+\sqrt{3} \quad \cdots\text{2단계}$$

$$\therefore a-b=-2\sqrt{3} \quad \cdots\text{3단계}$$

답 $-2\sqrt{3}$

채점 요소	비율
1단계 a, b에 대한 식 세우기	40%
2단계 a, b의 값 구하기	50%
3단계 $a-b$의 값 구하기	10%

0082 $A=\dfrac{1\times\sqrt{2}+1\times\sqrt{5}}{1+1}$이므로 A는 선분 PQ의 중점의 좌표이다.

$B=\dfrac{2\times\sqrt{5}+1\times\sqrt{2}}{2+1}$이므로 B는 선분 PQ를 $2:1$로 내분하는 점의 좌표이다.

$C=\dfrac{1\times\sqrt{5}+3\times\sqrt{2}}{1+3}$이므로 C는 선분 PQ를 $1:3$으로 내분하는 점의 좌표이다. $\cdots\text{1단계}$

따라서 세 수 A, B, C를 수직선 위에 나타내면 다음 그림과 같다.

$$\therefore C<A<B \quad \cdots\text{2단계}$$

답 $C<A<B$

채점 요소	비율
1단계 세 수 A, B, C의 의미 파악하기	70%
2단계 세 수 A, B, C의 대소 관계 구하기	30%

0083 선분 AB를 $t:(1-t)$로 내분하는 점 P의 좌표는

$$\left(\dfrac{t\times5+(1-t)\times0}{t+(1-t)}, \dfrac{t\times(-3)+(1-t)\times2}{t+(1-t)}\right),$$

즉 $(5t, -5t+2)$ $\cdots\text{1단계}$

이때 점 P가 x축 위의 점이므로

$$-5t+2=0 \quad \therefore t=\dfrac{2}{5}$$

$$\therefore \text{P}(2, 0) \quad \cdots\text{2단계}$$

따라서 선분 OP를 $(1-2t):2t$로 내분하는 점의 x좌표는

$$\dfrac{(1-2t)\times2+2t\times0}{(1-2t)+2t}=2-4t$$

$$=2-4\times\dfrac{2}{5}=\dfrac{2}{5} \quad \cdots\text{3단계}$$

답 $\dfrac{2}{5}$

	채점 요소	비율
1단계	점 P의 좌표를 t로 나타내기	40 %
2단계	점 P의 좌표 구하기	20 %
3단계	선분 OP를 $(1-2t):2t$로 내분하는 점의 x좌표 구하기	40 %

0084 **전략** 삼각형의 외심의 성질을 이용하여 외심의 x좌표와 y좌표에 대한 식을 세운다.

$\triangle OAB$의 외심을 $P(p, q)$라 하면
$$\overline{OP}=\overline{AP}=\overline{BP}$$
$\overline{OP}=\overline{AP}$에서 $\overline{OP}^2=\overline{AP}^2$이므로
$$p^2+q^2=(p-4)^2+(q-2)^2$$
$$p^2+q^2=p^2-8p+q^2-4q+20$$
$$\therefore 2p+q=5 \qquad \cdots\cdots \text{㉠}$$
$\overline{OP}=\overline{BP}$에서 $\overline{OP}^2=\overline{BP}^2$이므로
$$p^2+q^2=(p-6)^2+(q+2)^2$$
$$p^2+q^2=p^2-12p+q^2+4q+40$$
$$\therefore 3p-q=10 \qquad \cdots\cdots \text{㉡}$$
㉠, ㉡을 연립하여 풀면 $p=3, q=-1$
즉 $P(3, -1)$이므로 $\overline{OP}=\sqrt{3^2+(-1)^2}=\sqrt{10}$
따라서 외접원의 반지름의 길이가 $\sqrt{10}$이므로 구하는 넓이는
$$\pi\times(\sqrt{10})^2=10\pi \qquad \text{답 } \mathbf{10\pi}$$

다른 풀이 $\overline{OA}^2=4^2+2^2=20$
$\overline{OB}^2=6^2+(-2)^2=40$
$\overline{AB}^2=(6-4)^2+(-2-2)^2=20$
이므로 $\overline{OB}^2=\overline{OA}^2+\overline{AB}^2$
따라서 $\triangle OAB$는 $\angle A=90°$인 직각삼각형이므로 $\triangle OAB$의 외심은 $\overline{OB}$의 중점이다.
즉 외접원의 반지름의 길이는
$$\frac{1}{2}\times\overline{OB}=\frac{1}{2}\times2\sqrt{10}=\sqrt{10}$$
이므로 구하는 넓이는 $\pi\times(\sqrt{10})^2=10\pi$

📝 RPM 비법 노트

삼각형의 외심
① 삼각형의 외심에서 세 꼭짓점까지의 거리는 모두 같다.
② 직각삼각형의 외심은 빗변의 중점이다.

0085 **전략** 소매상 A, B, C의 위치를 수직선 위의 좌표로 나타낸 후 도매상에서 각 소매상까지의 거리의 제곱의 합을 구한다.

소매상의 위치를 각각 $A(-2a)$, $B(0)$, $C(a)$ $(a>0)$, 도매상의 위치를 $P(x)$라 하면 도매상에서 각 소매상까지의 거리의 제곱의 합은
$$\overline{AP}^2+\overline{BP}^2+\overline{CP}^2=(x+2a)^2+x^2+(x-a)^2$$
$$=3x^2+2ax+5a^2$$
$$=3\left(x+\frac{1}{3}a\right)^2+\frac{14}{3}a^2$$

즉 $\overline{AP}^2+\overline{BP}^2+\overline{CP}^2$의 값은 $x=-\frac{1}{3}a$일 때 최소이므로 이때 운반 비용도 최소가 된다.
$x=-\frac{1}{3}a$이면
$$\overline{AP}=\left|-\frac{1}{3}a-(-2a)\right|=\frac{5}{3}a,$$
$$\overline{BP}=\left|-\frac{1}{3}a\right|=\frac{1}{3}a$$
이므로 $\overline{AP}:\overline{BP}=5:1$
따라서 도매상의 위치는 $\overline{AB}$를 $5:1$로 내분하는 점이다.

답 ④

참고 $\overline{CP}=\left|a-\left(-\frac{1}{3}a\right)\right|=\frac{4}{3}a$이므로
$$\overline{AP}:\overline{CP}=5:4$$
따라서 도매상의 위치는 $\overline{AC}$를 $5:4$로 내분하는 점이라 할 수도 있다.

0086 **전략** 평행선 사이의 길이의 비를 이용하여 $\overline{BC}$와 $\overline{PC}$의 길이의 비를 구한다.

$\overline{AP} /\!/ \overline{DC}$이므로
$$\overline{AB}:\overline{AD}=\overline{PB}:\overline{PC}$$
$\overline{AB}=\sqrt{(-5)^2+(-9-3)^2}=13$,
$\overline{AD}=\overline{AC}=\sqrt{4^2+(-3)^2}=5$이므로
$$\overline{PB}:\overline{PC}=13:5$$
따라서 점 C는 $\overline{BP}$를 $(13-5):5$, 즉 $8:5$로 내분하는 점이므로
$$\frac{8\times a+5\times(-5)}{8+5}=4, \frac{8\times b+5\times(-9)}{8+5}=0$$
$$8a-25=52, 8b-45=0$$
$$\therefore a=\frac{77}{8}, b=\frac{45}{8}$$
$$\therefore a-b=4 \qquad \text{답 } ⑤$$

02 직선의 방정식

본책 019쪽

교과서문제 정복하기

0087 답 $y=-5x+3$

0088 $y-(-1)=2(x-1)$　∴ $y=2x-3$

답 $y=2x-3$

0089 $y-3=\dfrac{-3-3}{4-2}(x-2)$　∴ $y=-3x+9$

답 $y=-3x+9$

0090 답 $y=4$

0091 답 $-\dfrac{x}{7}+\dfrac{y}{5}=1$

0092 (1) $ax+by+c=0$에서 $b\neq0$이므로

$$y=-\dfrac{a}{b}x-\dfrac{c}{b}$$

$a>0$, $b>0$, $c<0$이므로

$$(기울기)=-\dfrac{a}{b}<0,$$

$$(y절편)=-\dfrac{c}{b}>0$$

따라서 주어진 직선의 개형은 오른쪽 그림과
같으므로 제1, 2, 4사분면을 지난다.

(2) $ax+by+c=0$에서 $b=0$이므로　$ax+c=0$

$$∴ x=-\dfrac{c}{a}$$

$a>0$, $c<0$이므로　$-\dfrac{c}{a}>0$

따라서 주어진 직선의 개형은 오른쪽 그림과
같으므로 제1, 4사분면을 지난다.

답 (1) 제 1, 2, 4 사분면　(2) 제 1, 4 사분면

0093 주어진 식이 k의 값에 관계없이 항상 성립하려면

$$4x+5y+3=0, \ 2x+3y+1=0$$

두 식을 연립하여 풀면　$x=-2$, $y=1$
따라서 구하는 점의 좌표는 $(-2, 1)$이다.　답 $(-2, 1)$

0094 주어진 식을 k에 대하여 정리하면

$$2x+y-1+k(x-2y+1)=0$$

이 식이 k의 값에 관계없이 항상 성립하려면

$$2x+y-1=0, \ x-2y+1=0$$

두 식을 연립하여 풀면　$x=\dfrac{1}{5}$, $y=\dfrac{3}{5}$

따라서 구하는 점의 좌표는 $\left(\dfrac{1}{5}, \dfrac{3}{5}\right)$이다.　답 $\left(\dfrac{1}{5}, \dfrac{3}{5}\right)$

0095 주어진 두 직선의 교점을 지나는 직선의 방정식을

$$2x-3y-1+k(2x-4y+1)=0 \ (k는 실수) \ \cdots \ ㉠$$

이라 하면 이 직선이 원점을 지나므로

$$-1+k=0 \quad ∴ \ k=1$$

이것을 ㉠에 대입하면

$$2x-3y-1+2x-4y+1=0$$

$$∴ \ 4x-7y=0$$

답 $4x-7y=0$

다른 풀이 $2x-3y-1=0$, $2x-4y+1=0$을 연립하여 풀면

$$x=\dfrac{7}{2}, \ y=2$$

따라서 두 직선의 교점의 좌표가 $\left(\dfrac{7}{2}, 2\right)$이므로 두 점 $(0, 0)$,

$\left(\dfrac{7}{2}, 2\right)$를 지나는 직선의 방정식은

$$y=\dfrac{2}{\frac{7}{2}}x \quad ∴ \ 4x-7y=0$$

0096 (1) $-\dfrac{1}{2}=a+1$　∴ $a=-\dfrac{3}{2}$

(2) $-\dfrac{1}{2}\times(a+1)=-1$　∴ $a=1$

답 (1) $-\dfrac{3}{2}$　(2) $\mathbf{1}$

0097 (1) 두 직선이 평행하려면　$\dfrac{1}{a-1}=\dfrac{a}{2}\neq\dfrac{1}{1}$

$\dfrac{1}{a-1}=\dfrac{a}{2}$에서　$a^2-a=2$,　$a^2-a-2=0$

$(a+1)(a-2)=0$　∴ $a=-1$ 또는 $a=2$

$\dfrac{a}{2}\neq\dfrac{1}{1}$에서 $a\neq2$이므로　$a=-1$

(2) 두 직선이 수직이려면

$$1\times(a-1)+a\times2=0 \quad ∴ \ a=\dfrac{1}{3}$$

답 (1) -1　(2) $\dfrac{1}{3}$

0098 직선 $3x+2y+1=0$, 즉 $y=-\dfrac{3}{2}x-\dfrac{1}{2}$에 평행한 직

선의 기울기는 $-\dfrac{3}{2}$이다.

따라서 기울기가 $-\dfrac{3}{2}$이고 점 $(2, -3)$을 지나는 직선의 방정식은

$$y-(-3)=-\dfrac{3}{2}(x-2)$$

$$∴ \ y=-\dfrac{3}{2}x$$

답 $y=-\dfrac{3}{2}x$

0099 직선 $y=-3x+1$에 수직인 직선의 기울기는 $\dfrac{1}{3}$이다.

따라서 기울기가 $\dfrac{1}{3}$이고 점 $(-2, 1)$을 지나는 직선의 방정식은

$$y-1=\dfrac{1}{3}\{x-(-2)\}$$

$$∴ \ y=\dfrac{1}{3}x+\dfrac{5}{3}$$

답 $y=\dfrac{1}{3}x+\dfrac{5}{3}$

0100 $\dfrac{|1\times1-2\times4+2|}{\sqrt{1^2+(-2)^2}}=\dfrac{5}{\sqrt5}=\sqrt5$ 　　답 $\sqrt5$

0101 $\dfrac{|6\times(-3)+8\times2-3|}{\sqrt{6^2+8^2}}=\dfrac{5}{10}=\dfrac12$ 　　답 $\dfrac12$

0102 $\dfrac{|6|}{\sqrt{4^2+(-3)^2}}=\dfrac65$ 　　답 $\dfrac65$

0103 평행한 두 직선 $x-y-3=0$, $x-y+3=0$ 사이의 거리는 직선 $x-y-3=0$ 위의 점 $(3,0)$과 직선 $x-y+3=0$ 사이의 거리와 같으므로

$$\dfrac{|3-0+3|}{\sqrt{1^2+(-1)^2}}=\dfrac6{\sqrt2}=3\sqrt2$$ 　　답 $3\sqrt2$

> ✏️ **RPM 비법노트**
>
> 평행한 두 직선 $ax+by+c=0$, $ax+by+c'=0$ 사이의 거리는
> $$\dfrac{|c-c'|}{\sqrt{a^2+b^2}}$$

🔖 **유형 익히기** ●본책 020~027쪽

0104 두 점 $(-4,2)$, $(6,8)$을 이은 선분의 중점의 좌표는
$$\left(\dfrac{-4+6}{2},\dfrac{2+8}{2}\right),\ \text{즉}\ (1,5)$$
따라서 점 $(1,5)$를 지나고 기울기가 -2인 직선의 방정식은
$$y-5=-2(x-1)$$
$$\therefore y=-2x+7$$ 　　답 $y=-2x+7$

0105 직선 $3x-y-5=0$, 즉 $y=3x-5$의 기울기는 3이므로 점 $(-1,-1)$을 지나고 기울기가 3인 직선의 방정식은
$$y-(-1)=3\{x-(-1)\}\qquad\therefore 3x-y+2=0$$
따라서 $a=3$, $b=2$이므로
$$ab=6$$ 　　답 ⑤

0106 주어진 직선의 기울기는
$$\tan45°=1$$
점 $(2,-1)$을 지나고 기울기가 1인 직선의 방정식은
$$y-(-1)=x-2\qquad\therefore y=x-3$$
따라서 $m-2=1$, $-n-1=-3$이므로 　　$m=3$, $n=2$
$$\therefore m+n=5$$ 　　답 5

0107 두 점 $A(6,-4)$, $B(1,1)$에 대하여 선분 AB를 $2:3$으로 내분하는 점의 좌표는
$$\left(\dfrac{2\times1+3\times6}{2+3},\dfrac{2\times1+3\times(-4)}{2+3}\right),\ \text{즉}\ (4,-2)$$

따라서 두 점 $(4,-2)$, $(-1,3)$을 지나는 직선의 방정식은
$$y-(-2)=\dfrac{3-(-2)}{-1-4}(x-4)$$
$$\therefore y=-x+2$$
즉 구하는 y절편은 2이다. 　　답 2

0108 두 점 $(-2,3)$, $(3,-2)$를 지나는 직선의 방정식은
$$y-3=\dfrac{-2-3}{3-(-2)}\{x-(-2)\}$$
$$\therefore y=-x+1$$
직선 $y=-x+1$이 두 점 $(-5,a)$, $(b,2)$를 지나므로
$$a=-(-5)+1,\ 2=-b+1$$
$$\therefore a=6,\ b=-1$$
$$\therefore a-b=7$$ 　　답 ⑤

0109 삼각형 ABC의 무게중심 G의 좌표는
$$\left(\dfrac{3+4-1}{3},\dfrac{5+1+3}{3}\right),\ \text{즉}\ (2,3)$$ … 1단계
따라서 두 점 $C(-1,3)$, $G(2,3)$을 지나는 직선의 방정식은
$$y=3$$ … 2단계
답 $y=3$

채점 요소	비율
1단계 삼각형 ABC의 무게중심 G의 좌표 구하기	50 %
2단계 직선 CG의 방정식 구하기	50 %

다른 풀이 직선 CG는 $\overline{AB}$의 중점을 지나고 $\overline{AB}$의 중점의 좌표는
$$\left(\dfrac{3+4}{2},\dfrac{5+1}{2}\right),\ \text{즉}\ \left(\dfrac72,3\right)$$
따라서 두 점 $(-1,3)$, $\left(\dfrac72,3\right)$을 지나는 직선의 방정식은
$$y=3$$

0110 두 점 $A(5,-3)$, $C(1,5)$를 지나는 직선의 방정식은
$$y-(-3)=\dfrac{5-(-3)}{1-5}(x-5)$$
$$\therefore y=-2x+7$$ …… ㉠
두 점 $O(0,0)$, $B(7,0)$을 지나는 직선의 방정식은
$$y=0$$ …… ㉡
㉡을 ㉠에 대입하여 풀면 　　$x=\dfrac72$
따라서 두 대각선의 교점의 좌표는 $\left(\dfrac72,0\right)$이다. 　　답 $\left(\dfrac72,0\right)$

0111 x절편과 y절편의 합이 0이므로 x절편을 $a\ (a\neq0)$라 하면 y절편은 $-a$이다.
따라서 주어진 직선의 방정식은
$$\dfrac{x}{a}+\dfrac{y}{-a}=1\qquad\therefore y=x-a$$
이 직선이 점 $(-2,4)$를 지나므로
$$4=-2-a\qquad\therefore a=-6$$ 　　답 -6

0112 $2x-3y-4=0$에 $y=0$을 대입하면

$$2x-4=0 \quad \therefore x=2$$

$3x+y+8=0$에 $x=0$을 대입하면

$$y+8=0 \quad \therefore y=-8$$

따라서 직선 l의 x절편은 2, y절편은 -8이므로 직선 l의 방정식은

$$\frac{x}{2}+\frac{y}{-8}=1$$

이 직선이 점 $(a, -4)$를 지나므로

$$\frac{a}{2}+\frac{-4}{-8}=1, \quad \frac{a}{2}=\frac{1}{2}$$

$$\therefore a=1$$

달 1

0113 세 점 $A(1, 3)$, $B(a, 5)$, $C(3, 2a+3)$이 한 직선 위에 있으므로 직선 AB와 직선 AC의 기울기가 같다.

즉 $\dfrac{5-3}{a-1}=\dfrac{(2a+3)-3}{3-1}$이므로

$$\frac{2}{a-1}=a, \quad a^2-a-2=0$$

$$(a+1)(a-2)=0$$

$$\therefore a=2 \ (\because a>0)$$

따라서 직선의 기울기가 $\dfrac{5-3}{2-1}=2$이고 점 $A(1, 3)$을 지나므로 구하는 직선의 방정식은

$$y-3=2(x-1)$$

$$\therefore y=2x+1$$

달 $y=2x+1$

0114 세 점이 삼각형을 이루지 않으려면 세 점은 한 직선 위에 있어야 하므로 직선 AC의 기울기와 직선 BC의 기울기가 같아야 한다.

즉 $\dfrac{7+1}{5-k}=\dfrac{7-k}{5-2}$이므로

$$24=(5-k)(7-k)$$

$$k^2-12k+11=0, \quad (k-1)(k-11)=0$$

$$\therefore k=1 \ 또는 \ k=11$$

따라서 모든 실수 k의 값의 합은

$$1+11=12$$

달 12

0115 꼭짓점 A를 지나는 직선 $y=ax+b$가 삼각형 ABC의 넓이를 이등분하려면 선분 BC의 중점을 지나야 한다.

선분 BC의 중점의 좌표는

$$\left(\frac{5-1}{2}, \frac{-5+1}{2}\right), 즉 (2, -2)$$

두 점 $(3, 3)$, $(2, -2)$를 지나는 직선의 방정식은

$$y-3=\frac{-2-3}{2-3}(x-3)$$

$$\therefore y=5x-12$$

따라서 $a=5$, $b=-12$이므로

$$a+b=-7$$

달 -7

0116 직선 $\dfrac{x}{2}+\dfrac{y}{4}=1$과 x축, y축의 교점을 각각 A, B라 하면

$$A(2, 0), B(0, 4)$$

직선 $y=mx$가 삼각형 ABO의 넓이를 이등분하려면 오른쪽 그림과 같이 선분 AB의 중점을 지나야 한다.

이때 선분 AB의 중점의 좌표는

$$\left(\frac{2+0}{2}, \frac{0+4}{2}\right), 즉 (1, 2)$$

따라서 직선 $y=mx$가 점 $(1, 2)$를 지나야 하므로

$$m=2$$

달 ②

0117 두 직사각형의 넓이를 동시에 이등분하는 직선은 각 직사각형의 두 대각선의 교점을 지나야 한다.

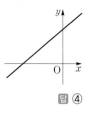

오른쪽 그림과 같이 각 직사각형의 두 대각선의 교점을 A, B라 하면

점 A의 좌표는

$$\left(\frac{-4+0}{2}, \frac{0-2}{2}\right), 즉 (-2, -1)$$

점 B의 좌표는

$$\left(\frac{1+3}{2}, \frac{5+1}{2}\right), 즉 (2, 3)$$

두 점 $A(-2, -1)$, $B(2, 3)$을 지나는 직선의 방정식은

$$y-(-1)=\frac{3-(-1)}{2-(-2)}\{x-(-2)\} \quad \therefore y=x+1$$

따라서 이 직선의 x절편은 -1, y절편은 1이므로 구하는 곱은

$$-1\times 1=-1$$

달 -1

0118 $ax+by+c=0$에서 $\quad y=-\dfrac{a}{b}x-\dfrac{c}{b}$

이때 $ab<0$, $bc<0$에서 $\dfrac{a}{b}<0$, $\dfrac{c}{b}<0$이므로

$$-\frac{a}{b}>0, \ -\frac{c}{b}>0$$

즉 기울기와 y절편이 모두 양수이므로 주어진 직선의 개형은 오른쪽 그림과 같다.

따라서 이 직선은 제4사분면을 지나지 않는다.

달 ④

0119 ㄱ. $c=0$이면 $\quad ax+by=0$

$$\therefore y=-\frac{a}{b}x \ (\because ab\neq 0)$$

따라서 주어진 직선은 원점을 지난다. (참)

ㄴ. $b\neq 0$이므로 $ax+by+c=0$에서 $\quad y=-\dfrac{a}{b}x-\dfrac{c}{b}$

이때 $ab>0$에서 $-\dfrac{a}{b}<0$이므로 직선의 기울기는 음수이다.

따라서 주어진 직선은 제4사분면을 지난다. (참)

ㄷ. $b \neq 0$이므로 $ax+by+c=0$에서

$$y = -\frac{a}{b}x - \frac{c}{b}$$

이때 $bc<0$에서 $-\frac{c}{b}>0$이므로 직선의 y절편은 양수이다.

따라서 주어진 직선은 제1사분면을 지난다. (참)

이상에서 ㄱ, ㄴ, ㄷ 모두 항상 옳다.　　　　　　답 ⑤

0120 $ax+by-2=0$에서　　$y=-\frac{a}{b}x+\frac{2}{b}$

주어진 그림에서 이 직선의 기울기와 y절편이 모두 음수이므로

$$-\frac{a}{b}<0, \ \frac{2}{b}<0 \quad \therefore a<0, \ b<0$$

$x-ay+b=0$에서　　$y=\frac{1}{a}x+\frac{b}{a}$

이때 $\frac{1}{a}<0, \ \frac{b}{a}>0$이므로 이 직선의 기울기는 음수, y절편은 양수이다.

따라서 직선 $x-ay+b=0$의 개형은 ③이다.　　답 ③

0121 $(2k+1)x-(k-1)y-5k-4=0$을 k에 대하여 정리하면

$$(2x-y-5)k+x+y-4=0$$

이 식이 k의 값에 관계없이 항상 성립해야 하므로

$$2x-y-5=0, \ x+y-4=0$$

두 식을 연립하여 풀면　　$x=3, \ y=1$

$$\therefore \mathrm{P}(3, 1)$$

따라서 기울기가 -2이고 점 $\mathrm{P}(3, 1)$을 지나는 직선의 방정식은

$$y-1=-2(x-3)$$
$$\therefore 2x+y-7=0$$　　　　　　답 ④

0122 $mx+y+3m-4=0$을 m에 대하여 정리하면

$$m(x+3)+y-4=0$$

이 식이 m의 값에 관계없이 항상 성립해야 하므로

$$x+3=0, \ y-4=0$$
$$\therefore x=-3, \ y=4$$

즉 $\mathrm{P}(-3, 4)$이므로

$$\overline{\mathrm{OP}} = \sqrt{(-3)^2 + 4^2} = 5$$　　　　　　답 5

0123 점 (a, b)가 직선 $2x-y+3=0$ 위의 점이므로

$$2a-b+3=0 \quad \therefore b=2a+3 \quad \cdots\cdots ㉠$$

㉠을 $2ax-3by=9$에 대입하면

$$2ax-3(2a+3)y=9$$
$$\therefore (2x-6y)a-9y-9=0$$

이 식이 a의 값에 관계없이 항상 성립해야 하므로

$$2x-6y=0, \ -9y-9=0$$
$$\therefore x=-3, \ y=-1$$

따라서 직선 $2ax-3by=9$는 항상 점 $(-3, -1)$을 지난다.

답 ②

0124 주어진 두 직선의 교점을 지나는 직선의 방정식을

$$2x-3y-1+k(x+y-3)=0 \ (k는 실수) \quad \cdots\cdots ㉠$$

이라 하면 직선 ㉠이 점 $(1, 1)$을 지나므로

$$2-3-1+k(1+1-3)=0$$
$$-2-k=0 \quad \therefore k=-2$$

이것을 ㉠에 대입하면　　$2x-3y-1-2(x+y-3)=0$
$$-5y+5=0 \quad \therefore y-1=0$$

따라서 $a=0, \ b=1$이므로　　$a-b=-1$　　답 -1

다른 풀이 $2x-3y-1=0, \ x+y-3=0$을 연립하여 풀면

$$x=2, \ y=1$$

따라서 두 직선의 교점의 좌표가 $(2, 1)$이므로 두 점 $(2, 1)$, $(1, 1)$을 지나는 직선의 방정식은　　$y=1$

0125 주어진 두 직선의 교점을 지나는 직선의 방정식을

$$x+y+1+k(2x-y-1)=0 \ (k는 실수) \quad \cdots\cdots ㉠$$

이라 하면 직선 ㉠이 점 $(2, 0)$을 지나므로

$$2+0+1+k(4-0-1)=0$$
$$3+3k=0 \quad \therefore k=-1$$

이것을 ㉠에 대입하면　　$x+y+1-(2x-y-1)=0$
$$\therefore x-2y-2=0$$

⑤ $4-2\times 1-2=0$이므로 점 $(4, 1)$은 직선 $x-2y-2=0$ 위의 점이다.

답 ⑤

0126 주어진 두 직선의 교점을 지나는 직선의 방정식을

$$5x-y+2+k(x+4y-3)=0 \ (k는 실수)$$

이라 하면　　$(k+5)x+(4k-1)y-3k+2=0 \quad \cdots ㉠$

직선 ㉠의 기울기가 -1이려면

$$-\frac{k+5}{4k-1}=-1, \quad k+5=4k-1 \quad \therefore k=2$$

이것을 ㉠에 대입하면

$$7x+7y-4=0 \quad \therefore y=-x+\frac{4}{7}$$

따라서 구하는 y절편은 $\frac{4}{7}$이다.　　답 $\frac{4}{7}$

0127 주어진 두 직선의 교점을 지나는 직선의 방정식을

$$ax+(a+1)y+2+k\{(a-6)x+ay-2\}$$
$$=0 \ (k는 실수) \quad \cdots\cdots ㉠$$

이라 하면 직선 ㉠이 원점을 지나므로

$$2-2k=0 \quad \therefore k=1$$

이것을 ㉠에 대입하면

$$ax+(a+1)y+2+(a-6)x+ay-2=0$$
$$\therefore (2a-6)x+(2a+1)y=0$$

이 직선의 기울기가 2이므로

$$-\frac{2a-6}{2a+1}=2, \quad -2a+6=4a+2$$
$$\therefore a=\frac{2}{3}$$　　　　　　답 $\frac{2}{3}$

0128 두 직선이 평행하려면

$$\frac{2}{k+1}=\frac{-k}{-1}\neq\frac{1}{k}$$

$\dfrac{2}{k+1}=\dfrac{-k}{-1}$에서 $-2=-k^2-k$

$k^2+k-2=0$, $(k+2)(k-1)=0$

$\therefore k=-2$ 또는 $k=1$ ······ ㉠

$\dfrac{-k}{-1}\neq\dfrac{1}{k}$에서 $k^2\neq 1$

$\therefore k\neq-1,\ k\neq 1$ ······ ㉡

㉠, ㉡에서 $k=-2$

또 두 직선이 수직이려면

$2(k+1)+(-k)\times(-1)=0$

$3k=-2$ $\therefore k=-\dfrac{2}{3}$

따라서 $\alpha=-2$, $\beta=-\dfrac{2}{3}$이므로 $\alpha-\beta=-\dfrac{4}{3}$ **답** $-\dfrac{4}{3}$

0129 두 직선이 수직이려면

$(a-1)(a-2)+3\times(-2)=0$

$a^2-3a-4=0$, $(a+1)(a-4)=0$

$\therefore a=-1$ 또는 $a=4$

따라서 모든 상수 a의 값의 곱은

$-1\times 4=-4$ **답** -4

0130 두 직선이 각각 점 $(-1,5)$를 지나므로

$2+5a+3=0$에서 $a=-1$

$-b+5c+11=0$에서 $b-5c=11$ ······ ㉠

두 직선 $-2x-y+3=0$, $bx+cy+11=0$이 수직이므로

$-2\times b+(-1)\times c=0$ $\therefore 2b+c=0$ ······ ㉡

㉠, ㉡을 연립하여 풀면 $b=1$, $c=-2$

$\therefore abc=2$ **답** ③

0131 직선 $x-ay+1=0$이 직선 $x+(b-2)y-1=0$과 평행하므로

$$\frac{1}{1}=\frac{-a}{b-2}\neq\frac{1}{-1}$$

$\dfrac{1}{1}=\dfrac{-a}{b-2}$에서 $a+b=2$ ··· **1단계**

직선 $x-ay+1=0$이 직선 $(a+1)x-(b-1)y+1=0$과 수직이므로

$1\times(a+1)+(-a)\times(-b+1)=0$

$\therefore ab=-1$ ··· **2단계**

$\therefore a^2+b^2=(a+b)^2-2ab$

$=2^2-2\times(-1)=6$ ··· **3단계**

답 6

채점 요소	비율
1단계 두 직선이 평행할 조건을 이용하여 $a+b$의 값 구하기	40 %
2단계 두 직선이 수직일 조건을 이용하여 ab의 값 구하기	40 %
3단계 a^2+b^2의 값 구하기	20 %

0132 두 점 A, B를 지나는 직선의 기울기는

$$\frac{4-1}{6-(-3)}=\frac{1}{3}$$

이므로 구하는 직선의 기울기는 -3이다.

선분 AB를 $1:2$로 내분하는 점의 좌표는

$\left(\dfrac{1\times 6+2\times(-3)}{1+2},\ \dfrac{1\times 4+2\times 1}{1+2}\right)$, 즉 $(0,2)$

따라서 기울기가 -3이고 점 $(0,2)$를 지나는 직선의 방정식은

$y=-3x+2$ **답** $y=-3x+2$

0133 두 점 $(-3,5)$, $(5,-7)$을 지나는 직선의 기울기는

$$\frac{-7-5}{5-(-3)}=-\frac{3}{2}$$

기울기가 $-\dfrac{3}{2}$이고 점 $(2,5)$를 지나는 직선의 방정식은

$y-5=-\dfrac{3}{2}(x-2)$ $\therefore 3x+2y-16=0$

따라서 $a=3$, $b=-16$이므로

$a+b=-13$ **답** ①

0134 두 직선 $3x+2y-5=0$, $3x+y-1=0$의 교점을 지나는 직선의 방정식을

$3x+2y-5+k(3x+y-1)=0$ (k는 실수)

이라 하면 $(3k+3)x+(k+2)y-k-5=0$ ······ ㉠

직선 ㉠이 직선 $2x-y+4=0$과 수직이므로

$(3k+3)\times 2+(k+2)\times(-1)=0$, $5k+4=0$

$\therefore k=-\dfrac{4}{5}$

이것을 ㉠에 대입하면

$\dfrac{3}{5}x+\dfrac{6}{5}y-\dfrac{21}{5}=0$ $\therefore x+2y-7=0$

이 직선이 점 $(a,-1)$을 지나므로

$a-2-7=0$ $\therefore a=9$ **답** 9

다른 풀이 $3x+2y-5=0$, $3x+y-1=0$을 연립하여 풀면

$x=-1$, $y=4$

즉 두 직선 $3x+2y-5=0$, $3x+y-1=0$의 교점의 좌표는

$(-1,4)$

직선 $2x-y+4=0$, 즉 $y=2x+4$의 기울기가 2이므로 이 직선과 수직인 직선의 기울기는 $-\dfrac{1}{2}$이다.

따라서 기울기가 $-\dfrac{1}{2}$이고 점 $(-1,4)$를 지나는 직선의 방정식은

$y-4=-\dfrac{1}{2}\{x-(-1)\}$ $\therefore y=-\dfrac{1}{2}x+\dfrac{7}{2}$

이 직선이 점 $(a,-1)$을 지나므로

$-1=-\dfrac{1}{2}a+\dfrac{7}{2}$ $\therefore a=9$

0135 직선 $x+3y-9=0$, 즉 $y=-\dfrac{1}{3}x+3$의 기울기가

$-\dfrac{1}{3}$이므로 직선 AH의 기울기는 3이다.

따라서 직선 AH의 방정식은

$$y-11=3(x-6) \qquad \therefore 3x-y-7=0$$

이때 점 H는 직선 AH와 직선 $x+3y-9=0$의 교점이므로

$3x-y-7=0$, $x+3y-9=0$을 연립하여 풀면

$$x=3, y=2$$

즉 $a=3$, $b=2$이므로 $\qquad ab=6$ <u>답</u> ③

0136 선분 AB의 중점의 좌표는

$$\left(\frac{3+5}{2}, \frac{1-3}{2}\right), \text{ 즉 } (4, -1)$$

두 점 A$(3, 1)$, B$(5, -3)$을 지나는 직선의 기울기는

$$\frac{-3-1}{5-3}=-2$$

따라서 선분 AB의 수직이등분선은 기울기가 $\frac{1}{2}$이고 점 $(4, -1)$을 지나므로 그 방정식은

$$y-(-1)=\frac{1}{2}(x-4) \qquad \therefore y=\frac{1}{2}x-3$$ <u>답</u> ②

0137 직선 $y=-x+b$의 기울기가 -1이므로 직선 AB의 기울기는 1이다.

즉 $\dfrac{5-3}{4-a}=1$이므로 $\qquad a=2$

또 직선 $y=-x+b$가 선분 AB의 중점 $\left(\dfrac{a+4}{2}, \dfrac{3+5}{2}\right)$, 즉 $(3, 4)$를 지나므로

$$4=-3+b \qquad \therefore b=7$$
$$\therefore a+b=9$$ <u>답</u> **9**

0138 직선 $2x+y-3=0$이 선분 AB의 중점 $\left(\dfrac{a+b}{2}, \dfrac{2+4}{2}\right)$, 즉 $\left(\dfrac{a+b}{2}, 3\right)$을 지나므로

$$2\times\frac{a+b}{2}+3-3=0 \qquad \therefore a+b=0 \qquad \cdots\cdots \text{㉠}$$

또 직선 $2x+y-3=0$, 즉 $y=-2x+3$의 기울기가 -2이므로 직선 AB의 기울기는 $\dfrac{1}{2}$이다.

즉 $\dfrac{4-2}{b-a}=\dfrac{1}{2}$이므로 $\qquad b-a=4 \qquad \cdots\cdots \text{㉡}$

㉠, ㉡을 연립하여 풀면 $a=-2$, $b=2$

$$\therefore a^2+b^2=8$$ <u>답</u> **8**

0139 선분 AC의 중점의 좌표는

$$\left(\frac{1+3}{2}, \frac{0+6}{2}\right), \text{ 즉 } (2, 3)$$

직선 AC의 기울기는 $\dfrac{6-0}{3-1}=3$

따라서 선분 AC의 수직이등분선은 기울기가 $-\dfrac{1}{3}$이고 점 $(2, 3)$을 지나므로 그 방정식은

$$y-3=-\frac{1}{3}(x-2)$$
$$\therefore y=-\frac{1}{3}x+\frac{11}{3} \qquad \cdots\cdots \text{㉠}$$

선분 BC의 중점의 좌표는 $\left(\dfrac{7+3}{2}, \dfrac{2+6}{2}\right)$, 즉 $(5, 4)$

직선 BC의 기울기는 $\dfrac{6-2}{3-7}=-1$

따라서 선분 BC의 수직이등분선은 기울기가 1이고 점 $(5, 4)$를 지나므로 그 방정식은

$$y-4=x-5 \qquad \therefore y=x-1 \qquad \cdots\cdots \text{㉡}$$

㉠, ㉡을 연립하여 풀면 $x=\dfrac{7}{2}$, $y=\dfrac{5}{2}$

따라서 구하는 교점의 좌표는 $\left(\dfrac{7}{2}, \dfrac{5}{2}\right)$이다. <u>답</u> $\left(\dfrac{7}{2}, \dfrac{5}{2}\right)$

참고ㅣ선분 AB의 중점의 좌표는 $\left(\dfrac{1+7}{2}, \dfrac{0+2}{2}\right)$, 즉 $(4, 1)$

직선 AB의 기울기는 $\dfrac{2-0}{7-1}=\dfrac{1}{3}$

따라서 선분 AB의 수직이등분선은 기울기가 -3이고 점 $(4, 1)$을 지나므로 그 방정식은

$$y-1=-3(x-4) \qquad \therefore y=-3x+13$$

이때 $-3\times\dfrac{7}{2}+13=\dfrac{5}{2}$이므로 선분 AB의 수직이등분선도 점 $\left(\dfrac{7}{2}, \dfrac{5}{2}\right)$를 지난다.

0140 $x+2y=0 \qquad\qquad\qquad \cdots\cdots \text{㉠}$

$x-y+3=0 \qquad\qquad\qquad \cdots\cdots \text{㉡}$

$ax+y+a+1=0 \qquad\qquad \cdots\cdots \text{㉢}$

이때 직선 ㉠과 ㉡은 평행하지 않다.

(i) 두 직선 ㉠, ㉢이 평행한 경우

$$\frac{1}{a}=\frac{2}{1}\neq\frac{0}{a+1}\text{이므로} \qquad a=\frac{1}{2}$$

(ii) 두 직선 ㉡, ㉢이 평행한 경우

$$\frac{a}{1}=\frac{1}{-1}\neq\frac{a+1}{3}\text{이므로} \qquad a=-1$$

(iii) 세 직선이 한 점에서 만나는 경우

㉠, ㉡을 연립하여 풀면 $x=-2$, $y=1$

따라서 직선 ㉢이 점 $(-2, 1)$을 지나야 하므로

$$-2a+1+a+1=0 \qquad \therefore a=2$$

이상에서 $a=-1$ 또는 $a=\dfrac{1}{2}$ 또는 $a=2$

따라서 구하는 모든 a의 값의 곱은

$$-1\times\frac{1}{2}\times2=-1$$ <u>답</u> **-1**

0141 주어진 세 직선이 한 점에서 만나려면 직선 $kx+y=-7$이 두 직선 $3x+y=8$, $2x+y=5$의 교점을 지나야 한다.

$3x+y=8$, $2x+y=5$를 연립하여 풀면

$$x=3, y=-1$$

따라서 직선 $kx+y=-7$이 점 $(3, -1)$을 지나야 하므로

$$3k-1=-7 \qquad \therefore k=-2$$ <u>답</u> **-2**

0142 $x+2y-6=0 \qquad\qquad \cdots\cdots \text{㉠}$

$4x-3y-12=0 \qquad\qquad \cdots\cdots \text{㉡}$

$ax+y-1=0 \qquad\qquad\quad \cdots\cdots \text{㉢}$

세 직선 ㉠, ㉡, ㉢으로 둘러싸인 삼각형이 직각삼각형이 되려면 세 직선 중 어느 두 직선이 수직이어야 한다.

이때 두 직선 ㉠, ㉡은 수직이 아니다.

(ⅰ) 두 직선 ㉠, ㉢이 수직인 경우

$1 \times a + 2 \times 1 = 0$이므로　　$a = -2$　　… **1단계**

(ⅱ) 두 직선 ㉡, ㉢이 수직인 경우

$4 \times a + (-3) \times 1 = 0$이므로　　$a = \dfrac{3}{4}$　　… **2단계**

(ⅰ), (ⅱ)에서　　$a = -2$ 또는 $a = \dfrac{3}{4}$

따라서 구하는 모든 a의 값의 합은　　$-2 + \dfrac{3}{4} = -\dfrac{5}{4}$ … **3단계**

답 $-\dfrac{5}{4}$

	채점 요소	비율
1단계	두 직선 $x+2y-6=0$, $ax+y-1=0$이 수직일 때, a의 값 구하기	40 %
2단계	두 직선 $4x-3y-12=0$, $ax+y-1=0$이 수직일 때, a의 값 구하기	40 %
3단계	모든 상수 a의 값의 합 구하기	20 %

0143 서로 다른 세 직선이 좌표평면을 네 부분으로 나누려면 오른쪽 그림과 같이 세 직선이 모두 평행해야 한다.

두 직선 $ax+y+5=0$, $x+2y+3=0$이 평행하려면　　$\dfrac{a}{1} = \dfrac{1}{2} \neq \dfrac{5}{3}$　　$\therefore a = \dfrac{1}{2}$

두 직선 $2x+by-4=0$, $x+2y+3=0$이 평행하려면

$\dfrac{2}{1} = \dfrac{b}{2} \neq \dfrac{-4}{3}$　　$\therefore b = 4$

$\therefore a + b = \dfrac{9}{2}$

답 $\dfrac{9}{2}$

0144 점 $(a, 3)$에서 두 직선 $2x-y+1=0$, $x+2y-1=0$ 까지의 거리가 같으므로

$\dfrac{|2a-3+1|}{\sqrt{2^2+(-1)^2}} = \dfrac{|a+6-1|}{\sqrt{1^2+2^2}}$,　　$|2a-2| = |a+5|$

$2a-2 = \pm(a+5)$　　$\therefore a = 7$ 또는 $a = -1$

그런데 $a > 0$이므로　　$a = 7$

답 7

0145 $\dfrac{|6+24+k|}{\sqrt{3^2+4^2}} = 8$이므로　　$|30+k| = 40$

$30 + k = \pm 40$　　$\therefore k = 10 \ (\because k > 0)$

답 ③

0146 주어진 식을 k에 대하여 정리하면

$x+y-2+(x-y)k=0$

이 식이 k의 값에 관계없이 항상 성립해야 하므로

$x+y-2=0$, $x-y=0$

두 식을 연립하여 풀면　　$x=1$, $y=1$　　$\therefore$ A$(1, 1)$

점 A$(1, 1)$과 직선 $2x-y-6=0$ 사이의 거리는

$\dfrac{|2-1-6|}{\sqrt{2^2+(-1)^2}} = \dfrac{5}{\sqrt{5}} = \sqrt{5}$

답 $\sqrt{5}$

0147 주어진 식을 x, y에 대하여 정리하면

$(2k+1)x+(k+3)y-4=0$

$\therefore f(k) = \dfrac{|-4|}{\sqrt{(2k+1)^2+(k+3)^2}}$

$= \dfrac{4}{\sqrt{5k^2+10k+10}}$

$= \dfrac{4}{\sqrt{5(k+1)^2+5}}$

따라서 $5(k+1)^2+5$가 최소일 때, 즉 $k=-1$일 때 $f(k)$가 최대이므로 구하는 최댓값은

$f(-1) = \dfrac{4}{\sqrt{5}} = \dfrac{4\sqrt{5}}{5}$

답 $\dfrac{4\sqrt{5}}{5}$

0148 평행한 두 직선 $x+2y+1=0$, $x+2y+k=0$ 사이의 거리는 직선 $x+2y+1=0$ 위의 점 $(-1, 0)$과 직선 $x+2y+k=0$ 사이의 거리와 같으므로

$\dfrac{|-1+0+k|}{\sqrt{1^2+2^2}} = 4\sqrt{5}$

$|k-1| = 20$,　　$k-1 = \pm 20$

$\therefore k = 21$ 또는 $k = -19$

따라서 모든 실수 k의 값의 합은

$21 + (-19) = 2$

답 ④

0149 두 직선이 평행하므로 선분 AB의 길이의 최솟값은 두 직선 사이의 거리와 같다.

이때 두 직선 사이의 거리는 직선 $x-y+3=0$ 위의 점 $(0, 3)$과 직선 $x-y-1=0$ 사이의 거리와 같으므로

$\dfrac{|0-3-1|}{\sqrt{1^2+(-1)^2}} = \dfrac{4}{\sqrt{2}} = 2\sqrt{2}$

따라서 선분 AB의 길이의 최솟값은 $2\sqrt{2}$이다.

답 $2\sqrt{2}$

0150 두 직선 $ax+2y-1=0$, $3x+(a-1)y-1=0$이 평행하므로

$\dfrac{a}{3} = \dfrac{2}{a-1} \neq \dfrac{-1}{-1}$

$\dfrac{a}{3} = \dfrac{2}{a-1}$에서　　$a(a-1) = 6$

$a^2 - a - 6 = 0$,　　$(a+2)(a-3) = 0$

$\therefore a = -2$ 또는 $a = 3$

그런데 $\dfrac{a}{3} \neq \dfrac{-1}{-1}$에서 $a \neq 3$이므로

$a = -2$

$a = -2$일 때, 두 직선의 방정식은

$-2x+2y-1=0$, $3x-3y-1=0$

따라서 두 직선 사이의 거리는 직선 $-2x+2y-1=0$ 위의 점 $\left(0, \dfrac{1}{2}\right)$과 직선 $3x-3y-1=0$ 사이의 거리와 같으므로

$\dfrac{|0-\frac{3}{2}-1|}{\sqrt{3^2+(-3)^2}} = \dfrac{\frac{5}{2}}{3\sqrt{2}} = \dfrac{5\sqrt{2}}{12}$

답 $\dfrac{5\sqrt{2}}{12}$

0151 $\overline{AB}=\sqrt{25}=5$이므로 직각삼각형 AOB에서

$3^2+\overline{OB}^2=5^2$ $\therefore \overline{OB}=4\ (\because \overline{OB}>0)$

따라서 점 B의 좌표가 $(4, 0)$이므로 직선 AB의 방정식은

$\dfrac{x}{4}+\dfrac{y}{3}=1$ $\therefore 3x+4y-12=0$

직선 CD는 직선 AB와 평행하므로 직선 CD의 방정식을

$3x+4y+k=0\ (k<0)$

이라 하면 두 직선 AB, CD 사이의 거리가 5이므로 점 $A(0, 3)$과 직선 CD 사이의 거리가 5이다.

즉 $\dfrac{|12+k|}{\sqrt{3^2+4^2}}=5$이므로

$|k+12|=25$, $k+12=\pm25$

$\therefore k=-37\ (\because k<0)$

따라서 직선 CD의 방정식은

$3x+4y-37=0$

이 식에 $y=0$을 대입하면 $3x-37=0$ $\therefore x=\dfrac{37}{3}$

따라서 구하는 x절편은 $\dfrac{37}{3}$이다.   **답** $\dfrac{37}{3}$

0152 $\overline{BC}=\sqrt{(4-2)^2+(2-0)^2}$

$=2\sqrt{2}$

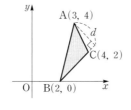

직선 BC의 방정식은

$y=\dfrac{2-0}{4-2}(x-2)$

$\therefore x-y-2=0$

점 $A(3, 4)$와 직선 BC 사이의 거리를 d라 하면

$d=\dfrac{|3-4-2|}{\sqrt{1^2+(-1)^2}}=\dfrac{3}{\sqrt{2}}=\dfrac{3\sqrt{2}}{2}$

$\therefore \triangle ABC=\dfrac{1}{2}\times\overline{BC}\times d$

$=\dfrac{1}{2}\times 2\sqrt{2}\times\dfrac{3\sqrt{2}}{2}$

$=3$ **답** 3

0153 $\overline{AB}$

$=\sqrt{(-2-2)^2+(-1-3)^2}=4\sqrt{2}$

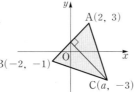

직선 AB의 방정식은

$y-3=\dfrac{-1-3}{-2-2}(x-2)$

$\therefore x-y+1=0$

점 $C(a, -3)$과 직선 AB 사이의 거리는

$\dfrac{|a+3+1|}{\sqrt{1^2+(-1)^2}}=\dfrac{|a+4|}{\sqrt{2}}$

이때 삼각형 ABC의 넓이가 16이므로

$\dfrac{1}{2}\times 4\sqrt{2}\times\dfrac{|a+4|}{\sqrt{2}}=16$

$|a+4|=8$, $a+4=\pm8$

$\therefore a=4\ (\because a$는 자연수$)$ **답** 4

0154 직선 OA와 직선 $x-4y+12=0$의 기울기가 $\dfrac{1}{4}$로 같으므로 두 직선은 평행하다.

따라서 삼각형 OAP에서 $\overline{OA}$를 밑변으로 생각하면 원점과 직선 $x-4y+12=0$ 사이의 거리가 높이가 된다.

$\overline{OA}=\sqrt{4^2+1^2}=\sqrt{17}$이고, 원점과 직선 $x-4y+12=0$ 사이의 거리는 $\dfrac{|12|}{\sqrt{1^2+(-4)^2}}=\dfrac{12}{\sqrt{17}}$

$\therefore \triangle OAP=\dfrac{1}{2}\times\sqrt{17}\times\dfrac{12}{\sqrt{17}}=6$ **답** 6

0155 $x-2y-2=0$ ······ ㉠

$x+5y-9=0$ ······ ㉡

$4x-y+6=0$ ······ ㉢

㉠, ㉡을 연립하여 풀면

$x=4,\ y=1$

㉡, ㉢을 연립하여 풀면

$x=-1,\ y=2$

㉠, ㉢을 연립하여 풀면

$x=-2,\ y=-2$

세 직선의 교점을

$A(4, 1)$, $B(-1, 2)$, $C(-2, -2)$라 하자.   ···**1단계**

$\overline{AC}=\sqrt{(4+2)^2+(1+2)^2}=3\sqrt{5}$이고 점 $B(-1, 2)$와 직선 ㉠ 사이의 거리는

$\dfrac{|-1-4-2|}{\sqrt{1^2+(-2)^2}}=\dfrac{7}{\sqrt{5}}$ ···**2단계**

따라서 구하는 삼각형의 넓이는

$\dfrac{1}{2}\times 3\sqrt{5}\times\dfrac{7}{\sqrt{5}}=\dfrac{21}{2}$ ···**3단계**

답 $\dfrac{21}{2}$

채점 요소		비율
1단계	세 직선의 교점의 좌표 구하기	30 %
2단계	삼각형의 밑변의 길이와 높이 구하기	50 %
3단계	삼각형의 넓이 구하기	20 %

0156 $mx-y-4m+3=0$에서

$m(x-4)-(y-3)=0$ ······ ㉠

이므로 직선 ㉠은 m의 값에 관계없이 점 $(4, 3)$을 지난다.

오른쪽 그림에서

(i) 직선 ㉠이 점 $(2, 0)$을 지날 때

$-2m+3=0$ $\therefore m=\dfrac{3}{2}$

(ii) 직선 ㉠이 점 $(0, 2)$를 지날 때

$-4m+1=0$ $\therefore m=\dfrac{1}{4}$

(i), (ii)에서 구하는 m의 값의 범위는

$\dfrac{1}{4}<m<\dfrac{3}{2}$ **답** $\dfrac{1}{4}<m<\dfrac{3}{2}$

0157 직선
$$y=m(x-1)+3 \qquad \cdots\cdots \text{㉠}$$
은 m의 값에 관계없이 점 $(1, 3)$을 지난다.
오른쪽 그림에서

(i) 직선 ㉠이 점 A$(3, 4)$를 지날 때
$$4=2m+3 \qquad \therefore m=\frac{1}{2}$$
(ii) 직선 ㉠이 점 B$(5, -1)$을 지날 때
$$-1=4m+3 \qquad \therefore m=-1$$
(i), (ii)에서 m의 값의 범위는 $\quad -1 \leq m \leq \frac{1}{2}$

따라서 $\alpha=-1$, $\beta=\frac{1}{2}$이므로 $\quad \alpha+\beta=-\frac{1}{2}$ 답 ②

0158 $kx-y+3k-1=0$에서
$$(x+3)k-(y+1)=0 \qquad \cdots\cdots \text{㉠}$$
이므로 직선 ㉠은 k의 값에 관계없이 점 $(-3, -1)$을 지난다.
이때 직선 ㉠의 기울기가 k이므로 오른쪽
그림과 같이 직선 ㉠이 점 $(2, 4)$를 지날
때 k의 값이 최대이다.
㉠에 $x=2$, $y=4$를 대입하면
$$5k-5=0 \qquad \therefore k=1$$
따라서 k의 최댓값은 1이다. 답 **1**

0159 주어진 두 직선이 이루는 각의 이등분선 위의 임의의 점을 P(x, y)라 하면 점 P에서 두 직선에 이르는 거리가 같으므로
$$\frac{|x+2y+1|}{\sqrt{1^2+2^2}}=\frac{|2x-y-3|}{\sqrt{2^2+(-1)^2}}$$
$$|x+2y+1|=|2x-y-3|$$
$$x+2y+1=\pm(2x-y-3)$$
$$\therefore x-3y-4=0 \text{ 또는 } 3x+y-2=0$$
따라서 두 직선이 이루는 각의 이등분선의 방정식은 ㄱ, ㄹ이다.
답 ②

0160 각의 이등분선 위의 점 $(2, 1)$에서 두 직선까지의 거리가 같으므로
$$\frac{|4+3+a|}{\sqrt{2^2+3^2}}=\frac{|4-3+1|}{\sqrt{2^2+(-3)^2}}, \quad |7+a|=2$$
$$7+a=\pm2 \qquad \therefore a=-5 \text{ 또는 } a=-9$$
따라서 구하는 합은 $\quad -5+(-9)=-14$ 답 **-14**

0161 P(x, y)라 하면 $\overline{PR}=\overline{PS}$이므로
$$\frac{|2x+y-2|}{\sqrt{2^2+1^2}}=\frac{|x+2y-2|}{\sqrt{1^2+2^2}}$$
$$|2x+y-2|=|x+2y-2|$$
$$2x+y-2=\pm(x+2y-2)$$
$$\therefore x-y=0 \text{ 또는 } 3x+3y-4=0$$
답 $x-y=0$ 또는 $3x+3y-4=0$

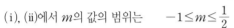

0162 주어진 직선의 기울기는
$$\tan 30°=\frac{\sqrt{3}}{3}$$
점 $(\sqrt{3}, -1)$을 지나고 기울기가 $\frac{\sqrt{3}}{3}$인 직선의 방정식은
$$y-(-1)=\frac{\sqrt{3}}{3}(x-\sqrt{3}) \qquad \therefore y=\frac{\sqrt{3}}{3}x-2$$
이 직선이 점 $(k, 4)$를 지나므로
$$4=\frac{\sqrt{3}}{3}k-2 \qquad \therefore k=6\sqrt{3}$$
답 ④

0163 주어진 직선의 y절편은 3이고 x절편을 a라 하면 이 직선과 x축, y축으로 둘러싸인 도형의 넓이가 9이므로
$$\frac{1}{2}\times|a|\times3=9, \quad |a|=6$$
$$\therefore a=\pm6$$
이때 직선이 제3사분면을 지나지 않으므로 $\quad a=6$
따라서 x절편이 6, y절편이 3인 직선의 방정식은
$$\frac{x}{6}+\frac{y}{3}=1 \qquad \therefore y=-\frac{1}{2}x+3$$
즉 구하는 직선의 기울기는 $-\frac{1}{2}$이다. 답 $-\frac{1}{2}$

> **RPM 비법노트**
>
> x절편이 a, y절편이 b인 직선과 x축, y축으로 둘러싸인 도형의 넓이는
> $$\frac{1}{2}\times|a|\times|b|=\frac{|ab|}{2} \text{ (단, } ab\neq0)$$

0164 ㄱ. 세 점 A$(-1, 5)$, B$(2, 9)$, C$(4, 15)$에서
$$(\text{직선 AB의 기울기})=\frac{9-5}{2-(-1)}=\frac{4}{3},$$
$$(\text{직선 BC의 기울기})=\frac{15-9}{4-2}=3$$
이므로 세 점 A, B, C는 한 직선 위에 있지 않다.
ㄴ. 세 점 A$(1, -1)$, B$(3, -5)$, C$(4, -7)$에서
$$(\text{직선 AB의 기울기})=\frac{-5-(-1)}{3-1}=-2,$$
$$(\text{직선 BC의 기울기})=\frac{-7-(-5)}{4-3}=-2$$
이므로 세 점 A, B, C는 한 직선 위에 있다.
ㄷ. 세 점 A$(2, 0)$, B$(3, 4)$, C$(4, 6)$에서
$$(\text{직선 AB의 기울기})=\frac{4-0}{3-2}=4,$$
$$(\text{직선 BC의 기울기})=\frac{6-4}{4-3}=2$$
이므로 세 점 A, B, C는 한 직선 위에 있지 않다.
이상에서 세 점 A, B, C가 한 직선 위에 있는 것은 ㄴ뿐이다.
답 ②

0165 $\triangle\mathrm{APC}:\triangle\mathrm{PBC}=2:1$이므로

$\overline{\mathrm{AP}}:\overline{\mathrm{PB}}=2:1$

즉 점 P는 $\overline{\mathrm{AB}}$를 $2:1$로 내분하는 점이므로 점 P의 좌표는

$\left(\dfrac{2\times5+1\times(-1)}{2+1},\ \dfrac{2\times(-1)+1\times1}{2+1}\right),$

즉 $\left(3,\ -\dfrac{1}{3}\right)$

따라서 두 점 C, P를 지나는 직선의 방정식은

$y-3=\dfrac{-\dfrac{1}{3}-3}{3-4}(x-4)$

$\therefore 10x-3y-31=0$　　　　　　답 ③

0166 $ax+by+c=0$에서

$y=-\dfrac{a}{b}x-\dfrac{c}{b}$

주어진 그림에서 이 직선의 기울기는 음수, y절편은 양수이므로

$-\dfrac{a}{b}<0,\ -\dfrac{c}{b}>0$　　$\therefore ac<0$

$bx-cy+a=0$에서　　$y=\dfrac{b}{c}x+\dfrac{a}{c}$

이때 $\dfrac{b}{c}<0,\ \dfrac{a}{c}<0$이므로 이 직선의 기울기와 y절편은 모두 음수이다.

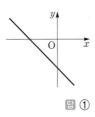

따라서 직선 $bx-cy+a=0$의 개형은 오른쪽 그림과 같으므로 제1사분면을 지나지 않는다.　　　　　　답 ①

0167 주어진 식을 k에 대하여 정리하면

$(x-2y+4)k+(-x-y+a)=0$

이 식이 k의 값에 관계없이 항상 성립해야 하므로

$x-2y+4=0,\ x+y-a=0$

이때 점 $(2,\ b)$가 두 직선 $x-2y+4=0,\ x+y-a=0$의 교점이므로

$2-2b+4=0,\ 2+b-a=0$

$\therefore a=5,\ b=3$

$\therefore a+b=8$　　　　　　답 ⑤

0168 주어진 두 직선의 교점을 지나는 직선의 방정식을

$5x+15y-7+k(x+5y-11)=0\ (k$는 실수$)\ \cdots\ \bigcirc$

이라 하면 직선 $\bigcirc$이 점 $(5,\ -6)$을 지나므로

$25-90-7+k(5-30-11)=0$

$-72-36k=0$　　$\therefore k=-2$

이것을 $\bigcirc$에 대입하면

$5x+15y-7-2(x+5y-11)=0$

$\therefore 3x+5y+15=0$

이 직선이 x축, y축과 만나는 점의 좌표는 각각 $(-5,\ 0)$, $(0,\ -3)$이므로 좌표축에 의하여 잘린 선분의 길이는

$\sqrt{5^2+(-3)^2}=\sqrt{34}$　　　　　　답 ①

0169 직선 $x+ay+1=0$이 직선 $3x+by+1=0$과 수직이므로

$1\times3+a\times b=0$

$\therefore ab=-3$

또 직선 $x+ay+1=0$이 직선 $x-(b+2)y-1=0$과 평행하므로

$\dfrac{1}{1}=\dfrac{a}{-(b+2)}\ne\dfrac{1}{-1}$

$\dfrac{1}{1}=\dfrac{a}{-(b+2)}$에서

$-b-2=a$　　$\therefore a+b=-2$

$\therefore a^3+b^3=(a+b)^3-3ab(a+b)$

　　　　　$=(-2)^3-3\times(-3)\times(-2)$

　　　　　$=-8-18=-26$　　　답 -26

0170 ㄱ. $a=0$이면　　$l:y=-2,\ m:x=0$

따라서 직선 l은 x축에 평행하고 직선 m은 y축이므로 두 직선 $l,\ m$은 수직이다. (참)

ㄴ. $4x-ay+2a=0$을 a에 대하여 정리하면

$4x-a(y-2)=0$

이 식이 a의 값에 관계없이 항상 성립해야 하므로

$x=0,\ y=2$

따라서 직선 m은 a의 값에 관계없이 점 $(0,\ 2)$를 항상 지난다. (거짓)

ㄷ. 두 직선 $l,\ m$이 평행하려면

$\dfrac{a}{4}=\dfrac{-1}{-a}\ne\dfrac{-2}{2a}$

$\dfrac{a}{4}=\dfrac{-1}{-a}$에서　　$a^2=4$　　$\therefore a=\pm2$

이때 0이 아닌 모든 실수 a에 대하여 $\dfrac{-1}{-a}\ne\dfrac{-2}{2a}$, 즉

$\dfrac{1}{a}\ne-\dfrac{1}{a}$이므로 두 직선 $l,\ m$이 평행하도록 하는 실수 a의 값은 $-2,\ 2$의 2개이다. (참)

이상에서 옳은 것은 ㄱ, ㄷ이다.　　　　　답 ③

0171 $\angle\mathrm{ABO}=\angle\mathrm{BCO}$에서

$\angle\mathrm{ABC}=\angle\mathrm{ABO}+\angle\mathrm{OBC}$

　　　　　$=\angle\mathrm{BCO}+\angle\mathrm{OBC}=90^\circ$

이므로 두 직선 $l,\ m$은 수직이다.

이때 직선 l의 기울기는

$\dfrac{6-0}{0-(-8)}=\dfrac{3}{4}$

이므로 직선 m의 기울기는 $-\dfrac{4}{3}$이다.

또 직선 m은 점 $\mathrm{B}(-8,\ 0)$을 지나므로 직선 m의 방정식은

$y=-\dfrac{4}{3}(x+8)$

$\therefore y=-\dfrac{4}{3}x-\dfrac{32}{3}$

$\therefore \mathrm{C}\left(0,\ -\dfrac{32}{3}\right)$　　　　답 $\left(0,\ -\dfrac{32}{3}\right)$

0172 점 B의 좌표를 (a, b)라 하자.

직선 $x+2y-4=0$, 즉 $y=-\dfrac{1}{2}x+2$의 기울기가 $-\dfrac{1}{2}$이므로
직선 AB의 기울기는 2이다.

즉 $\dfrac{b-3}{a-2}=2$이므로　　$2a-b=1$　　　　…… ㉠

또 직선 $x+2y-4=0$은 선분 AB의 중점 $\left(\dfrac{a+2}{2}, \dfrac{b+3}{2}\right)$을 지
나므로

$$\dfrac{a+2}{2}+2\times\dfrac{b+3}{2}-4=0$$

　　$\therefore a+2b=0$　　　　…… ㉡

㉠, ㉡을 연립하여 풀면　　$a=\dfrac{2}{5}, b=-\dfrac{1}{5}$

따라서 점 B의 좌표는 $\left(\dfrac{2}{5}, -\dfrac{1}{5}\right)$이다.　　답 $\left(\dfrac{2}{5}, -\dfrac{1}{5}\right)$

0173 □ABCD는 마름모이므로 두 점 B, D를 지나는 직선 l
은 선분 AC의 수직이등분선이다.

직선 AC의 기울기는　　$\dfrac{1-5}{9-1}=-\dfrac{1}{2}$

선분 AC의 중점의 좌표는

　　$\left(\dfrac{1+9}{2}, \dfrac{5+1}{2}\right)$, 즉 $(5, 3)$

따라서 직선 l은 점 $(5, 3)$을 지나고 기울기가 2인 직선이므로
그 방정식은

　　$y-3=2(x-5)$　　$\therefore 2x-y-7=0$

즉 $a=-1, b=-7$이므로　　$ab=7$　　　　답 ③

0174 두 직선 $4x+y-3=0$, $3x-2y+5=0$은 한 점에서 만
나므로 직선 $ax+2y+4=0$이 두 직선 $4x+y-3=0$,
$3x-2y+5=0$ 중 하나와 평행해야 한다.

(ⅰ) 직선 $ax+2y+4=0$이 직선 $4x+y-3=0$과 평행한 경우

　　$\dfrac{4}{a}=\dfrac{1}{2}\neq\dfrac{-3}{4}$이므로　　$a=8$

(ⅱ) 직선 $ax+2y+4=0$이 직선 $3x-2y+5=0$과 평행한 경우

　　$\dfrac{3}{a}=\dfrac{-2}{2}\neq\dfrac{5}{4}$이므로　　$a=-3$

(ⅰ), (ⅱ)에서　　$a=-3$ 또는 $a=8$　　　　답 -3, 8

0175 서로 다른 세 직선이 좌표평면을 여섯 부분으로 나누려
면 다음 그림과 같이 두 직선만 평행하거나 세 직선이 한 점에서
만나야 한다.

$3x-y+5=0$　　　　…… ㉠
$x+2y-3=0$　　　　…… ㉡
$ax+y+7=0$　　　　…… ㉢

이때 직선 ㉠과 ㉡은 평행하지 않다.

(ⅰ) 두 직선 ㉠, ㉢이 평행한 경우

　　$\dfrac{a}{3}=\dfrac{1}{-1}\neq\dfrac{7}{5}$이므로　　$a=-3$

(ⅱ) 두 직선 ㉡, ㉢이 평행한 경우

　　$\dfrac{a}{1}=\dfrac{1}{2}\neq\dfrac{7}{-3}$이므로　　$a=\dfrac{1}{2}$

(ⅲ) 세 직선이 한 점에서 만나는 경우

　　㉠, ㉡을 연립하여 풀면　　$x=-1, y=2$

　　따라서 직선 ㉢이 점 $(-1, 2)$를 지나야 하므로

　　　　$-a+2+7=0$　　$\therefore a=9$

이상에서　　$a=-3$ 또는 $a=\dfrac{1}{2}$ 또는 $a=9$

따라서 구하는 모든 a의 값의 합은

　　$-3+\dfrac{1}{2}+9=\dfrac{13}{2}$　　　　답 $\dfrac{13}{2}$

0176 두 직선 $x+y+1=0$, $2x-y=0$의 교점을 지나는 직
선의 방정식을

　　$x+y+1+k(2x-y)=0$ (k는 실수)

이라 하면　　$(2k+1)x+(1-k)y+1=0$

이 직선과 원점 사이의 거리는

$$\dfrac{|1|}{\sqrt{(2k+1)^2+(1-k)^2}}=\dfrac{1}{\sqrt{5k^2+2k+2}}$$
$$=\dfrac{1}{\sqrt{5\left(k+\dfrac{1}{5}\right)^2+\dfrac{9}{5}}}$$

따라서 $5\left(k+\dfrac{1}{5}\right)^2+\dfrac{9}{5}$가 최소일 때, 즉 $k=-\dfrac{1}{5}$일 때 거리가
최대이므로 구하는 최댓값은

　　$\dfrac{1}{\sqrt{\dfrac{9}{5}}}=\dfrac{\sqrt{5}}{3}$　　　　답 $\dfrac{\sqrt{5}}{3}$

0177 주어진 두 직선의 교점을 지나는 직선의 방정식을

　　$x+y-3+k(x-y-1)=0$ (k는 실수)

이라 하면　　$(k+1)x+(1-k)y-k-3=0$　　　…… ㉠

점 $(5, 3)$과 직선 ㉠ 사이의 거리가 2이므로

　　$\dfrac{|5(k+1)+3(1-k)-k-3|}{\sqrt{(k+1)^2+(1-k)^2}}=2$

　　$\therefore |k+5|=2\sqrt{2k^2+2}$

양변을 제곱하면　　$k^2+10k+25=8k^2+8$

　　$7k^2-10k-17=0$,　　$(k+1)(7k-17)=0$

　　$\therefore k=-1$ 또는 $k=\dfrac{17}{7}$

이것을 ㉠에 대입하면

　　$2y-2=0$ 또는 $\dfrac{24}{7}x-\dfrac{10}{7}y-\dfrac{38}{7}=0$

　　$\therefore y=1$ 또는 $12x-5y-19=0$

이때 직선이 제2사분면을 지나지 않으므로 구하는 직선의 방정
식은 $12x-5y-19=0$이다.

답 $12x-5y-19=0$

다른 풀이 $x+y-3=0$, $x-y-1=0$을 연립하여 풀면

$x=2$, $y=1$

이므로 두 직선의 교점의 좌표는 $(2, 1)$

점 $(2, 1)$을 지나는 직선의 방정식을

$y=m(x-2)+1$, 즉 $mx-y-2m+1=0$ ······ ㉡

이라 하면 이 직선과 점 $(5, 3)$ 사이의 거리가 2이므로

$\dfrac{|5m-3-2m+1|}{\sqrt{m^2+(-1)^2}}=2$ $\therefore |3m-2|=2\sqrt{m^2+1}$

양변을 제곱하면 $9m^2-12m+4=4m^2+4$

$5m^2-12m=0$, $m(5m-12)=0$

$\therefore m=0$ 또는 $m=\dfrac{12}{5}$

이것을 ㉡에 대입하면

$-y+1=0$ 또는 $\dfrac{12}{5}x-y-\dfrac{19}{5}=0$

$\therefore y=1$ 또는 $12x-5y-19=0$

0178 직선 $3x+4y=8$ 위의 점 $(0, 2)$와 직선 $3x+4y=k$,

즉 $3x+4y-k=0$ 사이의 거리가 4이므로

$\dfrac{|0+8-k|}{\sqrt{3^2+4^2}}=4$, $|8-k|=20$

$8-k=\pm20$ $\therefore k=-12$ 또는 $k=28$

따라서 모든 실수 k의 값의 합은 $-12+28=16$ **답 16**

0179 $\overline{AB}=\sqrt{(3-1)^2+(2-1)^2}=\sqrt{5}$

직선 AB의 방정식은

$y-1=\dfrac{2-1}{3-1}(x-1)$

$\therefore x-2y+1=0$

점 $C(2, k)$와 직선 AB 사이의 거리는

$\dfrac{|2-2k+1|}{\sqrt{1^2+(-2)^2}}=\dfrac{|3-2k|}{\sqrt{5}}$

이때 삼각형 ABC의 넓이가 $\dfrac{5}{2}$이므로

$\dfrac{1}{2}\times\sqrt{5}\times\dfrac{|3-2k|}{\sqrt{5}}=\dfrac{5}{2}$

$|3-2k|=5$, $3-2k=\pm5$

$\therefore k=-1$ 또는 $k=4$

따라서 모든 실수 k의 값의 합은

$-1+4=3$ **답 ②**

0180 $mx-y+2m-1=0$에서

$(x+2)m-(y+1)=0$ ······ ㉠

이므로 직선 ㉠은 m의 값에 관계없이 점 $(-2, -1)$을 지난다.

오른쪽 그림에서

(i) 직선 ㉠이 점 $(2, 0)$을 지날 때

$4m-1=0$

$\therefore m=\dfrac{1}{4}$

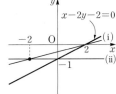

(ii) 직선 ㉠이 점 $(0, -1)$을 지날 때

$2m=0$ $\therefore m=0$

(i), (ii)에서 구하는 m의 값의 범위는

$0<m<\dfrac{1}{4}$ **답 $0<m<\dfrac{1}{4}$**

0181 주어진 두 직선이 이루는 각의 이등분선 위의 임의의 점을 $P(x, y)$라 하면 점 P에서 두 직선까지의 거리가 같으므로

$\dfrac{|x+4y+3|}{\sqrt{1^2+4^2}}=\dfrac{|4x+y+12|}{\sqrt{4^2+1^2}}$

$|x+4y+3|=|4x+y+12|$

$x+4y+3=\pm(4x+y+12)$

$\therefore x-y+3=0$ 또는 $x+y+3=0$

이 중 기울기가 양수인 것은 $x-y+3=0$이다.   **답 ③**

0182 직선 $y=mx+3$은 m의 값에 관계없이 점 $A(0, 3)$을 지나므로 이 직선이 삼각형 ABC의 넓이를 이등분하려면 오른쪽 그림과 같이 선분 BC의 중점을 지나야 한다.   ··· **1단계**

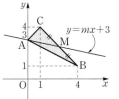

선분 BC의 중점을 M이라 하면 점 M의 좌표는

$\left(\dfrac{4+1}{2}, \dfrac{1+4}{2}\right)$, 즉 $\left(\dfrac{5}{2}, \dfrac{5}{2}\right)$ ··· **2단계**

따라서 직선 $y=mx+3$이 점 M을 지나야 하므로

$\dfrac{5}{2}=\dfrac{5}{2}m+3$ $\therefore m=-\dfrac{1}{5}$ ··· **3단계**

답 $-\dfrac{1}{5}$

채점 요소	비율
1단계 직선 $y=mx+3$이 $\overline{BC}$의 중점을 지남을 알기	50%
2단계 $\overline{BC}$의 중점의 좌표 구하기	20%
3단계 m의 값 구하기	30%

0183 점 A의 좌표를 $(a, 2a)$, 점 B의 좌표를 $(2b, b)$라 하면 삼각형 AOB의 무게중심 G의 좌표는

$\left(\dfrac{a+2b}{3}, \dfrac{2a+b}{3}\right)$

즉 $\dfrac{a+2b}{3}=2$, $\dfrac{2a+b}{3}=3$이므로 $a=4$, $b=1$

$\therefore A(4, 8)$, $B(2, 1)$ ··· **1단계**

따라서 두 점 A, B를 지나는 직선 l의 기울기는

$\dfrac{1-8}{2-4}=\dfrac{7}{2}$

이므로 직선 l과 수직인 직선의 기울기는 $-\dfrac{2}{7}$이다.   ··· **2단계**

즉 점 $G(2, 3)$을 지나고 기울기가 $-\dfrac{2}{7}$인 직선의 방정식은

$y-3=-\dfrac{2}{7}(x-2)$

$\therefore y=-\dfrac{2}{7}x+\dfrac{25}{7}$ ··· **3단계**

답 $y=-\dfrac{2}{7}x+\dfrac{25}{7}$

채점 요소	비율
1단계 두 점 A, B의 좌표 구하기	30 %
2단계 직선 l과 수직인 직선의 기울기 구하기	30 %
3단계 점 G를 지나고 직선 l과 수직인 직선의 방정식 구하기	40 %

0184 $x-y+a=0$ ⋯⋯ ㉠
$2x-y+1=0$ ⋯⋯ ㉡
$3x-2y-a=0$ ⋯⋯ ㉢
세 직선 ㉠, ㉡, ㉢ 중 어느 두 직선도 평행하지 않으므로 세 직선이 삼각형을 이루지 않으려면 한 점에서 만나야 한다. ⋯ **1단계**
㉠, ㉡을 연립하여 풀면
$$x=a-1, \ y=2a-1$$
따라서 직선 ㉢이 점 $(a-1, \ 2a-1)$을 지나야 하므로
$$3(a-1)-2(2a-1)-a=0$$
$$-2a-1=0 \quad \therefore a=-\frac{1}{2}$$ ⋯ **2단계**

답 $-\dfrac{1}{2}$

채점 요소	비율
1단계 세 직선의 위치 관계 구하기	40 %
2단계 a의 값 구하기	60 %

0185 점 A$(1, 1)$과 직선 $2x-y+4=0$ 사이의 거리는
$$\frac{|2-1+4|}{\sqrt{2^2+(-1)^2}}=\frac{5}{\sqrt5}=\sqrt5$$ ⋯ **1단계**
정삼각형 ABC의 한 변의 길이를 a라 하면
$$\frac{\sqrt3}{2}a=\sqrt5 \quad \therefore a=\frac{2\sqrt5}{\sqrt3}=\frac{2\sqrt{15}}{3}$$ ⋯ **2단계**

따라서 정삼각형 ABC의 한 변의 길이가 $\dfrac{2\sqrt{15}}{3}$이므로 구하는 넓이는
$$\frac{\sqrt3}{4}\times\left(\frac{2\sqrt{15}}{3}\right)^2=\frac{5\sqrt3}{3}$$ ⋯ **3단계**

답 $\dfrac{5\sqrt3}{3}$

채점 요소	비율
1단계 점 A와 직선 $2x-y+4=0$ 사이의 거리 구하기	50 %
2단계 △ABC의 한 변의 길이 구하기	30 %
3단계 △ABC의 넓이 구하기	20 %

0186 **전략** 점 P가 선분 AB를 $1:2$ 또는 $2:1$로 내분하는 점임을 이용한다.
선분 AB 위의 점 P에서 만나는 두 직선 l, m에 의하여 삼각형 OAB의 넓이가 삼등분되므로 직선 l에 의하여 삼각형 OAB는 넓이가 $\dfrac{1}{3}\triangle$OAB, $\dfrac{2}{3}\triangle$OAB인 두 삼각형으로 나누어진다.
따라서 점 P는 선분 AB를 $1:2$ 또는 $2:1$로 내분하는 점이다.

(ⅰ) 점 P가 선분 AB를 $1:2$로 내분하는 경우
점 P의 좌표는
$$\left(\frac{1\times0+2\times2}{1+2}, \ \frac{1\times6+2\times0}{1+2}\right),$$
즉 $\left(\dfrac{4}{3}, \ 2\right)$

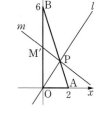

따라서 직선 l의 기울기는
$$\frac{2}{\frac{4}{3}}=\frac{3}{2}$$
또 직선 m은 삼각형 OPB의 넓이를 이등분하므로 직선 m과 선분 OB가 만나는 점을 M′이라 하면 점 M′은 선분 OB의 중점이다.
즉 점 M′의 좌표가 $(0, 3)$이므로 직선 m의 기울기는
$$\frac{2-3}{\frac{4}{3}-0}=-\frac{3}{4}$$
따라서 두 직선 l, m의 기울기의 합은
$$\frac{3}{2}+\left(-\frac{3}{4}\right)=\frac{3}{4}$$

(ⅱ) 점 P가 선분 AB를 $2:1$로 내분하는 경우
점 P의 좌표는
$$\left(\frac{2\times0+1\times2}{2+1}, \ \frac{2\times6+1\times0}{2+1}\right),$$
즉 $\left(\dfrac{2}{3}, \ 4\right)$

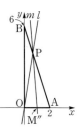

따라서 직선 l의 기울기는
$$\frac{4}{\frac{2}{3}}=6$$
또 직선 m은 삼각형 OAP의 넓이를 이등분하므로 직선 m과 선분 OA가 만나는 점을 M″이라 하면 점 M″은 선분 OA의 중점이다.
즉 점 M″의 좌표가 $(1, 0)$이므로 직선 m의 기울기는
$$\frac{4-0}{\frac{2}{3}-1}=-12$$
따라서 두 직선 l, m의 기울기의 합은
$$6+(-12)=-6$$
(ⅰ), (ⅱ)에서 두 직선 l, m의 기울기의 합의 최댓값은 $\dfrac{3}{4}$이다.

답 ①

0187 **전략** 먼저 세 교점 A, B, C의 좌표를 구한다.
$x+2y-3=0$ ⋯⋯ ㉠
$y=1$ ⋯⋯ ㉡
$x-y+6=0$ ⋯⋯ ㉢
㉠, ㉢을 연립하여 풀면
$$x=-3, \ y=3 \quad \therefore \text{A}(-3, 3)$$
㉡을 ㉠, ㉢에 각각 대입하면
$$x-1=0, \ x+5=0 \quad \therefore x=1, \ x=-5$$
$$\therefore \text{B}(-5, 1), \ \text{C}(1, 1)$$

한편 삼각형의 외심은 각 변의 수직이등분선의 교점이다.

변 BC의 중점의 좌표는 $\left(\dfrac{-5+1}{2}, \dfrac{1+1}{2}\right)$, 즉 $(-2, 1)$

따라서 변 BC의 수직이등분선의 방정식은

$\qquad x=-2 \qquad\qquad\qquad\qquad$ ……ㄹ

변 AB의 중점의 좌표는 $\left(\dfrac{-3-5}{2}, \dfrac{3+1}{2}\right)$, 즉 $(-4, 2)$

또 직선 AB, 즉 $x-y+6=0$의 기울기는 1이므로 변 AB의 수직이등분선은 기울기가 -1이다.

따라서 변 AB의 수직이등분선의 방정식은

$\qquad y-2=-(x+4)$

$\qquad \therefore y=-x-2 \qquad\qquad\qquad$ ……ㅁ

ㄹ을 ㅁ에 대입하면 $\qquad y=0$

즉 삼각형 ABC의 외심의 좌표는 $\qquad(-2, 0)$

점 $(-2, 0)$과 직선 $x-y+6=0$ 사이의 거리는

$\qquad \dfrac{|-2-0+6|}{\sqrt{1^2+(-1)^2}}=\dfrac{4}{\sqrt{2}}=2\sqrt{2}$ 　　　　답 $2\sqrt{2}$

다른 풀이 삼각형 ABC의 외심을 $P(a, b)$라 하면

$\overline{PA}=\overline{PB}=\overline{PC}$

$\overline{PA}=\overline{PB}$에서 $\overline{PA}^2=\overline{PB}^2$이므로

$\qquad (-3-a)^2+(3-b)^2=(-5-a)^2+(1-b)^2$

$\qquad a^2+6a+b^2-6b+18=a^2+10a+b^2-2b+26$

$\qquad \therefore a+b=-2 \qquad\qquad\qquad$ ……ㅂ

$\overline{PB}=\overline{PC}$에서 $\overline{PB}^2=\overline{PC}^2$이므로

$\qquad (-5-a)^2+(1-b)^2=(1-a)^2+(1-b)^2$

$\qquad a^2+10a+25=a^2-2a+1$

$\qquad \therefore a=-2$

이것을 ㅂ에 대입하면 $\qquad -2+b=-2$

$\qquad \therefore b=0$

따라서 삼각형 ABC의 외심의 좌표는 $(-2, 0)$이다.

0188 **전략** 삼각형의 내심은 세 내각의 이등분선의 교점임을 이용한다.

두 직선 $3x-4y+4=0$,

$4x-3y+12=0$과 y축으로 둘러싸인

삼각형은 오른쪽 그림과 같다.

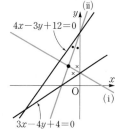

이때 삼각형의 내심은 세 내각의 이등

분선의 교점이므로

$\qquad \dfrac{|3a-4b+4|}{\sqrt{3^2+(-4)^2}}$

$\qquad =\dfrac{|4a-3b+12|}{\sqrt{4^2+(-3)^2}}=|a|$

(i) $\dfrac{|3a-4b+4|}{\sqrt{3^2+(-4)^2}}=|a|$에서

$\qquad |3a-4b+4|=5|a|$

$\qquad 3a-4b+4=\pm 5a$

$\qquad \therefore a+2b-2=0$ 또는 $2a-b+1=0$

이때 위의 그림에서 각의 이등분선의 기울기가 음수이므로

$\qquad a+2b-2=0 \qquad\qquad\qquad$ ……ㄱ

(ii) $\dfrac{|4a-3b+12|}{\sqrt{4^2+(-3)^2}}=|a|$에서

$\qquad |4a-3b+12|=5|a|$

$\qquad 4a-3b+12=\pm 5a$

$\qquad \therefore a+3b-12=0$ 또는 $3a-b+4=0$

이때 위의 그림에서 각의 이등분선의 기울기가 양수이므로

$\qquad 3a-b+4=0 \qquad\qquad\qquad$ ……ㄴ

ㄱ, ㄴ을 연립하여 풀면

$\qquad a=-\dfrac{6}{7}, b=\dfrac{10}{7}$

$\qquad \therefore \dfrac{a}{b}=-\dfrac{3}{5}$ 　　　　답 $-\dfrac{3}{5}$

02 직선의 방정식

03 원의 방정식

0189 답 중심의 좌표: $(4, 1)$, 반지름의 길이: 5

0190 답 중심의 좌표: $(0, 3)$, 반지름의 길이: 3

0191 $x^2+y^2-4x=0$에서 $(x-2)^2+y^2=4$
따라서 중심의 좌표는 $(2, 0)$, 반지름의 길이는 2이다.
답 중심의 좌표: $(2, 0)$, 반지름의 길이: 2

0192 $x^2+y^2-2x-6y+8=0$에서
$(x-1)^2+(y-3)^2=2$
따라서 중심의 좌표는 $(1, 3)$, 반지름의 길이는 $\sqrt{2}$이다.
답 중심의 좌표: $(1, 3)$, 반지름의 길이: $\sqrt{2}$

0193 중심의 좌표가 $(2, 2)$이고 반지름의 길이가 1인 원이므로 $(x-2)^2+(y-2)^2=1$
답 $(x-2)^2+(y-2)^2=1$

0194 중심의 좌표가 $(3, -2)$이고 반지름의 길이가 2인 원이므로 $(x-3)^2+(y+2)^2=4$
답 $(x-3)^2+(y+2)^2=4$

0195 답 $x^2+y^2=9$

0196 답 $(x-2)^2+(y+1)^2=25$

0197 반지름의 길이를 r라 하면 중심이 점 $(-3, 2)$이므로
$(x+3)^2+(y-2)^2=r^2$
이 원이 점 $(-2, 0)$을 지나므로
$1^2+(-2)^2=r^2$ ∴ $r^2=5$
따라서 구하는 원의 방정식은
$(x+3)^2+(y-2)^2=5$ 답 $(x+3)^2+(y-2)^2=5$

0198 답 $(x+2)^2+(y-3)^2=9$

0199 답 $(x-4)^2+(y+1)^2=16$

0200 답 $(x+2)^2+(y+2)^2=4$

0201 $x-y+3=0$에서 $y=x+3$
$y=x+3$을 $x^2+y^2=36$에 대입하면
$x^2+(x+3)^2=36$ ∴ $2x^2+6x-27=0$

이 이차방정식의 판별식을 D라 하면
$\dfrac{D}{4}=3^2-2\times(-27)=63>0$
따라서 원 C와 직선 l은 서로 다른 두 점에서 만난다.
답 서로 다른 두 점에서 만난다.

0202 $x-2y-1=0$에서 $x=2y+1$
$x=2y+1$을 $x^2+y^2+4x-2y+4=0$에 대입하면
$(2y+1)^2+y^2+4(2y+1)-2y+4=0$
∴ $5y^2+10y+9=0$
이 이차방정식의 판별식을 D라 하면
$\dfrac{D}{4}=5^2-5\times 9=-20<0$
따라서 원 C와 직선 l은 만나지 않는다. 답 만나지 않는다.

0203 원의 중심 $(1, 2)$와 직선 $2x-y+5=0$ 사이의 거리는
$\dfrac{|2-2+5|}{\sqrt{2^2+(-1)^2}}=\dfrac{5}{\sqrt5}=\sqrt5$
이때 원의 반지름의 길이가 5이고 $\sqrt5<5$이므로 원 C와 직선 l은 서로 다른 두 점에서 만난다.
따라서 교점의 개수는 2이다. 답 2

0204 $x^2+y^2-8x+6y+9=0$에서
$(x-4)^2+(y+3)^2=16$
원의 중심 $(4, -3)$과 직선 $3x+y+11=0$ 사이의 거리는
$\dfrac{|12-3+11|}{\sqrt{3^2+1^2}}=\dfrac{20}{\sqrt{10}}=2\sqrt{10}$
이때 원의 반지름의 길이가 4이고 $2\sqrt{10}>4$이므로 원 C와 직선 l은 만나지 않는다.
즉 교점의 개수는 0이다. 답 0

0205 $y=2x\pm\sqrt5\times\sqrt{2^2+1}$ ∴ $y=2x\pm5$
답 $y=2x+5$, $y=2x-5$

0206 답 $x+\sqrt3 y=4$

0207 두 원의 교점을 지나는 직선의 방정식은
$x^2+y^2-4-(x^2+y^2-6x-8y+9)=0$
∴ $6x+8y-13=0$ 답 $6x+8y-13=0$

0208 두 원의 교점을 지나는 원의 방정식은
$x^2+y^2-4y+k(x^2+y^2-2x)=0$ (단, $k\neq-1$)
⋯⋯ ㉠
이 원이 점 $(3, 0)$을 지나므로
$9+3k=0$ ∴ $k=-3$
$k=-3$을 ㉠에 대입하면
$x^2+y^2-4y-3(x^2+y^2-2x)=0$
$-2x^2-2y^2+6x+4y=0$
∴ $x^2+y^2-3x+2y=0$ 답 $x^2+y^2-3x+2y=0$

유형 익히기

0209 중심이 x축 위에 있으므로 원의 방정식을

$$(x-a)^2+y^2=r^2$$

이라 하면 이 원이 두 점 $(0, -4)$, $(1, 3)$을 지나므로

$$a^2+16=r^2,\ (1-a)^2+9=r^2$$

두 식을 연립하여 풀면

$$a=-3,\ r^2=25$$

따라서 구하는 원의 반지름의 길이는 5이다.　답 ④

0210 원 $(x-3)^2+(y+2)^2=1$의 중심의 좌표가 $(3, -2)$이므로 이 원과 중심이 같은 원의 방정식을

$$(x-3)^2+(y+2)^2=r^2$$

이라 하면 이 원이 점 $(5, 1)$을 지나므로

$$r^2=(5-3)^2+(1+2)^2=13$$

따라서 구하는 원의 넓이는

$$\pi r^2=\pi\times 13=13\pi$$　답 13π

0211 중심이 y축 위에 있으므로 원의 방정식을

$$x^2+(y-b)^2=r^2$$

이라 하면 이 원이 두 점 $(-1, 2)$, $(3, 4)$를 지나므로

$$1+(2-b)^2=r^2,\ 9+(4-b)^2=r^2$$

두 식을 연립하여 풀면　$b=5,\ r^2=10$

따라서 원의 방정식은　$x^2+(y-5)^2=10$

ㄱ. 중심의 좌표는 $(0, 5)$이다. (참)

ㄴ. $3^2+(6-5)^2=10$이므로 원은 점 $(3, 6)$을 지난다. (참)

ㄷ. 넓이는 10π이다. (거짓)

이상에서 옳은 것은 ㄱ, ㄴ이다.　답 ㄱ, ㄴ

0212 원의 중심 (a, b)가 직선 $y=2x-1$ 위에 있으므로

$$b=2a-1 \qquad\qquad \cdots\cdots ㉠$$

따라서 원의 방정식을

$$(x-a)^2+(y-2a+1)^2=r^2$$

이라 하면 이 원이 두 점 $(1, 4)$, $(3, 2)$를 지나므로

$$(1-a)^2+(4-2a+1)^2=r^2,\ (3-a)^2+(2-2a+1)^2=r^2$$

$$\therefore 5a^2-22a+26=r^2,\ 5a^2-18a+18=r^2$$

두 식을 연립하여 풀면

$$a=2,\ r^2=2$$

$a=2$를 ㉠에 대입하면　$b=3$

$$\therefore a+b+r^2=7$$　답 **7**

다른 풀이 원의 중심 $(a, 2a-1)$에서 두 점 $(1, 4)$, $(3, 2)$까지의 거리가 같으므로

$$(a-1)^2+(2a-1-4)^2=(a-3)^2+(2a-1-2)^2$$

$$5a^2-22a+26=5a^2-18a+18$$

$$-4a=-8 \qquad \therefore a=2$$

0213 원의 중심의 좌표는 $\overline{AB}$의 중점의 좌표와 같으므로

$$a=\frac{-1+5}{2}=2,\ b=\frac{2+6}{2}=4$$

원의 반지름의 길이는

$$\frac{1}{2}\overline{AB}=\frac{1}{2}\sqrt{(5+1)^2+(6-2)^2}=\sqrt{13}$$

$$\therefore r^2=13$$

$$\therefore a+b+r^2=19$$　답 **19**

0214 원의 중심의 좌표는

$$\left(\frac{2+4}{2},\ \frac{4-2}{2}\right),\ 즉\ (3, 1)$$

원의 반지름의 길이는

$$\frac{1}{2}\sqrt{(4-2)^2+(-2-4)^2}=\sqrt{10}$$

따라서 원 C의 방정식은

$$(x-3)^2+(y-1)^2=10$$

⑤ $(6-3)^2+(2-1)^2=10$이므로 점 $(6, 2)$는 원 C 위의 점이다.　답 ⑤

0215 $4x-5y+40=0$에 $y=0$을 대입하면

$$4x+40=0 \qquad \therefore x=-10$$

$4x-5y+40=0$에 $x=0$을 대입하면

$$-5y+40=0 \qquad \therefore y=8$$

$$\therefore P(-10, 0),\ Q(0, 8)$$　… **1단계**

두 점 P, Q를 지름의 양 끝 점으로 하는 원의 중심의 좌표는

$$\left(\frac{-10+0}{2},\ \frac{0+8}{2}\right),\ 즉\ (-5, 4)$$　… **2단계**

원의 반지름의 길이는

$$\frac{1}{2}\overline{PQ}=\frac{1}{2}\sqrt{10^2+8^2}=\sqrt{41}$$　… **3단계**

따라서 구하는 원의 방정식은

$$(x+5)^2+(y-4)^2=41$$　… **4단계**

답 $(x+5)^2+(y-4)^2=41$

채점 요소		비율
1단계	점 P, Q의 좌표 구하기	20 %
2단계	원의 중심의 좌표 구하기	30 %
3단계	원의 반지름의 길이 구하기	30 %
4단계	원의 방정식 구하기	20 %

0216 $x^2+y^2-4x+ay-3=0$에서

$$(x-2)^2+\left(y+\frac{a}{2}\right)^2=\frac{a^2}{4}+7$$

원의 반지름의 길이가 4이므로

$$\frac{a^2}{4}+7=16, \qquad a^2=36 \qquad \therefore a=\pm 6$$

따라서 원의 중심의 좌표는 $(2, -3)$ 또는 $(2, 3)$이므로 원점과 원의 중심 사이의 거리는

$$\sqrt{2^2+3^2}=\sqrt{13}$$　답 $\sqrt{13}$

0217 ① $x^2+y^2+6x=0$에서
$$(x+3)^2+y^2=9$$
② $x^2+y^2+2x-8y-8=0$에서
$$(x+1)^2+(y-4)^2=25$$
③ $x^2+y^2+x+y+1=0$에서
$$\left(x+\dfrac{1}{2}\right)^2+\left(y+\dfrac{1}{2}\right)^2=-\dfrac{1}{2}$$
④ $x^2+y^2+4x+2y-1=0$에서
$$(x+2)^2+(y+1)^2=6$$
⑤ $x^2+y^2-2x+4y=0$에서
$$(x-1)^2+(y+2)^2=5$$
따라서 원의 방정식이 아닌 것은 ③이다. **달 ③**

0218 $x^2+y^2+6x-4y+1=0$에서
$$(x+3)^2+(y-2)^2=12 \qquad \cdots\cdots ㉠$$
$x^2+y^2+2bx=0$에서
$$(x+b)^2+y^2=b^2 \qquad \cdots\cdots ㉡$$
원 ㉠의 중심의 좌표는 $(-3,2)$, 원 ㉡의 중심의 좌표는 $(-b,0)$이고 직선 $ax+y+4=0$이 두 원 ㉠, ㉡의 넓이를 동시에 이등분하려면 두 원의 중심을 모두 지나야 하므로
$$-3a+2+4=0, \; -ab+4=0 \quad \therefore a=2, b=2$$
$$\therefore a+b=4$$ **달 4**

0219 $x^2+y^2+2kx-k^2-6k-4=0$에서
$$(x+k)^2+y^2=2k^2+6k+4$$
이 방정식이 반지름의 길이가 2 이하인 원을 나타내려면
$$0<\sqrt{2k^2+6k+4}\le 2, \qquad 0<2k^2+6k+4\le 4$$
$$\therefore 0<k^2+3k+2\le 2$$
(ⅰ) $k^2+3k+2>0$에서 $(k+2)(k+1)>0$
$$\therefore k<-2 \; 또는 \; k>-1 \qquad \cdots\cdots ㉠$$
(ⅱ) $k^2+3k+2\le 2$에서 $k^2+3k\le 0$
$$k(k+3)\le 0 \quad \therefore -3\le k\le 0 \qquad \cdots\cdots ㉡$$
㉠, ㉡의 공통부분은 $-3\le k<-2 \; 또는 \; -1<k\le 0$
달 $-3\le k<-2$ 또는 $-1<k\le 0$

0220 원의 중심을 $P(a,b)$라 하면 $\overline{PA}=\overline{PB}=\overline{PC}$
$\overline{PA}=\overline{PB}$에서 $\overline{PA}^2=\overline{PB}^2$이므로
$$(a-3)^2+(b-4)^2=(a-2)^2+(b+1)^2$$
$$\therefore a+5b=10 \qquad \cdots\cdots ㉠$$
$\overline{PB}=\overline{PC}$에서 $\overline{PB}^2=\overline{PC}^2$이므로
$$(a-2)^2+(b+1)^2=(a+3)^2+b^2$$
$$\therefore 5a-b=-2 \qquad \cdots\cdots ㉡$$
㉠, ㉡을 연립하여 풀면 $a=0, b=2$
즉 원의 중심은 $P(0,2)$이므로 원의 반지름의 길이는
$$r=\overline{PA}=\sqrt{(0-3)^2+(2-4)^2}=\sqrt{13}$$
$$\therefore a^2+b^2+r^2=0+4+13=17$$ **달 17**

다른 풀이 원의 방정식을 $x^2+y^2+Ax+By+C=0$이라 하면 이 원이 세 점 $A(3,4)$, $B(2,-1)$, $C(-3,0)$을 지나므로
$$9+16+3A+4B+C=0 \qquad \cdots\cdots ㉢$$
$$4+1+2A-B+C=0 \qquad \cdots\cdots ㉣$$
$$9-3A+C=0 \qquad \cdots\cdots ㉤$$
㉤에서 $C=3A-9$ $\qquad \cdots\cdots ㉥$
㉢, ㉣에 각각 ㉥을 대입하여 정리하면
$$3A+2B+8=0, \; 5A-B-4=0$$
두 식을 연립하여 풀면
$$A=0, \; B=-4$$
$A=0$을 ㉥에 대입하면 $C=-9$
따라서 원의 방정식은
$$x^2+y^2-4y-9=0$$
$$\therefore x^2+(y-2)^2=13$$
즉 $a=0$, $b=2$, $r=\sqrt{13}$이므로
$$a^2+b^2+r^2=0+4+13=17$$

0221 원의 중심을 $P(a,b)$라 하면
$$\overline{PA}=\overline{PB}=\overline{PC}$$
$\overline{PA}=\overline{PB}$에서 $\overline{PA}^2=\overline{PB}^2$이므로
$$(a+5)^2+b^2=(a-1)^2+(b-2)^2$$
$$\therefore 3a+b=-5 \qquad \cdots\cdots ㉠$$
$\overline{PA}=\overline{PC}$에서 $\overline{PA}^2=\overline{PC}^2$이므로
$$(a+5)^2+b^2=(a-3)^2+(b-4)^2$$
$$\therefore 2a+b=0 \qquad \cdots\cdots ㉡$$
㉠, ㉡을 연립하여 풀면
$$a=-5, b=10$$
즉 원의 중심은 $P(-5,10)$이므로 반지름의 길이는
$$\overline{PA}=10$$
따라서 원의 방정식은
$$(x+5)^2+(y-10)^2=100$$
점 $(k,16)$이 이 원 위의 점이므로
$$(k+5)^2+(16-10)^2=100$$
$$k^2+10k-39=0, \quad (k+13)(k-3)=0$$
$$\therefore k=3 \; (\because k>0)$$ **달 ①**

0222 외접원의 중심을 $P(a,b)$라 하면
$$\overline{PA}=\overline{PB}=\overline{PC}$$
$\overline{PA}=\overline{PB}$에서 $\overline{PA}^2=\overline{PB}^2$이므로
$$(a-1)^2+(b-2)^2=(a-2)^2+(b-1)^2$$
$$\therefore a=b \qquad \cdots\cdots ㉠$$
$\overline{PB}=\overline{PC}$에서 $\overline{PB}^2=\overline{PC}^2$이므로
$$(a-2)^2+(b-1)^2=(a-3)^2+(b-1)^2$$
$$2a=5 \quad \therefore a=\dfrac{5}{2}$$
$a=\dfrac{5}{2}$를 ㉠에 대입하면 $b=\dfrac{5}{2}$

즉 원의 중심은 $P\left(\dfrac{5}{2}, \dfrac{5}{2}\right)$이므로 반지름의 길이는

$$\overline{PA}=\sqrt{\left(\dfrac{5}{2}-1\right)^2+\left(\dfrac{5}{2}-2\right)^2}=\sqrt{\dfrac{5}{2}}$$

따라서 구하는 원의 방정식은

$$\left(x-\dfrac{5}{2}\right)^2+\left(y-\dfrac{5}{2}\right)^2=\dfrac{5}{2}$$

🔲 $\left(x-\dfrac{5}{2}\right)^2+\left(y-\dfrac{5}{2}\right)^2=\dfrac{5}{2}$

0223 원의 중심이 직선 $y=x+1$ 위에 있으므로 중심의 좌표를 $(a, a+1)$이라 하자.

원이 x축에 접하므로 원의 방정식은

$$(x-a)^2+(y-a-1)^2=(a+1)^2$$

이 원이 점 $(-1, -1)$을 지나므로

$$(-1-a)^2+(-1-a-1)^2=(a+1)^2$$

$$(a+2)^2=0 \quad \therefore a=-2$$

따라서 구하는 원의 방정식은

$$(x+2)^2+(y+1)^2=1 \qquad \text{🔲 } (x+2)^2+(y+1)^2=1$$

0224 원의 중심의 좌표를 (a, b)라 하면 원이 x축에 접하므로 원의 방정식은

$$(x-a)^2+(y-b)^2=b^2$$

이 원이 두 점 $(1, 1)$, $(2, 2)$를 지나므로

$$(1-a)^2+(1-b)^2=b^2,\ (2-a)^2+(2-b)^2=b^2$$

$$\therefore a^2-2a-2b+2=0,\ a^2-4a-4b+8=0$$

두 식을 연립하여 풀면 $a=2, b=1$ 또는 $a=-2, b=5$

이때 원의 반지름의 길이는 $|b|$이므로 두 원의 반지름의 길이의 합은

$$1+5=6 \qquad\qquad \text{🔲 } 6$$

0225 $x^2+y^2-6x+2ky+10=0$에서

$$(x-3)^2+(y+k)^2=k^2-1$$

따라서 이 원의 반지름의 길이는 $\sqrt{k^2-1}$이고 이 원이 y축에 접하므로

$$3=\sqrt{k^2-1}$$

양변을 제곱하면 $9=k^2-1, \quad k^2=10$

$$\therefore k=\pm\sqrt{10}$$

이때 원의 중심이 제4 사분면 위에 있으므로

$$-k<0,\ 즉\ k>0 \quad \therefore k=\sqrt{10} \qquad \text{🔲 } \sqrt{10}$$

0226 원 $x^2+y^2+2ax-4y+b=0$이 점 $(3, -1)$을 지나므로

$$9+1+6a+4+b=0$$

$$\therefore 6a+b=-14 \qquad\qquad \cdots\cdots ㉠ \quad \cdots \boxed{1단계}$$

$x^2+y^2+2ax-4y+b=0$에서

$$(x+a)^2+(y-2)^2=a^2-b+4 \qquad \cdots \boxed{2단계}$$

따라서 이 원의 반지름의 길이는 $\sqrt{a^2-b+4}$이고 이 원이 y축에 접하므로

$$|-a|=\sqrt{a^2-b+4}$$

양변을 제곱하면 $a^2=a^2-b+4 \quad \therefore b=4$

$b=4$를 ㉠에 대입하면 $6a+4=-14$

$$\therefore a=-3 \qquad\qquad \cdots \boxed{3단계}$$

$$\therefore a+b=1 \qquad\qquad \cdots \boxed{4단계}$$

🔲 **1**

	채점 요소	비율
1단계	원이 점 $(3, -1)$을 지남을 이용하여 a, b 사이의 관계식 구하기	20%
2단계	원의 방정식을 $(x-p)^2+(y-q)^2=r^2$의 꼴로 변형하기	20%
3단계	a, b의 값 구하기	50%
4단계	$a+b$의 값 구하기	10%

0227 점 $(2, 1)$을 지나고 x축과 y축에 동시에 접하려면 원의 중심이 제1 사분면 위에 있어야 하므로 반지름의 길이를 r라 하면 원의 중심의 좌표는 (r, r)이다.

따라서 원의 방정식은 $(x-r)^2+(y-r)^2=r^2$

이 원이 점 $(2, 1)$을 지나므로

$$(2-r)^2+(1-r)^2=r^2, \quad r^2-6r+5=0$$

$$(r-1)(r-5)=0 \quad \therefore r=1\ 또는\ r=5$$

따라서 두 원의 중심의 좌표가 각각 $(1, 1)$, $(5, 5)$이므로 두 원의 중심 사이의 거리는

$$\sqrt{(5-1)^2+(5-1)^2}=4\sqrt{2} \qquad \text{🔲 } 4\sqrt{2}$$

0228 중심의 좌표가 $(-2, 2)$이고 x축과 y축에 동시에 접하는 원의 반지름의 길이는 2이므로 원의 방정식은

$$(x+2)^2+(y-2)^2=4$$

이 원이 점 $(-1, a)$를 지나므로

$$1+(a-2)^2=4, \quad a^2-4a+1=0$$

$$\therefore a=2\pm\sqrt{3}$$

따라서 모든 a의 값의 곱은

$$(2+\sqrt{3})\times(2-\sqrt{3})=1 \qquad \text{🔲 } 1$$

0229 원의 중심이 제4 사분면 위에 있고 x축과 y축에 동시에 접하는 원의 반지름의 길이를 r라 하면 원의 중심의 좌표는 $(r, -r)$이다.

이때 원의 중심 $(r, -r)$가 직선 $x-y-2=0$ 위에 있으므로

$$r+r-2=0 \quad \therefore r=1$$

따라서 구하는 원의 넓이는

$$\pi\times 1^2=\pi \qquad\qquad \text{🔲 } \pi$$

0230 $x^2+y^2+4x+2ay+10-b=0$에서

$$(x+2)^2+(y+a)^2=a^2+b-6$$

따라서 이 원의 반지름의 길이는 $\sqrt{a^2+b-6}$이고 이 원이 x축과 y축에 동시에 접하므로

$$|-2|=|-a|=\sqrt{a^2+b-6}$$

$$\therefore a=2, b=6\ (\because a>0)$$

$$\therefore a+b=8 \qquad\qquad \text{🔲 } ④$$

0231 $x^2+y^2-4x+8y+4=0$에서
$$(x-2)^2+(y+4)^2=16$$
점 $A(-2, 1)$과 원의 중심 $(2, -4)$ 사이의 거리는
$$\sqrt{(-2-2)^2+(1+4)^2}=\sqrt{41}$$
이때 원의 반지름의 길이가 4이므로
$$M=\sqrt{41}+4,\ m=\sqrt{41}-4$$
$$\therefore Mm=(\sqrt{41}+4)\times(\sqrt{41}-4)=25$$
답 ④

0232 점 $(3, -6)$과 원의 중심 $(0, 0)$ 사이의 거리는
$$\sqrt{3^2+(-6)^2}=3\sqrt{5}$$
이때 원의 반지름의 길이가 r이므로 점 $(3, -6)$과 원 위의 점 사이의 거리의 최댓값은
$$3\sqrt{5}+r$$
즉 $3\sqrt{5}+r=4\sqrt{5}$이므로
$$r=\sqrt{5}$$
답 $\sqrt{5}$

0233 원 $(x-2)^2+(y-3)^2=9$의 중심을 $C(2, 3)$이라 하면
$$\overline{CQ}=\sqrt{(-1-2)^2+(-1-3)^2}=5$$
이때 원의 반지름의 길이가 3이므로
$$5-3\leq\overline{PQ}\leq5+3$$
$$\therefore 2\leq\overline{PQ}\leq8$$
$\overline{PQ}=2, 8$인 점 P는 각각 1개씩이고, $\overline{PQ}=3, 4, 5, 6, 7$인 점 P는 각각 2개씩이므로 구하는 점 P의 개수는
$$2\times1+5\times2=12$$
답 **12**

0234 $\sqrt{(a+4)^2+(b-3)^2}$의 값은 점 $P(a, b)$와 점 $(-4, 3)$ 사이의 거리와 같다.
이때 점 P는 원 $x^2+y^2=4$ 위의 점이고 점 $(-4, 3)$과 원의 중심 $(0, 0)$ 사이의 거리는
$$\sqrt{(-4)^2+3^2}=5$$
원의 반지름의 길이가 2이므로 점 P와 점 $(-4, 3)$ 사이의 거리의 최댓값은
$$5+2=7$$
따라서 $\sqrt{(a+4)^2+(b-3)^2}$의 최댓값도 7이다.
답 ③

0235 원의 중심 $(-1, 2)$와 직선 $y=2x-k$, 즉 $2x-y-k=0$ 사이의 거리는
$$\frac{|-2-2-k|}{\sqrt{2^2+(-1)^2}}=\frac{|k+4|}{\sqrt{5}}$$
원의 반지름의 길이가 $\sqrt{5}$이므로 원과 직선이 서로 다른 두 점에서 만나려면
$$\frac{|k+4|}{\sqrt{5}}<\sqrt{5},\qquad |k+4|<5$$
$$-5<k+4<5\qquad\therefore -9<k<1$$
따라서 정수 k는 $-8, -7, -6, \cdots, 0$의 9개이다.
답 ④

다른 풀이 $y=2x-k$를 $(x+1)^2+(y-2)^2=5$에 대입하면
$$(x+1)^2+(2x-k-2)^2=5$$
$$\therefore 5x^2-(4k+6)x+k^2+4k=0$$
x에 대한 이 이차방정식의 판별식을 D라 하면 원과 직선이 서로 다른 두 점에서 만나야 하므로
$$\frac{D}{4}=\{-(2k+3)\}^2-5(k^2+4k)>0$$
$$-k^2-8k+9>0,\qquad k^2+8k-9<0$$
$$(k+9)(k-1)<0$$
$$\therefore -9<k<1$$

0236 $x^2+y^2+4x-6y+a=0$에서
$$(x+2)^2+(y-3)^2=13-a$$
원의 중심 $(-2, 3)$과 직선 $3x+4y+4=0$ 사이의 거리는
$$\frac{|-6+12+4|}{\sqrt{3^2+4^2}}=2$$
원의 반지름의 길이가 $\sqrt{13-a}$이므로 원과 직선이 서로 다른 두 점에서 만나려면
$$2<\sqrt{13-a}$$
양변을 제곱하면 $4<13-a$
$$\therefore a<9$$
따라서 자연수 a의 최댓값은 8이다.
답 ①

0237 원 C의 방정식은
$$(x-1)^2+(y-1)^2=1$$
원의 중심 $(1, 1)$과 직선 $y=mx-2$, 즉 $mx-y-2=0$ 사이의 거리는
$$\frac{|m-1-2|}{\sqrt{m^2+(-1)^2}}=\frac{|m-3|}{\sqrt{m^2+1}}$$
원의 반지름의 길이가 1이므로 원과 직선이 서로 다른 두 점에서 만나려면
$$\frac{|m-3|}{\sqrt{m^2+1}}<1$$
$$\therefore |m-3|<\sqrt{m^2+1}$$
양변을 제곱하면
$$m^2-6m+9<m^2+1,\qquad -6m<-8$$
$$\therefore m>\frac{4}{3}$$
답 $m>\dfrac{4}{3}$

0238 원의 중심 $(2, 0)$과 직선 $y=-x+k$, 즉 $x+y-k=0$ 사이의 거리는
$$\frac{|2+0-k|}{\sqrt{1^2+1^2}}=\frac{|k-2|}{\sqrt{2}}$$
원의 반지름의 길이가 $\sqrt{2}$이므로 원과 직선이 접하려면
$$\frac{|k-2|}{\sqrt{2}}=\sqrt{2},\qquad |k-2|=2$$
$$k-2=\pm2\qquad\therefore k=4\ (\because k>0)$$
답 ④

다른 풀이 $y=-x+k$를 $(x-2)^2+y^2=2$에 대입하면

$$(x-2)^2+(-x+k)^2=2$$
$$\therefore 2x^2-(2k+4)x+k^2+2=0$$

x에 대한 이 이차방정식의 판별식을 D라 하면 원과 직선이 접하므로

$$\frac{D}{4}=\{-(k+2)\}^2-2(k^2+2)=0$$
$$-k^2+4k=0, \qquad k(k-4)=0$$
$$\therefore k=4 \ (\because k>0)$$

0239 원의 중심 $(-2, 3)$과 직선 $x-2y+k=0$ 사이의 거리는

$$\frac{|-2-6+k|}{\sqrt{1^2+(-2)^2}}=\frac{|k-8|}{\sqrt{5}}$$

넓이가 5π인 원의 반지름의 길이는 $\sqrt{5}$이므로 원과 직선이 접하려면

$$\frac{|k-8|}{\sqrt{5}}=\sqrt{5}, \qquad |k-8|=5$$
$$k-8=\pm5 \qquad \therefore k=13 \text{ 또는 } k=3$$

따라서 모든 실수 k의 값의 합은

$$13+3=16$$

답 **16**

0240 x축과 y축에 동시에 접하고 중심이 제1사분면 위에 있는 원의 방정식을

$$(x-a)^2+(y-a)^2=a^2 \ (a>0)$$

이라 하면 원의 중심 (a, a)와 직선 $5x+12y-8=0$ 사이의 거리는

$$\frac{|5a+12a-8|}{\sqrt{5^2+12^2}}=\frac{|17a-8|}{13}$$

원의 반지름의 길이가 a이므로 원과 직선이 접하려면

$$\frac{|17a-8|}{13}=a, \qquad |17a-8|=13a$$
$$17a-8=\pm13a \qquad \therefore a=2 \text{ 또는 } a=\frac{4}{15}$$

따라서 두 원 중 큰 원의 넓이는

$$\pi\times2^2=4\pi$$

답 **4π**

0241 $x^2+y^2-6x+2y+8=0$에서

$$(x-3)^2+(y+1)^2=2$$

기울기가 $\tan45°=1$인 접선의 방정식을 $y=x+b$로 놓으면 원의 중심 $(3, -1)$과 직선 $y=x+b$, 즉 $x-y+b=0$ 사이의 거리는

$$\frac{|3+1+b|}{\sqrt{1^2+(-1)^2}}=\frac{|b+4|}{\sqrt{2}}$$

원의 반지름의 길이가 $\sqrt{2}$이므로 원과 직선이 접하려면

$$\frac{|b+4|}{\sqrt{2}}=\sqrt{2}, \qquad |b+4|=2$$
$$b+4=\pm2 \qquad \therefore b=-2 \text{ 또는 } b=-6$$

따라서 구하는 직선의 방정식은

$$y=x-2 \text{ 또는 } y=x-6$$

답 **$y=x-2, \ y=x-6$**

0242 원의 중심 $(-1, 0)$과 직선 $y=mx-2m$, 즉 $mx-y-2m=0$ 사이의 거리는

$$\frac{|-m-0-2m|}{\sqrt{m^2+(-1)^2}}=\frac{|3m|}{\sqrt{m^2+1}}$$

원의 반지름의 길이가 1이므로 원과 직선이 만나지 않으려면

$$\frac{|3m|}{\sqrt{m^2+1}}>1$$
$$|3m|>\sqrt{m^2+1}$$

양변을 제곱하면

$$9m^2>m^2+1, \qquad m^2>\frac{1}{8}$$
$$\therefore m<-\frac{\sqrt{2}}{4} \text{ 또는 } m>\frac{\sqrt{2}}{4}$$

따라서 m의 값이 될 수 없는 것은 ③이다. 답 **③**

다른 풀이 $y=mx-2m$을 $(x+1)^2+y^2=1$에 대입하면

$$(x+1)^2+(mx-2m)^2=1$$
$$\therefore (m^2+1)x^2-(4m^2-2)x+4m^2=0$$

x에 대한 이 이차방정식의 판별식을 D라 하면 원과 직선이 만나지 않아야 하므로

$$\frac{D}{4}=\{-(2m^2-1)\}^2-(m^2+1)\times4m^2<0$$
$$-8m^2+1<0, \qquad m^2>\frac{1}{8}$$
$$\therefore m<-\frac{\sqrt{2}}{4} \text{ 또는 } m>\frac{\sqrt{2}}{4}$$

0243 $x^2+y^2-2ax+a^2-1=0$에서

$$(x-a)^2+y^2=1$$

원의 중심 $(a, 0)$과 직선 $x+y-3=0$ 사이의 거리는

$$\frac{|a+0-3|}{\sqrt{1^2+1^2}}=\frac{|a-3|}{\sqrt{2}}$$

원의 반지름의 길이가 1이므로 원과 직선이 만나지 않으려면

$$\frac{|a-3|}{\sqrt{2}}>1, \qquad |a-3|>\sqrt{2}$$
$$a-3<-\sqrt{2} \text{ 또는 } a-3>\sqrt{2}$$
$$\therefore a<3-\sqrt{2} \text{ 또는 } a>3+\sqrt{2}$$

따라서 한 자리 자연수 a는 1, 5, 6, 7, 8, 9이므로 구하는 합은

$$1+5+6+7+8+9=36$$

답 **36**

0244 두 점 $(-2, -1)$, $(4, -3)$을 지름의 양 끝 점으로 하는 원의 중심의 좌표는

$$\left(\frac{-2+4}{2}, \frac{-1-3}{2}\right), \text{ 즉 } (1, -2)$$

반지름의 길이는

$$\frac{1}{2}\sqrt{(4+2)^2+(-3+1)^2}=\sqrt{10}$$ ··· **1단계**

원의 중심 $(1, -2)$와 직선 $y=3x+k$, 즉 $3x-y+k=0$ 사이의 거리는

$$\frac{|3+2+k|}{\sqrt{3^2+(-1)^2}}=\frac{|k+5|}{\sqrt{10}}$$

원의 반지름의 길이가 $\sqrt{10}$이므로 원과 직선이 만나지 않으려면

$$\frac{|k+5|}{\sqrt{10}}>\sqrt{10}, \qquad |k+5|>10$$

$$k+5<-10 \text{ 또는 } k+5>10$$

$$\therefore k<-15 \text{ 또는 } k>5 \qquad \cdots \text{②단계}$$

따라서 자연수 k의 최솟값은 6이다. $\cdots \text{③단계}$

답 **6**

채점 요소	비율
1단계 원의 중심의 좌표와 반지름의 길이 구하기	40%
2단계 k의 값의 범위 구하기	50%
3단계 자연수 k의 최솟값 구하기	10%

0245 $x^2+y^2-2x-4y+1=0$에서
$$(x-1)^2+(y-2)^2=4$$

오른쪽 그림과 같이 주어진 원의 중심을 $C(1,\ 2)$라 하고, 점 C에서 직선 $x-y+2=0$에 내린 수선의 발을 H라 하면

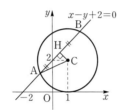

$$\overline{CH}=\frac{|1-2+2|}{\sqrt{1^2+(-1)^2}}=\frac{1}{\sqrt{2}}$$

직각삼각형 ACH에서

$$\overline{AH}=\sqrt{\overline{CA}^2-\overline{CH}^2}=\sqrt{2^2-\left(\frac{1}{\sqrt{2}}\right)^2}$$

$$=\sqrt{\frac{7}{2}}=\frac{\sqrt{14}}{2}$$

$$\therefore \overline{AB}=2\overline{AH}=\sqrt{14}$$

답 $\sqrt{14}$

0246 오른쪽 그림과 같이 주어진 원과 직선의 두 교점을 A, B, 원의 중심 $O(0,\ 0)$에서 직선 $y=x+k$에 내린 수선의 발을 H라 하면

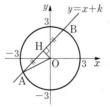

$$\overline{AH}=\frac{1}{2}\overline{AB}=\frac{1}{2}\times 4\sqrt{2}=2\sqrt{2}$$

직각삼각형 AOH에서

$$\overline{OH}=\sqrt{\overline{OA}^2-\overline{AH}^2}=\sqrt{3^2-(2\sqrt{2})^2}=1$$

따라서 점 $O(0,\ 0)$과 직선 $y=x+k$, 즉 $x-y+k=0$ 사이의 거리가 1이므로

$$\frac{|k|}{\sqrt{1^2+(-1)^2}}=1, \qquad |k|=\sqrt{2}$$

$$\therefore k=\sqrt{2}\ (\because k>0)$$

답 ②

0247 오른쪽 그림과 같이 주어진 원과 직선의 두 교점을 A, B라 하면 두 점 A, B를 지나는 원 중에서 넓이가 최소인 것은 $\overline{AB}$를 지름으로 하는 원이다. $\cdots \text{①단계}$

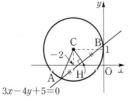

$3x-4y+5=0$

원의 중심을 $C(-2,\ 1)$이라 하고 점 C에서 직선 $3x-4y+5=0$에 내린 수선의 발을 H라 하면

$$\overline{CH}=\frac{|-6-4+5|}{\sqrt{3^2+(-4)^2}}=1 \qquad \cdots \text{②단계}$$

직각삼각형 CAH에서

$$\overline{AH}=\sqrt{\overline{CA}^2-\overline{CH}^2}$$

$$=\sqrt{2^2-1^2}=\sqrt{3} \qquad \cdots \text{③단계}$$

따라서 구하는 원의 넓이는

$$\pi\times(\sqrt{3})^2=3\pi \qquad \cdots \text{④단계}$$

답 3π

채점 요소	비율
1단계 $\overline{AB}$를 지름으로 하는 원이 넓이가 최소인 원임을 알기	30%
2단계 $\overline{CH}$의 길이 구하기	30%
3단계 $\overline{AH}$의 길이 구하기	30%
4단계 넓이가 최소인 원의 넓이 구하기	10%

0248 $x^2+y^2-2x+4y-4=0$에서
$$(x-1)^2+(y+2)^2=9$$

원의 중심을 $C(1,\ -2)$라 하면 점 C와 점 $A(-2,\ 3)$ 사이의 거리는

$$\overline{CA}=\sqrt{(-2-1)^2+(3+2)^2}$$

$$=\sqrt{34}$$

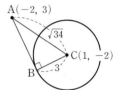

따라서 직각삼각형 ABC에서

$$\overline{AB}=\sqrt{\overline{CA}^2-\overline{CB}^2}$$

$$=\sqrt{(\sqrt{34})^2-3^2}=5$$

답 ④

0249 직각삼각형 OAP에서

$$\overline{AP}=\sqrt{\overline{OP}^2-\overline{OA}^2}$$

$$=\sqrt{4^2-2^2}=2\sqrt{3}$$

이때 $\triangle OAP\equiv\triangle OBP$ (RHS 합동)이므로 사각형 $OAPB$의 넓이는

$$2\times\triangle OAP=2\times\left(\frac{1}{2}\times 2\sqrt{3}\times 2\right)$$

$$=4\sqrt{3}$$

답 $4\sqrt{3}$

0250 $x^2+y^2+4x-2y-31=0$에서
$$(x+2)^2+(y-1)^2=36$$

원의 중심을 $C(-2,\ 1)$이라 하면 점 C와 점 $P(a,\ 1)$ 사이의 거리는

$$\overline{CP}=|a-(-2)|=|a+2|$$

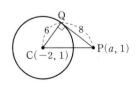

따라서 접점을 Q라 하면 직각삼각형 CPQ에서

$$\overline{CP}^2=\overline{CQ}^2+\overline{PQ}^2, \qquad |a+2|^2=6^2+8^2$$

$$(a+2)^2=100$$

$$a+2=\pm 10$$

$$\therefore a=8\ (\because a>0)$$

답 ③

0251 $x^2+y^2+2x-6y+2=0$에서
$$(x+1)^2+(y-3)^2=8$$
원의 중심 $(-1, 3)$과 직선 $x-y-1=0$ 사이의 거리는
$$\frac{|-1-3-1|}{\sqrt{1^2+(-1)^2}}=\frac{5}{\sqrt{2}}=\frac{5\sqrt{2}}{2}$$
이때 원의 반지름의 길이가 $2\sqrt{2}$이므로
$$M=\frac{5\sqrt{2}}{2}+2\sqrt{2}=\frac{9\sqrt{2}}{2},\ m=\frac{5\sqrt{2}}{2}-2\sqrt{2}=\frac{\sqrt{2}}{2}$$
$$\therefore M+m=5\sqrt{2}$$
답 $5\sqrt{2}$

0252 원의 중심 $(1, -2)$와 직선 $y=x+3$, 즉 $x-y+3=0$ 사이의 거리는
$$\frac{|1+2+3|}{\sqrt{1^2+(-1)^2}}=\frac{6}{\sqrt{2}}=3\sqrt{2}$$
이때 원의 반지름의 길이가 $2\sqrt{2}$이므로 원 위의 점과 직선 사이의 거리의 최솟값은
$$3\sqrt{2}-2\sqrt{2}=\sqrt{2}$$
답 ②

0253 원의 중심 $(0, 0)$과 직선 $3x-4y+k=0$ 사이의 거리는
$$\frac{|k|}{\sqrt{3^2+(-4)^2}}=\frac{|k|}{5}$$
··· 1단계
이때 원의 반지름의 길이가 2이므로 원 위의 점과 직선 사이의 거리의 최댓값은
$$\frac{|k|}{5}+2$$
즉 $\dfrac{|k|}{5}+2=5$이므로 $\quad |k|=15$
$$\therefore k=15\ (\because k>0)$$
··· 2단계
답 **15**

채점 요소	비율
1단계 원의 중심과 직선 사이의 거리 구하기	40 %
2단계 k의 값 구하기	60 %

0254 $x^2+y^2-10x+6y+25=0$에서
$$(x-5)^2+(y+3)^2=9$$
원의 중심 $(5, -3)$과 직선 $x+2y-9=0$ 사이의 거리는
$$\frac{|5-6-9|}{\sqrt{1^2+2^2}}=\frac{10}{\sqrt{5}}=2\sqrt{5}$$
이때 원의 반지름의 길이가 3이므로 원 위의 점 P와 직선 사이의 거리를 d라 하면
$$2\sqrt{5}-3\le d\le 2\sqrt{5}+3$$
따라서 정수 d의 값은 2, 3, 4, 5, 6, 7이고, 각각의 거리에 해당하는 점 P가 2개씩 있으므로 구하는 점 P의 개수는
$$6\times 2=12$$
답 **12**

0255 직선 $x+2\sqrt{2}y-8=0$의 기울기는 $-\dfrac{1}{2\sqrt{2}}$이므로 이 직선에 수직인 직선의 기울기는 $2\sqrt{2}$이다.

원 $x^2+y^2=9$에 접하고 기울기가 $2\sqrt{2}$인 직선의 방정식은
$$y=2\sqrt{2}x\pm 3\sqrt{(2\sqrt{2})^2+1}$$
$$\therefore y=2\sqrt{2}x+9 \text{ 또는 } y=2\sqrt{2}x-9$$
따라서 두 직선의 y절편은 각각 9, -9이므로
$$\overline{\mathrm{PQ}}=|9-(-9)|=18$$
답 ④

0256 원 $x^2+y^2=5$에 접하고 기울기가 -2인 직선의 방정식은
$$y=-2x\pm\sqrt{5}\times\sqrt{(-2)^2+1}$$
$$\therefore y=-2x+5 \text{ 또는 } y=-2x-5$$
따라서 두 직선의 x절편은 각각 $\dfrac{5}{2}$, $-\dfrac{5}{2}$이므로 구하는 곱은
$$\frac{5}{2}\times\left(-\frac{5}{2}\right)=-\frac{25}{4}$$
답 ③

0257 원의 방정식을 $x^2+y^2=r^2$이라 하면 이 원이 점 $(2, -2)$를 지나므로
$$r^2=2^2+(-2)^2=8$$
$$\therefore x^2+y^2=8$$
한편 직선 $x-2y+1=0$의 기울기는 $\dfrac{1}{2}$이므로 이 직선과 평행한 직선의 기울기도 $\dfrac{1}{2}$이다.

원 $x^2+y^2=8$에 접하고 기울기가 $\dfrac{1}{2}$인 직선의 방정식은
$$y=\frac{1}{2}x\pm 2\sqrt{2}\times\sqrt{\left(\frac{1}{2}\right)^2+1}$$
$$\therefore y=\frac{1}{2}x+\sqrt{10} \text{ 또는 } y=\frac{1}{2}x-\sqrt{10}$$
따라서 $a=\dfrac{1}{2}$, $b=\sqrt{10}$ 또는 $a=\dfrac{1}{2}$, $b=-\sqrt{10}$이므로
$$ab^2=\frac{1}{2}\times 10=5$$
답 **5**

0258 원 $x^2+y^2=20$ 위의 점 (a, b)에서의 접선의 방정식은
$$ax+by=20 \qquad \therefore y=-\frac{a}{b}x+\frac{20}{b}$$
이 접선의 기울기가 3이므로
$$-\frac{a}{b}=3 \qquad \therefore a=-3b \qquad \cdots\cdots ㉠$$
또 점 (a, b)는 원 $x^2+y^2=20$ 위의 점이므로
$$a^2+b^2=20 \qquad \cdots\cdots ㉡$$
㉠, ㉡을 연립하여 풀면
$$a=-3\sqrt{2},\ b=\sqrt{2} \text{ 또는 } a=3\sqrt{2},\ b=-\sqrt{2}$$
$$\therefore ab=-6$$
답 ②

0259 원 $x^2+y^2=10$ 위의 점 $(1, -3)$에서의 접선의 방정식은
$$x-3y-10=0$$
따라서 접선의 x절편은 10, y절편은 $-\dfrac{10}{3}$이므로 구하는 넓이는
$$\frac{1}{2}\times 10\times\frac{10}{3}=\frac{50}{3}$$
답 $\dfrac{50}{3}$

0260 점 $(-4, a)$는 원 $x^2+y^2=25$ 위의 점이므로

$$16+a^2=25, \qquad a^2=9$$

$$\therefore a=3 \ (\because a>0)$$

따라서 원 $x^2+y^2=25$ 위의 점 $(-4, 3)$에서의 접선의 방정식은

$$-4x+3y=25$$

이 접선이 점 $(b, -5)$를 지나므로

$$-4b-15=25 \qquad \therefore b=-10$$

$$\therefore a+b=-7 \qquad\qquad \boxed{\text{답}} \ -7$$

0261 원 $x^2+y^2=5$ 위의 점 $(-2, 1)$에서의 접선의 방정식은

$$-2x+y=5 \qquad \therefore 2x-y+5=0 \qquad \cdots\cdots \ \text{㉠}$$

$x^2+y^2-6x-4y+a=0$에서

$$(x-3)^2+(y-2)^2=13-a$$

직선 ㉠이 이 원에 접하려면 원의 중심 $(3, 2)$와 직선 ㉠ 사이의 거리가 반지름의 길이 $\sqrt{13-a}$와 같아야 하므로

$$\frac{|6-2+5|}{\sqrt{2^2+(-1)^2}}=\sqrt{13-a} \qquad \therefore \frac{9}{\sqrt5}=\sqrt{13-a}$$

양변을 제곱하면 $\dfrac{81}{5}=13-a$

$$\therefore a=-\frac{16}{5} \qquad\qquad \boxed{\text{답}} \ -\frac{16}{5}$$

0262 점 $(1, 2)$를 지나는 접선의 기울기를 m이라 하면 접선의 방정식은

$$y-2=m(x-1)$$

$$\therefore mx-y-m+2=0 \qquad \cdots\cdots \ \text{㉠}$$

원과 직선 ㉠이 접하려면 원의 중심 $(-2, 1)$과 직선 ㉠ 사이의 거리가 반지름의 길이 1과 같아야 하므로

$$\frac{|-2m-1-m+2|}{\sqrt{m^2+(-1)^2}}=1 \qquad \therefore |1-3m|=\sqrt{m^2+1}$$

양변을 제곱하면

$$1-6m+9m^2=m^2+1, \qquad 4m^2-3m=0$$

$$m(4m-3)=0 \qquad \therefore m=0 \ \text{또는} \ m=\frac{3}{4}$$

이것을 ㉠에 대입하면

$$-y+2=0 \ \text{또는} \ \frac{3}{4}x-y+\frac{5}{4}=0$$

$$\therefore y=2 \ \text{또는} \ 3x-4y+5=0$$

$$\boxed{\text{답}} \ y=2, \ 3x-4y+5=0$$

0263 직선 l과 원 O의 접점의 좌표를 (x_1, y_1)이라 하면 직선 l의 방정식은 $\quad x_1 x+y_1 y=1 \qquad \cdots\cdots \ \text{㉠}$

이때 직선 l이 원 O'의 넓이를 이등분하므로 원 O'의 중심 $(0, -2)$를 지난다.

즉 $-2y_1=1$이므로 $\quad y_1=-\dfrac{1}{2}$

또 점 (x_1, y_1)이 원 O 위의 점이므로 $\quad x_1^2+y_1^2=1$

$y_1=-\dfrac{1}{2}$을 대입하면

$$x_1^2+\left(-\frac{1}{2}\right)^2=1 \qquad \therefore x_1=\pm\frac{\sqrt3}{2}$$

따라서 ㉠에서

$$\pm\frac{\sqrt3}{2}x-\frac{1}{2}y=1 \qquad \therefore y=\pm\sqrt3 x-2$$

이때 직선 l의 기울기가 양수이므로 직선 l의 방정식은

$$y=\sqrt3 x-2$$

$$\boxed{\text{답}} \ \boldsymbol{y=\sqrt3\,x-2}$$

다른 풀이 직선 l이 원 O'의 넓이를 이등분하므로 직선 l은 원 O'의 중심 $(0, -2)$를 지난다.

이때 직선 l의 기울기를 $m \ (m>0)$이라 하면 직선 l의 방정식은

$$y=mx-2 \qquad \therefore mx-y-2=0$$

원 O와 직선 l이 접하려면 원의 중심 $(0, 0)$과 직선 사이의 거리가 반지름의 길이 1과 같아야 하므로

$$\frac{|-2|}{\sqrt{m^2+(-1)^2}}=1 \qquad \therefore 2=\sqrt{m^2+1}$$

양변을 제곱하면 $\quad 4=m^2+1$

$$m^2=3 \qquad \therefore m=\sqrt3 \ (\because m>0)$$

따라서 직선 l의 방정식은 $\quad y=\sqrt3 x-2$

0264 원 $x^2+y^2=4$ 위의 점 (x_1, y_1)에서의 접선의 방정식은

$$x_1 x+y_1 y=4$$

이 직선이 점 $\text{P}(-4, 0)$을 지나므로

$$-4x_1=4 \qquad \therefore x_1=-1$$

또 점 (x_1, y_1)이 원 $x^2+y^2=4$ 위의 점이므로 $\quad x_1^2+y_1^2=4$

$x_1=-1$을 대입하면 $\quad (-1)^2+y_1^2=4$

$$\therefore y_1=\pm\sqrt3$$

따라서 접점의 좌표가 $(-1, \sqrt3)$, $(-1, -\sqrt3)$이므로

$$\overline{\text{AB}}=\sqrt3-(-\sqrt3)=2\sqrt3$$

$$\therefore \triangle\text{PAB}=\frac{1}{2}\times2\sqrt3\times\{-1-(-4)\}$$

$$=3\sqrt3 \qquad\qquad \boxed{\text{답}} \ 3\sqrt3$$

0265 점 $\text{A}(1, 1)$을 지나는 접선의 기울기를 m이라 하면 접선의 방정식은

$$y-1=m(x-1) \qquad \therefore mx-y-m+1=0$$

원과 이 직선이 접하려면 원의 중심 $(3, -5)$와 직선 사이의 거리가 반지름의 길이 r과 같아야 하므로

$$\frac{|3m+5-m+1|}{\sqrt{m^2+(-1)^2}}=r \qquad \therefore |2m+6|=r\sqrt{m^2+1}$$

양변을 제곱하면

$$4m^2+24m+36=r^2m^2+r^2$$

$$\therefore (4-r^2)m^2+24m+36-r^2=0$$

m에 대한 이 이차방정식의 두 근을 m_1, m_2라 하면 두 접선의 기울기가 m_1, m_2이므로 근과 계수의 관계에 의하여

$$m_1 m_2=\frac{36-r^2}{4-r^2}=-1, \qquad 36-r^2=r^2-4$$

$$r^2=20 \qquad \therefore r=2\sqrt5 \ (\because r>0) \qquad \boxed{\text{답}} \ 2\sqrt5$$

다른 풀이 원의 중심을 C(3, −5),
두 접선의 접점을 P, Q라 하면 두
접선이 서로 수직이므로 사각형
APCQ는 정사각형이다.

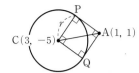

따라서 직각삼각형 CAP에서 $\overline{CA}^2=\overline{CP}^2+\overline{AP}^2$
$$(1-3)^2+(1+5)^2=r^2+r^2, \quad 2r^2=40$$
$$r^2=20 \quad \therefore r=2\sqrt{5} \ (\because r>0)$$

0266 두 원의 교점을 지나는 직선의 방정식은
$$x^2+y^2-8x-(x^2+y^2-6x-4y+3)=0$$
$$2x-4y+3=0 \quad \therefore y=\frac{1}{2}x+\frac{3}{4}$$
이 직선이 직선 $y=ax+6$과 수직이므로
$$\frac{1}{2}\times a=-1 \quad \therefore a=-2 \qquad \text{답} \ -2$$

0267 $(x-2)^2+y^2=10$에서 $x^2+y^2-4x-6=0$
따라서 두 원의 교점을 지나는 직선의 방정식은
$$x^2+y^2-4x-6-(x^2+y^2+y-5)=0$$
$$4x+y+1=0 \quad \therefore y=-4x-1$$
즉 $a=-4$, $b=-1$이므로 $a+b=-5$ 답 ①

0268 $(x+2)^2+y^2=12$에서 $x^2+y^2+4x-8=0$
$(x-1)^2+(y+3)^2=10$에서 $x^2+y^2-2x+6y=0$
따라서 두 원의 교점을 지나는 직선의 방정식은
$$x^2+y^2+4x-8-(x^2+y^2-2x+6y)=0$$
$$\therefore 3x-3y-4=0$$
이 직선과 원점 사이의 거리는
$$\frac{|-4|}{\sqrt{3^2+(-3)^2}}=\frac{4}{3\sqrt{2}}=\frac{2\sqrt{2}}{3} \qquad \text{답} \ \frac{2\sqrt{2}}{3}$$

0269 두 원의 교점을 지나는 직선의 방정식은
$$x^2+y^2+x-(x^2+y^2-2x+y)=0$$
$$3x-y=0 \quad \therefore y=3x$$
따라서 기울기가 3이고 점 $(1, 1)$을 지나는 직선의 방정식은
$$y-1=3(x-1) \quad \therefore y=3x-2 \qquad \text{답} \ y=3x-2$$

0270 $x^2+y^2=1$에서 $x^2+y^2-1=0$
$(x-1)^2+(y-1)^2=1$에서 $x^2+y^2-2x-2y+1=0$
두 원의 교점을 지나는 원의 방정식은
$$x^2+y^2-1+k(x^2+y^2-2x-2y+1)=0 \ (\text{단}, k\neq-1)$$
$$\cdots\cdots \ \text{㉠}$$
이 원이 점 $(3, 1)$을 지나므로 $9+3k=0$ $\therefore k=-3$
$k=-3$을 ㉠에 대입하면
$$x^2+y^2-1-3(x^2+y^2-2x-2y+1)=0$$
$$\therefore x^2+y^2-3x-3y+2=0$$
따라서 $A=-3$, $B=-3$, $C=2$이므로
$$A+B+C=-4 \qquad \text{답} \ -4$$

0271 두 원의 교점을 지나는 원의 방정식은
$$x^2+y^2-6x+2+k(x^2+y^2-2x-8y+4)=0$$
$$(\text{단}, k\neq-1) \ \cdots\cdots \ \text{㉠}$$
이 원이 점 $(1, 0)$을 지나므로
$$-3+3k=0 \quad \therefore k=1$$
$k=1$을 ㉠에 대입하면
$$x^2+y^2-6x+2+(x^2+y^2-2x-8y+4)=0$$
$$x^2+y^2-4x-4y+3=0$$
$$\therefore (x-2)^2+(y-2)^2=5$$
따라서 원의 반지름의 길이가 $\sqrt{5}$이므로 구하는 넓이는
$$\pi\times(\sqrt{5})^2=5\pi \qquad \text{답} \ 5\pi$$

0272 두 원의 교점을 지나는 원의 방정식은
$$x^2+y^2-6y+4+k(x^2+y^2+ax-4y+2)=0$$
$$(\text{단}, k\neq-1) \ \cdots\cdots \ \text{㉠}$$
이 원이 원점을 지나므로
$$4+2k=0 \quad \therefore k=-2$$
$k=-2$를 ㉠에 대입하면
$$x^2+y^2-6y+4-2(x^2+y^2+ax-4y+2)=0$$
$$x^2+y^2+2ax-2y=0$$
$$\therefore (x+a)^2+(y-1)^2=a^2+1$$
이 원의 반지름의 길이가 $\sqrt{a^2+1}$이고 넓이가 10π이므로
$$\pi\times(\sqrt{a^2+1})^2=10\pi, \quad a^2+1=10, \quad a^2=9$$
$$\therefore a=3 \ (\because a>0) \qquad \text{답} \ 3$$

0273 두 원의 교점을 지나는 원의 방정식은
$$x^2+y^2-8x+4y-8+k(x^2+y^2+4x-8y-14)=0$$
$$(\text{단}, k\neq-1)$$
$$\therefore (1+k)x^2+(1+k)y^2+(4k-8)x$$
$$+(4-8k)y-8-14k$$
$$=0 \qquad\qquad \cdots\cdots \ \text{㉠}$$
이 원의 중심이 y축 위에 있으므로 중심의 x좌표는 0이다.
즉 ㉠의 x의 계수가 0이므로
$$4k-8=0 \quad \therefore k=2$$
$k=2$를 ㉠에 대입하면 $3x^2+3y^2-12y-36=0$
$$\therefore x^2+(y-2)^2=16$$
따라서 원의 반지름의 길이가 4이므로 둘레의 길이는
$$2\pi\times4=8\pi \qquad \text{답} \ 8\pi$$

0274 점 P의 좌표를 (a, b)라 하면 점 P는 원 위의 점이므로
$$(a+2)^2+(b+1)^2=4 \qquad \cdots\cdots \ \text{㉠}$$
선분 AP의 중점의 좌표를 (x, y)라 하면
$$x=\frac{a+2}{2}, \ y=\frac{b-1}{2}$$
$$\therefore a=2x-2, \ b=2y+1 \qquad \cdots\cdots \ \text{㉡}$$
㉡을 ㉠에 대입하면
$$(2x)^2+(2y+2)^2=4 \quad \therefore x^2+(y+1)^2=1$$

따라서 선분 AP의 중점이 나타내는 도형은 중심의 좌표가 $(0, -1)$이고 반지름의 길이가 1인 원이므로 구하는 둘레의 길이는

$$2\pi \times 1 = 2\pi$$ 답 2π

0275 점 P의 좌표를 (x, y)라 하면 $\overline{AP}^2 + \overline{BP}^2 = 16$에서

$$(x+3)^2 + y^2 + (x-1)^2 + y^2 = 16$$
$$x^2 + y^2 + 2x - 3 = 0 \qquad \therefore (x+1)^2 + y^2 = 4$$ 답 ③

0276 $\overline{AP} : \overline{BP} = 3 : 1$이므로

$$\overline{AP} = 3\overline{BP} \qquad \therefore \overline{AP}^2 = 9\overline{BP}^2$$

점 P의 좌표를 (x, y)라 하면

$$(x+2)^2 + y^2 = 9\{(x-2)^2 + y^2\}$$
$$x^2 + y^2 - 5x + 4 = 0 \qquad \therefore \left(x - \frac{5}{2}\right)^2 + y^2 = \frac{9}{4}$$

따라서 점 P는 중심의 좌표가 $\left(\frac{5}{2}, 0\right)$이고 반지름의 길이가 $\frac{3}{2}$인 원 위의 점이다.

오른쪽 그림과 같이 점 P에서 x축에 내린 수선의 발을 H라 하면

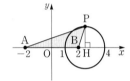

$$\triangle PAB = \frac{1}{2} \times \overline{AB} \times \overline{PH}$$

이때 $\overline{PH}$의 길이의 최댓값은 원의 반지름의 길이인 $\frac{3}{2}$이므로 삼각형 PAB의 넓이의 최댓값은

$$\frac{1}{2} \times \{2 - (-2)\} \times \frac{3}{2} = 3$$ 답 ①

0277 오른쪽 그림과 같이 두 원
$x^2 + y^2 = 9$,
$x^2 + y^2 + 4x + 3y + 1 = 0$의 중심을 각각 O, O′, 두 원의 교점을 A, B, $\overline{OO'}$과 $\overline{AB}$의 교점을 C라 하자.

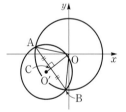

두 원의 교점을 지나는 직선의 방정식은 $x^2 + y^2 - 9 - (x^2 + y^2 + 4x + 3y + 1) = 0$

$$\therefore 4x + 3y + 10 = 0$$

원 $x^2 + y^2 = 9$의 중심 O$(0, 0)$과 공통인 현 사이의 거리는

$$\overline{OC} = \frac{|10|}{\sqrt{4^2 + 3^2}} = \frac{10}{5} = 2$$

직각삼각형 ACO에서

$$\overline{AC} = \sqrt{\overline{OA}^2 - \overline{OC}^2} = \sqrt{3^2 - 2^2} = \sqrt{5}$$

따라서 공통인 현의 길이는

$$\overline{AB} = 2\overline{AC} = 2\sqrt{5}$$ 답 $2\sqrt{5}$

0278 오른쪽 그림과 같이 두 원
$x^2 + y^2 = 4$, $(x-1)^2 + (y-1)^2 = 4$에서 $\overline{OO'}$과 $\overline{AB}$의 교점을 C라 하자.

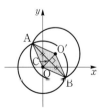

이때 $\overline{OA} = \overline{OB} = \overline{O'A} = \overline{O'B} = 2$이므로
□OAO′B는 마름모이다.

한편 $(x-1)^2 + (y-1)^2 = 4$에서

$$x^2 + y^2 - 2x - 2y - 2 = 0$$

따라서 두 원의 교점을 지나는 직선의 방정식은

$$x^2 + y^2 - 4 - (x^2 + y^2 - 2x - 2y - 2) = 0$$
$$\therefore x + y - 1 = 0$$

원 O′의 중심 O′$(1, 1)$과 공통인 현 사이의 거리는

$$\overline{O'C} = \frac{|1+1-1|}{\sqrt{1^2 + 1^2}} = \frac{\sqrt{2}}{2}$$

직각삼각형 O′AC에서

$$\overline{AC} = \sqrt{\overline{O'A}^2 - \overline{O'C}^2}$$
$$= \sqrt{2^2 - \left(\frac{\sqrt{2}}{2}\right)^2} = \frac{\sqrt{14}}{2}$$

따라서 공통인 현의 길이는

$$\overline{AB} = 2\overline{AC} = \sqrt{14}$$

이때 $\overline{OO'} = \sqrt{1^2 + 1^2} = \sqrt{2}$이므로

$$□OAO'B = \frac{1}{2} \times \overline{AB} \times \overline{OO'}$$
$$= \frac{1}{2} \times \sqrt{14} \times \sqrt{2} = \sqrt{7}$$ 답 $\sqrt{7}$

0279 두 원의 교점을 지나는 원의 넓이가 최소가 되려면 공통인 현이 그 원의 지름이어야 한다. ··· 1단계

오른쪽 그림과 같이 두 원
$x^2 + y^2 = 5$, $(x+2)^2 + (y+1)^2 = 4$의 중심을 각각 O, O′, 두 원의 교점을 A, B, $\overline{OO'}$과 $\overline{AB}$의 교점을 C라 하자.

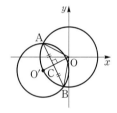

$(x+2)^2 + (y+1)^2 = 4$에서

$$x^2 + y^2 + 4x + 2y + 1 = 0$$

따라서 두 원의 교점을 지나는 직선의 방정식은

$$x^2 + y^2 - 5 - (x^2 + y^2 + 4x + 2y + 1) = 0$$
$$\therefore 2x + y + 3 = 0$$ ··· 2단계

원 $x^2 + y^2 = 5$의 중심 O$(0, 0)$과 공통인 현 사이의 거리는

$$\overline{OC} = \frac{|3|}{\sqrt{2^2 + 1^2}} = \frac{3}{\sqrt{5}}$$

직각삼각형 ACO에서

$$\overline{AC} = \sqrt{\overline{OA}^2 - \overline{OC}^2}$$
$$= \sqrt{(\sqrt{5})^2 - \left(\frac{3}{\sqrt{5}}\right)^2} = \frac{4}{\sqrt{5}}$$ ··· 3단계

따라서 구하는 원의 넓이는

$$\pi \times \left(\frac{4}{\sqrt{5}}\right)^2 = \frac{16}{5}\pi$$ ··· 4단계

답 $\dfrac{16}{5}\pi$

	채점 요소	비율
1단계	공통인 현을 지름으로 하는 원이 넓이가 최소인 원임을 알기	30 %
2단계	두 원의 교점을 지나는 직선의 방정식 구하기	30 %
3단계	$\overline{AC}$의 길이 구하기	30 %
4단계	넓이가 최소인 원의 넓이 구하기	10 %

0280 오른쪽 그림과 같이 두 원
$x^2+y^2+2x-4y-4=0$,
$x^2+y^2-6x-10y+2k=0$의 중심을
각각 O′, O″, 두 원의 교점을 A, B,
$\overline{O'O''}$과 $\overline{AB}$의 교점을 C라 하자. 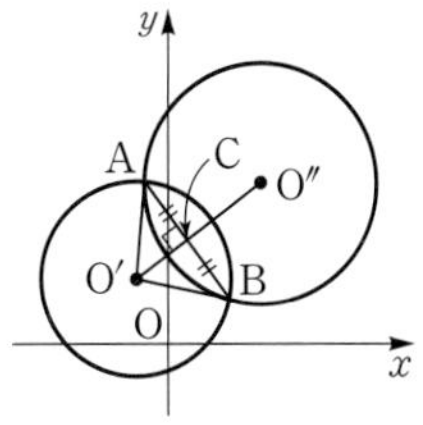
$x^2+y^2+2x-4y-4=0$에서
$(x+1)^2+(y-2)^2=9$
즉 원의 반지름의 길이는 3이므로　$\overline{O'A}=3$
이때 공통인 현의 길이가 $2\sqrt{5}$이므로
$$\overline{AC}=\frac{1}{2}\overline{AB}=\sqrt{5}$$
따라서 직각삼각형 AO′C에서
$$\overline{O'C}=\sqrt{\overline{O'A}^2-\overline{AC}^2}=\sqrt{3^2-(\sqrt{5})^2}=2$$
한편 두 원의 교점을 지나는 직선의 방정식은
$x^2+y^2+2x-4y-4-(x^2+y^2-6x-10y+2k)=0$
$\therefore 4x+3y-2-k=0$
점 O′$(-1, 2)$와 공통인 현 사이의 거리는
$$\overline{O'C}=\frac{|-4+6-2-k|}{\sqrt{4^2+3^2}}=\frac{|k|}{5}$$
즉 $\dfrac{|k|}{5}=2$이므로　$|k|=10$
$\therefore k=10\ (\because k>0)$　답 ④

시험에 꼭 나오는 문제
● 본책 044~047쪽

0281 원의 중심 (a, b)가 직선 $y=x+1$ 위에 있으므로
$b=a+1$　……㉠
원의 방정식을
$(x-a)^2+(y-a-1)^2=r^2$
이라 하면 이 원이 두 점 $(1, 6)$, $(-3, 2)$를 지나므로
$(1-a)^2+(6-a-1)^2=r^2$, $(-3-a)^2+(2-a-1)^2=r^2$
$\therefore 2a^2-12a+26=r^2$, $2a^2+4a+10=r^2$
두 식을 연립하여 풀면
$a=1$, $r^2=16$
$a=1$을 ㉠에 대입하면　$b=2$
$\therefore 2a+b=4$　답 ④

0282 $x^2+y^2+4x+6y-7=0$에서
$(x+2)^2+(y+3)^2=20$
직선 $y=2x+k$가 원 $(x+2)^2+(y+3)^2=20$의 둘레를 이등분
하려면 직선이 원의 중심 $(-2, -3)$을 지나야 하므로
$-3=-4+k$　$\therefore k=1$　답 **1**

0283 $x^2+y^2+2(m-1)x-2my+3m^2-2=0$에서
$(x+m-1)^2+(y-m)^2=-m^2-2m+3$
이 방정식이 원의 방정식이 되려면
$-m^2-2m+3>0$,　$m^2+2m-3<0$
$(m+3)(m-1)<0$
$\therefore -3<m<1$
따라서 정수 m은 -2, -1, 0의 3개이다.　답 ③

0284 $x^2+y^2-4x+a^2-4a-1=0$에서
$(x-2)^2+y^2=-a^2+4a+5$
이 방정식이 원을 나타내므로
$-a^2+4a+5>0$
$a^2-4a-5<0$,　$(a+1)(a-5)<0$
$\therefore -1<a<5$
이때 원의 넓이가 최대이려면 반지름의 길이가 최대이어야 하고
$-a^2+4a+5=-(a-2)^2+9$
이므로 $-1<a<5$에서 $a=2$일 때 반지름의 길이가 최대이다.
따라서 구하는 반지름의 길이는 $\sqrt{9}=3$이다.　답 **3**

0285 원의 중심을 P(a, b)라 하면
$\overline{PA}=\overline{PB}=\overline{PC}$
$\overline{PA}=\overline{PB}$에서 $\overline{PA}^2=\overline{PB}^2$이므로
$(a-1)^2+(b-1)^2=(a+1)^2+(b-1)^2$
$-4a=0$　$\therefore a=0$
$\overline{PB}=\overline{PC}$에서 $\overline{PB}^2=\overline{PC}^2$이므로
$(a+1)^2+(b-1)^2=(a-3)^2+(b-5)^2$
$a+b=4$　$\therefore b=4$
즉 원의 중심은 P$(0, 4)$이므로 반지름의 길이는
$$\overline{PA}=\sqrt{(-1)^2+(4-1)^2}=\sqrt{10}$$
따라서 원의 방정식은
$x^2+(y-4)^2=10$
ㄱ. 중심의 좌표는 $(0, 4)$이다. (참)
ㄴ. $0+(3-4)^2=1\neq10$이므로 점 $(0, 3)$을 지나지 않는다.
(거짓)
ㄷ. 넓이는 10π이다. (참)
이상에서 옳은 것은 ㄱ, ㄷ이다.　답 ④

0286 $x^2+y^2+4x-2y-10=0$에서
$(x+2)^2+(y-1)^2=15$
중심의 좌표가 $(-2, 1)$이고 x축에 접하는 원의 반지름의 길이는 1이므로 이 원의 넓이는
$\pi\times1^2=\pi$　$\therefore a=1$
또 중심의 좌표가 $(-2, 1)$이고 y축에 접하는 원의 반지름의 길이는 $|-2|=2$이므로 이 원의 넓이는
$\pi\times2^2=4\pi$　$\therefore b=4$
$\therefore a-b=-3$　답 -3

0287 점 $(4, -2)$를 지나고 x축과 y축에 동시에 접하려면 원의 중심이 제4사분면 위에 있어야 하므로 반지름의 길이를 r라 하면 원의 중심의 좌표는 $(r, -r)$이다.

따라서 원의 방정식은 $(x-r)^2+(y+r)^2=r^2$

이 원이 점 $(4, -2)$를 지나므로

$(4-r)^2+(-2+r)^2=r^2$, $r^2-12r+20=0$

$(r-2)(r-10)=0$

$\therefore r=2$ 또는 $r=10$

즉 두 원의 반지름의 길이의 합은 $2+10=12$ 답 ④

0288 점 $\mathrm{A}(-4, a)$와 원의 중심 $(0, 0)$ 사이의 거리는

$$\sqrt{(-4)^2+a^2}=\sqrt{16+a^2}$$

이때 원의 반지름의 길이가 2이므로 선분 AP의 길이의 최솟값은

$$\sqrt{16+a^2}-2$$

즉 $\sqrt{16+a^2}-2=3$이므로 $\sqrt{16+a^2}=5$

양변을 제곱하면 $16+a^2=25$

$a^2=9$ $\therefore a=3 \ (\because a>0)$ 답 **3**

0289 $x^2+y^2-1=0$에서 $x^2+y^2=1$

$x^2+y^2-6x-8y+21=0$에서 $(x-3)^2+(y-4)^2=4$

두 원의 중심 $(0, 0)$과 $(3, 4)$ 사이의 거리는

$$\sqrt{3^2+4^2}=5$$

이때 두 원의 반지름의 길이가 각각 1, 2
이므로 오른쪽 그림에서

$M=\overline{\mathrm{P_1Q_1}}=1+5+2=8$

$m=\overline{\mathrm{P_2Q_2}}=5-1-2=2$

$\therefore M-m=6$ 답 ③

0290 $x^2+y^2-2x-4y+1=0$에서

$(x-1)^2+(y-2)^2=4$

원의 중심 $(1, 2)$와 직선 $y=x+k$, 즉 $x-y+k=0$ 사이의 거리는

$$\frac{|1-2+k|}{\sqrt{1^2+(-1)^2}}=\frac{|k-1|}{\sqrt{2}}$$

원의 반지름의 길이가 2이므로 원과 직선이 서로 다른 두 점에서 만나려면

$$\frac{|k-1|}{\sqrt{2}}<2, \quad |k-1|<2\sqrt{2}$$

$-2\sqrt{2}<k-1<2\sqrt{2}$

$\therefore 1-2\sqrt{2}<k<1+2\sqrt{2}$

따라서 정수 k는 $-1, 0, 1, 2, 3$의 5개이다. 답 ④

0291 원의 중심이 직선 $y=2x$ 위에 있으므로 원의 중심의 좌표를 $(t, 2t)$, 반지름의 길이를 r라 하면 원의 중심과 두 직선 $x-2y-3=0$, $x-2y-7=0$ 사이의 거리가 모두 원의 반지름의 길이 r와 같으므로

$$\frac{|t+4t-3|}{\sqrt{1^2+2^2}}=\frac{|t+4t-7|}{\sqrt{1^2+2^2}}=r$$

$$\therefore \frac{|5t-3|}{\sqrt{5}}=\frac{|5t-7|}{\sqrt{5}}=r \qquad \cdots\cdots \ㄱ$$

즉 $|5t-3|=|5t-7|$이므로 $5t-3=\pm(5t-7)$

그런데 $5t-3\neq 5t-7$이므로

$5t-3=-5t+7$ $\therefore t=1$

따라서 원의 중심의 좌표는 $(1, 2)$이므로

$a=1, \ b=2$

$t=1$을 ㉠에 대입하면 $r=\dfrac{2}{\sqrt{5}}$

즉 원의 넓이는 $\pi\times\left(\dfrac{2}{\sqrt{5}}\right)^2=\dfrac{4}{5}\pi$ $\therefore c=\dfrac{4}{5}$

$\therefore a+b+5c=7$ 답 **7**

0292 $y=2x+k$를 $x^2+y^2=16$에 대입하여 정리하면

$5x^2+4kx+k^2-16=0$

x에 대한 이 이차방정식의 판별식을 D라 하면

$$\frac{D}{4}=(2k)^2-5(k^2-16)=-k^2+80$$

(i) $D>0$, 즉 $-k^2+80>0$일 때

$k^2-80<0$ $\therefore -4\sqrt{5}<k<4\sqrt{5}$

따라서 $-4\sqrt{5}<k<4\sqrt{5}$이면 교점은 2개이다.

(ii) $D=0$, 즉 $-k^2+80=0$일 때

$k^2-80=0$ $\therefore k=\pm 4\sqrt{5}$

따라서 $k=\pm 4\sqrt{5}$이면 교점은 1개이다.

(iii) $D<0$, 즉 $-k^2+80<0$일 때

$k^2-80>0$ $\therefore k<-4\sqrt{5}$ 또는 $k>4\sqrt{5}$

따라서 $k<-4\sqrt{5}$ 또는 $k>4\sqrt{5}$이면 교점은 0개이다.

이상에서 옳은 것은 ②이다. 답 ②

0293 직선 $x+y+k=0$과 원 $x^2+y^2=9$가 서로 다른 두 점에서 만나려면 직선과 원의 중심 $(0, 0)$ 사이의 거리가 반지름의 길이 3보다 작아야 하므로

$$\frac{|k|}{\sqrt{1^2+1^2}}<3, \quad |k|<3\sqrt{2}$$

$$\therefore -3\sqrt{2}<k<3\sqrt{2} \qquad \cdots\cdots \ㄱ$$

한편 $x^2+y^2-8x-2ky+k^2=0$에서

$(x-4)^2+(y-k)^2=16$

직선 $x+y+k=0$과 원 $(x-4)^2+(y-k)^2=16$이 만나지 않으려면 직선과 원의 중심 $(4, k)$ 사이의 거리가 반지름의 길이 4보다 커야 하므로

$$\frac{|4+k+k|}{\sqrt{1^2+1^2}}>4, \quad |k+2|>2\sqrt{2}$$

$k+2<-2\sqrt{2}$ 또는 $k+2>2\sqrt{2}$

$\therefore k<-2-2\sqrt{2}$ 또는 $k>-2+2\sqrt{2}$ $\cdots\cdots \ㄴ$

㉠, ㉡의 공통부분은 $-2+2\sqrt{2}<k<3\sqrt{2}$

따라서 정수 k는 $1, 2, 3, 4$이므로 구하는 합은

$1+2+3+4=10$ 답 **10**

참고| $-3\sqrt{2}-(-2-2\sqrt{2})=2-\sqrt{2}>0$이므로

$-3\sqrt{2}>-2-2\sqrt{2}$

따라서 ㉠, ㉡을 수직선 위에 나타내면 다음 그림과 같다.

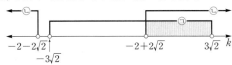

0294 오른쪽 그림과 같이 원의 중심
을 C$(1, 1)$이라 하고 점 C에서
$\overline{AB}$에 내린 수선의 발을 H라 하면

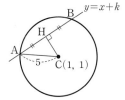

$$\overline{AH}=\frac{1}{2}\overline{AB}=4$$

직각삼각형 AHC에서

$$\overline{CH}=\sqrt{\overline{AC}^2-\overline{AH}^2}=\sqrt{5^2-4^2}=3$$

따라서 원의 중심 C$(1, 1)$과 직선 $y=x+k$, 즉 $x-y+k=0$
사이의 거리가 3이므로

$$\frac{|1-1+k|}{\sqrt{1^2+(-1)^2}}=3, \quad |k|=3\sqrt{2}$$

$$\therefore k=3\sqrt{2} \ (\because k>0)$$

답 $3\sqrt{2}$

0295 원의 중심을 C$(1, 2)$라
하면 두 점 C, P 사이의 거리는

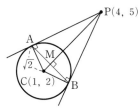

$$\overline{CP}=\sqrt{(4-1)^2+(5-2)^2}$$
$$=3\sqrt{2}$$

직각삼각형 ACP에서

$$\overline{PA}=\sqrt{\overline{CP}^2-\overline{CA}^2}=\sqrt{(3\sqrt{2})^2-(\sqrt{2})^2}=4$$

이때 $\overline{AB}$와 $\overline{CP}$의 교점을 M이라 하면 $\overline{AB}\perp\overline{CP}$이므로 삼각형
ACP의 넓이에서

$$\frac{1}{2}\times4\times\sqrt{2}=\frac{1}{2}\times3\sqrt{2}\times\overline{AM} \quad \therefore \overline{AM}=\frac{4}{3}$$

$$\therefore \overline{AB}=2\overline{AM}=\frac{8}{3}$$

답 $\frac{8}{3}$

0296 원의 중심 $(3, 2)$와 직선 $2x-y+8=0$ 사이의 거리는

$$\frac{|6-2+8|}{\sqrt{2^2+(-1)^2}}=\frac{12}{\sqrt{5}}=\frac{12\sqrt{5}}{5}$$

이때 원의 반지름이 길이가 $\sqrt{5}$이므로 원 위의 점과 직선 사이의

거리의 최솟값은 $\quad \frac{12\sqrt{5}}{5}-\sqrt{5}=\frac{7\sqrt{5}}{5}$

답 ①

0297 $x^2+y^2-6x-2y+8=0$에서

$$(x-3)^2+(y-1)^2=2$$

두 점 A$(0, 1)$, B$(4, 5)$를 지나는 직
선의 방정식은

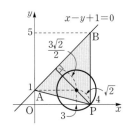

$$y-1=\frac{5-1}{4-0}x$$

$$\therefore x-y+1=0$$

따라서 원의 중심 $(3, 1)$과 직선 $x-y+1=0$ 사이의 거리는

$$\frac{|3-1+1|}{\sqrt{1^2+(-1)^2}}=\frac{3}{\sqrt{2}}=\frac{3\sqrt{2}}{2}$$

이때 원의 반지름의 길이가 $\sqrt{2}$이므로 삼각형 PAB에서 $\overline{AB}$를
밑변으로 생각하면 높이의 최댓값은

$$\frac{3\sqrt{2}}{2}+\sqrt{2}=\frac{5\sqrt{2}}{2}$$

또 $\overline{AB}=\sqrt{4^2+(5-1)^2}=4\sqrt{2}$이므로 삼각형 PAB의 넓이의
최댓값은

$$\frac{1}{2}\times4\sqrt{2}\times\frac{5\sqrt{2}}{2}=10$$

답 **10**

0298 직선 $x+\sqrt{3}y-1=0$의 기울기는 $-\frac{1}{\sqrt{3}}$이므로 이 직선

에 수직인 직선의 기울기는 $\sqrt{3}$이다.

원 $x^2+y^2=12$에 접하고 기울기가 $\sqrt{3}$인 직선의 방정식은

$$y=\sqrt{3}x\pm2\sqrt{3}\times\sqrt{(\sqrt{3})^2+1}$$

$$\therefore y=\sqrt{3}x+4\sqrt{3} \ 또는 \ y=\sqrt{3}x-4\sqrt{3}$$

답 $y=\sqrt{3}x+4\sqrt{3}$, $y=\sqrt{3}x-4\sqrt{3}$

0299 점 A$(a, 0)$을 지나는 접선의 기울기를 m이라 하면 접
선의 방정식은

$$y=m(x-a) \quad \therefore mx-y-am=0$$

원과 이 직선이 접하려면 원의 중심 $(-2, -2)$와 직선 사이의
거리가 반지름의 길이 $\sqrt{10}$과 같아야 하므로

$$\frac{|-2m+2-am|}{\sqrt{m^2+(-1)^2}}=\sqrt{10}$$

$$\therefore |(a+2)m-2|=\sqrt{10(m^2+1)}$$

양변을 제곱하면 $\quad (a+2)^2m^2-4(a+2)m+4=10m^2+10$

$$\therefore (a^2+4a-6)m^2-4(a+2)m-6=0$$

m에 대한 이 이차방정식의 두 근을 m_1, m_2라 하면 두 접선의 기
울기가 m_1, m_2이므로 근과 계수의 관계에 의하여

$$m_1m_2=\frac{-6}{a^2+4a-6}=-1, \quad 6=a^2+4a-6$$

$$a^2+4a-12=0, \quad (a+6)(a-2)=0$$

$$\therefore a=2 \ (\because a>0)$$

답 ①

0300 두 원의 중심을 지나는 직선은 공통인 현을 수직이등분
하므로 공통인 현의 중점은 두 원의 공통인 현과 두 원의 중심을
지나는 직선의 교점이다.

$(x+2)^2+(y-1)^2=4$에서 $\quad x^2+y^2+4x-2y+1=0$

따라서 두 원의 교점을 지나는 직선의 방정식은

$$x^2+y^2+4x-2y+1-(x^2+y^2-4)=0$$

$$\therefore 4x-2y+5=0 \quad\quad\quad \cdots\cdots ㉠$$

또 두 원의 중심 $(-2, 1)$, $(0, 0)$을 지나는 직선의 방정식은

$$y=-\frac{1}{2}x \quad\quad\quad\quad\quad \cdots\cdots ㉡$$

㉠, ㉡을 연립하여 풀면 $\quad x=-1, y=\frac{1}{2}$

따라서 공통인 현의 중점의 좌표는

$$\left(-1, \frac{1}{2}\right)$$

답 $\left(-1, \frac{1}{2}\right)$

0301 두 원의 교점을 지나는 원의 방정식은
$$x^2+y^2-ax+2ay+k(x^2+y^2-6)=0 \ (단, k\neq-1)$$
$$\cdots\cdots \ \bigcirc$$

이 원이 두 점 $(1, 1)$, $(4, -2)$를 지나므로
$$2+a-4k=0, \ 20-8a+14k=0$$
두 식을 연립하여 풀면 $\quad a=6, \ k=2$

$a=6$, $k=2$를 $\bigcirc$에 대입하면
$$x^2+y^2-6x+12y+2(x^2+y^2-6)=0$$
$$\therefore \ x^2+y^2-2x+4y-4=0$$
따라서 $A=-2$, $B=4$, $C=-4$이므로
$$A-B-C=-2 \qquad\qquad\qquad 답 ②$$

0302 $\overline{\mathrm{PA}} : \overline{\mathrm{PB}} = 3 : 2$에서
$$2\overline{\mathrm{PA}}=3\overline{\mathrm{PB}} \qquad \therefore \ 4\overline{\mathrm{PA}}^2=9\overline{\mathrm{PB}}^2$$
점 P의 좌표를 (x, y)라 하면
$$4\{(x+4)^2+y^2\}=9\{(x-1)^2+y^2\}$$
$$x^2+y^2-10x-11=0 \quad \therefore \ (x-5)^2+y^2=36$$
따라서 점 P가 나타내는 도형은 중심의 좌표가 $(5, 0)$이고 반지름의 길이가 6인 원이므로 구하는 둘레의 길이는
$$2\pi\times 6=12\pi \qquad\qquad\qquad 답 \ \mathbf{12\pi}$$

0303 오른쪽 그림과 같이 두 원 $x^2+y^2=4$, $(x+1)^2+(y-2)^2=9$의 중심을 각각 O, O′, $\overline{\mathrm{OO'}}$과 $\overline{\mathrm{AB}}$의 교점을 C라 하자.

$(x+1)^2+(y-2)^2=9$에서
$$x^2+y^2+2x-4y-4=0$$
따라서 두 원의 교점을 지나는 직선의 방정식은
$$x^2+y^2-4-(x^2+y^2+2x-4y-4)=0$$
$$\therefore \ x-2y=0$$
원 O′의 중심 O′$(-1, 2)$와 공통인 현 사이의 거리는
$$\overline{\mathrm{O'C}}=\frac{|-1-4|}{\sqrt{1^2+(-2)^2}}=\frac{5}{\sqrt{5}}=\sqrt{5}$$
직각삼각형 O′AC에서
$$\overline{\mathrm{AC}}=\sqrt{\overline{\mathrm{O'A}}^2-\overline{\mathrm{O'C}}^2}=\sqrt{3^2-(\sqrt{5})^2}=2$$
따라서 공통인 현의 길이는 $\quad \overline{\mathrm{AB}}=2\overline{\mathrm{AC}}=4$
$$\therefore \ \triangle\mathrm{O'AB}=\frac{1}{2}\times\overline{\mathrm{AB}}\times\overline{\mathrm{O'C}}=\frac{1}{2}\times4\times\sqrt{5}=2\sqrt{5}$$
$$답 \ \mathbf{2\sqrt{5}}$$

0304 점 $(2, 3)$을 중심으로 하고 y축에 접하는 원의 방정식은
$$(x-2)^2+(y-3)^2=2^2$$
$$\therefore \ x^2+y^2-4x-6y+9=0 \qquad \cdots \boxed{\text{1단계}}$$
따라서 $a=-4$, $b=-6$, $c=9$이므로

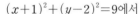

$$a | b | c = \quad 1 \qquad\qquad \cdots \boxed{\text{2단계}}$$
$$답 \ \mathbf{-1}$$

채점 요소	비율
1단계 원의 방정식 구하기	70%
2단계 $a+b+c$의 값 구하기	30%

0305 원 $x^2+y^2=25$ 위의 점 $(-3, 4)$에서의 접선의 방정식은
$$-3x+4y=25 \qquad \therefore \ 3x-4y+25=0 \quad \cdots \boxed{\text{1단계}}$$
이 직선이 원 C에 접하므로 원 C의 반지름의 길이는 원 C의 중심 $(-6, 8)$과 직선 $3x-4y+25=0$ 사이의 거리와 같다.

즉 원 C의 반지름의 길이는
$$\frac{|-18-32+25|}{\sqrt{3^2+(-4)^2}}=\frac{25}{5}=5 \qquad \cdots \boxed{\text{2단계}}$$
따라서 원 C의 넓이는 $\quad \pi\times 5^2=25\pi \qquad \cdots \boxed{\text{3단계}}$
$$답 \ \mathbf{25\pi}$$

채점 요소	비율
1단계 접선의 방정식 구하기	30%
2단계 원 C의 반지름의 길이 구하기	50%
3단계 원 C의 넓이 구하기	20%

0306 $x^2+y^2+2x-4=0$에서
$$(x+1)^2+y^2=5 \qquad\qquad \cdots\cdots \ \bigcirc$$
원 $x^2+y^2-2ax+2y-6=0$이 원 $\bigcirc$의 둘레를 이등분하므로 두 원의 교점을 지나는 직선이 원 $\bigcirc$의 중심 $(-1, 0)$을 지난다.
$$\cdots \boxed{\text{1단계}}$$
두 원의 교점을 지나는 직선의 방정식은
$$x^2+y^2+2x-4-(x^2+y^2-2ax+2y-6)=0$$
$$\therefore \ (a+1)x-y+1=0 \qquad \cdots \boxed{\text{2단계}}$$
이 직선이 점 $(-1, 0)$을 지나므로
$$-(a+1)+1=0 \qquad \therefore \ a=0 \qquad \cdots \boxed{\text{3단계}}$$
$$답 \ \mathbf{0}$$

채점 요소	비율
1단계 한 원이 다른 원의 둘레를 이등분하는 조건 알기	30%
2단계 두 원의 교점을 지나는 직선의 방정식 구하기	50%
3단계 a의 값 구하기	20%

0307 두 원의 교점을 지나는 원의 방정식은
$$x^2+y^2-4x-6y+7+k(x^2+y^2-ax)=0 \ (단, k\neq-1)$$
$$\cdots\cdots \ \bigcirc \quad \cdots \boxed{\text{1단계}}$$
이 원이 점 $(0, 1)$을 지나므로 $\quad 2+k=0 \quad \therefore \ k=-2$
$k=-2$를 $\bigcirc$에 대입하면
$$x^2+y^2-4x-6y+7-2(x^2+y^2-ax)=0$$
$$x^2+y^2+(4-2a)x+6y-7=0$$
$$\therefore \ \{x+(2-a)\}^2+(y+3)^2=a^2-4a+20 \quad \cdots \boxed{\text{2단계}}$$
이 원의 반지름의 길이가 $\sqrt{a^2-4a+20}$이고 넓이가 32π이므로
$$\pi\times(\sqrt{a^2-4a+20})^2=32\pi, \quad a^2-4a+20=32$$
$$a^2-4a-12=0, \quad (a+2)(a-6)=0$$
$$\therefore \ a=6 \ (\because a>0) \qquad \cdots \boxed{\text{3단계}}$$
$$답 \ \mathbf{6}$$

채점 요소		비율
1단계	두 원의 교점을 지나는 원의 방정식 세우기	20 %
2단계	두 원의 교점과 점 $(0, 1)$을 지나는 원의 방정식 구하기	40 %
3단계	a의 값 구하기	40 %

0308 전략 원의 중심이 위치하는 사분면에 따라 경우를 나누어 반지름의 길이를 구한다.

주어진 조건을 만족시키는 원의 반지름의 길이를 r라 하자.

(i) 원의 중심이 제1사분면 위에 있는 경우

원의 중심의 좌표가 (r, r)이고 이 점이 원 $(x-1)^2+(y-1)^2=18$ 위에 있으므로

$$(r-1)^2+(r-1)^2=18$$
$$(r-1)^2=9, \qquad r-1=\pm 3$$
$$\therefore r=4 \ (\because r>0)$$

따라서 원의 넓이는 $\quad \pi \times 4^2 = 16\pi$

(ii) 원의 중심이 제2사분면 위에 있는 경우

원의 중심의 좌표가 $(-r, r)$이고 이 점이 원 $(x-1)^2+(y-1)^2=18$ 위에 있으므로

$$(-r-1)^2+(r-1)^2=18$$
$$2r^2+2=18, \qquad r^2=8$$
$$\therefore r=2\sqrt{2} \ (\because r>0)$$

따라서 원의 넓이는 $\quad \pi \times (2\sqrt{2})^2 = 8\pi$

(iii) 원의 중심이 제3사분면 위에 있는 경우

원의 중심의 좌표가 $(-r, -r)$이고 이 점이 원 $(x-1)^2+(y-1)^2=18$ 위에 있으므로

$$(-r-1)^2+(-r-1)^2=18$$
$$(r+1)^2=9, \qquad r+1=\pm 3$$
$$\therefore r=2 \ (\because r>0)$$

따라서 원의 넓이는 $\quad \pi \times 2^2 = 4\pi$

(iv) 원의 중심이 제4사분면 위에 있는 경우

원의 중심의 좌표가 $(r, -r)$이고 이 점이 원 $(x-1)^2+(y-1)^2=18$ 위에 있으므로

$$(r-1)^2+(-r-1)^2=18$$
$$2r^2+2=18, \qquad r^2=8$$
$$\therefore r=2\sqrt{2} \ (\because r>0)$$

따라서 원의 넓이는 $\quad \pi \times (2\sqrt{2})^2 = 8\pi$

이상에서 모든 원의 넓이의 합은

$$16\pi+8\pi+4\pi+8\pi=36\pi$$

답 **36π**

0309 전략 원의 중심의 y좌표와 원의 중심과 직선 $y=mx$ 사이의 거리가 모두 원의 반지름의 길이와 같음을 이용한다.

중심이 제1사분면 위에 있고 반지름의 길이가 2인 원이 x축에 접하므로 양수 a에 대하여 이 원의 중심을 $C(a, 2)$라 하면 원의 방정식은

$$(x-a)^2+(y-2)^2=4$$

한편 점 $P(a, 0)$에 대하여 직선 PQ와 직선 OC는 수직이고 직선 OC의 기울기가 $\dfrac{2}{a}$이므로 직선 PQ의 기울기는 $-\dfrac{a}{2}$이다.

따라서 직선 PQ의 방정식은

$$y=-\frac{a}{2}(x-a)$$
$$\therefore y=-\frac{a}{2}x+\frac{a^2}{2}$$

즉 $R\left(0, \dfrac{a^2}{2}\right)$이므로

$$\triangle ROP=\frac{1}{2}\times a \times \frac{a^2}{2}=\frac{1}{4}a^3$$

이때 삼각형 ROP의 넓이가 16이므로 $\quad \dfrac{1}{4}a^3=16$

$$a^3-64=0, \qquad (a-4)(a^2+4a+16)=0$$
$$\therefore a=4 \ (\because a^2+4a+16>0)$$

따라서 원의 중심 $C(4, 2)$와 직선 $y=mx$, 즉 $mx-y=0$ 사이의 거리가 원의 반지름의 길이 2와 같으므로

$$\frac{|4m-2|}{\sqrt{m^2+(-1)^2}}=2 \qquad \therefore |2m-1|=\sqrt{m^2+1}$$

양변을 제곱하면

$$4m^2-4m+1=m^2+1, \qquad 3m^2-4m=0$$
$$m(3m-4)=0 \qquad \therefore m=\frac{4}{3} \ (\because m>0)$$
$$\therefore 60m=60 \times \frac{4}{3}=80$$

답 **80**

0310 전략 정사각형 ABCD를 좌표평면 위에 놓고 각 점의 좌표를 정한다.

오른쪽 그림과 같이 직선 AB를 x축, 직선 AD를 y축으로 하는 좌표평면을 잡으면

$\quad$ A$(0, 0)$, B$(6, 0)$,
$\quad$ C$(6, 6)$, D$(0, 6)$

점 P는 선분 BC를 $1:2$로 내분하는 점이므로 점 P의 좌표는

$$\left(\frac{1\times 6+2\times 6}{1+2}, \frac{1\times 6+2\times 0}{1+2}\right), \ \text{즉} \ (6, 2)$$

따라서 직선 AP의 방정식은

$$y=\frac{1}{3}x \qquad \therefore x-3y=0$$

원의 중심을 $E(3, 3)$이라 하고, 점 E에서 직선 AP에 내린 수선의 발을 H라 하면

$$\overline{EH}=\frac{|3-9|}{\sqrt{1^2+(-3)^2}}=\frac{6}{\sqrt{10}}$$

이때 한 변의 길이가 6인 정사각형 ABCD에 내접하는 원의 반지름의 길이는 3이므로 $\quad \overline{EQ}=3$

따라서 직각삼각형 EQH에서

$$\overline{QH}=\sqrt{\overline{EQ}^2-\overline{EH}^2}=\sqrt{3^2-\left(\frac{6}{\sqrt{10}}\right)^2}=\frac{3\sqrt{15}}{5}$$
$$\therefore \overline{QR}=2\overline{QH}=\frac{6\sqrt{15}}{5}$$

답 $\dfrac{6\sqrt{15}}{5}$

04 도형의 이동

0311 $(-1+1,\ 0-1)$, 즉 $(0,\ -1)$ 답 $(0,\ -1)$

0312 $(3+1,\ 2-1)$, 즉 $(4,\ 1)$ 답 $(4,\ 1)$

0313 $(2+1,\ -2-1)$, 즉 $(3,\ -3)$ 답 $(3,\ -3)$

0314 $(-3+1,\ -5-1)$, 즉 $(-2,\ -6)$ 답 $(-2,\ -6)$

0315 $(3+2,\ 1-3)$, 즉 $(5,\ -2)$ 답 $(5,\ -2)$

0316 $(-1+2,\ 5-3)$, 즉 $(1,\ 2)$ 답 $(1,\ 2)$

0317 $(6+2,\ -2-3)$, 즉 $(8,\ -5)$ 답 $(8,\ -5)$

0318 $(10+2,\ 7-3)$, 즉 $(12,\ 4)$ 답 $(12,\ 4)$

0319 $x-4=4,\ y+6=5$이므로
$x=8,\ y=-1$ $\therefore\ (8,\ -1)$ 답 $(8,\ -1)$

0320 $x-4=0,\ y+6=7$이므로
$x=4,\ y=1$ $\therefore\ (4,\ 1)$ 답 $(4,\ 1)$

0321 $x-4=6,\ y+6=-8$이므로
$x=10,\ y=-14$ $\therefore\ (10,\ -14)$ 답 $(10,\ -14)$

0322 $x-4=-3,\ y+6=-10$이므로
$x=1,\ y=-16$ $\therefore\ (1,\ -16)$ 답 $(1,\ -16)$

0323 $-1+a=1,\ 1+b=-2$이므로
$a=2,\ b=-3$ 답 $a=2,\ b=-3$

0324 $(x-3)-4(y+5)+3=0$
$\therefore\ x-4y-20=0$ 답 $x-4y-20=0$

0325 $y+5=2(x-3)^2+5(x-3)+2$
$\therefore\ y=2x^2-7x$ 답 $y=2x^2-7x$

0326 $\{(x-3)-2\}^2+\{(y+5)+1\}^2=6$
$\therefore\ (x-5)^2+(y+6)^2=6$ 답 $(x-5)^2+(y+6)^2=6$

0327 $(x-3)+3(y+6)+5=0$
$\therefore\ x+3y+20=0$ 답 $x+3y+20=0$

0328 $y+5=-(x+2)^2$
$\therefore\ y=-x^2-4x-9$ 답 $y=-x^2-4x-9$

0329 $y+1=-2(x-2)-3$
$\therefore\ y=-2x$ 답 $y=-2x$

0330 $y+1=-(x-2)^2+4$
$\therefore\ y=-x^2+4x-1$ 답 $y=-x^2+4x-1$

0331 $\{(x-2)+2\}^2+\{(y+1)-1\}^2=1$
$\therefore\ x^2+y^2=1$ 답 $x^2+y^2=1$

0332 주어진 직선을 x축의 방향으로 5만큼, y축의 방향으로 -4만큼 평행이동하면 원래의 직선과 일치하므로 구하는 직선의 방정식은
$(x-5)+(y+4)-6=0$
$\therefore\ x+y-7=0$ 답 $x+y-7=0$

0333 원 $(x-1)^2+(y+2)^2=5$가 평행이동
$(x,\ y)\longrightarrow(x+a,\ y+b)$에 의하여 옮겨지는 원의 방정식은
$\{(x-a)-1\}^2+\{(y-b)+2\}^2=5$
$\therefore\ (x-a-1)^2+(y-b+2)^2=5$
이 원이 원 $(x-5)^2+(y+3)^2=5$와 일치하므로
$-a-1=-5,\ -b+2=3$
$\therefore\ a=4,\ b=-1$ 답 $a=4,\ b=-1$

다른 풀이   원 $(x-1)^2+(y+2)^2=5$의 중심 $(1,\ -2)$를 x축의 방향으로 a만큼, y축의 방향으로 b만큼 평행이동하면 원 $(x-5)^2+(y+3)^2=5$의 중심 $(5,\ -3)$으로 옮겨지므로
$1+a=5,\ -2+b=-3$
$\therefore\ a=4,\ b=-1$

0334 답 (1) $(-1,\ -3)$ (2) $(1,\ 3)$
     (3) $(1,\ -3)$ (4) $(3,\ -1)$

0335 (1) $2x-(-y)+8=0$ $\therefore\ 2x+y+8=0$
(2) $2\times(-x)-y+8=0$ $\therefore\ 2x+y-8=0$
(3) $2\times(-x)-(-y)+8=0$ $\therefore\ 2x-y-8=0$
(4) $2y-x+8=0$ $\therefore\ x-2y-8=0$
     답 (1) $2x+y+8=0$ (2) $2x+y-8=0$
        (3) $2x-y-8=0$ (4) $x-2y-8=0$

0336 (1) $-y=x^2-x+2$ $\therefore\ y=-x^2+x-2$
(2) $y=(-x)^2-(-x)+2$ $\therefore\ y=x^2+x+2$
(3) $-y=(-x)^2-(-x)+2$ $\therefore\ y=-x^2-x-2$
     답 (1) $y=-x^2+x-2$ (2) $y=x^2+x+2$
        (3) $y=-x^2-x-2$

0337 (1) $(x+1)^2+(-y-5)^2=36$
$\therefore (x+1)^2+(y+5)^2=36$
(2) $(-x+1)^2+(y-5)^2=36$
$\therefore (x-1)^2+(y-5)^2=36$
(3) $(-x+1)^2+(-y-5)^2=36$
$\therefore (x-1)^2+(y+5)^2=36$
(4) $(x-5)^2+(y+1)^2=36$

답 (1) $(x+1)^2+(y+5)^2=36$
(2) $(x-1)^2+(y-5)^2=36$
(3) $(x-1)^2+(y+5)^2=36$
(4) $(x-5)^2+(y+1)^2=36$

0338 $\left(\dfrac{-4+8}{2}, \dfrac{6+4}{2}\right)$, 즉 $(2, 5)$ 답 $(2, 5)$

0339 $\left(\dfrac{7+3}{2}, \dfrac{-2-10}{2}\right)$, 즉 $(5, -6)$ 답 $(5, -6)$

0340 $\left(\dfrac{-5-9}{2}, \dfrac{9+5}{2}\right)$, 즉 $(-7, 7)$ 답 $(-7, 7)$

0341 구하는 점의 좌표를 (a, b)라 하면
$\dfrac{1+a}{2}=-2, \dfrac{4+b}{2}=2 \quad \therefore a=-5, b=0$
따라서 구하는 점의 좌표는
$(-5, 0)$ 답 $(-5, 0)$

0342 구하는 점의 좌표를 (a, b)라 하면
$\dfrac{-2+a}{2}=1, \dfrac{-5+b}{2}=-3 \quad \therefore a=4, b=-1$
따라서 구하는 점의 좌표는
$(4, -1)$ 답 $(4, -1)$

0343 구하는 점의 좌표를 (a, b)라 하면
$\dfrac{3+a}{2}=5, \dfrac{-6+b}{2}=-2 \quad \therefore a=7, b=2$
따라서 구하는 점의 좌표는
$(7, 2)$ 답 $(7, 2)$

0344 (1) 원 $(x-1)^2+(y+3)^2=2$의 중심 $(1, -3)$을 점
$(2, -2)$에 대하여 대칭이동한 점의 좌표를 (p, q)라 하면
$\dfrac{1+p}{2}=2, \dfrac{-3+q}{2}=-2$
$\therefore p=3, q=-1$
따라서 대칭이동한 점의 좌표는
$(3, -1)$
(2) 대칭이동한 원의 중심의 좌표는 $(3, -1)$이고 대칭이동해도
반지름의 길이는 변하지 않으므로 구하는 원의 방정식은
$(x-3)^2+(y+1)^2=2$
답 (1) $(3, -1)$ (2) $(x-3)^2+(y+1)^2=2$

0345 (1) $\left(\dfrac{a+3}{2}, \dfrac{b-1}{2}\right)$

(2) $\dfrac{b+1}{a-3}$

(3) 선분 AB의 중점이 직선 $x-y+1=0$ 위의 점이므로
$\dfrac{a+3}{2}-\dfrac{b-1}{2}+1=0$
$\therefore a-b=-6$ ...... ㉠
또 직선 AB가 직선 $x-y+1=0$, 즉 $y=x+1$과 수직이므로
$\dfrac{b+1}{a-3}=-1 \quad \therefore a+b=2$ ...... ㉡
㉠, ㉡을 연립하여 풀면 $a=-2, b=4$
따라서 점 B의 좌표는 $(-2, 4)$

답 (1) $\left(\dfrac{a+3}{2}, \dfrac{b-1}{2}\right)$ (2) $\dfrac{b+1}{a-3}$ (3) $(-2, 4)$

0346 선분 PP'의 중점 $\left(\dfrac{x+x'}{2}, \dfrac{y+y'}{2}\right)$이 직선 $y=-x$
위의 점이므로 $\dfrac{y+y'}{2}=-\dfrac{x+x'}{2}$
$\therefore x+y=\boxed{\text{(가)} -x'-y'}$ ...... ㉠
직선 PP'과 직선 $y=-x$가 수직이므로 $\dfrac{y'-y}{x'-x}=1$
$\therefore x-y=\boxed{\text{(나)} x'-y'}$ ...... ㉡
㉠+㉡을 하면 $2x=-2y' \quad \therefore y'=\boxed{\text{(다)} -x}$
㉠-㉡을 하면 $2y=-2x' \quad \therefore x'=\boxed{\text{(라)} -y}$
$\therefore$ P'$\left(\boxed{\text{(라)} -y}, \boxed{\text{(다)} -x}\right)$
답 (가) $-x'-y'$ (나) $x'-y'$ (다) $-x$ (라) $-y$

유형 익히기

0347 점 $(-3, 2)$를 점 $(1, -4)$로 옮기는 평행이동을
$(x, y) \longrightarrow (x+m, y+n)$이라 하면
$-3+m=1, 2+n=-4$
$\therefore m=4, n=-6$
따라서 이 평행이동에 의하여 점 $(5, -2)$로 옮겨지는 점의 좌표
를 (a, b)라 하면
$a+4=5, b-6=-2$
$\therefore a=1, b=4$
즉 구하는 점의 좌표는 $(1, 4)$이다. 답 $(1, 4)$

0348 점 $(-1, 3)$이 주어진 평행이동에 의하여 옮겨지는 점
의 좌표는
$(-1-3, 3+2)$, 즉 $(-4, 5)$
이 점이 직선 $y=mx-7$ 위의 점이므로
$5=-4m-7 \quad \therefore m=-3$ 답 ②

0349 주어진 평행이동을 $(x, y) \longrightarrow (x+m, y+n)$이라
하면
$$-2+m=1, a+n=4, b+m=5, 6+n=10$$
$$\therefore m=3, n=4, a=0, b=2$$
따라서 점 $(a+b, a-b)$, 즉 $(2, -2)$가 주어진 평행이동에 의
하여 옮겨지는 점의 좌표는
$$(2+3, -2+4), 즉 (5, 2) \qquad \text{답 } \mathbf{(5, 2)}$$

0350 점 $A(-1, 7)$을 x축의 방향으로 a만큼, y축의 방향으
로 3만큼 평행이동한 점 B의 좌표는
$$(-1+a, 7+3), 즉 (a-1, 10)$$
이때 $\overline{OB}=2\overline{OA}$에서 $\overline{OB}^2=4\overline{OA}^2$이므로
$$(a-1)^2+10^2=4\{(-1)^2+7^2\}$$
$$a^2-2a-99=0, \quad (a+9)(a-11)=0$$
$$\therefore a=11 \ (\because a>0) \qquad \text{답 } \mathbf{11}$$

0351 직선 $ax-2y-a+1=0$을 x축의 방향으로 4만큼, y축
의 방향으로 n만큼 평행이동한 직선의 방정식은
$$a(x-4)-2(y-n)-a+1=0$$
$$\therefore ax-2y-5a+2n+1=0$$
이 직선이 직선 $3x-2y-6=0$과 일치하므로
$$a=3, -5a+2n+1=-6$$
$$\therefore a=3, n=4 \qquad \therefore a+n=7 \qquad \text{답 } ⑤$$

0352 직선 $y=3x-2$를 x축의 방향으로 k만큼, y축의 방향으
로 3만큼 평행이동한 직선의 방정식은
$$y-3=3(x-k)-2$$
$$\therefore y=3x-3k+1$$
이 직선이 처음 직선과 일치하므로
$$-3k+1=-2 \qquad \therefore k=1 \qquad \text{답 } \mathbf{1}$$

0353 주어진 평행이동에 의하여 점 $(2, 1)$이 점 $(3, 4)$로 옮
겨지므로
$$2+a=3, 1+b=4 \qquad \therefore a=1, b=3$$
따라서 직선 $3x-2y+4=0$을 x축의 방향으로 1만큼, y축의 방
향으로 3만큼 평행이동한 직선의 방정식은
$$3(x-1)-2(y-3)+4=0$$
$$\therefore 3x-2y+7=0$$
이 직선이 점 $(3, c)$를 지나므로
$$9-2c+7=0 \qquad \therefore c=8$$
$$\therefore a+b+c=12 \qquad \text{답 } \mathbf{12}$$

0354 직선 $y=x-3$을 x축의 방향으로 m만큼, y축의 방향으
로 -2만큼 평행이동한 직선의 방정식은
$$y+2=(x-m)-3$$
$$\therefore y=x-m-5 \qquad \cdots\cdots ㉠ \quad \cdots \boxed{1\text{단계}}$$

직선 $y=-x-1$을 y축의 방향으로 n만큼 평행이동한 직선의 방
정식은
$$y-n=-x-1$$
$$\therefore y=-x+n-1 \qquad \cdots\cdots ㉡ \quad \cdots \boxed{2\text{단계}}$$
이때 두 직선 ㉠, ㉡이 모두 점 $(4, -2)$를 지나므로
$$-2=4-m-5, -2=-4+n-1$$
$$\therefore m=1, n=3$$
$$\therefore m+n=4 \qquad \cdots \boxed{3\text{단계}}$$
$$\text{답 } \mathbf{4}$$

채점 요소	비율
1단계 직선 $y=x-3$을 평행이동한 직선의 방정식 구하기	30 %
2단계 직선 $y=-x-1$을 평행이동한 직선의 방정식 구하기	30 %
3단계 $m+n$의 값 구하기	40 %

0355 주어진 평행이동에 의하여 원 $(x-3)^2+y^2=1$이 옮겨
지는 원의 방정식은
$$(x-a-3)^2+(y+b)^2=1$$
이 원이 원 $x^2+y^2+2x-4y+4=0$, 즉
$(x+1)^2+(y-2)^2=1$과 일치하므로
$$-a-3=1, b=-2 \qquad \therefore a=-4, b=-2$$
$$\therefore ab=8 \qquad \text{답 } \mathbf{8}$$

다른 풀이 원 $(x-3)^2+y^2=1$의 중심의 좌표는
$$(3, 0)$$
원 $x^2+y^2+2x-4y+4=0$, 즉 $(x+1)^2+(y-2)^2=1$의 중심
의 좌표는
$$(-1, 2)$$
따라서 $3+a=-1, 0-b=2$이므로
$$a=-4, b=-2$$

0356 $x^2+y^2+ax+by+5=0$에서
$$\left(x+\frac{a}{2}\right)^2+\left(y+\frac{b}{2}\right)^2=\frac{a^2}{4}+\frac{b^2}{4}-5$$
이 원을 x축의 방향으로 3만큼, y축의 방향으로 2만큼 평행이동
한 원의 방정식은
$$\left(x-3+\frac{a}{2}\right)^2+\left(y-2+\frac{b}{2}\right)^2=\frac{a^2}{4}+\frac{b^2}{4}-5 \quad \cdots ㉠$$
한편 $x^2+y^2-6y+c=0$에서
$$x^2+(y-3)^2=9-c$$
이 원이 원 ㉠와 일치하므로
$$-3+\frac{a}{2}=0, -2+\frac{b}{2}=-3, \frac{a^2}{4}+\frac{b^2}{4}-5=9-c$$
$$\therefore a=6, b=-2, c=4$$
$$\therefore a+b+c=8 \qquad \text{답 } \mathbf{8}$$

0357 원점을 점 $(2, 1)$로 옮기는 평행이동은 x축의 방향으로
2만큼, y축의 방향으로 1만큼 평행이동하는 것이다.

이 평행이동에 의하여 포물선 $y=x^2+6x+1$, 즉
$y=(x+3)^2-8$이 옮겨지는 포물선의 방정식은
$$y-1=(x-2+3)^2-8$$
$$\therefore y=(x+1)^2-7$$
따라서 포물선의 꼭짓점의 좌표는 $(-1, -7)$이므로
$$m=-1, n=-7$$
$$\therefore m+n=-8 \qquad \text{답} \ -8$$

다른 풀이 $y=x^2+6x+1=(x+3)^2-8$

이므로 포물선의 꼭짓점의 좌표는 $(-3, -8)$

주어진 평행이동에 의하여 점 $(-3, -8)$이 옮겨지는 점의 좌표는
$$(-3+2, -8+1), \ \text{즉} \ (-1, -7)$$
$$\therefore m=-1, n=-7$$

0358 포물선 $y=4x^2+8x-5$, 즉 $y=4(x+1)^2-9$를 x축의 방향으로 a만큼, y축의 방향으로 $a+2$만큼 평행이동한 포물선의 방정식은
$$y-a-2=4(x-a+1)^2-9$$
$$\therefore y=4(x-a+1)^2+a-7$$
이 포물선의 꼭짓점 $(a-1, a-7)$이 x축 위에 있으므로
$$a-7=0 \quad \therefore a=7$$
따라서 꼭짓점의 x좌표는
$$7-1=6 \qquad \text{답} \ 6$$

0359 직선 $y=3x-1$을 x축의 방향으로 a만큼, y축의 방향으로 $2a$만큼 평행이동한 직선의 방정식은
$$y-2a=3(x-a)-1 \quad \therefore y=3x-a-1$$
이 직선이 원 $(x-1)^2+(y+2)^2=1$의 넓이를 이등분하려면 원의 중심 $(1, -2)$를 지나야 하므로
$$-2=3-a-1 \quad \therefore a=4 \qquad \text{답} \ 4$$

0360 원 $x^2+y^2=1$을 y축의 방향으로 a만큼 평행이동한 원의 방정식은
$$x^2+(y-a)^2=1$$
이 원이 직선 $4x+3y+2=0$과 접하려면 원의 중심 $(0, a)$와 직선 사이의 거리가 원의 반지름의 길이 1과 같아야 하므로
$$\frac{|3a+2|}{\sqrt{4^2+3^2}}=1, \quad |3a+2|=5$$
$$3a+2=\pm5 \quad \therefore a=1 \ (\because a>0) \qquad \text{답} \ 1$$

0361 주어진 평행이동에 의하여 원 $(x+2)^2+(y-3)^2=16$이 옮겨지는 원의 방정식은
$$(x-a+2)^2+(y-b-3)^2=16$$
이 원의 중심이 제1사분면 위에 있고, 원이 x축과 y축에 모두 접하므로
$$a-2=4, b+3=4 \quad \therefore a=6, b=1$$
$$\therefore a+b=7 \qquad \text{답} \ 7$$

0362 이차함수 $y=-x^2-3x+1$의 그래프를 x축의 방향으로 a만큼, y축의 방향으로 b만큼 평행이동한 그래프의 식은
$$y-b=-(x-a)^2-3(x-a)+1$$
$$\therefore y=-x^2+(2a-3)x-a^2+3a+b+1$$
이 그래프와 직선 $y=x+3$이 접하려면 방정식
$$-x^2+(2a-3)x-a^2+3a+b+1=x+3,$$
즉 $x^2-2(a-2)x+a^2-3a-b+2=0$
이 중근을 가져야 한다.
x에 대한 이 이차방정식의 판별식을 D라 하면
$$\frac{D}{4}=\{-(a-2)\}^2-(a^2-3a-b+2)=0$$
$$-a+b+2=0$$
$$\therefore a-b=2 \qquad \text{답} \ 2$$

0363 점 $P(2, -1)$을 직선 $y=x$에 대하여 대칭이동한 점은 $Q(-1, 2)$
점 $P(2, -1)$을 x축에 대하여 대칭이동한 점은 $R(2, 1)$
따라서 삼각형 PQR의 무게중심의 좌표는
$$\left(\frac{2-1+2}{3}, \frac{-1+2+1}{3}\right), \ \text{즉} \ \left(1, \frac{2}{3}\right) \qquad \text{답} \ \left(1, \frac{2}{3}\right)$$

0364 점 $P(a, b)$가 직선 $y=3x$ 위의 점이므로
$$b=3a$$
점 $P(a, 3a)$를 x축에 대하여 대칭이동한 점은 $Q(a, -3a)$
점 $P(a, 3a)$를 y축에 대하여 대칭이동한 점은 $R(-a, 3a)$
따라서 오른쪽 그림에서 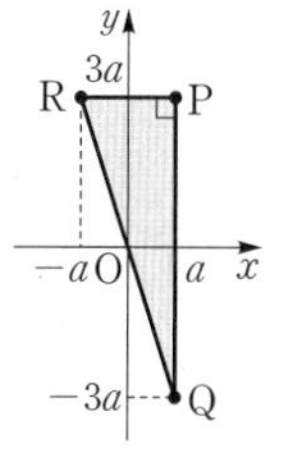
$$\triangle PQR=\frac{1}{2}\times\overline{PQ}\times\overline{PR}$$
$$=\frac{1}{2}\times6a\times2a=6a^2$$
즉 $6a^2=54$이므로 $a^2=9$
$$\therefore a=3 \ (\because a>0) \qquad \text{답} \ 3$$

0365 점 (a, b)를 y축에 대하여 대칭이동한 점의 좌표는 $(-a, b)$
이 점이 제3사분면 위의 점이므로 $-a<0, b<0$
$$\therefore a>0, b<0$$
점 $(a-b, ab)$를 원점에 대하여 대칭이동한 점의 좌표는 $(-a+b, -ab)$
이 점을 y축에 대하여 대칭이동한 점의 좌표는 $(a-b, -ab)$
이때 $a>0, b<0$이므로
$$a-b>0, -ab>0$$
따라서 점 $(a-b, -ab)$는 제1사분면 위에 있다.

답 제1사분면

0366 $(-2, -1) \xrightarrow{\text{(가)}} (-2, 1)$

$\xrightarrow{\text{(나)}} (2, -1) \xrightarrow{\text{(다)}} (-2, -1)$

즉 점 P를 (가), (나), (다)의 순서로 이동하면 처음의 위치로 돌아온다.

따라서 점 P를 99번 이동한 후의 점의 좌표는 $(-2, -1)$이므로 100번 이동한 후의 점의 좌표는

$$(-2, 1)$$

즉 $a = -2$, $b = 1$이므로

$$a - b = -3$$ 답 -3

📝 RPM 비법 노트

음이 아닌 정수 k에 대하여 점 P를

(i) $(3k+1)$번 이동한 후의 점의 좌표는 $(-2, 1)$

(ii) $(3k+2)$번 이동한 후의 점의 좌표는 $(2, -1)$

(iii) $(3k+3)$번 이동한 후의 점의 좌표는 $(-2, -1)$

0367 직선 $y = \dfrac{1}{3}x + 2$를 y축에 대하여 대칭이동한 직선의 방정식은

$$y = -\dfrac{1}{3}x + 2$$

이 직선에 수직인 직선의 기울기는 3이므로 기울기가 3이고 점 $(-6, 2)$를 지나는 직선의 방정식은

$$y - 2 = 3\{x - (-6)\}$$

$$\therefore y = 3x + 20$$ 답 $y = 3x + 20$

0368 직선 $x + 5y - 6 = 0$을 직선 $y = x$에 대하여 대칭이동한 직선 l_1의 방정식은

$$5x + y - 6 = 0$$

직선 l_1을 원점에 대하여 대칭이동한 직선 l_2의 방정식은

$$-5x - y - 6 = 0 \quad \therefore y = -5x - 6$$

따라서 직선 l_2의 기울기는 -5이다. 답 -5

0369 직선 $2x - 3y + k = 0$을 x축에 대하여 대칭이동한 직선의 방정식은

$$2x + 3y + k = 0$$

이 직선이 점 $(1, 1)$을 지나므로

$$2 + 3 + k = 0 \quad \therefore k = -5$$ 답 ①

0370 중심이 점 $(3, -2)$이고 반지름의 길이가 k인 원의 방정식은

$$(x-3)^2 + (y+2)^2 = k^2$$

이 원을 x축에 대하여 대칭이동한 원의 방정식은

$$(x-3)^2 + (-y+2)^2 = k^2$$

$$\therefore (x-3)^2 + (y-2)^2 = k^2$$

이 원이 점 $(3, -3)$을 지나므로

$$(3-3)^2 + (-3-2)^2 = k^2$$

$$\therefore k = 5 \ (\because k > 0)$$ 답 **5**

다른 풀이 점 $(3, -2)$를 x축에 대하여 대칭이동한 점의 좌표는 $(3, 2)$

따라서 대칭이동한 원은 중심의 좌표가 $(3, 2)$이고 반지름의 길이가 k이므로 이 원의 방정식은

$$(x-3)^2 + (y-2)^2 = k^2$$

0371 $x^2 + y^2 - 2ax - 6y + 4 = 0$에서

$$(x-a)^2 + (y-3)^2 = a^2 + 5$$

이 원을 y축에 대하여 대칭이동한 원의 방정식은

$$(-x-a)^2 + (y-3)^2 = a^2 + 5$$

$$\therefore (x+a)^2 + (y-3)^2 = a^2 + 5$$

이 원의 중심 $(-a, 3)$이 직선 $y = -\dfrac{1}{2}x + \dfrac{1}{2}$ 위에 있으므로

$$3 = \dfrac{a}{2} + \dfrac{1}{2} \quad \therefore a = 5$$ 답 ③

0372 포물선 $y = x^2 + ax + b$를 원점에 대하여 대칭이동한 포물선의 방정식은

$$-y = (-x)^2 + a \times (-x) + b$$

$$\therefore y = -x^2 + ax - b = -\left(x - \dfrac{a}{2}\right)^2 + \dfrac{a^2}{4} - b$$

이 포물선의 꼭짓점 $\left(\dfrac{a}{2}, \dfrac{a^2}{4} - b\right)$가 점 $(-2, 7)$과 일치하므로

$$\dfrac{a}{2} = -2, \ \dfrac{a^2}{4} - b = 7 \quad \therefore a = -4, \ b = -3$$

$$\therefore a + b = -7$$ 답 ②

다른 풀이 점 $(-2, 7)$을 원점에 대하여 대칭이동한 점의 좌표는 $(2, -7)$

따라서 포물선 $y = x^2 + ax + b$의 꼭짓점의 좌표는 $(2, -7)$이므로 $y = (x-2)^2 - 7 = x^2 - 4x - 3$에서

$$a = -4, \ b = -3$$

0373 $x^2 + y^2 - 4x + 10y - 5 = 0$에서

$$(x-2)^2 + (y+5)^2 = 34$$

이 원을 직선 $y = x$에 대하여 대칭이동한 원의 방정식은

$$(x+5)^2 + (y-2)^2 = 34$$

$x = 0$을 대입하면 $(0+5)^2 + (y-2)^2 = 34$

$$y^2 - 4y - 5 = 0, \quad (y+1)(y-5) = 0$$

$$\therefore y = -1 \ \text{또는} \ y = 5$$

따라서 y축과 만나는 두 점의 좌표는 $(0, -1)$, $(0, 5)$이므로 두 점 사이의 거리는 $5 - (-1) = 6$ 답 **6**

0374 직선 $4x + 3y + a = 0$을 원점에 대하여 대칭이동한 직선의 방정식은

$$-4x - 3y + a = 0 \quad \therefore 4x + 3y - a = 0$$

이 직선이 원 $(x-3)^2 + (y+1)^2 = 9$에 접하려면 원의 중심 $(3, -1)$과 직선 사이의 거리가 원의 반지름의 길이 3과 같아야 하므로

$$\dfrac{|12 - 3 - a|}{\sqrt{4^2 + 3^2}} = 3, \quad |9 - a| = 15$$

$$9 - a = \pm 15 \quad \therefore a = 24 \ (\because a > 0)$$ 답 ④

0375 $x^2+y^2-4x-2y=0$에서
$$(x-2)^2+(y-1)^2=5$$
이 원을 x축에 대하여 대칭이동한 원의 방정식은
$$(x-2)^2+(-y-1)^2=5$$
$$\therefore (x-2)^2+(y+1)^2=5 \qquad \cdots \text{1단계}$$
이 원이 직선 $y=x+k$, 즉 $x-y+k=0$과 서로 다른 두 점에서 만나려면 원의 중심 $(2, -1)$과 직선 사이의 거리가 원의 반지름의 길이 $\sqrt{5}$보다 작아야 하므로
$$\frac{|2+1+k|}{\sqrt{1^2+(-1)^2}}<\sqrt{5}, \qquad |k+3|<\sqrt{10}$$
$$-\sqrt{10}<k+3<\sqrt{10}$$
$$\therefore -3-\sqrt{10}<k<-3+\sqrt{10} \qquad \cdots \text{2단계}$$
답 $\boldsymbol{-3-\sqrt{10}<k<-3+\sqrt{10}}$

채점 요소	비율
1단계 대칭이동한 원의 방정식 구하기	40 %
2단계 k의 값의 범위 구하기	60 %

0376 직선 $3x-2y+2=0$을 직선 $y=x$에 대하여 대칭이동한 직선의 방정식은
$$-2x+3y+2=0 \qquad \therefore 2x-3y-2=0$$
이 직선이 포물선 $y=\frac{1}{3}x^2+k$와 만나려면 방정식
$$2x-3\left(\frac{1}{3}x^2+k\right)-2=0, \ \text{즉} \ x^2-2x+3k+2=0$$
이 실근을 가져야 한다.
이 이차방정식의 판별식을 D라 하면
$$\frac{D}{4}=(-1)^2-(3k+2)\geq0, \qquad -3k-1\geq0$$
$$\therefore k\leq-\frac{1}{3}$$
답 $\boldsymbol{k\leq-\dfrac{1}{3}}$

0377 원 $(x-a)^2+(y+1)^2=9$를 y축에 대하여 대칭이동한 원의 방정식은
$$(-x-a)^2+(y+1)^2=9$$
$$\therefore (x+a)^2+(y+1)^2=9$$
이 원을 직선 $y=x$에 대하여 대칭이동한 원의 방정식은
$$(x+1)^2+(y+a)^2=9$$
이 원의 넓이가 직선 $3x-2y-1=0$에 의하여 이등분되려면 직선이 원의 중심 $(-1, -a)$를 지나야 하므로
$$-3+2a-1=0 \qquad \therefore a=2$$
답 **2**

0378 포물선 $y=x^2+x+a$를 x축의 방향으로 2만큼, y축의 방향으로 -1만큼 평행이동한 포물선의 방정식은
$$y+1=(x-2)^2+(x-2)+a$$
$$\therefore y=x^2-3x+a+1$$
이 포물선을 x축에 대하여 대칭이동한 포물선의 방정식은
$$-y=x^2-3x+a+1 \qquad \therefore y=-x^2+3x-a-1$$
이 포물선이 포물선 $y=-x^2+3x+6$과 겹쳐지므로
$$-a-1=6 \qquad \therefore a=-7$$
답 **-7**

0379 점 P의 좌표를 (a, b)라 하면 점 P를 x축의 방향으로 1만큼, y축의 방향으로 2만큼 평행이동한 점의 좌표는
$$(a+1, b+2)$$
이 점을 원점에 대하여 대칭이동한 점의 좌표는
$$(-a-1, -b-2)$$
이 점이 점 $(3, 2)$와 일치하므로
$$-a-1=3, \ -b-2=2$$
$$\therefore a=-4, \ b=-4$$
따라서 점 P의 좌표는 $(-4, -4)$이다. 답 **$(-4, -4)$**

0380 원 $(x+2)^2+(y+2)^2=16$을 x축의 방향으로 -1만큼 평행이동한 원의 방정식은
$$(x+1+2)^2+(y+2)^2=16$$
$$\therefore (x+3)^2+(y+2)^2=16$$
이 원을 직선 $y=x$에 대하여 대칭이동한 원의 방정식은
$$(x+2)^2+(y+3)^2=16$$
$y=0$을 대입하면 $\quad (x+2)^2+3^2=16$
$$(x+2)^2=7, \qquad x+2=\pm\sqrt{7}$$
$$\therefore x=-2+\sqrt{7} \ \text{또는} \ x=-2-\sqrt{7}$$
따라서 두 점 P, Q의 좌표는 $(-2-\sqrt{7}, 0)$, $(-2+\sqrt{7}, 0)$이므로
$$\overline{PQ}=-2+\sqrt{7}-(-2-\sqrt{7})=2\sqrt{7}$$
답 **$2\sqrt{7}$**

0381 직선 $x-2y+1=0$을 y축에 대하여 대칭이동한 직선의 방정식은
$$-x-2y+1=0 \qquad \therefore x+2y-1=0$$
이 직선을 y축의 방향으로 m만큼 평행이동한 직선의 방정식은
$$x+2(y-m)-1=0$$
$$\therefore y=-\frac{1}{2}x+m+\frac{1}{2}$$
이 직선과 직선 $nx+y-2=0$, 즉 $y=-nx+2$가 y축에서 수직으로 만나므로
$$-\frac{1}{2}\times(-n)=-1, \ m+\frac{1}{2}=2$$
$$\therefore m=\frac{3}{2}, \ n=-2$$
$$\therefore mn=-3$$
답 **②**

0382 점 $A(1, 2)$를 직선 $y=x$에 대하여 대칭이동한 점을 A'이라 하면
$$A'(2, 1)$$
이때 $\overline{AP}=\overline{A'P}$이므로
$$\overline{AP}+\overline{BP}$$
$$=\overline{A'P}+\overline{BP}$$
$$\geq\overline{A'B}$$
$$=\sqrt{(5-2)^2+(9-1)^2}=\sqrt{73}$$
답 **$\sqrt{73}$**

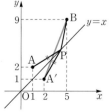

0383 점 A$(3, 4)$를 y축에 대하여 대칭이동한 점을 A$'$이 라 하면

$\text{A}'(-3, 4)$

점 B$(4, 3)$을 x축에 대하여 대칭이동한 점을 B$'$이라 하면

$\text{B}'(4, -3)$

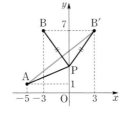

이때 $\overline{\text{AP}}=\overline{\text{A}'\text{P}}$, $\overline{\text{QB}}=\overline{\text{QB}'}$이므로

$$\begin{aligned}
\overline{\text{AP}}+\overline{\text{PQ}}+\overline{\text{QB}} &=\overline{\text{A}'\text{P}}+\overline{\text{PQ}}+\overline{\text{QB}'} \\
&\geq \overline{\text{A}'\text{B}'} \\
&=\sqrt{(4+3)^2+(-3-4)^2} \\
&=7\sqrt{2}
\end{aligned}$$

📘 $\boldsymbol{7\sqrt{2}}$

0384 점 B$(-3, 7)$을 y축에 대하여 대칭이동한 점을 B$'$이라 하면

$\text{B}'(3, 7)$

$\overline{\text{BP}}=\overline{\text{B}'\text{P}}$이므로

$$\begin{aligned}
\overline{\text{AP}}+\overline{\text{BP}} &=\overline{\text{AP}}+\overline{\text{B}'\text{P}} \\
&\geq \overline{\text{AB}'} \\
&=\sqrt{(3+5)^2+(7-1)^2} \\
&=10
\end{aligned}$$

이때 $\overline{\text{AP}}+\overline{\text{BP}}$의 값이 최소가 되도록 하는 점 P는 직선 AB$'$과 y축의 교점이다.

두 점 A$(-5, 1)$, B$'(3, 7)$을 지나는 직선의 방정식은

$$y-1=\frac{7-1}{3-(-5)}\{x-(-5)\}$$

$$\therefore y=\frac{3}{4}x+\frac{19}{4}$$

따라서 직선 AB$'$의 y절편이 $\dfrac{19}{4}$이므로 구하는 점 P의 좌표는

$\left(0, \dfrac{19}{4}\right)$이다.

📘 **최솟값: 10, $\mathrm{P}\left(0, \dfrac{19}{4}\right)$**

0385 점 A$(2, 4)$를 y축에 대하여 대칭이동한 점을 A$'$, 직선 $y=x$ 에 대칭이동한 점을 A$''$이라 하면

$\text{A}'(-2, 4)$, $\text{A}''(4, 2)$

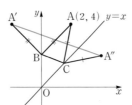

$\overline{\text{AB}}=\overline{\text{A}'\text{B}}$, $\overline{\text{CA}}=\overline{\text{CA}''}$이므로 삼각형 ABC의 둘레의 길이는

$$\begin{aligned}
\overline{\text{AB}}+\overline{\text{BC}}+\overline{\text{CA}} &=\overline{\text{A}'\text{B}}+\overline{\text{BC}}+\overline{\text{CA}''} \\
&\geq \overline{\text{A}'\text{A}''} \\
&=\sqrt{(4+2)^2+(2-4)^2} \\
&=2\sqrt{10}
\end{aligned}$$

따라서 삼각형 ABC의 둘레의 길이의 최솟값은 $2\sqrt{10}$이므로

$a=2\sqrt{10}$

이때 삼각형 ABC의 둘레의 길이가 최소가 되도록 하는 두 점 B, C는 각각 직선 A$'$A$''$과 y축, 직선 $y=x$의 교점이다.

직선 A$'$A$''$의 방정식은

$$y-2=\frac{2-4}{4-(-2)}(x-4)$$

$$\therefore y=-\frac{1}{3}x+\frac{10}{3}$$

따라서 직선 A$'$A$''$의 y절편이 $\dfrac{10}{3}$이므로

$\text{B}\left(0, \dfrac{10}{3}\right)$ $\therefore b=\dfrac{10}{3}$

또 $-\dfrac{1}{3}x+\dfrac{10}{3}=x$에서

$$-\frac{4}{3}x=-\frac{10}{3}\qquad \therefore x=\frac{5}{2}$$

즉 $\text{C}\left(\dfrac{5}{2}, \dfrac{5}{2}\right)$이므로 $c=\dfrac{5}{2}$

$$\therefore abc=2\sqrt{10}\times\frac{10}{3}\times\frac{5}{2}=\frac{50\sqrt{10}}{3}$$

📘 $\boldsymbol{\dfrac{50\sqrt{10}}{3}}$

0386 두 점 $(a, 8)$, $(-6, b)$를 이은 선분의 중점의 좌표가 $(-4, 6)$이므로

$$\frac{a-6}{2}=-4, \frac{8+b}{2}=6\qquad \therefore a=-2, b=4$$

$$\therefore ab=-8$$

📘 ④

0387 $x^2+y^2-2x+6y+1=0$에서

$(x-1)^2+(y+3)^2=9$

원의 중심 $(1, -3)$을 점 $(2, 1)$에 대하여 대칭이동한 점의 좌표를 (a, b)라 하면

$$\frac{1+a}{2}=2, \frac{-3+b}{2}=1$$

$$\therefore a=3, b=5$$

원을 대칭이동해도 반지름의 길이는 변하지 않으므로 대칭이동한 원은 중심이 점 $(3, 5)$이고 반지름의 길이가 3이다.

따라서 구하는 원의 방정식은

$(x-3)^2+(y-5)^2=9$

📘 ①

0388 $y=x^2-2x+3=(x-1)^2+2$이므로 이 포물선의 꼭짓점의 좌표는 $(1, 2)$

$y=-x^2+6x-5=-(x-3)^2+4$이므로 이 포물선의 꼭짓점의 좌표는 $(3, 4)$

두 포물선이 점 P에 대하여 대칭이므로 두 포물선의 꼭짓점도 점 P에 대하여 대칭이다.

따라서 점 P는 두 꼭짓점을 이은 선분의 중점이므로 점 P의 좌표는

$\left(\dfrac{1+3}{2}, \dfrac{2+4}{2}\right)$, 즉 $(2, 3)$

📘 **$(2, 3)$**

0389 (1) 두 점 (a, b), (p, q)를 이은 선분의 중점의 좌표가 $(-2, -1)$이므로

$$\frac{a+p}{2}=-2, \frac{b+q}{2}=-1$$

$$\therefore a=-p-4, b=-q-2$$

(2) 점 (a, b)가 직선 $3x-y-2=0$ 위의 점이므로
$$3a-b-2=0$$
이 식에 $a=-p-4$, $b=-q-2$를 대입하면
$$3(-p-4)-(-q-2)-2=0$$
$$\therefore 3p-q+12=0$$
따라서 점 (p, q)는 직선 $3x-y+12=0$ 위의 점이므로 구하는 직선의 방정식은
$$3x-y+12=0$$
답 (1) $a=-p-4$, $b=-q-2$ (2) $3x-y+12=0$

0390 두 점 $(-6, -1)$, (a, b)를 이은 선분의 중점
$\left(\dfrac{-6+a}{2}, \dfrac{-1+b}{2}\right)$가 직선 $2x+y+3=0$ 위의 점이므로
$$2\times\frac{-6+a}{2}+\frac{-1+b}{2}+3=0$$
$$\therefore 2a+b=7 \qquad \cdots\cdots ㉠$$
또 두 점 $(-6, -1)$, (a, b)를 지나는 직선이 직선 $2x+y+3=0$, 즉 $y=-2x-3$과 수직이므로
$$\frac{b-(-1)}{a-(-6)}\times(-2)=-1$$
$$\therefore a-2b=-4 \qquad \cdots\cdots ㉡$$
㉠, ㉡을 연립하여 풀면 $a=2$, $b=3$
$$\therefore a+b=5$$
답 ⑤

0391 직선 l의 방정식을 $y=ax+b$라 하자.
두 점 $P(1, 5)$, $Q(3, 3)$에 대하여 선분 PQ의 중점
$\left(\dfrac{1+3}{2}, \dfrac{3+5}{2}\right)$, 즉 $(2, 4)$가 직선 l 위의 점이므로
$$4=2a+b \qquad \cdots\cdots ㉠$$
또 직선 PQ가 직선 l과 수직이므로
$$\frac{3-5}{3-1}\times a=-1 \qquad \therefore a=1$$
$a=1$을 ㉠에 대입하면 $4=2+b \qquad \therefore b=2$
따라서 직선 l의 방정식은 $y=x+2$
이때 직선 l의 x절편은 -2, y절편은 2이므로 직선 l과 x축 및 y축으로 둘러싸인 도형의 넓이는
$$\frac{1}{2}\times 2\times 2=2$$
답 2

0392 원 $(x+2)^2+(y+1)^2=5$의 중심 $(-2, -1)$을 직선 $y=x-2$에 대하여 대칭이동한 점의 좌표를 (a, b)라 하자.
두 점 $(-2, -1)$, (a, b)를 이은 선분의 중점
$\left(\dfrac{-2+a}{2}, \dfrac{-1+b}{2}\right)$가 직선 $y=x-2$ 위의 점이므로
$$\frac{-1+b}{2}=\frac{-2+a}{2}-2 \qquad \therefore a-b=5 \qquad \cdots\cdots ㉠$$
또 두 점 $(-2, -1)$, (a, b)를 지나는 직선이 직선 $y=x-2$와 수직이므로
$$\frac{b-(-1)}{a-(-2)}\times 1=-1 \qquad \therefore a+b=-3 \qquad \cdots\cdots ㉡$$
㉠, ㉡을 연립하여 풀면 $a=1$, $b=-4$

원을 대칭이동해도 반지름의 길이는 변하지 않으므로 대칭이동한 원은 중심이 점 $(1, -4)$이고 반지름의 길이가 $\sqrt{5}$이다.
따라서 구하는 원의 방정식은
$$(x-1)^2+(y+4)^2=5$$
답 $(x-1)^2+(y+4)^2=5$

0393 두 원의 중심의 좌표는 각각 $(0, 0)$, $(2, -4)$이고 두 원의 중심을 이은 선분의 중점 $\left(\dfrac{0+2}{2}, \dfrac{0-4}{2}\right)$, 즉 $(1, -2)$가 직선 $ax+by+5=0$ 위의 점이므로
$$a-2b+5=0 \qquad \cdots\cdots ㉠ \qquad \cdots \text{1단계}$$
또 두 점 $(0, 0)$, $(2, -4)$를 지나는 직선이 직선 $ax+by+5=0$, 즉 $y=-\dfrac{a}{b}x-\dfrac{5}{b}$와 수직이므로
$$\frac{-4}{2}\times\left(-\frac{a}{b}\right)=-1$$
$$\therefore b=-2a \qquad \cdots\cdots ㉡ \qquad \text{2단계}$$
㉠, ㉡을 연립하여 풀면 $a=-1$, $b=2$
$$\therefore a+b=1 \qquad \cdots \text{3단계}$$
답 1

채점 요소		비율
1단계	중점 조건을 이용하여 a, b에 대한 식 세우기	40 %
2단계	수직 조건을 이용하여 a, b에 대한 식 세우기	40 %
3단계	$a+b$의 값 구하기	20 %

0394 방정식 $f(y, x)=0$이 나타내는 도형은 방정식 $f(x, y)=0$이 나타내는 도형을 직선 $y=x$에 대하여 대칭이동한 것이다.
따라서 방정식 $f(y, x)=0$이 나타내는 도형은 ④이다.
답 ④

다른 풀이 주어진 도형은 세 직선
$$x=0, y=x, y=1 \qquad \cdots\cdots ㉠$$
로 둘러싸인 도형이다.
㉠에 x 대신 y, y 대신 x를 대입하면
$$y=0, x=y, x=1$$
따라서 방정식 $f(y, x)=0$이 나타내는 도형은 세 직선 $y=0$, $x=y$, $x=1$로 둘러싸인 도형이므로 ④이다.

0395 방정식 $f(x, y)=0$이 나타내는 도형을 y축에 대하여 대칭이동한 도형의 방정식은
$$f(-x, y)=0$$
방정식 $f(-x, y)=0$이 나타내는 도형을 y축의 방향으로 1만큼 평행이동한 도형의 방정식은
$$f(-x, y-1)=0$$

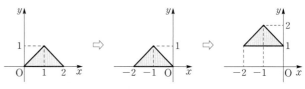

따라서 방정식 $f(-x, y-1)=0$이 나타내는 도형은 ⑤이다.
답 ⑤

0396 주어진 그림에서 방정식 $g(x, y)=0$이 나타내는 도형은 방정식 $f(x, y)=0$이 나타내는 도형을 x축에 대하여 대칭이동한 후 x축의 방향으로 -3만큼 평행이동한 것이다.

방정식 $f(x, y)=0$이 나타내는 도형을 x축에 대하여 대칭이동한 도형의 방정식은

$$f(x, -y)=0$$

방정식 $f(x, -y)=0$이 나타내는 도형을 x축의 방향으로 -3만큼 평행이동한 도형의 방정식은

$$f(x+3, -y)=0$$
$$\therefore g(x, y)=f(x+3, -y)$$

답 ③

참고|

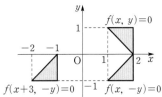

시험에 꼭 나오는 문제 • 본책 059~061쪽

0397 점 $(4, -1)$이 평행이동 $(x, y) \longrightarrow (x+a, y-2)$에 의하여 옮겨지는 점의 좌표는

$$(4+a, -1-2), \ \ 즉 (a+4, -3)$$

이 점이 점 $(2, b)$와 일치하므로

$$a+4=2, \ -3=b \quad \therefore a=-2, \ b=-3$$
$$\therefore a+b=-5$$

답 ①

0398 직선 $y=3x-4$를 x축의 방향으로 m만큼, y축의 방향으로 -3만큼 평행이동한 직선의 방정식은

$$y+3=3(x-m)-4$$
$$\therefore 3x-y-3m-7=0 \qquad \cdots\cdots ㉠$$

평행한 두 직선 ㉠, $y=3x-4$ 사이의 거리가 $\sqrt{10}$이므로 직선 $y=3x-4$ 위의 점 $(0, -4)$와 직선 ㉠ 사이의 거리가 $\sqrt{10}$이다.

즉 $\dfrac{|4-3m-7|}{\sqrt{3^2+(-1)^2}}=\sqrt{10}$이므로

$$|3m+3|=10, \quad 3m+3=\pm 10$$
$$\therefore m=\frac{7}{3} \ (\because m>0)$$

답 $\dfrac{7}{3}$

0399 $x^2+y^2-4x+2y+a=0$에서

$$(x-2)^2+(y+1)^2=5-a$$

주어진 평행이동에 의하여 이 원이 옮겨지는 원의 방정식은

$$(x+3-2)^2+(y-1+1)^2=5-a$$
$$\therefore (x+1)^2+y^2=5-a$$

따라서 중심의 좌표가 $(-1, 0)$, 반지름의 길이가 $\sqrt{5-a}$이므로

$$b=0, \ \sqrt{5-a}=3 \quad \therefore a=-4, \ b=0$$
$$\therefore a+b=-4$$

답 ①

0400 점 $A(-3, 5)$를 x축에 대하여 대칭이동한 점은

$$B(-3, -5)$$

점 $A(-3, 5)$를 직선 $y=x$에 대하여 대칭이동한 점은

$$C(5, -3)$$

따라서 삼각형 ABC의 넓이는

$$\frac{1}{2} \times \{5-(-5)\} \times \{5-(-3)\}=40$$

답 40

0401 $A_1(3, y_1)$, $A_2(7, y_2)(y_1>0, y_2>0)$라 하면 두 점 A_1, A_2는 원 $x^2+y^2=100$ 위의 점이므로

$3^2+y_1^2=100$에서 $\quad y_1^2=91$
$$\therefore y_1=\sqrt{91} \ (\because y_1>0)$$

$7^2+y_2^2=100$에서 $\quad y_2^2=51$
$$\therefore y_2=\sqrt{51} \ (\because y_2>0)$$
$$\therefore A_1(3, \sqrt{91}), \ A_2(7, \sqrt{51})$$

이때 $\angle A_1BC_1=90°$, $\angle A_2BC_2=90°$이므로 두 삼각형 A_1BC_1, A_2BC_2는 빗변이 각각 A_1C_1, A_2C_2인 직각삼각형이다.

따라서 두 선분 A_1C_1, A_2C_2의 중점은 원의 중심인 원점이므로 두 점 A_1과 C_1, 두 점 A_2와 C_2는 각각 원점에 대하여 대칭이다.

$$\therefore C_1(-3, -\sqrt{91}), \ C_2(-7, -\sqrt{51})$$

즉 $a=-\sqrt{91}$, $b=-7$이므로

$$a^2+b^2=140$$

답 140

0402 ㄱ. $x^2+y^2=1$을 직선 $y=x$에 대하여 대칭이동한 도형의 방정식은

$$x^2+y^2=1$$

ㄴ. $y=-x$를 직선 $y=x$에 대하여 대칭이동한 도형의 방정식은

$$x=-y \quad \therefore y=-x$$

ㄷ. $y=2x$를 직선 $y=x$에 대하여 대칭이동한 도형의 방정식은

$$x=2y \quad \therefore y=\frac{1}{2}x$$

이상에서 대칭이동하였을 때 처음의 도형과 일치하는 것은 ㄱ, ㄴ이다.

답 ③

0403 직선 $y=2x+k$를 원점에 대하여 대칭이동한 직선의 방정식은

$$-y=-2x+k$$
$$\therefore 2x-y-k=0$$

이 직선이 원 $(x-1)^2+(y+1)^2=20$에 접하려면 원의 중심 $(1, -1)$과 직선 사이의 거리가 원의 반지름의 길이 $2\sqrt{5}$와 같아야 하므로

$$\frac{|2+1-k|}{\sqrt{2^2+(-1)^2}}=2\sqrt{5}, \quad |k-3|=10$$
$$k-3=+10$$
$$\therefore k=13 \ (\because k>0)$$

답 ⑤

0404 점 $(-2, 5)$를 원점에 대하여 대칭이동한 점의 좌표는
$$(2, -5)$$
점 $(2, -5)$를 x축의 방향으로 3만큼, y축의 방향으로 -2만큼 평행이동한 점의 좌표는
$$(2+3, -5-2), 즉 (5, -7)$$
점 $(5, -7)$을 직선 $y=x$에 대하여 대칭이동한 점의 좌표는
$$(-7, 5)$$
따라서 $a=-7$, $b=5$이므로
$$a-b=-12$$
🔲 **-12**

0405 오른쪽 그림과 같이 좌표평면을 잡고 다람쥐의 출발점의 위치를 A, 도착점의 위치를 B라 하면
$$A(0, 20), B(60, 40)$$
으로 놓을 수 있다.
이때 점 A를 x축에 대하여 대칭이동한 점을 A′, 점 B를 직선 $y=50$에 대하여 대칭이동한 점을 B′이라 하면
$$A'(0, -20), B'(60, 60)$$
또 다람쥐가 아래쪽 벽면에서 거쳐간 지점을 P, 위쪽 벽면에서 거쳐간 지점을 Q라 하면
$$\overline{AP}=\overline{A'P}, \overline{QB}=\overline{QB'}$$
$$\therefore \overline{AP}+\overline{PQ}+\overline{QB}=\overline{A'P}+\overline{PQ}+\overline{QB'}$$
$$\geq \overline{A'B'}$$
$$=\sqrt{(60-0)^2+(60+20)^2}$$
$$=100$$
따라서 $\overline{AP}+\overline{PQ}+\overline{QB}$의 최솟값이 100이므로 다람쥐가 움직인 총거리는 100 m이다.
🔲 **100 m**

0406 $y=x^2+2x+3=(x+1)^2+2$이므로 이 포물선의 꼭짓점의 좌표는 $(-1, 2)$
점 $(-1, 2)$를 점 $(1, -1)$에 대하여 대칭이동한 점의 좌표를 (p, q)라 하면
$$\frac{-1+p}{2}=1, \frac{2+q}{2}=-1$$
$$\therefore p=3, q=-4$$
따라서 포물선 $y=x^2+2x+3$을 점 $(1, -1)$에 대하여 대칭이동한 포물선의 꼭짓점의 좌표가 $(3, -4)$이다.
즉 $y=-x^2+ax+b=-\left(x-\frac{a}{2}\right)^2+\frac{a^2}{4}+b$에서
$$\frac{a}{2}=3, \frac{a^2}{4}+b=-4 \quad \therefore a=6, b=-13$$
$$\therefore a+b=-7$$
🔲 **②**

0407 $x^2+y^2-2x-4y+1=0$에서
$$(x-1)^2+(y-2)^2=4$$
$x^2+y^2-6x-12y+41=0$에서
$$(x-3)^2+(y-6)^2=4$$

두 원의 중심 $(1, 2)$, $(3, 6)$을 이은 선분의 중점 $\left(\frac{1+3}{2}, \frac{2+6}{2}\right)$, 즉 $(2, 4)$가 직선 $y=ax+b$ 위의 점이므로
$$2a+b=4 \quad \cdots\cdots ㉠$$
또 두 점 $(1, 2)$, $(3, 6)$을 지나는 직선이 직선 $y=ax+b$와 수직이므로
$$\frac{6-2}{3-1}\times a=-1 \quad \therefore a=-\frac{1}{2}$$
$a=-\frac{1}{2}$을 ㉠에 대입하면
$$-1+b=4 \quad \therefore b=5$$
$$\therefore a+b=\frac{9}{2}$$
🔲 **$\frac{9}{2}$**

0408 점 $A(1, -2)$를 직선 $y=x$에 대하여 대칭이동한 점은 $B(-2, 1)$
점 C의 좌표를 (p, q)라 하면 선분 AC의 중점 $\left(\frac{1+p}{2}, \frac{-2+q}{2}\right)$가 직선 $y=2x$ 위의 점이므로
$$\frac{-2+q}{2}=2\times\frac{1+p}{2}$$
$$\therefore 2p-q=-4 \quad \cdots\cdots ㉠$$
또 직선 AC와 직선 $y=2x$가 수직이므로
$$\frac{q-(-2)}{p-1}\times 2=-1$$
$$\therefore p+2q=-3 \quad \cdots\cdots ㉡$$
㉠, ㉡을 연립하여 풀면 $p=-\frac{11}{5}, q=-\frac{2}{5}$
따라서 $C\left(-\frac{11}{5}, -\frac{2}{5}\right)$이므로
$$\overline{BC}=\sqrt{\left(-\frac{11}{5}+2\right)^2+\left(-\frac{2}{5}-1\right)^2}=\sqrt{2}$$
🔲 **$\sqrt{2}$**

0409 방정식 $f(x, y)=0$이 나타내는 도형을 y축에 대하여 대칭이동한 도형의 방정식은
$$f(-x, y)=0$$
방정식 $f(-x, y)=0$이 나타내는 도형을 직선 $y=x$에 대하여 대칭이동한 도형의 방정식은
$$f(-y, x)=0$$

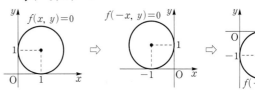

따라서 방정식 $f(-y, x)=0$이 나타내는 도형은 ①이다.
🔲 **①**

[다른 풀이] 주어진 원의 방정식은 $(x-1)^2+(y-1)^2=1$
이 식에 x 대신 $-y$, y 대신 x를 대입하면
$$(-y-1)^2+(x-1)^2=1$$
$$\therefore (x-1)^2+(y+1)^2=1$$
따라서 방정식 $f(-y, x)=0$이 나타내는 도형은 중심의 좌표가 $(1, -1)$이고 반지름의 길이가 1인 원이므로 ①이다.

0410 주어진 평행이동을 $(x, y) \longrightarrow (x+m, y+n)$이라 하면

$$a+m=6, 3+n=-2, -2+m=1, b+n=4$$
$$\therefore m=3, n=-5, a=3, b=9 \qquad \cdots \text{1단계}$$

따라서 점 (b, a), 즉 $(9, 3)$이 주어진 평행이동에 의하여 옮겨지는 점의 좌표는

$$(9+3, 3-5), \text{ 즉 } (12, -2) \qquad \cdots \text{2단계}$$

답 $(12, -2)$

	채점 요소	비율
1단계	주어진 평행이동과 a, b의 값 구하기	60 %
2단계	점 (b, a)가 옮겨지는 점의 좌표 구하기	40 %

0411 주어진 평행이동에 의하여 포물선 $y=x^2-2x$가 옮겨지는 포물선의 방정식은

$$y-1=(x+2)^2-2(x+2)$$
$$\therefore y=x^2+2x+1 \qquad \cdots \text{1단계}$$

이 포물선과 직선 $y=x+4$의 교점의 x좌표는

$$x^2+2x+1=x+4, \text{ 즉 } x^2+x-3=0$$

의 두 실근이다.

이 이차방정식의 두 실근을 α, β라 하면 근과 계수의 관계에 의하여

$$\alpha+\beta=-1 \qquad \cdots\cdots \text{㉠} \qquad \cdots \text{2단계}$$

이때 두 점 A, B의 x좌표를 각각 α, β라 하면

$$\text{A}(\alpha, \alpha+4), \text{B}(\beta, \beta+4)$$

이므로 선분 AB의 중점의 좌표는

$$\left(\frac{\alpha+\beta}{2}, \frac{(\alpha+4)+(\beta+4)}{2}\right), \text{ 즉 } \left(-\frac{1}{2}, \frac{7}{2}\right) (\because \text{㉠})$$
$$\cdots \text{3단계}$$

답 $\left(-\dfrac{1}{2}, \dfrac{7}{2}\right)$

	채점 요소	비율
1단계	평행이동한 포물선의 방정식 구하기	30 %
2단계	평행이동한 포물선과 직선의 교점의 x좌표의 합 구하기	40 %
3단계	선분 AB의 중점의 좌표 구하기	30 %

0412 원 $(x+a)^2+(y+b)^2=9$를 직선 $y=x$에 대하여 대칭이동한 원의 방정식은

$$(x+b)^2+(y+a)^2=9 \qquad \cdots \text{1단계}$$

이 원을 x축의 방향으로 -2만큼 평행이동한 원의 방정식은

$$(x+2+b)^2+(y+a)^2=9 \qquad \cdots \text{2단계}$$

이 원이 x축과 y축에 동시에 접하므로

$$|-2-b|=|-a|=3$$

$|-2-b|=3$에서 $\quad -2-b=\pm 3$

$$\therefore b=-5 \text{ 또는 } b=1$$

$|-a|=3$에서 $\quad a=-3 \text{ 또는 } a=3 \qquad \cdots \text{3단계}$

따라서 ab의 최댓값은 $\quad -5 \times (-3)=15 \qquad \cdots \text{4단계}$

답 15

	채점 요소	비율
1단계	대칭이동한 원의 방정식 구하기	20 %
2단계	평행이동한 원의 방정식 구하기	20 %
3단계	a, b의 값 구하기	40 %
4단계	ab의 최댓값 구하기	20 %

다른 풀이 원 $(x+a)^2+(y+b)^2=9$의 중심의 좌표는

$$(-a, -b)$$

점 $(-a, -b)$를 직선 $y=x$에 대하여 대칭이동한 점의 좌표는

$$(-b, -a)$$

점 $(-b, -a)$를 x축의 방향으로 -2만큼 평행이동한 점의 좌표는

$$(-b-2, -a)$$

따라서 중심의 좌표가 $(-b-2, -a)$이고 반지름의 길이가 3인 원이 x축과 y축에 동시에 접하므로

$$|-b-2|=|-a|=3$$

0413 점 Q의 좌표를 (a, b), 점 R의 좌표를 (x, y)라 하면 점 Q는 선분 PR의 중점이므로

$$a=\frac{2+x}{2}, b=\frac{4+y}{2} \qquad \cdots\cdots \text{㉠} \qquad \cdots \text{1단계}$$

이때 점 Q가 원 $x^2+y^2=1$ 위의 점이므로

$$a^2+b^2=1$$

㉠을 대입하면 $\quad \left(\dfrac{2+x}{2}\right)^2+\left(\dfrac{4+y}{2}\right)^2=1$

$$\therefore (x+2)^2+(y+4)^2=4 \qquad \cdots \text{2단계}$$

따라서 점 R가 나타내는 도형은 중심의 좌표가 $(-2, -4)$이고 반지름의 길이가 2인 원이므로 구하는 도형의 넓이는

$$\pi \times 2^2 = 4\pi \qquad \cdots \text{3단계}$$

답 4π

	채점 요소	비율
1단계	두 점 Q, R의 좌표 사이의 관계식 세우기	40 %
2단계	점 R가 나타내는 도형의 방정식 구하기	40 %
3단계	점 R가 나타내는 도형의 넓이 구하기	20 %

0414 **전략** p, q를 각각 a에 대한 식으로 나타낸다.

동전을 10번 던지므로 $\quad a+b=10 \qquad \therefore b=10-a$

따라서 점 P를 x축의 방향으로 1만큼, y축의 방향으로 -1만큼 평행이동하는 것을 a번, x축의 방향으로 -2만큼, y축의 방향으로 2만큼 평행이동하는 것을 $(10-a)$번 실행한 점이 Q이다.

$$\therefore p=1+1 \times a+(-2) \times (10-a)=3a-19$$
$$q=2+(-1) \times a+2 \times (10-a)=-3a+22$$

이때 $\overline{\text{PQ}}=11\sqrt{2}$에서 $\overline{\text{PQ}}^2=242$이므로

$$\{(3a-19)-1\}^2+\{(-3a+22)-2\}^2=242$$
$$(3a-20)^2=121, \quad 3a-20=\pm 11$$
$$\therefore a=3 (\because a\text{는 음이 아닌 정수})$$

따라서 $b=7$, $p=-10$, $q=13$이므로

$$ab-pq=3 \times 7-(-10) \times 13=151$$

답 151

0415 전략 구하는 넓이와 사각형 ABDC의 넓이가 같음을 이용한다.

오른쪽 그림과 같이 직선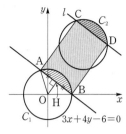
$3x+4y-6=0$을 x축의 방향으로 3
만큼, y축의 방향으로 4만큼 평행이
동한 직선을 l이라 하면 원 C_2와 직선
l의 교점이 두 점 C, D이므로 현 AB
와 호 AB로 둘러싸인 활꼴과 현 CD
와 호 CD로 둘러싸인 활꼴이 합동이
다.

즉 빗금 친 두 부분의 넓이가 같으므로 구하는 넓이는 사각형
ABDC의 넓이와 같다.

이때 점 A의 좌표를 (p, q)라 하면 점 C의 좌표는 $(p+3, q+4)$
이므로 직선 AC의 기울기는

$$\frac{(q+4)-q}{(p+3)-p}=\frac{4}{3}$$

직선 $3x+4y-6=0$의 기울기는 $-\frac{3}{4}$이므로 직선 AB와 직선
AC는 수직이다.

따라서 사각형 ABDC는 직사각형이고
$$\overline{AC}=\sqrt{\{(p+3)-p\}^2+\{(q+4)-q\}^2}$$
$$=\sqrt{3^2+4^2}=5$$

또 원 C_1의 중심 O$(0, 0)$에서 직선 $3x+4y-6=0$에 내린 수선
의 발을 H라 하면

$$\overline{OH}=\frac{|-6|}{\sqrt{3^2+4^2}}=\frac{6}{5}$$

이므로 직각삼각형 AOH에서

$$\overline{AH}=\sqrt{\overline{AO}^2-\overline{OH}^2}=\sqrt{2^2-\left(\frac{6}{5}\right)^2}=\frac{8}{5}$$

$$\therefore \overline{AB}=2\overline{AH}=\frac{16}{5}$$

따라서 구하는 넓이는

$$\square ABDC=\overline{AB}\times\overline{AC}=\frac{16}{5}\times5=16$$ 답 16

0416 전략 점 A를 주어진 직선에 대하여 대칭이동한 점을 이용한다.

점 A를 직선 $4x-6y+3=0$에 대하여 대칭이동한 점을
A$'(a, b)$라 하면 두 점 A$(1, -1)$, A$'(a, b)$를 이은 선분의
중점 $\left(\frac{1+a}{2}, \frac{-1+b}{2}\right)$가 직선 $4x-6y+3=0$ 위의 점이므로

$$4\times\frac{1+a}{2}-6\times\frac{-1+b}{2}+3=0$$
$$\therefore 2a-3b=-8 \quad \cdots\cdots ㉠$$

또 두 점 A$(1, -1)$, A$'(a, b)$를 지나는 직선이 직선
$4x-6y+3=0$, 즉 $y=\frac{2}{3}x+\frac{1}{2}$과 수직이므로

$$\frac{b-(-1)}{a-1}\times\frac{2}{3}=-1$$
$$\therefore 3a+2b=1 \quad \cdots\cdots ㉡$$

㉠, ㉡을 연립하여 풀면 $a=-1, b=2$
$$\therefore A'(-1, 2)$$

$\overline{AP}=\overline{A'P}$이므로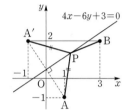
$$\overline{AP}+\overline{PB}=\overline{A'P}+\overline{PB}$$
$$\geq\overline{A'B}$$
$$=3-(-1)=4$$
$$\therefore k=4$$

이때 $\overline{AP}+\overline{PB}$의 값이 최소가 되도록
하는 점 P는 직선 A$'$B와 직선 $4x-6y+3=0$의 교점이다.

직선 A$'$B의 방정식은 $y=2$
$y=2$를 $4x-6y+3=0$에 대입하면
$$4x-12+3=0 \quad \therefore x=\frac{9}{4}$$

따라서 점 P의 좌표는 $\left(\frac{9}{4}, 2\right)$이므로
$$s=\frac{9}{4}, t=2$$
$$\therefore kst=4\times\frac{9}{4}\times2=18$$ 답 18

05 집합의 뜻과 포함 관계

교과서 **문제** 정복하기

본책 065쪽

0417 ㄱ, ㄹ. '가까운', '무거운'은 기준이 명확하지 않아 그 대상을 분명하게 정할 수 없으므로 집합이 아니다.
이상에서 집합인 것은 ㄴ, ㄷ이다.   답 ㄴ, ㄷ

0418 답 (1) $\not\in$ (2) $\in$ (3) $\in$ (4) $\not\in$

0419 답 (1) $A=\{1, 3, 5, 15\}$
(2) $A=\{x \mid x$는 15의 양의 약수$\}$
(3)

0420 1 이상 7 이하의 짝수는 2, 4, 6이므로 주어진 집합은 유한집합이다.   답 유

0421 0 미만의 정수는 -1, -2, -3, …이므로 주어진 집합은 무한집합이다.   답 무

0422 2보다 작은 소수는 존재하지 않으므로 주어진 집합은 공집합이다.   답 유, 공

참고ㅣ 공집합은 유한집합이다.

0423 답 3

0424 $A=\{-1, 0, 1, 2\}$이므로 $n(A)=4$ 답 4

0425 답 $A \subset B$

0426 $A=\{4, 8, 12, 16, \cdots\}$, $B=\{8, 16, 24, 32, \cdots\}$
이므로 $B \subset A$ 답 $B \subset A$

0427 답 (1) $\varnothing$ (2) $\{a\}$, $\{b\}$, $\{c\}$
(3) $\{a, b\}$, $\{a, c\}$, $\{b, c\}$ (4) $\{a, b, c\}$

0428 답 $\varnothing$, $\{x\}$, $\{y\}$, $\{x, y\}$

0429 주어진 집합을 원소나열법으로 나타내면 $\{1, 2, 4\}$이므로 구하는 부분집합은
$\varnothing$, $\{1\}$, $\{2\}$, $\{4\}$, $\{1, 2\}$, $\{1, 4\}$, $\{2, 4\}$, $\{1, 2, 4\}$
답 $\varnothing$, $\{1\}$, $\{2\}$, $\{4\}$, $\{1, 2\}$, $\{1, 4\}$, $\{2, 4\}$, $\{1, 2, 4\}$

0430 답 $A=B$

0431 $x^2-2x-8=0$에서 $(x+2)(x-4)=0$
  $\therefore x=-2$ 또는 $x=4$
따라서 $A=\{-2, 4\}$이므로
  $A \neq B$ 답 $A \neq B$

0432 (1) $n(A)=4$이므로 부분집합의 개수는
   $2^4=16$
(2) 진부분집합의 개수는
   $2^4-1=15$
(3) 3을 반드시 원소로 갖는 부분집합의 개수는
   $2^{4-1}=2^3=8$
답 (1) 16 (2) 15 (3) 8

유형 **익히기**

• 본책 066~072쪽

0433 ③ '큰'은 기준이 명확하지 않아 그 대상을 분명하게 정할 수 없으므로 집합이 아니다.   답 ③

0434 ②, ④, ⑤ '맛있는', '높은', '작은'은 기준이 명확하지 않아 그 대상을 분명하게 정할 수 없으므로 집합이 아니다.
따라서 집합인 것은 ①, ③이다.   답 ①, ③

0435 ㄱ, ㄹ. '아름다운', '좋아하는'은 기준이 명확하지 않아 그 대상을 분명하게 정할 수 없으므로 집합이 아니다.
이상에서 집합인 것은 ㄴ, ㄷ의 2개이다.   답 2

0436 $A=\{1, 3, 5\}$
① $0 \not\in A$ ③ $4 \not\in A$
④ $5 \in A$ ⑤ $7 \not\in A$
따라서 옳은 것은 ②이다.   답 ②

0437 $A=\{1, 4, 7, 10, 13, \cdots\}$
ㄱ. $1 \in A$ (거짓)
ㄴ. $3 \not\in A$ (거짓)
이상에서 옳은 것은 ㄷ, ㄹ이다.   답 ㄷ, ㄹ

0438 $x^3-x^2-2x=0$에서
   $x(x^2-x-2)=0$, $x(x+1)(x-2)=0$
   $\therefore x=-1$ 또는 $x=0$ 또는 $x=2$
   $\therefore A=\{-1, 0, 2\}$
③ $1 \not\in A$ 답 ③

0439 ① $\sqrt{4}=2$는 정수이므로　　$\sqrt{4}\in Z$

② $\dfrac{5}{3}$는 유리수이므로　　$\dfrac{5}{3}\in Q$

③ π는 무리수이므로　　$\pi\notin Q$

④ $\sqrt{5}+1$은 실수이므로　　$\sqrt{5}+1\in R$

⑤ $i^{100}=(i^4)^{25}=1$은 실수이므로　　$i^{100}\in R$

따라서 옳은 것은 ④이다.　　　　　　　　　답 ④

📝 **RPM 비법 노트**

i의 거듭제곱

i^n (n은 자연수)의 값은 i, -1, $-i$, 1이 이 순서대로 반복되므로 다음과 같은 규칙을 갖는다.

$$i^{4k+1}=i,\ i^{4k+2}=-1,\ i^{4k+3}=-i,\ i^{4k+4}=1$$

(단, k는 음이 아닌 정수이다.)

0440 ① $A=\{1, 2, 4, 8\}$

② $A=\{1, 2, 4, 8, 16\}$

③ $A=\{2, 4, 6, 8, 10, 12, 14, 16\}$

④ $A=\{4, 8, 12, 16, 20\}$

⑤ $A=\{4, 8, 12, 16\}$

따라서 집합 A를 조건제시법으로 바르게 나타낸 것은 ⑤이다.

답 ⑤

0441 ①, ②, ④, ⑤ $\{3, 5, 7\}$

③ $\{2, 3, 5, 7\}$

따라서 원소가 나머지 넷과 다른 하나는 ③이다.　　답 ③

0442 각각의 수를 소인수분해하면

① $20=2^2\times5$

② $40=2^3\times5$

③ $100=2^2\times5^2$

④ $150=2\times3\times5^2$

⑤ $250=2\times5^3$

따라서 집합 A의 원소가 아닌 것은 ④이다.　　답 ④

0443 ① 무한집합

② $\{1, 2, 3, \cdots\}$ ➡ 무한집합

③ $\varnothing$ ➡ 유한집합

④ $\{4, 8, 12, \cdots, 96\}$ ➡ 유한집합

⑤ $\{9, 11, 13, \cdots\}$ ➡ 무한집합

따라서 유한집합인 것은 ③, ④이다.　　　　답 ③, ④

0444 ㄱ. $\{1, 2, 5, 10\}$ ➡ 유한집합

ㄴ. $\{5, 10, 15, 20, \cdots\}$ ➡ 무한집합

ㄷ. $\varnothing$ ➡ 유한집합

ㄹ. $\left\{\cdots, -1, -\dfrac{1}{2}, 0, \dfrac{1}{2}, 1, \cdots\right\}$ ➡ 무한집합

ㅁ. $\{6, 8, 10, 12, \cdots\}$ ➡ 무한집합

이상에서 무한집합인 것은 ㄴ, ㄹ, ㅁ의 3개이다.　답 ③

0445 집합 A가 공집합이 되려면 이차부등식

$x^2-2kx-3k+10<0$을 만족시키는 실수 x가 존재하지 않아야 하므로 모든 실수 x에 대하여

$$x^2-2kx-3k+10\geq0$$

이 성립해야 한다.

즉 이차방정식 $x^2-2kx-3k+10=0$의 판별식을 D라 하면

$$\dfrac{D}{4}=(-k)^2-(-3k+10)\leq0$$　…**1단계**

$$k^2+3k-10\leq0,\quad (k+5)(k-2)\leq0$$

$$\therefore -5\leq k\leq2$$　…**2단계**

따라서 정수 k는 -5, -4, $\cdots$, 2의 8개이다.　…**3단계**

답 8

채점 요소		비율
1단계	k에 대한 부등식 세우기	50 %
2단계	k의 값의 범위 구하기	40 %
3단계	정수 k의 개수 구하기	10 %

0446 $A=\{0, 1\}$이므로　　$n(A)=2$

$B=\{1, 2, 4, 8\}$이므로　　$n(B)=4$

$$\therefore n(A)+n(B)=6$$　　　　　　답 6

0447 ② $B=\{2\}$이면　　$n(B)=1$

⑤ $E=\{1, 5, 25\}$이므로　　$n(E)=3$

답 ②

0448 $A=\{1, 2, 3\}$,
$B=\{1, 3, 9\}$에 대하여
$x\in A$, $y\in B$일 때, xy의 값을 구하면 오른쪽 표와 같으므로

x＼y	1	3	9
1	1	3	9
2	2	6	18
3	3	9	27

$$C=\{1, 2, 3, 6, 9, 18, 27\}$$

따라서 $n(A)=3$, $n(B)=3$, $n(C)=7$이므로

$$n(A)+n(B)-n(C)=-1$$　　　　답 -1

0449 $A=\{(2, 4), (5, 3), (8, 2), (11, 1)\}$이므로

$$n(A)=4$$　　　　　　…**1단계**

$B=\{1, 2, 3, \cdots, k\}$이므로　　$n(B)=k$

이때 $n(A)+n(B)=10$이므로

$$4+k=10\quad \therefore k=6$$　　…**2단계**

답 6

채점 요소		비율
1단계	$n(A)$ 구하기	50 %
2단계	k의 값 구하기	50 %

0450 ㄱ. a는 집합 A의 원소이므로　　$a\in A$ (참)

ㄴ. $b\in A$ 또는 $\{b\}\subset A$ (거짓)

ㄷ. $c\in A$ 또는 $\{c\}\subset A$ (거짓)

ㄹ. $a \in A$, $b \in A$, $c \in A$이므로 $\{a, b, c\} \subset A$ (참)

ㅁ. 모든 집합은 자기 자신의 부분집합이므로
$$A \subset \{a, b, c, d\} \ (참)$$

이상에서 옳은 것은 ㄱ, ㄹ, ㅁ이다.　　　　　　답 ㄱ, ㄹ, ㅁ

0451 $B = \{1, 2, 3, 6\}$

① 0은 집합 A의 원소가 아니므로 $0 \notin A$

② 3은 집합 B의 원소이므로 $3 \in B$

③ $1 \in A$, $3 \in A$이므로 $\{1, 3\} \subset A$

④ $5 \notin B$이므로 $\{2, 5\} \not\subset B$

⑤ $4 \notin B$이므로 $\{1, 2, 4\} \not\subset B$

따라서 옳지 않은 것은 ⑤이다.　　　　　　답 ⑤

0452 ① $1 \in A$ 또는 $\{1\} \subset A$

② $1 \in A$, $2 \in A$이므로 $\{1, 2\} \subset A$

③ $2 \in A$ 또는 $\{2\} \subset A$

④ $\{1, 2\} \in A$이므로 $\{\{1, 2\}\} \subset A$

⑤ 집합 A의 원소는 1, 2, $\{1, 2\}$의 3개이다.

따라서 옳은 것은 ②이다.　　　　　　답 ②

0453 ① $\varnothing$는 집합 A의 원소이므로 $\varnothing \in A$

② $a \in A$이므로 $\{a\} \subset A$

③ b는 집합 A의 원소이므로 $b \in A$

④ $\varnothing \in A$, $b \in A$이므로 $\{\varnothing, b\} \subset A$

⑤ $\{a, c\} \in A$이므로 $\{\{a, c\}\} \subset A$

따라서 옳지 않은 것은 ④이다.　　　　　　답 ④

0454 $A = \{0, 1, 2\}$에 대하여 $x \in A$, $y \in A$일 때, xy의 값을 구하면 오른쪽 표와 같으므로

x \ y	0	1	2
0	0	0	0
1	0	1	2
2	0	2	4

$$B = \{0, 1, 2, 4\}$$

또 $x \in A$, $y \in A$일 때, $x + 2y$의 값을 구하면 오른쪽 표와 같으므로

x \ $2y$	0	2	4
0	0	2	4
1	1	3	5
2	2	4	6

$$C = \{0, 1, 2, 3, 4, 5, 6\}$$

따라서 세 집합 A, B, C 사이의 포함 관계는
$$A \subset B \subset C$$　　　　　　답 ①

0455 $B = \{-2, -1, 0, 1, 2, 3\}$

$x^2 - 2x = 0$에서

$x(x-2) = 0$ ∴ $x = 0$ 또는 $x = 2$

∴ $C = \{0, 2\}$

따라서 세 집합 A, B, C 사이의 포함 관계는
$$C \subset A \subset B$$　　　　　　답 ④

0456 주어진 벤다이어그램에서 두 집합 A, B 사이의 포함 관계는 $B \subset A$이다.

① $A \subset B$

② $A \not\subset B$, $B \not\subset A$

③ $A = \{10, 20, 30, 40, \cdots\}$, $B = \{5, 10, 15, 20, \cdots\}$이므로
$$A \subset B$$

④ $A = \{1, 2, 4\}$, $B = \{1, 2, 4, 8\}$이므로 $A \subset B$

⑤ $A = \{1, 2, 3, 4, 5\}$, $B = \{2, 3, 5\}$이므로 $B \subset A$

　　　　　　답 ⑤

0457 $B \subset A$가 성립하도록 두 집합 A, B를 수직선 위에 나타내면 오른쪽 그림과 같다.

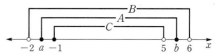

즉 $a \leq 0$, $3a + 8 \geq 3$이어야 하므로
$$-\frac{5}{3} \leq a \leq 0$$

따라서 정수 a는 -1, 0의 2개이다.　　　　　　답 2

0458 $(x^2 - 9)(2x - a) = 0$에서
$$(x+3)(x-3)(2x-a) = 0$$
$$\therefore x = -3 \ 또는 \ x = 3 \ 또는 \ x = \frac{a}{2}$$
$$\therefore A = \left\{-3, 3, \frac{a}{2}\right\}$$

이때 $B = \{2, 3\}$이므로 $B \subset A$이려면 $2 \in A$이어야 한다.

즉 $2 = \dfrac{a}{2}$이므로
$$a = 4$$　　　　　　답 4

0459 $C \subset A \subset B$가 성립하도록 세 집합 A, B, C를 수직선 위에 나타내면 다음 그림과 같다.

즉 $-2 < a \leq -1$, $5 \leq b < 6$이어야 하고 a, b는 정수이므로
$$a = -1, \ b = 5$$
$$\therefore a + b = 4$$　　　　　　답 4

0460 $A \subset B$이려면 $2 \in B$이어야 하므로
$$a^2 + 1 = 2 \ 또는 \ a - 3 = 2$$

(ⅰ) $a^2 + 1 = 2$, 즉 $a = -1$ 또는 $a = 1$일 때

$a = -1$이면 $A = \{1, 2\}$, $B = \{-4, 1, 2\}$이므로
$$A \subset B$$

$a = 1$이면 $A = \{-1, 2\}$, $B = \{-2, 1, 2\}$이므로
$$A \not\subset B$$

(ⅱ) $a - 3 = 2$, 즉 $a = 5$일 때

$A = \{-5, 2\}$, $B = \{1, 2, 26\}$이므로
$$A \not\subset B$$

(ⅰ), (ⅱ)에서 $a = -1$　　　　　　답 -1

0461 $A=\{1,\ 3,\ 9\}$에 대하여 $X\subset A$이고 $X\neq A$인 집합 X는 집합 A의 진부분집합이다.

따라서 집합 X는

$$\varnothing,\ \{1\},\ \{3\},\ \{9\},\ \{1,\ 3\},\ \{1,\ 9\},\ \{3,\ 9\}$$

답 $\varnothing,\ \{1\},\ \{3\},\ \{9\},\ \{1,\ 3\},\ \{1,\ 9\},\ \{3,\ 9\}$

0462 $A=\{4,\ 8,\ 12,\ 16,\ 20\}$에 대하여 집합 X는 원소가 2개인 집합 A의 부분집합이므로

$$\{4,\ 8\},\ \{4,\ 12\},\ \{4,\ 16\},\ \{4,\ 20\},\ \{8,\ 12\},$$
$$\{8,\ 16\},\ \{8,\ 20\},\ \{12,\ 16\},\ \{12,\ 20\},\ \{16,\ 20\}$$

의 10개이다. 답 ③

다른 풀이 집합 X의 개수는 집합 A의 원소 5개 중에서 2개를 택하는 조합의 수와 같으므로 $\ _5C_2=10$

0463 (i) 원소가 1개인 경우

$\{1\},\ \{2\},\ \{3\},\ \{4\},\ \{5\},\ \{6\}$의 6개

(ii) 원소가 2개인 경우

$\{1,\ 2\},\ \{1,\ 3\},\ \{1,\ 4\},\ \{1,\ 5\},\ \{1,\ 6\},$
$\{2,\ 3\},\ \{2,\ 4\},\ \{2,\ 5\},\ \{3,\ 4\}$의 9개

(iii) 원소가 3개인 경우

$\{1,\ 2,\ 3\},\ \{1,\ 2,\ 4\}$의 2개

이상에서 구하는 부분집합의 개수는

$$6+9+2=17$$

답 ④

0464 $A=B$이려면 $4\in B$이어야 하므로

$$b^2=4 \text{ 또는 } b^2-1=4$$

(i) $b^2=4$일 때, $b=2$ ($\because b$는 자연수)

이때 $A=\{1,\ a,\ 4\},\ B=\{1,\ 3,\ 4\}$이므로 $\ a=3$

(ii) $b^2-1=4$일 때, 이를 만족시키는 자연수 b는 존재하지 않는다.

(i), (ii)에서 $a=3,\ b=2$

$$\therefore a+b=5$$

답 5

0465 $A=\{1,\ 4,\ 7,\ 10\}$

$A\subset B$이고 $B\subset A$이면 $A=B$이므로

$$a+1=7,\ b=10 \text{ 또는 } a+1=10,\ b=7$$
$$\therefore a=6,\ b=10 \text{ 또는 } a=9,\ b=7$$

그런데 $a>b$이므로 $\ a=9,\ b=7$

$$\therefore a-b=2$$

답 2

0466 $A=B$이려면 $5\in A$이어야 한다.

$x^2-ax+10=0$에 $x=5$를 대입하면

$$25-5a+10=0 \qquad \therefore a=7 \qquad \cdots \text{1단계}$$

따라서 $x^2-7x+10=0$에서 $(x-2)(x-5)=0$

$$\therefore x=2 \text{ 또는 } x=5$$

즉 $A=\{2,\ 5\}$이므로 $\ b=2 \qquad \cdots \text{2단계}$

$$\therefore ab=14 \qquad \cdots \text{3단계}$$

답 14

	채점 요소	비율
1단계	a의 값 구하기	40 %
2단계	b의 값 구하기	40 %
3단계	ab의 값 구하기	20 %

0467 $A=B$이므로

$$x+1=2x-1 \text{ 또는 } x+1=3x-2$$

(i) $x+1=2x-1$, 즉 $x=2$일 때

$A=\{3,\ 4\},\ B=\{3,\ 4\}$이므로 $\ A=B$

(ii) $x+1=3x-2$, 즉 $x=\dfrac{3}{2}$일 때

$A=\left\{\dfrac{9}{4},\ \dfrac{5}{2}\right\},\ B=\left\{2,\ \dfrac{5}{2}\right\}$이므로 $\ A\neq B$

(i), (ii)에서 $x=2$

답 2

0468 $n(A)=a,\ n(B)=b$라 하면

$2^a=128=2^7$에서 $\ a=7$

$2^b-1=63$에서 $\ 2^b=64=2^6 \qquad \therefore b=6$

$$\therefore n(A)-n(B)=1$$

답 ①

0469 $A=\{2,\ 3,\ 5,\ 7,\ 11\}$

따라서 집합 A의 진부분집합의 개수는

$$2^5-1=31$$

답 31

0470 $x^2+x-6<0$에서 $(x+3)(x-2)<0$

$$\therefore -3<x<2$$
$$\therefore A=\{-2,\ -1,\ 0,\ 1\}$$

따라서 집합 A의 부분집합의 개수는

$$2^4=16$$

답 16

0471 집합 A의 원소 중 5의 배수는

$$5,\ 10,\ 15,\ \cdots,\ 50$$

따라서 조건을 만족시키는 집합은 $\{5,\ 10,\ 15,\ \cdots,\ 50\}$의 부분집합 중에서 공집합을 제외한 것이므로 그 개수는

$$2^{10}-1=1023$$

답 1023

0472 $A=\{1,\ 2,\ 7,\ 14\}$

집합 X는 집합 A의 진부분집합 중에서 2를 반드시 원소로 갖는 집합이므로 집합 X의 개수는

$$2^{4-1}-1=2^3-1=7$$

답 7

0473 집합 A는 집합 S의 부분집합 중에서 1은 반드시 원소로 갖고, 2, 5는 원소로 갖지 않는 집합이므로 집합 A의 개수는

$$2^{5-1-2}=2^2=4$$

답 4

0474 집합 A의 부분집합 중에서 1, 2는 반드시 원소로 갖고, 3은 원소로 갖지 않는 부분집합의 개수가 8이므로

$$2^{n-2-1}=8,\ 2^{n-3}=2^3$$
$$n-3=3 \qquad \therefore n=6$$

답 6

0475 $A=\{3, 6, 9, 12, 15, 18\}$

집합 A의 부분집합 중에서 짝수인 원소가 2개인 집합은 집합 A의 짝수인 원소 6, 12, 18 중 6, 12 또는 6, 18 또는 12, 18만을 원소로 가져야 한다.

(i) 6, 12는 반드시 원소로 갖고, 18은 원소로 갖지 않는 집합의 개수는

$$2^{6-2-1}=2^3=8$$

(ii) 6, 18은 반드시 원소로 갖고, 12는 원소로 갖지 않는 집합의 개수는

$$2^{6-2-1}=2^3=8$$

(iii) 12, 18은 반드시 원소로 갖고, 6은 원소로 갖지 않는 집합의 개수는

$$2^{6-2-1}=2^3=8$$

이상에서 구하는 집합의 개수는

$$8+8+8=24$$

답 **24**

0476 $x^2-2x-3=0$에서 $(x+1)(x-3)=0$

$\therefore x=-1$ 또는 $x=3$

$\therefore A=\{-1, 3\}$

$|x|<4$에서 $-4<x<4$

$\therefore B=\{-3, -2, -1, 0, 1, 2, 3\}$

따라서 집합 X의 개수는 집합 B의 부분집합 중에서 -1, 3을 반드시 원소로 갖는 집합의 개수와 같으므로

$$2^{7-2}=2^5=32$$

답 ④

0477 $A=\{1, 2, 3, \cdots, n\}$

집합 X의 개수는 집합 A의 부분집합 중에서 2, 3을 반드시 원소로 갖는 집합의 개수와 같으므로

$$2^{n-2}=128=2^7$$

$n-2=7$ $\therefore n=9$

답 **9**

0478 $A=\{1, 2, 3, \cdots, 10\}$, $B=\{2, 4, 6, 8\}$ ··· **1단계**

집합 X는 집합 A의 부분집합 중 2, 4, 6, 8을 반드시 원소로 갖는 집합에서 두 집합 A, B를 제외한 것과 같으므로 집합 X의 개수는

$$2^{10-4}-2=2^6-2=64-2=62$$ ··· **2단계**

답 **62**

채점 요소	비율
1단계 두 집합 A, B를 원소나열법으로 나타내기	30 %
2단계 집합 X의 개수 구하기	70 %

0479 $A=\{4, 7, 10, 13, 16, 19\}$

집합 A의 부분집합 중에서 적어도 한 개의 소수를 원소로 갖는 집합의 개수는 모든 부분집합의 개수에서 소수 7, 13, 19를 원소로 갖지 않는 부분집합의 개수를 뺀 것과 같다.

따라서 구하는 집합의 개수는

$$2^6-2^{6-3}=64-8=56$$

답 **56**

참고| 집합 $A=\{a_1, a_2, a_3, \cdots, a_n\}$에 대하여 집합 A의 특정한 원소 k $(k<n)$개 중에서 적어도 한 개를 원소로 갖는 부분집합의 개수

$\Rightarrow 2^n-2^{n-k}$

0480 집합 A의 부분집합 중에서 a 또는 c를 원소로 갖는 집합의 개수는 모든 부분집합의 개수에서 a와 c를 모두 원소로 갖지 않는 부분집합의 개수를 뺀 것과 같다.

따라서 구하는 집합의 개수는

$$2^6-2^{6-2}=64-16=48$$

답 **48**

다른 풀이 집합 A의 부분집합 중에서

a를 반드시 원소로 갖는 집합의 개수는

$$2^{6-1}=2^5=32$$

c를 반드시 원소로 갖는 집합의 개수는

$$2^{6-1}=2^5=32$$

a, c를 반드시 원소로 갖는 집합의 개수는

$$2^{6-2}=2^4=16$$

따라서 구하는 집합의 개수는

$$32+32-16=48$$

0481 $B=\{1, 3, 9\}$

집합 A의 부분집합 중에서 집합 B의 원소를 적어도 하나 포함하는 집합의 개수는 모든 부분집합의 개수에서 1, 3, 9를 원소로 갖지 않는 부분집합의 개수를 뺀 것과 같다.

따라서 구하는 집합의 개수는

$$2^5-2^{5-3}=32-4=28$$

답 ④

0482 $A=\{3, 6, 9, 12, 15\}$

집합 A의 진부분집합 중에서 홀수를 1개 이상 원소로 갖는 집합의 개수는 집합 A의 진부분집합의 개수에서 홀수 3, 9, 15를 원소로 갖지 않는 부분집합의 개수를 뺀 것과 같다.

따라서 구하는 집합의 개수는

$$(2^5-1)-2^{5-3}=32-1-4=27$$

답 **27**

시험에 꼭 나오는 문제 ● 본책 073～075쪽

0483 ㄴ, ㄷ '예쁜', '가까운'은 기준이 명확하지 않아 그 대상을 분명하게 정할 수 없으므로 집합이 아니다.

이상에서 집합인 것은 ㄱ, ㄹ이다.

답 **ㄱ, ㄹ**

0484 $A=\{1, 2\}$, $B=\{0, 1, 2, 4\}$에 대하여 $x\in A$, $y\in B$일 때, $x+y$의 값을 구하면 다음 표와 같다.

x＼y	0	1	2	4
1	1	2	3	5
2	2	3	4	6

$\therefore C=\{1, 2, 3, 4, 5, 6\}$

따라서 집합 C의 모든 원소의 합은
$$1+2+3+4+5+6=21$$　　　　　　　답 **21**

0485 ①, ② 원소가 1개 있으므로 공집합이 아니다.
③ $\{3\}$이므로 공집합이 아니다.
⑤ $\{6, 12, 18, \cdots\}$이므로 공집합이 아니다.
따라서 공집합인 것은 ④이다.　　　　　　답 ④

0486 ① $n(\{ㄱ, ㄴ, ㄷ\})-n(\{ㄹ, ㅁ\})=3-2=1$
② $n(\{1\})+n(\{3\})=1+1=2$
③ $n(\{x, y\})=n(\{8, 9\})=2$
④ $A=B$이면 $A\subset B$이지만 $n(A)=n(B)$이다.
⑤ $n(\varnothing)+n(\{2\})+n(\{0, \varnothing\})=0+1+2=3$
따라서 옳지 않은 것은 ④이다.　　　　　　답 ④

0487 이차방정식 $x^2-4x+6=0$의 판별식을 D_1이라 하면
$$\frac{D_1}{4}=(-2)^2-1\times6=-2<0$$
이므로 이차방정식 $x^2-4x+6=0$은 실근을 갖지 않는다.
$$\therefore n(A)=0$$
따라서 $n(B)=n(A)=0$이어야 하므로 이차방정식
$x^2+ax+2a=0$이 실근을 갖지 않아야 한다.
이차방정식 $x^2+ax+2a=0$의 판별식을 D_2라 하면
$$D_2=a^2-4\times1\times2a<0$$
$$a(a-8)<0 \quad \therefore 0<a<8$$
즉 정수 a는 1, 2, 3, $\cdots$, 7의 7개이다.　　　　답 **7**

0488 ① $\varnothing$는 집합 A의 원소이므로　　$\varnothing\in A$
② $1\in A$이므로　　$\{1\}\subset A$
③ $\varnothing\in A$, $\{\varnothing\}\in A$이므로　　$\{\varnothing, \{\varnothing\}\}\subset A$
④ $\{1\}\not\in A$이므로　　$\{\varnothing, \{1\}\}\not\subset A$
⑤ $\{\varnothing\}$는 집합 A의 원소이므로　　$\{\varnothing\}\in A$
따라서 옳지 않은 것은 ④이다.　　　　　　답 ④

0489 $X=\{2, 3, 5, 7\}$, $Y=\{2, 5\}$, $Z=\{2, 3, 5\}$
이므로 세 집합 X, Y, Z 사이의 포함 관계는
$$Y\subset Z\subset X$$　　　　　　　　답 ④

0490 (ⅰ) $a=5$일 때
$(x-5)(x-a)=0$에서　　$(x-5)^2=0$
$$\therefore x=5$$
따라서 $A=\{5\}$이므로　　$A\subset B$
(ⅱ) $a\neq5$일 때
$(x-5)(x-a)=0$에서　　$x=5$ 또는 $x=a$
따라서 $A=\{5, a\}$이므로 $A\subset B$를 만족시키는 양수 a는 존재하지 않는다.
(ⅰ), (ⅱ)에서　　$a=5$　　　　　　　답 **5**

0491 $A\subset B$가 성립하도록 두 집합 A, B를 수직선 위에 나타내면 다음 그림과 같다.

즉 $2k\leq-2$, $-3k\leq12$이어야 하므로
$$-4\leq k\leq-1$$
따라서 $M=-1$, $m=-4$이므로　　$Mm=4$　　　답 **4**

0492 조건 (가)에서 $1\not\in X$, $3\not\in X$이고 조건 (나)에서 $S(X)$의 값이 홀수이므로 집합 X는 집합 A의 홀수인 원소 5, 7 중에서 하나만을 원소로 가져야 한다.
따라서 $S(X)$의 값이 최대가 되려면 집합 X는 집합 A의 원소 중 짝수인 2, 4, 6을 모두 원소로 갖고, 홀수인 7도 원소로 가져야 하므로　　$X=\{2, 4, 6, 7\}$
즉 $S(X)$의 최댓값은
$$2+4+6+7=19$$　　　　　　　답 ④

0493 $A\subset B$이고 $B\subset A$이므로 $A=B$이다.
따라서 $1\in B$이어야 하므로　　$a^2-3=1$, 　　$a^2=4$
$$\therefore a=-2 \text{ 또는 } a=2$$
(ⅰ) $a=-2$일 때
$A=\{1, 3, 4\}$, $B=\{1, 3, 4\}$이므로　　$A=B$
(ⅱ) $a=2$일 때
$A=\{1, 4, 7\}$, $B=\{1, 3, 4\}$이므로　　$A\neq B$
(ⅰ), (ⅱ)에서　　$a=-2$　　　　　　답 -2

0494 집합 A의 진부분집합 중에서 a_1, a_2를 반드시 원소로 갖는 부분집합의 개수가 63이므로
$$2^{n-2}-1=63, \quad 2^{n-2}=64=2^6$$
$$n-2=6 \quad \therefore n=8$$　　　　　　답 **8**

0495 집합 A의 부분집합 중 조건 (가), (나)를 만족시키는 집합 X의 개수는 다음과 같다.
(ⅰ) $8\in X$인 경우
집합 X의 모든 원소의 곱은 8의 배수이다.
집합 A의 부분집합 중 8을 반드시 원소로 갖는 집합의 개수는
$$2^{6-1}=2^5=32$$
이때 $n(X)\geq2$이므로 $n(X)=1$, 즉 $X=\{8\}$인 경우를 제외하면 집합 X의 개수는
$$32-1=31$$
(ⅱ) $8\not\in X$인 경우
집합 X의 모든 원소의 곱이 8의 배수이려면 4, 6을 반드시 원소로 가져야 한다.
집합 A의 부분집합 중 8은 원소로 갖지 않고, 4, 6은 반드시 원소로 갖는 집합의 개수는
$$2^{6-1-2}=2^3=8$$

(i), (ii)에서 구하는 집합 X의 개수는

$31+8=39$ **답 39**

0496 $x^2-7x+12=0$에서 $\quad (x-3)(x-4)=0$

$\qquad \therefore x=3$ 또는 $x=4$

$\qquad \therefore A=\{3, 4\}$

또 $B=\{1, 2, 3, 4, 6, 12\}$이고, $A\subset X\subset B$를 만족시키는 집합 X의 개수는 집합 B의 부분집합 중에서 3, 4를 반드시 원소로 갖는 집합의 개수와 같으므로

$2^{6-2}=2^4=16$ **답 16**

0497 집합 A의 부분집합 중에서 적어도 하나의 2의 배수를 원소로 갖고, 3의 배수는 원소로 갖지 않는 집합은 3, 6, 9를 원소로 갖지 않고 2, 4, 8 중 적어도 하나를 원소로 갖는다.

따라서 구하는 집합의 개수는 집합 $\{2, 4, 5, 7, 8\}$의 모든 부분집합의 개수에서 2, 4, 8을 원소로 갖지 않는 부분집합의 개수를 뺀 것과 같으므로

$2^5-2^{5-3}=32-4=28$ **답 ②**

0498 집합 A의 원소는 자연수이고, $x\in A$이면 $\dfrac{64}{x}\in A$이므로 x가 될 수 있는 수는 64의 양의 약수인 1, 2, 4, 8, 16, 32, 64이다.   ··· **1단계**

이때 1과 64, 2와 32, 4와 16은 둘 중 하나가 집합 A의 원소이면 나머지 하나도 반드시 집합 A의 원소이어야 한다.

따라서 집합 A의 원소의 개수는 $A=\{1, 2, 4, 8, 16, 32, 64\}$일 때 최대이고, $A=\{8\}$일 때 최소이다.   ··· **2단계**

즉 $M=7$, $m=1$이므로

$\qquad M-m=6$ ··· **3단계**

     답 6

채점 요소	비율
1단계 x가 될 수 있는 수 구하기	30 %
2단계 원소의 개수가 최대일 때와 최소일 때의 집합 A 구하기	50 %
3단계 $M-m$의 값 구하기	20 %

0499 $x^2-6x+8\leq0$에서 $\quad (x-2)(x-4)\leq0$

$\qquad \therefore 2\leq x\leq4$

$\qquad \therefore A=\{x\,|\,2\leq x\leq4\}$ ··· **1단계**

이때 $A\subset B$이려면

$\qquad k>4$ ··· **2단계**

따라서 정수 k의 최솟값은 5이다.   ··· **3단계**

     답 5

채점 요소	비율
1단계 집합 A 구하기	40 %
2단계 k의 값의 범위 구하기	50 %
3단계 정수 k의 최솟값 구하기	10 %

0500 $A=\{-1, 0, 1, 2\}$에 대하여 $a\in A$, $b\in A$일 때, a^2+b^2의 값을 구하면 다음 표와 같다.

a \ b	-1	0	1	2
-1	2	1	2	5
0	1	0	1	4
1	2	1	2	5
2	5	4	5	8

$\qquad \therefore B=\{0, 1, 2, 4, 5, 8\}$ ··· **1단계**

따라서 집합 B의 부분집합의 개수는

$\qquad 2^6=64$ ··· **2단계**

     답 64

채점 요소	비율
1단계 집합 B를 원소나열법으로 나타내기	60 %
2단계 집합 B의 부분집합의 개수 구하기	40 %

0501 $\{a, b, c\}\subset X$, $\{a, b, c, g\}\not\subset X$에서 집합 X는 a, b, c는 반드시 원소로 갖고, g는 원소로 갖지 않아야 한다.   ··· **1단계**

따라서 구하는 집합 X의 개수는

$\qquad 2^{7-3-1}=2^3=8$ ··· **2단계**

     답 8

채점 요소	비율
1단계 집합 X가 a, b, c는 원소로 갖고, g는 원소로 갖지 않음을 알기	50 %
2단계 집합 X의 개수 구하기	50 %

0502 **전략** n 대신에 주어진 숫자를 대입하여 참, 거짓을 판별한다.

ㄱ. $4^1=4$, $4^2=16$, $4^3=64$, $\cdots$

따라서 4^k의 일의 자리의 수는 4, 6이 반복되므로

$\qquad A(4)=\{4, 6\}$

$\qquad \therefore n(A(4))=2$ (참)

ㄴ. $8^1=8$, $8^2=64$, $8^3=512$, $8^4=4096$, $8^5=32768$, $\cdots$

따라서 8^k의 일의 자리의 수는 8, 4, 2, 6이 반복되므로

$\qquad A(8)=\{2, 4, 6, 8\}$

$\qquad \therefore A(4)\subset A(8)$ (거짓)

ㄷ. $3^1=3$, $3^2=9$, $3^3=27$, $3^4=81$, $3^5=243$, $\cdots$

따라서 3^k의 일의 자리의 수는 3, 9, 7, 1이 반복되므로

$\qquad A(3)=\{1, 3, 7, 9\}$

이때 $m=5$이면 3^5, 즉 243의 일의 자리의 수가 3이므로

$\qquad A(3^5)=\{1, 3, 7, 9\}$

$\qquad \therefore A(3^5)=A(3)$

따라서 $A(3^m)=A(3)$을 만족시키는 2 이상의 자연수 m이 존재한다. (참)

이상에서 옳은 것은 ㄱ, ㄷ이다.

     답 ㄱ, ㄷ

참고 $A(3^3)=A(27)=\{1, 3, 7, 9\}$이므로 $A(3^m)=A(3)$을 만족시키는 2 이상의 자연수 m의 최솟값은 3이다.

0503 전략 a_n의 값에 따라 경우를 나누어 생각한다.

a_n의 값에 따라 집합 A_n의 개수를 구하면 다음과 같다.

(i) $a_n=1$인 경우

$\{1,2\}, \{2,3\}, \{3,4\}, \{4,5\}, \{5,6\}$의 5개

(ii) $a_n=2$인 경우

원소의 최솟값과 최댓값이 각각

1, 3 또는 2, 4 또는 3, 5 또는 4, 6

이어야 한다.

이때 집합 A_n의 원소의 최솟값과 최댓값이 각각 1, 3이려면
1, 3은 반드시 원소로 갖고, 4, 5, 6은 원소로 갖지 않아야 하므로 그 개수는

$$2^{6-2-3}=2^1=2$$

마찬가지로 최솟값과 최댓값이 각각 2, 4 또는 3, 5 또는 4, 6인 집합 A_n의 개수도 각각 2이므로 $a_n=2$인 집합 A_n의 개수는

$$2 \times 4 = 8$$

(iii) $a_n=3$인 경우

원소의 최솟값과 최댓값이 각각

1, 4 또는 2, 5 또는 3, 6

이어야 한다.

이때 집합 A_n의 원소의 최솟값과 최댓값이 각각 1, 4이려면
1, 4는 반드시 원소로 갖고, 5, 6은 원소로 갖지 않아야 하므로 그 개수는

$$2^{6-2-2}=2^2=4$$

마찬가지로 최솟값과 최댓값이 각각 2, 5 또는 3, 6인 집합 A_n의 개수도 각각 4이므로 $a_n=3$인 집합 A_n의 개수는

$$4 \times 3 = 12$$

(iv) $a_n=4$인 경우

원소의 최솟값과 최댓값이 각각

1, 5 또는 2, 6

이어야 한다.

이때 집합 A_n의 원소의 최솟값과 최댓값이 각각 1, 5이려면
1, 5는 반드시 원소로 갖고, 6은 원소로 갖지 않아야 하므로
그 개수는

$$2^{6-2-1}=2^3=8$$

마찬가지로 최솟값과 최댓값이 각각 2, 6인 집합 A_n의 개수도 8이므로 $a_n=4$인 집합 A_n의 개수는

$$8 \times 2 = 16$$

(v) $a_n=5$인 경우

집합 A의 부분집합 중 1, 6을 반드시 원소로 갖는 집합의 개수와 같으므로

$$2^{6-2}=2^4=16$$

이상에서

$$a_1+a_2+a_3+\cdots+a_{57}$$
$$=1\times5+2\times8+3\times12+4\times16+5\times16$$
$$=201$$

답 **201**

참고 | 집합 A의 부분집합 중 원소가 두 개 이상인 집합의 개수는 집합 A의 모든 부분집합의 개수에서 원소가 하나도 없거나 원소가 한 개인 부분집합의 개수를 뺀 것과 같으므로

$$2^6-1-6=57$$

0504 전략 특정한 원소를 반드시 원소로 갖는 부분집합의 개수를 이용한다.

집합 A의 부분집합 중에서 1을 반드시 원소로 갖는 집합의 개수는

$$2^{4-1}=2^3=8$$

이므로 집합 $A_1, A_2, A_3, \cdots, A_{15}$ 중에서 1을 원소로 갖는 집합은 8개이다.

마찬가지로 2, 4, 8을 원소로 갖는 집합도 각각 8개씩이므로

$$f(A_1) \times f(A_2) \times f(A_3) \times \cdots \times f(A_{15})$$
$$=1^8 \times 2^8 \times 4^8 \times 8^8$$
$$=2^8 \times 2^{16} \times 2^{24}=2^{48}$$
$$\therefore m=48$$

집합 B의 부분집합 중에서 1을 반드시 원소로 갖는 집합의 개수는

$$2^{5-1}=2^4=16$$

이므로 집합 $B_1, B_2, B_3, \cdots, B_{31}$ 중에서 1을 원소로 갖는 집합은 16개이다.

마찬가지로 3, 9, 27, 81을 원소로 갖는 집합도 각각 16개씩이므로

$$f(B_1) \times f(B_2) \times f(B_3) \times \cdots \times f(B_{31})$$
$$=1^{16} \times 3^{16} \times 9^{16} \times 27^{16} \times 81^{16}$$
$$=3^{16} \times 3^{32} \times 3^{48} \times 3^{64}=3^{160}$$
$$\therefore n=160$$
$$\therefore \frac{n}{m}=\frac{160}{48}=\frac{10}{3}$$

답 $\dfrac{10}{3}$

06 집합의 연산

0505 탑 $\{1, 3, 5, 9, 13\}$ **0506** 탑 $\{a, b, c, d\}$

0507 $A=\{1, 2, 4, 8\}$이므로
$A\cup B=\{1, 2, 4, 6, 8, 10\}$ 탑 $\{1, 2, 4, 6, 8, 10\}$

0508 탑 $\{2, 7\}$ **0509** 탑 $\varnothing$

0510 $A=\{1, 2, 3, \cdots, 20\}$, $B=\{6, 12, 18, 24, \cdots\}$
이므로 $A\cap B=\{6, 12, 18\}$ 탑 $\{6, 12, 18\}$

0511 탑 (1) $\{1, 2, 5, 7, 9, 10\}$ (2) $\{1, 2\}$

0512 $A\cap B=\varnothing$이므로 두 집합 A, B는 서로소이다.
탑 **서로소이다.**

0513 $A=\{2, 4, 6, 8\}$이므로 $A\cap B=\{6\}$
따라서 두 집합 A, B는 서로소가 아니다. 탑 **서로소가 아니다.**

0514 $A\cap B=\varnothing$이므로 두 집합 A, B는 서로소이다.
탑 **서로소이다.**

0515 탑 $\{2, 3, 5, 6, 7, 9, 10\}$

0516 $B=\{1, 2, 3, \cdots, 10\}=U$이므로
$B^C=\varnothing$ 탑 $\varnothing$

0517 탑 $\{a, b, d\}$

0518 $A=\{1, 3, 5, 15\}$, $B=\{2, 4, 6, 8\}$이므로
$A-B=\{1, 3, 5, 15\}$ 탑 $\{1, 3, 5, 15\}$

0519 탑 (1) $\{1, 7, 8, 9\}$ (2) $\{1, 2, 6, 8\}$
(3) $\{2, 6\}$ (4) $\{7, 9\}$

0520 $A\cap(B\cap C)=(A\cap B)\cap C$
$=\{2, 4\}\cap\{1, 2, 3, 5\}$
$=\{2\}$ 탑 $\{2\}$

0521 $(A\cup B)\cap(A\cup C)=A\cup(B\cap C)$
$=\{1, 2, 3\}\cup\{3, 5\}$
$-\{1, 2, 3, 5\}$
탑 $\{1, 2, 3, 5\}$

0522 $A\cap(B\cup C)=(A\cap B)\cup(A\cap C)$
$=\{0, 1\}\cup\{1, 3, 5\}$
$=\{0, 1, 3, 5\}$ 탑 $\{0, 1, 3, 5\}$

0523 탑 $\varnothing$ **0524** 탑 A

0525 탑 $\varnothing$ **0526** 탑 U

0527 탑 A **0528** 탑 U

0529 주어진 조건을 벤다이어그램으로 나타내면 오른쪽 그림과 같다.

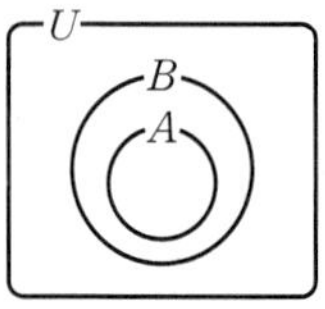

ㄱ. $A\cap B=A$ (참)
ㄴ. $A\cup B=B$ (거짓)
ㄷ. $A-B=\varnothing$ (참)
ㄹ. $A\neq B$이므로 $B-A\neq\varnothing$ (거짓)
ㅁ. $B^C\subset A^C$ (참)
ㅂ. $A\cap B^C=A-B=\varnothing$이므로 $(A\cap B^C)\subset B$ (참)
이상에서 옳은 것은 ㄱ, ㄷ, ㅁ, ㅂ이다.

탑 **ㄱ, ㄷ, ㅁ, ㅂ**

0530 탑 (개) **드모르간의 법칙** (내) **결합법칙**

0531 탑 (개) **드모르간의 법칙** (내) **분배법칙**

0532 (1) $A\cup B=\{1, 2, 3, 5, 6, 7\}$이므로
$(A\cup B)^C=\{4\}$
(2) $A^C=\{3, 4, 5\}$, $B^C=\{1, 4, 7\}$이므로
$A^C\cap B^C=\{4\}$
(3) $A\cap B=\{2, 6\}$이므로
$(A\cap B)^C=\{1, 3, 4, 5, 7\}$
(4) $A^C=\{3, 4, 5\}$, $B^C=\{1, 4, 7\}$이므로
$A^C\cup B^C=\{1, 3, 4, 5, 7\}$
탑 (1) $\{4\}$ (2) $\{4\}$
(3) $\{1, 3, 4, 5, 7\}$ (4) $\{1, 3, 4, 5, 7\}$

0533 $n(A\cup B)=n(A)+n(B)-n(A\cap B)$이므로
$n(A\cap B)=n(A)+n(B)-n(A\cup B)$
$=7+5-10=2$ 탑 **2**

0534 (1) $n(A^C)=n(U)-n(A)=60-37=23$
(2) $n(B-A)=n(B)-n(A\cap B)=40-22=18$
(3) $n(A\cap B^C)=n(A-B)=n(A)-n(A\cap B)$
$=37-22=15$
(4) $n(A\cup B)=n(A)+n(B)-n(A\cap B)$
$=37+40-22=55$
탑 (1) **23** (2) **18** (3) **15** (4) **55**

0535 (1) $n(A^C \cup B^C) = n((A \cap B)^C)$
$= n(U) - n(A \cap B)$
$= 50 - 16 = 34$
(2) $n(A^C \cap B^C) = n((A \cup B)^C)$
$= n(U) - n(A \cup B)$
$= n(U) - \{n(A) + n(B) - n(A \cap B)\}$
$= 50 - (32 + 28 - 16) = 6$

답 (1) **34** (2) **6**

0536 $n(A \cup B \cup C)$
$= n(A) + n(B) + n(C)$
$- n(A \cap B) - n(B \cap C) - n(C \cap A) + n(A \cap B \cap C)$
$= 50 + 35 + 26 - 9 - 7 - 8 + 4$
$= 91$

답 **91**

유형 익히기
● 본책 080~089쪽

0537 $A = \{1, 2, 3, \cdots, 8\}$, $B = \{2, 3, 4, 5, 6\}$,
$C = \{3, 6, 9\}$이므로
$A \cap (B \cup C) = \{1, 2, 3, \cdots, 8\} \cap \{2, 3, 4, 5, 6, 9\}$
$= \{2, 3, 4, 5, 6\}$

답 **{2, 3, 4, 5, 6}**

0538 $C = \{1, 2, 4, 8\}$
③ $(A \cap B) \cap C = \{4\} \cap \{1, 2, 4, 8\} = \{4\}$
④ $(A \cup B) \cap C = \{3, 4, 5, 6, 8, 9\} \cap \{1, 2, 4, 8\} = \{4, 8\}$
⑤ $A \cup (B \cap C) = \{3, 4, 6, 8\} \cup \{4\} = \{3, 4, 6, 8\}$
따라서 옳지 않은 것은 ④이다. 답 ④

0539 $A = \{1, 2, 3, 4, 6, 8, 12, 24\}$,
$B = \{1, 2, 3, 5, 6, 10, 15, 30\}$이므로
$A \cap B = \{1, 2, 3, 6\} = \{x \mid x$는 6의 양의 약수$\}$
$\therefore p = 6$ 답 **6**

참고 | $A \cap B$는 24와 30의 양의 공약수의 집합이므로 24와 30의 최대공약수인 6의 양의 약수의 집합이다.

0540 ① $A \cap B = \{8\}$
② $A \cap B = \varnothing$
③ $A = \{1, 3, 5, 7, \cdots\}$, $B = \{3, 6, 9, 12, \cdots\}$이므로
$A \cap B = \{3, 9, 15, 21, \cdots\}$
④ $A = \{2, 3, 5, 7\}$, $B = \{2, 4, 8, 16, \cdots\}$이므로
$A \cap B = \{2\}$
⑤ $|x| > 1$에서 $x < -1$ 또는 $x > 1$이므로
$B = \{\cdots, -3, -2, 2, 3, \cdots\}$
$\therefore A \cap B = \varnothing$
따라서 두 집합 A, B가 서로소인 것은 ②, ⑤이다. 답 ②, ⑤

0541 ㄱ. $\{2, 4, 6, \cdots\}$
ㄴ. $\{1, 3, 5, \cdots\}$
ㄷ. $x^2 - 6x + 8 = 0$에서 $(x-2)(x-4) = 0$
$\therefore x = 2$ 또는 $x = 4$
따라서 주어진 집합은 $\{2, 4\}$이다.
ㄹ. $\{1, 3, 9\}$
ㅁ. $x^2 < 0$을 만족시키는 자연수 x는 없으므로 주어진 집합은 $\varnothing$이다.
이상에서 집합 $\{1, 3, 5, 7\}$과 서로소인 집합은 ㄱ, ㄷ, ㅁ이다.

답 ㄱ, ㄷ, ㅁ

0542 $A = \{1, 2, 3, \cdots, 10\}$, $B = \{1, 4, 7, 10, 13, \cdots\}$
이므로 $A \cap B = \{1, 4, 7, 10\}$ ··· 1단계
즉 집합 X는 집합 A의 부분집합 중에서 1, 4, 7, 10을 원소로 갖지 않는 집합이다. ··· 2단계
따라서 집합 X의 개수는
$2^{10-4} = 2^6 = 64$ ··· 3단계

답 **64**

	채점 요소	비율
1단계	집합 $A \cap B$ 구하기	30 %
2단계	집합 X의 조건 구하기	40 %
3단계	집합 X의 개수 구하기	30 %

0543 $U = \{1, 2, 3, \cdots, 9\}$, $A = \{1, 2, 4, 8\}$,
$B = \{2, 4, 6, 8\}$이므로
$A^C = \{3, 5, 6, 7, 9\}$
$\therefore A^C - B = \{3, 5, 6, 7, 9\} - \{2, 4, 6, 8\} = \{3, 5, 7, 9\}$
따라서 집합 $A^C - B$의 모든 원소의 합은
$3 + 5 + 7 + 9 = 24$ 답 **24**

0544 $U = \{1, 2, 3, \cdots, 10\}$, $A = \{3, 5, 7, 9\}$,
$B = \{2, 5, 8\}$이므로
$A \cup B = \{2, 3, 5, 7, 8, 9\}$, $A \cap B = \{5\}$
$\therefore (A \cup B) - (A \cap B) = \{2, 3, 5, 7, 8, 9\} - \{5\}$
$= \{2, 3, 7, 8, 9\}$

답 **{2, 3, 7, 8, 9}**

0545 $B^C = \{x \mid 0 \le x < 5\}$이므로
오른쪽 그림에서
$A \cup B^C = \{x \mid -1 < x < 5\}$

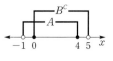

답 ①

0546 $U = \{1, 2, 3, \cdots, 9\}$이므로 주어진 조건을 벤다이어그램으로 나타내면 오른쪽 그림과 같다.
$\therefore B = \{3, 4, 6, 8\}$

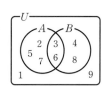

답 **{3, 4, 6, 8}**

0547 $U=\{1, 2, 3, 4, 5, 6, 7\}$이므로
주어진 조건을 벤다이어그램으로 나타내면
오른쪽 그림과 같다.

$$\therefore B=\{2, 3, 4, 5, 7\}$$

답 ⑤

0548 $A=\{1, 2, 3, 4, 6, 12\}$이므로
$$A-B=\{2, 3, 4\}, B-A=\{5\}$$
따라서 주어진 조건을 벤다이어그램으로 나타
내면 오른쪽 그림과 같으므로
$$B=\{1, 5, 6, 12\}$$

즉 집합 B의 모든 원소의 합은
$$1+5+6+12=24$$

답 24

0549 $U=\{1, 2, 3, 4, 5, 6, 7, 8\}$이므
로 주어진 조건을 벤다이어그램으로 나타
내면 오른쪽 그림과 같다.

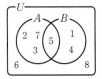

$$\therefore B=\{1, 4, 5\}$$

따라서 집합 B의 부분집합의 개수는
$$2^3=8$$

답 8

0550 각 집합을 벤다이어그램으로 나타내면 다음과 같다.

따라서 색칠한 부분을 나타내는 것은 ③이다.

답 ③

0551 각 집합을 벤다이어그램으로 나타내면 다음과 같다.

따라서 색칠한 부분을 나타내는 것은 ⑤이다.

답 ⑤

0552 각 집합을 벤다이어그램으로 나타내면 다음과 같다.

따라서 색칠한 부분을 나타내는 것은 ④이다.

답 ④

0553 $A\cap B=\{1, 5\}$이므로 $5\in A$
즉 $a^2+1=5$이므로 $a^2=4$
$$\therefore a=-2 \text{ 또는 } a=2$$
(i) $a=-2$일 때, $A=\{1, 2, 5\}$, $B=\{-7, -4, 5\}$이므로
$$A\cap B=\{5\}$$
(ii) $a=2$일 때, $A=\{1, 2, 5\}$, $B=\{0, 1, 5\}$이므로
$$A\cap B=\{1, 5\}$$
(i), (ii)에서 $a=2$

답 2

0554 $A-B=\{3\}$이므로 $2a-b$, 1, 5는 $A\cap B$의 원소이다.
즉 $2a-b\in B$, $1\in B$이므로 $a+3b=1$, $2a-b=9$
두 식을 연립하여 풀면 $a=4$, $b=-1$
$$\therefore a+b=3$$

답 3

0555 $B-A=\{5, 7\}$이므로 5, 7은 집합 B의 원소이다.
(i) $a+2=5$, 즉 $a=3$일 때
$$A=\{1, 4, 6, 9\}, B=\{4, 5, 7\}$$이므로
$$B-A=\{5, 7\}$$
(ii) $4a-5=5$, 즉 $a=\dfrac{5}{2}$일 때
$$A=\left\{1, 4, 5, \dfrac{25}{4}\right\}, B=\left\{4, \dfrac{9}{2}, 5\right\}$$이므로
$$B-A=\left\{\dfrac{9}{2}\right\}$$
(i), (ii)에서 $a=3$
따라서 $A=\{1, 4, 6, 9\}$이므로 집합 A의 모든 원소의 곱은
$$1\times 4\times 6\times 9=216$$

답 216

다른 풀이 $5\in B$, $7\in B$이므로
$$(a+2)+(4a-5)=5+7$$
$$5a=15   \therefore a=3$$
따라서 집합 A의 모든 원소의 곱은
$$1\times 4\times 2a\times a^2=8a^3=8\times 3^3=216$$

0556 $A\cup B=\{1, 2, 5, 6\}$이므로 $6\in A$ 또는 $6\in B$
즉 $a+2=6$ 또는 $2a=6$ 또는 $-a+4=6$이므로
$$a=4 \text{ 또는 } a=3 \text{ 또는 } a=-2$$
(i) $a=4$일 때, $A=\{1, 6, 8\}$, $B=\{0, 2, 5\}$이므로
$$A\cup B=\{0, 1, 2, 5, 6, 8\}$$
(ii) $a=3$일 때, $A=\{1, 5, 6\}$, $B=\{1, 2, 5\}$이므로
$$A\cup B=\{1, 2, 5, 6\}$$
(iii) $a=-2$일 때, $A=\{-4, 0, 1\}$, $B=\{2, 5, 6\}$이므로
$$A\cup B=\{-4, 0, 1, 2, 5, 6\}$$
이상에서 $a=3$

따라서 $A \cap B = \{1, 5\}$이므로 $A \cap B$의 모든 원소의 합은

$1 + 5 = 6$　　　　　답 **6**

0557 ① $U^c = \varnothing$이므로　$U^c \subset A$
③ $A \cup (A \cap A^c) = A \cup \varnothing = A$
⑤ $A \cup A^c = U$이므로　$B \subset (A \cup A^c)$
따라서 옳지 않은 것은 ③이다.　　　답 **③**

0558 ① $A \cup \varnothing = A$
② $A^c \cap A = \varnothing$
③ $U - A = A^c$, $(A^c)^c = A$이므로　$U - A \neq (A^c)^c$
④ $A - B^c = A \cap (B^c)^c = A \cap B$
⑤ $A \cap (B \cup U) = A \cap U = A$
따라서 항상 옳은 것은 ④이다.　　　답 **④**

0559 ② $A \cap B^c = A - B$
③ $B - A^c = B \cap (A^c)^c = A \cap B$
④ $A - (A \cap B) = A - B$
⑤ $A \cap (U - B) = A \cap B^c = A - B$
따라서 나머지 넷과 다른 하나는 ③이다.　　　답 **③**

0560 $A \cup B = A$이므로　$B \subset A$
이를 벤다이어그램으로 나타내면 오른쪽
그림과 같다.
③ $B \subset A$이면 $A^c \subset B^c$이므로
$A^c \cup B^c = B^c$
④ $A - B \neq \varnothing$
따라서 옳지 않은 것은 ④이다.　　　답 **④**

0561 ㄱ. $B^c \subset A^c$이므로
$A \subset B$ (참)
ㄴ. $A \cup B = B$ (거짓)
ㄷ. $A^c \cap B = B - A \neq \varnothing$ (거짓)
ㄹ. $B^c - A^c = B^c \cap (A^c)^c = B^c \cap A = A - B = \varnothing$ (참)
이상에서 옳은 것은 ㄱ, ㄹ이다.　　　답 **ㄱ, ㄹ**

0562 $A \cap B^c = \varnothing$이면　$A \subset B$
이때 $A \subset B$가 성립하려면 k는 12의 양의 약수이어야 한다.
따라서 k의 값이 될 수 없는 것은 ⑤이다.　　　답 **⑤**

0563 $(A - B) \cup X = X$이므로　$(A - B) \subset X$
$(A \cup B) \cap X = X$이므로　$X \subset (A \cup B)$
$\therefore (A - B) \subset X \subset (A \cup B)$
즉 $\{1, 2, 3\} \subset X \subset \{1, 2, 3, 4, 5, 6, 7, 8\}$이므로 집합 X는
$\{1, 2, 3, 4, 5, 6, 7, 8\}$의 부분집합 중 1, 2, 3을 반드시 원소로
갖는 집합이다.
따라서 집합 X의 개수는　$2^{8-3} = 2^5 = 32$　　　답 **④**

0564 $A \cap X = X$이므로　$X \subset A$
$(A \cap B) \cup X = X$이므로　$(A \cap B) \subset X$
$\therefore (A \cap B) \subset X \subset A$　　　…**1단계**
이때 $A = \{1, 2, 3, 4, 6, 12\}$, $B = \{1, 2, 4, 8\}$이므로
$A \cap B = \{1, 2, 4\}$
즉 $\{1, 2, 4\} \subset X \subset \{1, 2, 3, 4, 6, 12\}$이므로 집합 X는
$\{1, 2, 3, 4, 6, 12\}$의 부분집합 중 1, 2, 4를 반드시 원소로 갖는
집합이다.　　　…**2단계**
따라서 집합 X의 개수는
$2^{6-3} = 2^3 = 8$　　　…**3단계**
답 **8**

	채점 요소	비율
1단계	세 집합 $A \cap B$, X, A 사이의 포함 관계 구하기	30 %
2단계	집합 X의 조건 구하기	40 %
3단계	집합 X의 개수 구하기	30 %

0565 $X - Y = X$이므로　$X \cap Y = \varnothing$
즉 집합 Y는 전체집합 U의 부분집합 중 3, 4, 5, 6을 원소로 갖
지 않는 집합이다.
따라서 집합 Y의 개수는　$2^{6-4} = 2^2 = 4$　　　답 **4**

0566 $U = \{1, 2, 3, \cdots, 10\}$
전체집합 U의 부분집합 C가 $A \cup C = B \cup C$를 만족시키려면 집
합 C는 두 집합 A, B의 공통인 원소 6, 9를 제외한 나머지 원소
2, 3, 4를 반드시 원소로 가져야 한다.
따라서 집합 C의 개수는
$2^{10-3} = 2^7 = 128$　　　답 **128**

0567 조건 ㈎에서 집합 X는 전체집합 U의 부분집합 중 2, 6
은 반드시 원소로 갖고, 4, 7, 8은 원소로 갖지 않는 집합이다.
따라서 집합 X의 개수는
$2^{8-2-3} = 2^3 = 8$　　$\therefore a = 8$
조건 ㈏에서 집합 Y는 전체집합 U의 부분집합 중 2, 4, 6, 7은
반드시 원소로 갖고, 3, 5는 원소로 갖지 않는 집합이다.
따라서 집합 Y의 개수는
$2^{8-4-2} = 2^2 = 4$　　$\therefore b = 4$
$\therefore a + b = 12$　　　답 **12**

0568 $(A - B) - C = (A \cap B^c) \cap C^c$
$= A \cap (B^c \cap C^c)$ ← 결합법칙
$= A \cap (B \cup C)^c$ ← 드모르간의 법칙
$= A - (B \cup C)$　　　답 **②**

0569 $(A \cup B)^c \cup (A^c \cap B) = (A^c \cap B^c) \cup (A^c \cap B)$
$= A^c \cap (B^c \cup B)$
$= A^c \cap U$
$= A^c$　　　답 **④**

0570 $(A-B) \cup (A-C) = (A \cap B^c) \cup (A \cap C^c)$
$\qquad\qquad = A \cap (B^c \cup C^c)$
$\qquad\qquad = A \cap (B \cap C)^c$
$\qquad\qquad = A - (B \cap C)$ 　답 ⑤

0571 $A \cap B^c = \varnothing$, 즉 $A-B=\varnothing$이므로 　$A \subset B$
$\therefore A \cap \{(A \cap B) \cup (B-A)\}$
$\quad = A \cap \{(B \cap A) \cup (B \cap A^c)\}$
$\quad = A \cap \{B \cap (A \cup A^c)\}$
$\quad = A \cap (B \cap U)$
$\quad = A \cap B = A$ 　답 ②

0572 ㄱ. $A \cap (A \cup B)^c = A \cap (A^c \cap B^c)$
$\qquad\qquad\qquad = (A \cap A^c) \cap B^c$
$\qquad\qquad\qquad = \varnothing \cap B^c = \varnothing$ (참)
ㄴ. $A - (A-B) = A \cap (A \cap B^c)^c$
$\qquad\qquad\quad = A \cap (A^c \cup B)$
$\qquad\qquad\quad = (A \cap A^c) \cup (A \cap B)$
$\qquad\qquad\quad = \varnothing \cup (A \cap B) = A \cap B$ (거짓)
ㄷ. $(A \cap B) - (A \cap C)$
$\quad = (A \cap B) \cap (A \cap C)^c$
$\quad = (A \cap B) \cap (A^c \cup C^c)$
$\quad = \{(A \cap B) \cap A^c\} \cup \{(A \cap B) \cap C^c\}$
$\quad = \varnothing \cup \{(A \cap B) \cap C^c\}$
$\quad = (A \cap B) \cap C^c = (A \cap B) - C$ (참)
ㄹ. $A - (B \cup C) = A \cap (B \cup C)^c$
$\qquad\qquad\quad = A \cap (B^c \cap C^c)$
$\qquad\qquad\quad = A \cap B^c \cap C^c$
$(A-B) \cap (A-C) = (A \cap B^c) \cap (A \cap C^c)$
$\qquad\qquad\qquad\quad = A \cap B^c \cap A \cap C^c$
$\qquad\qquad\qquad\quad = A \cap B^c \cap C^c$
$\therefore A - (B \cup C) = (A-B) \cap (A-C)$ (참)
이상에서 옳은 것은 ㄱ, ㄷ, ㄹ이다. 　답 ④

0573 $\{(A \cap B) \cup (B \cup A^c)^c\} \cap B$
$= \{(A \cap B) \cup (B^c \cap A)\} \cap B$
$= \{(A \cap B) \cup (A \cap B^c)\} \cap B$
$= \{A \cap (B \cup B^c)\} \cap B$
$= (A \cap U) \cap B$
$= A \cap B$
즉 $A \cap B = A$이므로 　$A \subset B$
ㄱ. $A \cup B = B$ (거짓)
ㄴ. $A - B = \varnothing$ (참)
ㄷ. $A^c \cup B = U$ (참)
ㄹ. $A^c \cap B^c = (A \cup B)^c = B^c$ (거짓)
이상에서 옳은 것은 ㄴ, ㄷ이다. 　답 ㄴ, ㄷ

0574 $\{(A^c \cap B^c) \cup (B-A)\} \cup B^c$
$= \{(A^c \cap B^c) \cup (B \cap A^c)\} \cup B^c$
$= \{(A^c \cap B^c) \cup (A^c \cap B)\} \cup B^c$
$= \{A^c \cap (B^c \cup B)\} \cup B^c$
$= (A^c \cap U) \cup B^c = A^c \cup B^c$
즉 $A^c \cup B^c = B^c$이므로 　$A^c \subset B^c$　$\therefore B \subset A$
따라서 두 집합 A, B 사이의 포함 관계를 벤다이어그램으로 바르게 나타낸 것은 ①이다. 　답 ①

0575 $(A \cup B) \cap (A^c \cup B^c) = (A \cup B) \cap (A \cap B)^c$
$\qquad\qquad\qquad\qquad = (A \cup B) - (A \cap B)$
$\qquad\qquad\qquad\qquad = \{2, 4, 6\}$
이때 $A = \{2, 3\}$이므로 주어진 조건을 벤다이어그램으로 나타내면 오른쪽 그림과 같다.

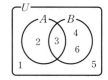

따라서 $A^c \cap B^c = (A \cup B)^c = \{1, 5\}$이므로 집합 $A^c \cap B^c$의 모든 원소의 합은
$\qquad 1 + 5 = 6$ 　답 **6**

0576 $(B-A) \cup B^c = (B \cap A^c) \cup B^c$
$\qquad\qquad\qquad = (B \cup B^c) \cap (A^c \cup B^c)$
$\qquad\qquad\qquad = U \cap (A^c \cup B^c)$
$\qquad\qquad\qquad = A^c \cup B^c = (A \cap B)^c$
$\qquad\qquad\qquad = \{1, 2, 4, 7\}$
이므로 주어진 조건을 벤다이어그램으로 나타내면 오른쪽 그림과 같다.

$\therefore B = \{1, 3, 5, 6\}$
따라서 집합 B의 원소의 개수는 4이다. 　답 **4**

0577 $(A \cup B) \cap B = B$, $(A \cap B) \cup A = A$이므로
$\quad \{(A \cup B) \cap B\} \cap \{(A \cap B) \cup A\}^c = B \cap A^c = B - A$
즉 $B-A = \{3, 4, 5, 6\}$이므로 3, 4, 5, 6은 집합 $A \cap B \cap C$의 원소가 될 수 없다.
한편 $1 \notin C$에서 1도 집합 $A \cap B \cap C$의 원소가 될 수 없다.
따라서 집합 $A \cap B \cap C$의 원소가 될 수 있는 것은 2이다. 　답 ①

0578 $A_{20} \cup (A_2 \cap A_5) = A_{20} \cup A_{10} = A_{10}$
$\qquad\qquad\qquad\qquad = \{10, 20, 30, \cdots, 100\}$
따라서 구하는 원소의 개수는 10이다. 　답 **10**
다른 풀이 $A_{20} \cup (A_2 \cap A_5) = (A_{20} \cup A_2) \cap (A_{20} \cup A_5)$
$\qquad\qquad\qquad\qquad\quad = A_2 \cap A_5 = A_{10}$

0579 $(A_{18} \cup A_{36}) \cap (A_{36} \cup A_{24})$
$= (A_{36} \cup A_{18}) \cap (A_{36} \cup A_{24})$
$= A_{36} \cup (A_{18} \cap A_{24})$
$= A_{36} \cup A_{72} = A_{36}$ 　답 ④

0580 $A_{12} \cap A_{18} \cap A_{30} = (A_{12} \cap A_{18}) \cap A_{30}$
$\qquad\qquad\qquad\quad = A_6 \cap A_{30} = A_6$
$\qquad\qquad\qquad\quad = \{1, 2, 3, 6\}$

따라서 집합 $A_{12} \cap A_{18} \cap A_{30}$의 모든 원소의 합은
$\qquad 1+2+3+6=12$ **답 12**

0581 ㄱ. $A_8 \cap A_{20} = A_{40}$이므로 $\quad (A_8 \cap A_{20}) \subset A_4$ (참)

ㄴ. $(A_3 \cap A_4) \cup A_6 = A_{12} \cup A_6 = A_6$ (거짓)

ㄷ. $(A_5 \cup A_3) \cap (A_9 \cup A_3) = (A_5 \cap A_9) \cup A_3$
$\qquad\qquad\qquad\qquad\qquad\quad = A_{45} \cup A_3 = A_3$ (참)

이상에서 옳은 것은 ㄱ, ㄷ이다. **답 ㄱ, ㄷ**

0582 $x^2 - 4x + 3 \leq 0$에서 $\quad (x-1)(x-3) \leq 0$
$\qquad \therefore 1 \leq x \leq 3 \quad \therefore A = \{x \mid 1 \leq x \leq 3\}$

이때 $A \cap B = \varnothing$,
$A \cup B = \{x \mid 1 \leq x < 5\}$이므로
오른쪽 그림에서
$\qquad B = \{x \mid 3 < x < 5\}$
$\qquad\quad = \{x \mid (x-3)(x-5) < 0\}$
$\qquad\quad = \{x \mid x^2 - 8x + 15 < 0\}$

따라서 $a = -8$, $b = 15$이므로 $\quad a+b=7$ **답 7**

> **RPM 비법노트**
>
> 이차방정식 $ax^2 + bx + c = 0$ $(a>0)$의 서로 다른 두 실근이
> α, β $(\alpha < \beta)$이다.
> ⟹ $\{x \mid ax^2 + bx + c = 0\} = \{\alpha, \beta\}$
> $\quad\{x \mid ax^2 + bx + c < 0\} = \{x \mid \alpha < x < \beta\}$
> $\quad\{x \mid ax^2 + bx + c > 0\} = \{x \mid x < \alpha \text{ 또는 } x > \beta\}$

0583 $x^2 - x - 6 = 0$에서
$\qquad (x+2)(x-3) = 0 \quad \therefore x = -2 \text{ 또는 } x = 3$
$\qquad \therefore A = \{-2, 3\}$ ··· **1단계**

이때 $A-B = \{3\}$이므로 $-2 \in B$이다.

즉 방정식 $x^2 - ax - 10 = 0$의 한 근이 -2이므로
$\qquad 4+2a-10=0 \quad \therefore a=3$

$x^2 - 3x - 10 = 0$에서
$\qquad (x+2)(x-5)=0 \quad \therefore x = -2 \text{ 또는 } x = 5$
$\qquad \therefore B = \{-2, 5\}$ ··· **2단계**
$\qquad \therefore A \cup B = \{-2, 3, 5\}$ ··· **3단계**

답 $\{-2, 3, 5\}$

채점 요소	비율
1단계 집합 A 구하기	30 %
2단계 집합 B 구하기	50 %
3단계 집합 $A \cup B$ 구하기	20 %

0584 $|x-1| < a$에서
$\qquad -a < x-1 < a \quad \therefore -a+1 < x < a+1$
$\qquad \therefore A = \{x \mid -a+1 < x < a+1\}$

0584 (우측 계속)
$x^2 - 2x - 15 < 0$에서
$\qquad (x+3)(x-5) < 0 \quad \therefore -3 < x < 5$
$\qquad \therefore B = \{x \mid -3 < x < 5\}$

이때 $A \cap B = A$, 즉 $A \subset B$이어야
하므로 오른쪽 그림에서
$\qquad -a+1 \geq -3, \ a+1 \leq 5$
$\qquad \therefore 0 < a \leq 4 \ (\because a > 0)$

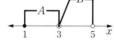

따라서 자연수 a는 1, 2, 3, 4의 4개이다. **답 4**

0585 $x^2 - 4x + 4 \geq 0$에서 $\quad (x-2)^2 \geq 0$
이 부등식이 모든 실수 x에 대하여 성립하므로
$\qquad A = \{x \mid x \text{는 실수}\}$

$x^2 - 3x > 0$에서
$\qquad x(x-3) > 0 \quad \therefore x < 0 \text{ 또는 } x > 3$
$\qquad \therefore B = \{x \mid x < 0 \text{ 또는 } x > 3\}$

이때 $B \cup C = A$,
$B \cap C = \{x \mid -1 \leq x < 0\}$이므로
오른쪽 그림에서
$\qquad C = \{x \mid -1 \leq x \leq 3\}$
$\qquad\quad = \{x \mid (x+1)(x-3) \leq 0\}$
$\qquad\quad = \{x \mid x^2 - 2x - 3 \leq 0\}$

따라서 $a = -2$, $b = -3$이므로
$\qquad ab = 6$ **답 ①**

0586 $n(A^C \cap B^C) = n((A \cup B)^C)$
$\qquad\qquad\qquad\qquad = n(U) - n(A \cup B)$
$\qquad\qquad\qquad\qquad = 20 - n(A \cup B) = 8$
$\qquad \therefore n(A \cup B) = 12$

$n(A \cup B) = n(A) + n(B) - n(A \cap B)$에서
$\qquad 12 = n(A) + n(B) - 4$
$\qquad \therefore n(A) + n(B) = 16$ **답 16**

0587 $A \subset B^C$이므로 $\quad A \cap B = \varnothing$
$\qquad \therefore n(A \cap B) = 0$

$n(A \cup B) = n(A) + n(B) - n(A \cap B)$에서
$\qquad 10 = 6 + n(B) - 0$
$\qquad \therefore n(B) = 4$ **답 4**

0588 $n(A-B) = n(A) - n(A \cap B)$에서
$\qquad 5 = 18 - n(A \cap B) \quad \therefore n(A \cap B) = 13$
$\qquad \therefore n(A \cup B) = n(A) + n(B) - n(A \cap B)$
$\qquad\qquad\qquad\quad = 18 + 20 - 13 = 25$

이때 색칠한 부분이 나타내는 집합은 $(A \cup B)^C$이므로
$\qquad n((A \cup B)^C) = n(U) - n(A \cup B)$
$\qquad\qquad\qquad\qquad = 30 - 25 = 5$ **답 5**

다른 풀이 $n(A \cup B) = n(A-B) + n(B)$
$\qquad\qquad\qquad\quad = 5 + 20 = 25$

0589 $n(A \cap B) = n(A) + n(B) - n(A \cup B)$
$$= 11 + 10 - 16 = 5$$
$n(B \cap C) = n(B) + n(C) - n(B \cup C)$
$$= 10 + 7 - 12 = 5$$
$A \cap C = \varnothing$에서 $A \cap B \cap C = \varnothing$이므로
$$n(A \cap C) = 0, \ n(A \cap B \cap C) = 0$$
$$\therefore n(A \cup B \cup C)$$
$$= n(A) + n(B) + n(C) - n(A \cap B) - n(B \cap C)$$
$$-n(C \cap A) + n(A \cap B \cap C)$$
$$= 11 + 10 + 7 - 5 - 5 - 0 + 0 = 18 \qquad \text{답 ②}$$

0590 닭을 키우는 가구의 집합을 A, 토끼를 키우는 가구의 집합을 B라 하면
$$n(A) = 150, \ n(B) = 113, \ n(A \cup B) = 220$$
따라서 닭과 토끼를 모두 키우는 가구 수는
$$n(A \cap B) = n(A) + n(B) - n(A \cup B)$$
$$= 150 + 113 - 220 = 43 \qquad \text{답 43}$$

0591 한라산을 등반해 본 회원의 집합을 A, 설악산을 등반해 본 회원의 집합을 B라 하면
$$n(A) = 23, \ n(A \cap B) = 15, \ n(A \cup B) = 33$$
이때 $n(A \cup B) = n(A) + n(B) - n(A \cap B)$에서
$$33 = 23 + n(B) - 15 \qquad \therefore n(B) = 25$$
따라서 설악산을 등반해 본 회원 수는 25이다. $\qquad \text{답 ④}$

0592 학생 전체의 집합을 U, 농구를 좋아하는 학생의 집합을 A, 축구를 좋아하는 학생의 집합을 B라 하면
$$n(U) = 50, \ n(A) = 27, \ n(B) = 34, \ n(A \cap B) = 19$$
$$\therefore n(A \cup B) = n(A) + n(B) - n(A \cap B)$$
$$= 27 + 34 - 19 = 42$$
따라서 농구와 축구 중 어느 것도 좋아하지 않는 학생 수는
$$n(A^C \cap B^C) = n((A \cup B)^C) = n(U) - n(A \cup B)$$
$$= 50 - 42 = 8 \qquad \text{답 8}$$

0593 A 문제를 맞힌 학생의 집합을 A, B 문제를 맞힌 학생의 집합을 B라 하면
$$n(A) = 23, \ n(B) = 18, \ n(A \cup B) = 30 \qquad \cdots \text{1단계}$$
따라서 두 문제를 모두 맞힌 학생 수는
$$n(A \cap B) = n(A) + n(B) - n(A \cup B)$$
$$= 23 + 18 - 30 = 11 \qquad \cdots \text{2단계}$$
이때 A 문제만 맞힌 학생의 집합은 $A - B$, B 문제만 맞힌 학생의 집합은 $B - A$이므로 두 문제 중 한 문제만 맞힌 학생 수는
$$n(A - B) + n(B - A)$$
$$= \{n(A) - n(A \cap B)\} + \{n(B) - n(A \cap B)\}$$
$$= (23 - 11) + (18 - 11) = 19 \qquad \cdots \text{3단계}$$
$$\text{답 19}$$

채점 요소		비율
1단계	주어진 조건을 집합으로 나타내기	30 %
2단계	두 문제를 모두 맞힌 학생 수 구하기	30 %
3단계	두 문제 중 한 문제만 맞힌 학생 수 구하기	40 %

다른 풀이 두 문제 중 한 문제만 맞힌 학생 수는
$$n(A - B) + n(B - A)$$
$$= \{n(A \cup B) - n(B)\} + \{n(A \cup B) - n(A)\}$$
$$= (30 - 18) + (30 - 23) = 19$$

0594 학생 전체의 집합을 U, A 사이트를 선호하는 학생의 집합을 A, B 사이트를 선호하는 학생의 집합을 B라 하면
$$n(U) = 40, \ n(A) = 35, \ n(B) = 25, \ n(A^C \cap B^C) = 2$$
$$\therefore n(A \cup B) = n(U) - n((A \cup B)^C)$$
$$= n(U) - n(A^C \cap B^C)$$
$$= 40 - 2 = 38$$
따라서 A 사이트만 선호하는 학생 수는
$$n(A - B) = n(A \cup B) - n(B)$$
$$= 38 - 25 = 13 \qquad \text{답 ②}$$

0595 책 A, B, C를 읽은 학생의 집합을 각각 A, B, C라 하면
$$n(A \cup B \cup C) = 50,$$
$$n(A) = 27, \ n(B) = 21, \ n(C) = 30, \ n(A \cap B \cap C) = 6$$
$n(A \cup B \cup C) = n(A) + n(B) + n(C) - n(A \cap B)$
$$-n(B \cap C) - n(C \cap A) + n(A \cap B \cap C)$$
에서
$$50 = 27 + 21 + 30 - n(A \cap B) - n(B \cap C)$$
$$-n(C \cap A) + 6$$
$$\therefore n(A \cap B) + n(B \cap C) + n(C \cap A) = 34$$
따라서 세 권의 책 중 한 권만 읽은 학생 수는
$$n(A \cup B \cup C) - \{n(A \cap B) + n(B \cap C) + n(C \cap A)$$
$$-2 \times n(A \cap B \cap C)\}$$
$$= 50 - (34 - 2 \times 6) = 28 \qquad \text{답 28}$$

0596 ① $A \triangle B = (A \cup B) - (A \cap B)$
$$= (B \cup A) - (B \cap A) = B \triangle A$$
② $A \triangle \varnothing = (A \cup \varnothing) - (A \cap \varnothing) = A - \varnothing = A$
③ $A \triangle A^C = (A \cup A^C) - (A \cap A^C) = U - \varnothing = U$
④ $A \triangle U = (A \cup U) - (A \cap U) = U - A = A^C$
⑤ $A \triangle A = (A \cup A) - (A \cap A) = A - A = \varnothing$
따라서 옳지 않은 것은 ④이다. $\qquad \text{답 ④}$

0597 $X \diamondsuit Y = (X \cup Y) \cap Y^C = (X \cap Y^C) \cup (Y \cap Y^C)$
$$= (X \cap Y^C) \cup \varnothing = X \cap Y^C$$
$$= X - Y \qquad \cdots \text{1단계}$$
즉 $A \diamondsuit B = A - B = \{5, 7, 9\}$이므로
$$(A \diamondsuit B) \diamondsuit C = (A - B) - C$$
$$= \{5, 7, 9\} - \{4, 5, 6\} = \{7, 9\} \qquad \cdots \text{2단계}$$

따라서 $(A \diamond B) \diamond C$의 모든 원소의 합은

$7+9=16$ ··· **3단계**

답 16

채점 요소	비율
1단계 $X \diamond Y$를 간단히 하기	40 %
2단계 $(A \diamond B) \diamond C$ 구하기	40 %
3단계 $(A \diamond B) \diamond C$의 모든 원소의 합 구하기	20 %

0598 ㄱ. $A*B=(A-B)\cup(B-A)$
$=(B-A)\cup(A-B)$
$=B*A$ (참)

ㄴ.

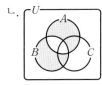

$(A*B)$ $*$ C $=$ $(A*B)*C$

 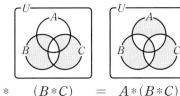

A $*$ $(B*C)$ $=$ $A*(B*C)$

$\therefore (A*B)*C=A*(B*C)$ (참)

ㄷ. $A^c*B^c=(A^c-B^c)\cup(B^c-A^c)$
$=(A^c\cap B)\cup(B^c\cap A)$
$=(B-A)\cup(A-B)$
$=(A-B)\cup(B-A)$
$=A*B$ (거짓)

이상에서 옳은 것은 ㄱ, ㄴ이다. **답** ③

0599 학생 전체의 집합을 U, A에 가입한 학생의 집합을 A, B에 가입한 학생의 집합을 B라 하면
$n(U)=30, n(A)=20, n(B)=14$

(i) $n(A\cap B)$가 최대인 경우
$n(A\cup B)$가 최소일 때, 즉 $B\subset A$일 때이므로
$n(A\cap B)=n(B)=14$

(ii) $n(A\cap B)$가 최소인 경우
$n(A\cup B)$가 최대일 때, 즉 $A\cup B=U$일 때이므로
$n(A\cup B)=n(A)+n(B)-n(A\cap B)$에서
$30=20+14-n(A\cap B)$ $\therefore n(A\cap B)=4$

(i), (ii)에서 $M=14, m=4$이므로
$M-m=10$ **답** 10

0600 (i) $n(A\cup B)$가 최대인 경우
$n(A\cap B)$가 최소일 때, 즉 $n(A\cap B)=13$일 때이므로
$n(A\cup B)=n(A)+n(B)-n(A\cap B)$
$=35+28-13$
$=50$ ··· **1단계**

(ii) $n(A\cup B)$가 최소인 경우
$n(A\cap B)$가 최대일 때, 즉 $B\subset A$일 때이므로
$n(A\cup B)=n(A)=35$ ··· **2단계**

(i), (ii)에서 $n(A\cup B)$의 최댓값과 최솟값의 합은
$50+35=85$ ··· **3단계**

답 85

채점 요소	비율
1단계 $n(A\cup B)$의 최댓값 구하기	40 %
2단계 $n(A\cup B)$의 최솟값 구하기	40 %
3단계 $n(A\cup B)$의 최댓값과 최솟값의 합 구하기	20 %

0601 학생 전체의 집합을 U, S 회사 제품을 사용하는 학생의 집합을 A, L 회사 제품을 사용하는 학생의 집합을 B라 하면
$n(U)=40, n(A)=24, n(B)=14$
이때 S 회사 제품과 L 회사 제품을 모두 사용하지 않는 학생의 집합은 $A^c\cap B^c$이므로
$n(A^c\cap B^c)=n((A\cup B)^c)=n(U)-n(A\cup B)$
$=n(U)-\{n(A)+n(B)-n(A\cap B)\}$
$=40-\{24+14-n(A\cap B)\}$
$=2+n(A\cap B)$

(i) $n(A^c\cap B^c)$가 최대인 경우
$n(A\cap B)$가 최대일 때, 즉 $B\subset A$일 때이므로
$n(A^c\cap B^c)=2+n(A\cap B)=2+n(B)$
$=2+14=16$

(ii) $n(A^c\cap B^c)$가 최소인 경우
$n(A\cap B)$가 최소일 때, 즉 $A\cap B=\varnothing$일 때이므로
$n(A^c\cap B^c)=2+n(A\cap B)$
$=2+0=2$

(i), (ii)에서 S 회사 제품과 L 회사 제품을 모두 사용하지 않는 학생 수의 최댓값과 최솟값의 합은
$16+2=18$ **답** 18

시험에 꼭 나오는 문제 ● 본책 090~093쪽

0602 $A=\{2, 3, 5, 7\}$, $B=\{1, 5, 9, 13, 17\}$, $C=\{4, 6, 8, 9\}$이므로
$A\cup C=\{2, 3, 4, 5, 6, 7, 8, 9\}$
$\therefore (A\cup C)\cap B$
$=\{2, 3, 4, 5, 6, 7, 8, 9\}\cap\{1, 5, 9, 13, 17\}$
$=\{5, 9\}$
따라서 집합 $(A\cup C)\cap B$의 모든 원소의 합은
$5+9=14$ **답** 14

0603 두 집합 A, B가 서로소이면
$$A \cap B = \varnothing$$
이때 $k-1 < k$이므로 $A \cap B = \varnothing$이 되도록 두 집합 A, B를 수직선 위에 나타내면 다음 그림과 같다.

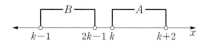

즉 $2k-1 \le k$이어야 하므로
$$0 < k \le 1 \, (\because k > 0)$$
따라서 양수 k의 최댓값은 1이다. **답 1**

0604 주어진 벤다이어그램에서
$$(A \cup B)^C = \{e\}$$
또 $B = \{b, c, d\}$, $A^C = \{c, d, e\}$이므로
$$B - A^C = \{b, c, d\} - \{c, d, e\} = \{b\}$$
$$\therefore (A \cup B)^C \cup (B - A^C) = \{b, e\}$$ **답 $\{b, e\}$**

0605 $A \cup B$의 원소 중 3과 9는 A^C의 원소이므로 주어진 조건을 벤다이어그램으로 나타내면 오른쪽 그림과 같다.
$$\therefore B - A = \{3, 9\}$$
따라서 집합 $B - A$의 모든 원소의 합은
$$3 + 9 = 12$$ **답 12**

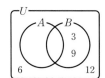

0606 각 집합을 벤다이어그램으로 나타내면 다음과 같다.

따라서 색칠한 부분을 나타내는 것은 ②이다. **답 ②**

0607 $A \cup B = \{6, 8, 10\}$이므로 $10 \in B$
(i) $a = 10$일 때
$B = \{10, 12\}$이므로 $A \cup B = \{6, 8, 10, 12\}$
(ii) $a + 2 = 10$, 즉 $a = 8$일 때
$B = \{8, 10\}$이므로 $A \cup B = \{6, 8, 10\}$
(i), (ii)에서 $a = 8$ **답 8**

0608 $B \cap A^C = \{2\}$, 즉 $B - A = \{2\}$이므로 $2 \in B$
(i) $x = 2$일 때
$A = \{1, 3, 4\}$, $B = \{1, 2, 4\}$이므로
$B - A = \{2\}$

(ii) $x + 2 = 2$, 즉 $x = 0$일 때
$A = \{-1, 0, 3\}$, $B = \{0, 1, 2\}$이므로
$$B - A = \{1, 2\}$$
(i), (ii)에서 $x = 2$
따라서 $A = \{1, 3, 4\}$이므로 집합 A의 모든 원소의 합은
$$1 + 3 + 4 = 8$$ **답 8**

0609 $A = \{1, 2, 3, 4, 6, 12\}$이므로 $A \cap B = \{1, 3\}$을 만족시키려면 집합 B는 1, 3은 반드시 원소로 갖고, 2, 4, 6, 12는 원소로 갖지 않아야 한다.
따라서 조건을 만족시키는 a의 값은 1부터 20까지의 자연수 중에서 3의 배수이면서 짝수가 아닌 수이다.
즉 a의 값이 될 수 있는 것은 3, 9, 15이므로
$$M = 15, \, m = 3$$
$$\therefore M + m = 18$$ **답 18**

0610 두 집합 A, B가 서로소이므로 $A \cap B = \varnothing$
ㄱ. $(A \cap B)^C = \varnothing^C = U$ (참)
ㄴ. $A - (A \cap B) = A - \varnothing = A$ (참)
ㄷ. $A \cap B^C = A - B = A$ (거짓)
ㄹ. $A^C \subset B^C$이려면 $B \subset A$이어야 한다.
그런데 $A \cap B = \varnothing$이므로 $B \not\subset A$ (거짓)
이상에서 옳은 것은 ㄱ, ㄴ이다. **답 ㄱ, ㄴ**

0611 $A = \{1, 3, 9\}$, $B = \{1, 2, 3, 6, 9, 18\}$이므로
$$A \subset B$$
② $B \cap A^C = B - A = \{2, 6, 18\}$이므로 $B \cap A^C \ne \varnothing$
③ $A \cup B = B$이므로 $(A \cup B) \subset B$
⑤ $A - B = \varnothing$
따라서 옳지 않은 것은 ②, ⑤이다. **답 ②, ⑤**

0612 $X \cup A = X - B$에서
$(X - B) \subset X$이므로 $(X \cup A) \subset X$
이때 $X \subset (X \cup A)$이므로 $X \cup A = X$
$$\therefore A \subset X$$
또 $X \subset (X \cup A)$이므로 $X \subset (X - B)$
이때 $(X - B) \subset X$이므로 $X - B = X$
$$\therefore X \cap B = \varnothing, \text{ 즉 } X \subset B^C$$
$$\therefore A \subset X \subset B^C$$
이때 $U = \{1, 2, 3, \cdots, 9\}$이므로
$$B^C = \{2, 3, 4, 6, 7, 9\}$$
즉 $\{2, 7\} \subset X \subset \{2, 3, 4, 6, 7, 9\}$이므로 집합 X는 $\{2, 3, 4, 6, 7, 9\}$의 부분집합 중 2, 7을 반드시 원소로 갖는 집합이다.
따라서 집합 X의 개수는
$$2^{6-2} = 2^4 = 16$$ **답 16**

다른 풀이 $A \subset X$, $X \cap B = \varnothing$이므로 집합 X는
$\{1, 2, 3, \cdots, 9\}$의 부분집합 중 2, 7은 반드시 원소로 갖고, 1, 5, 8은 원소로 갖지 않는 집합이다.
따라서 집합 X의 개수는 $2^{9-2-3} = 2^4 = 16$

0613 ① $(A - B^c)^c \cap A = (A \cap B)^c \cap A$
$= (A^c \cup B^c) \cap A$
$= (A^c \cap A) \cup (B^c \cap A)$
$= \varnothing \cup (B^c \cap A)$
$= B^c \cap A = A - B$

② $(A - B) \cup (A \cap B) = (A \cap B^c) \cup (A \cap B)$
$= A \cap (B^c \cup B)$
$= A \cap U = A$

③ $(A \cup B) \cap (A - B)^c = (A \cup B) \cap (A \cap B^c)^c$
$= (A \cup B) \cap (A^c \cup B)$
$= (A \cap A^c) \cup B$
$= \varnothing \cup B = B$

④ $(A - B^c) - C = (A \cap B) \cap C^c$
$= A \cap (B \cap C^c)$
$= A \cap (B - C)$

⑤ $A - (B - C) = A \cap (B \cap C^c)^c$
$= A \cap (B^c \cup C)$
$= (A \cap B^c) \cup (A \cap C)$
$= (A - B) \cup (A \cap C)$

따라서 항상 성립한다고 할 수 없는 것은 ⑤이다. **답** ⑤

0614 $\{B \cap (B^c - A)^c\} \cup \{B \cap (B^c \cup A)\}$
$= \{B \cap (B^c \cap A^c)^c\} \cup \{B \cap (B^c \cup A)\}$
$= \{B \cap (B \cup A)\} \cup \{B \cap (B^c \cup A)\}$
$= B \cap \{(B \cup A) \cup (B^c \cup A)\}$
$= B \cap \{(B \cup B^c) \cup A\}$
$= B \cap (U \cup A)$
$= B \cap U = B$
즉 $B = A \cup B$이므로 $A \subset B$
① $A \cap B = A$
③ $B - A \neq \varnothing$
④ $A^c \cup B^c = (A \cap B)^c = A^c$
⑤ $A^c \cap B = B - A \neq \varnothing$이므로 $A \cup B^c \neq U$
따라서 옳은 것은 ②이다. **답** ②

0615 $A = \{4, 8, 12, 16, 20\}$, $B = \{1, 2, 4, 5, 10, 20\}$
이므로
$(A^c \cup B)^c = A \cap B^c = A - B$
$= \{8, 12, 16\}$
따라서 집합 $(A^c \cup B)^c$의 모든 원소의 합은
$8 + 12 + 16 = 36$ **답** 36

0616 $A - B^c = A \cap B = \{1, 6, 7\}$
$(A \cap B^c) \cup (A^c - B) = (A \cap B^c) \cup (A^c \cap B^c)$
$= (A \cup A^c) \cap B^c$
$= U \cap B^c = B^c$
$= \{2, 3, 8, 9\}$
이때 $U = \{1, 2, 3, \cdots, 10\}$이므로
$B = \{1, 4, 5, 6, 7, 10\}$
$\therefore B - A = B - (A \cap B) = \{4, 5, 10\}$
따라서 집합 $B - A$의 원소의 개수는 3이다. **답** 3

0617 $A_m \subset (A_4 \cap A_6)$에서 $A_4 \cap A_6 = A_{12}$이므로
$A_m \subset A_{12}$
즉 m은 12의 배수이므로 m의 최솟값은 12이다.
$(A_{12} \cup A_{18}) \subset A_n$에서 $A_{12} \subset A_n$, $A_{18} \subset A_n$
즉 n은 12와 18의 공약수이므로 n의 최댓값은 12와 18의 최대공약수인 6이다.
따라서 m의 최솟값과 n의 최댓값의 곱은
$12 \times 6 = 72$ **답** 72

0618 $x^2 - 20x + 36 > 0$에서
$(x - 2)(x - 18) > 0$ $\therefore x < 2$ 또는 $x > 18$
$\therefore A = \{x \mid x < 2$ 또는 $x > 18\}$
$(x - a)(x - 3a) \leq 0$에서 $a < 3a$이므로
$a \leq x \leq 3a$
$\therefore B = \{x \mid a \leq x \leq 3a\}$
이때 $A \cap B = \varnothing$이어야 하므로 오른쪽 그림에서
$a \geq 2$, $3a \leq 18$
$\therefore 2 \leq a \leq 6$
따라서 자연수 a는 2, 3, 4, 5, 6의 5개이다. **답** 5

0619 $A = \{2, 4, 6, \cdots, 30\}$, $B = \{1, 2, 4, 8, 16, 32\}$이므로
$A \cap B = \{2, 4, 8, 16\}$
따라서 $n(A) = 15$, $n(A \cap B) = 4$이므로
$n(A \cap B^c) = n(A - B) = n(A) - n(A \cap B)$
$= 15 - 4 = 11$ **답** 11

0620 $n(A^c \cap B) = n(B - A) = 13$이므로
$n(A \cup B) = n(A) + n(B - A)$
$= 15 + 13 = 28$
이때 집합 $(A - B) \cup (B - A)$를 벤다이어그램으로 나타내면 오른쪽 그림과 같으므로

$n(A \cap B)$
$= n(A \cup B) - n((A - B) \cup (B - A))$
$= 28 - 20 = 8$ **답** ④

0621 $n(A-B) = n(A) - n(A \cap B)$에서

$$14 = 16 - n(A \cap B) \qquad \therefore n(A \cap B) = 2$$
$$\therefore n(B-A) = n(B) - n(A \cap B) = 17 - 2 = 15$$

즉 $(B-A) \subset X \subset B$를 만족시키는 집합 X는 집합 B의 부분집합 중 집합 $B-A$의 원소 15개를 반드시 원소로 갖는 집합이다.

따라서 집합 X의 개수는

$$2^{17-15} = 2^2 = 4 \qquad\qquad \text{답 } 4$$

0622 은행 A를 이용하는 고객의 집합을 A, 은행 B를 이용하는 고객의 집합을 B라 하면

$$n(A \cup B) = 35 + 30 = 65$$

조건 ㈎에서 $n(A) + n(B) = 82$이므로

$$n(A \cap B) = n(A) + n(B) - n(A \cup B)$$
$$= 82 - 65 = 17$$

따라서 두 은행 A, B 중 한 은행만 이용하는 고객의 수는

$$n(A \cup B) - n(A \cap B) = 65 - 17 = 48$$

이때 조건 ㈏에서 두 은행 A, B 중 한 은행만 이용하는 여자 고객의 수는

$$\frac{1}{2} \times 48 = 24$$

따라서 은행 A와 은행 B를 모두 이용하는 여자 고객의 수는

$$30 - 24 = 6 \qquad\qquad \text{답 ②}$$

0623

$(A \odot B) \quad \cap \quad (B \odot C) \quad = (A \odot B) \cap (B \odot C)$

따라서 벤다이어그램의 색칠한 부분을 나타내는 집합이 $(A \odot B) \cap (B \odot C)$인 것은 ①이다. 답 ①

0624 학생 전체의 집합을 U, A 서비스를 구독하는 학생의 집합을 A, B 서비스를 구독하는 학생의 집합을 B라 하면

$$n(U) = 50, \ n(A) = 27, \ n(B) = 32, \ n(A \cap B) \geq 15$$

(ⅰ) $n(A \cup B)$가 최대인 경우

$n(A \cap B)$가 최소일 때, 즉 $n(A \cap B) = 15$일 때이므로

$$n(A \cup B) = n(A) + n(B) - n(A \cap B)$$
$$= 27 + 32 - 15 = 44$$

(ⅱ) $n(A \cup B)$가 최소인 경우

$n(A \cap B)$가 최대일 때, 즉 $A \subset B$일 때이므로

$$n(A \cup B) = n(B) = 32$$

(ⅰ), (ⅱ)에서 A 또는 B 서비스를 구독하는 학생 수의 최댓값과 최솟값의 합은

$$44 + 32 = 76 \qquad\qquad \text{답 } 76$$

0625 $A = \{1, 2, 3, 4, 5, 6\}$, $A - B = \{1, 2, 3, 5\}$이므로

$$4 \in (A \cap B), \ 6 \in (A \cap B) \qquad \cdots \boxed{\text{1단계}}$$

이때 조건 ㈎에서 집합 B의 원소의 개수가 3이므로

$B = \{a, 4, 6\}$이라 하면 조건 ㈏에서 집합 B의 모든 원소의 합이 17이므로

$$a + 4 + 6 = 17 \qquad \therefore a = 7$$
$$\therefore B = \{4, 6, 7\} \qquad\qquad \cdots \boxed{\text{2단계}}$$
$$\therefore B - A = \{7\} \qquad\qquad \cdots \boxed{\text{3단계}}$$

답 $\{7\}$

	채점 요소	비율
1단계	집합 $A \cap B$에 속하는 원소 구하기	40 %
2단계	집합 B 구하기	40 %
3단계	집합 $B - A$ 구하기	20 %

0626 $A \cap B = \{0, 3\}$이므로 $0 \in A$

즉 $a^2 + 2a = 0$이므로 $a(a+2) = 0$

$$\therefore a = -2 \ \text{또는} \ a = 0 \qquad\qquad \cdots \boxed{\text{1단계}}$$

(ⅰ) $a = -2$일 때, $A = \{0, 1, 3\}$, $B = \{-1, 0, 3\}$이므로

$$A \cap B = \{0, 3\}$$

(ⅱ) $a = 0$일 때, $A = \{0, 1, 3\}$, $B = \{-4, 1, 3\}$이므로

$$A \cap B = \{1, 3\}$$

(ⅰ), (ⅱ)에서 $a = -2$ $\qquad\qquad \cdots \boxed{\text{2단계}}$

답 -2

	채점 요소	비율
1단계	$0 \in A$임을 이용하여 a의 값 구하기	40 %
2단계	조건을 만족시키는 a의 값 구하기	60 %

0627 조건 ㈎에서 $A \cap X = A$이므로

$$A \subset X$$

$A^C \cap B = B - A = \{6, 7, 8\}$이므로 조건 ㈏에서

$$X \cap \{6, 7, 8\} = \{6, 7\}$$

따라서 집합 X는 집합 A를 포함하면서 6, 7은 반드시 원소로 갖고, 8은 원소로 갖지 않아야 한다.

즉 집합 X는 전체집합 U의 부분집합 중 3, 4, 5, 6, 7은 반드시 원소로 갖고, 8은 원소로 갖지 않는 집합이다. $\qquad \cdots \boxed{\text{1단계}}$

따라서 집합 X의 개수는

$$2^{10-5-1} = 2^4 = 16 \qquad\qquad \cdots \boxed{\text{2단계}}$$

답 16

	채점 요소	비율
1단계	집합 X의 조건 구하기	70 %
2단계	집합 X의 개수 구하기	30 %

0628 $x^2-2x-3>0$에서

$(x+1)(x-3)>0$ $\therefore x<-1$ 또는 $x>3$

$\therefore A=\{x|x<-1$ 또는 $x>3\}$ ··· **1단계**

이때 $A\cup B=\{x|x$는 실수$\}$,

$A\cap B=\{x|3<x\leq 4\}$이므로 오른쪽

그림에서

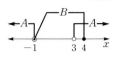

$B=\{x|-1\leq x\leq 4\}$
$=\{x|(x+1)(x-4)\leq 0\}$
$=\{x|x^2-3x-4\leq 0\}$ ··· **2단계**

따라서 $a=-3$, $b=-4$이므로

$a+b=-7$ ··· **3단계**

탑 -7

채점 요소	비율
1단계 집합 A의 부등식의 해 구하기	30 %
2단계 집합 B의 부등식 구하기	50 %
3단계 $a+b$의 값 구하기	20 %

0629 **전략** 서로소인 두 자연수는 1 이외의 공약수를 갖지 않음을 이용하여 집합 X의 원소가 되기 위한 조건을 찾는다.

조건 (나)에서 $X\cap B=\varnothing$이므로 집합 X의 모든 원소는 20과 서로소가 아니다.

이때 $20=2^2\times 5$이므로 집합 X의 모든 원소는 2 또는 5의 배수이다.

또 조건 (다)에서 $14=2\times 7$이므로 집합 X의 모든 원소는 2의 배수도 아니고 7의 배수도 아니다.

따라서 조건 (가)에서 집합 X의 모든 원소는 120 이하의 5의 배수 중에서 2의 배수도 아니고 7의 배수도 아닌 자연수이므로 집합 X의 원소가 될 수 있는 수는

5, 15, 25, 45, 55, 65, 75, 85, 95, 115

이때 $X\neq\varnothing$이므로 구하는 집합 X의 개수는

$2^{10}-1=1023$ **탑 1023**

0630 **전략** 주어진 조건을 벤다이어그램으로 나타낸다.

조건 (가)에서

$A^C\cup B^C=(A\cap B)^C=\{1, 2, 4\}$

따라서 $3\in(A\cap B)$, $4\notin(A\cap B)$, $5\in(A\cap B)$이므로 주어진 조건을 벤다이어그램으로 나타내면 오른쪽 그림과 같다.

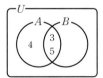

이때

$(A\cup X)-B=(A\cup X)\cap B^C$
$=(A\cap B^C)\cup(X\cap B^C)$
$=(A-B)\cup(X-B)$
$=\{4\}\cup(X-B)$

이고 조건 (나)에서 $n(X)=1$인 모든 집합 X에 대하여 집합 $(A\cup X)-B$의 원소의 개수가 1이므로

$X-B=\{4\}$ 또는 $X-B=\varnothing$

이어야 한다.

즉 $X=\{1\}$ 또는 $X=\{2\}$일 때 $X-B=\varnothing$이어야 하므로

$1\in B$, $2\in B$ $\therefore B=\{1, 2, 3, 5\}$

따라서 집합 B의 모든 원소의 합은

$1+2+3+5=11$ **탑 11**

참고) $X=\{3\}$ 또는 $X=\{5\}$이면 $X-B=\varnothing$이고, $X=\{4\}$이면 $X-B=\{4\}$이므로 조건 (나)를 만족시킨다.

0631 **전략** 주어진 조건을 집합을 이용하여 나타낸다.

국어 과목을 수강하는 학생의 집합을 A, 수학 과목을 수강하는 학생의 집합을 B, 영어 과목을 수강하는 학생의 집합을 C라 하면

$n(A\cup B\cup C)=34$, $n(A)=18$, $n(B)=20$, $n(C)=23$

또 두 과목만 수강하는 학생이 9명이므로

$n(A\cap B)+n(B\cap C)+n(C\cap A)-3\times n(A\cap B\cap C)$
$=9$

$\therefore n(A\cap B)+n(B\cap C)+n(C\cap A)$
$=3\times n(A\cap B\cap C)+9$

이때

$n(A\cup B\cup C)$
$=n(A)+n(B)+n(C)-n(A\cap B)-n(B\cap C)$
$\quad-n(C\cap A)+n(A\cap B\cap C)$
$=n(A)+n(B)+n(C)$
$\quad-\{n(A\cap B)+n(B\cap C)+n(C\cap A)\}$
$\quad+n(A\cap B\cap C)$
$=n(A)+n(B)+n(C)$
$\quad-\{3\times n(A\cap B\cap C)+9\}+n(A\cap B\cap C)$
$=n(A)+n(B)+n(C)-2\times n(A\cap B\cap C)-9$

이므로 $34=18+20+23-2\times n(A\cap B\cap C)-9$

$\therefore n(A\cap B\cap C)=9$

따라서 세 과목을 모두 수강하는 학생 수는 9이다.   **탑 9**

07 명제

본책 095쪽, 097쪽

0632 ㄱ. 참인 명제이다.

ㄴ. $x^2=1$은 x의 값에 따라 참, 거짓이 달라지므로 명제가 아니다.

ㄷ. 2는 소수이지만 짝수이므로 거짓인 명제이다.

ㄹ. 거짓인 명제이다.

ㅁ. '좋다.'의 기준이 명확하지 않아 참, 거짓을 판별할 수 없으므로 명제가 아니다.

이상에서 명제인 것은 ㄱ, ㄷ, ㄹ이다. **답** ㄱ, ㄷ, ㄹ

0633 10 이하의 자연수 중에서 소수는 2, 3, 5, 7이므로 조건 p의 진리집합은 $\{2, 3, 5, 7\}$ **답** $\{2, 3, 5, 7\}$

0634 $x^2-2x-8\leq0$에서 $(x+2)(x-4)\leq0$

$\therefore -2\leq x\leq4$

따라서 조건 q의 진리집합은 $\{1, 2, 3, 4\}$ **답** $\{1, 2, 3, 4\}$

0635 **답** 자연수는 정수가 아니다. (거짓)

0636 **답** 4는 6의 약수이거나 2의 배수이다. (참)

0637 $\sim p$: x는 9의 약수가 아니다.

이때 9의 약수는 1, 3, 9이므로 조건 $\sim p$의 진리집합은 $\{5, 7\}$ **답** 풀이 참조

0638 $\sim q$: $x^2-6x+5\neq0$

$x^2-6x+5=0$에서 $(x-1)(x-5)=0$

$\therefore x=1$ 또는 $x=5$

따라서 조건 $\sim q$의 진리집합은 $\{3, 7, 9\}$ **답** 풀이 참조

0639 **답** 가정: 8의 배수이다., 결론: 2의 배수이다.

0640 **답** 가정: x는 홀수이다., 결론: x^2은 홀수이다.

0641 [반례] $x=1$, $y=2$이면 $xy=2$이므로 xy는 짝수이지만 x는 홀수이다.

따라서 주어진 명제는 거짓이다. **답** 거짓

0642 $xy\neq0$이면 $x\neq0$, $y\neq0$이므로 $x^2+y^2\neq0$이다.

따라서 주어진 명제는 참이다. **답** 참

0643 [반례] $r=-\dfrac{3}{2}$이면 $-2<x<1$이지만 $x<-1$이다.

따라서 주어진 명제는 거짓이다. **답** 거짓

0644 $x^2+x+1=\left(x+\dfrac{1}{2}\right)^2+\dfrac{3}{4}>0$이므로 주어진 명제는 참이다. **답** 참

0645 $x^2<0$을 만족시키는 실수 x는 존재하지 않으므로 주어진 명제는 거짓이다. **답** 거짓

0646 **답** 어떤 실수 x에 대하여 $2x+3\leq5$이다. (참)

0647 **답** 모든 실수 x에 대하여 $|x|\geq0$이다. (참)

0648 역: $ab=0$이면 $a=0$, $b=0$이다. (거짓)

[반례] $a=1$, $b=0$이면 $ab=0$이지만 $a\neq0$이다.

대우: $ab\neq0$이면 $a\neq0$ 또는 $b\neq0$이다. (참) **답** 풀이 참조

0649 역: $a+b>0$이면 $a>0$ 또는 $b>0$이다. (참)

대우: $a+b\leq0$이면 $a\leq0$이고 $b\leq0$이다. (거짓)

[반례] $a=1$, $b=-2$이면 $a+b=-1<0$이지만 $a>0$이다. **답** 풀이 참조

0650 역: 이등변삼각형이면 정삼각형이다. (거짓)

[반례] 오른쪽 그림의 삼각형은 이등변삼각형이지만 정삼각형이 아니다.

대우: 이등변삼각형이 아니면 정삼각형이 아니다. (참) **답** 풀이 참조

0651 p: $|x|\leq2$에서 $-2\leq x\leq2$

따라서 $p\not\Rightarrow q$, $q\Longrightarrow p$이므로 p는 q이기 위한 필요조건이다. **답** 필요조건

0652 $x^2-3x+2=0$에서 $(x-1)(x-2)=0$

$\therefore x=1$ 또는 $x=2$

따라서 $p\Longleftrightarrow q$이므로 p는 q이기 위한 필요충분조건이다. **답** 필요충분조건

0653 두 조건 p, q의 진리집합을 각각 P, Q라 하면

$P=\{1, 2, 4\}$, $Q=\{1, 2, 3, 4, 6, 12\}$

$\therefore P\subset Q$, $Q\not\subset P$

따라서 $p\Longrightarrow q$, $q\not\Rightarrow p$이므로 p는 q이기 위한 충분조건이다. **답** 충분조건

0654 주어진 명제의 대우는 '두 자연수 a, b에 대하여 a, b가 모두 ㉮ 짝수 이면 $a+b$는 ㉯ 짝수 이다.'이다.

$a=2k$, $b=2l$ (k, l은 자연수)이라 하면

$a+b=2k+2l=2(\boxed{㉰ k+l})$이므로 $a+b$는 ㉯ 짝수 이다.

따라서 주어진 명제의 대우가 참이므로 주어진 명제도 참이다.

답 ㉮ 짝수 ㉯ 짝수 ㉰ $k+l$

0655 $a\neq0$ 또는 ㉮ $b\neq0$ 이라 가정하면 $|a|\neq0$ 또는 $|b|\neq0$이므로 $|a|+|b|$ ㉯ $\neq0$

그런데 이것은 ㉰ $|a|+|b|=0$ 이라는 가정에 모순이다.

따라서 두 실수 a, b에 대하여 $|a|+|b|=0$이면 $a=0$이고
$b=0$이다. 　답 (개) $\boldsymbol{b \neq 0}$ (내) $\boldsymbol{\neq}$ (대) $\boldsymbol{|a|+|b|=0}$

0656 $a^2+5b^2-4ab=(a^2-4ab+4b^2)+b^2$
$\qquad\qquad\qquad = (a-2b)^2+\boxed{\text{(개)} b^2} \geq 0$
$\qquad \therefore a^2+5b^2 \geq 4ab$
(단, 등호는 $a-2b=0$, $b=0$, 즉 $a=b=\boxed{\text{(내)} 0}$일 때 성립)
　답 (개) $\boldsymbol{b^2}$ (내) $\boldsymbol{0}$

0657 $\dfrac{a+b}{2}-\sqrt{ab}=\dfrac{(\sqrt{a})^2-\boxed{\text{(개)} 2\sqrt{ab}}+(\sqrt{b})^2}{2}$
$\qquad\qquad\qquad\qquad = \dfrac{(\boxed{\text{(내)} \sqrt{a}-\sqrt{b}})^2}{2} \geq 0$
$\qquad \therefore \dfrac{a+b}{2} \geq \sqrt{ab}$
(단, 등호는 $\sqrt{a}=\sqrt{b}$, 즉 $\boxed{\text{(대)} a=b}$일 때 성립)
　답 (개) $\boldsymbol{2\sqrt{ab}}$ (내) $\boldsymbol{\sqrt{a}-\sqrt{b}}$ (대) $\boldsymbol{a=b}$

0658 $x>0$, $\dfrac{1}{x}>0$이므로 산술평균과 기하평균의 관계에 의
하여 $\quad x+\dfrac{1}{x} \geq 2\sqrt{x \times \dfrac{1}{x}}=2$ (단, 등호는 $x=1$일 때 성립)
따라서 구하는 최솟값은 2이다. 　답 **2**
참고 등호는 $x=\dfrac{1}{x}$에서 $x^2=1$, 즉 $x=1 (\because x>0)$일 때 성립한다.

0659 $2x>0$, $\dfrac{18}{x}>0$이므로 산술평균과 기하평균의 관계에
의하여
$\qquad 2x+\dfrac{18}{x} \geq 2\sqrt{2x \times \dfrac{18}{x}}=2 \times 6=12$
$\qquad\qquad\qquad\qquad$ (단, 등호는 $x=3$일 때 성립)
따라서 구하는 최솟값은 12이다. 　답 **12**

0660 $(a^2+b^2)(x^2+y^2)-(ax+by)^2$
$=a^2x^2+a^2y^2+b^2x^2+b^2y^2-(\boxed{\text{(개)} a^2x^2+2abxy+b^2y^2})$
$=b^2x^2-2abxy+a^2y^2$
$=(\boxed{\text{(내)} bx-ay})^2 \geq 0$
$\qquad \therefore (a^2+b^2)(x^2+y^2) \geq (ax+by)^2$
(단, 등호는 $bx-ay=0$, 즉 $\boxed{\text{(대)} ay=bx}$일 때 성립)
　답 (개) $\boldsymbol{a^2x^2+2abxy+b^2y^2}$ (내) $\boldsymbol{bx-ay}$ (대) $\boldsymbol{ay=bx}$

유형 익히기

0661 ① $6+3=9>8$이므로 거짓인 명제이다.
② $\sqrt{4}=2$는 유리수이므로 거짓인 명제이다.
③ $x>4$이면 $x+1>5$이므로 참인 명제이다.
④ x의 값에 따라 참, 거짓이 달라지므로 명제가 아니다.
⑤ 16의 양의 약수는 1, 2, 4, 8, 16의 5개이므로 참인 명제이다.
　답 ④

0662 ① 참인 명제이다.
②, ③ '가까운', '아름답다.'의 기준이 명확하지 않아 참, 거짓을
판별할 수 없으므로 명제가 아니다.
④ 거짓인 명제이다.
⑤ x의 값에 따라 참, 거짓이 달라지므로 명제가 아니다.
따라서 명제인 것은 ①, ④이다. 　답 ①, ④

0663 ㄴ. 두 직선이 평행할 때에만 엇각의 크기가 서로 같으므
로 거짓인 명제이다.
ㄷ. 두 홀수의 합은 짝수이므로 거짓인 명제이다.
이상에서 참인 명제는 ㄱ, ㄹ이다. 　답 ㄱ, ㄹ

0664 '$\sim p$ 또는 q'의 부정은 'p 그리고 $\sim q$'
$p: -1<x \leq 5$, $\sim q: x \geq 2$이므로 'p 그리고 $\sim q$'는
$\qquad 2 \leq x \leq 5$ 　답 $2 \leq x \leq 5$

0665 ㄱ. 15의 양의 약수는 1, 3, 5, 15이므로 그 합은
$\qquad\qquad 1+3+5+15=24$
즉 주어진 명제가 참이므로 그 부정은 거짓이다.
ㄴ. 8은 합성수이므로 주어진 명제는 거짓이고, 그 부정은 참
이다.
ㄷ. 직사각형은 평행사변형이므로 주어진 명제는 참이고, 그 부
정은 거짓이다.
ㄹ. $\sqrt{9}+2=5$는 유리수이므로 주어진 명제는 거짓이고, 그 부정
은 참이다.
이상에서 그 부정이 참인 명제는 ㄴ, ㄹ이다. 　답 ㄴ, ㄹ

0666 $(a-b)^2+(b-c)^2+(c-a)^2=0$의 부정은
$\qquad (a-b)^2+(b-c)^2+(c-a)^2 \neq 0$
$\qquad \therefore a \neq b$ 또는 $b \neq c$ 또는 $c \neq a$
즉 a, b, c 중에 서로 다른 것이 적어도 하나 있다. 　답 ⑤

0667 두 조건 p, q의 진리집합을 각각 P, Q라 하자.
$x^2-x-6=0$에서 $\quad (x+2)(x-3)=0$
$\qquad \therefore x=-2$ 또는 $x=3$ $\quad \therefore P=\{-2, 3\}$
$x^2-2x-8=0$에서 $\quad (x+2)(x-4)=0$
$\qquad \therefore x=-2$ 또는 $x=4$ $\quad \therefore Q=\{-2, 4\}$
따라서 조건 'p 또는 q'의 진리집합은
$\qquad P \cup Q=\{-2, 3, 4\}$ 　답 $\{-2, 3, 4\}$

0668 $U=\{1, 2, 3, \cdots, 10\}$
$x^2-7x+10 \leq 0$에서 $\quad (x-2)(x-5) \leq 0$
$\qquad \therefore 2 \leq x \leq 5$
따라서 조건 p의 진리집합을 P라 하면
$\qquad P=\{2, 3, 4, 5\}$
이므로 조건 $\sim p$의 진리집합은
$\qquad P^C=\{1, 6, 7, 8, 9, 10\}$
따라서 구하는 원소의 합은
$\qquad 1+6+7+8+9+10=41$ 　답 ⑤

0669 $-4 \leq x < 2$에서 $x \geq -4$ 그리고 $x < 2$

$p : x < -4$에서 $\sim p : x \geq -4$

$q : x \geq 2$에서 $\sim q : x < 2$

따라서 조건 '$-4 \leq x < 2$'는 '$\sim p$ 그리고 $\sim q$'이므로 구하는 진리

집합은 $P^C \cap Q^C = (P \cup Q)^C$ 답 ④

0670 ① [반례] $x = -1$이면 $x^2 = 1$이지만 $x \neq 1$이다.

② [반례] $x = 3$, $y = -1$이면 $x + y = 2 > 0$이지만 $xy = -3 < 0$

이다.

③ $|x| > 1$이면 $x < -1$ 또는 $x > 1$이므로 $x^2 > 1$이다.

④ [반례] $x = 0$이면 $-1 < x < 1$이지만 $x^2 = 0$이다.

⑤ [반례] 이웃하는 두 변의 길이가 서로 다른 직사각형은 네 각이

모두 직각인 사각형이지만 정사각형은 아니다.

따라서 참인 명제는 ③이다. 답 ③

0671 ② [반례] $a = \sqrt{2}$, $b = -\sqrt{2}$이면 a, b는 무리수이지만

$a + b = \sqrt{2} + (-\sqrt{2}) = 0$, $ab = \sqrt{2} \times (-\sqrt{2}) = -2$

는 모두 유리수이다.

⑤ [반례] $\angle A = \angle C = 70°$인 삼각형 ABC는 이등변삼각형이

지만 $\angle B = 40°$이므로 $\angle A \neq \angle B$이다.

답 ②, ⑤

0672 ㄱ. $|a| + |b| = 0$이면 $a = 0$, $b = 0$이므로 $ab = 0$이다.

ㄴ. [반례] $a = -2$, $b = -1$, $c = 0$이면 $a < b < c$이지만 $ab > bc$

이다.

ㄷ. [반례] $a = 1$, $b = 1$, $c = 2$이면 $(a - b)(b - c) = 0$이지만

$a = b \neq c$이다.

이상에서 참인 명제는 ㄱ뿐이다. 답 ㄱ

0673 명제 $q \longrightarrow p$가 거짓임을 보이려면 집합 Q의 원소 중에

서 집합 P의 원소가 아닌 것을 찾으면 된다.

따라서 구하는 원소는 집합 $Q \cap P^C = Q - P$의 원소인 d, f, g

이다. 답 ④

0674 명제 '$\sim p$이면 $\sim q$이다.'가 거짓임을 보이는 원소는 집합

P^C에는 속하고 집합 Q^C에는 속하지 않는다.

따라서 구하는 집합은 $P^C \cap (Q^C)^C = P^C \cap Q$ 답 ④

0675 두 조건 p, q의 진리집합을 각각 P, Q라 하면

$P = \{3, 6, 9\}$, $Q = \{2, 4, 6, 8, 10\}$ $\cdots$ **1단계**

명제 $\sim p \longrightarrow q$가 거짓임을 보이려면 집합 P^C의 원소 중에서 집

합 Q의 원소가 아닌 것을 찾으면 된다.

즉 명제 $\sim p \longrightarrow q$가 거짓임을 보이는 반례는 집합

$P^C \cap Q^C = (P \cup Q)^C$의 원소이다.

이때 $P \cup Q = \{2, 3, 4, 6, 8, 9, 10\}$이므로

$(P \cup Q)^C = \{1, 5, 7\}$ $\cdots$ **2단계**

따라서 구하는 모든 원소의 합은 $1 + 5 + 7 = 13$ $\cdots$ **3단계**

답 **13**

채점 요소	비율
1단계 두 조건 p, q의 진리집합 구하기	30 %
2단계 명제 $\sim p \longrightarrow q$가 거짓임을 보이는 원소 구하기	60 %
3단계 **2단계**에서 구한 모든 원소의 합 구하기	10 %

0676 명제 $\sim q \longrightarrow p$가 참이므로

$Q^C \subset P$

이를 벤다이어그램으로 나타내면 오른쪽 그

림과 같으므로

$P \cup Q = U$

따라서 항상 옳은 것은 ②이다. 답 ②

0677 ㄱ. $R \not\subset Q$이므로 명제 $r \longrightarrow q$는 거짓이다.

ㄴ. $(P \cap Q) \subset P$이므로 명제 (p이고 q) $\longrightarrow p$는 참이다.

ㄷ. $R \subset (P \cup Q)$이므로 명제 $r \longrightarrow$ (p 또는 q)는 참이다.

이상에서 항상 참인 명제는 ㄴ, ㄷ이다. 답 ⑤

0678 $P \cap Q = P$에서 $P \subset Q$

$P \cup R = R$에서 $P \subset R$

① $P \subset Q$이므로 명제 $p \longrightarrow q$는 참이다.

② $P \subset R$이므로 명제 $p \longrightarrow r$는 참이다.

③ $P \subset Q$에서 $Q^C \subset P^C$이므로 명제 $\sim q \longrightarrow \sim p$는 참이다.

④ $P \subset R$에서 $R^C \subset P^C$이므로 명제 $\sim r \longrightarrow \sim p$는 참이다.

따라서 항상 참이라고 할 수 없는 것은 ⑤이다. 답 ⑤

0679 두 조건 p, q의 진리집합을 각각 P, Q라 하면

$P = \{x \mid -2 \leq x \leq k\}$,

$Q = \left\{ x \mid -\dfrac{k}{3} \leq x < 10 \right\}$

명제 $p \longrightarrow q$가 참이 되려면 $P \subset Q$

이어야 하므로 오른쪽 그림에서

$-\dfrac{k}{3} \leq -2$, $k < 10$

$\therefore 6 \leq k < 10$

따라서 정수 k는 6, 7, 8, 9이므로 모든 정수 k의 값의 합은

$6 + 7 + 8 + 9 = 30$

답 **30**

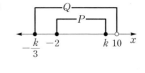

RPM 비법노트

$Q \subset P$가 되도록 하는 a의 값의 범위 구하기

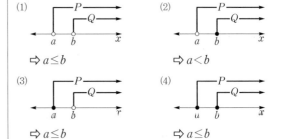

(1) $\Rightarrow a \leq b$ (2) $\Rightarrow a < b$

(3) $\Rightarrow a \leq b$ (4) $\Rightarrow a \leq b$

0680 주어진 명제가 참이 되려면
$$\{x\,|\,a-3\le x<a+1\}\subset\{x\,|\,-2<x<4\}$$
이어야 하므로 오른쪽 그림에서

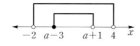

$$a-3>-2,\ a+1\le4$$
$$\therefore\ 1<a\le3$$

답 ②

0681 세 조건 p, q, r의 진리집합을 각각 P, Q, R라 하면
$$P=\{x\,|\,-4<x<2\},\ Q=\{x\,|\,x\le a+1\},$$
$$R=\{x\,|\,x\ge b+1\}$$
두 명제 $p\longrightarrow q$, $p\longrightarrow r$가 모두 참이 되려면 $P\subset Q$, $P\subset R$이어야 한다. ··· 1단계
즉 오른쪽 그림에서

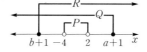

$$a+1\ge2,\ b+1\le-4$$
$$\therefore\ a\ge1,\ b\le-5 \quad ··· \text{2단계}$$
따라서 a의 최솟값은 1, b의 최댓값은 -5이므로
$$m=1,\ M=-5$$
$$\therefore\ M+m=-4 \quad ··· \text{3단계}$$

답 -4

채점 요소	비율
1단계 세 조건 p, q, r의 진리집합 사이의 포함 관계 구하기	40 %
2단계 a, b의 값의 범위 구하기	40 %
3단계 $M+m$의 값 구하기	20 %

0682 p: $|x-1|\ge a$에서 $\sim p$: $|x-1|<a$이므로
$$-a<x-1<a \quad \therefore\ -a+1<x<a+1$$
q: $|x+2|<5$에서 $-5<x+2<5$
$$\therefore\ -7<x<3$$
두 조건 p, q의 진리집합을 각각 P, Q라 하면
$$P^C=\{x\,|\,-a+1<x<a+1\},$$
$$Q=\{x\,|\,-7<x<3\}$$
명제 $\sim p\longrightarrow q$가 참이 되려면 $P^C\subset Q$이어야 하므로 오른쪽 그림에서

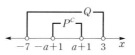

$$-a+1\ge-7,\ a+1\le3$$
$$\therefore\ 0<a\le2\ (\because a>0)$$
따라서 양수 a의 최댓값은 2이다.

답 2

0683 ㄱ. [반례] $x=1$이면 $x+6=7>0$이다.
ㄴ. 모든 실수 x에 대하여
$$x^2-2x+1=(x-1)^2\ge0$$
이다.
ㄷ. $x^2=3x$에서 $x^2-3x=0$
$$x(x-3)=0 \quad \therefore\ x=0\ \text{또는}\ x=3$$
따라서 어떤 실수 x에 대하여 $x^2=3x$이다.
ㄹ. 모든 실수 x에 대하여 $|x|\ge x$이다.
이상에서 참인 명제는 ㄴ, ㄷ이다.

답 ㄴ, ㄷ

0684 ① $x+2<9$에서 $x<7$
즉 $x\in U$인 모든 x에 대하여 $x+2<9$이므로 참이다.
② $x=3$이면 $x^2-1=8>7$이므로 참이다.
③ [반례] $x=5$이면 $x^2+3=28$이다.
④ $x=1$이면 $x^2-2=-1$이므로 참이다.
⑤ $x^2-6x<0$에서
$$x(x-6)<0 \quad \therefore\ 0<x<6$$
즉 $x\in U$인 모든 x에 대하여 $x^2-6x<0$이므로 참이다.
따라서 거짓인 명제는 ③이다.

답 ③

0685 주어진 명제의 부정은
어떤 실수 x에 대하여 $x^2-4x+a<0$이다.
위의 명제가 참이 되려면 이차방정식 $x^2-4x+a=0$이 서로 다른 두 실근을 가져야 하므로 이 이차방정식의 판별식을 D라 하면
$$\frac{D}{4}=(-2)^2-1\times a>0$$
$$\therefore\ a<4$$

답 $a<4$

0686 ① 역: $ab=0$이면 $a=0$이다. (거짓)
[반례] $a=1$, $b=0$이면 $ab=0$이지만 $a\ne0$이다.
② 역: $a^2\ge1$이면 $a\ge1$이다. (거짓)
[반례] $a=-2$이면 $a^2=4>1$이지만 $a<1$이다.
③ 역: $a+b\le2$이면 $a\le1$이고 $b\le1$이다. (거짓)
[반례] $a=-1$, $b=2$이면 $a+b=1<2$이지만 $b>1$이다.
④ 역: $a\ne0$ 또는 $b\ne0$이면 $a^2+b^2>0$이다. (참)
⑤ 역: $a+b$가 짝수이면 ab는 홀수이다. (거짓)
[반례] $a=2$, $b=4$이면 $a+b=6$은 짝수이지만 $ab=8$도 짝수이다.
따라서 그 역이 참인 명제는 ④이다.

답 ④

0687 명제 $\sim q\longrightarrow p$의 역 $p\longrightarrow\sim q$가 참이므로 그 대우인 $q\longrightarrow\sim p$도 참이다.

답 ④

0688 ㄱ. 역: $x=1$이면 $x^3=1$이다. (참)
또 $x^3=1$에서 $x^3-1=0$
$$(x-1)(x^2+x+1)=0$$
$$\therefore\ x=1\ (\because x^2+x+1>0)$$
따라서 주어진 명제가 참이므로 그 대우도 참이다.
ㄴ. 역: $x=y=0$이면 $x^2+y^2=0$이다. (참)
또 주어진 명제가 참이므로 그 대우도 참이다.
ㄷ. 역: $x<y$이면 $|x-y|=y-x$이다. (참)
$x<y$이면 $x-y<0$이므로
$$|x-y|=-(x-y)=y-x$$
명제: [반례] $x=1$, $y=1$이면 $|x-y|=y-x=0$이지만 $x=y$이다.
따라서 주어진 명제가 거짓이므로 그 대우도 거짓이다.
이상에서 그 역과 대우가 모두 참인 명제는 ㄱ, ㄴ이다.

답 ③

07
명제

0689 명제 '$x+y<a$이면 $x<3$ 또는 $y<-1$이다.'가 참이 되려면 그 대우 '$x\geq3$이고 $y\geq-1$이면 $x+y\geq a$이다.'가 참이 되어야 한다.

이때 $x\geq3$, $y\geq-1$에서 $x+y\geq2$이므로

$\qquad a\leq2$ 답 $a\leq2$

0690 명제 '$x^2-kx+6\neq0$이면 $x-1\neq0$이다.'가 참이 되려면 그 대우 '$x-1=0$이면 $x^2-kx+6=0$이다.'가 참이 되어야 한다.

$x^2-kx+6=0$에 $x-1=0$, 즉 $x=1$을 대입하면

$\qquad 1-k+6=0$　$\therefore k=7$ 답 7

0691 명제 $\sim p \longrightarrow \sim q$가 참이면 그 대우인 $q \longrightarrow p$도 참이다.

두 조건 p, q의 진리집합을 각각 P, Q라 하면

$\qquad P=\{x\,|\,x<a\}$, $Q=\{x\,|\,-3<x<2\}$

이때 명제 $q \longrightarrow p$가 참이려면 $Q\subset P$이어야 하므로 오른쪽 그림에서 $a\geq2$

따라서 실수 a의 최솟값은 2이다. 답 2

0692 명제 '$|x-a|\geq5$이면 $|x-2|>3$이다.'가 참이 되려면 그 대우 '$|x-2|\leq3$이면 $|x-a|<5$이다.'가 참이 되어야 한다. ··· 1단계

이때 두 조건 p, q를 각각 p: $|x-2|\leq3$, q: $|x-a|<5$라 하자.

$|x-2|\leq3$에서　$-3\leq x-2\leq3$

$\qquad\therefore -1\leq x\leq5$

$|x-a|<5$에서　$-5<x-a<5$

$\qquad\therefore a-5<x<a+5$

두 조건 p, q의 진리집합을 각각 P, Q라 하면

$\qquad P=\{x\,|\,-1\leq x\leq5\}$, $Q=\{x\,|\,a-5<x<a+5\}$

명제 $p \longrightarrow q$가 참이 되려면 $P\subset Q$ 이어야 하므로 오른쪽 그림에서

$\qquad a-5<-1$, $a+5>5$

$\qquad\therefore 0<a<4$ ··· 2단계

따라서 정수 a는 1, 2, 3의 3개이다. ··· 3단계 답 3

	채점 요소	비율
1단계	주어진 명제의 대우가 참이 되어야 함을 알기	30 %
2단계	a의 값의 범위 구하기	60 %
3단계	정수 a의 개수 구하기	10 %

0693 ① 두 명제 $p \longrightarrow q$, $q \longrightarrow \sim r$가 참이므로 명제 $p \longrightarrow \sim r$도 참이다.

② 명제 $p \longrightarrow q$가 참이므로 그 대우 $\sim q \longrightarrow \sim p$도 참이다.

③ 명제 $q \longrightarrow \sim r$가 참이므로 그 대우 $r \longrightarrow \sim q$도 참이다.

⑤ 명제 $p \longrightarrow \sim r$가 참이므로 그 대우 $r \longrightarrow \sim p$도 참이다.

따라서 반드시 참이라고 할 수 없는 것은 ④이다. 답 ④

0694 ㄱ. 명제 $p \longrightarrow \sim r$가 참이므로 그 대우 $r \longrightarrow \sim p$도 참이다.

ㄴ. 명제 $\sim s \longrightarrow r$가 참이므로 그 대우 $\sim r \longrightarrow s$도 참이다.
따라서 두 명제 $p \longrightarrow \sim r$, $\sim r \longrightarrow s$가 참이므로 명제 $p \longrightarrow s$도 참이다.

ㄷ. 두 명제 $q \longrightarrow r$, $r \longrightarrow \sim p$가 참이므로 명제 $q \longrightarrow \sim p$도 참이다.

이상에서 항상 참인 명제는 ㄱ, ㄴ, ㄷ이다. 답 ㄱ, ㄴ, ㄷ

0695 명제 $q \longrightarrow \sim p$가 참이므로 그 대우 $p \longrightarrow \sim q$도 참이다.

두 명제 $r \longrightarrow s$, $p \longrightarrow \sim q$가 모두 참이므로 명제 $r \longrightarrow \sim q$가 참이 되려면 명제 $s \longrightarrow p$가 참이어야 한다.

또 명제 $s \longrightarrow p$가 참이면 그 대우 $\sim p \longrightarrow \sim s$도 참이다.

따라서 명제 $r \longrightarrow \sim q$가 참임을 보이기 위해 필요한 참인 명제는 ②이다. 답 ②

0696 ① $x^2=4$이면　$x=-2$ 또는 $x=2$
따라서 $p \Longrightarrow q$, $q \xRightarrow{\ \ } p$이므로 p는 q이기 위한 필요조건이다.

② $x\geq1$이고 $y\geq1$이면 $x+y\geq2$이므로　$p \Longrightarrow q$
[$\longleftarrow$의 반례] $x=3$, $y=0$이면 $x+y=3>2$이지만 $y<1$이다.
따라서 p는 q이기 위한 충분조건이다.

③ $x=y$이면 $xz=yz$이므로　$p \Longrightarrow q$
[$\longleftarrow$의 반례] $x=1$, $y=2$, $z=0$이면 $xz=yz=0$이지만 $x\neq y$이다.
따라서 p는 q이기 위한 충분조건이다.

④ $x=2$, $y=3$이면 $xy=6$이므로　$p \Longrightarrow q$
[$\longleftarrow$의 반례] $x=-2$, $y=-3$이면 $xy=6$이지만 $x\neq2$, $y\neq3$이다.
따라서 p는 q이기 위한 충분조건이다.

⑤ $x<1$이면 $x\leq2$이므로　$p \Longrightarrow q$
[$\longleftarrow$의 반례] $x=\dfrac{3}{2}$이면 $x\leq2$이지만 $x>1$이다.
따라서 p는 q이기 위한 충분조건이다.

즉 p가 q이기 위한 필요조건이지만 충분조건은 아닌 것은 ①이다. 답 ①

0697 ㄱ. $a>1$, $b>1$이면 $a-1>0$, $b-1>0$이므로
$\qquad ab+1-(a+b)=a(b-1)-(b-1)$
$\qquad\qquad\qquad\qquad\quad =(a-1)(b-1)>0$

즉 $ab+1>a+b$이므로　$p \Longrightarrow q$
[$\longleftarrow$의 반례] $a=0$, $b=0$이면 $ab+1>a+b$이지만 $a<1$, $b<1$이다.
따라서 p는 q이기 위한 충분조건이다.

ㄴ. $ab=|ab|$이면 $ab\geq0$이므로
$\qquad a\geq0$, $b\geq0$ 또는 $a\leq0$, $b\leq0$
따라서 $p \xRightarrow{\ \ } q$, $q \Longrightarrow p$이므로 p는 q이기 위한 필요조건이다.

ㄷ. $a>b$이고 $b>c$이면 $a>c$이므로 $p \Longrightarrow q$
[←의 반례] $a=1$, $b=2$, $c=-1$이면 $a>c$이지만 $a<b$이다.
따라서 p는 q이기 위한 충분조건이다.
이상에서 p가 q이기 위한 충분조건이지만 필요조건은 아닌 것은 ㄱ, ㄷ이다.   답 ㄱ, ㄷ

0698 q: $xy=0$에서 $x=0$ 또는 $y=0$
r: $|x|+|y|=0$에서 $x=0$, $y=0$
ㄱ. $p \Longrightarrow q$, $q \nLongrightarrow p$이므로 p는 q이기 위한 충분조건이다.   (거짓)
ㄴ. $p \Longleftrightarrow r$이므로 p는 r이기 위한 필요충분조건이다. (참)
ㄷ. $\sim r$: $x\neq0$ 또는 $y\neq0$, $\sim q$: $x\neq0$, $y\neq0$
따라서 $\sim r \nLongrightarrow \sim q$, $\sim q \Longrightarrow \sim r$이므로 $\sim r$는 $\sim q$이기 위한 필요조건이다. (거짓)
이상에서 옳은 것은 ㄴ뿐이다.   답 ㄴ

0699 p가 q이기 위한 필요조건이므로
$q \Longrightarrow p$ ∴ $Q \subset P$
① $P \cap Q = Q$ ② $P \cup Q = P$
③ $P \neq Q$이면 $P \cap Q^C \neq \varnothing$ ⑤ $P^C - Q = P^C$
따라서 항상 옳은 것은 ④이다.   답 ④

0700 ㄱ. $R \subset Q$이므로 q는 r이기 위한 필요조건이다. (참)
ㄴ. $P \subset R^C$이므로 p는 $\sim r$이기 위한 충분조건이다. (참)
ㄷ. $Q^C \not\subset P^C$이므로 $\sim p$는 $\sim q$이기 위한 필요조건이 아니다. (거짓)
이상에서 옳은 것은 ㄱ, ㄴ이다.   답 ㄱ, ㄴ

0701 $(P-R) \cup (Q-R^C) = \varnothing$에서
$P-R=\varnothing$, $Q-R^C=\varnothing$
∴ $P \subset R$, $Q \cap R = \varnothing$
세 집합 P, Q, R 사이의 포함 관계를 벤 다이어그램으로 나타내면 오른쪽 그림과 같다.

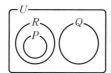

③ $P \subset R$이므로 p는 r이기 위한 충분조건이다.
⑤ $P \subset Q^C$이므로 $\sim q$는 p이기 위한 필요조건이다.
따라서 항상 옳은 것은 ⑤이다.   답 ⑤

0702 $(x-5)(x-9) \leq 0$에서 $5 \leq x \leq 9$
두 조건 p, q의 진리집합을 각각 P, Q라 하면
$P=\{x|a \leq x \leq a+2\}$, $Q=\{x|5 \leq x \leq 9\}$
q가 p이기 위한 필요조건이므로
$p \Longrightarrow q$, 즉 $P \subset Q$
이를 만족시키도록 두 집합 P, Q를 수직선 위에 나타내면 오른쪽 그림과 같으므로

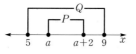

$a \geq 5$, $a+2 \leq 9$ ∴ $5 \leq a \leq 7$

따라서 정수 a는 5, 6, 7이므로 모든 정수 a의 값의 합은
$5+6+7=18$ 답 18

0703 $x-3 \neq 0$은 $x^2+ax-12 \neq 0$이기 위한 필요조건이므로
명제 '$x^2+ax-12 \neq 0$이면 $x-3 \neq 0$이다.'는 참이다.
따라서 그 대우 '$x-3=0$이면 $x^2+ax-12=0$이다.'도 참이다.
$x^2+ax-12=0$에 $x=3$을 대입하면
$9+3a-12=0$ ∴ $a=1$ 답 1

0704 $x^2-6x+8<0$에서 $(x-2)(x-4)<0$
∴ $2<x<4$ … 1단계
$|x-a|<2$에서 $-2<x-a<2$
∴ $a-2<x<a+2$ … 2단계
따라서 $x^2-6x+8<0$이
$|x-a|<2$이기 위한 충분조건이

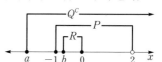

되려면 명제 '$2<x<4$이면
$a-2<x<a+2$이다.'가 참이어야 하므로 위의 그림에서
$a-2 \leq 2$, $a+2 \geq 4$
∴ $2 \leq a \leq 4$ … 3단계
                   답 $2 \leq a \leq 4$

채점 요소		비율
1단계	$x^2-6x+8<0$을 만족시키는 x의 값의 범위 구하기	20%
2단계	$|x-a|<2$를 만족시키는 x의 값의 범위 구하기	20%
3단계	a의 값의 범위 구하기	60%

0705 세 조건 p, q, r의 진리집합을 각각 P, Q, R라 하면
$P=\{x|-1 \leq x<2\}$, $Q=\{x|x<a\}$, $R=\{x|b \leq x \leq 0\}$
$\sim q$는 p이기 위한 필요조건이고, $\sim p$는 $\sim r$이기 위한 충분조건이므로
$p \Longrightarrow \sim q$, $\sim p \Longrightarrow \sim r$
따라서 $P \subset Q^C$이고 $P^C \subset R^C$, 즉 $R \subset P$이므로 $R \subset P \subset Q^C$
이때 $Q^C=\{x|x \geq a\}$이므로 이를 만족시키도록 세 집합 P, Q^C, R를 수직선 위에 나타내면 다음 그림과 같다.

위의 그림에서 $a \leq -1$, $-1 \leq b \leq 0$
따라서 a의 최댓값은 -1, b의 최솟값은 -1이므로 $a-b$의 최댓값은
$-1-(-1)=0$ 답 0

0706 p는 q이기 위한 충분조건이므로 $p \Longrightarrow q$
∴ $\sim q \Longrightarrow \sim p$
$\sim q$는 r이기 위한 필요조건이므로 $r \Longrightarrow \sim q$
∴ $q \Longrightarrow \sim r$
$p \Longrightarrow q$, $q \Longrightarrow \sim r$이므로 $p \Longrightarrow \sim r$ ∴ $r \Longrightarrow \sim p$
따라서 반드시 참이라고 할 수 없는 명제는 ⑤이다.   답 ⑤

0707 ㄱ. 명제 $p \longrightarrow q$가 참이므로 q는 p이기 위한 필요조건
이지만 충분조건인지는 알 수 없다. (거짓)

ㄴ. 명제 $\sim r \longrightarrow \sim q$가 참이므로 그 대우 $q \longrightarrow r$가 참이다.
즉 r는 q이기 위한 필요조건이다. (참)

ㄷ. 두 명제 $p \longrightarrow q$, $q \longrightarrow r$가 참이므로 명제 $p \longrightarrow r$도 참이다.
즉 p는 r이기 위한 충분조건이다. (참)

이상에서 항상 옳은 것은 ㄴ, ㄷ이다. 　　　　　　**답 ④**

0708 (개), (내), (대), (래)에서 각각 $p \Longleftrightarrow q$, $s \Longrightarrow r$, $q \Longrightarrow s$,
$r \Longrightarrow q$이다.

이때 $p \Longrightarrow q$, $q \Longrightarrow s$이므로 　　　$p \Longrightarrow s$

$s \Longrightarrow r$, $r \Longrightarrow q$, $q \Longrightarrow p$이므로 　　$s \Longrightarrow p$

따라서 $p \Longleftrightarrow s$이므로 s는 p이기 위한 필요충분조건이다.
　　　　　　　　　　　　　　　　답 필요충분조건

0709 n이 3의 배수가 아니면
$$n = \boxed{(개)\ 3k-2} \text{ 또는 } n = 3k-1 \ (k \text{는 자연수})$$
로 나타낼 수 있다.

(i) $n = \boxed{(개)\ 3k-2}$일 때
$$n^2 = (3k-2)^2 = 9k^2 - 12k + 4$$
$$= 3(\boxed{(내)\ 3k^2 - 4k + 1}) + 1$$

(ii) $n = 3k-1$일 때
$$n^2 = (3k-1)^2 = 9k^2 - 6k + 1$$
$$= 3(\boxed{(대)\ 3k^2 - 2k}) + 1$$

　　답 (개) $3k-2$　(내) $3k^2 - 4k + 1$　(대) $3k^2 - 2k$

0710 주어진 명제의 대우는 'x, y가 모두 유리수이면 $x+y$는
유리수이다.'이다.

x, y가 모두 유리수이면
$$x = \frac{b}{a}, \ y = \frac{d}{c} \ (a, b, c, d \text{는 정수}, a \neq 0, c \neq 0)$$
로 나타낼 수 있으므로
$$x + y = \frac{b}{a} + \frac{d}{c} = \frac{ad + bc}{ac}$$
이때 $ad + bc$와 ac는 정수이고, $ac \neq 0$이므로 $x+y$는 유리수이
다.

따라서 주어진 명제의 대우가 참이므로 주어진 명제도 참이다.
　　　　　　　　　　　　　　　　　답 풀이 참조

0711 $\sqrt{n^2 - 1} = \dfrac{q}{p}$ (p, q는 서로소인 자연수)의 양변을 제곱

하면 　　$n^2 - 1 = \dfrac{q^2}{p^2}$ 　　　　　　$\cdots\cdots$ ㉠

㉠의 좌변은 자연수이고, p와 q는 서로소이므로
$$p^2 = \boxed{(개)\ 1} \qquad\cdots\cdots \text{ㄴ}$$

㉡을 ㉠에 대입하면 　　$n^2 - 1 = q^2$

$n^2 - q^2 = \boxed{(내)\ 1}$ 　　$\therefore (n+q)(n-q) = \boxed{(내)\ 1}$

따라서 $n+q$, $n-q$의 값은 모두 $\boxed{(대)\ -1 \text{ 또는 } 1}$이다.

　　　　　　　　　　　　　　　　　　　　답 ②

0712 유리수 a와 무리수 b의 합 $a+b$가 무리수가 아니라고
가정하면 $a+b$는 유리수이므로
$$a + b = k \ (k \text{는 유리수})$$
로 놓을 수 있다.

이때 $b = k - a$이고 b는 무리수, $k - a$는 유리수이므로 모순이다.
따라서 $a+b$는 무리수이므로 유리수와 무리수의 합은 무리수이
다.
　　　　　　　　　　　　　　　　답 풀이 참조

0713
$$A - B = (xy + 4) - 2(x + y) = xy - 2x - 2y + 4$$
$$= x(y - 2) - 2(y - 2)$$
$$= (x - 2)(y - 2)$$
이때 $x \geq 2$, $y \geq 2$에서 $x - 2 \geq 0$, $y - 2 \geq 0$이므로
$$(x - 2)(y - 2) \geq 0$$
$$\therefore A \geq B \ (\text{단, 등호는 } x = 2 \text{ 또는 } y = 2\text{일 때 성립})$$
　　　　　　　　　　　　　　　　　답 ④

0714
$$A^2 - B^2 = (\sqrt{a + 4})^2 - \left(\frac{a}{4} + 2\right)^2$$
$$= a + 4 - \left(\frac{a^2}{16} + a + 4\right) = -\frac{a^2}{16} < 0$$
$$\therefore A^2 < B^2$$
이때 $A > 0$, $B > 0$이므로 　　$A < B$ 　　　　**답 $A < B$**

0715 ㄱ. $\dfrac{a}{b} - \dfrac{a+1}{b+1} = \dfrac{a(b+1) - b(a+1)}{b(b+1)}$

$$= \frac{a - b}{b(b+1)} > 0$$

$$\therefore \frac{a}{b} > \frac{a+1}{b+1} \ (\text{거짓})$$

ㄴ. $\dfrac{a}{b^2} - \dfrac{b}{a^2} = \dfrac{a^3 - b^3}{a^2 b^2} = \dfrac{(a-b)(a^2 + ab + b^2)}{a^2 b^2} > 0$

$$\therefore \frac{a}{b^2} > \frac{b}{a^2} \ (\text{참})$$

ㄷ. $\dfrac{1+b}{1+a} - \dfrac{1+a}{1+b} = \dfrac{(1+b)^2 - (1+a)^2}{(1+a)(1+b)}$

$$= \frac{(b-a)(a+b+2)}{(1+a)(1+b)} < 0$$

$$\therefore \frac{1+b}{1+a} < \frac{1+a}{1+b} \ (\text{참})$$

이상에서 옳은 것은 ㄴ, ㄷ이다. 　　　　　　**답 ⑤**

다른 풀이 ㄷ. $1 + a > 1 + b$이므로 　　$\dfrac{1+b}{1+a} < 1$, $\dfrac{1+a}{1+b} > 1$

$$\therefore \frac{1+b}{1+a} < \frac{1+a}{1+b} \ (\text{참})$$

0716 $(\sqrt{a} + \sqrt{b})^2 - (\sqrt{a+b})^2 = (a + 2\sqrt{ab} + b) - (a + b)$

$$= \boxed{(개)\ 2\sqrt{ab}} \geq 0$$

$$\therefore (\sqrt{a} + \sqrt{b})^2 \geq (\sqrt{a+b})^2$$

그런데 $\sqrt{a} + \sqrt{b} \geq 0$, $\sqrt{a+b} \geq 0$이므로
$$\sqrt{a} + \sqrt{b} \geq \sqrt{a+b}$$

이때 등호는 $2\sqrt{ab} = 0$, 즉 $a = 0$ 또는 $\boxed{(내)\ b = 0}$일 때 성립한다.

　　　　　　　　　　　　　답 (개) $2\sqrt{ab}$　(내) $b = 0$

0717 $x^3+y^3+z^3-3xyz$
$=(x+y+z)(x^2+y^2+z^2-xy-yz-zx)$
$=\dfrac{1}{2}(x+y+z)(2x^2+2y^2+2z^2-2xy-2yz-2zx)$
$=\dfrac{1}{2}(x+y+z)\{(x-y)^2+(y-z)^2+(z-x)^2\}$

양의 실수 x, y, z에 대하여
$x+y+z>0$, $(x-y)^2\geq0$, $(y-z)^2\geq0$, $(z-x)^2\geq0$
이므로 $x^3+y^3+z^3-3xyz\geq0$
$\therefore x^3+y^3+z^3\geq3xyz$
이때 등호는 $x-y=0$, $y-z=0$, $z-x=0$, 즉 $x=y=z$일 때
성립한다. **답** 풀이 참조

0718 ㄱ. [반례] $a=-4$이면 $a^2+16=-8a$
ㄴ. $a^2+5b^2-b(4a+b)=a^2-4ab+4b^2=(a-2b)^2\geq0$
$\therefore a^2+5b^2\geq b(4a+b)$
이때 등호는 $a-2b=0$, 즉 $a=2b$일 때 성립한다.
ㄷ. [반례] $a=1$, $b=-1$이면 $|a+b|=0$, $|a-b|=2$
$\therefore |a+b|<|a-b|$
이상에서 절대부등식인 것은 ㄴ뿐이다. **답** ㄴ

0719 $a>0$, $b>0$에서 $2a>0$, $3b>0$이므로 산술평균과 기하
평균의 관계에 의하여
$2a+3b\geq2\sqrt{2a\times3b}=2\sqrt{6ab}$
이때 $2a+3b=12$이므로 $12\geq2\sqrt{6ab}$
$\therefore \sqrt{6ab}\leq6$
양변을 제곱하면 $6ab\leq36$
$\therefore ab\leq6$ $\therefore M=6$
한편 등호는 $2a=3b$일 때 성립하므로 $2a+3b=12$에서
$2a=3b=6$ $\therefore a=3$, $b=2$
즉 $\alpha=3$, $\beta=2$이므로
$M+\alpha+\beta=11$ **답** 11

0720 $x>0$, $y>0$에서 $2x>0$, $4y>0$이므로 산술평균과 기하
평균의 관계에 의하여
$2x+4y\geq2\sqrt{2x\times4y}=2\sqrt{8xy}$
이때 $xy=4$이므로
$2x+4y\geq2\sqrt{32}=8\sqrt{2}$ (단, 등호는 $x=2y$일 때 성립)
따라서 $2x+4y$의 최솟값은 $8\sqrt{2}$이다. **답** ⑤

0721 $a\neq0$, $b\neq0$에서 $a^2>0$, $4b^2>0$이므로 산술평균과 기하
평균의 관계에 의하여
$a^2+4b^2\geq2\sqrt{a^2\times4b^2}=4|ab|$
이때 $a^2+4b^2=32$이므로 $32\geq4|ab|$, $|ab|\leq8$
$\therefore -8\leq ab\leq8$
(단, 등호는 $a^2=4b^2$, 즉 $|a|=|2b|$일 때 성립)
따라서 ab의 최댓값은 8, 최솟값은 -8이므로 구하는 곱은
$8\times(-8)=-64$ **답** -64

0722 $\dfrac{1}{a}+\dfrac{5}{b}=\dfrac{5a+b}{ab}=\dfrac{10}{ab}$ ...... ㉠

한편 $5a>0$, $b>0$이므로 산술평균과 기하평균의 관계에 의하여
$5a+b\geq2\sqrt{5ab}$
이때 $5a+b=10$이므로 $10\geq2\sqrt{5ab}$
$\therefore \sqrt{5ab}\leq5$ (단, 등호는 $5a=b$일 때 성립)
양변을 제곱하면 $5ab\leq25$
$\therefore ab\leq5$
즉 $\dfrac{1}{ab}\geq\dfrac{1}{5}$이므로 $\dfrac{10}{ab}\geq2$
따라서 ㉠에서 $\dfrac{1}{a}+\dfrac{5}{b}$의 최솟값은 2이다. **답** 2

0723 $x>0$, $y>0$에서 $xy>0$이므로 산술평균과 기하평균의
관계에 의하여
$\left(x+\dfrac{4}{y}\right)\left(4y+\dfrac{1}{x}\right)=4xy+1+16+\dfrac{4}{xy}$
$=17+4xy+\dfrac{4}{xy}$
$\geq17+2\sqrt{4xy\times\dfrac{4}{xy}}$
$=17+2\times4=25$
$\left($단, 등호는 $4xy=\dfrac{4}{xy}$, 즉 $xy=1$일 때 성립$\right)$
따라서 구하는 최솟값은 25이다. **답** ⑤

0724 $a>0$에서 $a^2>0$이므로 산술평균과 기하평균의 관계에
의하여
$\left(a-\dfrac{3}{a}\right)\left(3a-\dfrac{1}{a}\right)=3a^2-1-9+\dfrac{3}{a^2}$
$=-10+3a^2+\dfrac{3}{a^2}$
$\geq-10+2\sqrt{3a^2\times\dfrac{3}{a^2}}$
$=-10+2\times3=-4$
$\therefore m=-4$
한편 등호는 $3a^2=\dfrac{3}{a^2}$일 때 성립하므로
$a^4=1$ $\therefore a=1$ $(\because a>0)$
즉 $\alpha=1$이므로 $m+\alpha=-3$ **답** -3

0725 $a>0$, $b>0$, $c>0$, $d>0$에서 $ad>0$, $bc>0$이므로 산
술평균과 기하평균의 관계에 의하여
$\left(\dfrac{a}{b}+\dfrac{c}{d}\right)\left(\dfrac{b}{a}+\dfrac{d}{c}\right)=1+\dfrac{ad}{bc}+\dfrac{bc}{ad}+1$
$=2+\dfrac{ad}{bc}+\dfrac{bc}{ad}$
$\geq2+2\sqrt{\dfrac{ad}{bc}\times\dfrac{bc}{ad}}$
$=4$
$\left($단, 등호는 $\dfrac{ad}{bc}=\dfrac{bc}{ad}$, 즉 $ad=bc$일 때 성립$\right)$
따라서 구하는 최솟값은 4이다. **답** 4

07

0726 $a>0$, $b>0$, $c>0$에서 $3b+c>0$이므로 산술평균과 기하평균의 관계에 의하여

$$(a+3b+c)\left(\frac{1}{a}+\frac{4}{3b+c}\right)$$

$$=\{a+(3b+c)\}\left(\frac{1}{a}+\frac{4}{3b+c}\right)$$

$$=1+\frac{4a}{3b+c}+\frac{3b+c}{a}+4=5+\frac{4a}{3b+c}+\frac{3b+c}{a}$$

$$\geq 5+2\sqrt{\frac{4a}{3b+c}\times\frac{3b+c}{a}}$$

$$=5+2\times 2=9$$

$$\left(\text{단, 등호는 }\frac{4a}{3b+c}=\frac{3b+c}{a}\text{, 즉 }2a=3b+c\text{일 때 성립}\right)$$

따라서 구하는 최솟값은 9이다.　　　　　답 **9**

0727 $x>-1$에서 $x+1>0$이므로 산술평균과 기하평균의 관계에 의하여

$$x+\frac{4}{x+1}=x+1+\frac{4}{x+1}-1$$

$$\geq 2\sqrt{(x+1)\times\frac{4}{x+1}}-1$$

$$=2\times 2-1=3$$

$$\therefore m=3$$

한편 등호는 $x+1=\frac{4}{x+1}$일 때 성립하므로

$$(x+1)^2=4,\quad x+1=2\ (\because x+1>0)\quad \therefore x=1$$

즉 $n=1$이므로　　　　$mn=3$　　　　답 ②

0728 $a>1$에서 $a-1>0$이므로 산술평균과 기하평균의 관계에 의하여

$$9a-1+\frac{1}{a-1}=9(a-1)+\frac{1}{a-1}+8$$

$$\geq 2\sqrt{9(a-1)\times\frac{1}{a-1}}+8$$

$$=2\times 3+8=14$$

$$\left(\text{단, 등호는 }9(a-1)=\frac{1}{a-1}\text{, 즉 }a=\frac{4}{3}\text{일 때 성립}\right)$$

따라서 $9a-1+\frac{1}{a-1}\geq k$가 항상 성립하려면 $k\leq 14$이어야 하므로 k의 최댓값은 14이다.　　　　답 ④

0729 $a>0$, $b>0$, $c>0$이므로 산술평균과 기하평균의 관계에 의하여

$$\frac{b+c}{a}+\frac{c+a}{b}+\frac{a+b}{c}$$

$$=\frac{b}{a}+\frac{c}{a}+\frac{c}{b}+\frac{a}{b}+\frac{a}{c}+\frac{b}{c}$$

$$=\left(\frac{b}{a}+\frac{a}{b}\right)+\left(\frac{c}{b}+\frac{b}{c}\right)+\left(\frac{a}{c}+\frac{c}{a}\right)\quad \cdots\text{1단계}$$

$$\geq 2\sqrt{\frac{b}{a}\times\frac{a}{b}}+2\sqrt{\frac{c}{b}\times\frac{b}{c}}+2\sqrt{\frac{a}{c}\times\frac{c}{a}}$$

$$=2+2+2=6\ (\text{단, 등호는 }a=b=c\text{일 때 성립})$$

따라서 구하는 최솟값은 6이다.　　　　$\cdots$2단계

답 **6**

채점 요소	비율
1단계 주어진 식 변형하기	50 %
2단계 산술평균과 기하평균의 관계를 이용하여 최솟값 구하기	50 %

참고 | 등호는 각각 $\frac{b}{a}=\frac{a}{b}$, $\frac{c}{b}=\frac{b}{c}$, $\frac{a}{c}=\frac{c}{a}$일 때 성립하므로

$$a^2=b^2=c^2\quad \therefore a=b=c\ (\because a>0,\ b>0,\ c>0)$$

즉 등호가 동시에 성립할 수 있으므로 앞과 같이 풀 수 있다.

0730 $x>3$에서 $x-3>0$이므로 산술평균과 기하평균의 관계에 의하여

$$\frac{x^2-3x+4}{x-3}=\frac{x(x-3)+4}{x-3}=x+\frac{4}{x-3}$$

$$=x-3+\frac{4}{x-3}+3$$

$$\geq 2\sqrt{(x-3)\times\frac{4}{x-3}}+3$$

$$=2\times 2+3=7$$

$$\left(\text{단, 등호는 }x-3=\frac{4}{x-3}\text{, 즉 }x=5\text{일 때 성립}\right)$$

따라서 구하는 최솟값은 7이다.　　　　답 **7**

0731 x, y가 실수이므로 코시-슈바르츠의 부등식에 의하여

$$(1^2+2^2)(x^2+y^2)\geq(x+2y)^2$$

이때 $x^2+y^2=4$이므로　　$20\geq(x+2y)^2$

$$\therefore -2\sqrt{5}\leq x+2y\leq 2\sqrt{5}\ (\text{단, 등호는 }2x=y\text{일 때 성립})$$

따라서 $x+2y$의 최댓값은 $2\sqrt{5}$이다.　　　　답 ②

0732 x, y가 실수이므로 코시-슈바르츠의 부등식에 의하여

$$\left\{\left(\frac{1}{4}\right)^2+\left(\frac{1}{3}\right)^2\right\}(x^2+y^2)\geq\left(\frac{x}{4}+\frac{y}{3}\right)^2$$

이때 $\frac{x}{4}+\frac{y}{3}=5$이므로　　$\frac{25}{144}(x^2+y^2)\geq 25$

$$\therefore x^2+y^2\geq 144\ (\text{단, 등호는 }4x=3y\text{일 때 성립})$$

따라서 x^2+y^2의 최솟값은 144이다.　　　　답 **144**

0733 x, y가 실수이므로 코시-슈바르츠의 부등식에 의하여

$$(3^2+2^2)(x^2+y^2)\geq(3x+2y)^2$$

이때 $x^2+y^2=a$이므로　　$13a\geq(3x+2y)^2$

$$\therefore -\sqrt{13a}\leq 3x+2y\leq\sqrt{13a}$$

$$(\text{단, 등호는 }2x=3y\text{일 때 성립})$$

즉 $3x+2y$의 최댓값과 최솟값이 각각 $\sqrt{13a}$, $-\sqrt{13a}$이므로

$$\sqrt{13a}-(-\sqrt{13a})=13,\quad 2\sqrt{13a}=13$$

$$4\times 13a=13^2\quad \therefore a=\frac{13}{4}$$

답 $\dfrac{13}{4}$

0734 $a+b+c=2$에서　　$b+c=2-a$　　$\cdots\cdots$ ㉠

$a^2+b^2+c^2=4$에서　　$b^2+c^2=4-a^2$　　$\cdots\cdots$ ㉡

b, c는 실수이므로 코시-슈바르츠의 부등식에 의하여

$$(1^2+1^2)(b^2+c^2)\geq(b+c)^2$$

㉠, ㉡을 대입하면　　$2(4-a^2)\geq(2-a)^2$

$$3a^2-4a-4\leq 0,\quad (3a+2)(a-2)\leq 0$$

$$\therefore -\frac{2}{3}\leq a\leq 2\ (\text{단, 등호는 }b=c\text{일 때 성립})$$

따라서 a의 최댓값은 2, 최솟값은 $-\dfrac{2}{3}$이므로 구하는 합은

$$2+\left(-\dfrac{2}{3}\right)=\dfrac{4}{3}$$

답 $\dfrac{4}{3}$

다른 풀이 $(b+c)^2=b^2+c^2+2bc$에 ㉠, ㉡을 대입하면

$$(2-a)^2=(4-a^2)+2bc \qquad \therefore bc=a^2-2a \quad \cdots ㉢$$

㉠, ㉢에서 b, c는 t에 대한 이차방정식

$$t^2-(b+c)t+bc=0, \ 즉 \ t^2-(2-a)t+a^2-2a=0$$

의 두 실근이므로 판별식을 D라 하면

$$D=\{-(2-a)\}^2-4\times 1\times(a^2-2a)\geq 0$$

$$3a^2-4a-4\leq 0, \qquad (3a+2)(a-2)\leq 0$$

$$\therefore -\dfrac{2}{3}\leq a\leq 2$$

0735 전체 우리의 가로의 길이를 a m, 세로의 길이를 b m라 하면 철 망의 길이가 40 m이므로

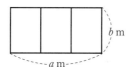

$$2a+4b=40 \qquad \therefore a+2b=20$$

$a>0$, $b>0$이므로 산술평균과 기하평균의 관계에 의하여

$$a+2b\geq 2\sqrt{a\times 2b}=2\sqrt{2ab}$$

이때 $a+2b=20$이므로 $\qquad 20\geq 2\sqrt{2ab}$

$$\therefore \sqrt{2ab}\leq 10 \ (단, \ 등호는 \ a=2b일 \ 때 \ 성립)$$

양변을 제곱하면 $\qquad 2ab\leq 100 \qquad \therefore ab\leq 50$

전체 우리의 넓이는 ab m²이므로 넓이의 최댓값은 50 m²이다.

답 ②

0736 소포의 밑면의 가로, 세로의 길이를 각각 x cm, y cm 라 하면 소포를 묶는 데 필요한 끈의 길이는

$$2x+2y+4\times 5=2x+2y+20 \ (cm)$$

그런데 끈의 길이가 100 cm이므로

$$2x+2y+20=100 \qquad \therefore x+y=40$$

$x>0$, $y>0$이므로 산술평균과 기하평균의 관계에 의하여

$$x+y\geq 2\sqrt{xy}$$

이때 $x+y=40$이므로 $\qquad 40\geq 2\sqrt{xy}$

$$\therefore \sqrt{xy}\leq 20 \ (단, \ 등호는 \ x=y일 \ 때 \ 성립)$$

양변을 제곱하면 $\qquad xy\leq 400$

소포의 부피는 $5xy$ cm³이므로 $\qquad 5xy\leq 2000$

따라서 소포의 최대 부피는 2000 cm³이다. 답 **2000 cm³**

0737 직사각형의 대각선의 길이가 $2\sqrt{5}$이므로

$$a^2+b^2=(2\sqrt{5})^2=20$$

상자의 12개의 모서리 길이의 합은 $\qquad 2a+4b$

a, b가 실수이므로 코시-슈바르츠의 부등식에 의하여

$$(2^2+4^2)(a^2+b^2)\geq(2a+4b)^2$$

이때 $a^2+b^2=20$이므로 $\qquad 20\times 20\geq(2a+4b)^2$

$$\therefore -20\leq 2a+4b\leq 20 \ (단, \ 등호는 \ 2a=b일 \ 때 \ 성립)$$

그런데 $a>0$, $b>0$이므로 $\qquad 0<2a+4b\leq 20$

따라서 구하는 최댓값은 20이다. 답 **20**

0738 ㄱ. $\sim p$: x^2은 9보다 크거나 같다.

ㄴ. $\sim p$: $ab\neq 0$에서 $\qquad a\neq 0$이고 $b\neq 0$

이상에서 조건 p와 그 부정 $\sim p$가 바르게 연결된 것은 ㄷ뿐이다.

답 ㄷ

0739 두 조건 p, q의 진리집합을 각각 P, Q라 하면

$$P=\{2, 3, 4\}, \ Q=\{4, 5, 6\}$$

조건 '$\sim p$이고 q'의 진리집합은 $P^C\cap Q$이고 $P^C=\{1, 5, 6\}$이므로

$$P^C\cap Q=\{5, 6\}$$

따라서 구하는 모든 원소의 합은

$$5+6=11$$

답 **11**

0740 ① [반례] $x=-3$이면 $x\neq 3$이지만 $x^2=9$이다.

② [반례] $x=0$, $y=1$이면 $x^2+y^2=1>0$이지만 $x=0$이다.

③ [반례] $x=0$, $y=-1$이면 $x>y$이지만 $x^2<y^2$이다.

④ $|x|<2$이면 $-2<x<2$이므로 $x<2$이다.

⑤ [반례] $x=1$, $y=-1$이면 $x+y=0$이지만 $x\neq 0$, $y\neq 0$이다.

따라서 참인 명제는 ④이다. 답 ④

0741 ④ $x=1+\sqrt{2}$, $y=1-\sqrt{2}$이면 $x+y=2$, $xy=-1$이므로 $x+y$, xy는 모두 유리수이지만 x, y는 모두 무리수이다.

답 ④

0742 ③ $P\cap Q=\varnothing$이므로 $\qquad P\subset Q^C$

따라서 명제 $p \longrightarrow \sim q$는 참이다.

답 ③

0743 $x^2-(a^2+1)x+a^2=0$에서

$$(x-1)(x-a^2)=0$$

$$\therefore x=1 \ 또는 \ x=a^2$$

$|x-a|\leq 1$에서 $\qquad -1\leq x-a\leq 1$

$$\therefore a-1\leq x\leq a+1$$

두 조건 p, q의 진리집합을 각각 P, Q라 하면

$$P=\{1, a^2\}, \ Q=\{x\,|\,a-1\leq x\leq a+1\}$$

이때 $p \longrightarrow q$가 참이 되려면 $P\subset Q$이어야 하므로

$$1\in Q, \ a^2\in Q$$

즉 $a-1\leq 1\leq a+1$, $a-1\leq a^2\leq a+1$에서

$$0\leq a\leq 2, \ \dfrac{1-\sqrt{5}}{2}\leq a\leq \dfrac{1+\sqrt{5}}{2}$$

$$\therefore 0\leq a\leq \dfrac{1+\sqrt{5}}{2}$$

따라서 정수 a는 0, 1의 2개이다.

답 **2**

0744 ① 부정: 모든 실수 x에 대하여 $x^2-x+\dfrac{1}{4}\geq0$이다. (참)

모든 실수 x에 대하여 $x^2-x+\dfrac{1}{4}=\left(x-\dfrac{1}{2}\right)^2\geq0$

② 부정: 모든 실수 x에 대하여 $x^2-1\geq0$이다. (거짓)

[반례] $x=0$이면 $x^2-1=-1<0$이다.

③ 부정: 모든 실수 x에 대하여 $x+\dfrac{1}{x}<1$이다. (거짓)

[반례] $x=1$이면 $x+\dfrac{1}{x}=2>1$이다.

④ 부정: 어떤 실수 x, y에 대하여 $x^2+y^2<0$이다. (거짓)

모든 실수 x, y에 대하여 $x^2+y^2\geq0$이다.

⑤ 부정: 어떤 실수 x, y에 대하여 $|x|+|y|=|x+y|$이다. (참)

$x=1$, $y=2$이면 $|x|+|y|=|x+y|=3$

따라서 그 부정이 참인 명제는 ①, ⑤이다. 　　답 ①, ⑤

0745 주어진 명제가 거짓이 되려면 이 명제의 부정이 참이어야 한다.

이때 주어진 명제의 부정은

모든 실수 x에 대하여 $x^2+8x+2k-1>0$이다.

위의 명제가 참이 되어야 하므로 이차방정식
$x^2+8x+2k-1=0$의 판별식을 D라 하면

$$\dfrac{D}{4}=4^2-1\times(2k-1)<0$$

$$\therefore k>\dfrac{17}{2}$$

따라서 정수 k의 최솟값은 9이다. 　　답 **9**

0746 ① [반례] 오른쪽 그림의 두 삼각형은 넓이가 6으로 같지만 합동이 아니다.

주어진 명제가 거짓이므로 그 대우도 거짓이다.

② [반례] $x=1$, $y=-1$이면 $x>y$이지만 $\dfrac{1}{x}>\dfrac{1}{y}$이다.

주어진 명제가 거짓이므로 그 대우도 거짓이다.

③ $n=2k$ (k는 자연수)라 하면

$n(n+2)=2k(2k+2)=4k(k+1)$에서 k와 $k+1$ 중 적어도 하나는 짝수이므로 $n(n+2)$는 8의 배수이다.

또 n, $n+1$, $n+2$ 중 적어도 하나는 3의 배수이므로 $n(n+1)(n+2)$는 3의 배수이다.

즉 $n(n+1)(n+2)$는 8의 배수이면서 3의 배수이므로 24의 배수이다.

따라서 주어진 명제가 참이므로 그 대우도 참이다.

④ [반례] $x=2$, $y=\dfrac{1}{2}$이면 $xy=1$은 정수이지만 y는 정수가 아니다.

주어진 명제가 거짓이므로 그 대우도 거짓이다.

⑤ [반례] 순환소수는 무한소수이지만 유리수이다.

주어진 명제가 거짓이므로 그 대우도 거짓이다.

따라서 그 대우가 참인 명제는 ③이다. 　　답 ③

0747 ㄷ. 명제 $s \longrightarrow q$가 참이므로 그 대우 $\sim q \longrightarrow \sim s$도 참이다.

따라서 두 명제 $p \longrightarrow \sim q$, $\sim q \longrightarrow \sim s$가 참이므로 명제 $p \longrightarrow \sim s$도 참이다.

ㄹ. 명제 $\sim r \longrightarrow \sim q$가 참이므로 그 대우 $q \longrightarrow r$도 참이다.

따라서 두 명제 $s \longrightarrow q$, $q \longrightarrow r$가 참이므로 명제 $s \longrightarrow r$도 참이다.

이상에서 항상 참인 명제는 ㄷ, ㄹ이다. 　　답 ㄷ, ㄹ

0748 네 조건 p, q, r, s를

p: A가 안경을 썼다., q: B가 안경을 썼다.,
r: C가 안경을 썼다., s: D가 안경을 썼다.

로 놓으면 (나), (다), (라)에 의하여 세 명제 $s \longrightarrow r$, $\sim p \longrightarrow \sim r$, $\sim s \longrightarrow \sim q$가 모두 참이므로 각각의 대우 $\sim r \longrightarrow \sim s$, $r \longrightarrow p$, $q \longrightarrow s$도 참이다.

즉 세 명제 $q \longrightarrow s$, $s \longrightarrow r$, $r \longrightarrow p$가 참이므로

B가 안경을 썼으면 D, C, A도 안경을 써야 하고,

D가 안경을 썼으면 C, A도 안경을 써야 한다.

이는 (가)에 모순이므로 B, D는 안경을 쓰지 않았다.

따라서 안경을 쓴 학생은 A, C이다. 　　답 **A, C**

0749 ㄱ. [$\longrightarrow$의 반례] $A=\{1, 2\}$, $B=\{1\}$, $C=\{2, 3\}$이면 $B\cup C=\{1, 2, 3\}$이므로 $A\subset(B\cup C)$이지만 $A\not\subset B$, $A\not\subset C$이다.

$A\subset B$ 또는 $A\subset C$이면 $A\subset(B\cup C)$이므로
$$q\Longrightarrow p$$
따라서 p는 q이기 위한 필요조건이다.

ㄴ. $p\Longleftrightarrow q$이므로 p는 q이기 위한 필요충분조건이다.

ㄷ. m, n이 모두 짝수이면 $m+n$은 짝수이므로
$$p\Longrightarrow q$$
[$\longleftarrow$의 반례] $m=1$, $n=3$이면 $m+n=4$는 짝수이지만 m, n은 모두 홀수이다.

따라서 p는 q이기 위한 충분조건이다.

이상에서 p가 q이기 위한 필요충분조건인 것은 ㄴ뿐이다. 　　답 ㄴ

0750 p는 $\sim q$이기 위한 필요충분조건이므로
$$p\Longleftrightarrow \sim q \qquad \therefore P=Q^C$$
r는 $\sim p$이기 위한 충분조건이므로
$$r\Longrightarrow \sim p \qquad \therefore R\subset P^C$$

세 집합 P, Q, R 사이의 포함 관계를 벤다이어그램으로 나타내면 오른쪽 그림과 같다.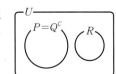

① $R\not\subset P$ 　　③ $R\cap Q^C=\varnothing$
④ $Q\cap R=R$ 　　⑤ $Q^C-R=Q^C$

따라서 항상 옳은 것은 ②이다. 　　답 ②

0751 $(x+k)(x-k)<0$에서 $-k<x<k$

두 조건 p, q의 진리집합을 각각 P, Q라 하면
$$P=\{x\,|\,3\le x\le 4\},\ Q=\{x\,|-k<x<k\}$$
이때 p가 q이기 위한 충분조건, 즉 $p\Longrightarrow q$가 되려면 $P\subset Q$이어야 한다.

이를 만족시키도록 두 집합 P,
Q를 수직선 위에 나타내면 오른
쪽 그림과 같으므로

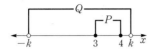

$-k<3$, $k>4$ $\therefore k>4$

따라서 자연수 k의 최솟값은 5이다.   답 **5**

0752 p는 q이기 위한 충분조건이므로
$$p\Longrightarrow q \quad \therefore \sim q\Longrightarrow \sim p$$
따라서 '$x-a=0$이면 $2x^2-x-1=0$이다.'가 참이므로
$2x^2-x-1=0$에 $x-a=0$, 즉 $x=a$를 대입하면
$$2a^2-a-1=0, \quad (2a+1)(a-1)=0$$
$$\therefore a=1\ (\because a>0)$$
또 q는 r이기 위한 필요조건이므로
$$r\Longrightarrow q \quad \therefore \sim q\Longrightarrow \sim r$$
따라서 '$x-a=0$이면 $bx^2-3x+5=0$이다.'가 참이므로
$bx^2-3x+5=0$에 $x-a=0$, 즉 $x=1$을 대입하면
$$b-3+5=0 \quad \therefore b=-2$$
$$\therefore a-b=3$$
답 **3**

0753 p는 r이기 위한 충분조건이므로 $p\Longrightarrow r$
p는 s이기 위한 필요조건이므로 $s\Longrightarrow p$
q는 s이기 위한 필요충분조건이므로 $q\Longleftrightarrow s$

ㄱ. $q\Longrightarrow s$, $s\Longrightarrow p$이므로
$$q\Longrightarrow p$$
  즉 q는 p이기 위한 충분조건이지만 필요조건인지는 알 수 없다. (거짓)

ㄴ. $q\Longrightarrow p$, $p\Longrightarrow r$이므로
$$q\Longrightarrow r$$
  즉 r는 q이기 위한 필요조건이다. (참)

ㄷ. $s\Longrightarrow p$, $p\Longrightarrow r$이므로
$$s\Longrightarrow r$$
  즉 s는 r이기 위한 충분조건이다. (참)

이상에서 항상 옳은 것은 ㄴ, ㄷ이다.   답 **ㄴ, ㄷ**

0754 $x=\dfrac{m}{M}$, $y=\dfrac{n}{N}$ (m과 M, n과 N은 각각 서로소인 자연수)라 하면 $x^2+y^2=3$에서
$$\dfrac{m^2}{M^2}+\dfrac{n^2}{N^2}=3, \quad \dfrac{m^2}{M^2}=3-\dfrac{n^2}{N^2}$$
$$\therefore \dfrac{m^2N^2}{M^2}=\boxed{\text{(가)}\ 3N^2}-n^2 \quad \cdots\cdots \text{㉠}$$

$\boxed{\text{(가)}\ 3N^2}-n^2$은 정수이고 m과 M은 서로소이므로
$N=kM$ (k는 정수)이어야 한다.

즉 ㉠에서 $(km)^2+n^2=\boxed{\text{(가)}\ 3N^2}$이고
$$km=3a+r,\ n=3b+s$$
$$(a, b, r, s\text{는 정수이고, } 0\le r<3,\ 0\le s<3)$$
라 하면
$$(km)^2+n^2=(3a+r)^2+(3b+s)^2$$
$$=3(3a^2+2ar+3b^2+2bs)+\boxed{\text{(나)}\ r^2}+s^2$$
그런데 $(km)^2+n^2$은 $\boxed{\text{(다)}\ 3}$의 배수이므로 $r=s=0$이어야 한다.
즉 두 수 km, n은 $\boxed{\text{(다)}\ 3}$의 배수이므로 N도 $\boxed{\text{(다)}\ 3}$의 배수이다.
따라서 $f(N)=3N^2$, $g(r)=r^2$, $a=3$이므로
$$a+\dfrac{f(4)}{g(2)}=3+\dfrac{48}{4}=15$$
답 **15**

> **RPM 비법 노트**
>
> $km=3a+r$, $n=3b+s$에 $r=0$, $s=0$을 각각 대입하면
> $$km=3a,\ n=3b$$
> 이므로 $(km)^2+n^2=3N^2$에서
> $$(3a)^2+(3b)^2=3N^2, \quad 9(a^2+b^2)=3N^2$$
> $$\therefore N^2=3(a^2+b^2)$$
> 즉 N^2이 3의 배수이므로 N도 3의 배수이다.

0755 $x>0$, $y>0$에서 $x^2>0$, $y^2>0$이므로 산술평균과 기하평균의 관계에 의하여
$$2x^2+8y^2\ge 2\sqrt{2x^2\times 8y^2}=8xy$$
이때 $2x^2+8y^2=5$이므로 $5\ge 8xy$
$$\therefore xy\le \dfrac{5}{8} \quad \therefore \gamma=\dfrac{5}{8}$$
한편 등호는 $2x^2=8y^2$일 때 성립하므로 $2x^2+8y^2=5$에서
$$2x^2=8y^2=\dfrac{5}{2}$$
$$x^2=\dfrac{5}{4},\ y^2=\dfrac{5}{16}$$
$$\therefore x=\dfrac{\sqrt{5}}{2},\ y=\dfrac{\sqrt{5}}{4}\ (\because x>0,\ y>0)$$
즉 $\alpha=\dfrac{\sqrt{5}}{2}$, $\beta=\dfrac{\sqrt{5}}{4}$이므로
$$\dfrac{\beta}{\alpha}+\gamma=\dfrac{1}{2}+\dfrac{5}{8}=\dfrac{9}{8}$$
답 **②**

0756 $a>0$, $b>0$에서 $ab>0$이므로 산술평균과 기하평균의 관계에 의하여
$$\left(2a+\dfrac{1}{3b}\right)\left(\dfrac{1}{a}+6b\right)=2+12ab+\dfrac{1}{3ab}+2$$
$$=4+12ab+\dfrac{1}{3ab}$$
$$\ge 4+2\sqrt{12ab\times \dfrac{1}{3ab}}$$
$$=4+2\times 2=8$$
$$\left(\text{단, 등호는 } 12ab=\dfrac{1}{3ab}, \text{ 즉 } ab=\dfrac{1}{6} \text{일 때 성립}\right)$$
따라서 구하는 최솟값은 8이다.   답 **②**

07
정답

0757 점 P에서의 접선의 방정식은 $ax+by=16$

$$\therefore A\left(\frac{16}{a}, 0\right), B\left(0, \frac{16}{b}\right)$$

따라서 삼각형 OAB의 넓이는

$$\frac{1}{2}\times\overline{OA}\times\overline{OB}=\frac{1}{2}\times\frac{16}{a}\times\frac{16}{b}=\frac{128}{ab}\quad\cdots\cdots\ \bigcirc$$

한편 점 P는 원 $x^2+y^2=16$ 위에 있으므로 $a^2+b^2=16$

$a>0$, $b>0$에서 $a^2>0$, $b^2>0$이므로 산술평균과 기하평균의 관계에 의하여

$$a^2+b^2\geq2\sqrt{a^2b^2}=2ab$$

이때 $a^2+b^2=16$이므로 $16\geq2ab$

$$\therefore ab\leq8\ (\text{단, 등호는 }a=b\text{일 때 성립})$$

즉 $\dfrac{1}{ab}\geq\dfrac{1}{8}$이므로 $\dfrac{128}{ab}\geq16$

따라서 ㉠에서 삼각형 OAB의 넓이의 최솟값은 16이다.   **답 16**

0758 직사각형의 둘레의 길이가 20이므로

$$2x+2y=20\quad\therefore x+y=10$$

x, y가 실수이므로 코시-슈바르츠의 부등식에 의하여

$$\{(\sqrt{3})^2+(\sqrt{2})^2\}\{(\sqrt{x})^2+(\sqrt{y})^2\}\geq(\sqrt{3x}+\sqrt{2y})^2$$

$$\therefore 5(x+y)\geq(\sqrt{3x}+\sqrt{2y})^2$$

이때 $x+y=10$이므로 $50\geq(\sqrt{3x}+\sqrt{2y})^2$

$$\therefore -5\sqrt{2}\leq\sqrt{3x}+\sqrt{2y}\leq5\sqrt{2}$$

$$(\text{단, 등호는 }\sqrt{2x}=\sqrt{3y}\text{일 때 성립})$$

그런데 $\sqrt{3x}>0$, $\sqrt{2y}>0$이므로

$$0<\sqrt{3x}+\sqrt{2y}\leq5\sqrt{2}$$

따라서 $\sqrt{3x}+\sqrt{2y}$의 최댓값은 $5\sqrt{2}$이다.   **답 $5\sqrt{2}$**

0759 명제 '$a+b>1$이면 $a\geq5$ 또는 $b\geq k$이다.'가 참이므로 그 대우 '$a<5$이고 $b<k$이면 $a+b\leq1$이다.'가 참이다.   ··· **1단계**

이때 $a<5$, $b<k$에서 $a+b<5+k$이므로

$$5+k\leq1\quad\therefore k\leq-4$$ ··· **2단계**

따라서 k의 최댓값은 -4이다.   ··· **3단계**

답 -4

채점 요소	비율
1단계 주어진 명제의 대우가 참임을 알기	40%
2단계 k의 값의 범위 구하기	50%
3단계 k의 최댓값 구하기	10%

0760 $|x-2|\leq a$에서 $-a\leq x-2\leq a\ (\because a\geq0)$

$$\therefore -a+2\leq x\leq a+2$$

$|x|>4$에서 $x<-4$ 또는 $x>4$

세 조건 p, q, r의 진리집합을 각각 P, Q, R라 하면

$$P=\{x\,|\,-a+2\leq x\leq a+2\},\ Q=\{x\,|\,x\leq b\},$$

$$R=\{x\,|\,x<-4\text{ 또는 }x>4\}$$

q는 $\sim r$이기 위한 필요조건이고 p는 $\sim r$이기 위한 충분조건이므로

$$\sim r\Longrightarrow q,\ p\Longrightarrow\sim r$$

즉 $R^C\subset Q$, $P\subset R^C$이므로

$$P\subset R^C\subset Q$$ ··· **1단계**

이때 $R^C=\{x\,|\,-4\leq x\leq4\}$이므로 이를 만족시키도록 세 집합 P, Q, R^C를 수직선 위에 나타내면 다음 그림과 같다.

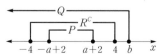

즉 $-a+2\geq-4$, $a+2\leq4$, $b\geq4$이므로

$$0\leq a\leq2\ (\because a\geq0),\ b\geq4$$ ··· **2단계**

따라서 a의 최댓값은 2, b의 최솟값은 4이므로 $b-a$의 최솟값은

$$4-2=2$$ ··· **3단계**

답 2

채점 요소	비율
1단계 세 조건 p, q, r의 진리집합 사이의 포함 관계 구하기	40%
2단계 a, b의 값의 범위 구하기	40%
3단계 $b-a$의 최솟값 구하기	20%

0761 $a>0$, $b>0$이므로 산술평균과 기하평균의 관계에 의하여

$$a^2-4a+\frac{b}{a}+\frac{9a}{b}=(a-2)^2+\frac{b}{a}+\frac{9a}{b}-4$$

$$\geq(a-2)^2+2\sqrt{\frac{b}{a}\times\frac{9a}{b}}-4$$

$$=(a-2)^2+2\times3-4$$

$$=(a-2)^2+2$$ ··· **1단계**

따라서 주어진 식은 $a=2$일 때 최솟값 2를 갖는다.

$$\therefore m=2$$ ··· **2단계**

한편 등호는 $\dfrac{b}{a}=\dfrac{9a}{b}$, 즉 $b=3a$일 때 성립하므로

$a=2$를 $b=3a$에 대입하면 $b=6$

즉 $\alpha=2$, $\beta=6$이므로   ··· **3단계**

$$m+\alpha+\beta=10$$ ··· **4단계**

답 10

채점 요소	비율
1단계 산술평균과 기하평균의 관계 이용하기	50%
2단계 m의 값 구하기	20%
3단계 α, β의 값 구하기	20%
4단계 $m+\alpha+\beta$의 값 구하기	10%

0762 x, y는 실수이므로 코시-슈바르츠의 부등식에 의하여

$$(2^2+1^2)(x^2+y^2)\geq(2x+y)^2$$ ··· **1단계**

이때 $x^2+y^2=2$이므로 $10\geq(2x+y)^2$

$$\therefore -\sqrt{10}\leq2x+y\leq\sqrt{10}\ (\text{단, 등호는 }x=2y\text{일 때 성립})$$ ··· **2단계**

따라서 $2x+y$의 최댓값은 $\sqrt{10}$, 최솟값은 $-\sqrt{10}$이므로

$$M=\sqrt{10},\ m=-\sqrt{10}$$

$$\therefore M^2+m^2=20$$ ··· **3단계**

답 20

채점 요소	비율
1단계 코시-슈바르츠의 부등식 이용하기	30 %
2단계 $2x+y$의 값의 범위 구하기	40 %
3단계 M^2+m^2의 값 구하기	30 %

0763 [전략] 두 조건 p, q의 진리집합을 각각 P, Q라 할 때, 명제 $p \longrightarrow q$ 가 참이면 $P \subset Q$임을 이용한다.

(가), (나)에서 두 명제 $q \longrightarrow p$, $\sim p \longrightarrow q$가 참이므로

$$P^C \subset Q \subset P \qquad \therefore U = P$$

또 (다)에서 $\sim q \longrightarrow r$가 참이므로

$$Q^C \subset R \qquad \therefore R^C \subset Q$$

$$\therefore R^C \subset Q \subset P$$

따라서 세 집합 P, Q, R^C 사이의 포함 관계를 벤다이어그램으로 나타내면 오른쪽 그림과 같다.

ㄱ. $P^C = \varnothing$이므로 $\quad Q - P^C = Q$ (거짓)

ㄴ. $P = U$이므로 $\quad R \subset P$ (참)

ㄷ. $P \cap R = U \cap R = R$이므로

$$Q^C \subset (P \cap R) \text{ (참)}$$

이상에서 옳은 것은 ㄴ, ㄷ이다. 답 ㄴ, ㄷ

참고 | $P^C \subset P$이려면 $P^C = \varnothing$이어야 하므로 $P = U$이다.

0764 [전략] 두 조건 p, q의 진리집합을 각각 P, Q라 할 때, 명제 $p \longrightarrow q$ 가 거짓이면 $P \not\subset Q$임을 이용한다.

$|x-k| \leq 2$에서 $\quad -2 \leq x - k \leq 2$

$$\therefore k - 2 \leq x \leq k + 2$$

$x^2 - 4x - 5 \leq 0$에서 $\quad (x+1)(x-5) \leq 0$

$$\therefore -1 \leq x \leq 5$$

두 조건 p, q의 진리집합을 각각 P, Q라 하면

$$P = \{x \mid k-2 \leq x \leq k+2\}, \ Q = \{x \mid -1 \leq x \leq 5\}$$

이때 명제 $p \longrightarrow q$와 명제 $p \longrightarrow \sim q$가 모두 거짓이 되려면 $P \not\subset Q$이고 $P \not\subset Q^C$이어야 한다.

$P \subset Q$를 만족시키는 k의 값의 범위는 오른쪽 그림에서

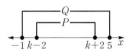

$$k-2 \geq -1, \ k+2 \leq 5$$

$$\therefore 1 \leq k \leq 3$$

따라서 $P \not\subset Q$를 만족시키는 k의 값의 범위는

$$k < 1 \text{ 또는 } k > 3 \qquad \cdots\cdots \text{ⓐ}$$

한편 $Q^C = \{x \mid x < -1 \text{ 또는 } x > 5\}$이므로 $P \subset Q^C$인 경우는 다음 그림과 같다.

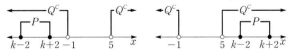

따라서 $P \subset Q^C$를 만족시키는 k의 값의 범위는

$$k + 2 < -1 \text{ 또는 } k - 2 > 5$$

$$\therefore k < -3 \text{ 또는 } k > 7$$

즉 $P \not\subset Q^C$를 만족시키는 k의 값의 범위는

$$-3 \leq k \leq 7 \qquad \cdots\cdots \text{ⓑ}$$

ⓐ, ⓑ에서 명제 $p \longrightarrow q$와 명제 $p \longrightarrow \sim q$가 모두 거짓이 되도록 하는 k의 값의 범위는

$$-3 \leq k < 1 \text{ 또는 } 3 < k \leq 7$$

따라서 정수 k는 -3, -2, -1, 0, 4, 5, 6, 7이므로 모든 정수 k의 값의 합은

$$-3 + (-2) + (-1) + 0 + 4 + 5 + 6 + 7 = 16 \qquad \text{답 } ②$$

0765 [전략] $\triangle ABC = \triangle ABP + \triangle APC$임을 이용하여 $\overline{PM}$과 $\overline{PN}$ 사이의 관계식을 구하고 산술평균과 기하평균의 관계를 이용한다.

오른쪽 그림과 같이 $\overline{PM} = x$, $\overline{PN} = y$라 하고 $\overline{AP}$를 그으면

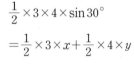

$\triangle ABC = \triangle ABP + \triangle APC$이므로

$$\frac{1}{2} \times 3 \times 4 \times \sin 30°$$

$$= \frac{1}{2} \times 3 \times x + \frac{1}{2} \times 4 \times y$$

$$\therefore 3x + 4y = 6$$

이때 $\dfrac{\overline{AB}}{\overline{PM}} + \dfrac{\overline{AC}}{\overline{PN}} = \dfrac{3}{x} + \dfrac{4}{y}$에 $3x + 4y$를 곱하면

$$\left(\frac{3}{x} + \frac{4}{y}\right)(3x + 4y) = 9 + \frac{12y}{x} + \frac{12x}{y} + 16$$

$$= \frac{12y}{x} + \frac{12x}{y} + 25 \qquad \cdots\cdots \text{ⓐ}$$

$\dfrac{y}{x} > 0$, $\dfrac{x}{y} > 0$이므로 산술평균과 기하평균의 관계에 의하여

$$\frac{12y}{x} + \frac{12x}{y} + 25 \geq 2\sqrt{\frac{12y}{x} \times \frac{12x}{y}} + 25$$

$$= 2 \times 12 + 25 = 49$$

(단, 등호는 $x = y$일 때 성립)

$3x + 4y = 6$이므로 ⓐ에서

$$\left(\frac{3}{x} + \frac{4}{y}\right) \times 6 \geq 49 \qquad \therefore \frac{3}{x} + \frac{4}{y} \geq \frac{49}{6}$$

따라서 $\dfrac{\overline{AB}}{\overline{PM}} + \dfrac{\overline{AC}}{\overline{PN}}$의 최솟값은 $\dfrac{49}{6}$이다. 답 $\dfrac{49}{6}$

RPM 비법노트

삼각형의 넓이

$\triangle ABC$에서 $\angle B$가 예각일 때

$$\triangle ABC = \frac{1}{2} ac \sin B$$

08 함수

교과서 **문제** 정복하기

• 본책 117쪽, 119쪽

0766 X의 원소 2에 대응하는 Y의 원소가 0, 2의 2개이므로 함수가 아니다. **답 함수가 아니다.**

0767 X의 각 원소에 Y의 원소가 오직 하나씩 대응하므로 함수이다.

이때 정의역은 $\{a, b, c, d\}$, 공역은 $\{0, 1, 2\}$, 치역은 $\{0, 1, 2\}$ 이다. **답 풀이 참조**

0768 X의 각 원소에 Y의 원소가 오직 하나씩 대응하므로 함수이다.

이때 정의역은 $\{-1, 0, 1\}$, 공역은 $\{5, 7, 8, 9\}$, 치역은 $\{5, 8, 9\}$ 이다. **답 풀이 참조**

0769 X의 원소 2에 대응하는 Y의 원소가 없으므로 함수가 아니다. **답 함수가 아니다.**

0770 답 **정의역: $\{x \mid x$는 실수$\}$, 치역: $\{y \mid y$는 실수$\}$**

0771 함수 $y = -x^2 + 6x$의 정의역은 실수 전체의 집합이다.

또 $-x^2 + 6x = -(x-3)^2 + 9 \leq 9$에서 $y \leq 9$

따라서 치역은 $\{y \mid y \leq 9\}$이다.

답 **정의역: $\{x \mid x$는 실수$\}$, 치역: $\{y \mid y \leq 9\}$**

0772 함수 $y = |x| + 2$의 정의역은 실수 전체의 집합이다.

또 $|x| \geq 0$에서 $|x| + 2 \geq 2$ $\therefore y \geq 2$

따라서 치역은 $\{y \mid y \geq 2\}$이다.

답 **정의역: $\{x \mid x$는 실수$\}$, 치역: $\{y \mid y \geq 2\}$**

0773 답 **정의역: $\{x \mid x \neq 0$인 실수$\}$, 치역: $\{y \mid y \neq 0$인 실수$\}$**

0774 $f(-1) = 1$, $g(-1) = -1$이므로

$f(-1) \neq g(-1)$ $\therefore f \neq g$

답 **서로 같은 함수가 아니다.**

0775 $f(-1) = g(-1) = 2$, $f(0) = g(0) = 1$,

$f(1) = g(1) = 2$이므로

$f = g$ 답 **서로 같은 함수이다.**

0776 $f(-1) = g(-1) = -2$, $f(0) = g(0) = 0$,

$f(1) = g(1) = 2$이므로

$f = g$ 답 **서로 같은 함수이다.**

0777 답 (1) 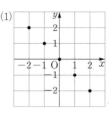   (2)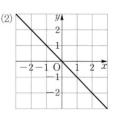

0778 답 (1) ㄱ, ㄴ (2) ㄱ, ㄴ (3) ㄴ (4) ㄷ

0779 답 (1) ㄷ, ㄹ (2) ㄷ, ㄹ (3) ㄷ (4) ㄱ

0780 (1) $(g \circ f)(2) = g(f(2)) = g(5) = 3$

(2) $(g \circ f)(4) = g(f(4)) = g(8) = 2$

(3) $(f \circ g)(5) = f(g(5)) = f(3) = 7$

(4) $(f \circ g)(7) = f(g(7)) = f(1) = 6$

답 (1) **3**   (2) **2**   (3) **7**   (4) **6**

0781 $(g \circ f)(x) = g(f(x)) = g(3x-1)$

$= (3x-1)^2 + 2$

$= 9x^2 - 6x + 3$

답 $(g \circ f)(x) = 9x^2 - 6x + 3$

0782 $(f \circ g)(x) = f(g(x)) = f(x^2+2)$

$= 3(x^2+2) - 1$

$= 3x^2 + 5$

답 $(f \circ g)(x) = 3x^2 + 5$

0783 $(f \circ f)(x) = f(f(x)) = f(3x-1)$

$= 3(3x-1) - 1$

$= 9x - 4$

답 $(f \circ f)(x) = 9x - 4$

0784 $(g \circ g)(x) = g(g(x)) = g(x^2+2)$

$= (x^2+2)^2 + 2$

$= x^4 + 4x^2 + 6$

답 $(g \circ g)(x) = x^4 + 4x^2 + 6$

0785 ㄱ, ㄷ. 일대일대응이므로 역함수가 존재한다.

ㄴ. 집합 X의 원소 a, b, c가 모두 집합 Y의 원소 1에 대응하므로 일대일대응이 아니다.

따라서 역함수가 존재하지 않는다.

ㄹ. 집합 X의 원소 -1, 1이 모두 집합 Y의 원소 b에 대응하므로 일대일대응이 아니다.

따라서 역함수가 존재하지 않는다.

이상에서 역함수가 존재하는 함수는 ㄱ, ㄷ이다. 답 **ㄱ, ㄷ**

0786 (1) $f^{-1}(5)=a$에서 $f(a)=5$이므로
$$a-2=5 \qquad \therefore a=7$$
(2) $f^{-1}(a)=1$에서 $f(1)=a$이므로
$$a=1-2=-1$$

답 (1) **7** (2) **−1**

0787 함수 $y=2x-2$는 일대일대응이므로 역함수가 존재한다.
$y=2x-2$에서 x를 y에 대한 식으로 나타내면
$$2x=y+2 \qquad \therefore x=\frac{1}{2}y+1$$
x와 y를 서로 바꾸면 구하는 역함수는
$$y=\frac{1}{2}x+1$$

답 $y=\dfrac{1}{2}x+1$

0788 함수 $y=\dfrac{1}{4}x+\dfrac{3}{8}$은 일대일대응이므로 역함수가 존재한다.
$y=\dfrac{1}{4}x+\dfrac{3}{8}$에서 x를 y에 대한 식으로 나타내면
$$\frac{1}{4}x=y-\frac{3}{8} \qquad \therefore x=4y-\frac{3}{2}$$
x와 y를 서로 바꾸면 구하는 역함수는
$$y=4x-\frac{3}{2}$$

답 $y=4x-\dfrac{3}{2}$

0789 (2) $(f^{-1})^{-1}(1)=f(1)=8$

답 (1) **3** (2) **8** (3) **3** (4) **4**

0790 (1) $x \geq 1$일 때, $x-1 \geq 0$이므로
$$f(x)=(x-1)+2=x+1$$
(2) $x<1$일 때, $x-1<0$이므로
$$f(x)=-(x-1)+2=-x+3$$
(3) $y=f(x)$의 그래프는 오른쪽 그림과 같다.

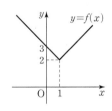

답 풀이 참조

0791 $y=|f(x)|$의 그래프는 $y=f(x)$의 그래프에서 $y<0$인 부분을 x축에 대하여 대칭이동한 것이므로 오른쪽 그림과 같다.

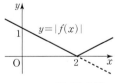

답 풀이 참조

0792 $y=f(|x|)$의 그래프는 $y=f(x)$의 그래프에서 $x \geq 0$인 부분만 남기고, $x<0$인 부분은 $x \geq 0$인 부분의 그래프를 y축에 대하여 대칭이동하여 그린 것이므로 위의 그림과 같다.

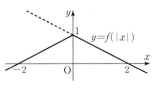

답 풀이 참조

유형 익히기

● 본책 120~131쪽

0793 각 대응을 그림으로 나타내면 다음과 같다.

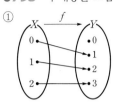
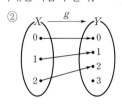

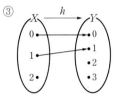
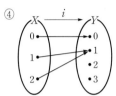

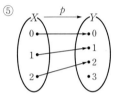

③ X의 원소 2에 대응하는 Y의 원소가 없으므로 함수가 아니다.

답 ③

0794 ① 실수 a에 대하여 직선 $x=a$와 그래프가 만나지 않거나 무수히 많은 점에서 만나므로 함수의 그래프가 아니다.

②, ③ 실수 a에 대하여 직선 $x=a$와 그래프가 만나지 않거나 두 점에서 만나기도 하므로 함수의 그래프가 아니다.

④ 실수 a에 대하여 직선 $x=a$와 그래프가 오직 한 점에서 만나므로 함수의 그래프이다.

⑤ 실수 a에 대하여 직선 $x=a$와 그래프가 무수히 많은 점에서 만나기도 하므로 함수의 그래프가 아니다.

따라서 함수의 그래프인 것은 ④이다.

답 ④

0795 ① $0 \leq x \leq 2$에서 $\qquad -4 \leq -2x \leq 0$
$$-5 \leq -2x-1 \leq -1 \qquad \therefore -5 \leq f(x) \leq -1$$
② $0 \leq x \leq 2$에서 $\qquad -2 \leq -x \leq 0$
$$1 \leq -x+3 \leq 3 \qquad \therefore 1 \leq f(x) \leq 3$$
③ $0 \leq x \leq 2$에서 $\qquad -1 \leq x-1 \leq 1$
$$\therefore -1 \leq f(x) \leq 1$$
④ $0 \leq x \leq 2$에서 $\qquad 0 \leq |x| \leq 2$
$$1 \leq |x|+1 \leq 3 \qquad \therefore 1 \leq f(x) \leq 3$$
⑤ $0 \leq x \leq 2$에서 $\qquad 0 \leq x^2 \leq 4$
$$-3 \leq x^2-3 \leq 1 \qquad \therefore -3 \leq f(x) \leq 1$$

따라서 X에서 Y로의 함수인 것은 ③이다.

답 ③

0796 2는 유리수이므로 $\qquad f(2)=2+1=3$
$\sqrt{5}-3$은 무리수이므로
$$f(\sqrt{5}-3)=-(\sqrt{5}-3)=-\sqrt{5}+3$$
$$\therefore f(2)-f(\sqrt{5}-3)=3-(-\sqrt{5}+3)=\sqrt{5}$$

답 $\sqrt{5}$

0797 $f(-2)=3\times(-2)-3=-9$

$f(3)=-3+5=2$

$\therefore f(-2)+f(3)=-9+2=-7$ 　　답 -7

0798 $\dfrac{x-4}{2}=-3$에서

$x-4=-6$ 　　$\therefore x=-2$

$f\left(\dfrac{x-4}{2}\right)=4x-2$에 $x=-2$를 대입하면

$f(-3)=4\times(-2)-2=-10$ 　　답 -10

다른 풀이 $\dfrac{x-4}{2}=t$로 놓으면 　　$x=2t+4$

$\therefore f(t)=4(2t+4)-2=8t+14$

따라서 $f(x)=8x+14$이므로

$f(-3)=8\times(-3)+14=-10$

0799 $f(2)=2-1=1$

$f(18)=f(15)=\cdots=f(3)=3-1=2$

$\therefore f(2)+f(18)=1+2=3$ 　　답 3

0800 (i) $a>0$일 때

$f(x)=ax+b$의 공역과 치역이 서로 같으므로

$f(-2)=-2$, $f(3)=3$

$-2a+b=-2$, $3a+b=3$

$\therefore a=1$, $b=0$

그런데 $ab=0$이므로 조건을 만족시키지 않는다.

(ii) $a<0$일 때

$f(x)=ax+b$의 공역과 치역이 서로 같으므로

$f(-2)=3$, $f(3)=-2$

$-2a+b=3$, $3a+b=-2$

$\therefore a=-1$, $b=1$

(i), (ii)에서 　　$a=-1$, $b=1$

$\therefore a-b=-2$ 　　답 -2

0801 $x^2+5x+2=-4$에서 　　$x^2+5x+6=0$

$(x+3)(x+2)=0$ 　　$\therefore x=-3$ 또는 $x=-2$

$x^2+5x+2=8$에서 　　$x^2+5x-6=0$

$(x+6)(x-1)=0$ 　　$\therefore x=-6$ 또는 $x=1$

따라서 정의역의 원소가 될 수 없는 것은 ④이다. 　　답 ④

0802 $f(-1)=a\times(-1)^2+1=a+1$,

$f(0)=a\times0^2+1=1$,

$f(1)=a\times1^2+1=a+1$,

$f(2)=a\times2^2+1=4a+1$

이때 $a=0$이면 치역은 $\{1\}$이므로 조건을 만족시키지 않는다.

따라서 $a\neq0$이므로 함수 $f(x)$의 치역은

$\{a+1,\ 1,\ 4a+1\}$

치역의 모든 원소의 합이 18이므로

$(a+1)+1+(4a+1)=18$

$5a+3=18$ 　　$\therefore a=3$ 　　답 3

0803 (i) $a>0$일 때

치역이 $\{y\,|\,-2a-1\le y\le a-1\}$이므로

$-2a-1\ge-3$, $a-1\le1$

$\therefore a\le1$

이때 $a>0$이므로 　　$0<a\le1$ 　　··· **1단계**

(ii) $a<0$일 때

치역이 $\{y\,|\,a-1\le y\le-2a-1\}$이므로

$a-1\ge-3$, $-2a-1\le1$

$\therefore a\ge-1$

이때 $a<0$이므로 　　$-1\le a<0$ 　　··· **2단계**

(i), (ii)에서 　　$-1\le a<0$ 또는 $0<a\le1$

따라서 $M=1$, $m=-1$이므로

$Mm=-1$ 　　··· **3단계**

답 -1

채점 요소		비율
1단계	$a>0$일 때, a의 값의 범위 구하기	40 %
2단계	$a<0$일 때, a의 값의 범위 구하기	40 %
3단계	Mm의 값 구하기	20 %

0804 $f(-1)=g(-1)$에서

$3+1-1=-a+b$ 　　$\therefore a-b=-3$ 　　······ ㉠

$f(1)=g(1)$에서

$3-1-1=a+b$ 　　$\therefore a+b=1$ 　　······ ㉡

㉠, ㉡을 연립하여 풀면 　　$a=-1$, $b=2$

$\therefore ab=-2$ 　　답 -2

0805 ㄱ. $f(-2)=g(-2)=-8$, $f(0)=g(0)=0$,

$f(2)=g(2)=8$이므로 　　$f=g$

ㄴ. $f(0)=-1$, $g(0)=1$이므로 　　$f(0)\neq g(0)$

$\therefore f\neq g$

ㄷ. $f(-2)=g(-2)=0$, $f(0)=g(0)=2$, $f(2)=g(2)=4$

이므로 　　$f=g$

이상에서 $f=g$인 것은 ㄱ, ㄷ이다. 　　답 ㄱ, ㄷ

0806 $f(-3)=g(-3)$에서

$9-6+2=3+b$ 　　$\therefore b=2$

$\therefore g(x)=-x+2$

$f(a)=g(a)$에서

$a^2+2a+2=-a+2$, 　　$a^2+3a=0$

$a(a+3)=0$ 　　$\therefore a=0\ (\because a\neq-3)$

$\therefore X=\{-3,\ 0\}$

이때 $g(-3)=5$, $g(0)=2$이므로 함수 g의 치역은 $\{2,\ 5\}$이다.

답 $\{2,\ 5\}$

0807 $f(x)=g(x)$에서 　　$x^3-3x+9=4x+3$

$x^3-7x+6=0$, 　　$(x+3)(x-1)(x-2)=0$

$\therefore x=-3$ 또는 $x=1$ 또는 $x=2$ 　　··· **1단계**

이때 집합 X의 모든 원소가 양수이므로 X는 집합 $\{1, 2\}$의 공집합이 아닌 부분집합이다.

따라서 구하는 집합 X의 개수는

$$2^2-1=3 \qquad \cdots \text{2단계}$$

답 **3**

채점 요소	비율
1단계 $f(x)=g(x)$를 만족시키는 x의 값 구하기	50 %
2단계 집합 X의 개수 구하기	50 %

0808 ㄴ. $f(x)=|x|+1$이라 하면 $x_1=-1$, $x_2=1$일 때,

$x_1 \neq x_2$이지만

$$f(x_1)=|-1|+1=2, f(x_2)=|1|+1=2$$

$$\therefore f(x_1)=f(x_2)$$

따라서 함수 $y=|x|+1$은 일대일대응이 아니다.

ㄷ. $f(x)=2x^2-4x$라 하면 $x_1=0$, $x_2=2$일 때, $x_1 \neq x_2$이지만

$$f(x_1)=0, f(x_2)=8-8=0$$

$$\therefore f(x_1)=f(x_2)$$

따라서 함수 $y=2x^2-4x$는 일대일대응이 아니다.

이상에서 일대일대응인 것은 ㄱ, ㄹ이다.

답 **ㄱ, ㄹ**

0809 ①, ④, ⑤ 실수 k에 대하여 직선 $y=k$와 그래프가 2개 이상의 점에서 만나기도 하므로 일대일대응이 아니다.

② 치역의 각 원소 k에 대하여 직선 $y=k$와 그래프가 오직 한 점에서 만나므로 일대일함수이다.

그런데 치역이 $\{y|y \geq 0\}$이므로 일대일대응이 아니다.

③ 모든 실수 k에 대하여 직선 $y=k$와 그래프가 오직 한 점에서 만나므로 일대일대응이다.

따라서 일대일대응의 그래프인 것은 ③이다.

답 **③**

0810 ㄱ. 실수 k에 대하여 직선 $y=k$와 그래프가 두 점에서 만나기도 하므로 일대일함수가 아니다.

ㄴ. 치역의 각 원소 k에 대하여 직선 $y=k$와 그래프가 오직 한 점에서 만나므로 일대일함수이다.

그런데 치역이 $\{y|y \leq 0\}$이므로 일대일대응이 아니다.

ㄷ. 모든 실수 k에 대하여 직선 $y=k$와 그래프가 오직 한 점에서 만나므로 일대일대응이다.

이상에서 일대일함수이지만 일대일대응은 아닌 것은 ㄴ뿐이다.

답 **ㄴ**

0811 $a<0$이고 함수 $f(x)=ax+b$가 일대일대응이므로 $y=f(x)$의 그래프는 오른쪽 그림과 같이 두 점 $(-1, 3)$, $(1, -1)$을 지나야 한다.

즉 $f(-1)=3$, $f(1)=-1$이므로

$$-a+b=3, a+b=-1$$

두 식을 연립하여 풀면 $a=-2$, $b=1$

$$\therefore ab=-2$$

답 **-2**

0812 $f(x)=x^2+4x+k=(x+2)^2+k-4$

이므로 $x \geq -2$일 때 x의 값이 증가하면 $f(x)$의 값도 증가한다.

따라서 함수 f가 일대일대응이면 $f(-1)=5$이므로

$$1-4+k=5 \qquad \therefore k=8$$

답 **8**

0813 함수 $f(x)$가 일대일대응이 되려면 $x \geq 1$일 때와 $x<1$일 때의 직선 $y=f(x)$의 기울기의 부호가 서로 같아야 한다.

즉 $(3-a)(2+a)>0$이므로

$$(a+2)(a-3)<0 \qquad \therefore -2<a<3$$

따라서 정수 a는 -1, 0, 1, 2의 4개이다.

답 **④**

참고 $f(1)=2$이고, 직선 $y=(2+a)x-a$도 점 $(1, 2)$를 지나므로 치역과 공역이 같다.

0814 $f(x)=x^2-6x=(x-3)^2-9$

함수 f가 일대일대응이 되려면 $x \geq k$일 때 x의 값이 증가하면 $f(x)$의 값도 증가해야 하므로

$$k \geq 3 \qquad \cdots\cdots \text{㉠}$$

또 치역과 공역이 같아야 하므로 $f(k)=k$

$$k^2-6k=k, \qquad k^2-7k=0$$

$$k(k-7)=0 \qquad \therefore k=0 \text{ 또는 } k=7 \qquad \cdots\cdots \text{㉡}$$

㉠, ㉡에서 $k=7$

답 **④**

0815 함수 f는 항등함수이므로 $f(2)=2$, $f(10)=10$

$f(2)+g(2)=6$에서

$$2+g(2)=6 \qquad \therefore g(2)=4$$

함수 g는 상수함수이므로 $g(10)=g(2)=4$

$$\therefore f(10)+g(10)=10+4=14$$

답 **14**

0816 함수 f는 상수함수이므로 모든 자연수 x에 대하여

$$f(x)=f(1)=4$$

$$\therefore f(2)+f(4)+f(6)+\cdots+f(30)=4\times15=60$$

답 **60**

0817 함수 $f(x)$가 항등함수이므로 $f(x)=x$이어야 한다.

따라서 $\dfrac{x^3}{8}-x=x$에서

$$x^3-16x=0, \qquad x(x+4)(x-4)=0$$

$$\therefore x=-4 \text{ 또는 } x=0 \text{ 또는 } x=4$$

즉 집합 X는 집합 $\{-4, 0, 4\}$의 부분집합 중 원소의 개수가 2인 집합이므로 집합 X가 될 수 있는 것은

$$\{-4, 0\}, \{-4, 4\}, \{0, 4\}$$

답 $\{-4, 0\}, \{-4, 4\}, \{0, 4\}$

0818 함수 g는 항등함수이므로

$$g(4)=4, g(8)=8$$

$f(8)=g(4)=h(2)$에서 $f(8)=h(2)=4$

$f(8)f(2)=f(4)$에서 $4f(2)=f(4)$

이때 함수 f는 일대일대응이므로
$$f(2)=2, \ f(4)=8$$
또 함수 h는 상수함수이므로
$$h(4)=h(2)=4$$
$$\therefore f(2)+g(8)+h(4)=2+8+4=14 \qquad \text{답 } 14$$

0819 집합 $X=\{1, 2, 3, 4\}$에 대하여 X에서 X로의
함수의 개수는 $\quad 4^4=256$
일대일대응의 개수는 $\quad {}_4\mathrm{P}_4=4\times3\times2\times1=24$
항등함수의 개수는 $\quad 1$
상수함수의 개수는 $\quad 4$
따라서 $p=256, \ q=24, \ r=1, \ s=4$이므로
$$p+q+r+s=285 \qquad \text{답 } 285$$

0820 집합 $X=\{1, 2, 3, 4\}$에서 집합 $Y=\{a, b\}$로의
함수의 개수는 $\quad 2^4=16$
치역이 $\{a\}$ 또는 $\{b\}$인 함수의 개수는 $\quad 2$
따라서 공역과 치역이 같은 함수의 개수는
$$16-2=14 \qquad \text{답 } ⑤$$

0821 집합 Y의 원소의 개수를 $m \ (m\geq3)$이라 하면 집합
$X=\{1, 2, 3\}$에서 집합 Y로의 일대일함수의 개수가 60이므로
$${}_m\mathrm{P}_3=60, \qquad m(m-1)(m-2)=5\times4\times3$$
$$\therefore m=5 \qquad\qquad \cdots \boxed{1단계}$$
따라서 X에서 Y로의 함수의 개수는
$$5^3=125 \qquad\qquad \cdots \boxed{2단계}$$
$$\text{답 } 125$$

채점 요소	비율
1단계 집합 Y의 원소의 개수 구하기	60 %
2단계 집합 X에서 집합 Y로의 함수의 개수 구하기	40 %

0822 함수 $f: A \longrightarrow B$가 일대일대응이고 $n(U)=6$이므로
조건 ㈎, ㈏에서
$$n(A)=n(B)=3$$
집합 A의 원소를 정하는 경우의 수는 전체집합 U의 6개의 원소
중에서 3개를 택하는 조합의 수와 같으므로
$${}_6\mathrm{C}_3=\frac{6\times5\times4}{3\times2\times1}=20$$
이때 집합 B는 전체집합 U의 원소 중에서 집합 A의 원소를 제
외한 것을 모두 원소로 갖는 집합이므로 집합 B의 원소를 정하는
경우의 수는 1이다.
각 경우에 집합 A에서 집합 B로의 일대일대응의 개수는
$${}_3\mathrm{P}_3=3\times2\times1=6$$
따라서 구하는 함수 f의 개수는
$$20\times1\times6=120 \qquad \text{답 } 120$$

0823 $g(2)=2^0-2=2$이므로
$$(f \circ g)(2)=f(g(2))=f(2)=-2\times2+5=1$$

$f(0)=3$이므로
$$(g \circ f)(0)=g(f(0))=g(3)=9-2=7$$
$$\therefore (f \circ g)(2)+(g \circ f)(0)=1+7=8 \qquad \text{답 } ⑤$$

0824 $(h \circ (g \circ f))(1)=((h \circ g)\circ f)(1) \ \leftarrow$ 합성함수의 결합법칙
$$\qquad\qquad = (h \circ g)(f(1))$$
$$\qquad\qquad = (h \circ g)(-1) \ \leftarrow f(1)=1-2=-1$$
$$\qquad\qquad = -4+3=-1 \qquad \text{답 } ②$$

0825 $(f \circ g)(-1)=f(g(-1))=f(-a+4)$
$$\qquad\qquad = 3(-a+4)-2$$
$$\qquad\qquad = -3a+10$$
즉 $-3a+10=7$이므로 $\qquad -3a=-3$
$$\therefore a=1$$
따라서 $g(x)=x+4$이므로
$$g(-2)=-2+4=2 \qquad \text{답 } 2$$

0826 조건 ㈎, ㈏에서
$$(g \circ f)(2)=g(f(2))=g(3)=1$$
조건 ㈎, ㈐에서
$$(f \circ g)(2)=f(g(2))=f(3)=2 \qquad \cdots \boxed{1단계}$$
이때 조건 ㈎에서 $f(2)=3, \ g(2)=3$이고 두 함수 $f, \ g$는 일대
일대응이므로
$$f(1)=1, \ g(1)=2 \qquad\qquad \cdots \boxed{2단계}$$
$$\therefore f(1)+g(1)=3 \qquad\qquad \cdots \boxed{3단계}$$
$$\text{답 } 3$$

채점 요소	비율
1단계 $g(3), \ f(3)$의 값 구하기	60 %
2단계 $f(1), \ g(1)$의 값 구하기	30 %
3단계 $f(1)+g(1)$의 값 구하기	10 %

0827 $f(x)=2x+6, \ g(x)=ax-3$에서
$$(f \circ g)(x)=f(g(x))=f(ax-3)$$
$$\qquad\qquad = 2(ax-3)+6$$
$$\qquad\qquad = 2ax$$
$$(g \circ f)(x)=g(f(x))=g(2x+6)$$
$$\qquad\qquad = a(2x+6)-3$$
$$\qquad\qquad = 2ax+6a-3$$
$f \circ g=g \circ f$이므로 $\qquad 2ax=2ax+6a-3$
$$0=6a-3 \qquad \therefore a=\frac{1}{2}$$
따라서 $g(x)=\frac{1}{2}x-3$이므로
$$g(4)=\frac{1}{2}\times4-3=-1 \qquad \text{답 } -1$$

0828 주어진 그림에서
$$f(1)=3, \ f(2)=4, \ f(3)=5, \ f(4)=1, \ f(5)=2$$
$f \circ g=g \circ f$에서 $\qquad f(g(x))=g(f(x)) \qquad \cdots\cdots ㉠$

㉠의 양변에 $x=1$을 대입하면

$\qquad f(g(1))=g(f(1)), \qquad f(4)=g(3)$

$\qquad \therefore g(3)=1$

㉠의 양변에 $x=3$을 대입하면

$\qquad f(g(3))=g(f(3)), \qquad f(1)=g(5)$

$\qquad \therefore g(5)=3$

㉠의 양변에 $x=5$를 대입하면

$\qquad f(g(5))=g(f(5)), \qquad f(3)=g(2)$

$\qquad \therefore g(2)=5$ 답 ⑤

참고| ㉠의 양변에 $x=2$를 대입하면

$\qquad f(g(2))=g(f(2)), \qquad f(5)=g(4)$

$\qquad \therefore g(4)=2$

0829 $f(x)=2x-3,\ g(x)=ax+b$에서

$\qquad (f\circ g)(x)=f(g(x))=f(ax+b)$

$\qquad\qquad\qquad =2(ax+b)-3$

$\qquad\qquad\qquad =2ax+2b-3$

$\qquad (g\circ f)(x)=g(f(x))=g(2x-3)$

$\qquad\qquad\qquad =a(2x-3)+b$

$\qquad\qquad\qquad =2ax-3a+b$

$f\circ g=g\circ f$이므로 $\quad 2ax+2b-3=2ax-3a+b$

$\qquad 2b-3=-3a+b \qquad \therefore b=-3a+3$

$\qquad \therefore g(x)=ax-3a+3$

$\qquad\qquad\quad =a(x-3)+3$

따라서 함수 $y=g(x)$의 그래프는 a의 값에 관계없이 항상 점 $(3, 3)$을 지난다.   답 $(3, 3)$

0830 $f(x)=ax+6,\ g(x)=bx-6$에서

$\qquad (f\circ g)(x)=f(g(x))=f(bx-6)$

$\qquad\qquad\qquad =a(bx-6)+6$

$\qquad\qquad\qquad =abx-6a+6$

$\qquad (g\circ f)(x)=g(f(x))=g(ax+6)$

$\qquad\qquad\qquad =b(ax+6)-6$

$\qquad\qquad\qquad =abx+6b-6$

$f\circ g=g\circ f$이므로 $\quad abx-6a+6=abx+6b-6$

$\qquad -6a+6=6b-6, \qquad 6a+6b=12$

$\qquad \therefore a+b=2$

이때 $a,\ b$는 양수이므로 산술평균과 기하평균의 관계에 의하여

$\qquad a+b\geq 2\sqrt{ab}, \qquad 2\geq 2\sqrt{ab}$

$\qquad \therefore \sqrt{ab}\leq 1$ (단, 등호는 $a=1,\ b=1$일 때 성립)

양변을 제곱하면 $\quad ab\leq 1$

따라서 ab의 최댓값은 1이다.   답 **1**

0831 $(f\circ f)(x)=f(f(x))=f(ax+b)$

$\qquad\qquad\qquad =a(ax+b)+b$

$\qquad\qquad\qquad =a^2x+ab+b$

$(f\circ f)(x)=4x+3$이므로 $\qquad a^2x+ab+b=4x+3$

$\qquad \therefore a^2=4,\ ab+b=3$

$a^2=4$에서 $\qquad a=2\ (\because a>0)$

$ab+b=3$에 $a=2$를 대입하면

$\qquad 2b+b=3 \qquad \therefore b=1$

따라서 $f(x)=2x+1$이므로

$\qquad f(3)=2\times 3+1=7$ 답 ①

0832 $(f\circ f)(x)=f(f(x))=f(x^2+a)$

$\qquad\qquad\qquad =(x^2+a)^2+a$

$\qquad\qquad\qquad =x^4+2ax^2+a^2+a$

$(f\circ f)(x)$를 $x-1$로 나누었을 때의 나머지가 5이므로

$\qquad (f\circ f)(1)=5, \qquad 1+2a+a^2+a=5$

$\qquad a^2+3a-4=0, \qquad (a+4)(a-1)=0$

$\qquad \therefore a=1\ (\because a>0)$ 답 ①

0833 $g(x)=(f\circ f)(x)=f(f(x))$

$\qquad\qquad\qquad =f(-3x+k)$

$\qquad\qquad\qquad =-3(-3x+k)+k$

$\qquad\qquad\qquad =9x-2k$

함수 $g(x)$는 x의 값이 증가하면 $g(x)$의 값도 증가하므로 $-1\leq x\leq 1$일 때 $x=-1$에서 최솟값, $x=1$에서 최댓값을 갖는다.

이때 최댓값이 3이므로 $\qquad g(1)=3$

$\qquad 9-2k=3 \qquad \therefore k=3$

따라서 $g(x)=9x-6$이므로 구하는 최솟값은

$\qquad g(-1)=-9-6=-15$ 답 ③

0834 $(f\circ h)(x)=g(x)$이므로 $\qquad f(h(x))=g(x)$

$\qquad -2h(x)+1=4x^2+3, \qquad -2h(x)=4x^2+2$

$\qquad \therefore h(x)=-2x^2-1$ 답 ②

0835 $(h\circ g\circ f)(x)=((h\circ g)\circ f)(x)$

$\qquad\qquad\qquad =(h\circ g)(f(x))$

$\qquad\qquad\qquad =3f(x)-2$ ··· **1단계**

즉 $3f(x)-2=6x-5$이므로

$\qquad 3f(x)=6x-3 \qquad \therefore f(x)=2x-1$ ··· **2단계**

$\qquad \therefore f(5)=2\times 5-1=9$ ··· **3단계**

답 **9**

채점 요소	비율
1단계 $(h\circ g\circ f)(x)$를 $f(x)$에 대한 식으로 나타내기	40 %
2단계 $f(x)$ 구하기	40 %
3단계 $f(5)$의 값 구하기	20 %

다른 풀이 $(h\circ g\circ f)(5)=(h\circ g)(f(5))$에서

$\qquad 6\times 5-5=3f(5)-2 \qquad \therefore f(5)=9$

0836 $(f \circ g)(x)=6x+7$이므로 $f(g(x))=6x+7$

$\therefore f\left(\dfrac{3x+1}{4}\right)=6x+7$

$\dfrac{3x+1}{4}=t$로 놓으면

$3x+1=4t$ $\therefore x=\dfrac{4t-1}{3}$

따라서 $f(t)=6\times\dfrac{4t-1}{3}+7=8t+5$이므로

$f(-1)=8\times(-1)+5=-3$ 답 -3

다른 풀이 $(f \circ g)(x)=6x+7$에서

$f\left(\dfrac{3x+1}{4}\right)=6x+7$ ······ ㉠

$\dfrac{3x+1}{4}=-1$에서 $3x+1=-4$ $\therefore x=-\dfrac{5}{3}$

㉠에 $x=-\dfrac{5}{3}$를 대입하면

$f(-1)=6\times\left(-\dfrac{5}{3}\right)+7=-3$

0837 $(g \circ f)(x)=g(f(x))=g(x-2)$
$\qquad\qquad\qquad\qquad =2(x-2)-1=2x-5$

이므로

$(h \circ g \circ f)(x)=(h \circ (g \circ f))(x)$
$\qquad\qquad\qquad =h((g \circ f)(x))$
$\qquad\qquad\qquad =h(2x-5)$

이때 $(h \circ g \circ f)(x)=f(x)$이므로

$h(2x-5)=x-2$

$2x-5=t$로 놓으면 $2x=t+5$ $\therefore x=\dfrac{t+5}{2}$

따라서 $h(t)=\dfrac{t+5}{2}-2=\dfrac{1}{2}t+\dfrac{1}{2}$이므로

$h(3)=\dfrac{3}{2}+\dfrac{1}{2}=2$ 답 2

0838 $f^1(x)=f(x)=-x+3$
$f^2(x)=(f \circ f^1)(x)=f(f^1(x))=f(-x+3)$
$\qquad =-(-x+3)+3=x$
$f^3(x)=(f \circ f^2)(x)=f(f^2(x))=f(x)=-x+3$
$f^4(x)=(f \circ f^3)(x)=f(f^3(x))=f(-x+3)=x$
$\qquad\qquad\vdots$

즉 $f^n(x)=\begin{cases} -x+3 & (n\text{은 홀수}) \\ x & (n\text{은 짝수}) \end{cases}$이므로

$f^{99}(x)=-x+3$

$\therefore f^{99}(1)=-1+3=2$ 답 2

다른 풀이 $f^1(1)=f(1)=2$이므로

$f^2(1)=(f \circ f^1)(1)=f(f^1(1))=f(2)=1$
$f^3(1)=(f \circ f^2)(1)=f(f^2(1))=f(1)=2$
$\qquad\qquad\vdots$

즉 $f^n(1)$의 값은 2, 1이 이 순서대로 반복된다.

이때 $99=2\times49+1$이므로

$f^{99}(1)=f^1(1)=2$

0839 $f^1(x)=f(x)=x-1$
$f^2(x)=(f \circ f^1)(x)=f(f^1(x))=f(x-1)$
$\qquad =(x-1)-1=x-2$
$f^3(x)=(f \circ f^2)(x)=f(f^2(x))=f(x-2)$
$\qquad =(x-2)-1=x-3$
$\qquad\qquad\vdots$

$\therefore f^n(x)=x-n$

따라서 $f^{10}(x)=x-10$이므로 $f^{10}(a)=5$에서

$a-10=5$ $\therefore a=15$ 답 15

0840 $f^1(2)=f(2)=3$이므로

$f^2(2)=f(f^1(2))=f(3)=4$
$f^3(2)=f(f^2(2))=f(4)=1$
$f^4(2)=f(f^3(2))=f(1)=2$
$f^5(2)=f(f^4(2))=f(2)=3$
$\qquad\qquad\vdots$

즉 $f^n(2)$의 값은 3, 4, 1, 2가 이 순서대로 반복된다.

이때 $50=4\times12+2$이므로

$f^{50}(2)=f^2(2)=4$ 답 4

0841 주어진 그래프에서

$f(x)=\begin{cases} 2x & (0\le x<1) \\ -2x+4 & (1\le x\le 2) \end{cases}$

따라서 $f^1\left(\dfrac{8}{7}\right)=f\left(\dfrac{8}{7}\right)=-2\times\dfrac{8}{7}+4=\dfrac{12}{7}$이므로

$f^2\left(\dfrac{8}{7}\right)=(f \circ f^1)\left(\dfrac{8}{7}\right)=f\left(f^1\left(\dfrac{8}{7}\right)\right)=f\left(\dfrac{12}{7}\right)$

$\qquad =-2\times\dfrac{12}{7}+4=\dfrac{4}{7}$

$f^3\left(\dfrac{8}{7}\right)=(f \circ f^2)\left(\dfrac{8}{7}\right)=f\left(f^2\left(\dfrac{8}{7}\right)\right)=f\left(\dfrac{4}{7}\right)$

$\qquad =2\times\dfrac{4}{7}=\dfrac{8}{7}$

$f^4\left(\dfrac{8}{7}\right)=(f \circ f^3)\left(\dfrac{8}{7}\right)=f\left(f^3\left(\dfrac{8}{7}\right)\right)=f\left(\dfrac{8}{7}\right)=\dfrac{12}{7}$

$\qquad\qquad\vdots$

즉 $f^n\left(\dfrac{8}{7}\right)$의 값은 $\dfrac{12}{7}$, $\dfrac{4}{7}$, $\dfrac{8}{7}$이 이 순서대로 반복된다.

이때 $2024=3\times674+2$이므로

$f^{2024}\left(\dfrac{8}{7}\right)=f^2\left(\dfrac{8}{7}\right)=\dfrac{4}{7}$ 답 $\dfrac{4}{7}$

0842 $f(1)=7$이므로

$a+b=7$ ······ ㉠

$f^{-1}(10)=4$에서 $f(4)=10$이므로

$4a+b=10$ ······ ㉡

㉠, ㉡을 연립하여 풀면 $a=1$, $b=6$

$\therefore ab=6$ 답 6

0843 $f(x)=ax^2+bx+c$ (a, b, c는 상수, $a\neq0$)라 하면
$f(0)=0$에서 $c=0$
∴ $f(x)=ax^2+bx$
$f^{-1}(3)=1$에서 $f(1)=3$이므로
$a+b=3$ ...... ㉠
$f^{-1}(8)=4$에서 $f(4)=8$이므로
$16a+4b=8$ ∴ $4a+b=2$ ...... ㉡
㉠, ㉡을 연립하여 풀면 $a=-\dfrac{1}{3}$, $b=\dfrac{10}{3}$
따라서 $f(x)=-\dfrac{1}{3}x^2+\dfrac{10}{3}x$이므로
$$f(-6)=-\dfrac{1}{3}\times(-6)^2+\dfrac{10}{3}\times(-6)=-32$$
답 ④

0844 $\dfrac{3x-1}{2}=t$로 놓으면 $3x-1=2t$
∴ $x=\dfrac{2t+1}{3}$
따라서 $f(t)=-6\times\dfrac{2t+1}{3}+1=-4t-1$이므로
$f(x)=-4x-1$
$f^{-1}(7)=k$라 하면 $f(k)=7$이므로
$-4k-1=7$ ∴ $k=-2$
∴ $f^{-1}(7)=-2$ 답 **−2**

다른 풀이 $-6x+1=7$에서 $x=-1$
$x=-1$을 $f\left(\dfrac{3x-1}{2}\right)=-6x+1$에 대입하면
$f(-2)=7$ ∴ $f^{-1}(7)=-2$

0845 $x\geq1$일 때, $f(x)=x-2\geq-1$
$x<1$일 때, $f(x)=3x-4<-1$
$f^{-1}(-7)=m$이라 하면 $f(m)=-7$이므로
$3m-4=-7$ ← $-7<-1$이므로 $f(x)=3x-4$에 대입
∴ $m=-1$
$f^{-1}(4)=n$이라 하면 $f(n)=4$이므로
$n-2=4$ ← $4>-1$이므로 $f(x)=x-2$에 대입
∴ $n=6$
∴ $f^{-1}(-7)+f^{-1}(4)=-1+6=5$ 답 **5**

0846 함수 $f(x)=-3x+2$의 역함수가 존재하면 함수 f는 일대일대응이므로 치역과 공역이 같다.
이때 $y=f(x)$의 그래프의 기울기가 음수이므로
$f(-1)=b$, $f(1)=a$
$f(-1)=3+2=5$, $f(1)=-3+2=-1$이므로
$a=-1$, $b=5$
∴ $a+b=4$ 답 **4**

0847 함수 f의 역함수가 존재하려면 f는 일대일대응이어야 한다.
따라서 역함수가 존재하는 함수는 ④이다.   답 ④

참고 주어진 함수의 그래프는 다음 그림과 같다.

①   ② 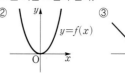   ③

④   ⑤

0848 $f(x)=-x^2+8x+a=-(x-4)^2+a+16$
함수 $f(x)$의 역함수가 존재하려면 $f(x)$는 일대일대응이어야 한다.
이때 $y=f(x)$의 그래프의 축의 방정식이 $x=4$이므로 $x\leq3$에서 x의 값이 증가할 때 y의 값도 증가한다.
따라서 함수 $f(x)$는 일대일함수이고 치역과 공역이 같아야 하므로
$f(3)=3$, $a+15=3$
∴ $a=-12$ 답 **−12**

0849 $f(x)=2x-3+a|x-2|$에서
(i) $x\geq2$일 때, $x-2\geq0$이므로
$f(x)=2x-3+a(x-2)=(2+a)x-2a-3$
(ii) $x<2$일 때, $x-2<0$이므로
$f(x)=2x-3-a(x-2)=(2-a)x+2a-3$
(i), (ii)에서 함수 $f(x)$의 역함수가 존재하려면 $f(x)$가 일대일대응이어야 하므로 $x\geq2$일 때와 $x<2$일 때의 직선의 기울기의 부호가 서로 같아야 한다.
즉 $(2+a)(2-a)>0$이므로
$(a+2)(a-2)<0$ ∴ $-2<a<2$
따라서 정수 a의 최댓값은 1이다.   답 **1**

0850 $y=\dfrac{1}{3}x+a$라 하면
$\dfrac{1}{3}x=y-a$ ∴ $x=3y-3a$
x와 y를 서로 바꾸면 $y=3x-3a$
∴ $f^{-1}(x)=3x-3a$
따라서 $3x-3a=bx-6$이므로
$3=b$, $-3a=-6$ ∴ $a=2$, $b=3$
∴ $a+b=5$ 답 ③

0851 $y=5x-1$이라 하면 $x\geq1$일 때 $y\geq4$이므로 함수 $f(x)$는 집합 $\{x|x\geq1\}$에서 집합 $\{y|y\geq4\}$로의 일대일대응이다.
따라서 $f^{-1}(x)$의 정의역은 $\{x|x\geq4\}$이다.
이때 $y=5x-1$에서
$5x=y+1$ ∴ $x=\dfrac{1}{5}y+\dfrac{1}{5}$
x와 y를 서로 바꾸면
$y=\dfrac{1}{5}x+\dfrac{1}{5}$

$$\therefore f^{-1}(x)=\frac{1}{5}x+\frac{1}{5}\ (x\geq4)$$

따라서 $a=\frac{1}{5},\ b=\frac{1}{5},\ c=4$이므로

$$abc=\frac{4}{25}$$

답 $\dfrac{4}{25}$

0852 $3x-1=t$로 놓으면 $x=\dfrac{t+1}{3}$

따라서 $f(t)=6\times\dfrac{t+1}{3}+1=2t+3$이므로

$$f(x)=2x+3 \qquad\cdots\text{1단계}$$

$y=2x+3$이라 하면 $2x=y-3$

$$\therefore x=\frac{1}{2}y-\frac{3}{2}$$

x와 y를 서로 바꾸면 $y=\dfrac{1}{2}x-\dfrac{3}{2}$

$$\therefore f^{-1}(x)=\frac{1}{2}x-\frac{3}{2} \qquad\cdots\text{2단계}$$

따라서 $a=\dfrac{1}{2},\ b=-\dfrac{3}{2}$이므로

$$a-b=2 \qquad\cdots\text{3단계}$$

답 2

	채점 요소	비율
1단계	함수 $f(x)$ 구하기	40%
2단계	역함수 $f^{-1}(x)$ 구하기	40%
3단계	$a-b$의 값 구하기	20%

0853 함수 $y=f(x)$의 그래프는 오른쪽 그림과 같으므로 함수 $f(x)$는 일대일대응이다.

따라서 $f(x)$의 역함수가 존재한다.

(i) $x\geq1$일 때

$\quad y=-2x+5$라 하면 $y\leq3$이고

$$2x=-y+5 \quad\therefore x=-\frac{1}{2}y+\frac{5}{2}$$

$\quad x$와 y를 서로 바꾸면 $y=-\dfrac{1}{2}x+\dfrac{5}{2}\ (x\leq3)$

(ii) $x<1$일 때

$\quad y=-3x+6$이라 하면 $y>3$이고

$$3x=-y+6 \quad\therefore x=-\frac{1}{3}y+2$$

$\quad x$와 y를 서로 바꾸면 $y=-\dfrac{1}{3}x+2\ (x>3)$

(i), (ii)에서

$$f^{-1}(x)=\begin{cases}-\dfrac{1}{2}x+\dfrac{5}{2} & (x\leq3)\\[2mm]-\dfrac{1}{3}x+2 & (x>3)\end{cases}$$

답 $f^{-1}(x)=\begin{cases}-\dfrac{1}{2}x+\dfrac{5}{2} & (x\leq3)\\[2mm]-\dfrac{1}{3}x+2 & (x>3)\end{cases}$

0854 $y=ax+4$라 하면 $ax=y-4$

$$\therefore x=\frac{1}{a}y-\frac{4}{a}$$

x와 y를 서로 바꾸면 $y=\dfrac{1}{a}x-\dfrac{4}{a}$

$$\therefore f^{-1}(x)=\frac{1}{a}x-\frac{4}{a}$$

$f=f^{-1}$이므로 $a=\dfrac{1}{a},\ 4=-\dfrac{4}{a}$ $\therefore a=-1$

따라서 $f(x)=-x+4$이므로

$$f(a)=f(-1)=-(-1)+4=5$$

답 5

다른 풀이 $f=f^{-1}$이면 $(f\circ f)(x)=x$

$$\therefore f(f(x))=x \qquad\cdots\cdots\ \bigcirc$$

이때 $f(x)=ax+4$에서

$$f(f(x))=f(ax+4)=a(ax+4)+4$$
$$=a^2x+4a+4$$

$\bigcirc$에서 $a^2x+4a+4=x$이므로

$$a^2=1,\ 4a+4=0 \quad\therefore a=-1$$

0855 $(f\circ f)(x)=x$에서 $f=f^{-1}$이므로

$$f^{-1}(2)=f(2)=-1$$

또 $(f\circ f)(2)=f(f(2))=2$에서 $f(-1)=2$이므로

$$f^{-1}(2)+f(-1)=-1+2=1$$

답 1

0856 $f=f^{-1}$이면 $(f\circ f)(x)=x$

$$\therefore f(f(x))=x$$

ㄱ. $f(x)=-x$에서

$$f(f(x))=f(-x)=-(-x)=x$$

ㄴ. $f(x)=5x$에서

$$f(f(x))=f(5x)=5\times5x=25x$$

ㄷ. $f(x)=-x+4$에서

$$f(f(x))=f(-x+4)=-(-x+4)+4=x$$

ㄹ. $f(x)=x-2$에서

$$f(f(x))=f(x-2)=(x-2)-2=x-4$$

이상에서 $f=f^{-1}$를 만족시키는 함수는 ㄱ, ㄷ이다.

답 ㄱ, ㄷ

다른 풀이 ㄱ. $y=-x$라 하면 $x=-y$

$\quad x$와 y를 서로 바꾸면 $y=-x$

$\quad$즉 $f^{-1}(x)=-x$이므로 $f=f^{-1}$

ㄴ. $y=5x$라 하면 $x=\dfrac{1}{5}y$

$\quad x$와 y를 서로 바꾸면 $y=\dfrac{1}{5}x$

$\quad$즉 $f^{-1}(x)=\dfrac{1}{5}x$이므로 $f\neq f^{-1}$

ㄷ. $y=-x+4$라 하면 $x=-y+4$

$\quad x$와 y를 서로 바꾸면 $y=-x+4$

$\quad$즉 $f^{-1}(x)=-x+4$이므로 $f=f^{-1}$

ㄹ. $y=x-2$라 하면 $x=y+2$

$\quad x$와 y를 서로 바꾸면 $y=x+2$

$\quad$즉 $f^{-1}(x)=x+2$이므로 $f\neq f^{-1}$

0857 $f(x)=ax+b$ (a, b는 상수, $a\neq0$)라 하면

$f(3)=2$에서　$3a+b=2$　……㉠

$f=f^{-1}$이므로　$f^{-1}(3)=f(3)=2$

즉 $f(2)=3$이므로　$2a+b=3$　……㉡

㉠, ㉡을 연립하여 풀면　$a=-1$, $b=5$

$\therefore f(x)=-x+5$

따라서 $y=f(x)$의 그래프의 x절편은 5, y절편은 5이므로

$m=5$, $n=5$

$\therefore m+n=10$　답 ④

다른 풀이 ㉠에서　$b=2-3a$

$\therefore f(x)=ax+2-3a$　……㉢

한편 $f=f^{-1}$이면　$(f\circ f)(x)=x$

$\therefore f(f(x))=x$　……㉣

$f(f(x))=f(ax+2-3a)$

$\qquad=a(ax+2-3a)+2-3a$

$\qquad=a^2x-3a^2-a+2$

이므로 ㉣에서　$a^2x-3a^2-a+2=x$

$\therefore a^2=1$, $-3a^2-a+2=0$

(i) $a^2=1$에서　$a=-1$ 또는 $a=1$

(ii) $-3a^2-a+2=0$에서

$3a^2+a-2=0$,　$(a+1)(3a-2)=0$

$\therefore a=-1$ 또는 $a=\dfrac{2}{3}$

(i), (ii)에서 $a=-1$이므로 ㉢에서

$f(x)=-x+5$

0858 $(f^{-1}\circ g)(a)=f^{-1}(g(a))=2$에서

$f(2)=g(a)$

$2\times2-3=3a-5$　$\therefore a=2$　답 **2**

0859 $g(8)=6$이므로　$g^{-1}(6)=8$

$\therefore (f\circ g^{-1})(6)=f(g^{-1}(6))=f(8)=2$

$f(4)=6$이므로　$f^{-1}(6)=4$

$\therefore (g^{-1}\circ f^{-1})(6)=g^{-1}(f^{-1}(6))=g^{-1}(4)$

이때 $g(2)=4$이므로　$g^{-1}(4)=2$

$\therefore (g^{-1}\circ f^{-1})(6)=g^{-1}(4)=2$

$\therefore (f\circ g^{-1})(6)+(g^{-1}\circ f^{-1})(6)=2+2=4$　답 **4**

0860 $(g\circ f)(x)=g(f(x))=g(x-a)$

$\qquad=3(x-a)-2a=3x-5a$

즉 $3x-5a=3x+10$이므로

$-5a=10$　$\therefore a=-2$

$\therefore f(x)=x+2$, $g(x)=3x+4$

$g^{-1}(-2)=k$라 하면 $g(k)=-2$이므로

$3k+4=-2$　$\therefore k=-2$

$\therefore (f\circ g^{-1})(-2)=f(g^{-1}(-2))=f(-2)$

$\qquad=-2+2=0$　답 ②

0861 $x\geq0$일 때　$g(x)=x+1\geq1$

$x<0$일 때　$g(x)=-x^2+1<1$

$g^{-1}(2)=a$라 하면 $g(a)=2$이므로

$a+1=2$　$\therefore a=1$

$\therefore (f\circ g^{-1})(2)=f(g^{-1}(2))=f(1)=3\times1-1=2$

$g(-1)=-(-1)^2+1=0$이므로

$(f^{-1}\circ g)(-1)=f^{-1}(g(-1))=f^{-1}(0)$

$f^{-1}(0)=b$라 하면 $f(b)=0$이므로

$3b-1=0$　$\therefore b=\dfrac{1}{3}$

따라서 $(f^{-1}\circ g)(-1)=f^{-1}(0)=\dfrac{1}{3}$이므로

$(f\circ g^{-1})(2)+(f^{-1}\circ g)(-1)=2+\dfrac{1}{3}=\dfrac{7}{3}$　답 $\dfrac{7}{3}$

0862 $(f\circ(f\circ g)^{-1}\circ f)(3)=(f\circ g^{-1}\circ f^{-1}\circ f)(3)$

$\qquad\qquad\qquad\qquad=(f\circ g^{-1})(3)$

$\qquad\qquad\qquad\qquad=f(g^{-1}(3))$

$g^{-1}(3)=k$라 하면 $g(k)=3$이므로

$3k-6=3$　$\therefore k=3$

$\therefore (f\circ(f\circ g)^{-1}\circ f)(3)=f(g^{-1}(3))$

$\qquad\qquad\qquad\qquad=f(3)$

$\qquad\qquad\qquad\qquad=3+1=4$　답 **4**

0863 $(f\circ(f^{-1}\circ g)^{-1})(-1)$

$=(f\circ g^{-1}\circ f)(-1)$

$=f(g^{-1}(f(-1)))$

$=f(g^{-1}(-1))$　← $f(-1)=-(-1)^2=-1$

$g^{-1}(-1)=k$라 하면 $g(k)=-1$이므로

$-3k+2=-1$　$\therefore k=1$

$\therefore (f\circ(f^{-1}\circ g)^{-1})(-1)=f(g^{-1}(-1))$

$\qquad\qquad\qquad\qquad=f(1)$

$\qquad\qquad\qquad\qquad=2\times1=2$　답 ③

0864 $(f^{-1}\circ(g\circ f^{-1})^{-1}\circ f)(x)=(f^{-1}\circ f\circ g^{-1}\circ f)(x)$

$\qquad\qquad\qquad\qquad=(g^{-1}\circ f)(x)$

$\qquad\qquad\qquad\qquad=g^{-1}(f(x))$

즉 $g^{-1}(f(x))=ax+b$이므로　$g(ax+b)=f(x)$

$3(ax+b)+1=-x+2$

$\therefore 3ax+3b+1=-x+2$

따라서 $3a=-1$, $3b+1=2$이므로　$a=-\dfrac{1}{3}$, $b=\dfrac{1}{3}$

$\therefore a-2b=-1$　답 -1

다른 풀이 $y=3x+1$이라 하면　$3x=y-1$

$\therefore x=\dfrac{1}{3}y-\dfrac{1}{3}$

x와 y를 서로 바꾸면　$y=\dfrac{1}{3}x-\dfrac{1}{3}$

$\therefore g^{-1}(x)=\dfrac{1}{3}x-\dfrac{1}{3}$

$$\therefore (f^{-1} \circ (g \circ f^{-1})^{-1} \circ f)(x)$$
$$= (g^{-1} \circ f)(x) = g^{-1}(f(x))$$
$$= g^{-1}(-x+2)$$
$$= \frac{1}{3}(-x+2) - \frac{1}{3} = -\frac{1}{3}x + \frac{1}{3}$$

0865 $(g^{-1} \circ f^{-1})(-6) = -4$에서
$(f \circ g)^{-1}(-6) = -4$이므로
$$(f \circ g)(-4) = -6 \qquad \therefore f(g(-4)) = -6$$
$g(-4) = -4+6 = 2$이므로 $\quad f(2) = -6$
$$\therefore 2a+b = -6 \qquad \cdots\cdots \ \bigcirc$$
한편 $g^{-1}(7) = k$라 하면 $g(k) = 7$이므로
$$k+6 = 7 \qquad \therefore k = 1$$
따라서 $(f \circ g^{-1})(7) = f(g^{-1}(7)) = f(1) = -2$이므로
$$a+b = -2 \qquad \cdots\cdots \ \bigcirc$$
$\bigcirc$, $\bigcirc$을 연립하여 풀면 $\quad a = -4, \ b = 2$
$$\therefore ab = -8 \qquad \qquad \text{답 } -8$$

0866 $(f \circ g^{-1} \circ f^{-1})(c)$
$= f(g^{-1}(f^{-1}(c)))$
$f^{-1}(c) = k$라 하면 $f(k) = c$이
므로 $\quad k = e$
$$\therefore (f \circ g^{-1} \circ f^{-1})(c)$$
$$= f(g^{-1}(f^{-1}(c)))$$
$$= f(g^{-1}(e))$$
$g^{-1}(e) = l$이라 하면 $g(l) = e$이므로
$$l = d$$
$$\therefore (f \circ g^{-1} \circ f^{-1})(c) = f(g^{-1}(e)) = f(d) = b \qquad \text{답 ②}$$

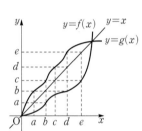

0867 $(f \circ f \circ f)(a)$
$= f(f(f(a)))$
$= f(f(b))$
$= f(c)$
$= d$
$$\text{답 ④}$$

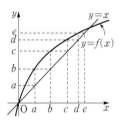

0868 $(f \circ f)^{-1}(b)$
$= (f^{-1} \circ f^{-1})(b)$
$= f^{-1}(f^{-1}(b))$
$f^{-1}(b) = k$라 하면 $f(k) = b$이므로
$$k = c$$
$$\therefore (f \circ f)^{-1}(b) = f^{-1}(f^{-1}(b))$$
$$= f^{-1}(c)$$
$f^{-1}(c) = l$이라 하면 $f(l) = c$이므로
$$l = d$$
$$\therefore (f \circ f)^{-1}(b) = f^{-1}(c) = d \qquad \text{답 ④}$$

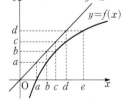

0869 $f(x+y) = f(x) + f(y) \qquad \cdots\cdots \ \bigcirc$
$\bigcirc$의 양변에 $x=0$, $y=0$을 대입하면
$$f(0) = f(0) + f(0) \qquad \therefore f(0) = 0$$
$\bigcirc$의 양변에 $x=2$, $y=-2$를 대입하면
$$f(0) = f(2) + f(-2), \qquad 0 = 6 + f(-2)$$
$$\therefore f(-2) = -6 \qquad \qquad \text{답 } -6$$

0870 $f(xy) = f(x) + f(y) \qquad \cdots\cdots \ \bigcirc$
$\bigcirc$의 양변에 $x=2$, $y=2$를 대입하면
$$f(4) = f(2) + f(2) = 1+1 = 2$$
$\bigcirc$의 양변에 $x=4$, $y=4$를 대입하면
$$f(16) = f(4) + f(4) = 2+2 = 4 \qquad \text{답 } 4$$

0871 $f(x+y) = f(x)f(y) \qquad \cdots\cdots \ \bigcirc$

ㄱ. $\bigcirc$의 양변에 $x=1$, $y=0$을 대입하면
$$f(1) = f(1)f(0), \qquad 2 = 2f(0)$$
$$\therefore f(0) = 1 \ (참)$$

ㄴ. $\bigcirc$의 양변에 $x=1$, $y=1$을 대입하면
$$f(2) = f(1)f(1) = 2 \times 2 = 4$$
$\bigcirc$의 양변에 $x=2$, $y=-2$를 대입하면
$$f(0) = f(2)f(-2), \qquad 1 = 4f(-2)$$
$$\therefore f(-2) = \frac{1}{4} \ (거짓)$$

ㄷ. $f(2x) = f(x+x) = f(x)f(x) = \{f(x)\}^2$
$f(3x) = f(x+2x) = f(x)f(2x) = f(x)\{f(x)\}^2$
$$= \{f(x)\}^3$$
$f(4x) = f(x+3x) = f(x)f(3x) = f(x)\{f(x)\}^3$
$$= \{f(x)\}^4$$
$$\vdots$$
$$\therefore f(nx) = \{f(x)\}^n \ (참)$$
이상에서 옳은 것은 ㄱ, ㄷ이다. $\qquad \text{답 ④}$

0872 $f(1) < f(2) < f(3)$에서 $\quad 3 < f(2) < f(3)$
이를 만족시키려면 공역의 원소 4, 5, 6, 7, 8 중에서 서로 다른 2개를 택하여 작은 수부터 차례대로 정의역의 원소 2, 3에 대응시키면 된다.
즉 $f(2)$, $f(3)$의 값을 정하는 경우의 수는
$$_5\mathrm{C}_2 = \frac{5 \times 4}{2 \times 1} = 10$$
$f(4) > f(5) > f(6)$에서 $\quad 5 > f(5) > f(6)$
이를 만족시키려면 공역의 원소 1, 2, 3, 4 중에서 서로 다른 2개를 택하여 큰 수부터 차례대로 정의역의 원소 5, 6에 대응시키면 된다.
즉 $f(5)$, $f(6)$의 값을 정하는 경우의 수는
$$_4\mathrm{C}_2 = \frac{4 \times 3}{2 \times 1} = 6$$
따라서 구하는 함수 f의 개수는
$$10 \times 6 = 60 \qquad \qquad \text{답 } 60$$

0873 $X=\{-1, 0, 1\}$, $Y=\{2, 3, 5, 7, 11\}$이고, 조건 (나)에서 $f(x)$의 값이 될 수 있는 것은 3, 5, 7, 11이다.

따라서 조건 (가), (나)를 만족시키는 함수 f는 집합 $\{-1, 0, 1\}$에서 집합 $\{3, 5, 7, 11\}$로의 일대일함수이므로 구하는 함수 f의 개수는

$$_4P_3=4\times3\times2=24$$

답 24

0874 조건 (가)에서 $f(1)\geq5$이므로

$$f(1)=5 \text{ 또는 } f(1)=6 \text{ 또는 } f(1)=7$$

(i) $f(1)=5$일 때

조건 (나)에서 $5>f(2)>f(3)>f(4)$

이를 만족시키려면 집합 Y의 원소 1, 2, 3, 4 중에서 서로 다른 3개를 택하여 큰 수부터 차례대로 집합 X의 원소 2, 3, 4에 대응시키면 된다.

따라서 함수 f의 개수는

$$_4C_3={}_4C_1=4$$

(ii) $f(1)=6$일 때

조건 (나)에서 $6>f(2)>f(3)>f(4)$

이를 만족시키려면 집합 Y의 원소 1, 2, 3, 4, 5 중에서 서로 다른 3개를 택하여 큰 수부터 차례대로 집합 X의 원소 2, 3, 4에 대응시키면 된다.

따라서 함수 f의 개수는

$$_5C_3={}_5C_2=\frac{5\times4}{2\times1}=10$$

(iii) $f(1)=7$일 때

조건 (나)에서 $7>f(2)>f(3)>f(4)$

이를 만족시키려면 집합 Y의 원소 1, 2, 3, 4, 5, 6 중에서 서로 다른 3개를 택하여 큰 수부터 차례대로 집합 X의 원소 2, 3, 4에 대응시키면 된다.

따라서 함수 f의 개수는

$$_6C_3=\frac{6\times5\times4}{3\times2\times1}=20$$

이상에서 구하는 함수 f의 개수는

$$4+10+20=34$$

답 34

0875 $f(x)=x^2-4x+4$
$$=(x-2)^2 \ (x\geq2)$$

함수 $y=f(x)$의 그래프와 그 역함수 $y=f^{-1}(x)$의 그래프는 직선 $y=x$에 대하여 대칭이므로 오른쪽 그림과 같고, $y=f(x)$의 그래프와 $y=f^{-1}(x)$의 그래프의 교점은 $y=f(x)$의 그래프와 직선 $y=x$의 교점과 같다.

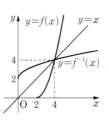

$x^2-4x+4=x$에서

$$x^2-5x+4=0, \qquad (x-1)(x-4)=0$$

$$\therefore x=4 \ (\because x\geq2)$$

따라서 교점의 좌표는 $(4, 4)$이므로 $a=4$, $b=4$

$$\therefore ab=16$$

답 ③

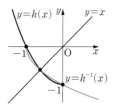
0876 함수 $y=f(x)$의 그래프와 그 역함수 $y=f^{-1}(x)$의 그래프는 직선 $y=x$에 대하여 대칭이므로 오른쪽 그림과 같고, 두 함수 $y=f(x)$, $y=f^{-1}(x)$의 그래프의 교점은 $y=f(x)$의 그래프와 직선 $y=x$의 교점과 같다.

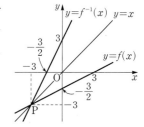

$\dfrac{1}{2}x-\dfrac{3}{2}=x$에서 $\quad -\dfrac{1}{2}x=\dfrac{3}{2}$

$$\therefore x=-3$$

··· **1단계**

따라서 교점 P의 좌표는 $(-3, -3)$이므로

$$\overline{OP}=\sqrt{(-3)^2+(-3)^2}=3\sqrt{2}$$

··· **2단계**

답 $3\sqrt{2}$

채점 요소		비율
1단계	점 P의 x좌표 구하기	70%
2단계	선분 OP의 길이 구하기	30%

참고 | $f^{-1}(x)$를 직접 구하고 방정식 $f(x)=f^{-1}(x)$의 해를 구하여 점 P의 x좌표를 구할 수도 있다.

0877 $f(x)=x^2-2x+k=(x-1)^2+k-1 \ (x\geq1)$

함수 $y=f(x)$의 그래프와 그 역함수 $y=f^{-1}(x)$의 그래프는 직선 $y=x$에 대하여 대칭이므로 오른쪽 그림과 같고, $y=f(x)$의 그래프와 $y=f^{-1}(x)$의 그래프가 서로 다른 두 점에서 만나려면 $y=f(x)$의 그래프와 직선 $y=x$가 서로 다른 두 점에서 만나야 한다.

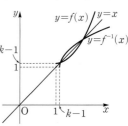

따라서 이차방정식 $x^2-2x+k=x$, 즉 $x^2-3x+k=0$의 서로 다른 두 실근이 모두 1보다 크거나 같아야 한다.

$g(x)=x^2-3x+k$라 하면 $y=g(x)$의 그래프가 오른쪽 그림과 같아야 하므로

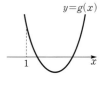

(i) 이차방정식 $g(x)=0$의 판별식을 D라 할 때

$$D=(-3)^2-4\times1\times k>0$$

$$\therefore k<\frac{9}{4}$$

(ii) $g(1) \geq 0$이어야 하므로
$$1-3+k \geq 0 \qquad \therefore k \geq 2$$
(iii) $y=g(x)$의 그래프의 축의 방정식은
$$x=\frac{3}{2}>1$$
이상에서 조건을 만족시키는 k의 값의 범위는
$$2 \leq k < \frac{9}{4} \qquad \qquad \text{답 } 2 \leq k < \frac{9}{4}$$

0878 $y=|x-2|$에서 절댓값 기호 안의 식의 값이 0이 되는 x의 값이 2이므로

(i) $x<2$일 때, $\qquad y=-(x-2)=-x+2$
(ii) $x \geq 2$일 때, $\qquad y=x-2$
(i), (ii)에서 $y=|x-2|$의 그래프는 오른쪽 그림과 같다.

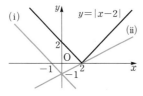

한편 직선
$$y=mx-1 \qquad \cdots\cdots \text{㉠}$$
은 m의 값에 관계없이 점 $(0, -1)$을 지난다.
(i) 직선 ㉠이 직선 $y=-x+2$와 평행할 때
$$m=-1$$
(ii) 직선 ㉠이 점 $(2, 0)$을 지날 때
$$0=2m-1 \qquad \therefore m=\frac{1}{2}$$
(i), (ii)에서 구하는 m의 값의 범위는
$$m<-1 \text{ 또는 } m \geq \frac{1}{2} \qquad \text{답 } m<-1 \text{ 또는 } m \geq \frac{1}{2}$$

0879 $y=f(|x|)$의 그래프는 $y=f(x)$의 그래프에서 $x \geq 0$인 부분만 남기고, $x<0$인 부분은 $x \geq 0$인 부분의 그래프를 y축에 대하여 대칭이동하여 그린 것이므로 그 개형은 ②이다.
답 ②

0880 $y=|x-2|-|x+4|$에서 절댓값 기호 안의 식의 값이 0이 되도록 하는 x의 값이 -4, 2이므로
(i) $x<-4$일 때
$$y=-(x-2)+(x+4)=6$$
(ii) $-4 \leq x < 2$일 때
$$y=-(x-2)-(x+4)=-2x-2$$
(iii) $x \geq 2$일 때
$$y=(x-2)-(x+4)=-6$$
이상에서 $y=|x-2|-|x+4|$의 그래프는 오른쪽 그림과 같으므로
$$M=6, \ m=-6$$
$$\therefore M-m=12$$
답 **12**

참고 $y=|x-p|+|x-q|$의 그래프는
$x<p, \ p \leq x < q, \ x \geq q \ (p<q)$
일 때로 나누어 그린다.

0881 각 대응을 그림으로 나타내면 다음과 같다.

① 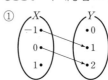 ②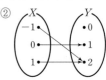

③ 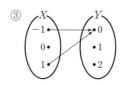 ④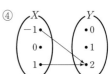

⑤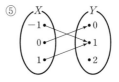

① X의 원소 1에 대응하는 Y의 원소가 없으므로 함수가 아니다.
③, ④ X의 원소 0에 대응하는 Y의 원소가 없으므로 함수가 아니다.
따라서 X에서 Y로의 함수인 것은 ②, ⑤이다.
답 ②, ⑤

0882 $2n-1=9$에서 $\qquad n=5$
조건 (나)에 $n=5$를 대입하면
$$f(9)=5+1=6$$
한편 조건 (가)에 $n=12$를 대입하면
$$f(24)=f(13)$$
조건 (나)에 $n=7$을 대입하면
$$f(13)=7+1=8 \qquad \therefore f(24)=f(13)=8$$
$$\therefore f(9)+f(24)=6+8=14$$
답 **14**

0883 $8^1=8, \ 8^2=64, \ 8^3=512, \ 8^4=4096, \ 8^5=32768, \cdots$
이므로 8^x의 일의 자리의 숫자는 8, 4, 2, 6이 이 순서대로 반복된다.
따라서 함수 f의 치역은 $\{2, 4, 6, 8\}$이므로 치역의 모든 원소의 합은
$$2+4+6+8=20$$
답 **20**

0884 $f(0)=g(0)$에서 $\qquad 3=a+b \qquad \cdots\cdots \text{㉠}$
$f(1)=g(1)$에서 $\qquad 1-2+3=b \qquad \therefore b=2$
㉠에 $b=2$를 대입하면 $\qquad 3=a+2 \qquad \therefore a=1$
$$\therefore 2a+b=4$$
답 **4**
참고 $g(x)=|x-1|+2$이므로 $\qquad f(2)=g(2)=3$

0885 $f(1)+f(2)=8$이고 f는 일대일함수이므로
$$f(1)=3, f(2)=5 \text{ 또는 } f(1)=5, f(2)=3$$
이때 $f(3), f(4)$의 값이 될 수 있는 수는 1, 2, 4 중 서로 다른 두 수이다.

따라서 $f(3)=2$, $f(4)=4$ 또는 $f(3)=4$, $f(4)=2$일 때
$f(3)+f(4)$의 값이 최대이므로 구하는 최댓값은
$$2+4=6$$
답 6

0886 함수 f가 일대일대응이므로
$y=f(x)$의 그래프는 오른쪽 그림과 같
아야 한다.

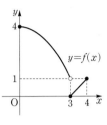

이때 $g(x)=ax^2+b$라 하면 $y=g(x)$의
그래프가 두 점 $(0, 4)$, $(3, 1)$을 지나
야 하므로
$$g(0)=4, g(3)=1$$
$$b=4, 9a+b=1$$
$$\therefore a=-\frac{1}{3}, b=4$$
따라서 $f(x)=\begin{cases} -\frac{1}{3}x^2+4 & (0 \le x < 3) \\ x-3 & (3 \le x \le 4) \end{cases}$ 이므로
$$f(1)=-\frac{1}{3}+4=\frac{11}{3}$$
답 ⑤

RPM 비법노트

함수 $y=f(x)$의 그래프가 오른쪽 그림
과 같으면 공역의 원소 4가 치역에 속
하지 않으므로 함수 f는 일대일대응이
아니다.

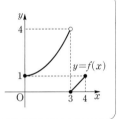

0887 조건 ㈎에서 함수 f는 항등함수이므로
$$f(1)=1$$
또 함수 g는 상수함수이므로 $g(x)=k\,(k \in X)$라 하면
$$g(1)=g(3)=k$$
조건 ㈏에서 $f(1)+g(1)+h(1)=7$이므로
$$1+k+h(1)=7 \quad \therefore h(1)=6-k$$
$$\therefore g(3)+h(1)=k+(6-k)=6$$
답 ⑤

다른 풀이 조건 ㈎에서 함수 f는 항등함수이고 조건 ㈏에서
$f(1)+g(1)+h(1)=7$이므로
$$1+g(1)+h(1)=7 \quad \therefore g(1)+h(1)=6$$
이때 조건 ㈎에서 함수 g는 상수함수이므로
$$g(3)=g(1)$$
$$\therefore g(3)+h(1)=g(1)+h(1)=6$$

0888 주어진 조건을 만족시키는 함수 f는 일대일함수이다.
따라서 집합 $X=\{a, b, c, d\}$에서 집합 $Y=\{1, 2, 3, 4, 5, 6\}$
으로의 일대일함수의 개수는
$$_6P_4=6 \times 5 \times 4 \times 3=360$$
답 360

0889 $\sqrt{100}$, 즉 10보다 작은 자연수는 $1, 2, \cdots, 9$의 9개이므로
$g(100)=9$
$$\therefore (f \circ f \circ g)(100)=f(f(g(100)))=f(f(9))$$
9보다 작은 소수는 2, 3, 5, 7의 4개이므로 $f(9)=4$
$$\therefore (f \circ f \circ g)(100)=f(f(9))=f(4)$$
4보다 작은 소수는 2, 3의 2개이므로 $f(4)=2$
$$\therefore (f \circ f \circ g)(100)=f(4)=2$$
답 ①

0890 $f(1)=2$, $f(3)=1$이고 함수 f가 일대일대응이므로
$$f(2)=3$$
$$\therefore (g \circ f)(2)=g(f(2))=g(3)=3$$
또 $(f \circ g)(1)=f(g(1))=2$이고 $f(1)=2$이므로
$$g(1)=1$$
이때 함수 g가 일대일대응이므로 $g(2)=2$
$$\therefore g(2)+(g \circ f)(3)=2+g(f(3))=2+g(1)$$
$$=2+1=3$$
답 3

0891 $f(1)=1$에서 $a-1=1$ $\therefore a=2$
따라서 $f(x)=2x-1$, $g(x)=bx+c$에서
$$(f \circ g)(x)=f(g(x))=f(bx+c)$$
$$=2(bx+c)-1$$
$$=2bx+2c-1$$
이때 $(f \circ g)(x)=4x+5$이므로
$$2bx+2c-1=4x+5$$
$$2b=4, 2c-1=5 \quad \therefore b=2, c=3$$
$$\therefore abc=2 \times 2 \times 3=12$$
답 12

0892 $f(2)=4-4+a=a$이므로
$$(f \circ f)(2)=f(f(2))=f(a)$$
$$=a^2-2a+a$$
$$=a^2-a$$
$f(4)=16-8+a=a+8$이므로
$$(f \circ f)(4)=f(f(4))=f(a+8)$$
$$=(a+8)^2-2(a+8)+a$$
$$=a^2+15a+48$$
이때 $(f \circ f)(2)=(f \circ f)(4)$이므로
$$a^2-a=a^2+15a+48, \quad -16a=48$$
$$\therefore a=-3$$
따라서 $f(x)=x^2-2x-3$이므로
$$f(6)=36-12-3=21$$
답 ①

다른 풀이 $(f \circ f)(2)=f(f(2))=f(a)$
$(f \circ f)(4)=f(f(4))=f(a+8)$
$(f \circ f)(2)=(f \circ f)(4)$이므로
$$f(a)=f(a+8) \quad \cdots\cdots \text{㉠}$$
이때 $f(x)=x^2-2x+a=(x-1)^2+a-1$이므로 이차함수
$y=f(x)$의 그래프의 축의 방정식은 $x=1$이다.

따라서 ㉠에서
$$\frac{a+(a+8)}{2}=1$$
$$2a+8=2 \quad \therefore a=-3$$

0893 $((f \circ g) \circ h)(x)=(f \circ (g \circ h))(x)$
$$=f((g \circ h)(x))$$
$$=f(3x-5)$$
이므로 $((f \circ g) \circ h)(x)=x^2$에서
$$f(3x-5)=x^2$$
$3x-5=t$로 놓으면 $\quad 3x=t+5 \quad \therefore x=\dfrac{t+5}{3}$
따라서 $f(t)=\left(\dfrac{t+5}{3}\right)^2$이므로
$$f(4)=\left(\frac{4+5}{3}\right)^2=9 \qquad \text{답 } 9$$

다른 풀이 $((f \circ g) \circ h)(x)=x^2$에서
$$f(3x-5)=x^2 \qquad \cdots\cdots ㉠$$
$3x-5=4$에서 $\quad x=3$
㉠에 $x=3$을 대입하면 $\quad f(4)=9$

0894 $f^1\left(\dfrac{1}{3}\right)=f\left(\dfrac{1}{3}\right)=\dfrac{1}{3}+1=\dfrac{4}{3}$이므로
$$f^2\left(\frac{1}{3}\right)=(f \circ f^1)\left(\frac{1}{3}\right)=f\left(f^1\left(\frac{1}{3}\right)\right)=f\left(\frac{4}{3}\right)$$
$$=\frac{4}{3}-1=\frac{1}{3}$$
$$f^3\left(\frac{1}{3}\right)=(f \circ f^2)\left(\frac{1}{3}\right)=f\left(f^2\left(\frac{1}{3}\right)\right)=f\left(\frac{1}{3}\right)=\frac{4}{3}$$
$$f^4\left(\frac{1}{3}\right)=(f \circ f^3)\left(\frac{1}{3}\right)=f\left(f^3\left(\frac{1}{3}\right)\right)=f\left(\frac{4}{3}\right)=\frac{1}{3}$$
$$\vdots$$
$$\therefore f^n\left(\frac{1}{3}\right)=\begin{cases} \dfrac{4}{3} & (n \text{은 홀수}) \\ \dfrac{1}{3} & (n \text{은 짝수}) \end{cases}$$
$$\therefore f^1\left(\frac{1}{3}\right)+f^2\left(\frac{1}{3}\right)+\cdots+f^{30}\left(\frac{1}{3}\right)=15 \times \left(\frac{4}{3}+\frac{1}{3}\right)$$
$$=25 \qquad \text{답 } 25$$

0895 $(g \circ f)(x)=x$이므로
$$g^{-1}(x)=f(x)$$
$f^{-1}(7)=k$라 하면 $f(k)=7$이므로
$$4k-1=7 \quad \therefore k=2$$
또 $g^{-1}(7)=f(7)=4 \times 7-1=27$이므로
$$f^{-1}(7)+g^{-1}(7)=2+27=29 \qquad \text{답 } 29$$

다른 풀이 $(g \circ f)(x)=x$에서 $\quad g(f(x))=x$
$$\therefore g(4x-1)=x$$
위의 식에 $x=7$을 대입하면
$$g(27)=7 \quad \therefore g^{-1}(7)=27$$

0896 $f(x)=ax+b$ (a, b는 상수, $a \neq 0$)라 하면
$f^{-1}(1)=3$에서 $f(3)=1$이므로
$$3a+b=1 \qquad \cdots\cdots ㉠$$
$(f \circ f)(3)=-1$에서 $\quad f(f(3))=-1$
$$f(1)=-1 \quad \therefore a+b=-1 \qquad \cdots\cdots ㉡$$
㉠, ㉡을 연립하여 풀면 $\quad a=1, b=-2$
따라서 $f(x)=x-2$이므로
$$f(4)=4-2=2 \qquad \text{답 } 2$$

0897 함수 $f(x)$의 역함수가 존재하
므로 $f(x)$는 일대일대응이어야 한다.
따라서 $y=f(x)$의 그래프는 오른쪽 그
림과 같다.
즉 $y=x^2-2x+a$의 그래프가 점
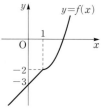
$(1, -2)$를 지나므로
$$-2=1-2+a \quad \therefore a=-1$$
$$\therefore f(x)=\begin{cases} x^2-2x-1 & (x>1) \\ x-3 & (x \leq 1) \end{cases}$$
$f^{-1}(2)=k$라 하면 $\quad f(k)=2$
$x>1$일 때 $f(x)>-2$, $x \leq 1$일 때 $f(x) \leq -2$이므로
$$k>1$$
즉 $f(k)=k^2-2k-1=2$이므로 $\quad k^2-2k-3=0$
$$(k+1)(k-3)=0 \quad \therefore k=3 \ (\because k>1)$$
$$\therefore f^{-1}(2)=3 \qquad \text{답 } 3$$

0898 $h(x)=(f \circ g)(x)=f(g(x))=f(-4x+2)$
$$=2(-4x+2)-1=-8x+3$$
$y=-8x+3$이라 하면 $\quad 8x=-y+3$
$$\therefore x=-\frac{1}{8}y+\frac{3}{8}$$
x와 y를 서로 바꾸면 $\quad y=-\dfrac{1}{8}x+\dfrac{3}{8}$
$$\therefore h^{-1}(x)=-\frac{1}{8}x+\frac{3}{8} \qquad \text{답 } h^{-1}(x)=-\frac{1}{8}x+\frac{3}{8}$$

0899 $(f \circ g)^{-1}(3x-1)=x$에서
$$(f \circ g)(x)=3x-1$$
이때
$$(f \circ g)(x)=f(g(x))=f(x+c)=a(x+c)+b$$
$$=ax+ac+b$$
이므로 $\quad ax+ac+b=3x-1$
$$\therefore a=3, ac+b=-1$$
또 $f^{-1}(3)=-1$에서 $f(-1)=3$이므로
$$-a+b=3$$
$a=3$이므로 $\quad -3+b=3 \quad \therefore b=6$
$a=3, b=6$을 $ac+b=-1$에 대입하면
$$3c+6=-1 \quad \therefore c=-\frac{7}{3}$$
$$\therefore f(x)=3x+6, g(x)=x-\frac{7}{3}$$

$g^{-1}\left(\dfrac{2}{3}\right)=k$라 하면 $g(k)=\dfrac{2}{3}$이므로

$$k-\dfrac{7}{3}=\dfrac{2}{3} \quad \therefore k=3$$

$$\therefore (f \circ g^{-1})\left(\dfrac{2}{3}\right)=f\left(g^{-1}\left(\dfrac{2}{3}\right)\right)=f(3)=3\times3+6=15$$

답 ⑤

0900 $f^{-1}(3)=1$에서 $f(1)=3$이므로

$$1+k=3 \quad \therefore k=2$$

$$\therefore f(x)=x|x|+2$$

$$(f \circ f)^{-1}(3)=(f^{-1} \circ f^{-1})(3)$$
$$=f^{-1}(f^{-1}(3))=f^{-1}(1)$$

에서 $f^{-1}(1)=a$라 하면 $f(a)=1$이므로

$$a|a|+2=1 \quad \therefore a|a|=-1$$

(i) $a\geq0$일 때

$|a|=a$이므로　$a^2=-1$

이를 만족시키는 실수 a는 존재하지 않는다.

(ii) $a<0$일 때

$|a|=-a$이므로　$-a^2=-1$

$$a^2=1 \quad \therefore a=-1 \ (\because a<0)$$

(i), (ii)에서　$a=-1$

$$\therefore (f \circ f)^{-1}(3)=f^{-1}(1)=-1$$

답 ②

0901 주어진 그래프에서

$$f(x)=\begin{cases}-\dfrac{1}{2}x+1 & (x<2)\\ 2x-4 & (x\geq2)\end{cases}, \quad g(x)=\begin{cases}0 & (x<0)\\ x & (x\geq0)\end{cases}$$

$g(-1)=0$이므로

$$(f \circ g)(-1)=f(g(-1))=f(0)=1$$

$f(4)=2\times4-4=4$이므로

$$(g \circ f)(4)=g(f(4))=g(4)=4$$

$$\therefore (f \circ g)(-1)+(g \circ f)(4)=1+4=5$$

답 ②

0902 $(g \circ g \circ g)(e)$
$=g(g(g(e)))$

$g(e)=k$라 하면 $f(k)=e$이므로

$k=d$

$$\therefore (g \circ g \circ g)(e)$$
$$=g(g(g(e)))=g(g(d))$$

$g(d)=l$이라 하면 $f(l)=d$이므로

$l=c$

$$\therefore (g \circ g \circ g)(e)=g(g(d))=g(c)$$

$g(c)=m$이라 하면 $f(m)=c$이므로

$m=b$

$$\therefore (g \circ g \circ g)(e)=g(c)=b$$

답 ②

0903 $f(-2)$의 값이 될 수 있는 것은
-2, 0, 2의 3개

$f(0)$의 값이 될 수 있는 것은
-2, 0, 2의 3개

$f(2)=f(-2)$이므로 $f(2)$의 값이 될 수 있는 것은
$f(-2)$의 1개

따라서 구하는 함수 f의 개수는
$3\times3\times1=9$

답 9

0904 $f(x)=|x+2|+|x-1|$에서 절댓값 기호 안의 식의
값이 0이 되도록 하는 x의 값이 -2, 1이므로

(i) $x<-2$일 때

$$f(x)=-(x+2)-(x-1)=-2x-1$$

(ii) $-2\leq x<1$일 때

$$f(x)=(x+2)-(x-1)=3$$

(iii) $x\geq1$일 때

$$f(x)=(x+2)+(x-1)=2x+1$$

이상에서 $y=f(x)$의 그래프는 오른쪽
그림과 같다.

$-2x-1=5$에서　$x=-3$

$2x+1=5$에서　$x=2$

따라서 $y=f(x)$의 그래프와 직선 $y=5$
의 두 교점의 좌표는 $(-3, 5)$, $(2, 5)$
이므로 구하는 넓이는

$$\dfrac{1}{2}\times(5+3)\times2=8$$

답 8

0905 함수 f가 일대일대응이므로
$y=f(x)$의 그래프는 오른쪽 그림과 같아
야 한다.

즉 직선 $y=(a-2)x+b$의 기울기가 양수
이어야 하므로

$$a-2>0 \quad \therefore a>2 \quad \cdots\cdots ㉠ \quad \cdots \boxed{1단계}$$

또 직선 $y=(a-2)x+b$가 점 $(1, 2)$를 지나야 하므로

$$2=a-2+b \quad \therefore b=4-a \quad \cdots \boxed{2단계}$$

이때 ㉠에서 $4-a<2$이므로

$$b<2$$

따라서 정수 b의 최댓값은 1이다. $\quad \cdots \boxed{3단계}$

답 1

채점 요소		비율
1단계	a의 값의 범위 구하기	30 %
2단계	a, b 사이의 관계식 구하기	30 %
3단계	정수 b의 최댓값 구하기	40 %

0906 (i) a가 짝수일 때

$$f(a)=\dfrac{a}{2}$$이므로

$$(h \circ g \circ f)(a)=(h \circ g)(f(a))$$
$$=(h \circ g)\left(\dfrac{a}{2}\right)=\dfrac{3}{2}a-4$$

즉 $\dfrac{3}{2}a-4=5$이므로

$$\dfrac{3}{2}a=9 \qquad \therefore a=6 \qquad \cdots \text{1단계}$$

(ii) a가 홀수일 때

$f(a)=a+1$이므로

$$\begin{aligned}
(h\circ g\circ f)(a)&=(h\circ g)(f(a))\\
&=(h\circ g)(a+1)\\
&=3(a+1)-4=3a-1
\end{aligned}$$

즉 $3a-1=5$이므로 $\qquad a=2$

이때 a는 짝수이므로 조건을 만족시키지 않는다. $\quad\cdots$ 2단계

(i), (ii)에서 $\qquad a=6 \qquad\qquad\cdots$ 3단계

답 **6**

채점 요소	비율
1단계 a가 짝수일 때, a의 값 구하기	40 %
2단계 a가 홀수일 때, 조건을 만족시키지 않음을 알기	40 %
3단계 a의 값 구하기	20 %

0907 $(g\circ f^{-1})(a)=2$에서

$$g(f^{-1}(a))=2$$

$f^{-1}(a)=k$라 하면 $g(k)=2$이므로

$$-3k+1=2 \qquad \therefore k=-\dfrac{1}{3} \qquad \cdots \text{1단계}$$

따라서 $f^{-1}(a)=-\dfrac{1}{3}$이므로

$$a=f\left(-\dfrac{1}{3}\right)=2\times\left(-\dfrac{1}{3}\right)-3=-\dfrac{11}{3} \qquad \cdots \text{2단계}$$

답 $-\dfrac{11}{3}$

채점 요소	비율
1단계 $f^{-1}(a)$의 값 구하기	50 %
2단계 a의 값 구하기	50 %

0908 $f(x)-3f(2-x)=-4x \qquad\cdots\cdots\ \text{㉠}$

㉠의 양변에 $x=1$을 대입하면

$$f(1)-3f(1)=-4, \qquad -2f(1)=-4$$

$$\therefore f(1)=2 \qquad\qquad\cdots \text{1단계}$$

㉠의 양변에 $x=0$을 대입하면

$$f(0)-3f(2)=0 \qquad\cdots\cdots\ \text{㉡}$$

㉠의 양변에 $x=2$를 대입하면

$$f(2)-3f(0)=-8 \qquad\cdots\cdots\ \text{㉢}$$

㉡+㉢×3을 하면

$$-8f(0)=-24 \qquad \therefore f(0)=3 \qquad\cdots \text{2단계}$$

$$\therefore f(0)+f(1)=3+2=5 \qquad\cdots \text{3단계}$$

답 **5**

채점 요소	비율
1단계 $f(1)$의 값 구하기	40 %
2단계 $f(0)$의 값 구하기	50 %
3단계 $f(0)+f(1)$의 값 구하기	10 %

0909 전략 두 함수 f, g의 식을 이용하여 함수 $g\circ f$의 식을 구한다.

주어진 그래프에서

$$f(x)=\begin{cases} x & (0\le x<1)\\ 1 & (1\le x<2)\\ x-1 & (2\le x\le3)\end{cases}$$

$$g(x)=\begin{cases} 2x & (0\le x<1)\\ -2x+4 & (1\le x\le2)\end{cases}$$

$$\begin{aligned}
\therefore (g\circ f)(x)&=g(f(x))\\
&=\begin{cases} 2f(x) & (0\le f(x)<1)\\ -2f(x)+4 & (1\le f(x)\le2)\end{cases}\\
&=\begin{cases} 2x & (0\le x<1)\\ -2\times1+4 & (1\le x<2)\\ -2(x-1)+4 & (2\le x\le3)\end{cases}\\
&=\begin{cases} 2x & (0\le x<1)\\ 2 & (1\le x<2)\\ -2x+6 & (2\le x\le3)\end{cases}
\end{aligned}$$

따라서 함수 $y=(g\circ f)(x)$의 그래프는 오른쪽 그림과 같다.

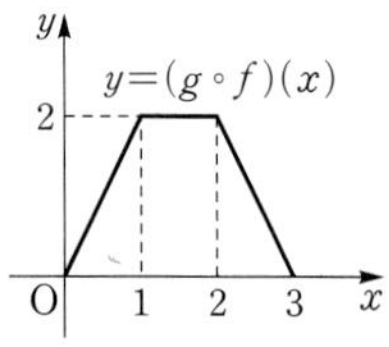

답 ①

📝 **RPM 비법노트**

두 함수 $y=f(x)$, $y=g(x)$의 그래프가 주어졌을 때, 합성함수 $y=(g\circ f)(x)$의 그래프는 다음과 같은 순서로 그린다.

(i) $y=f(x)$, $y=g(x)$의 그래프가 각각 꺾인 점(함수식이 달라지는 경계)을 기준으로 정의역의 범위를 나누어 $f(x)$, $g(x)$의 식을 구한다.

(ii) $(g\circ f)(x)$의 식을 구하여 $y=(g\circ f)(x)$의 그래프를 그린다.

0910 전략 $f(t)=t$ (t는 상수)를 만족시키는 t의 값을 $t<2$인 경우와 $t\ge2$인 경우로 나누어 구한다.

$(f\circ f)(a)=f(a)$에서 $\qquad f(f(a))=f(a)$

이때 $f(a)=t$라 하면 $\qquad f(t)=t$

$t<2$일 때 $f(t)=t$에서

$$2t+2=t \qquad \therefore t=-2$$

$t\ge2$일 때 $f(t)=t$에서

$$t^2-7t+16=t, \qquad t^2-8t+16=0$$

$$(t-4)^2=0 \qquad \therefore t=4$$

따라서 $(f\circ f)(a)=f(a)$를 만족시키려면

$$f(a)=-2 \text{ 또는 } f(a)=4$$

이어야 한다.

(i) $a<2$일 때

$f(a)=-2$에서 $\qquad 2a+2=-2$

$$\therefore a=-2$$

$f(a)=4$에서 $\qquad 2a+2=4$

$$\therefore a=1$$

(ii) $a \geq 2$일 때

$f(a) = -2$에서 $\quad a^2 - 7a + 16 = -2$

$\therefore a^2 - 7a + 18 = 0$

이 이차방정식의 판별식을 D라 하면

$D = (-7)^2 - 4 \times 1 \times 18 = -23 < 0$

따라서 이를 만족시키는 실수 a는 존재하지 않는다.

$f(a) = 4$에서 $\quad a^2 - 7a + 16 = 4$

$a^2 - 7a + 12 = 0, \quad (a-3)(a-4) = 0$

$\therefore a = 3$ 또는 $a = 4$

(i), (ii)에서

$a = -2$ 또는 $a = 1$ 또는 $a = 3$ 또는 $a = 4$

따라서 구하는 합은

$-2 + 1 + 3 + 4 = 6$ **답 6**

다른 풀이 $f(x) = \begin{cases} 2x+2 & (x<2) \\ x^2-7x+16 & (x \geq 2) \end{cases}$에서

$(f \circ f)(x) = f(f(x))$

$= \begin{cases} 2f(x)+2 & (f(x) < 2) \\ \{f(x)\}^2 - 7f(x) + 16 & (f(x) \geq 2) \end{cases}$

$x < 0$일 때, $f(x) < 2$이므로

$(f \circ f)(x) = 2(2x+2) + 2 = 4x + 6$

$0 \leq x < 2$일 때, $f(x) \geq 2$이므로

$(f \circ f)(x) = (2x+2)^2 - 7(2x+2) + 16$

$= 4x^2 - 6x + 6$

$x \geq 2$일 때, $f(x) \geq 2$이므로

$(f \circ f)(x) = (x^2-7x+16)^2 - 7(x^2-7x+16) + 16$

$= x^4 - 14x^3 + 74x^2 - 175x + 160$

$\therefore (f \circ f)(x)$

$= \begin{cases} 4x+6 & (x<0) \\ 4x^2-6x+6 & (0 \leq x < 2) \\ x^4-14x^3+74x^2-175x+160 & (x \geq 2) \end{cases}$

(i) $a < 0$일 때

$(f \circ f)(a) = f(a)$에서 $\quad 4a+6 = 2a+2$

$\therefore a = -2$

(ii) $0 \leq a < 2$일 때

$(f \circ f)(a) = f(a)$에서 $\quad 4a^2 - 6a + 6 = 2a + 2$

$a^2 - 2a + 1 = 0, \quad (a-1)^2 = 0$

$\therefore a = 1$

(iii) $a \geq 2$일 때

$(f \circ f)(a) = f(a)$에서

$a^4 - 14a^3 + 74a^2 - 175a + 160 = a^2 - 7a + 16$

$a^4 - 14a^3 + 73a^2 - 168a + 144 = 0$

$(a-3)^2(a-4)^2 = 0$

$\therefore a = 3$ 또는 $a = 4$

이상에서 $\quad a = -2$ 또는 $a = 1$ 또는 $a = 3$ 또는 $a = 4$

0911 **전략** 함수 $y = f(x)$의 그래프와 그 역함수 $y = f^{-1}(x)$의 그래프는 직선 $y = x$에 대하여 대칭임을 이용한다.

함수 $y = f(x)$의 그래프는 오른쪽 그림과 같고, $y = f(x)$의 그래프와 그 역함수 $y = f^{-1}(x)$의 그래프는 직선 $y = x$에 대하여 대칭이다.

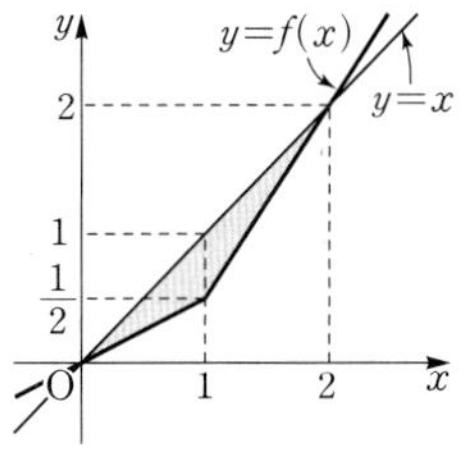

따라서 두 함수 $y = f(x)$, $y = f^{-1}(x)$의 그래프로 둘러싸인 도형의 넓이는 $y = f(x)$의 그래프와 직선 $y = x$로 둘러싸인 도형의 넓이의 2배이다.

$y = f(x)$의 그래프와 직선 $y = x$의 교점의 x좌표는

(i) $x < 1$일 때

$\dfrac{1}{2}x = x$에서 $\quad x = 0$

(ii) $x \geq 1$일 때

$\dfrac{3}{2}x - 1 = x$에서 $\quad x = 2$

(i), (ii)에서 교점의 좌표는 $(0, 0)$, $(2, 2)$이므로 구하는 도형의 넓이는

$2 \times \left(\dfrac{1}{2} \times \dfrac{1}{2} \times 1 + \dfrac{1}{2} \times \dfrac{1}{2} \times 1 \right) = 1$ **답 1**

다른 풀이 함수 $y = f(x)$의 그래프와 그 역함수 $y = f^{-1}(x)$의 그래프는 직선 $y = x$에 대하여 대칭이므로 오른쪽 그림과 같다.

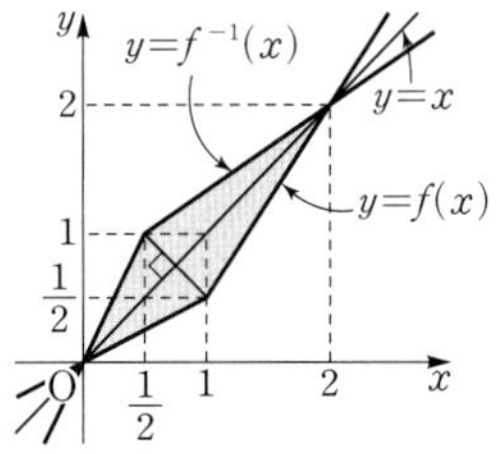

따라서 두 함수 $y = f(x)$, $y = f^{-1}(x)$의 그래프로 둘러싸인 도형의 넓이는

$\dfrac{1}{2} \times \sqrt{2^2 + 2^2} \times \sqrt{\left(\dfrac{1}{2}-1\right)^2 + \left(1-\dfrac{1}{2}\right)^2}$

$= \dfrac{1}{2} \times 2\sqrt{2} \times \dfrac{\sqrt{2}}{2} = 1$

09 유리함수

● 본책 137쪽, 139쪽

교과서 문제 정복하기

0912 답 (1) ㄱ, ㄹ, ㅂ (2) ㄴ, ㄷ, ㅁ

0913 $\dfrac{c}{3ab^2x}$, $\dfrac{a}{2bcx^2}$ 의 분모의 최소공배수가 $6ab^2cx^2$이므로 두 유리식을 통분하면

$$\dfrac{2c^2x}{6ab^2cx^2}, \quad \dfrac{3a^2b}{6ab^2cx^2} \qquad \text{답 } \dfrac{2c^2x}{6ab^2cx^2}, \dfrac{3a^2b}{6ab^2cx^2}$$

0914 $x^2-4x+3=(x-1)(x-3)$,
$x^2-x-6=(x+2)(x-3)$이므로 두 유리식을 통분하면

$$\dfrac{2(x+2)}{(x+2)(x-1)(x-3)}, \quad \dfrac{(x+1)(x-1)}{(x+2)(x-1)(x-3)}$$

답 $\dfrac{2(x+2)}{(x+2)(x-1)(x-3)}, \dfrac{(x+1)(x-1)}{(x+2)(x-1)(x-3)}$

0915 답 $\dfrac{3ax^2}{2y}$

0916 $\dfrac{x^2-2x-8}{x^2+3x+2}=\dfrac{(x+2)(x-4)}{(x+2)(x+1)}=\dfrac{x-4}{x+1}$ 답 $\dfrac{x-4}{x+1}$

0917 $\dfrac{2}{x+1}+\dfrac{1}{x-2}=\dfrac{2(x-2)+x+1}{(x+1)(x-2)}$

$$=\dfrac{3x-3}{(x+1)(x-2)} \qquad \text{답 } \dfrac{3x-3}{(x+1)(x-2)}$$

0918 $\dfrac{1}{x+3}-\dfrac{x-4}{x^2+3x}=\dfrac{1}{x+3}-\dfrac{x-4}{x(x+3)}$

$$=\dfrac{x-(x-4)}{x(x+3)}$$

$$=\dfrac{4}{x(x+3)} \qquad \text{답 } \dfrac{4}{x(x+3)}$$

0919 $\dfrac{x^2+x-6}{x^2-4x-5}\times\dfrac{x-5}{x^2+2x-3}$

$$=\dfrac{(x+3)(x-2)}{(x+1)(x-5)}\times\dfrac{x-5}{(x+3)(x-1)}$$

$$=\dfrac{x-2}{(x+1)(x-1)} \qquad \text{답 } \dfrac{x-2}{(x+1)(x-1)}$$

0920 $\dfrac{x-3}{x+5}\div\dfrac{x^2-9}{x^2-25}=\dfrac{x-3}{x+5}\div\dfrac{(x+3)(x-3)}{(x+5)(x-5)}$

$$=\dfrac{x-3}{x+5}\times\dfrac{(x+5)(x-5)}{(x+3)(x-3)}$$

$$=\dfrac{x-5}{x+3} \qquad \text{답 } \dfrac{x-5}{x+3}$$

0921 $\dfrac{x+5}{x-1}+\dfrac{2-x}{x+3}=\dfrac{(x-1)+6}{x-1}+\dfrac{-(x+3)+5}{x+3}$

$$=1+\dfrac{6}{x-1}-1+\dfrac{5}{x+3}$$

$$=\dfrac{6(x+3)+5(x-1)}{(x-1)(x+3)}$$

$$=\dfrac{11x+13}{(x-1)(x+3)}$$

답 $\dfrac{11x+13}{(x-1)(x+3)}$

0922 $\dfrac{x^2-2x+1}{x-2}-\dfrac{x^2+2x-2}{x+2}$

$$=\dfrac{x(x-2)+1}{x-2}-\dfrac{x(x+2)-2}{x+2}$$

$$=x+\dfrac{1}{x-2}-x+\dfrac{2}{x+2}$$

$$=\dfrac{x+2+2(x-2)}{(x-2)(x+2)}$$

$$=\dfrac{3x-2}{(x-2)(x+2)} \qquad \text{답 } \dfrac{3x-2}{(x-2)(x+2)}$$

0923 $\dfrac{1}{(x+1)(x+2)}+\dfrac{1}{(x+2)(x+3)}$

$$=\left(\dfrac{1}{x+1}-\dfrac{1}{x+2}\right)+\left(\dfrac{1}{x+2}-\dfrac{1}{x+3}\right)$$

$$=\dfrac{1}{x+1}-\dfrac{1}{x+3}=\dfrac{x+3-(x+1)}{(x+1)(x+3)}$$

$$=\dfrac{2}{(x+1)(x+3)} \qquad \text{답 } \dfrac{2}{(x+1)(x+3)}$$

0924 $\dfrac{1}{x(x+2)}+\dfrac{1}{(x+2)(x+4)}$

$$=\dfrac{1}{2}\left(\dfrac{1}{x}-\dfrac{1}{x+2}\right)+\dfrac{1}{2}\left(\dfrac{1}{x+2}-\dfrac{1}{x+4}\right)$$

$$=\dfrac{1}{2}\left(\dfrac{1}{x}-\dfrac{1}{x+4}\right)=\dfrac{1}{2}\times\dfrac{x+4-x}{x(x+4)}$$

$$=\dfrac{2}{x(x+4)} \qquad \text{답 } \dfrac{2}{x(x+4)}$$

0925 $\dfrac{\dfrac{1}{x+4}}{\dfrac{1}{x+1}}=\dfrac{1}{x+4}\times\dfrac{x+1}{1}=\dfrac{x+1}{x+4}$ 답 $\dfrac{x+1}{x+4}$

0926 $\dfrac{\dfrac{1}{x}}{2-\dfrac{1}{x}}=\dfrac{\dfrac{1}{x}}{\dfrac{2x-1}{x}}=\dfrac{1}{x}\times\dfrac{x}{2x-1}=\dfrac{1}{2x-1}$

답 $\dfrac{1}{2x-1}$

0927 $x:y=2:5$이므로 $x=2k$, $y=5k$ ($k\neq0$)로 놓으면

$$\dfrac{2x-y}{x+y}=\dfrac{4k-5k}{2k+5k}=\dfrac{-k}{7k}=-\dfrac{1}{7} \qquad \text{답 } -\dfrac{1}{7}$$

0928 $x:y=3:2$이므로 $x=3k$, $y=2k\,(k\neq0)$로 놓으면

$$\frac{x^2+y^2}{x^2-xy+y^2}=\frac{9k^2+4k^2}{9k^2-6k^2+4k^2}$$
$$=\frac{13k^2}{7k^2}=\frac{13}{7}$$

답 $\dfrac{13}{7}$

0929 $\dfrac{x}{3}=\dfrac{y}{2}=\dfrac{z}{5}=k\,(k\neq0)$로 놓으면

$x=3k$, $y=2k$, $z=5k$

$$\therefore \frac{xy+yz+zx}{x^2+y^2+z^2}=\frac{6k^2+10k^2+15k^2}{9k^2+4k^2+25k^2}$$
$$=\frac{31k^2}{38k^2}=\frac{31}{38}$$

답 $\dfrac{31}{38}$

0930 답 (1) ㄱ, ㄷ, ㅁ (2) ㄴ, ㄹ, ㅂ

0931 $x+3=0$에서 $x=-3$
따라서 주어진 함수의 정의역은 $\{x\,|\,x\neq-3$인 실수$\}$이다.

답 $\{x\,|\,x\neq-3$인 실수$\}$

0932 $2-x=0$에서 $x=2$
따라서 주어진 함수의 정의역은 $\{x\,|\,x\neq2$인 실수$\}$이다.

답 $\{x\,|\,x\neq2$인 실수$\}$

0933 $x^2-1=0$에서 $x=\pm1$
따라서 주어진 함수의 정의역은 $\{x\,|\,x\neq\pm1$인 실수$\}$이다.

답 $\{x\,|\,x\neq\pm1$인 실수$\}$

0934 $x^2+4>0$이므로 주어진 함수의 정의역은 실수 전체의 집합이다.

답 $\{x\,|\,x$는 실수$\}$

0935 답 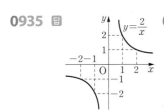 **0936** 답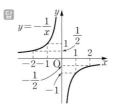

0937 답 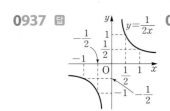 **0938** 답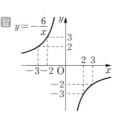

0939 답 $y=\dfrac{1}{x-2}+3$

0940 $y=\dfrac{1}{x-2}$의 그래프는 $y=\dfrac{1}{x}$
의 그래프를 x축의 방향으로 2만큼 평행이동한 것이므로 오른쪽 그림과 같고,
정의역은 $\{x\,|\,x\neq2$인 실수$\}$,
치역은 $\{y\,|\,y\neq0$인 실수$\}$,
점근선의 방정식은 $x=2$, $y=0$
이다.

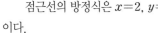

답 풀이 참조

0941 $y=-\dfrac{1}{x}+1$의 그래프는
$y=-\dfrac{1}{x}$의 그래프를 y축의 방향으로 1
만큼 평행이동한 것이므로 오른쪽 그림과 같고,
정의역은 $\{x\,|\,x\neq0$인 실수$\}$,
치역은 $\{y\,|\,y\neq1$인 실수$\}$,
점근선의 방정식은 $x=0$, $y=1$
이다.

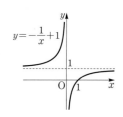

답 풀이 참조

0942 $y=\dfrac{2}{x-1}-3$의 그래프는
$y=\dfrac{2}{x}$의 그래프를 x축의 방향으로 1만큼, y축의 방향으로 -3만큼 평행이동한 것이므로 오른쪽 그림과 같고,
정의역은 $\{x\,|\,x\neq1$인 실수$\}$,
치역은 $\{y\,|\,y\neq-3$인 실수$\}$,
점근선의 방정식은 $x=1$, $y=-3$
이다.

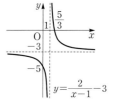

답 풀이 참조

0943 $y=-\dfrac{1}{x+2}+1$의 그래프
는 $y=-\dfrac{1}{x}$의 그래프를 x축의 방향으로 -2만큼, y축의 방향으로 1만큼 평행이동한 것이므로 오른쪽 그림과 같고,
정의역은 $\{x\,|\,x\neq-2$인 실수$\}$,
치역은 $\{y\,|\,y\neq1$인 실수$\}$,
점근선의 방정식은 $x=-2$, $y=1$
이다.

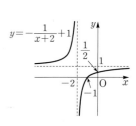

답 풀이 참조

0944 $y=\dfrac{4x+1}{x-1}=\dfrac{4(x-1)+5}{x-1}$
$=\dfrac{5}{x-1}+4$

답 $y=\dfrac{5}{x-1}+4$

0945 $y=\dfrac{-3x+5}{x-2}=\dfrac{-3(x-2)-1}{x-2}$
$=-\dfrac{1}{x-2}-3$

답 $y=-\dfrac{1}{x-2}-3$

0946 $y=\dfrac{2x-1}{x+1}=\dfrac{2(x+1)-3}{x+1}=-\dfrac{3}{x+1}+2$
따라서 주어진 함수의 그래프는
$y=-\dfrac{3}{x}$의 그래프를 x축의 방향으로 -1만큼, y축의 방향으로 2만큼 평행이동한 것이므로 오른쪽 그림과 같고,

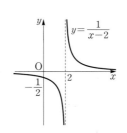

정의역은 $\{x \mid x \neq -1$인 실수$\}$,

치역은 $\{y \mid y \neq 2$인 실수$\}$,

점근선의 방정식은 $x = -1$, $y = 2$

이다. 답 풀이 참조

0947 $y = \dfrac{3x-4}{x-2} = \dfrac{3(x-2)+2}{x-2} = \dfrac{2}{x-2} + 3$

따라서 주어진 함수의 그래프는 $y = \dfrac{2}{x}$

의 그래프를 x축의 방향으로 2만큼, y축

의 방향으로 3만큼 평행이동한 것이므로

오른쪽 그림과 같고,

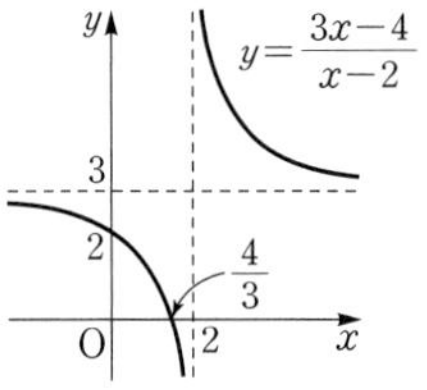

정의역은 $\{x \mid x \neq 2$인 실수$\}$,

치역은 $\{y \mid y \neq 3$인 실수$\}$,

점근선의 방정식은 $x = 2$, $y = 3$

이다. 답 풀이 참조

유형 익히기 • 본책 140~149쪽

0948 $\dfrac{x^2+x-2}{x^2-9} \div \dfrac{x^2-3x+2}{x+3} \times \dfrac{x-2}{x^2+2x}$

$= \dfrac{(x+2)(x-1)}{(x+3)(x-3)} \div \dfrac{(x-1)(x-2)}{x+3} \times \dfrac{x-2}{x(x+2)}$

$= \dfrac{(x+2)(x-1)}{(x+3)(x-3)} \times \dfrac{x+3}{(x-1)(x-2)} \times \dfrac{x-2}{x(x+2)}$

$= \dfrac{1}{x(x-3)}$ 답 $\dfrac{1}{x(x-3)}$

0949 $\dfrac{x+2}{x^2+x} - \dfrac{3+x}{x^2-1} = \dfrac{x+2}{x(x+1)} - \dfrac{3+x}{(x+1)(x-1)}$

$= \dfrac{(x+2)(x-1)-x(3+x)}{x(x+1)(x-1)}$

$= \dfrac{x^2+x-2-(3x+x^2)}{x(x+1)(x-1)}$

$= \dfrac{-2(x+1)}{x(x+1)(x-1)}$

$= -\dfrac{2}{x(x-1)}$ 답 $-\dfrac{2}{x(x-1)}$

0950 $\dfrac{1}{a-1} - \dfrac{1}{a+1} - \dfrac{2}{a^2+1} - \dfrac{4}{a^4+1}$

$= \dfrac{a+1-(a-1)}{(a-1)(a+1)} - \dfrac{2}{a^2+1} - \dfrac{4}{a^4+1}$

$= \dfrac{2}{a^2-1} - \dfrac{2}{a^2+1} - \dfrac{4}{a^4+1}$

$= \dfrac{2(a^2+1)-2(a^2-1)}{(a^2-1)(a^2+1)} - \dfrac{4}{a^4+1}$

$= \dfrac{4}{a^4-1} - \dfrac{4}{a^4+1} = \dfrac{4(a^4+1)-4(a^4-1)}{(a^4-1)(a^4+1)}$

$= \dfrac{8}{a^8-1}$ 답 ①

0951 $\dfrac{x^3-y^3}{2(x+y)} \div \dfrac{x^2-y^2}{4x^2+8xy+4y^2}$

$= \dfrac{(x-y)(x^2+xy+y^2)}{2(x+y)} \div \dfrac{(x+y)(x-y)}{4(x+y)^2}$

$= \dfrac{(x-y)(x^2+xy+y^2)}{2(x+y)} \times \dfrac{4(x+y)^2}{(x+y)(x-y)}$

$= 2(x^2+y^2+xy)$

$= 2 \times (6+2) = 16$ 답 16

0952 주어진 등식의 좌변을 통분하면

$\dfrac{a}{x-2} + \dfrac{b}{x+1} = \dfrac{a(x+1)+b(x-2)}{(x-2)(x+1)}$

$= \dfrac{(a+b)x+a-2b}{x^2-x-2}$

즉 $\dfrac{(a+b)x+a-2b}{x^2-x-2} = \dfrac{5x+2}{x^2-x-2}$가 x에 대한 항등식이므로

양변의 분자의 동류항의 계수를 비교하면

$a+b = 5$, $a-2b = 2$

두 식을 연립하여 풀면 $a=4$, $b=1$

$\therefore ab = 4$ 답 ②

다른 풀이 $x^2-x-2 = (x-2)(x+1)$이므로 주어진 등식의 양변에 $(x-2)(x+1)$을 곱하면

$a(x+1)+b(x-2) = 5x+2$

$\therefore (a+b)x+a-2b = 5x+2$

이 식이 x에 대한 항등식이므로 양변의 동류항의 계수를 비교하면

$a+b = 5$, $a-2b = 2$

RPM 비법 노트

항등식의 성질

① $ax^2+bx+c = 0$이 x에 대한 항등식

$\Longleftrightarrow a=0$, $b=0$, $c=0$

② $ax^2+bx+c = a'x^2+b'x+c'$이 x에 대한 항등식

$\Longleftrightarrow a=a'$, $b=b'$, $c=c'$

0953 주어진 등식의 우변을 통분하면

$\dfrac{2}{x-1} + \dfrac{x-1}{x^2+x+1} = \dfrac{2(x^2+x+1)+(x-1)^2}{(x-1)(x^2+x+1)}$

$= \dfrac{3x^2+3}{x^3-1}$

즉 $\dfrac{ax^2+bx+c}{x^3-1} = \dfrac{3x^2+3}{x^3-1}$이 x에 대한 항등식이므로 양변의 분자의 동류항의 계수를 비교하면 $a=3$, $b=0$, $c=3$

$\therefore a^2+b^2+c^2 = 18$ 답 18

0954 주어진 등식의 우변을 통분하면

$\dfrac{a}{1+x} + \dfrac{b}{1-x} + \dfrac{c}{(1-x)^2}$

$= \dfrac{a(1-x)^2+b(1+x)(1-x)+c(1+x)}{(1+x)(1-x)^2}$

$= \dfrac{(a-b)x^2+(-2a+c)x+a+b+c}{x^3-x^2-x+1}$ ⋯ 1단계

즉

$$\frac{5-x^2}{x^3-x^2-x+1}=\frac{(a-b)x^2+(-2a+c)x+a+b+c}{x^3-x^2-x+1}$$

가 x에 대한 항등식이므로 양변의 분자의 동류항의 계수를 비교하면

$$a-b=-1 \qquad \cdots\cdots \text{㉠}$$
$$-2a+c=0 \qquad \cdots\cdots \text{㉡}$$
$$a+b+c=5 \qquad \cdots\cdots \text{㉢}$$

㉠+㉢을 하면 $2a+c=4$ $\qquad \cdots\cdots \text{㉣}$

㉡, ㉣을 연립하여 풀면 $a=1,\ c=2$

㉠에 $a=1$을 대입하면 $1-b=-1$ $\therefore b=2$ ··· **2단계**

$\therefore abc=4$ ··· **3단계**

답 4

채점 요소		비율
1단계	주어진 식의 우변을 통분하기	50 %
2단계	$a,\ b,\ c$의 값 구하기	40 %
3단계	abc의 값 구하기	10 %

0955 $\dfrac{x+2}{x+1}-\dfrac{x+3}{x+2}-\dfrac{x+4}{x+3}+\dfrac{x+5}{x+4}$

$=\dfrac{(x+1)+1}{x+1}-\dfrac{(x+2)+1}{x+2}-\dfrac{(x+3)+1}{x+3}+\dfrac{(x+4)+1}{x+4}$

$=\left(1+\dfrac{1}{x+1}\right)-\left(1+\dfrac{1}{x+2}\right)-\left(1+\dfrac{1}{x+3}\right)+\left(1+\dfrac{1}{x+4}\right)$

$=\dfrac{1}{x+1}-\dfrac{1}{x+2}-\dfrac{1}{x+3}+\dfrac{1}{x+4}$

$=\dfrac{1}{(x+1)(x+2)}-\dfrac{1}{(x+3)(x+4)}$

$=\dfrac{(x+3)(x+4)-(x+1)(x+2)}{(x+1)(x+2)(x+3)(x+4)}$

$=\dfrac{4x+10}{(x+1)(x+2)(x+3)(x+4)}$

즉

$$\frac{4x+10}{(x+1)(x+2)(x+3)(x+4)}=\frac{ax+b}{(x+1)(x+2)(x+3)(x+4)}$$

가 x에 대한 항등식이므로 $a=4,\ b=10$

$\therefore a-b=-6$ **답 ①**

0956 $\dfrac{2x^2+4x+1}{x^2+2x}-\dfrac{x^2+x-1}{x^2+x-2}-1$

$=\dfrac{2(x^2+2x)+1}{x^2+2x}-\dfrac{(x^2+x-2)+1}{x^2+x-2}-1$

$=\left(2+\dfrac{1}{x^2+2x}\right)-\left(1+\dfrac{1}{x^2+x-2}\right)-1$

$=\dfrac{1}{x^2+2x}-\dfrac{1}{x^2+x-2}$

$=\dfrac{1}{x(x+2)}-\dfrac{1}{(x+2)(x-1)}$

$=-\dfrac{1}{x(x+2)(x-1)}$ **답** $-\dfrac{1}{x(x+2)(x-1)}$

0957 $x^3+1=x(x^2-x)+(x^2-x)+x+1$
$\qquad\qquad =(x^2-x)(x+1)+x+1$

이므로

$$\frac{x^3+1}{x^2-x}=\frac{(x^2-x)(x+1)+x+1}{x^2-x}=x+1+\frac{x+1}{x^2-x}$$

$x^2=x(x+1)-(x+1)+1=(x+1)(x-1)+1$이므로

$$\frac{x^2}{x+1}=\frac{(x+1)(x-1)+1}{x+1}=x-1+\frac{1}{x+1}$$

$\therefore \dfrac{x^3+1}{x^2-x}-\dfrac{x^2}{x+1}-2$

$=x+1+\dfrac{x+1}{x^2-x}-\left(x-1+\dfrac{1}{x+1}\right)-2$

$=\dfrac{x+1}{x^2-x}-\dfrac{1}{x+1}=\dfrac{x+1}{x(x-1)}-\dfrac{1}{x+1}$

$=\dfrac{(x+1)^2-x(x-1)}{x(x-1)(x+1)}$

$=\boxed{\dfrac{3x+1}{x^3-x}}$ **답 ⑤**

0958 $\dfrac{3}{x(x+3)}+\dfrac{4}{(x+3)(x+7)}+\dfrac{5}{(x+7)(x+12)}$

$=\left(\dfrac{1}{x}-\dfrac{1}{x+3}\right)+\left(\dfrac{1}{x+3}-\dfrac{1}{x+7}\right)+\left(\dfrac{1}{x+7}-\dfrac{1}{x+12}\right)$

$=\dfrac{1}{x}-\dfrac{1}{x+12}=\dfrac{12}{x(x+12)}$

즉 $\dfrac{12}{x(x+12)}=\dfrac{a}{x(x+b)}$가 x에 대한 항등식이므로

$a=12,\ b=12$ $\therefore a+b=24$ **답 24**

0959 $\dfrac{1}{5\times7}+\dfrac{1}{7\times9}+\dfrac{1}{9\times11}+\cdots+\dfrac{1}{23\times25}$

$=\dfrac{1}{2}\left\{\left(\dfrac{1}{5}-\dfrac{1}{7}\right)+\left(\dfrac{1}{7}-\dfrac{1}{9}\right)+\left(\dfrac{1}{9}-\dfrac{1}{11}\right)+\cdots\right.$
$\qquad\qquad\left.+\left(\dfrac{1}{23}-\dfrac{1}{25}\right)\right\}$

$=\dfrac{1}{2}\left(\dfrac{1}{5}-\dfrac{1}{25}\right)=\dfrac{2}{25}$ **답** $\dfrac{2}{25}$

0960 $\dfrac{1}{x^2-x}+\dfrac{1}{x^2+x}+\dfrac{1}{x^2+3x+2}+\dfrac{1}{x^2+5x+6}$

$=\dfrac{1}{(x-1)x}+\dfrac{1}{x(x+1)}+\dfrac{1}{(x+1)(x+2)}$
$\qquad +\dfrac{1}{(x+2)(x+3)}$

$=\left(\dfrac{1}{x-1}-\dfrac{1}{x}\right)+\left(\dfrac{1}{x}-\dfrac{1}{x+1}\right)+\left(\dfrac{1}{x+1}-\dfrac{1}{x+2}\right)$
$\qquad +\left(\dfrac{1}{x+2}-\dfrac{1}{x+3}\right)$

$=\dfrac{1}{x-1}-\dfrac{1}{x+3}$

$=\dfrac{4}{(x-1)(x+3)}$

09

유리함수

즉 $\dfrac{4}{(x-1)(x+3)}=\dfrac{m}{(x-1)(x+n)}$ 이 x에 대한 항등식이 므로

$m=4,\ n=3$

$\therefore m+n=7$ 답 **7**

0961 $f(x)=\dfrac{1}{x(x+1)}+\dfrac{1}{(x+1)(x+2)}+\cdots$

$\qquad\qquad +\dfrac{1}{(x+998)(x+999)}$

$\qquad =\left(\dfrac{1}{x}-\dfrac{1}{x+1}\right)+\left(\dfrac{1}{x+1}-\dfrac{1}{x+2}\right)+\cdots$

$\qquad\qquad +\left(\dfrac{1}{x+998}-\dfrac{1}{x+999}\right)$

$\qquad =\dfrac{1}{x}-\dfrac{1}{x+999}=\dfrac{999}{x(x+999)}$

$\therefore f(111)=\dfrac{999}{111\times(111+999)}=\dfrac{3}{370}$

답 $\dfrac{3}{370}$

0962 $1-\dfrac{1}{1-\dfrac{1}{1-\dfrac{1}{1-\dfrac{1}{x}}}}=1-\dfrac{1}{1-\dfrac{1}{1-\dfrac{1}{\dfrac{x-1}{x}}}}$

$\qquad\qquad =1-\dfrac{1}{1-\dfrac{1}{1-\dfrac{x}{x-1}}}$

$\qquad\qquad =1-\dfrac{1}{1-\dfrac{1}{\dfrac{-1}{x-1}}}$

$\qquad\qquad =1-\dfrac{1}{x}=\dfrac{x-1}{x}$

즉 $f(x)=x-1$이므로

$f(10)=10-1=9$ 답 **9**

0963 $f(x)=1-\dfrac{1+\dfrac{1}{x+1}}{1-\dfrac{1}{x+1}}=1-\dfrac{\dfrac{x+2}{x+1}}{\dfrac{x}{x+1}}$

$\qquad\quad =1-\dfrac{x+2}{x}=-\dfrac{2}{x}$

따라서 $f(a)=\dfrac{1}{4}$에서 $\quad -\dfrac{2}{a}=\dfrac{1}{4}$

$\therefore a=-8$ 답 **−8**

0964 $\dfrac{43}{15}=2+\dfrac{13}{15}=2+\dfrac{1}{\dfrac{15}{13}}=2+\dfrac{1}{1+\dfrac{2}{13}}$

$\qquad =2+\dfrac{1}{1+\dfrac{1}{\dfrac{13}{2}}}=2+\dfrac{1}{1+\dfrac{1}{6+\dfrac{1}{2}}}$

따라서 $a=2,\ b=1,\ c=6,\ d=2$이므로

$a+b+c+d=11$ 답 ②

0965 $x^2+4x-1=0$에서 $x\neq0$이므로 양변을 x로 나누면

$x+4-\dfrac{1}{x}=0$ $\therefore x-\dfrac{1}{x}=-4$

$\therefore 2x^2+9x+1-\dfrac{9}{x}+\dfrac{2}{x^2}$

$\qquad =2\left(x^2+\dfrac{1}{x^2}\right)+9\left(x-\dfrac{1}{x}\right)+1$

$\qquad =2\left\{\left(x-\dfrac{1}{x}\right)^2+2\right\}+9\left(x-\dfrac{1}{x}\right)+1$

$\qquad =2\times\{(-4)^2+2\}+9\times(-4)+1$

$\qquad =1$ 답 ①

0966 $\left(x+\dfrac{1}{x}\right)^2=x^2+\dfrac{1}{x^2}+2=5+2=7$이므로

$x+\dfrac{1}{x}=\sqrt{7}\ (\because x>0)$ ··· **1단계**

$\therefore x^3+\dfrac{1}{x^3}=\left(x+\dfrac{1}{x}\right)^3-3\left(x+\dfrac{1}{x}\right)$

$\qquad\qquad =(\sqrt{7})^3-3\times\sqrt{7}=4\sqrt{7}$ ··· **2단계**

답 $4\sqrt{7}$

채점 요소		비율
1단계	$x+\dfrac{1}{x}$의 값 구하기	50 %
2단계	$x^3+\dfrac{1}{x^3}$의 값 구하기	50 %

0967 $x^2-3x+1=0$에서 $x>1$이므로 양변을 x로 나누면

$x-3+\dfrac{1}{x}=0$ $\therefore x+\dfrac{1}{x}=3$

이때 $\left(x-\dfrac{1}{x}\right)^2=\left(x+\dfrac{1}{x}\right)^2-4=3^2-4=5$이므로

$x-\dfrac{1}{x}=\sqrt{5}\ (\because x>1)$

또 $x^2+\dfrac{1}{x^2}=\left(x+\dfrac{1}{x}\right)^2-2=3^2-2=7$이므로

$x^4-\dfrac{1}{x^4}=\left(x^2+\dfrac{1}{x^2}\right)\left(x^2-\dfrac{1}{x^2}\right)$

$\qquad\quad =\left(x^2+\dfrac{1}{x^2}\right)\left(x+\dfrac{1}{x}\right)\left(x-\dfrac{1}{x}\right)$

$\qquad\quad =7\times3\times\sqrt{5}=21\sqrt{5}$ 답 ③

0968 $a+b+c=0$에서

$a+b=-c,\ b+c=-a,\ c+a=-b$

이므로

$a\left(\dfrac{1}{b}+\dfrac{1}{c}\right)+b\left(\dfrac{1}{c}+\dfrac{1}{a}\right)+c\left(\dfrac{1}{a}+\dfrac{1}{b}\right)$

$\qquad =\dfrac{a}{b}+\dfrac{a}{c}+\dfrac{b}{c}+\dfrac{b}{a}+\dfrac{c}{a}+\dfrac{c}{b}$

$\qquad =\dfrac{b+c}{a}+\dfrac{c+a}{b}+\dfrac{a+b}{c}$

$\qquad =\dfrac{-a}{a}+\dfrac{-b}{b}+\dfrac{-c}{c}$

$\qquad =-1+(-1)+(-1)=-3$ 답 ②

다른 풀이 $a+b+c=0$에서

$$a+b=-c, \quad b+c=-a, \quad c+a=-b$$

이므로

$$a\left(\frac{1}{b}+\frac{1}{c}\right)+b\left(\frac{1}{c}+\frac{1}{a}\right)+c\left(\frac{1}{a}+\frac{1}{b}\right)$$

$$=a\times\frac{b+c}{bc}+b\times\frac{c+a}{ca}+c\times\frac{a+b}{ab}$$

$$=a\times\frac{-a}{bc}+b\times\frac{-b}{ca}+c\times\frac{-c}{ab}$$

$$=-\frac{a^3+b^3+c^3}{abc} \qquad \cdots\cdots ㉠$$

이때

$$a^3+b^3+c^3-3abc$$

$$=(a+b+c)(a^2+b^2+c^2-ab-bc-ca)$$

$$=0$$

이므로 $\quad a^3+b^3+c^3=3abc$

따라서 ㉠에서 $\quad$ (주어진 식) $=-\dfrac{3abc}{abc}=-3$

0969 $a+b+c=0$에서

$$a=-b-c, \quad b=-c-a, \quad c=-a-b$$

이므로

$$\left(\frac{a-c}{b}-1\right)\left(\frac{b-a}{c}-1\right)\left(\frac{c-b}{a}-1\right)$$

$$=\frac{a-c-b}{b}\times\frac{b-a-c}{c}\times\frac{c-b-a}{a}$$

$$=\frac{a+a}{b}\times\frac{b+b}{c}\times\frac{c+c}{a}$$

$$=\frac{2a}{b}\times\frac{2b}{c}\times\frac{2c}{a}=8$$

답 **8**

0970 $\dfrac{1}{a}+\dfrac{1}{b}+\dfrac{1}{c}=0$에서

$$\frac{ab+bc+ca}{abc}=0 \qquad \therefore ab+bc+ca=0$$

$$\therefore \frac{a}{(a+b)(c+a)}+\frac{b}{(b+c)(a+b)}+\frac{c}{(c+a)(b+c)}$$

$$=\frac{a(b+c)+b(c+a)+c(a+b)}{(a+b)(b+c)(c+a)}$$

$$=\frac{2(ab+bc+ca)}{(a+b)(b+c)(c+a)}=0$$

답 **③**

0971 $(x+y):(y+z):(z+x)=3:4:5$이므로

$$x+y=3k, \ y+z=4k, \ z+x=5k \ (k\neq0) \qquad \cdots\cdots ㉠$$

로 놓고 세 식을 변끼리 더하면

$$2(x+y+z)=12k$$

$$\therefore x+y+z=6k \qquad \cdots\cdots ㉡$$

㉠, ㉡에서 $\quad x=2k, \ y=k, \ z=3k$

$$\therefore \frac{xy+2yz+zx}{x^2+y^2+z^2}=\frac{2k^2+6k^2+6k^2}{4k^2+k^2+9k^2}=\frac{14k^2}{14k^2}=1$$

답 **1**

0972 $x^2-3xy+2y^2=0$에서 $\quad (x-2y)(x-y)=0$

$$\therefore x=2y \ (\because \ x\neq y)$$

$$\therefore \frac{x^2-xy+3y^2}{xy-2x^2}=\frac{4y^2-2y^2+3y^2}{2y^2-8y^2}$$

$$=\frac{5y^2}{-6y^2}=-\frac{5}{6}$$

답 $-\dfrac{5}{6}$

0973 $\dfrac{x+3y}{2}=\dfrac{y+2z}{3}=\dfrac{z}{4}=k \ (k\neq0)$로 놓으면

$$x+3y=2k, \ y+2z=3k, \ z=4k$$

$z=4k$를 $y+2z=3k$에 대입하면 $\quad y+8k=3k$

$$\therefore y=-5k$$

$y=-5k$를 $x+3y=2k$에 대입하면 $\quad x-15k=2k$

$$\therefore x=17k$$

$$\therefore \frac{x+2y+2z}{2x+y-6z}=\frac{17k-10k+8k}{34k-5k-24k}$$

$$=\frac{15k}{5k}=3$$

답 **3**

0974 $2x+y-3z=0 \qquad \cdots\cdots ㉠$

$x-y+6z=0 \qquad \cdots\cdots ㉡$

㉠+㉡을 하면

$$3x+3z=0 \qquad \therefore z=-x$$

$z=-x$를 ㉠에 대입하면

$$2x+y+3x=0 \qquad \therefore y=-5x$$

$$\therefore \frac{xy+yz-zx}{x^2+yz}=\frac{-5x^2+5x^2+x^2}{x^2+5x^2}$$

$$=\frac{x^2}{6x^2}=\frac{1}{6}$$

답 **③**

0975 $y=\dfrac{2x+b}{x+a}=\dfrac{2(x+a)-2a+b}{x+a}=\dfrac{-2a+b}{x+a}+2$

의 그래프를 x축의 방향으로 1만큼, y축의 방향으로 c만큼 평행

이동한 그래프의 식은

$$y=\frac{-2a+b}{x-1+a}+2+c$$

이 함수의 그래프가 $y=\dfrac{3}{x}$의 그래프와 일치하므로

$$-2a+b=3, \ -1+a=0, \ 2+c=0$$

$$\therefore a=1, \ b=5, \ c=-2$$

$$\therefore abc=-10$$

답 -10

다른 풀이 $y=\dfrac{3}{x}$의 그래프를 x축의 방향으로 -1만큼, y축의 방

향으로 $-c$만큼 평행이동한 그래프의 식은

$$y=\frac{3}{x+1}-c=\frac{3-c(x+1)}{x+1}=\frac{-cx-c+3}{x+1}$$

이 함수의 그래프가 $y=\dfrac{2x+b}{x+a}$의 그래프와 일치하므로

$$-c=2, \ -c+3=b, \ 1=a$$

$$\therefore a=1, \ b=5, \ c=-2$$

0976 $y=\dfrac{3x-1}{2x-1}=\dfrac{\frac{3}{2}(2x-1)+\frac{1}{2}}{2x-1}=\dfrac{\frac{1}{2}}{2x-1}+\dfrac{3}{2}$

$\qquad =\dfrac{1}{4\left(x-\frac{1}{2}\right)}+\dfrac{3}{2}$ ··· **1단계**

따라서 $y=\dfrac{3x-1}{2x-1}$ 의 그래프는 $y=\dfrac{1}{4x}$ 의 그래프를 x축의 방향

으로 $\dfrac{1}{2}$만큼, y축의 방향으로 $\dfrac{3}{2}$만큼 평행이동한 것이므로

$a=\dfrac{1}{2}$, $b=\dfrac{3}{2}$, $k=4$ ··· **2단계**

$\therefore a+b+k=6$ ··· **3단계**

답 6

채점 요소	비율
1단계 $y=\dfrac{3x-1}{2x-1}$ 을 변형하기	50 %
2단계 a, b, k의 값 구하기	40 %
3단계 $a+b+k$의 값 구하기	10 %

0977 ① $y=\dfrac{2x-1}{x-3}=\dfrac{2(x-3)+5}{x-3}=\dfrac{5}{x-3}+2$

② $y=\dfrac{2x+3}{2x-1}=\dfrac{(2x-1)+4}{2x-1}=\dfrac{4}{2x-1}+1=\dfrac{2}{x-\frac{1}{2}}+1$

③ $y=\dfrac{2x+8}{x+3}=\dfrac{2(x+3)+2}{x+3}=\dfrac{2}{x+3}+2$

④ $y=\dfrac{x+1}{2-x}=\dfrac{-(x-2)-3}{x-2}=-\dfrac{3}{x-2}-1$

⑤ $y=\dfrac{4x-6}{2x-1}=\dfrac{2(2x-1)-4}{2x-1}=-\dfrac{4}{2x-1}+2$

$\qquad =-\dfrac{2}{x-\frac{1}{2}}+2$

이므로 $y=\dfrac{4x-6}{2x-1}$ 의 그래프를 x축의 방향으로 $-\dfrac{1}{2}$만큼, y

축의 방향으로 -2만큼 평행이동하면 $y=-\dfrac{2}{x}$의 그래프와

겹쳐진다.

따라서 평행이동에 의하여 $y=-\dfrac{2}{x}$의 그래프와 겹쳐지는 것은

⑤이다.

답 ⑤

0978 $y=\dfrac{2x-1}{x-1}=\dfrac{2(x-1)+1}{x-1}=\dfrac{1}{x-1}+2$

이므로 $y=\dfrac{2x-1}{x-1}$ 의 그래프는 $y=\dfrac{1}{x}$ 의 그래프를 x축의 방향

으로 1만큼, y축의 방향으로 2만큼 평행이동한 것이다.

따라서 $0\le x<1$ 또는 $1<x\le 3$에서

$y=\dfrac{2x-1}{x-1}$ 의 그래프는 오른쪽 그림과

같으므로 치역은

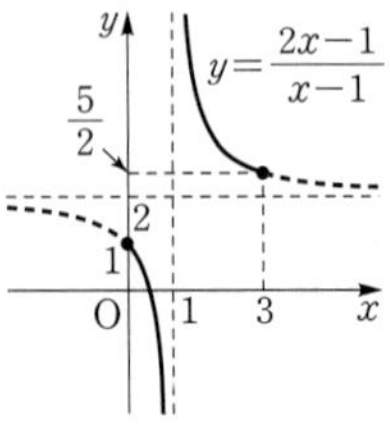

$\left\{y\,\middle|\,y\le 1 \text{ 또는 } y\ge \dfrac{5}{2}\right\}$

답 ①

0979 $y=\dfrac{bx+4}{3x+a}=\dfrac{\frac{b}{3}(3x+a)-\frac{ab}{3}+4}{3x+a}$

$\qquad =\dfrac{-\frac{ab}{3}+4}{3x+a}+\dfrac{b}{3}$

이므로

정의역은 $\left\{x\,\middle|\,x\ne -\dfrac{a}{3} \text{ 인 실수}\right\}$,

치역은 $\left\{y\,\middle|\,y\ne \dfrac{b}{3} \text{ 인 실수}\right\}$

따라서 $-\dfrac{a}{3}=-1$, $\dfrac{b}{3}=3$이므로

$a=3$, $b=9$

$\therefore a+b=12$

답 12

0980 $y=\dfrac{2x+6}{x+1}=\dfrac{2(x+1)+4}{x+1}=\dfrac{4}{x+1}+2$

이므로 $y=\dfrac{2x+6}{x+1}$ 의 그래프는 $y=\dfrac{4}{x}$ 의 그래프를 x축의 방향

으로 -1만큼, y축의 방향으로 2만큼 평행이동한 것이다.

따라서 $y\le 0$ 또는 $y\ge 4$에서

$y=\dfrac{2x+6}{x+1}$ 의 그래프는 오른쪽 그림과

같으므로 정의역은

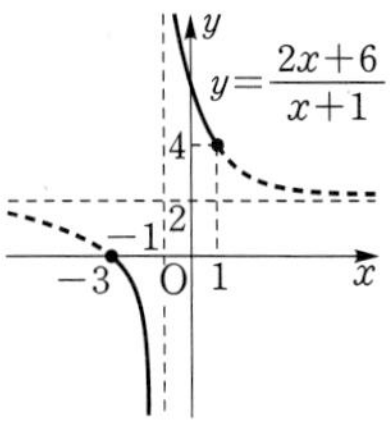

$\{x\,|\,-3\le x<-1 \text{ 또는 } -1<x\le 1\}$

따라서 정의역에 속하는 정수는 -3, -2,

0, 1이므로 구하는 합은

$-3+(-2)+0+1=-4$

답 −4

0981 $y=\dfrac{3x+1}{x+a}=\dfrac{3(x+a)-3a+1}{x+a}=\dfrac{-3a+1}{x+a}+3$

이므로 그래프의 점근선의 방정식은

$x=-a$, $y=3$

따라서 $2=-a$, $b=3$이므로

$a=-2$, $b=3$

$\therefore ab=-6$

답 ②

0982 $y=\dfrac{2x-3}{-x-3}=\dfrac{-2(x+3)+9}{x+3}=\dfrac{9}{x+3}-2$

이므로 그래프의 점근선의 방정식은

$x=-3$, $y=-2$

$y=\dfrac{ax+2}{3x+b}=\dfrac{\frac{a}{3}(3x+b)-\frac{ab}{3}+2}{3x+b}=\dfrac{-\frac{ab}{3}+2}{3x+b}+\dfrac{a}{3}$

이므로 그래프의 점근선의 방정식은

$x=-\dfrac{b}{3}$, $y=\dfrac{a}{3}$

두 점근선의 방정식이 같으므로

$-3=-\dfrac{b}{3}$, $-2=\dfrac{a}{3}$

$\therefore a=-6$, $b=9$

$\therefore a+b=3$

답 3

0983 $y=\dfrac{bx+c}{ax-2}=\dfrac{\dfrac{b}{a}(ax-2)+\dfrac{2b}{a}+c}{ax-2}$

$\qquad =\dfrac{\dfrac{2b}{a}+c}{ax-2}+\dfrac{b}{a}$

이므로 그래프의 점근선의 방정식은

$\qquad x=\dfrac{2}{a}, \ y=\dfrac{b}{a}$

따라서 $\dfrac{2}{a}=2$, $\dfrac{b}{a}=3$이므로 $\quad a=1, \ b=3$

즉 $y=\dfrac{3x+c}{x-2}$의 그래프가 점 $(3, 4)$를 지나므로

$\qquad 4=9+c \quad \therefore c=-5$

$\qquad \therefore a+b+c=-1$ **답** ③

다른 풀이 주어진 함수의 그래프의 점근선의 방정식이 $x=2$,
$y=3$이므로 함수의 식을

$\qquad y=\dfrac{k}{x-2}+3 \ (k\neq0)$ $\qquad\cdots\cdots$ ㉠

으로 놓으면 ㉠의 그래프가 점 $(3, 4)$를 지나므로

$\qquad 4=k+3 \quad \therefore k=1$

$k=1$을 ㉠에 대입하면

$\qquad y=\dfrac{1}{x-2}+3=\dfrac{1+3(x-2)}{x-2}=\dfrac{3x-5}{x-2}$

따라서 $a=1$, $b=3$, $c=-5$이므로

$\qquad a+b+c=-1$

0984 $y=\dfrac{2x+1}{x+4}=\dfrac{2(x+4)-7}{x+4}=-\dfrac{7}{x+4}+2$

이므로 그래프의 점근선의 방정식은

$\qquad x=-4, \ y=2$

따라서 주어진 함수의 그래프는 두 점근선의 교점 $(-4, 2)$에 대
하여 대칭이므로

$\qquad p=-4, \ q=2$

또 직선 $y=x+a$가 점 $(-4, 2)$를 지나므로

$\qquad 2=-4+a \quad \therefore a=6$

$\qquad \therefore a+p+q=4$ **답** ③

0985 $y=\dfrac{3x-5}{x-2}=\dfrac{3(x-2)+1}{x-2}=\dfrac{1}{x-2}+3$

이므로 그래프의 점근선의 방정식은

$\qquad x=2, \ y=3$

따라서 직선 $y=-x+k$가 두 점근선의 교점 $(2, 3)$을 지나므로

$\qquad 3=-2+k \quad \therefore k=5$ **답** 5

0986 $y=\dfrac{ax+3}{x+b}=\dfrac{a(x+b)-ab+3}{x+b}=\dfrac{-ab+3}{x+b}+a$

이므로 그래프의 점근선의 방정식은

$\qquad x=-b, \ y=a$

따라서 두 직선 $y=x+2$, $y=-x-3$이 두 점근선의 교점
$(-b, a)$를 지나므로

$\qquad a=-b+2, \ a=b-3$

두 식을 연립하여 풀면

$\qquad a=-\dfrac{1}{2}, \ b=\dfrac{5}{2} \quad \therefore ab=-\dfrac{5}{4}$ **답** $-\dfrac{5}{4}$

0987 $y=\dfrac{ax+b}{x+c}=\dfrac{a(x+c)-ac+b}{x+c}=\dfrac{-ac+b}{x+c}+a$

이므로 그래프의 점근선의 방정식은

$\qquad x=-c, \ y=a$

이 함수의 그래프가 점 $(-2, 1)$에 대하여 대칭이므로

$\qquad -c=-2, \ a=1 \quad \therefore a=1, \ c=2$

즉 $y=\dfrac{x+b}{x+2}$의 그래프의 x절편이 1이므로

$\qquad 0=\dfrac{1+b}{3} \quad \therefore b=-1$

$\qquad \therefore abc=-2$ **답** -2

다른 풀이 주어진 함수의 그래프가 점 $(-2, 1)$에 대하여 대칭이
므로 함수의 식을

$\qquad y=\dfrac{k}{x+2}+1 \ (k\neq0)$ $\qquad\cdots\cdots$ ㉠

로 놓으면 ㉠의 그래프의 x절편이 1이므로

$\qquad 0=\dfrac{k}{3}+1 \quad \therefore k=-3$

$k=-3$을 ㉠에 대입하면

$\qquad y=\dfrac{-3}{x+2}+1=\dfrac{-3+(x+2)}{x+2}=\dfrac{x-1}{x+2}$

따라서 $a=1$, $b=-1$, $c=2$이므로

$\qquad abc=-2$

0988 $y=\dfrac{-3x+4}{x-4}=\dfrac{-3(x-4)-8}{x-4}=-\dfrac{8}{x-4}-3$

이므로 $y=\dfrac{-3x+4}{x-4}$의 그래프는 $y=-\dfrac{8}{x}$의 그래프를 x축의 방
향으로 4만큼, y축의 방향으로 -3만큼 평행이동한 것이다.

따라서 $y=\dfrac{-3x+4}{x-4}$의 그래
프는 오른쪽 그림과 같으므로
제2사분면을 지나지 않는다.

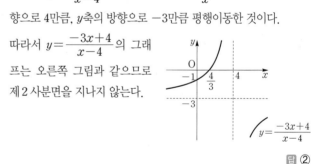

답 ②

0989 $y=\dfrac{k}{x-3}+2$의 그래프는 $y=\dfrac{k}{x}$의 그래프를 x축의 방
향으로 3만큼, y축의 방향으로 2만큼 평행이동한 것이다.

$k>0$에서 $y=\dfrac{k}{x-3}+2$의 그래프가
제3사분면을 지나지 않으려면 오른
쪽 그림과 같이 $x=0$일 때 y의 값이
0보다 크거나 같아야 하므로

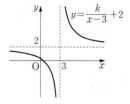

$\qquad -\dfrac{k}{3}+2\geq0, \quad \dfrac{k}{3}\leq2$

$\qquad \therefore k\leq6$

따라서 자연수 k의 최댓값은 6이다. **답** ④

0990 $y=\dfrac{4x+a-1}{x+2}=\dfrac{4(x+2)+a-9}{x+2}=\dfrac{a-9}{x+2}+4$

이므로 $y=\dfrac{4x+a-1}{x+2}$ 의 그래프는 $y=\dfrac{a-9}{x}$ 의 그래프를 x축

의 방향으로 -2만큼, y축의 방향으로 4만큼 평행이동한 것이다.

이때 이 그래프가 모든 사분면을 지나려면 오른쪽 그림과 같아야 한다.

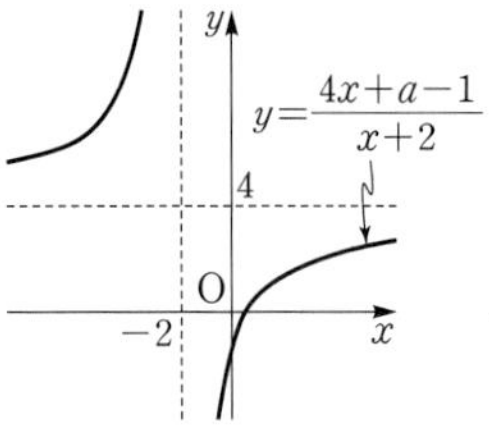

(ⅰ) $a-9<0$이어야 하므로

$\qquad a<9$

(ⅱ) $x=0$일 때 y의 값이 0보다 작아야 하므로

$\qquad \dfrac{a-1}{2}<0 \qquad \therefore a<1$

(ⅰ), (ⅱ)에서 구하는 a의 값의 범위는 $\qquad a<1$ 답 $a<1$

참고ㅣ $a>9$이면 $y=\dfrac{4x+a-1}{x+2}$ 의 그래프는 제4사분면을 지나지 않는다.
또 $a=9$이면 $y=4$이므로 그래프는 제3, 4사분면을 지나지 않는다.

0991 주어진 그래프의 점근선의 방정식이 $x=2$, $y=1$이므로
함수의 식을

$\qquad y=\dfrac{k}{x-2}+1\,(k<0) \qquad\qquad \cdots\cdots\ \bigcirc$

로 놓으면 $\bigcirc$의 그래프가 점 $(0,2)$를 지나므로

$\qquad 2=\dfrac{k}{-2}+1 \qquad \therefore k=-2$

$k=-2$를 $\bigcirc$에 대입하면

$\qquad y=\dfrac{-2}{x-2}+1=\dfrac{-2+(x-2)}{x-2}=\dfrac{x-4}{x-2}$

따라서 $a=1$, $b=-4$, $c=-2$이므로

$\qquad abc=8$ 답 ④

0992 주어진 그래프의 점근선의 방정식이 $x=4$, $y=-2$이므로 $\quad p=4$, $q=-2$ … 1단계

따라서 $y=\dfrac{a}{x-4}-2$의 그래프가 점 $(8,0)$을 지나므로

$\qquad 0=\dfrac{a}{8-4}-2 \qquad \therefore a=8$ … 2단계

$\qquad \therefore a+p+q=10$ … 3단계

답 **10**

채점 요소	비율
1단계 $p,\ q$의 값 구하기	40 %
2단계 a의 값 구하기	40 %
3단계 $a+p+q$의 값 구하기	20 %

0993 주어진 그래프의 점근선의 방정식이 $x=-2$, $y=1$이므로 함수의 식을

$\qquad y=\dfrac{k}{x+2}+1\,(k<0) \qquad\qquad \cdots\cdots\ \bigcirc$

로 놓으면 $\bigcirc$의 그래프가 점 $(0,0)$을 지나므로

$\qquad 0=\dfrac{k}{2}+1 \qquad \therefore k=-2$

$k=-2$를 $\bigcirc$에 대입하면

$\qquad y=\dfrac{-2}{x+2}+1=\dfrac{-2+(x+2)}{x+2}=\dfrac{x}{x+2}$

따라서 $a=0$, $b=1$, $c=2$이므로

$\qquad a-b-c=-3$ 답 -3

0994 $y=\dfrac{-4x-2}{x-1}=\dfrac{-4(x-1)-6}{x-1}=-\dfrac{6}{x-1}-4$

① 정의역은 $\{x\,|\,x\neq1$인 실수$\}$이다.

② 그래프는 $y=-\dfrac{6}{x}$ 의 그래프를 x축의 방향으로 1만큼, y축의 방향으로 -4만큼 평행이동한 것이다.

③ 그래프의 점근선의 방정식은 $x=1$, $y=-4$이다.

④ $y=\dfrac{-4x-2}{x-1}$에 $y=0$을 대입하면

$\qquad 0=\dfrac{-4x-2}{x-1},\qquad -4x-2=0$

$\qquad \therefore x=-\dfrac{1}{2}$

즉 그래프와 x축의 교점의 좌표는 $\left(-\dfrac{1}{2},0\right)$이다.

⑤ $y=\dfrac{-4x-2}{x-1}$의 그래프는 오른쪽 그림과 같으므로 모든 사분면을 지난다.

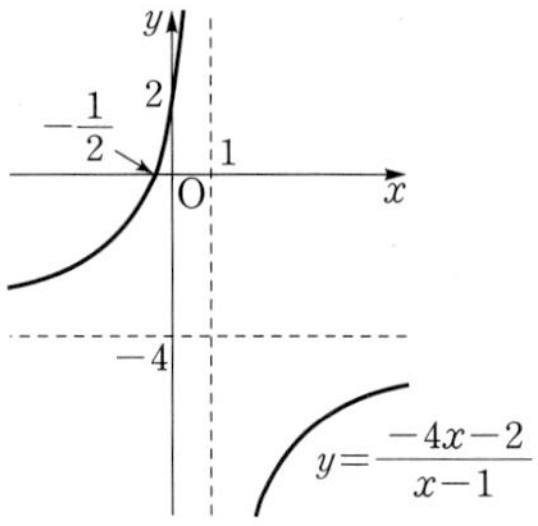

따라서 옳은 것은 ⑤이다.

답 ⑤

0995 ㄱ. $y=-\dfrac{1}{x+3}-5$의 그래프의 점근선의 방정식은

$x=-3$, $y=-5$이므로 그래프는 점 $(-3,-5)$에 대하여
대칭이다. (참)

ㄴ. $y=-\dfrac{1}{x+3}-5$의 그래프는

$y=-\dfrac{1}{x}$ 의 그래프를 x축의
방향으로 -3만큼, y의 방향
으로 -5만큼 평행이동한 것이
므로 오른쪽 그림과 같다. 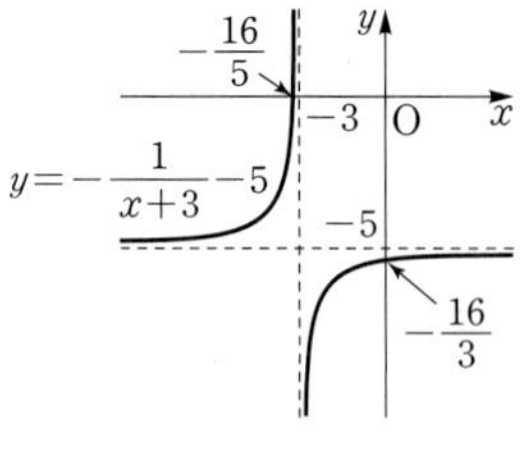
즉 그래프는 제1사분면을 지나지 않는다. (참)

ㄷ. $y=\dfrac{4x-7}{x-2}=\dfrac{4(x-2)+1}{x-2}=\dfrac{1}{x-2}+4$

따라서 $y=-\dfrac{1}{x+3}-5$의 그래프와 $y=\dfrac{4x-7}{x-2}$ 의 그래프는
평행이동에 의하여 겹쳐질 수 없다. (거짓)

이상에서 옳은 것은 ㄱ, ㄴ이다. 답 ③

0996 $y=\dfrac{2x-5}{x-3}=\dfrac{2(x-3)+1}{x-3}=\dfrac{1}{x-3}+2$

이므로 $y=\dfrac{2x-5}{x-3}$ 의 그래프는 $y=\dfrac{1}{x}$ 의 그래프를 x축의 방향
으로 3만큼, y축의 방향으로 2만큼 평행이동한 것이다.

따라서 $-1 \le x \le \dfrac{5}{2}$에서 $y=\dfrac{2x-5}{x-3}$

의 그래프는 오른쪽 그림과 같으므로

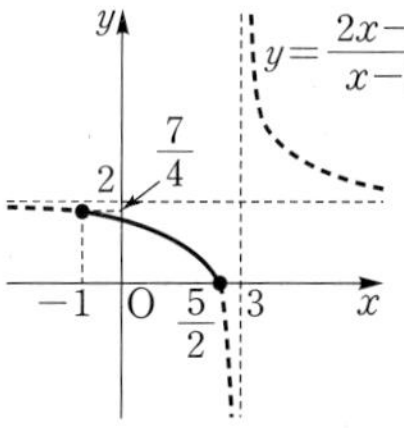

$x=-1$일 때 최댓값 $\dfrac{7}{4}$,

$x=\dfrac{5}{2}$일 때 최솟값 0

을 갖는다.

즉 $M=\dfrac{7}{4}$, $m=0$이므로　　$M+m=\dfrac{7}{4}$　　답 ④

0997 $y=\dfrac{3x-2}{x-2}=\dfrac{3(x-2)+4}{x-2}=\dfrac{4}{x-2}+3$

이므로 $y=\dfrac{3x-2}{x-2}$의 그래프는 $y=\dfrac{4}{x}$의 그래프를 x축의 방향

으로 2만큼, y축의 방향으로 3만큼 평행이동한 것이다.

따라서 $3 \le x \le a$에서 $y=\dfrac{3x-2}{x-2}$의 그

래프는 오른쪽 그림과 같다.

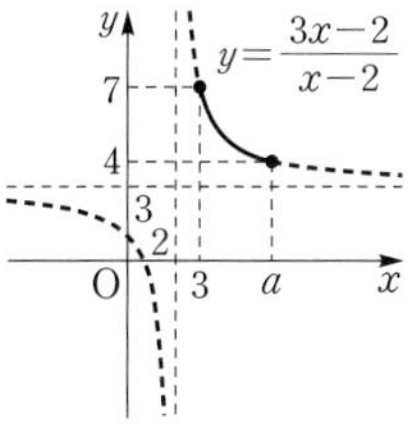

즉 $x=3$일 때 최댓값 7을 가지므로

　　$M=7$

$x=a$일 때 최솟값 4를 가지므로

　　$\dfrac{4}{a-2}+3=4$　　$\therefore a=6$

　　$\therefore a+M=13$　　답 **13**

0998 $y=\dfrac{ax+2}{x-1}=\dfrac{a(x-1)+a+2}{x-1}=\dfrac{a+2}{x-1}+a$

이므로 $y=\dfrac{ax+2}{x-1}$의 그래프는 $y=\dfrac{a+2}{x}$의 그래프를 x축의 방

향으로 1만큼, y축의 방향으로 a만큼 평행이동한 것이다.

이때 $a>0$에서 $a+2>0$이므로

$2 \le x \le 5$에서 $y=\dfrac{ax+2}{x-1}$의 그래프는

오른쪽 그림과 같다.

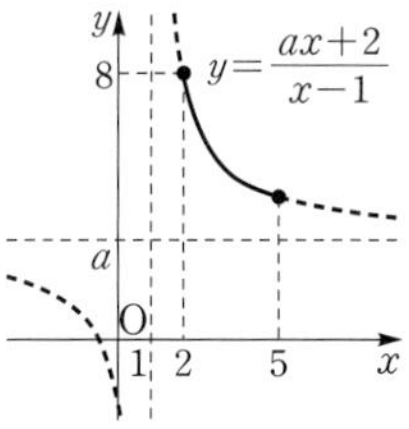

즉 $x=2$일 때 최댓값 8을 가지므로

　　$2a+2=8$　　$\therefore a=3$

따라서 $y=\dfrac{3x+2}{x-1}$이고, 이 함수는 $x=5$일 때 최솟값을 가지므

로 구하는 최솟값은

　　$\dfrac{3\times5+2}{5-1}=\dfrac{17}{4}$　　답 ②

0999 $y=\dfrac{x+2}{3x+a}$로 놓으면　　$y(3x+a)=x+2$

　　$(3y-1)x=-ay+2$　　$\therefore x=\dfrac{-ay+2}{3y-1}$

x와 y를 서로 바꾸면　　$y=\dfrac{-ax+2}{3x-1}$

　　$\therefore f^{-1}(x)=\dfrac{-ax+2}{3x-1}$

이때 $f=f^{-1}$이므로　　$\dfrac{x+2}{3x+a}=\dfrac{-ax+2}{3x-1}$

　　$\therefore a=-1$　　답 -1

다른 풀이 $f=f^{-1}$이므로　　$(f\circ f)(x)=x$

$f(x)=\dfrac{x+2}{3x+a}$에서

　　$(f\circ f)(x)=f(f(x))=f\left(\dfrac{x+2}{3x+a}\right)$

　　　　$=\dfrac{\dfrac{x+2}{3x+a}+2}{3\times\dfrac{x+2}{3x+a}+a}$

　　　　$=\dfrac{7x+2a+2}{3(a+1)x+a^2+6}$

즉 $\dfrac{7x+2a+2}{3(a+1)x+a^2+6}=x$이므로

　　$7x+2a+2=3(a+1)x^2+(a^2+6)x$

　　$\therefore 3(a+1)x^2+(a^2-1)x-2a-2=0$

이 식이 x에 대한 항등식이므로

　　$a+1=0,\ a^2-1=0,\ -2a-2=0$

　　$\therefore a=-1$

1000 $y=\dfrac{-x-1}{x+a}$로 놓으면

　　$y(x+a)=-x-1$

　　$(y+1)x=-ay-1$　　$\therefore x=\dfrac{-ay-1}{y+1}$

x와 y를 서로 바꾸면　　$y=\dfrac{-ax-1}{x+1}$

　　$\therefore f^{-1}(x)=\dfrac{-ax-1}{x+1}$

즉 $\dfrac{-ax-1}{x+1}=\dfrac{2x+b}{cx+1}$이므로

　　$-a=2,\ -1=b,\ 1=c$

　　$\therefore a=-2,\ b=-1,\ c=1$

　　$\therefore a+b+c=-2$　　답 -2

1001 두 함수 $y=\dfrac{x+3}{x+2}$, $y=\dfrac{ax+b}{x-1}$의 그래프가 직선 $y=x$

에 대하여 대칭이므로 두 함수는 서로 역함수 관계이다. … **1단계**

$y=\dfrac{x+3}{x+2}$에서　　$y(x+2)=x+3$

　　$(y-1)x=-2y+3$　　$\therefore x=\dfrac{-2y+3}{y-1}$

x와 y를 서로 바꾸면　　$y=\dfrac{-2x+3}{x-1}$

따라서 $y=\dfrac{x+3}{x+2}$의 역함수는 $y=\dfrac{-2x+3}{x-1}$이다. … **2단계**

즉 $\dfrac{ax+b}{x-1}=\dfrac{-2x+3}{x-1}$이므로

　　$a=-2,\ b=3$　　$\therefore a+b=1$ … **3단계**

답 **1**

채점 요소		비율
1단계	주어진 두 함수가 서로 역함수 관계임을 알기	30 %
2단계	$y=\dfrac{x+3}{x+2}$의 역함수 구하기	50 %
3단계	$a+b$의 값 구하기	20 %

1002 $y=\dfrac{ax+b}{x+1}$ 의 그래프가 점 $(-2, 3)$을 지나므로

$$3=\dfrac{-2a+b}{-2+1} \qquad \therefore 2a-b=3 \qquad \cdots\cdots\ \bigcirc$$

또 $y=\dfrac{ax+b}{x+1}$ 의 역함수의 그래프가 점 $(-2, 3)$을 지나면

$y=\dfrac{ax+b}{x+1}$ 의 그래프는 점 $(3, -2)$를 지나므로

$$-2=\dfrac{3a+b}{3+1} \qquad \therefore 3a+b=-8 \qquad \cdots\cdots\ \bigcirc\!\!\bigcirc$$

$\bigcirc$, $\bigcirc\!\!\bigcirc$을 연립하여 풀면

$$a=-1,\ b=-5$$

$$\therefore ab=5$$

답 **5**

1003 $(f^{-1}\circ f\circ f^{-1})(2)+(f\circ f^{-1})(3)=f^{-1}(2)+3$

$f^{-1}(2)=k$라 하면 $f(k)=2$이므로

$$\dfrac{k+5}{2k+1}=2, \qquad k+5=4k+2 \qquad \therefore k=1$$

$$\therefore (f^{-1}\circ f\circ f^{-1})(2)+(f\circ f^{-1})(3)=f^{-1}(2)+3$$
$$=1+3=4$$

답 **⑤**

1004 $(g^{-1}\circ f)^{-1}(4)=(f^{-1}\circ g)(4)$
$$=f^{-1}(g(4))$$
$$=f^{-1}(4) \qquad \leftarrow g(4)=\dfrac{2\times 4}{4-2}=4$$

$f^{-1}(4)=k$라 하면 $f(k)=4$이므로

$$\dfrac{k+4}{k-1}=4, \qquad k+4=4k-4 \qquad \therefore k=\dfrac{8}{3}$$

$$\therefore (g^{-1}\circ f)^{-1}(4)=f^{-1}(4)=\dfrac{8}{3}$$

답 **④**

1005 $g(1)=2$에서 $f(2)=1$이므로

$$\dfrac{2a-1}{2b+1}=1, \qquad 2a-1=2b+1$$

$$\therefore a-b=1 \qquad\qquad\qquad \cdots\cdots\ \bigcirc$$

$(f\circ f)(2)=f(f(2))=f(1)=\dfrac{1}{2}$이므로

$$\dfrac{a-1}{b+1}=\dfrac{1}{2}, \qquad 2a-2=b+1$$

$$\therefore 2a-b=3 \qquad\qquad\qquad \cdots\cdots\ \bigcirc\!\!\bigcirc$$

$\bigcirc$, $\bigcirc\!\!\bigcirc$을 연립하여 풀면 $\quad a=2,\ b=1$

$$\therefore f(x)=\dfrac{2x-1}{x+1}$$

$g(3)=k$라 하면 $f(k)=3$이므로

$$\dfrac{2k-1}{k+1}=3, \qquad 2k-1=3k+3$$

$$\therefore k=-4$$

$g(-4)=t$라 하면 $f(t)=-4$이므로

$$\dfrac{2t-1}{t+1}=-4, \qquad 2t-1=-4t-4$$

$$\therefore t=-\dfrac{1}{2}$$

$$\therefore (g\circ g)(3)=g(g(3))=g(-4)=-\dfrac{1}{2}$$

답 $-\dfrac{1}{2}$

1006 함수 $y=\dfrac{3}{x}$의 그래프와 직선 $y=-2x+k$가 한 점에서 만나려면 방정식

$$\dfrac{3}{x}=-2x+k,\ \text{즉}\ 2x^2-kx+3=0$$

이 중근을 가져야 한다.

이 이차방정식의 판별식을 D라 하면

$$D=(-k)^2-4\times 2\times 3=0$$

$$k^2=24 \qquad \therefore k=2\sqrt{6}\ (\because k>0)$$

답 **④**

1007 함수 $y=\dfrac{x+2}{x-1}$의 그래프와 직선 $y=mx+1$이 만나지 않으려면 방정식

$$\dfrac{x+2}{x-1}=mx+1,\ \text{즉}\ mx^2-mx-3=0$$

이 실근을 갖지 않아야 한다.

(i) $m=0$일 때

$0\times x^2-0\times x-3\ne 0$에서 실근을 갖지 않으므로 조건을 만족시킨다.

(ii) $m\ne 0$일 때

이차방정식 $mx^2-mx-3=0$의 판별식을 D라 하면

$$D=(-m)^2-4\times m\times(-3)<0$$

$$m^2+12m<0, \qquad m(m+12)<0$$

$$\therefore -12<m<0$$

(i), (ii)에서 구하는 m의 값의 범위는

$$-12<m\le 0$$

답 $-12<m\le 0$

1008 $y=\dfrac{2x+1}{x-1}=\dfrac{2(x-1)+3}{x-1}$

$$=\dfrac{3}{x-1}+2$$

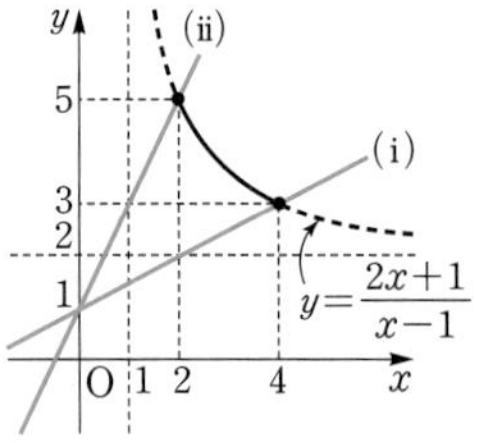

이므로 $2\le x\le 4$에서 $y=\dfrac{2x+1}{x-1}$의 그래프는 오른쪽 그림과 같고, 직선 $y=kx+1$은 k의 값에 관계없이 항상 점 $(0, 1)$을 지난다.

··· **1단계**

(i) 직선 $y=kx+1$이 점 $(4, 3)$을 지날 때

$$3=4k+1 \qquad \therefore k=\dfrac{1}{2}$$

(ii) 직선 $y=kx+1$이 점 $(2, 5)$를 지날 때

$$5=2k+1 \qquad \therefore k=2$$

(i), (ii)에서 조건을 만족시키는 k의 값의 범위는

$$\dfrac{1}{2}\le k\le 2$$

··· **2단계**

따라서 $M=2$, $m=\dfrac{1}{2}$이므로

$$M-m=\dfrac{3}{2}$$

··· **3단계**

답 $\dfrac{3}{2}$

	채점 요소	비율
1단계	함수 $y=\dfrac{2x+1}{x-1}$의 그래프를 그리고, 직선 $y=kx+1$이 항상 지나는 점의 좌표 구하기	40 %
2단계	k의 값의 범위 구하기	40 %
3단계	$M-m$의 값 구하기	20 %

1009 $f^1(x)=f(x)=\dfrac{x-1}{x}$에서

$$f^2(x)=(f\circ f^1)(x)=f(f^1(x))=f\left(\dfrac{x-1}{x}\right)$$

$$=\dfrac{\dfrac{x-1}{x}-1}{\dfrac{x-1}{x}}=\dfrac{1}{1-x}$$

$$f^3(x)=(f\circ f^2)(x)=f(f^2(x))=f\left(\dfrac{1}{1-x}\right)$$

$$=\dfrac{\dfrac{1}{1-x}-1}{\dfrac{1}{1-x}}=x$$

$$f^4(x)=(f\circ f^3)(x)=f(f^3(x))=f(x)=\dfrac{x-1}{x}$$

$$\vdots$$

즉 음이 아닌 정수 k에 대하여

$$f^n(x)=\begin{cases}\dfrac{x-1}{x} & (n=3k+1)\\[2mm]\dfrac{1}{1-x} & (n=3k+2)\\[2mm]x & (n=3k+3)\end{cases}$$

이때 $50=3\times16+2$이므로

$$f^{50}(x)=\dfrac{1}{1-x}$$

$$\therefore f^{50}(3)=\dfrac{1}{1-3}=-\dfrac{1}{2}$$

답 ②

다른 풀이 $f(x)=\dfrac{x-1}{x}$에서

$$f^1(3)=f(3)=\dfrac{2}{3}$$

$$f^2(3)=(f\circ f^1)(3)=f(f^1(3))=f\left(\dfrac{2}{3}\right)=\dfrac{-\dfrac{1}{3}}{\dfrac{2}{3}}=-\dfrac{1}{2}$$

$$f^3(3)=(f\circ f^2)(3)=f(f^2(3))=f\left(-\dfrac{1}{2}\right)=\dfrac{-\dfrac{3}{2}}{-\dfrac{1}{2}}=3$$

$$f^4(3)=(f\circ f^3)(3)=f(f^3(3))=f(3)=\dfrac{2}{3}$$

$$\vdots$$

따라서 $f^n(3)$의 값은 $\dfrac{2}{3}$, $-\dfrac{1}{2}$, 3이 이 순서대로 반복된다.

이때 $50=3\times16+2$이므로

$$f^{50}(3)=-\dfrac{1}{2}$$

1010 $f^1(x)=f(x)=\dfrac{x+3}{x-1}$

$$f^2(x)=(f\circ f^1)(x)=f(f^1(x))=f\left(\dfrac{x+3}{x-1}\right)$$

$$=\dfrac{\dfrac{x+3}{x-1}+3}{\dfrac{x+3}{x-1}-1}=x$$

$$f^3(x)=(f\circ f^2)(x)=f(f^2(x))=f(x)=\dfrac{x+3}{x-1}$$

$$\vdots$$

즉 $f^n(x)=\begin{cases}\dfrac{x+3}{x-1} & (n\text{은 홀수})\\[2mm]x & (n\text{은 짝수})\end{cases}$ 이므로

$$f^{1001}(x)=\dfrac{x+3}{x-1}$$

따라서 $f^{1001}(a)=\dfrac{a+3}{a-1}=2$에서

$$a+3=2a-2$$

$$\therefore a=5$$

답 5

1011 주어진 그래프에서 $f(6)=0$, $f(0)=6$이므로

$$f^2(6)=(f\circ f^1)(6)=f(f^1(6))=f(0)=6$$

$$f^3(6)=(f\circ f^2)(6)=f(f^2(6))=f(6)=0$$

$$f^4(6)=(f\circ f^3)(6)=f(f^3(6))=f(0)=6$$

$$\vdots$$

즉 $f^n(6)$의 값은 0, 6이 이 순서대로 반복된다.

이때 $1000=2\times500$이므로

$$f^{1000}(6)=6$$

답 6

다른 풀이 함수 $y=f(x)$의 그래프의 점근선의 방정식이 $x=-2$, $y=-2$이므로

$$f(x)=\dfrac{a}{x+2}-2$$

로 놓으면 $y=f(x)$의 그래프가 두 점 $(0,6)$, $(6,0)$을 지나므로

$$6=\dfrac{a}{2}-2,\quad 0=\dfrac{a}{8}-2\quad\therefore a=16$$

$$\therefore f(x)=\dfrac{16}{x+2}-2$$

$$f^2(x)=(f\circ f^1)(x)=f(f^1(x))=f\left(\dfrac{16}{x+2}-2\right)$$

$$=\dfrac{16}{\dfrac{16}{x+2}-2+2}-2=x$$

즉 $f^n(x)=\begin{cases}\dfrac{16}{x+2}-2 & (n\text{은 홀수})\\[2mm]x & (n\text{은 짝수})\end{cases}$ 이므로

$$f^{1000}(x)=x\quad\therefore f^{1000}(6)=6$$

시험에 꼭 나오는 문제

1012 $\dfrac{b}{a-1}+\dfrac{a}{b-1}=\dfrac{b(b-1)+a(a-1)}{(a-1)(b-1)}$

$$=\dfrac{a^2+b^2-a-b}{(a-1)(b-1)}$$

09 유리함수

$$\frac{1}{1-a}+\frac{1}{1-b}=\frac{1-b+1-a}{(1-a)(1-b)}=\frac{-a-b+2}{(a-1)(b-1)}$$

$$\therefore \left(\frac{b}{a-1}+\frac{a}{b-1}\right)\div\left(\frac{1}{1-a}+\frac{1}{1-b}\right)$$

$$=\frac{a^2+b^2-a-b}{(a-1)(b-1)}\div\frac{-a-b+2}{(a-1)(b-1)}$$

$$=\frac{a^2+b^2-a-b}{(a-1)(b-1)}\times\frac{(a-1)(b-1)}{-a-b+2}$$

$$=\frac{a^2+b^2-a-b}{-a-b+2}=\frac{(a+b)^2-2ab-(a+b)}{-(a+b)+2}$$

$$=\frac{3^2-2\times(-4)-3}{-3+2}$$

$$=-14$$

답 -14

1013 주어진 등식의 우변을 통분하면

$$\frac{a_1}{x+1}+\frac{a_2}{(x+1)^2}+\frac{a_3}{(x+1)^3}+\frac{a_4}{(x+1)^4}$$

$$=\frac{a_1(x+1)^3+a_2(x+1)^2+a_3(x+1)+a_4}{(x+1)^4}$$

$$=\frac{a_1x^3+(3a_1+a_2)x^2+(3a_1+2a_2+a_3)x+a_1+a_2+a_3+a_4}{(x+1)^4}$$

즉

$$\frac{x^3+1}{(x+1)^4}$$

$$=\frac{a_1x^3+(3a_1+a_2)x^2+(3a_1+2a_2+a_3)x+a_1+a_2+a_3+a_4}{(x+1)^4}$$

가 x에 대한 항등식이므로 양변의 분자의 동류항의 계수를 비교하면

$$1=a_1,\ 0=3a_1+a_2,\ 0=3a_1+2a_2+a_3,\ 1=a_1+a_2+a_3+a_4$$

$$\therefore a_1=1,\ a_2=-3,\ a_3=3,\ a_4=0$$

$$\therefore a_1+a_3=4$$

답 **4**

다른 풀이 주어진 등식의 양변에 $(x+1)^4$을 곱하면

$$x^3+1=a_1(x+1)^3+a_2(x+1)^2+a_3(x+1)+a_4$$

이 식이 x에 대한 항등식이므로 양변에 $x=0$을 대입하면

$$1=a_1+a_2+a_3+a_4 \qquad \cdots\cdots ㉠$$

양변에 $x=-2$를 대입하면

$$-7=-a_1+a_2-a_3+a_4 \qquad \cdots\cdots ㉡$$

㉠$-$㉡을 하면 $8=2a_1+2a_3$

$$\therefore a_1+a_3=4$$

1014 $\dfrac{3x+14}{x+5}-\dfrac{3x-13}{x-4}=\dfrac{3(x+5)-1}{x+5}-\dfrac{3(x-4)-1}{x-4}$

$$=3-\frac{1}{x+5}-3+\frac{1}{x-4}$$

$$=-\frac{1}{x+5}+\frac{1}{x-4}$$

$$=\frac{-(x-4)+x+5}{(x+5)(x-4)}$$

$$=\frac{9}{(x+5)(x-4)}$$

$$\therefore k=9$$

답 **9**

1015 $f(x)=4x^2-1=(2x-1)(2x+1)$이므로

$$\frac{1}{f(x)}=\frac{1}{(2x-1)(2x+1)}=\frac{1}{2}\left(\frac{1}{2x-1}-\frac{1}{2x+1}\right)$$

$$\therefore \frac{1}{f(1)}+\frac{1}{f(2)}+\frac{1}{f(3)}+\cdots+\frac{1}{f(9)}$$

$$=\frac{1}{2}\left\{\left(\frac{1}{1}-\frac{1}{3}\right)+\left(\frac{1}{3}-\frac{1}{5}\right)+\left(\frac{1}{5}-\frac{1}{7}\right)+\cdots\right.$$

$$\left.+\left(\frac{1}{17}-\frac{1}{19}\right)\right\}$$

$$=\frac{1}{2}\left(1-\frac{1}{19}\right)=\frac{9}{19}$$

답 ①

1016 $\dfrac{\dfrac{1}{n}-\dfrac{1}{n+8}}{\dfrac{1}{n+8}-\dfrac{1}{n+16}}=\dfrac{\dfrac{8}{n(n+8)}}{\dfrac{8}{(n+8)(n+16)}}$

$$=\frac{n+16}{n}$$

$$=1+\frac{16}{n}$$

이때 $1+\dfrac{16}{n}$의 값이 자연수가 되려면 정수 n이 16의 양의 약수이어야 한다.

따라서 정수 n은 1, 2, 4, 8, 16이므로 구하는 합은

$$1+2+4+8+16=31$$

답 **31**

1017 $ab\neq0$이므로 $a^2-5ab-b^2=0$의 양변을 ab로 나누면

$$\frac{a}{b}-5-\frac{b}{a}=0 \qquad \therefore \frac{a}{b}-\frac{b}{a}=5$$

$$\therefore \frac{a^3}{b^3}-\frac{b^3}{a^3}=\left(\frac{a}{b}-\frac{b}{a}\right)^3+3\left(\frac{a}{b}-\frac{b}{a}\right)$$

$$=5^3+3\times5=140$$

답 ⑤

1018 $x:y:z=3:1:7$이므로

$$x=3k,\ y=k,\ z=7k\ (k\neq0)$$

로 놓으면

$$\frac{-x+4y+z}{2x+3y-z}=\frac{-3k+4k+7k}{6k+3k-7k}$$

$$=\frac{8k}{2k}=4$$

답 **4**

1019 $x+\dfrac{1}{z}=1$에서 $x=1-\dfrac{1}{z}=\dfrac{z-1}{z}$

$\dfrac{1}{3y}+z=1$에서 $\dfrac{1}{3y}=1-z$

$$\therefore y=\frac{1}{3(1-z)}$$

$$\therefore \frac{1}{3x}+y=\frac{z}{3(z-1)}+\frac{1}{3(1-z)}$$

$$=\frac{z-1}{3(z-1)}$$

$$=\frac{1}{3}\ (\because z\neq1)$$

답 ②

참고 $x+\dfrac{1}{z}=1$에서 $x\neq0$이므로

$$z\neq1$$

1020 $y=\dfrac{3}{x}$ 의 그래프를 x축의 방향으로 -5만큼, y축의 방향으로 2만큼 평행이동한 그래프의 식은

$$y=\dfrac{3}{x+5}+2$$

이 함수의 그래프가 점 $(-2,\,k)$를 지나므로

$$k=\dfrac{3}{-2+5}+2=3 \qquad \text{답 } \textbf{3}$$

1021 $y=\dfrac{x+1}{x-1}=\dfrac{(x-1)+2}{x-1}=\dfrac{2}{x-1}+1$

ㄱ. $y=\dfrac{2x+1}{x-2}=\dfrac{2(x-2)+5}{x-2}=\dfrac{5}{x-2}+2$

ㄴ. $y=\dfrac{3x-1}{x-1}=\dfrac{3(x-1)+2}{x-1}=\dfrac{2}{x-1}+3$

이므로 $y=\dfrac{3x-1}{x-1}$의 그래프를 y축의 방향으로 -2만큼 평행이동하면 $y=\dfrac{x+1}{x-1}$의 그래프와 겹쳐진다.

ㄷ. $y=\dfrac{2x+3}{x-2}=\dfrac{2(x-2)+7}{x-2}=\dfrac{7}{x-2}+2$

ㄹ. $y=-\dfrac{2x-6}{x-2}=\dfrac{-2(x-2)+2}{x-2}=\dfrac{2}{x-2}-2$

이므로 $y=-\dfrac{2x-6}{x-2}$의 그래프를 x축의 방향으로 -1만큼, y축의 방향으로 3만큼 평행이동하면 $y=\dfrac{x+1}{x-1}$의 그래프와 겹쳐진다.

이상에서 평행이동에 의하여 $y=\dfrac{x+1}{x-1}$의 그래프와 겹쳐지는 것은 ㄴ, ㄹ이다. 답 **ㄴ, ㄹ**

1022 $y=\dfrac{ax+1}{x-3}=\dfrac{a(x-3)+3a+1}{x-3}=\dfrac{3a+1}{x-3}+a$

이므로

정의역은 $\{x\,|\,x\neq3$인 실수$\}$,

치역은 $\{y\,|\,y\neq a$인 실수$\}$

이때 정의역과 치역이 같으므로

$$a=3 \qquad \text{답 } ⑤$$

1023 $y=\dfrac{x+k}{x+5}=\dfrac{(x+5)-5+k}{x+5}=\dfrac{k-5}{x+5}+1$

이므로 $y=\dfrac{x+k}{x+5}$의 그래프는 $y=\dfrac{k-5}{x}$의 그래프를 x축의 방향으로 -5만큼, y축의 방향으로 1만큼 평행이동한 것이다.

따라서 정의역이 $\{x\,|\,-3\leq x\leq-1\}$, 공역이 $\{y\,|\,2\leq y\leq5\}$일 때, 함수가 정의되려면 그래프가 오른쪽 그림과 같아야 하므로

$$k-5>0$$
$$\therefore k>5$$

따라서 치역이 $\left\{y\,\middle|\,\dfrac{-1+k}{4}\leq y\leq\dfrac{-3+k}{2}\right\}$이므로

$$\dfrac{-1+k}{4}\geq2,\quad \dfrac{-3+k}{2}\leq5$$
$$\therefore 9\leq k\leq13$$

답 $9\leq k\leq13$

참고 $k=5$이면 $\quad y=1$

$k<5$이면 $\quad y<1$

따라서 $2\leq y\leq5$를 만족시키지 않으므로 함수가 정의되지 않는다.

1024 $y=\dfrac{k}{x-1}+5$의 그래프의 점근선의 방정식은

$$x=1,\; y=5$$

이때 두 점근선의 교점의 좌표가 $(1,\,2a+1)$이므로

$$2a+1=5 \qquad \therefore a=2$$

따라서 함수 $y=\dfrac{k}{x-1}+5$의 그래프가 점 $(5,\,3a)$, 즉 $(5,\,6)$을 지나므로

$$6=\dfrac{k}{4}+5 \qquad \therefore k=4 \qquad \text{답 } ④$$

1025 $y=\dfrac{3}{x-1}+2$의 그래프의 점근선의 방정식은

$$x=1,\; y=2$$

따라서 점 Q는 직선 $y=2$, 점 R는 직선 $x=1$ 위의 점이므로

점 P의 좌표를 $\left(a,\,\dfrac{3}{a-1}+2\right)(a>1)$라 하면

$$Q(a,\,2),\; R\left(1,\,\dfrac{3}{a-1}+2\right)$$

$$\therefore \overline{PQ}=\dfrac{3}{a-1}+2-2=\dfrac{3}{a-1},\; \overline{PR}=a-1$$

이때 $a>1$에서 $a-1>0$이므로 산술평균과 기하평균의 관계에 의하여

$$\overline{PQ}+\overline{PR}=\dfrac{3}{a-1}+a-1$$
$$\geq2\sqrt{\dfrac{3}{a-1}\times(a-1)}$$
$$=2\sqrt{3}\left(\text{단, 등호는 } \dfrac{3}{a-1}=a-1\text{일 때 성립}\right)$$

따라서 $\overline{PQ}+\overline{PR}$의 최솟값은 $2\sqrt{3}$이다. 답 ③

1026 $y=\dfrac{3x-1}{x+k}=\dfrac{3(x+k)-3k-1}{x+k}=\dfrac{-3k-1}{x+k}+3$

의 그래프를 x축의 방향으로 1만큼, y축의 방향으로 -2만큼 평행이동한 그래프의 식은

$$y=\dfrac{-3k-1}{x-1+k}+3-2=\dfrac{-3k-1}{x-1+k}+1$$

이 함수의 그래프의 점근선의 방정식은

$$x=1-k,\; y=1$$

따라서 점 $(1-k,\,1)$이 직선 $y=3x$ 위의 점이므로

$$1=3(1-k),\quad 1=3-3k$$
$$\therefore k=\dfrac{2}{3} \qquad \text{답 } \dfrac{2}{3}$$

다른 풀이 $y=\dfrac{3x-1}{x+k}=\dfrac{3(x+k)-3k-1}{x+k}=\dfrac{-3k-1}{x+k}+3$

이므로 그래프의 점근선의 방정식은 $x=-k,\ y=3$

따라서 $y=\dfrac{3x-1}{x+k}$의 그래프의 두 점근선의 교점의 좌표는

$(-k,\ 3)$이다.

점 $(-k,\ 3)$을 x축의 방향으로 1만큼, y축의 방향으로 -2만큼

평행이동한 점의 좌표는

$(-k+1,\ 3-2)$, 즉 $(-k+1,\ 1)$

이 점이 직선 $y=3x$ 위의 점이므로

$1=3(-k+1)$ $\therefore k=\dfrac{2}{3}$

1027 $y=\dfrac{ax+b}{x+c}=\dfrac{a(x+c)-ac+b}{x+c}=\dfrac{-ac+b}{x+c}+a$

이므로 그래프의 점근선의 방정식은

$x=-c,\ y=a$

즉 두 직선 $y=x+2,\ y=-x+4$가 두 점근선의 교점 $(-c,\ a)$

를 지나므로

$a=-c+2,\ a=c+4$

두 식을 연립하여 풀면 $a=3,\ c=-1$

따라서 $y=\dfrac{3x+b}{x-1}$의 그래프가 점 $(-1,\ 2)$를 지나므로

$2=\dfrac{-3+b}{-2}$, $-4=-3+b$ $\therefore b=-1$

$\therefore a+b-c=3$ **답** **3**

다른 풀이 주어진 함수의 그래프가 두 직선 $y=x+2,\ y=-x+4$

의 교점인 점 $(1,\ 3)$에 대하여 대칭이므로 함수의 식을

$y=\dfrac{k}{x-1}+3\ (k\neq 0)$ $\cdots\cdots\ \bigcirc$

으로 놓으면 $\bigcirc$의 그래프가 점 $(-1,\ 2)$를 지나므로

$2=\dfrac{k}{-2}+3$ $\therefore k=2$

$k=2$를 $\bigcirc$에 대입하면

$y=\dfrac{2}{x-1}+3=\dfrac{2+3(x-1)}{x-1}=\dfrac{3x-1}{x-1}$

따라서 $a=3,\ b=-1,\ c=-1$이므로

$a+b-c=3$

1028 $y=\dfrac{2}{x-k}-4$의 그래프는 $y=\dfrac{2}{x}$의 그래프를 x축의 방

향으로 k만큼, y축의 방향으로 -4만큼 평행이동한 것이다.

이 그래프가 제1사분면을 지나지 않으

려면 오른쪽 그림과 같아야 하므로

$k<0$

또 $x=0$일 때 y의 값이 0보다 작거나 같

아야 하므로

$-\dfrac{2}{k}-4\leq 0$, $-4\leq\dfrac{2}{k}$

양변에 k를 곱하면

$-4k\geq 2\ (\because k<0)$ $\therefore k\leq -\dfrac{1}{2}$ **답** $k\leq -\dfrac{1}{2}$

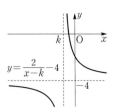

참고| $k\geq 0$이면 $y=\dfrac{2}{x-k}-4$의 그래프는 반드시 제1사분면을 지난다.

1029 $y=\dfrac{ax+b}{x+c}=\dfrac{a(x+c)-ac+b}{x+c}=\dfrac{-ac+b}{x+c}+a$

이때 주어진 그래프의 점근선의 방정식이 $x=-1,\ y=-2$이므

로 $a=-2,\ c=1$

또 $y=\dfrac{-ac+b}{x}$의 그래프가 제2사분면과 제4사분면을 지나므

로 $-ac+b<0$

$2+b<0$ $\therefore b<-2$

ㄱ. $a=-2,\ c=1$이므로 $a+c=-1$ (참)

ㄴ. $a=-2,\ b<-2,\ c=1$이므로 $abc>0$ (참)

ㄷ. [반례] $b=-3$이면

$a^2+b=4-3=1>0$ (거짓)

이상에서 옳은 것은 ㄱ, ㄴ이다. **답** ㄱ, ㄴ

1030 ④ $|k|$의 값이 클수록 그래프는 원점으로부터 멀어진다.

따라서 옳지 않은 것은 ④이다. **답** ④

1031 $y=\dfrac{3x+k}{x+2}=\dfrac{3(x+2)-6+k}{x+2}=\dfrac{-6+k}{x+2}+3$

(i) $-6+k<0$, 즉 $k<6$일 때

$0\leq x\leq 2$에서 $y=\dfrac{3x+k}{x+2}$의 그래프

는 오른쪽 그림과 같으므로

$y<3$

따라서 조건을 만족시키지 않는다.

(ii) $-6+k>0$, 즉 $k>6$일 때

$0\leq x\leq 2$에서 $y=\dfrac{3x+k}{x+2}$의 그래프

는 오른쪽 그림과 같다.

따라서 $x=0$일 때 최댓값 7을 가지

므로

$\dfrac{k}{2}=7$ $\therefore k=14$

(i), (ii)에서 $k=14$ **답** **14**

1032 $f^{-1}(1)=2$에서 $f(2)=1$이므로

$\dfrac{6+2}{-6+a}=1$, $8=-6+a$

$\therefore a=14$

즉 $f(x)=\dfrac{3x+2}{-3x+14}=\dfrac{-(3x-14)-16}{3x-14}=-\dfrac{16}{3x-14}-1$

이므로 $y=f(x)$의 그래프의 점근선의 방정식은

$x=\dfrac{14}{3},\ y=-1$

또 $g(x)=\dfrac{bx+3}{x+c}=\dfrac{b(x+c)-bc+3}{x+c}=\dfrac{-bc+3}{x+c}+b$이므로

$y=g(x)$의 그래프의 점근선의 방정식은

$x=-c,\ y=b$

두 그래프의 점근선이 일치하므로

$$\frac{14}{3}=-c, \quad -1=b \qquad \therefore b=-1, c=-\frac{14}{3}$$

$$\therefore a+b+c=\frac{25}{3}$$ **답 ③**

1033 $(f \circ g)(x)=x$이므로 $f(x)$와 $g(x)$는 역함수 관계이다.

이때 $f(x)=g(x)$를 만족시키는 실수 x의 값은 $y=f(x)$의 그래프와 $y=g(x)$의 그래프의 교점의 x좌표와 같다.

$$f(x)=\frac{2x+6}{x+1}=\frac{2(x+1)+4}{x+1}$$

$$=\frac{4}{x+1}+2$$

이므로 $y=f(x)$의 그래프는 오른쪽 그림과 같고, 함수 $y=g(x)$의 그래프는 함수 $y=f(x)$의 그래프와 직선 $y=x$에 대하여 대칭이다.

따라서 두 함수 $y=f(x)$와 $y=g(x)$의 그래프의 교점의 x좌표는 $y=f(x)$의 그래프와 직선 $y=x$의 교점의 x좌표와 같다.

즉 $\dfrac{2x+6}{x+1}=x$에서 $\quad 2x+6=x(x+1)$

$$x^2-x-6=0, \quad (x+2)(x-3)=0$$

$$\therefore x=-2 \text{ 또는 } x=3$$

따라서 $f(x)=g(x)$를 만족시키는 x의 값은 -2, 3이므로 구하는 합은

$$-2+3=1$$ **답 ③**

다른 풀이 $(f \circ g)(x)=f(g(x))=\dfrac{2g(x)+6}{g(x)+1}$

즉 $\dfrac{2g(x)+6}{g(x)+1}=x$이므로

$$2g(x)+6=xg(x)+x$$

$$(x-2)g(x)=-x+6 \qquad \therefore g(x)=\frac{-x+6}{x-2}$$

따라서 $f(x)=g(x)$에서 $\quad \dfrac{2x+6}{x+1}=\dfrac{-x+6}{x-2}$

$$(2x+6)(x-2)=(-x+6)(x+1)$$

$$3x^2-3x-18=0, \quad x^2-x-6=0$$

$$(x+2)(x-3)=0$$

$$\therefore x=-2 \text{ 또는 } x=3$$

1034 $(f \circ (g \circ f)^{-1} \circ f)(4)=(f \circ f^{-1} \circ g^{-1} \circ f)(4)$

$$=(g^{-1} \circ f)(4)$$

$$=g^{-1}(f(4))$$

$$=g^{-1}(2) \leftarrow f(4)=\frac{4-2}{4-3}=2$$

$g^{-1}(2)=k$라 하면 $g(k)=2$이므로

$$\frac{-2k+2}{k-3}=2, \quad -2k+2=2k-6$$

$$\therefore k=2$$

$$\therefore (f \circ (g \circ f)^{-1} \circ f)(4)=g^{-1}(2)=2$$ **답 2**

1035 $A \cap B \neq \varnothing$이므로 함수 $y=\dfrac{2x-1}{x}$의 그래프와 직선 $y=ax+1$이 만난다.

따라서 방정식

$$\frac{2x-1}{x}=ax+1, \quad \text{즉} \quad ax^2-x+1=0$$

이 실근을 가져야 한다.

(i) $a=0$일 때

$0 \times x^2-x+1=0$에서 $\quad x=1$

따라서 실근을 가지므로 조건을 만족시킨다.

(ii) $a \neq 0$일 때

이차방정식 $ax^2-x+1=0$의 판별식을 D라 하면

$$D=(-1)^2-4 \times a \times 1 \geq 0, \quad -4a \geq -1$$

$$\therefore a \leq \frac{1}{4}$$

그런데 $a \neq 0$이므로 $\quad a<0 \text{ 또는 } 0<a \leq \dfrac{1}{4}$

(i), (ii)에서 구하는 a의 값의 범위는

$$a \leq \frac{1}{4}$$ **답 $a \leq \dfrac{1}{4}$**

1036 $\left(\dfrac{1}{a}+\dfrac{1}{b}+\dfrac{1}{c}\right)^2=\dfrac{1}{a^2}+\dfrac{1}{b^2}+\dfrac{1}{c^2}+2\left(\dfrac{1}{ab}+\dfrac{1}{bc}+\dfrac{1}{ca}\right)$

이므로

$$\frac{1}{ab}+\frac{1}{bc}+\frac{1}{ca}=0, \quad \frac{a+b+c}{abc}=0$$

$$\therefore a+b+c=0$$ ··· **1단계**

$$\therefore a^3+b^3+c^3-3abc$$

$$=(a+b+c)(a^2+b^2+c^2-ab-bc-ca)$$

$$=0$$

즉 $a^3+b^3+c^3=3abc$이므로 ··· **2단계**

$$\frac{a^3+b^3+c^3}{abc}=\frac{3abc}{abc}=3$$ ··· **3단계**

답 3

채점 요소	비율
1단계 $a+b+c=0$임을 알기	40 %
2단계 $a^3+b^3+c^3=3abc$임을 알기	50 %
3단계 $\dfrac{a^3+b^3+c^3}{abc}$의 값 구하기	10 %

1037 $y=\dfrac{-2x-1}{x-a}=\dfrac{-2(x-a)-2a-1}{x-a}$

$$=\frac{-2a-1}{x-a}-2$$

이므로 그래프의 점근선의 방정식은

$$x=a, \quad y=-2$$ ··· **1단계**

$$y=\frac{2ax-2}{x+3}=\frac{2a(x+3)-6a-2}{x+3}$$

$$=\frac{-6a-2}{x+3}+2a$$

이므로 그래프의 점근선의 방정식은

$$x=-3, \quad y=2a$$ ··· **2단계**

09 유리함수

이때 $a>0$이므로 두 함수의 그래프의 점근선은 오른쪽 그림과 같고, 색칠한 도형의 넓이가 16이므로

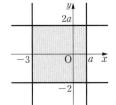

$$(a+3)(2a+2)=16$$
$$2a^2+8a+6=16$$
$$a^2+4a-5=0$$
$$(a+5)(a-1)=0 \qquad \therefore a=1 \ (\because a>0) \quad \cdots \boxed{\text{3단계}}$$

$\boxed{\text{답}}$ **1**

채점 요소	비율
1단계 함수 $y=\dfrac{-2x-1}{x-a}$ 의 그래프의 점근선의 방정식 구하기	30 %
2단계 함수 $y=\dfrac{2ax-2}{x+3}$ 의 그래프의 점근선의 방정식 구하기	30 %
3단계 a의 값 구하기	40 %

1038 $f(x)=\dfrac{3x+a}{x+b}$ 의 그래프가 점 $(1, 1)$을 지나므로

$$1=\frac{3+a}{1+b}, \qquad 1+b=3+a$$
$$\therefore a-b=-2 \qquad \cdots\cdots \ \text{㉠}$$

$f^{-1}\left(\dfrac{1}{2}\right)=0$에서 $f(0)=\dfrac{1}{2}$이므로

$$\frac{a}{b}=\frac{1}{2} \qquad \therefore b=2a \qquad \cdots\cdots \ \text{㉡}$$

㉠, ㉡을 연립하여 풀면 $a=2, b=4$ $\quad \cdots \boxed{\text{1단계}}$

따라서 $f(x)=\dfrac{3x+2}{x+4}$ 이고, $b-a=2$이므로

$f^{-1}(b-a)=f^{-1}(2)=k$라 하면

$$f(k)=2, \qquad \frac{3k+2}{k+4}=2$$
$$3k+2=2k+8 \qquad \therefore k=6$$
$$\therefore f^{-1}(b-a)=f^{-1}(2)=6 \qquad \cdots \boxed{\text{2단계}}$$

$\boxed{\text{답}}$ **6**

채점 요소	비율
1단계 a, b의 값 구하기	50 %
2단계 $f^{-1}(b-a)$의 값 구하기	50 %

1039 $f(x)=\dfrac{x}{1-x}$ 에서

$$f^2(x)=(f \circ f)(x)=f(f(x))=f\left(\frac{x}{1-x}\right)$$
$$=\frac{\dfrac{x}{1-x}}{1-\dfrac{x}{1-x}}=\frac{x}{1-2x}$$
$$f^3(x)=(f \circ f^2)(x)=f(f^2(x))=f\left(\frac{x}{1-2x}\right)$$
$$=\frac{\dfrac{x}{1-2x}}{1-\dfrac{x}{1-2x}}=\frac{x}{1-3x}$$
$$\vdots$$
$$\therefore f^n(x)=\frac{x}{1-nx} \qquad \cdots \boxed{\text{1단계}}$$

따라서 $f^{100}(x)=\dfrac{x}{1-100x}$이므로

$$f^{100}\left(\frac{1}{20}\right)=\frac{\dfrac{1}{20}}{1-100\times\dfrac{1}{20}}$$
$$=-\frac{1}{80} \qquad \cdots \boxed{\text{2단계}}$$

$\boxed{\text{답}}$ $-\dfrac{1}{80}$

채점 요소	비율
1단계 $f^n(x)$ 구하기	70 %
2단계 $f^{100}\left(\dfrac{1}{20}\right)$의 값 구하기	30 %

1040 $\boxed{\text{전략}}$ 연산 $\triangle$의 정의를 이용하여 $f(n)$을 구한다.

집합 $A_n \triangle B_n$의 원소의 최솟값은 집합 A_n의 원소 n^2+2n과 B_n의 원소 $2n^2$ 중 작은 값이다.

$$n^2+2n-2n^2=-n^2+2n=-n(n-2)$$

에서 $n>2$이면 $-n(n-2)<0$이므로

$$n^2+2n<2n^2$$

즉 $n>2$에서 $f(n)=n^2+2n$이므로

$$\frac{1}{f(n)}=\frac{1}{n^2+2n}=\frac{1}{n(n+2)}$$
$$=\frac{1}{2}\left(\frac{1}{n}-\frac{1}{n+2}\right)$$
$$\therefore \frac{1}{f(3)}+\frac{1}{f(4)}+\frac{1}{f(5)}+\cdots+\frac{1}{f(10)}$$
$$=\frac{1}{2}\left\{\left(\frac{1}{3}-\frac{1}{5}\right)+\left(\frac{1}{4}-\frac{1}{6}\right)+\left(\frac{1}{5}-\frac{1}{7}\right)+\cdots\right.$$
$$\left.+\left(\frac{1}{9}-\frac{1}{11}\right)+\left(\frac{1}{10}-\frac{1}{12}\right)\right\}$$
$$=\frac{1}{2}\left(\frac{1}{3}+\frac{1}{4}-\frac{1}{11}-\frac{1}{12}\right)$$
$$=\frac{9}{44}$$

$\boxed{\text{답}}$ $\dfrac{9}{44}$

1041 $\boxed{\text{전략}}$ $\overline{AB}, \overline{AC}$의 길이를 점 A의 x좌표에 대한 식으로 나타낸다.

점 A의 좌표를 $\left(p, \dfrac{3}{p}\right)(p>0)$이라 하면 점 B의 y좌표는 $\dfrac{3}{p}$이므로 $\dfrac{k}{x}=\dfrac{3}{p}$에서

$$x=\frac{kp}{3} \qquad \therefore B\left(\frac{kp}{3}, \frac{3}{p}\right)$$

또 점 C의 x좌표는 p이므로 $C\left(p, \dfrac{k}{p}\right)$

$$\therefore \overline{AB}=\left|\frac{kp}{3}-p\right|=\left|\frac{(k-3)p}{3}\right|,$$
$$\overline{AC}=\left|\frac{k}{p}-\frac{3}{p}\right|=\left|\frac{k-3}{p}\right|$$

이때 삼각형 ABC의 넓이가 24이므로

$$\frac{1}{2}\times\overline{AB}\times\overline{AC}=24$$

$$\frac{1}{2} \times \left| \frac{(k-3)p}{3} \right| \times \left| \frac{k-3}{p} \right| = 24$$

$$\frac{|k-3|^2}{6} = 24, \qquad |k-3|^2 = 144$$

$$k-3 = \pm 12$$

$$\therefore k = 15 \ (\because k > 0)$$

답 15

1042 전략 $a<0$, $a=0$, $a>0$인 경우로 나누어 $y=\dfrac{1}{x}-a$, $y=-\dfrac{1}{x+1}+a$의 그래프를 그려 본다.

$y=\dfrac{1}{x}-a$의 그래프는 $y=\dfrac{1}{x}$의 그래프를 y축의 방향으로 $-a$만큼 평행이동한 것이고, $y=-\dfrac{1}{x+1}+a$의 그래프는 $y=-\dfrac{1}{x}$의 그래프를 x축의 방향으로 -1만큼, y축의 방향으로 a만큼 평행이동한 것이다.

(i) $a<0$일 때

$y=\dfrac{1}{x}-a$의 그래프와 $y=-\dfrac{1}{x+1}+a$의 그래프는 오른쪽 그림과 같다.

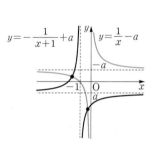

이때 x좌표가 음수인 교점의 개수는 2이므로

$$h(a)=2$$

(ii) $a=0$일 때

$y=\dfrac{1}{x}$의 그래프와 $y=-\dfrac{1}{x+1}$의 그래프는 오른쪽 그림과 같다.

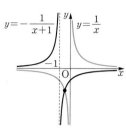

이때 x좌표가 음수인 교점의 개수는 1이므로 $h(a)=1$

(iii) $a>0$일 때

$y=\dfrac{1}{x}-a$의 그래프와 $y=-\dfrac{1}{x+1}+a$의 그래프는 오른쪽 그림과 같다.

이때 x좌표가 음수인 교점의 개수는 1이므로 $h(a)=1$

이상에서 $h(a)=\begin{cases} 2 \ (a<0) \\ 1 \ (a \geq 0) \end{cases}$

따라서 연속하는 세 정수 a, $a+1$, $a+2$에 대하여 $h(a)+h(a+1)+h(a+2)=5$가 성립하려면

$$h(a)=2,\ h(a+1)=2,\ h(a+2)=1$$

이어야 하므로

$$a+2=0 \qquad \therefore a=-2$$

답 -2

10 무리함수

1043 $3-x\geq0$이므로 $x\leq3$ 〔답〕 $x\leq3$

1044 $2x+8\geq0,\ 1-x\geq0$이므로
$-4\leq x\leq1$ 〔답〕 $-4\leq x\leq1$

1045 $x-2\geq0,\ 6-x>0$이므로
$2\leq x<6$ 〔답〕 $2\leq x<6$

1046 $\dfrac{3}{\sqrt{x+3}-\sqrt{x}}=\dfrac{3(\sqrt{x+3}+\sqrt{x})}{(\sqrt{x+3}-\sqrt{x})(\sqrt{x+3}+\sqrt{x})}$

$=\dfrac{3(\sqrt{x+3}+\sqrt{x})}{x+3-x}$

$=\sqrt{x+3}+\sqrt{x}$ 〔답〕 $\sqrt{x+3}+\sqrt{x}$

> **RPM 비법노트**
>
> **분모의 유리화**
>
> $a>0,\ b>0$일 때
>
> ① $\dfrac{a}{\sqrt{b}}=\dfrac{a\sqrt{b}}{\sqrt{b}\sqrt{b}}=\dfrac{a\sqrt{b}}{b}$
>
> ② $\dfrac{c}{\sqrt{a}+\sqrt{b}}=\dfrac{c(\sqrt{a}-\sqrt{b})}{(\sqrt{a}+\sqrt{b})(\sqrt{a}-\sqrt{b})}$
>
> $\qquad=\dfrac{c(\sqrt{a}-\sqrt{b})}{a-b}$ (단, $a\neq b$)

1047 $\dfrac{2}{\sqrt{x+1}+\sqrt{x+3}}$

$=\dfrac{2(\sqrt{x+1}-\sqrt{x+3})}{(\sqrt{x+1}+\sqrt{x+3})(\sqrt{x+1}-\sqrt{x+3})}$

$=\dfrac{2(\sqrt{x+1}-\sqrt{x+3})}{x+1-(x+3)}$

$=\sqrt{x+3}-\sqrt{x+1}$ 〔답〕 $\sqrt{x+3}-\sqrt{x+1}$

1048 $\dfrac{\sqrt{x+4}-2}{\sqrt{x+4}+2}=\dfrac{(\sqrt{x+4}-2)^2}{(\sqrt{x+4}+2)(\sqrt{x+4}-2)}$

$=\dfrac{x+4-4\sqrt{x+4}+4}{x+4-4}$

$=\dfrac{x+8-4\sqrt{x+4}}{x}$

〔답〕 $\dfrac{x+8-4\sqrt{x+4}}{x}$

1049 ㄱ. $y=\sqrt{5}x$는 다항함수이다.

ㄷ. $y=\sqrt{(x+3)^2}$, 즉 $y=|x+3|$은 무리함수가 아니다.

이상에서 무리함수인 것은 ㄴ, ㄹ이다. 〔답〕 ㄴ, ㄹ

1050 $x-2\geq0$에서 $x\geq2$

따라서 주어진 함수의 정의역은
$\{x|x\geq2\}$ 〔답〕 $\{x|x\geq2\}$

1051 $-2x+6\geq0$에서 $x\leq3$

따라서 주어진 함수의 정의역은
$\{x|x\leq3\}$ 〔답〕 $\{x|x\leq3\}$

1052 $2x-3\geq0$에서 $x\geq\dfrac{3}{2}$

따라서 주어진 함수의 정의역은

$\left\{x\Big|x\geq\dfrac{3}{2}\right\}$ 〔답〕 $\left\{x\Big|x\geq\dfrac{3}{2}\right\}$

1053 $1-x\geq0$에서 $x\leq1$

따라서 주어진 함수의 정의역은
$\{x|x\leq1\}$ 〔답〕 $\{x|x\leq1\}$

1054 $y=\sqrt{x}$의 그래프는 오른쪽 그림과 같고,

정의역은 $\{x|x\geq0\}$,

치역은 $\{y|y\geq0\}$

이다. 〔답〕 풀이 참조

1055 $y=\sqrt{-x}$의 그래프는 오른쪽 그림과 같고,

정의역은 $\{x|x\leq0\}$,

치역은 $\{y|y\geq0\}$

이다. 〔답〕 풀이 참조

1056 $y=-\sqrt{x}$의 그래프는 오른쪽 그림과 같고,

정의역은 $\{x|x\geq0\}$,

치역은 $\{y|y\leq0\}$

이다. 〔답〕 풀이 참조

1057 $y=-\sqrt{-x}$의 그래프는 오른쪽 그림과 같고,

정의역은 $\{x|x\leq0\}$,

치역은 $\{y|y\leq0\}$

이다. 〔답〕 풀이 참조

1058 (1) $y=\sqrt{5x}$에 y 대신 $-y$를 대입하면

$-y=\sqrt{5x}$ $\therefore y=-\sqrt{5x}$

(2) $y=\sqrt{5x}$에 x 대신 $-x$를 대입하면

$y=\sqrt{-5x}$

(3) $y=\sqrt{5x}$에 x 대신 $-x$, y 대신 $-y$를 대입하면

$-y=\sqrt{-5x}$ $\therefore y=-\sqrt{-5x}$

〔답〕 (1) $y=-\sqrt{5x}$ (2) $y=\sqrt{-5x}$ (3) $y=-\sqrt{-5x}$

1059 답 $y=\sqrt{3(x+3)}+2$

1060 $y=\sqrt{x-1}+2$의 그래프는
$y=\sqrt{x}$의 그래프를 x축의 방향으로 1만큼, y축의 방향으로 2만큼 평행이동한 것이므로 오른쪽 그림과 같고,

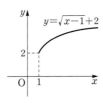

　　정의역은 $\{x\,|\,x\geq1\}$,
　　치역은 $\{y\,|\,y\geq2\}$
이다.　　　　　　　　　　답 풀이 참조

1061 $y=\sqrt{-2x+6}=\sqrt{-2(x-3)}$
따라서 주어진 함수의 그래프는
$y=\sqrt{-2x}$의 그래프를 x축의 방향으로 3만큼 평행이동한 것이므로 오른쪽 그림과 같고,

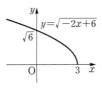

　　정의역은 $\{x\,|\,x\leq3\}$,
　　치역은 $\{y\,|\,y\geq0\}$
이다.　　　　　　　　　　답 풀이 참조

1062 $y=-\sqrt{2x-1}+1=-\sqrt{2\left(x-\dfrac{1}{2}\right)}+1$
따라서 주어진 함수의 그래프는
$y=-\sqrt{2x}$의 그래프를 x축의 방향으로 $\dfrac{1}{2}$만큼, y축의 방향으로 1만큼 평행이동한 것이므로 오른쪽 그림과 같고,

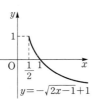

　　정의역은 $\left\{x\,\middle|\,x\geq\dfrac{1}{2}\right\}$,
　　치역은 $\{y\,|\,y\leq1\}$
이다.　　　　　　　　　　답 풀이 참조

1063 $y=-\sqrt{2-x}+3=-\sqrt{-(x-2)}+3$
따라서 주어진 함수의 그래프는
$y=-\sqrt{-x}$의 그래프를 x축의 방향으로 2만큼, y축의 방향으로 3만큼 평행이동한 것이므로 오른쪽 그림과 같고,

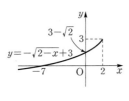

　　정의역은 $\{x\,|\,x\leq2\}$,
　　치역은 $\{y\,|\,y\leq3\}$
이다.　　　　　　　　　　답 풀이 참조

유형 익히기　　　　　　　● 본책 156~162쪽

1064 $6x^2-7x-5\geq0$이므로
　　$(2x+1)(3x-5)\geq0$
　　$\therefore x\leq-\dfrac{1}{2}$ 또는 $x\geq\dfrac{5}{3}$　　답 $x\leq-\dfrac{1}{2}$ 또는 $x\geq\dfrac{5}{3}$

1065 $7-2x\geq0$이므로　　$x\leq\dfrac{7}{2}$　　……㉠
$x+1>0$이므로　　$x>-1$　　……㉡
㉠, ㉡에서
　　$-1<x\leq\dfrac{7}{2}$
따라서 정수 x는 0, 1, 2, 3의 4개이다.　　답 ③

1066 $2x+1\geq0$이므로　　$x\geq-\dfrac{1}{2}$　　……㉠
$1-4x\geq0$이므로　　$x\leq\dfrac{1}{4}$　　……㉡
㉠, ㉡에서
　　$-\dfrac{1}{2}\leq x\leq\dfrac{1}{4}$
$-\dfrac{1}{2}\leq x\leq\dfrac{1}{4}$일 때, $x-1<0$이므로
　　$\sqrt{x^2-2x+1}=\sqrt{(x-1)^2}$
　　　　　　　　$=-(x-1)=-x+1$　　답 ②

1067 $x+2\geq0$이므로　　$x\geq-2$　　……㉠
$8-3x\geq0$이므로　　$x\leq\dfrac{8}{3}$　　……㉡
$x^2+4x+4\neq0$이므로　　$(x+2)^2\neq0$
　　$\therefore x\neq-2$　　……㉢
㉠, ㉡, ㉢에서
　　$-2<x\leq\dfrac{8}{3}$
따라서 정수 x는 -1, 0, 1, 2이므로 구하는 합은
　　$-1+0+1+2=2$　　답 2

1068 $\dfrac{x}{2+\sqrt{x+1}}+\dfrac{x}{2-\sqrt{x+1}}$
$=\dfrac{x(2-\sqrt{x+1})+x(2+\sqrt{x+1})}{(2+\sqrt{x+1})(2-\sqrt{x+1})}$
$=\dfrac{2x-x\sqrt{x+1}+2x+x\sqrt{x+1}}{4-(x+1)}$
$=\dfrac{4x}{3-x}$　　答 ④

1069 $\dfrac{\sqrt{x+1}-\sqrt{x-1}}{\sqrt{x+1}+\sqrt{x-1}}+\dfrac{\sqrt{x+1}+\sqrt{x-1}}{\sqrt{x+1}-\sqrt{x-1}}$
$=\dfrac{(\sqrt{x+1}-\sqrt{x-1})^2+(\sqrt{x+1}+\sqrt{x-1})^2}{(\sqrt{x+1}+\sqrt{x-1})(\sqrt{x+1}-\sqrt{x-1})}$
$=\dfrac{1}{x+1-(x-1)}$
$\quad\times(x+1-2\sqrt{x+1}\sqrt{x-1}+x-1$
$\qquad\qquad+x+1+2\sqrt{x+1}\sqrt{x-1}+x-1)$
$=\dfrac{4x}{2}=2x$

答 $2x$

1070

$$\cfrac{1}{\sqrt{x}-\cfrac{2}{\sqrt{x+2}-\sqrt{x}}}$$

$$=\cfrac{1}{\sqrt{x}-\cfrac{2(\sqrt{x+2}+\sqrt{x})}{(\sqrt{x+2}-\sqrt{x})(\sqrt{x+2}+\sqrt{x})}}$$

$$=\cfrac{1}{\sqrt{x}-\cfrac{2(\sqrt{x+2}+\sqrt{x})}{x+2-x}}$$

$$=\cfrac{1}{\sqrt{x}-(\sqrt{x+2}+\sqrt{x})}$$

$$=-\frac{1}{\sqrt{x+2}}$$

$$=-\frac{\sqrt{x+2}}{x+2}$$ 　　　　답 ③

1071

$$\frac{\sqrt{2x+1}-\sqrt{2x-1}}{\sqrt{2x+1}+\sqrt{2x-1}}$$

$$=\frac{(\sqrt{2x+1}-\sqrt{2x-1})^2}{(\sqrt{2x+1}+\sqrt{2x-1})(\sqrt{2x+1}-\sqrt{2x-1})}$$

$$=\frac{2x+1-2\sqrt{2x+1}\sqrt{2x-1}+2x-1}{2x+1-(2x-1)}$$

$$=\frac{4x-2\sqrt{4x^2-1}}{2}$$

$$=2x-\sqrt{4x^2-1}$$

$x=\dfrac{\sqrt{7}}{2}$ 을 대입하면

$$2x-\sqrt{4x^2-1}=2\times\frac{\sqrt{7}}{2}-\sqrt{4\times\left(\frac{\sqrt{7}}{2}\right)^2-1}$$

$$=\sqrt{7}-\sqrt{6}$$ 　　　답 $\sqrt{7}-\sqrt{6}$

1072 $\dfrac{1}{1-\sqrt{x}}+\dfrac{1}{1+\sqrt{x}}=\dfrac{1+\sqrt{x}+1-\sqrt{x}}{(1-\sqrt{x})(1+\sqrt{x})}=\dfrac{2}{1-x}$

$x=\sqrt{3}$ 을 대입하면

$$\frac{2}{1-x}=\frac{2}{1-\sqrt{3}}=\frac{2(1+\sqrt{3})}{(1-\sqrt{3})(1+\sqrt{3})}$$

$$=\frac{2(1+\sqrt{3})}{-2}=-1-\sqrt{3}$$ 　　답 ②

1073 $\dfrac{\sqrt{x}+1}{\sqrt{x}-1}+\dfrac{\sqrt{x}-1}{\sqrt{x}+1}=\dfrac{(\sqrt{x}+1)^2+(\sqrt{x}-1)^2}{(\sqrt{x}-1)(\sqrt{x}+1)}$

$$=\frac{x+2\sqrt{x}+1+x-2\sqrt{x}+1}{x-1}$$

$$=\frac{2x+2}{x-1}$$

$x=\dfrac{1}{\sqrt{2}-1}=\dfrac{\sqrt{2}+1}{(\sqrt{2}-1)(\sqrt{2}+1)}=\sqrt{2}+1$ 을 대입하면

$$\frac{2x+2}{x-1}=\frac{2(\sqrt{2}+1)+2}{(\sqrt{2}+1)-1}$$

$$=\frac{2\sqrt{2}+1}{\sqrt{2}}=2+2\sqrt{2}$$ 　　답 ⑤

1074 $f(x)=\dfrac{1}{\sqrt{x+2}+\sqrt{x+1}}$

$$=\frac{\sqrt{x+2}-\sqrt{x+1}}{(\sqrt{x+2}+\sqrt{x+1})(\sqrt{x+2}-\sqrt{x+1})}$$

$$=\frac{\sqrt{x+2}-\sqrt{x+1}}{x+2-(x+1)}$$

$$=\sqrt{x+2}-\sqrt{x+1}$$ 　　　… **1단계**

$\therefore f(1)+f(2)+f(3)+\cdots+f(30)$

$$=(\sqrt{3}-\sqrt{2})+(\sqrt{4}-\sqrt{3})+(\sqrt{5}-\sqrt{4})+\cdots$$
$$+(\sqrt{32}-\sqrt{31})$$

$$=-\sqrt{2}+\sqrt{32}=-\sqrt{2}+4\sqrt{2}$$

$$=3\sqrt{2}$$ 　　… **2단계**

답 $3\sqrt{2}$

채점 요소		비율
1단계	$f(x)$를 간단히 하기	60 %
2단계	$f(1)+f(2)+f(3)+\cdots+f(30)$의 값 구하기	40 %

1075 $\dfrac{\sqrt{y}}{\sqrt{x}}+\dfrac{\sqrt{x}}{\sqrt{y}}=\dfrac{x+y}{\sqrt{xy}}$

이때 $x+y=(\sqrt{2}+1)+(\sqrt{2}-1)=2\sqrt{2}$,

$xy=(\sqrt{2}+1)(\sqrt{2}-1)=1$이므로

$$\frac{\sqrt{y}}{\sqrt{x}}+\frac{\sqrt{x}}{\sqrt{y}}=\frac{2\sqrt{2}}{1}=2\sqrt{2}$$ 　　답 ④

1076 $\dfrac{\sqrt{x}}{\sqrt{x}+\sqrt{y}}-\dfrac{\sqrt{y}}{\sqrt{x}-\sqrt{y}}$

$$=\frac{\sqrt{x}(\sqrt{x}-\sqrt{y})-\sqrt{y}(\sqrt{x}+\sqrt{y})}{(\sqrt{x}+\sqrt{y})(\sqrt{x}-\sqrt{y})}$$

$$=\frac{x-\sqrt{xy}-\sqrt{xy}-y}{x-y}=\frac{x-y-2\sqrt{xy}}{x-y}$$

이때 $x=\dfrac{\sqrt{3}+1}{\sqrt{3}-1}=\dfrac{(\sqrt{3}+1)^2}{(\sqrt{3}-1)(\sqrt{3}+1)}=2+\sqrt{3}$,

$y=\dfrac{\sqrt{3}-1}{\sqrt{3}+1}=\dfrac{(\sqrt{3}-1)^2}{(\sqrt{3}+1)(\sqrt{3}-1)}=2-\sqrt{3}$이므로

$x-y=(2+\sqrt{3})-(2-\sqrt{3})=2\sqrt{3}$,

$xy=(2+\sqrt{3})(2-\sqrt{3})=1$

$$\therefore \frac{\sqrt{x}}{\sqrt{x}+\sqrt{y}}-\frac{\sqrt{y}}{\sqrt{x}-\sqrt{y}}=\frac{2\sqrt{3}-2\times1}{2\sqrt{3}}$$

$$=\frac{\sqrt{3}-1}{\sqrt{3}}=\frac{3-\sqrt{3}}{3}$$ 　　답 ②

1077 $(\sqrt{2x}-\sqrt{2y})^2=2x-2\sqrt{4xy}+2y$

$$=2(x+y)-4\sqrt{xy}$$

이때 $x+y=\dfrac{3+\sqrt{5}}{2}+\dfrac{3-\sqrt{5}}{2}=3$,

$xy=\dfrac{3+\sqrt{5}}{2}\times\dfrac{3-\sqrt{5}}{2}=1$이므로

$(\sqrt{2x}-\sqrt{2y})^2=2\times3-4\times1=2$

한편 $x>y$에서 $\sqrt{2x}>\sqrt{2y}$이므로　$\sqrt{2x}-\sqrt{2y}>0$

$$\therefore \sqrt{2x}-\sqrt{2y}=\sqrt{2}$$

답 $\sqrt{2}$

1078 $y=\sqrt{1-3x}$의 그래프를 x축의 방향으로 2만큼, y축의 방향으로 3만큼 평행이동한 그래프의 식은

$$y=\sqrt{1-3(x-2)}+3=\sqrt{-3x+7}+3$$

이 함수의 그래프를 x축에 대하여 대칭이동한 그래프의 식은

$$-y=\sqrt{-3x+7}+3 \quad \therefore y=-\sqrt{-3x+7}-3$$

이 함수의 그래프가 $y=-\sqrt{ax+b}+c$의 그래프와 일치하므로

$$a=-3,\ b=7,\ c=-3$$

$$\therefore a+b+c=1$$

답 **1**

1079 $y=\sqrt{2x+6}-1=\sqrt{2(x+3)}-1$

따라서 $y=\sqrt{2x+6}-1$의 그래프는 $y=\sqrt{2x}$의 그래프를 x축의 방향으로 -3만큼, y축의 방향으로 -1만큼 평행이동한 것이므로

$$a=2,\ b=-3,\ c=-1$$

$$\therefore a+b+c=-2$$

답 -2

다른 풀이 $y=\sqrt{ax}$의 그래프를 x축의 방향으로 b만큼, y축의 방향으로 c만큼 평행이동한 그래프의 식은

$$y=\sqrt{a(x-b)}+c=\sqrt{ax-ab}+c$$

이 함수의 그래프가 $y=\sqrt{2x+6}-1$의 그래프와 일치하므로

$$a=2,\ -ab=6,\ c=-1 \quad \therefore a=2,\ b=-3,\ c=-1$$

1080 ㄱ. $y=\sqrt{-5x}$의 그래프를 y축에 대하여 대칭이동하면 $y=\sqrt{5x}$의 그래프와 겹쳐진다.

ㄹ. $y=-\sqrt{-5x+2}=-\sqrt{-5\left(x-\dfrac{2}{5}\right)}$

이므로 $y=-\sqrt{-5x+2}$의 그래프를 x축의 방향으로 $-\dfrac{2}{5}$만큼 평행이동한 후 원점에 대하여 대칭이동하면 $y=\sqrt{5x}$의 그래프와 겹쳐진다.

이상에서 평행이동 또는 대칭이동에 의하여 $y=\sqrt{5x}$의 그래프와 겹쳐지는 것은 ㄱ, ㄹ이다.

답 ㄱ, ㄹ

1081 $y=\sqrt{-2x+8}+5=\sqrt{-2(x-4)}+5$

이므로 $y=\sqrt{-2x+8}+5$의 그래프는 $y=\sqrt{-2x}$의 그래프를 x축의 방향으로 4만큼, y축의 방향으로 5만큼 평행이동한 것이다.

따라서 $-4\le x\le2$에서 $y=\sqrt{-2x+8}+5$의 그래프는 오른쪽 그림과 같으므로

$$x=-4일 때 \quad y=9$$

$$x=2일 때 \quad y=7$$

즉 구하는 치역은

$$\{y\,|\,7\le y\le9\}$$

답 ③

1082 $y=\sqrt{4x+b}+2$의 그래프가 점 $(2,\ 4)$를 지나므로

$$4=\sqrt{8+b}+2, \quad -\sqrt{8+b}=-2$$

$$8+b=4 \quad \therefore b=-4$$

$$\therefore y=\sqrt{4x-4}+2$$

따라서 주어진 함수의 정의역은 $\{x\,|\,x\ge1\}$이므로

$$a=1$$

$$\therefore a+b=-3$$

답 -3

1083 $y=-\sqrt{6x-3}-4=-\sqrt{6\left(x-\dfrac{1}{2}\right)}-4$

이므로 $y=-\sqrt{6x-3}-4$의 그래프는 $y=-\sqrt{6x}$의 그래프를 x축의 방향으로 $\dfrac{1}{2}$만큼, y축의 방향으로 -4만큼 평행이동한 것이다.

따라서 $-10\le y\le-6$에서 $y=-\sqrt{6x-3}-4$의 그래프는 오른쪽 그림과 같으므로

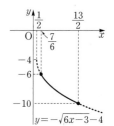

$$y=-10일 때 \quad x=\dfrac{13}{2}$$

$$y=-6일 때 \quad x=\dfrac{7}{6}$$

즉 정의역은 $\left\{x\,\Big|\,\dfrac{7}{6}\le x\le\dfrac{13}{2}\right\}$이므로 정의역에 속하는 정수는 2, 3, 4, 5, 6의 5개이다.

답 **5**

1084 $y=\dfrac{3x-2}{x+1}=\dfrac{3(x+1)-5}{x+1}=-\dfrac{5}{x+1}+3$

이므로 그래프의 점근선의 방정식은

$$x=-1,\ y=3$$

$$\therefore a=-1,\ b=3$$

즉 $y=\sqrt{-x+3}+c$의 그래프가 $y=\dfrac{3x-2}{x+1}$의 그래프의 두 점근선의 교점 $(-1,\ 3)$을 지나므로

$$3=\sqrt{-(-1)+3}+c, \quad 3=2+c$$

$$\therefore c=1$$

따라서 함수 $y=\sqrt{-x+3}+1$의 정의역은 $\{x\,|\,x\le3\}$, 치역은 $\{y\,|\,y\ge1\}$이다.

답 **정의역**: $\{x\,|\,x\le3\}$, **치역**: $\{y\,|\,y\ge1\}$

1085 $y=1-\sqrt{4-2x}=-\sqrt{-2(x-2)}+1$

이므로 $y=1-\sqrt{4-2x}$의 그래프는 $y=-\sqrt{-2x}$의 그래프를 x축의 방향으로 2만큼, y축의 방향으로 1만큼 평행이동한 것이다.

따라서 $y=1-\sqrt{4-2x}$의 그래프는 오른쪽 그림과 같으므로 제1, 3, 4사분면을 지난다.

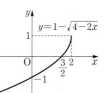

답 ④

10
무리함수

1086 ① $y=-\sqrt{x+3}+2$의 그래프는 $y=-\sqrt{x}$의 그래프를 x축의 방향으로 -3만큼, y축의 방향으로 2만큼 평행이동한 것이다.

따라서 $y=-\sqrt{x+3}+2$의 그래 프는 오른쪽 그림과 같으므로 제1, 2, 4사분면을 지난다.

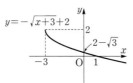

② $y=\sqrt{x+1}-1$의 그래프는 $y=\sqrt{x}$의 그래프를 x축의 방향으로 -1만큼, y축의 방향으로 -1만큼 평행이동한 것이다.

따라서 $y=\sqrt{x+1}-1$의 그래프는 오른쪽 그림과 같으므로 제1, 3사분면을 지난다.

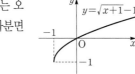

③ $y=\sqrt{-x+1}-2=\sqrt{-(x-1)}-2$ 이므로 $y=\sqrt{-x+1}-2$의 그래프는 $y=\sqrt{-x}$의 그래프를 x축의 방향으로 1만큼, y축의 방향으로 -2만큼 평행이동한 것이다.

따라서 $y=\sqrt{-x+1}-2$의 그래프는 오른쪽 그림과 같으므로 제2, 3, 4사분면을 지난다.

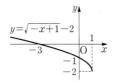

④ $y=-\sqrt{x+1}+2$의 그래프는 $y=-\sqrt{x}$의 그래프를 x축의 방향으로 -1만큼, y축의 방향으로 2만큼 평행이동한 것이다.

따라서 $y=-\sqrt{x+1}+2$의 그래프는 오른쪽 그림과 같으므로 제1, 2, 4사분면을 지난다.

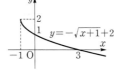

⑤ $y=-\sqrt{-2x+1}=-\sqrt{-2\left(x-\dfrac{1}{2}\right)}$ 이므로 $y=-\sqrt{-2x+1}$의 그래프는 $y=-\sqrt{-2x}$의 그래프를 x축의 방향으로 $\dfrac{1}{2}$만큼 평행이동한 것이다.

따라서 $y=-\sqrt{-2x+1}$의 그래프는 오른쪽 그림과 같으므로 제3, 4사분면을 지난다.

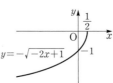

따라서 그래프가 제4사분면을 지나지 않는 것은 ②이다.

달 ②

1087 $y=\sqrt{-x+4}$의 그래프를 y축의 방향으로 a만큼 평행이동한 그래프의 식은
$$y=\sqrt{-x+4}+a \qquad \cdots \text{1단계}$$
$y=\sqrt{-x+4}+a=\sqrt{-(x-4)}+a$의 그래프는 $y=\sqrt{-x}$의 그래프를 x축의 방향으로 4만큼, y축의 방향으로 a만큼 평행이동한 것이다.

이때 $y=\sqrt{-x+4}+a$의 그래프가 제2, 3, 4사분면을 지나려면 오른쪽 그림과 같이 $x=0$일 때 $y<0$이어야 하므로

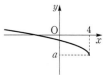

$$\sqrt{4}+a<0$$
$$\therefore a<-2 \qquad \cdots \text{2단계}$$
따라서 정수 a의 최댓값은 -3이다. $\quad \cdots \text{3단계}$

달 -3

	채점 요소	비율
1단계	평행이동한 그래프의 식 구하기	30 %
2단계	a의 값의 범위 구하기	50 %
3단계	정수 a의 최댓값 구하기	20 %

1088 주어진 함수의 그래프는 $y=\sqrt{ax}$ $(a>0)$의 그래프를 x축의 방향으로 -2만큼, y축의 방향으로 -1만큼 평행이동한 것이므로 함수의 식을
$$y=\sqrt{a(x+2)}-1 \qquad \cdots\cdots \text{㉠}$$
로 놓을 수 있다.

주어진 그래프가 점 $(0, 1)$을 지나므로
$$1=\sqrt{2a}-1, \qquad -\sqrt{2a}=-2, \qquad 2a=4$$
$$\therefore a=2$$
$a=2$를 ㉠에 대입하면
$$y=\sqrt{2(x+2)}-1=\sqrt{2x+4}-1$$
따라서 $a=2$, $b=4$, $c=-1$이므로
$$abc=-8$$

달 -8

1089 주어진 함수의 그래프는 $y=-\sqrt{ax}$ $(a<0)$의 그래프를 x축의 방향으로 1만큼, y축의 방향으로 2만큼 평행이동한 것이므로 함수의 식을
$$y=-\sqrt{a(x-1)}+2 \qquad \cdots\cdots \text{㉠}$$
로 놓을 수 있다.

주어진 그래프가 점 $(-2, 0)$을 지나므로
$$0=-\sqrt{a(-2-1)}+2, \qquad \sqrt{-3a}=2$$
$$-3a=4 \qquad \therefore a=-\dfrac{4}{3}$$
$a=-\dfrac{4}{3}$를 ㉠에 대입하면
$$y=-\sqrt{-\dfrac{4}{3}(x-1)}+2=-\sqrt{-\dfrac{4}{3}x+\dfrac{4}{3}}+2$$
따라서 $a=-\dfrac{4}{3}$, $b=\dfrac{4}{3}$, $c=2$이므로
$$a+b+c=2$$

달 ⑤

1090 주어진 함수의 그래프는 $y=\sqrt{ax}$ $(a<0)$의 그래프를 x축의 방향으로 p만큼, y축의 방향으로 q만큼 평행이동한 것이므로 함수의 식을
$$y=\sqrt{a(x-p)}+q=\sqrt{ax-ap}+q$$
로 놓을 수 있다.

이 함수가 $y=\sqrt{ax-b}+c$와 같으므로

$$b=ap,\ c=q$$

ㄱ. 주어진 그래프에서 $p>0$이므로

$$ap<0 \qquad \therefore b<0 \ (참)$$

ㄴ. 주어진 그래프에서 $q<0$이므로

$$c<0 \qquad \therefore ac>0 \ (거짓)$$

ㄷ. $x=0$에서의 함숫값이 0보다 크므로

$$\sqrt{-b}+c>0 \ (참)$$

이상에서 옳은 것은 ㄱ, ㄷ이다. ▶ ④

다른 풀이 $y=\sqrt{ax-b}+c=\sqrt{a\left(x-\dfrac{b}{a}\right)}+c$이므로

$$p=\dfrac{b}{a},\ q=c$$

주어진 그래프에서 $p>0$, $q<0$이므로

$$a<0,\ b<0,\ c<0$$

1091 ① $y=\sqrt{2x+6}-3$에 $y=0$을 대입하면

$$0=\sqrt{2x+6}-3,\qquad -\sqrt{2x+6}=-3$$

$$2x+6=9 \qquad \therefore x=\dfrac{3}{2}$$

따라서 그래프는 점 $\left(\dfrac{3}{2},\ 0\right)$을 지난다.

② $2x+6\geq0$에서 $x\geq-3$

따라서 주어진 함수의 정의역은 $\{x\,|\,x\geq-3\}$이다.

③ $\sqrt{2x+6}\geq0$에서 $\sqrt{2x+6}-3\geq-3$

따라서 주어진 함수의 치역은 $\{y\,|\,y\geq-3\}$이다.

④ $y=\sqrt{2x+6}-3=\sqrt{2(x+3)}-3$

이므로 $y=\sqrt{2x+6}-3$의 그래프는 $y=\sqrt{2x}$의 그래프를 x축의 방향으로 -3만큼, y축의 방향으로 -3만큼 평행이동한 것이다.

⑤ $y=\sqrt{2x+6}-3$의 그래프는 오른쪽 그림과 같으므로 제2사분면을 지나지 않는다.

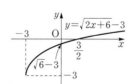

따라서 옳은 것은 ⑤이다. ▶ ⑤

1092 ㄱ. $x+b\geq0$에서 $x\geq-b$

따라서 주어진 함수의 정의역은 $\{x\,|\,x\geq-b\}$이다.

또 $a<0$이면 $a\sqrt{x+b}\leq0$이므로 $a\sqrt{x+b}+c\leq c$

따라서 주어진 함수의 치역은 $\{y\,|\,y\leq c\}$이다. (참)

ㄴ. $y=a\sqrt{x+b}+c$의 그래프는 $y=a\sqrt{x}$의 그래프를 x축의 방향으로 $-b$만큼, y축의 방향으로 c만큼 평행이동한 것이다. (참)

ㄷ. $a>0$, $b<0$, $c>0$이면

$y=a\sqrt{x+b}+c$의 그래프는 오른쪽 그림과 같으므로 제2사분면을 지나지 않는다. (거짓)

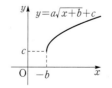

이상에서 옳은 것은 ㄱ, ㄴ이다. ▶ ③

1093 $y=\sqrt{x+1}-1$의 그래프는 $y=\sqrt{x}$의 그래프를 x축의 방향으로 -1만큼, y축의 방향으로 -1만큼 평행이동한 것이다.

따라서 $3\leq x\leq8$에서 $y=\sqrt{x+1}-1$의 그래프는 오른쪽 그림과 같으므로

$$x=8일 때 최댓값 2,$$

$$x=3일 때 최솟값 1$$

을 갖는다.

즉 $M=2$, $m=1$이므로

$$M+m=3$$ ▶ ③

1094 $y=-\sqrt{4x+5}+a=-\sqrt{4\left(x+\dfrac{5}{4}\right)}+a$

이므로 $y=-\sqrt{4x+5}+a$의 그래프는 $y=-\sqrt{4x}$의 그래프를 x축의 방향으로 $-\dfrac{5}{4}$만큼, y축의 방향으로 a만큼 평행이동한 것이다.

따라서 $x\geq1$에서 $y=-\sqrt{4x+5}+a$의 그래프는 오른쪽 그림과 같다.

즉 $x=1$일 때 최댓값 -4를 가지므로

$$-3+a=-4 \qquad \therefore a=-1$$

따라서 $y=-\sqrt{4x+5}-1$의 그래프가 점 $(b,\ -6)$을 지나므로

$$-6=-\sqrt{4b+5}-1$$

$$\sqrt{4b+5}=5,\qquad 4b+5=25$$

$$\therefore b=5$$

$$\therefore ab=-5$$ ▶ -5

1095 $y=\sqrt{a-x}-1=\sqrt{-(x-a)}-1$

이므로 $y=\sqrt{a-x}-1$의 그래프는 $y=\sqrt{-x}$의 그래프를 x축의 방향으로 a만큼, y축의 방향으로 -1만큼 평행이동한 것이다.

따라서 $-3\leq x\leq2$에서 $y=\sqrt{a-x}-1$의 그래프는 오른쪽 그림과 같다.

즉 $x=-3$일 때 최댓값 2를 가지므로

$$\sqrt{a+3}-1=2,\qquad \sqrt{a+3}=3$$

$$a+3=9 \qquad \therefore a=6$$

따라서 $y=\sqrt{6-x}-1$은 $x=2$일 때 최솟값

$$\sqrt{6-2}-1=1$$

을 갖는다. ▶ 1

1096 $y=-\sqrt{-3x-2}+2=-\sqrt{-3\left(x+\dfrac{2}{3}\right)}+2$

이므로 $y=-\sqrt{-3x-2}+2$의 그래프는 $y=-\sqrt{-3x}$의 그래프를 x축의 방향으로 $-\dfrac{2}{3}$만큼, y축의 방향으로 2만큼 평행이동한 것이다.

따라서 $p\le x\le -2$에서
$y=-\sqrt{-3x-2}+2$의 그래프는
오른쪽 그림과 같다.

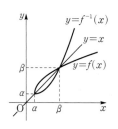

즉 $x=-2$일 때 최댓값 0을 가지므로 $q=0$

$x=p$일 때 최솟값 -2를 가지므로

$$-\sqrt{-3p-2}+2=-2, \quad -\sqrt{-3p-2}=-4$$
$$-3p-2=16 \quad \therefore p=-6$$
$$\therefore p-q=-6$$

답 -6

1097 함수 $y=3-\sqrt{4x+2}$의 치역이 $\{y\,|\,y\le 3\}$이므로 역함수의 정의역은 $\{x\,|\,x\le 3\}$이다.

$y=3-\sqrt{4x+2}$에서 $\quad y-3=-\sqrt{4x+2}$

양변을 제곱하면 $\quad (y-3)^2=4x+2$

$$\therefore x=\frac{1}{4}(y-3)^2-\frac{1}{2}$$

x와 y를 서로 바꾸면

$$y=\frac{1}{4}(x-3)^2-\frac{1}{2}\ (x\le 3)$$

따라서 $a=\frac{1}{4}$, $b=-3$, $c=-\frac{1}{2}$, $d=3$이므로

$$abcd=\frac{9}{8}$$

답 $\dfrac{9}{8}$

1098 $y=f(x)$의 그래프가 점 $(1,\,2)$를 지나므로

$$2=\sqrt{a+b} \quad \therefore a+b=4 \quad\cdots\cdots\ \text{㉠}$$

$y=f^{-1}(x)$의 그래프가 점 $(1,\,2)$를 지나므로

$$f^{-1}(1)=2 \quad \therefore f(2)=1$$

즉 $\sqrt{2a+b}=1$이므로

$$2a+b=1 \quad\cdots\cdots\ \text{㉡}$$

㉠, ㉡을 연립하여 풀면 $\quad a=-3,\ b=7$

$$\therefore a-b=-10$$

답 -10

1099 함수 $y=f(x)$의 그래프와 그 역함수 $y=f^{-1}(x)$의 그래프는 직선 $y=x$에 대하여 대칭이므로 오른쪽 그림과 같이 $y=f(x)$의 그래프와 $y=f^{-1}(x)$의 그래프의 교점은 $y=f(x)$의 그래프와 직선 $y=x$의 교점과 같다.

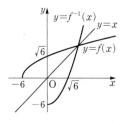

··· **1단계**

$\sqrt{x+6}=x$의 양변을 제곱하면 $\quad x+6=x^2$

$$x^2-x-6=0, \quad (x+2)(x-3)=0$$
$$\therefore x=3\ (\because x\ge 0)$$

··· **2단계**

따라서 교점의 좌표가 $(3,\,3)$이므로

$$a=3,\ b=3$$
$$\therefore a+b=6$$

··· **3단계**

답 6

채점 요소		비율
1단계	$y=f(x)$의 그래프와 $y=f^{-1}(x)$의 그래프의 교점이 $y=f(x)$의 그래프와 직선 $y=x$의 교점임을 알기	30 %
2단계	교점의 x좌표 구하기	50 %
3단계	$a+b$의 값 구하기	20 %

참고 | 함수 $f(x)=\sqrt{x+6}$의 치역이 $\{y\,|\,y\ge 0\}$이므로 그 역함수 $y=f^{-1}(x)$의 정의역은 $\{x\,|\,x\ge 0\}$이다.

따라서 두 그래프의 교점의 x좌표는 0 이상이다.

1100 함수 $y=f(x)$의 그래프와 그 역함수 $y=f^{-1}(x)$의 그래프는 직선 $y=x$에 대하여 대칭이므로 오른쪽 그림과 같이 $y=f(x)$의 그래프와 $y=f^{-1}(x)$의 그래프의 교점은 $y=f(x)$의 그래프와 직선 $y=x$의 교점과 같다.

$\sqrt{3x+a}+1=x$에서 $\quad \sqrt{3x+a}=x-1$

양변을 제곱하면 $\quad 3x+a=x^2-2x+1$

$$\therefore x^2-5x+1-a=0 \quad\cdots\cdots\ \text{㉠}$$

이 이차방정식의 두 근을 α, $\beta\ (\alpha<\beta)$라 하면 두 교점의 좌표는 $(\alpha,\,\alpha)$, $(\beta,\,\beta)$이고 두 교점 사이의 거리가 $3\sqrt{2}$이므로

$$\sqrt{(\alpha-\beta)^2+(\alpha-\beta)^2}=3\sqrt{2}$$
$$\therefore (\alpha-\beta)^2=9 \quad\cdots\cdots\ \text{㉡}$$

이때 이차방정식 ㉠에서 근과 계수의 관계에 의하여

$$\alpha+\beta=5,\ \alpha\beta=1-a$$

㉡에서 $(\alpha+\beta)^2-4\alpha\beta=9$이므로

$$5^2-4(1-a)=9, \quad 4a=-12$$
$$\therefore a=-3$$

답 ①

1101 $(f^{-1}\circ f\circ f^{-1})(3)=f^{-1}(3)$

$f^{-1}(3)=k$라 하면 $f(k)=3$이므로

$$\sqrt{2k-3}=3, \quad 2k-3=9$$
$$\therefore k=6$$
$$\therefore (f^{-1}\circ f\circ f^{-1})(3)=f^{-1}(3)=6$$

답 ⑤

1102 $(f\circ g)(x)=x$에서 $g(x)$는 $f(x)$의 역함수이므로

$$(g\circ g\circ f)(2)=g(2)$$

$g(2)=k$라 하면 $f(k)=2$이므로

$$\sqrt{4k+1}=2, \quad 4k+1=4$$
$$\therefore k=\frac{3}{4}$$
$$\therefore (g\circ g\circ f)(2)=g(2)=\frac{3}{4}$$

답 $\dfrac{3}{4}$

1103 $(g\circ(f\circ g)^{-1}\circ g)(3)$

$$=(g\circ g^{-1}\circ f^{-1}\circ g)(3)$$
$$=(f^{-1}\circ g)(3)$$
$$=f^{-1}(g(3))$$
$$=f^{-1}(3) \quad\leftarrow g(3)=\frac{2\times 3-3}{3-2}=3$$

$f^{-1}(3)=k$라 하면 $f(k)=3$이므로

$$\sqrt{3k-5}+1=3, \quad \sqrt{3k-5}=2$$

$$3k-5=4 \quad \therefore k=3$$

$$\therefore (g \circ (f \circ g)^{-1} \circ g)(3)=f^{-1}(3)=3$$

답 **3**

1104 $(f^{-1} \circ f^{-1})(a)=9$에서 $(f \circ f)^{-1}(a)=9$

$$\therefore (f \circ f)(9)=a$$

이때 $f(9)=-\sqrt{9}+1=-2$, $f(-2)=\sqrt{1-(-2)}=\sqrt{3}$이므로

$$a=(f \circ f)(9)=f(f(9))=f(-2)=\sqrt{3}$$

답 **$\sqrt{3}$**

다른 풀이 $(f^{-1} \circ f^{-1})(a)=9$에서

$$f^{-1}(f^{-1}(a))=9$$

즉 $f^{-1}(a)=f(9)=-\sqrt{9}+1=-2$이므로

$$a=f(-2)=\sqrt{1-(-2)}=\sqrt{3}$$

1105 $y=\dfrac{ax+b}{cx+1}=\dfrac{\dfrac{a}{c}(cx+1)-\dfrac{a}{c}+b}{cx+1}$

$$=\dfrac{-\dfrac{a}{c}+b}{cx+1}+\dfrac{a}{c}$$

이므로 그래프의 점근선의 방정식은

$$x=-\frac{1}{c}, \ y=\frac{a}{c}$$

주어진 그래프에서 $-\dfrac{1}{c}>0$, $\dfrac{a}{c}>0$이므로

$$a<0, \ c<0$$

또 주어진 그래프가 y축과 만나는 점의 y좌표가 양수이므로

$$b>0$$

$$y=\sqrt{ax+b}-c=\sqrt{a\left(x+\frac{b}{a}\right)}-c$$

이므로 $y=\sqrt{ax+b}-c$의 그래프는 $y=\sqrt{ax}$의 그래프를 x축의 방향으로 $-\dfrac{b}{a}$만큼, y축의 방향으로 $-c$만큼 평행이동한 것이다.

이때 $a<0$, $-\dfrac{b}{a}>0$, $-c>0$이므로 $y=\sqrt{ax+b}-c$의 그래프의 개형은 ②이다.

답 **②**

1106 $y=\sqrt{ax+b}+c=\sqrt{a\left(x+\frac{b}{a}\right)}+c$

이므로 $y=\sqrt{ax+b}+c$의 그래프는 $y=\sqrt{ax}$의 그래프를 x축의 방향으로 $-\dfrac{b}{a}$만큼, y축의 방향으로 c만큼 평행이동한 것이다.

주어진 그래프에서 $a>0$, $-\dfrac{b}{a}>0$, $c<0$이므로

$$a>0, \ b<0, \ c<0$$

$$y=\frac{abx}{x+c}=\frac{ab(x+c)-abc}{x+c}=\frac{-abc}{x+c}+ab$$

이므로 그래프의 점근선의 방정식은

$$x=-c, \ y=ab$$

이때 $-abc<0$, $-c>0$, $ab<0$이고 $x=0$일 때 $y=0$이므로 함수 $y=\dfrac{abx}{x+c}$의 그래프의 개형은 오른쪽 그림과 같다.

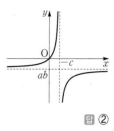

따라서 $y=\dfrac{abx}{x+c}$의 그래프는 제2사분면을 지나지 않는다.

답 **②**

1107 $y=\sqrt{1-x}=\sqrt{-(x-1)}$

이므로 $y=\sqrt{1-x}$의 그래프는 $y=\sqrt{-x}$의 그래프를 x축의 방향으로 1만큼 평행이동한 것이고, 직선 $y=-x+k$는 기울기가 -1이고 y절편이 k이다.

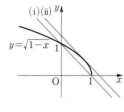

(i) 직선 $y=-x+k$가 점 $(1, 0)$을 지날 때

$$0=-1+k \quad \therefore k=1$$

(ii) $y=\sqrt{1-x}$의 그래프와 직선 $y=-x+k$가 접할 때

$\sqrt{1-x}=-x+k$의 양변을 제곱하면

$$1-x=x^2-2kx+k^2$$

$$\therefore x^2-(2k-1)x+k^2-1=0$$

이 이차방정식의 판별식을 D라 하면

$$D=\{-(2k-1)\}^2-4(k^2-1)=0$$

$$-4k+5=0 \quad \therefore k=\frac{5}{4}$$

(i), (ii)에서 구하는 k의 값의 범위는

$$1 \le k < \frac{5}{4}$$

답 **$1 \le k < \dfrac{5}{4}$**

RPM 비법노트

무리함수 $y=\sqrt{a(x-p)}+q$의 그래프와 직선 $y=x+k$의 위치 관계는 다음과 같다.

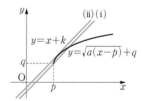

① 직선 $y=x+k$가 (i)이거나 (i)과 (ii) 사이에 있는 경우
   ⇨ 서로 다른 두 점에서 만난다.

② 직선 $y=x+k$가 (ii)이거나 (i)의 아래쪽에 있는 경우
   ⇨ 한 점에서 만난다.

③ 직선 $y=x+k$가 (ii)의 위쪽에 있는 경우
   ⇨ 만나지 않는다.

1108 $y=\sqrt{x-3}$의 그래프는 $y=\sqrt{x}$의 그래프를 x축의 방향으로 3만큼 평행이동한 것이고, 직선 $y=x+a$는 기울기가 1이고 y절편이 a이다.

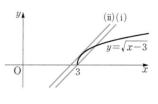

(i) 직선 $y=x+a$가 점 $(3, 0)$을 지날 때

$$0=3+a \quad \therefore a=-3$$

(ii) $y=\sqrt{x-3}$의 그래프와 직선 $y=x+a$가 접할 때

$\sqrt{x-3}=x+a$의 양변을 제곱하면

$$x-3=x^2+2ax+a^2$$

$$\therefore x^2+(2a-1)x+a^2+3=0$$

이 이차방정식의 판별식을 D라 하면

$$D=(2a-1)^2-4(a^2+3)=0$$

$$-4a-11=0 \quad \therefore a=-\frac{11}{4}$$

(i), (ii)에서 한 점에서 만나도록 하는 a의 값의 범위는

$$a<-3 \text{ 또는 } a=-\frac{11}{4}$$

따라서 한 점에서 만나도록 하는 a의 값이 아닌 것은 ⑤이다.

답 ⑤

참고ㅣ ⑤ $a=-\dfrac{5}{2}$이면 만나지 않는다.

1109 $y=\sqrt{3-2x}=\sqrt{-2\left(x-\dfrac{3}{2}\right)}$

이므로 $y=\sqrt{3-2x}$의 그래프는 $y=\sqrt{-2x}$의 그래프를 x축의 방향으로 $\dfrac{3}{2}$만큼 평행이동한 것이고, 직선 $y=-x+k$는 기울기가 -1이고 y절편이 k이다.

이때 $n(A\cap B)=0$이므로 $y=\sqrt{3-2x}$의 그래프와 직선 $y=-x+k$가 만나지 않아야 한다.

$y=\sqrt{3-2x}$의 그래프와 직선 $y=-x+k$가 접할 때,

$\sqrt{3-2x}=-x+k$의 양변을 제곱하면

$$3-2x=x^2-2kx+k^2$$

$$\therefore x^2-2(k-1)x+k^2-3=0$$

이 이차방정식의 판별식을 D라 하면

$$\frac{D}{4}=\{-(k-1)\}^2-(k^2-3)=0$$

$$-2k+4=0 \quad \therefore k=2$$

따라서 구하는 k의 값의 범위는

$$k>2$$

답 $k>2$

1110 $y=\sqrt{-x+2}$

$\qquad =\sqrt{-(x-2)}$

이므로 $y=\sqrt{-x+2}$의 그래프는 $y=\sqrt{-x}$의 그래프를 x축의 방향으로 2만큼 평행이동한 것이고, 직선 $y=-\dfrac{1}{2}x+k$는 기울기가 $-\dfrac{1}{2}$이고 y절편이 k이다.

(i) 직선 $y=-\dfrac{1}{2}x+k$가 점 $(2, 0)$을 지날 때

$$0=-1+k \quad \therefore k=1$$

(ii) $y=\sqrt{-x+2}$의 그래프와 직선 $y=-\dfrac{1}{2}x+k$가 접할 때

$\sqrt{-x+2}=-\dfrac{1}{2}x+k$의 양변을 제곱하면

$$-x+2=\frac{1}{4}x^2-kx+k^2$$

$$\therefore x^2-4(k-1)x+4k^2-8=0$$

이 이차방정식의 판별식을 D라 하면

$$\frac{D}{4}=\{-2(k-1)\}^2-(4k^2-8)=0$$

$$-8k+12=0 \quad \therefore k=\frac{3}{2}$$

(i), (ii)에서

$$f(k)=\begin{cases} 0 \left(k>\dfrac{3}{2}\right) \\ 1 \left(k<1 \text{ 또는 } k=\dfrac{3}{2}\right) \\ 2 \left(1\leq k<\dfrac{3}{2}\right) \end{cases}$$

$$\therefore f\left(\frac{1}{2}\right)+f(1)+f\left(\frac{3}{2}\right)+f(2)=1+2+1+0=4$$

답 4

시험에 꼭 **나오는 문제**　　　• 본책 163~165쪽

1111 $6-x\geq 0$이므로 $\quad x\leq 6$ $\qquad$ ...... ㉠

$x^2-x-2\geq 0$이므로 $\quad (x+1)(x-2)\geq 0$

$\qquad \therefore x\leq -1 \text{ 또는 } x\geq 2$ $\qquad$ ...... ㉡

$x+3>0$이므로 $\quad x>-3$ $\qquad$ ...... ㉢

㉠, ㉡, ㉢에서 $\quad -3<x\leq -1 \text{ 또는 } 2\leq x\leq 6$

따라서 정수 x는 $-2, -1, 2, 3, 4, 5, 6$의 7개이다.

답 ③

1112 모든 실수 x에 대하여 $\dfrac{1}{\sqrt{kx^2+kx+1}}$의 값이 실수가 되려면 $kx^2+kx+1>0$이어야 한다.

(i) $k=0$일 때

$0\times x^2+0\times x+1>0$이므로 모든 실수 x에 대하여 부등식이 성립한다.

(ii) $k\neq 0$일 때

$k>0$ $\qquad$ ...... ㉠

이어야 하고 이차방정식 $kx^2+kx+1=0$의 판별식을 D라 하면

$$D=k^2-4\times k\times 1<0$$

$$k^2-4k<0, \quad k(k-4)<0$$

$$\therefore 0<k<4 \qquad ...... ㉡$$

㉠, ㉡에서 $\quad 0<k<4$

(i), (ii)에서 구하는 k의 값의 범위는

$$0\leq k<4$$

답 $0\leq k<4$

1113 $\dfrac{1}{\sqrt{x}+\sqrt{x+3}}+\dfrac{1}{\sqrt{x+3}+\sqrt{x+6}}+\dfrac{1}{\sqrt{x+6}+\sqrt{x+9}}$

$=\dfrac{\sqrt{x}-\sqrt{x+3}}{(\sqrt{x}+\sqrt{x+3})(\sqrt{x}-\sqrt{x+3})}$

$\quad+\dfrac{\sqrt{x+3}-\sqrt{x+6}}{(\sqrt{x+3}+\sqrt{x+6})(\sqrt{x+3}-\sqrt{x+6})}$

$\quad+\dfrac{\sqrt{x+6}-\sqrt{x+9}}{(\sqrt{x+6}+\sqrt{x+9})(\sqrt{x+6}-\sqrt{x+9})}$

$=\dfrac{\sqrt{x}-\sqrt{x+3}}{x-(x+3)}+\dfrac{\sqrt{x+3}-\sqrt{x+6}}{x+3-(x+6)}+\dfrac{\sqrt{x+6}-\sqrt{x+9}}{x+6-(x+9)}$

$=-\dfrac{1}{3}(\sqrt{x}-\sqrt{x+3})-\dfrac{1}{3}(\sqrt{x+3}-\sqrt{x+6})$

$\quad-\dfrac{1}{3}(\sqrt{x+6}-\sqrt{x+9})$

$=-\dfrac{\sqrt{x}-\sqrt{x+9}}{3}$

$=\dfrac{\sqrt{x+9}-\sqrt{x}}{3}$ **답 ②**

1114 $\dfrac{\sqrt{1+x}}{\sqrt{1-x}}-\dfrac{\sqrt{1-x}}{\sqrt{1+x}}=\dfrac{(\sqrt{1+x})^2-(\sqrt{1-x})^2}{\sqrt{1-x}\sqrt{1+x}}$

$=\dfrac{1+x-(1-x)}{\sqrt{1-x^2}}$

$=\dfrac{2x}{\sqrt{1-x^2}}$

$x=\dfrac{\sqrt{2}}{2}$ 를 대입하면

$\dfrac{2x}{\sqrt{1-x^2}}=\dfrac{2\times\dfrac{\sqrt{2}}{2}}{\sqrt{1-\left(\dfrac{\sqrt{2}}{2}\right)^2}}=\dfrac{\sqrt{2}}{\dfrac{1}{\sqrt{2}}}=2$ **답 2**

1115 $y=-\sqrt{x-k}+1$의 그래프를 원점에 대하여 대칭이동한 그래프의 식은

$-y=-\sqrt{-x-k}+1$

$\therefore y=\sqrt{-x-k}-1$

이 함수의 그래프를 x축의 방향으로 -1만큼 평행이동한 그래프의 식은

$y=\sqrt{-(x+1)-k}-1=\sqrt{-x-1-k}-1$

이 식에 $y=0$을 대입하면

$0=\sqrt{-x-1-k}-1$

$1=\sqrt{-x-1-k}, \quad 1=-x-1-k$

$\therefore x=-k-2$

따라서 그래프의 x절편이 $-k-2$이므로

$-k-2>0 \quad \therefore k<-2$ **답 $k<-2$**

1116 $y=\sqrt{2x-4}=\sqrt{2(x-4)+4}$

이므로 $y=\sqrt{2x-4}$의 그래프는 $y=\sqrt{2x+4}$의 그래프를 x축의 방향으로 4만큼 평행이동한 것이다.

따라서 $y=\sqrt{2x+4}$,

$y=\sqrt{2x-4}$의 그래프와 직선

$y=2$는 오른쪽 그림과 같고,

빗금 친 두 부분의 넓이는 서로

같다.

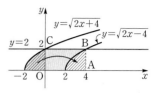

즉 구하는 넓이는 직사각형 OABC의 넓이와 같으므로

$4\times2=8$ **답 8**

1117 $y=\dfrac{6}{x-5}+3$의 그래프는 $y=\dfrac{6}{x}$의 그래프를 x축의 방향으로 5만큼, y축의 방향으로 3만큼 평행이동한 것이다.

또 $y=\sqrt{x-k}$의 그래프는 $y=\sqrt{x}$의 그래프를 x축의 방향으로 k만큼 평행이동한 것이다.

$y=\dfrac{6}{x-5}+3$에 $y=0$을 대입하면

$0=\dfrac{6}{x-5}+3 \quad \therefore x=3$

따라서 곡선 $y=\dfrac{6}{x-5}+3$의 x절편은 3이고, 두 곡선 $y=\dfrac{6}{x-5}+3$,

$y=\sqrt{x-k}$가 서로 다른 두 점에서 만나려면 오른쪽 그림과 같아야 하므로

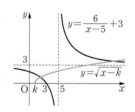

$k\leq3$

즉 k의 최댓값은 3이다. **답 ①**

1118 $y=\sqrt{2x-2a}-a^2+4=\sqrt{2(x-a)}-a^2+4$

이므로 $y=\sqrt{2x-2a}-a^2+4$의 그래프는 $y=\sqrt{2x}$의 그래프를 x축의 방향으로 a만큼, y축의 방향으로 $-a^2+4$만큼 평행이동한 것이다.

따라서 $y=\sqrt{2x-2a}-a^2+4$ $(x>a)$의 그래프가 오직 하나의 사분면을 지나려면 오른쪽 그림과 같이 제1사분면만 지나야 하므로

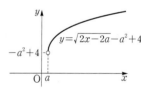

$a\geq0, \quad -a^2+4\geq0$

$-a^2+4\geq0$에서 $(a+2)(a-2)\leq0$

$\therefore 0\leq a\leq2 (\because a\geq0)$

따라서 a의 최댓값은 2이다. **답 ①**

1119 ① $9-3x\geq0$에서 $x\leq3$

따라서 주어진 함수의 정의역은 $\{x|x\leq3\}$이다.

또 $\sqrt{9-3x}\geq0$에서 $\sqrt{9-3x}-1\geq-1$

따라서 주어진 함수의 치역은 $\{y|y\geq-1\}$이다.

② $y=\sqrt{9-3x}-1$에 $x=0$을 대입하면

$y=\sqrt{9}-1=2$

즉 $y=\sqrt{9-3x}-1$의 그래프는 점 $(0, 2)$를 지난다.

③ $y=\sqrt{9-3x}-1=\sqrt{-3(x-3)}-1$

이므로 $y=\sqrt{9-3x}-1$의 그래프는 $y=\sqrt{-3x}$의 그래프를 x축의 방향으로 3만큼, y축의 방향으로 -1만큼 평행이동한 것이다.

④ $y=\sqrt{9-3x}-1$의 그래프를 y축에 대하여 대칭이동한 그래프의 식은

$$y=\sqrt{3x+9}-1$$

따라서 $y=\sqrt{9-3x}-1$의 그래프는 $y=\sqrt{3x+9}-1$의 그래프와 y축에 대하여 대칭이다.

⑤ $y=\sqrt{9-3x}-1$의 그래프는 오른쪽 그림과 같으므로 제1사분면을 지난다.

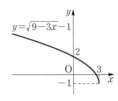

따라서 옳지 않은 것은 ④이다.　　　　　　　　답 ④

1120 $y=a\sqrt{-x+2}+b=a\sqrt{-(x-2)}+b$

이므로 $y=a\sqrt{-x+2}+b$의 그래프는 $y=a\sqrt{-x}$의 그래프를 x축의 방향으로 2만큼, y축의 방향으로 b만큼 평행이동한 것이다.

이때 $a>0$이므로 $-2\le x\le 1$에서 $y=a\sqrt{-x+2}+b$의 그래프는 오른쪽 그림과 같다.

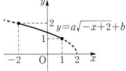

즉 $x=-2$일 때 최댓값 2, $x=1$일 때 최솟값 1을 가지므로

$$2a+b=2, \quad a+b=1$$

$$\therefore a=1, b=0 \quad \therefore b-a=-1 \qquad \text{답 } -1$$

1121 $f(1)=5$이므로　　　$5=\sqrt{a+b}$

$$\therefore a+b=25 \qquad \cdots\cdots \text{㉠}$$

$g(2)=4$에서 $f(4)=2$이므로　　　$2=\sqrt{4a+b}$

$$\therefore 4a+b=4 \qquad \cdots\cdots \text{㉡}$$

㉠, ㉡을 연립하여 풀면　　　$a=-7, b=32$

$$\therefore b-a=39 \qquad \text{답 } 39$$

1122 함수 $y=f(x)$의 그래프와 그 역함수 $y=f^{-1}(x)$의 그래프는 직선 $y=x$에 대하여 대칭이므로 오른쪽 그림과 같이 $y=f(x)$의 그래프와 $y=f^{-1}(x)$의 그래프의 교점은 $y=f(x)$의 그래프와 직선 $y=x$의 교점과 같다.

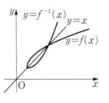

$\sqrt{2x-2}+1=x$에서　　　$\sqrt{2x-2}=x-1$

양변을 제곱하면　　　$2x-2=x^2-2x+1$

$$x^2-4x+3=0, \quad (x-1)(x-3)=0$$

$$\therefore x=1 \text{ 또는 } x=3$$

따라서 두 교점의 좌표는 $(1, 1)$, $(3, 3)$이므로

$$\overline{\mathrm{PQ}}=\sqrt{(3-1)^2+(3-1)^2}=2\sqrt{2} \qquad \text{답 } 2\sqrt{2}$$

1123 $(g\circ f^{-1})^{-1}(3)=(f\circ g^{-1})(3)=f(g^{-1}(3))$

$g^{-1}(3)=a$라 하면 $g(a)=3$이므로

$$\sqrt{2a-1}=3, \quad 2a-1=9 \quad \therefore a=5$$

$$\therefore (g\circ f^{-1})^{-1}(3)=f(g^{-1}(3))=f(5)$$

$$=\frac{5+1}{5-1}=\frac{3}{2} \qquad \text{답 } \frac{3}{2}$$

1124 $y=\dfrac{a}{x+b}+c$의 그래프의 점근선의 방정식은

$$x=-b, \quad y=c$$

주어진 그래프에서 $a>0$, $-b<0$, $c>0$이므로

$$a>0, b>0, c>0$$

$$y=\sqrt{ax+b}+c=\sqrt{a\left(x+\frac{b}{a}\right)}+c$$

이므로 $y=\sqrt{ax+b}+c$의 그래프는 $y=\sqrt{ax}$의 그래프를 x축의 방향으로 $-\dfrac{b}{a}$만큼, y축의 방향으로 c만큼 평행이동한 것이다.

이때 $a>0$, $-\dfrac{b}{a}<0$, $c>0$이므로 함수 $y=\sqrt{ax+b}+c$의 그래프의 개형은 오른쪽 그림과 같다.

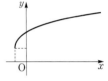

따라서 $y=\sqrt{ax+b}+c$의 그래프는 제1, 2사분면을 지난다.

답 ①

1125 $y=-\sqrt{x+4}+3$의 그래프는 $y=-\sqrt{x}$의 그래프를 x축의 방향으로 -4만큼, y축의 방향으로 3만큼 평행이동한 것이고, 직선 $y=mx+6m$, 즉 $y=m(x+6)$은 m의 값에 관계없이 항상 점 $(-6, 0)$을 지난다.

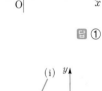

(i) 직선 $y=mx+6m$이 점 $(-4, 3)$을 지날 때

$$3=-4m+6m \qquad \therefore m=\frac{3}{2}$$

(ii) 직선 $y=mx+6m$이 점 $(0, 1)$을 지날 때

$$1=6m \qquad \therefore m=\frac{1}{6}$$

(i), (ii)에서 구하는 m의 값의 범위는

$$\frac{1}{6}<m\le\frac{3}{2} \qquad \text{답 } \frac{1}{6}<m\le\frac{3}{2}$$

1126 $y=\dfrac{-2x+1}{x-3}=\dfrac{-2(x-3)-5}{x-3}=-\dfrac{5}{x-3}-2$

이므로 $y=\dfrac{-2x+1}{x-3}$의 그래프는 $y=-\dfrac{5}{x}$의 그래프를 x축의 방향으로 3만큼, y축의 방향으로 -2만큼 평행이동한 것이다.

$$\therefore a=-5, b=3, c=-2 \qquad \cdots \text{1단계}$$

따라서 함수 $y=-\sqrt{-5x+3}-2$의 정의역은 $\left\{x\,\middle|\,x\le\dfrac{3}{5}\right\}$, 치역은 $\{y\,|\,y\le-2\}$이다. $\qquad \cdots \text{2단계}$

답 정의역: $\left\{x\,\middle|\,x\le\dfrac{3}{5}\right\}$, 치역: $\{y\,|\,y\le-2\}$

채점 요소	비율
1단계 a, b, c의 값 구하기	50 %
2단계 함수 $y=-\sqrt{ax+b}+c$의 정의역과 치역 구하기	50 %

1127 $y=\sqrt{2x+1}-2=\sqrt{2\left(x+\dfrac{1}{2}\right)}-2$

이므로 $y=\sqrt{2x+1}-2$의 그래프는 $y=\sqrt{2x}$의 그래프를 x축의
방향으로 $-\dfrac{1}{2}$만큼, y축의 방향으로 -2만큼 평행이동한 것이다.

즉 $y=\sqrt{2x+1}-2$의 그래프는 오른쪽
그림과 같으므로 제1, 3, 4사분면을 지
난다. … **1단계**

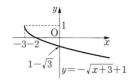

$y=-\sqrt{x+3}+1$의 그래프는 $y=-\sqrt{x}$의 그래프를 x축의 방향
으로 -3만큼, y축의 방향으로 1만큼 평행이동한 것이다.

즉 $y=-\sqrt{x+3}+1$의 그래프는 오
른쪽 그림과 같으므로 제2, 3, 4사분
면을 지난다. … **2단계**

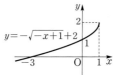

$y=-\sqrt{-x+1}+2=-\sqrt{-(x-1)}+2$

이므로 $y=-\sqrt{-x+1}+2$의 그래프는 $y=-\sqrt{-x}$의 그래프를
x축의 방향으로 1만큼, y축의 방향으로 2만큼 평행이동한 것이다.

즉 $y=-\sqrt{-x+1}+2$의 그래프는 오
른쪽 그림과 같으므로 제1, 2, 3사분
면을 지난다. … **3단계**

따라서 세 함수의 그래프가 모두 지나는 사분면은 제3사분면이
다. … **4단계**

답 제3사분면

채점 요소	비율
1단계 $y=\sqrt{2x+1}-2$의 그래프가 지나는 사분면 구하기	30 %
2단계 $y=-\sqrt{x+3}+1$의 그래프가 지나는 사분면 구하기	30 %
3단계 $y=-\sqrt{-x+1}+2$의 그래프가 지나는 사분면 구하기	30 %
4단계 세 함수의 그래프가 모두 지나는 사분면 구하기	10 %

1128 주어진 함수의 그래프는 $y=-\sqrt{ax}$ $(a>0)$의 그래프
를 x축의 방향으로 -3만큼, y축의 방향으로 2만큼 평행이동한
것이므로 함수의 식을
$$y=-\sqrt{a(x+3)}+2 \qquad \cdots\cdots \text{㉠}$$
로 놓을 수 있다.

주어진 그래프가 점 $(0, -1)$을 지나므로
$$-1=-\sqrt{3a}+2, \quad \sqrt{3a}=3, \quad 3a=9$$
$$\therefore a=3 \qquad \cdots \text{1단계}$$

$a=3$을 ㉠에 대입하면
$$y=-\sqrt{3(x+3)}+2=-\sqrt{3x+9}+2$$

따라서 $b=9$, $c=2$이므로 … **2단계**
$$a+b+c=14 \qquad \cdots \text{3단계}$$

답 14

채점 요소	비율
1단계 a의 값 구하기	60 %
2단계 b, c의 값 구하기	30 %
3단계 $a+b+c$의 값 구하기	10 %

1129 $y=3\sqrt{x-2}$의 그래프를 x축의 방향으로 a만큼 평행이
동한 그래프의 식은
$$y=3\sqrt{x-a-2}$$
$$\therefore f(x)=3\sqrt{x-a-2} \qquad \cdots \text{1단계}$$

함수 $y=f(x)$의 그래프와 그 역함
수 $y=f^{-1}(x)$의 그래프는 직선
$y=x$에 대하여 대칭이므로 오른쪽
그림과 같이 $y=f(x)$의 그래프와
$y=f^{-1}(x)$의 그래프가 접하면
$y=f(x)$의 그래프와 직선 $y=x$도
접한다. … **2단계**

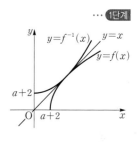

$3\sqrt{x-a-2}=x$의 양변을 제곱하면
$$9(x-a-2)=x^2$$
$$\therefore x^2-9x+9a+18=0$$

이 이차방정식의 판별식을 D라 하면
$$D=(-9)^2-4(9a+18)=0$$
$$-36a+9=0 \qquad \therefore a=\dfrac{1}{4} \qquad \cdots \text{3단계}$$

답 $\dfrac{1}{4}$

채점 요소	비율
1단계 평행이동한 그래프의 식 구하기	20 %
2단계 $y=f(x)$의 그래프와 직선 $y=x$가 접함을 알기	30 %
3단계 a의 값 구하기	50 %

1130 **전략** 주어진 조건을 이용하여 함수 $y=f(x)$의 그래프와 두 직선
$y=\alpha$, $y=\beta$의 위치 관계를 파악한다.

$y=-\sqrt{x-a}+b$의 그래프는 $y=-\sqrt{x}$
의 그래프를 x축의 방향으로 a만큼, y
축의 방향으로 b만큼 평행이동한 것이므
로 함수 $y=f(x)$의 그래프의 개형은 오
른쪽 그림과 같다.

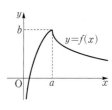

한편 방정식 $\{f(x)-\alpha\}\{f(x)-\beta\}=0$에서
$$f(x)=\alpha \ \text{또는} \ f(x)=\beta \qquad \cdots\cdots \text{㉠}$$

이때 조건 ㉮에서 ㉠을 만족시키는 실수 x의 값은 α, β, γ뿐이고
조건 ㉯에서 $f(\alpha)=\alpha$, $f(\beta)=\beta$이므로 $\alpha<\beta$라 하면
$$f(x)=\alpha\text{의 실근은 }\alpha, \gamma,$$
$$f(x)=\beta\text{의 실근은 }\beta$$
이어야 한다.

즉 $y=f(x)$의 그래프와 직선 $y=\alpha$는 두 점 (α,α), (γ,α)에서 만나고, $y=f(x)$의 그래프와 직선 $y=\beta$는 한 점 (β,β)에서 만난다.

따라서 다음 그림과 같이 점 (a,b)는 점 (β,β)와 일치해야 한다.

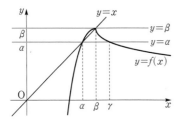

$$\therefore f(x)=\begin{cases}-(x-\beta)^2+\beta & (x\le\beta)\\-\sqrt{x-\beta}+\beta & (x>\beta)\end{cases}$$

이때 α는 $x<\beta$에서 함수 $y=-(x-\beta)^2+\beta$의 그래프와 직선 $y=x$의 교점의 x좌표이므로 $-(x-\beta)^2+\beta=x$에서

$(x-\beta)^2+x-\beta=0$, $(x-\beta+1)(x-\beta)=0$

$\therefore x=\beta-1$ 또는 $x=\beta$

$\therefore \alpha=\beta-1$

또 점 (γ,α), 즉 $(\gamma,\beta-1)$은 함수 $y=-\sqrt{x-\beta}+\beta$의 그래프 위의 점이므로

$\beta-1=-\sqrt{\gamma-\beta}+\beta$, $\sqrt{\gamma-\beta}=1$

$\gamma-\beta=1$ $\therefore \gamma=\beta+1$

이때 $\alpha+\beta+\gamma=15$이므로

$(\beta-1)+\beta+(\beta+1)=15$, $3\beta=15$ $\therefore \beta=5$

따라서 $\alpha=\beta-1=4$이고 $f(x)=\begin{cases}-(x-5)^2+5 & (x\le5)\\-\sqrt{x-5}+5 & (x>5)\end{cases}$이므로

$f(\alpha+\beta)=f(4+5)=f(9)$
$=-\sqrt{9-5}+5=3$ 답 ③

1131 전략 주어진 조건을 만족시키는 함수 $y=f(x)$의 그래프를 그려 본다.

$y=\dfrac{x+4}{x-3}=\dfrac{(x-3)+7}{x-3}=\dfrac{7}{x-3}+1$

이므로 $y=\dfrac{x+4}{x-3}$의 그래프는 $y=\dfrac{7}{x}$의 그래프를 x축의 방향으로 3만큼, y축의 방향으로 1만큼 평행이동한 것이다.

이때 함수 f의 치역이 $\{y|y>1\}$이고, 함수 f는 일대일함수이므로 $y=f(x)$의 그래프는 오른쪽 그림과 같이 점 $(4,8)$을 지나야 한다.

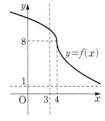

즉 $8=\sqrt{4-4}+k$이므로 $k=8$

$$\therefore f(x)=\begin{cases}\sqrt{4-x}+8 & (x\le4)\\\dfrac{x+4}{x-3} & (x>4)\end{cases}$$

따라서 $f(0)=\sqrt{4}+8=10$이므로 $f(p)f(0)=20$에서

$10f(p)=20$

$\therefore f(p)=2$

$f(p)=2$일 때 $p>4$이므로

$\dfrac{p+4}{p-3}=2$, $p+4=2p-6$

$\therefore p=10$ 답 **10**

1132 전략 $x\ge0$인 경우와 $x<0$인 경우로 나누어 $y=\sqrt{x+|x|}$의 그래프를 그린다.

$$y=\sqrt{x+|x|}=\begin{cases}\sqrt{2x} & (x\ge0)\\0 & (x<0)\end{cases}$$

의 그래프는 오른쪽 그림과 같다.

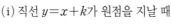
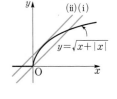

(i) 직선 $y=x+k$가 원점을 지날 때
$k=0$

(ii) $y=\sqrt{2x}$의 그래프와 직선 $y=x+k$가 접할 때

$\sqrt{2x}=x+k$의 양변을 제곱하면

$2x=x^2+2kx+k^2$

$\therefore x^2+2(k-1)x+k^2=0$

이 이차방정식의 판별식을 D라 하면

$\dfrac{D}{4}=(k-1)^2-k^2=0$

$-2k+1=0$ $\therefore k=\dfrac{1}{2}$

(i), (ii)에서 구하는 k의 값의 범위는

$0<k<\dfrac{1}{2}$ 답 $0<k<\dfrac{1}{2}$